Neue Personalstrategien zwischen Stabilität und Agilität

Armin Trost

Neue Personalstrategien zwischen Stabilität und Agilität

Springer Gabler

Armin Trost
Tübingen, Deutschland

ISBN 978-3-662-57406-5 ISBN 978-3-662-57407-2 (eBook)
https://doi.org/10.1007/978-3-662-57407-2

Die Deutsche Nationalbibliothek verzeichnet diese Publikation in der Deutschen Nationalbibliografie; detaillierte bibliografische Daten sind im Internet über http://dnb.d-nb.de abrufbar.

Springer Gabler

Gedruckt auf säurefreiem und chlorfrei gebleichtem Papier

Springer Gabler ist ein Imprint der eingetragenen Gesellschaft Springer-Verlag GmbH, DE und ist ein Teil von Springer Nature.
Die Anschrift der Gesellschaft ist: Heidelberger Platz 3, 14197 Berlin, Germany

Meinen lieben Eltern
Edith und Ernst Trost

Vorwort

Als ich vor etwa 30 Jahren angefangen habe, Psychologie zu studieren war es mein Ziel, systemischer Familientherapeut zu werden. Zu diesem Zeitpunkt hatte ich bereits zwei Jahre hinter mir, in denen ich in einer kleinen, psychiatrischen Einrichtung gelernt hatte, intensiv mit Menschen zu arbeiten. Das war eine wunderbare, lehrreiche Zeit. Irgendwann im Laufe meines Studiums wendete ich mich dann der Arbeits- und Organisationspsychologie zu und landete schließlich dort, wo viele meiner Kommilitonen landeten: in der Personalentwicklung eines großen Konzerns. Meine Karriere als Personaler nahm ihren Lauf. Ich implementierte Leistungsbeurteilungssysteme, ohne mich jemals fragen zu müssen, was Leistung auf Seiten der Betroffenen eigentlich konkret bedeutet. Ich führte Mitarbeiterbefragungen durch, ohne mich für die Belange eines Mitarbeiters persönlich interessieren zu müssen. Ich führte Recruiting-Prozesse ein, ohne einem Bewerber persönlich zu begegnen. Anders als bei meiner Tätigkeit im psychiatrischen Umfeld wurde mir irgendwann klar, dass HR in großen Konzernen vor allem bedeutet, Prozesse, Instrumente, Systeme, Programme auf die Beine zu stellen und sie am Laufen zu halten. Mit der Arbeit am Menschen hat all dies sehr wenig zu tun.

Grundsätzlich ist das in Ordnung. Man lernt und akzeptiert ja schnell, dass man kein Personaler sein sollte, wenn man gerne mit Menschen arbeitet. Über die Jahre hinweg wurde aber meine innere Abneigung, die von Anfang an latent spürbar war, immer deutlicher. Dabei sind es nicht die Systeme an sich, die für mich immer unerträglicher wurden, sondern die Haltung mit der diese Systeme entwickelt und am Leben erhalten werden. Man findet in den meisten, gängigen Lehrbüchern Darstellungen dieser Systeme – das jährliche Mitarbeitergespräch, Change Management, Kompetenzmanagement, Talentmanagement etc. Und ich muss zugeben, dass ich schon während meines Studiums Bücher zur Personalwirtschaft (so hieß das früher) gehasst habe. Es gibt wahrlich nichts Gruseligeres als ein klassisches Lehrbuch über das Personalwesen. Daran hat sich bis heute kaum etwas geändert, weder an meiner Reaktion noch an den Büchern an sich. Was dort beschrieben und größtenteils in der Praxis gelebt wird hat etwas Bevormundendes, nicht selten sogar etwas Menschenverachtendes. Hier wird der Mitarbeiter, der Mensch nicht als Subjekt sondern als Objekt behandelt. Er wird vermessen, beurteilt, entwickelt („upgeskillt"), befördert, versetzt, gekündigt, belohnt, gebunden usw. Man macht etwas mit der Human Resource. „Man" ist das übergeordnete, unternehmerische System, repräsentiert durch die Personalabteilung als ausführendes Organ. All dies tut man unter dem Motto: „Den Mitarbeiter in den Mittelpunkt stellen". Was für eine Illusion. Auch der Betreiber einer Legebatterie stellt seine 10.000 Hühner in den Mittelpunkt.

Und dann wurde ich Professor für Human Resource Management. Ausgerechnet ich. Im Nachhinein betrachtet war dies der ideale Zeitpunkt. Die Unternehmen wachten langsam auf und fingen an, umzudenken. Am Anfang stand der Fachkräftemangel und plötzlich mussten wir lernen, Bewerber und Kandidaten wertzuschätzen, sich für ihre

Präferenzen zu interessieren, uns bei ihnen zu bewerben und nicht umgekehrt. Mein erstes Buch erschien: Employer Branding. Wie können wir als Arbeitgeber überzeugen? Dann folge das Buch „Talent Relationship Management". Nach weiteren Büchern machte ich mich an einem besonders entmündigenden HR-Instrument zu schaffen, nämlich am jährlichen Mitarbeitergespräch. Das Buch „Unter den Erwartungen" erschien und nichts freute mich mehr, als die große Irritation gepaart mit breiter, positiver Resonanz. Ich hatte die vergangenen Jahre wirklich Glück, weil ein schrittweises Erwachen in der HR Community immer sichtbarer wurde. Neue Generationen von Personaler ergriffen das Ruder, unterstützt von neuen Generationen von Geschäftsführern. Über all die Jahre empfand ich es als eine wunderbare Aufgabe, immer wieder Kohlen in das aufflammende Feuer zu werfen, kritisch, provozierend aber immer auch konstruktiv und nah an der Praxis. Es schien, als träfen meine Haltung und der Zeitgeist aufeinander und ich durfte eine aktive Rolle in dieser Entwicklung spielen.

Wie sehr begrüße ich nun die immer lauter werdende Diskussion um das Thema Agilität. Für mich ist Agilität weit mehr als nur ein Buzzword. Es symbolisiert eine längst überfällige Entwicklung in Richtung einer sich ändernden Haltung. Der Mitarbeiter als mündiges Wesen. Mein großes Vorbild Douglas McGregor erwacht zu neuer Bedeutung und selten war seine Gegenüberstellung der Theorien X – Menschen sind von Natur aus faul und müssen an kurzer Leine geführt werden – und dem humanistischen Gegenentwurf der Theorie Y wichtiger und lebendiger. Im Zuge dieser Entwicklung war es mein großer Traum, endlich ein umfassendes Buch zu schreiben, das HR aus Sicht von Theorie X und Y behandelt. Wie sieht HR in einem traditionellen, hierarchischen und nach Stabilität strebenden Unternehmen aus und wie stellen sich die Dinge in einem agilen Kontext dar? Was für eine spannende Frage! Dieses Buch zu schreiben, war mir ein echtes Herzensanliegen. Dabei geht es hier um deutlich mehr, als nur um das Menschenbild eines mündigen Menschen. Es geht letztendlich um die Wettbewerbsfähigkeit zahlreicher, stolzer Unternehmen. Ich teile die Auffassung, dass Agilität für die Mehrheit der Unternehmen eine Grundvoraussetzung ist, um in aktuellen und zukünftigen Märkten bestehen zu können. Und HR spielt darin eine wesentliche Rolle.

Als ich im Jahr 2017 dieses Buch in Angriff nahm, hatte ich großen Respekt vor dieser Aufgabe. Ich war angefüllt von Ideen, einer Haltung, von einer Ahnung dessen, was ich schreiben würde. Am Ende war das Verfassen dieses Buches eine lange Reise in etwas Ungewisses. Dass ein solches Buch statischen Charakter hat, man gezwungen ist, Gedanken schwarz auf weiß und damit endgültig zu fixieren ist für mich nur schwer zu ertragen. Denn die Reise geht weiter und alles, was ich in diesem Buch schreibe ist lediglich eine Momentaufnahme. Agilität bedeutet eben auch, nie wirklich anzukommen.

Diese Reise fand nicht im stillen Kämmerchen statt sondern in einem konstanten Austausch mit zahlreichen, vorwärts denkenden, aufgeschlossenen Menschen und Unternehmen, die bereit waren, die Ungewissheit konstruktiv mitzutragen. An dieser Stelle folgt üblicherweise eine Danksagung an all jene, die konstruktiv zum Gelingen dieses Buches beigetragen haben. Ich kann sie gar nicht alle nennen. Es sind die vielen Personaler, Geschäftsführer, Führungskräfte aber auch Studenten mit denen ich Stunden, gar Tage diskutiert und um Lösungen gerungen habe. Es sind die vielen Impulsgeber in den unendlich vielen Büchern, Artikeln, Blogs, TED-Talks, die es geschafft haben, mich kontinuierlich zu irritieren. Es ist aber auch meine Familie, die ein Jahr lang einen Vater und Ehemann erdulden musste, der phasenweise gedanklich abwesend war. Danke, Danke, Danke. Ich freue mich auf die weitere, lange Reise, die noch vor uns steht.

Armin Trost
Tübingen
28.02.2018

Inhaltsverzeichnis

Über den Autor

Professor Armin Trost

Professor Trost gilt seit vielen Jahren als einer der bekanntesten und führenden Vordenker im Personalmanagement. Er lehrt und forscht seit 2005 an der Business School der Hochschule Furtwangen. Zuvor hatte er eine Professur an der FH Würzburg inne. Bei der SAP war er mehrere Jahre weltweit für Recruiting verantwortlich. Seit vielen Jahren berät er erfolgreich Unternehmen unterschiedlichster Größen und Branchen in strategischen Fragen des Human Resource Management. Bis 2015 war er Partner der vielfach ausgezeichneten Unternehmensberatung Promerit. Dr. Armin Trost ist nicht nur als Autor zahlreicher Fachbeiträge und Bücher bekannt, sondern auch als international gefragter Redner auf namhaften Kongressen.

Kontakt

Homepage: www.armintrost.de

Mail: mail@armintrost.de

Twitter: @armintrost

LinkedIn: www.linkedin.com/in/armintrost/

Einleitung

A. Trost, *Neue Personalstrategien zwischen Stabilität und Agilität*,
https://doi.org/10.1007/978-3-662-57407-2_1

Das Personalmanagement (HR) kommt scheinbar nicht zur Ruhe. In den späten Neunzigern, mussten wir von Dave Ulrich (1997) lernen, nicht nur administrativ sondern auch strategisch aufgestellt zu sein. Daraufhin wurden verwaltungsnahe Aufgaben gebündelt und nicht selten in Niedriglohnländer verlagert. So gewann man Zeit für strategische, wertschöpfende Tätigkeiten im HR. Aus dem Personalreferent wurde der „HR Business Partner" mit Anspruch auf Augenhöhe mit dem Linienmanagement. All dies hat sehr viel Kraft gekostet. Zu Beginn des neuen Jahrhunderts stieg dann die Nervosität vor dem Fachkräftemangel. Employer Branding musste man plötzlich machen. Talentmanagement musste man machen, Active Sourcing, Talent Communities und dann auch noch Candidate Experience. Daneben schien die junge Generation Y auf neue Themen zu drängen. Work-Life-Balance, eine innovativ anmutende, flexible Arbeitswelt. Am Ende durften wir feststellen, dass HR zu Beginn des 21sten Jahrhunderts kaum mehr etwas mit dem HR gemein hat, was noch zehn oder 20 Jahre vorher gepredigt wurde und in den gängigen Lehrbüchern geschrieben steht. Wir erlebten eine fast überwältigende Entwicklung in Richtung einer Modernisierung und Professionalisierung mit dem Ziel der Wettbewerbsfähigkeit in den Geschäfts- und Arbeitsmärkten zugleich.

Digitalisierung und Agilisierung

Und heute? Heute beschäftigen wir uns mit den Themen *Digitalisierung* und *Agilisierung*. Die Rede ist von einem gänzlich anderen HR, flexibler, schneller, weniger technokratisch, weniger bürokratisch. Der Mitarbeiter muss wieder mehr in den Mittelpunkt. Reihenweise schaffen Unternehmen HR-Prozesse ab, die mit viel Aufwand und Schmerzen auf den Weg gebracht wurden. Man denke hier etwa an das jährliche Mitarbeitergespräch (vgl. Trost 2015). Manche „Vordenker" sprechen bereits von der Abschaffung von HR insgesamt. „HR muss zurück in die Linie. Alles andere kann man outsourcen". Eine gewisse Unruhe macht sich breit. Man findet kaum mehr ein Unternehmen, dass Digitalisierung nicht auf der strategischen Agenda hat. Damit einhergehend stellen sich zunehmend mehr Unternehmen die Frage, ob traditionelle Formen der Organisation und Führung noch zukunftsfähig sind. Die Themen Geschwindigkeit, Vernetzung, Nähe zum Kunden und Nutzer sind allgegenwärtig. Da kann HR nicht außen vor bleiben. Und nicht selten höre ich Personalleiter sagen „Wir haben jetzt auch eine Digitalisierungsstrategie. Unser Vorstand möchte, dass wir uns mit der Frage beschäftigen, was dies mit HR zu tun hat". Was tut man als Personalleiter, wenn man einen „Auftrag" dieser Art erhalten hat?

Erst mal googeln: „Digitalisierung HR". Das wird nichts bringen. Man findet Halbgares, Oberflächliches und noch mehr Dogmatisches. Was die Suche liefert, hilft für den eigenen, besonderen Fall selten weiter. Dann doch besser auf einen einschlägigen Kongress gehen. Was man neben einem Ordner mit Veranstaltungsunterlagen und neuen LinkedIn-Kontakten nachhause nimmt ist zumindest das beruhigende Gefühl, dass man mit der eigenen Unsicherheit nicht allein ist. Die Wahrscheinlichkeit, den Kongress mit mehr zu verlassen ist erschreckend gering. Dann gleich richtig machen, Geld in die Hand nehmen und einen Berater ins Haus holen. Hier ist die Wahrscheinlichkeit sehr hoch, Berater zu finden, die noch vor wenigen Jahren oder gar Monaten mit (komplizierten, technokratischen) Konzepten aus der alten Welt Umsatz generiert haben. Berater, die auf mehrjährige Erfahrungen im Kontext Digitalisierung und HR zurückblicken können gibt es nicht. Dafür kam das Thema zu schnell über uns und auch über die Berater.

HR im Kontext der Digitalisierung

Zunächst sollte man sich darüber im Klaren sein, auf welcher Ebene man HR und Digitalisierung zusammenbringen möchte. Ein erster Schritt zur Auflösung des Sprachgewirrs. Dies wiederum betrifft die Rolle, die HR in diesem Zusammenhang spielen möchte. Sechs Rollen kann man hier unterscheiden: Verwalter, Unterstützer, Begleiter, Gestalter, Befähiger und Unternehmer.

- Der *Verwalter* optimiert bestehende HR-Prozesse durch digitale Technologie. Das haben wir schon immer gemacht. Man denke hier an die Digitalisierung der Recruiting-Prozesse (e-Recruiting), die elektronische Erfassung der Arbeitszeit oder an die digitale Personalakte.
- Der *Unterstützer* stellt Mitarbeitern und Führungskräften nützliche Hilfestellungen für HR-relevante Aufgaben in elektronischer Form zur Verfügung. Auch das gibt es schon lange: Employee Self Services (ESS), e-Learning, Apps für das Mitarbeiterempfehlungsprogramm, interne Gelbe Seiten usw.
- Der *Begleiter* unterstützt das Unternehmen im Zuge der digitalen Transformation bei allen HR-relevanten Problemstellungen. Was tun wir mit bestimmten Mitarbeitergruppen, wenn deren Jobs aufgrund von Digitalisierung obsolet werden? Wie sichern wir im Unternehmen die notwendigen Kompetenzen, die im Rahmen der digitalen Transformation erfolgskritisch sind oder zukünftig sein werden?
- Der *Gestalter* verändert die Art und Weise, wie Mitarbeiterinnen und Mitarbeiter mittels digitaler Technologie arbeiten. Das kann auch bedeuteten, dass HR aktiv dazu beiträgt, Jobs und Aufgaben mittels entsprechender Technologie zu ersetzen oder zumindest einfacher und effektiver zu machen. Diese Rolle ist Stand heute im HR kaum verankert aber selbstverständlich denkbar.
- Der *Befähiger* verändert strukturelle (und damit auch kulturelle) Rahmenbedingungen, um die Wettbewerbsfähigkeit des Unternehmens in Zeiten der Digitalisierung insgesamt zu stärken. Wie müssen wir HR im Kontext eines sich ändernden Organisations- und Führungsverständnis anpassen um einen höheren Grad an Innovations- und Veränderungsfähigkeit

zu erlangen? Diese Rolle berührt unmittelbar den Aspekt der Agilisierung.

- Der *Unternehmer* setzt sich mit der Frage auseinander, wie sich das Unternehmen im Zuge der digitalen Transformation insgesamt und im Hinblick auf seine Produkte und relevante Partnerschaften aufstellen muss. Traditionell würde man diese Rolle HR nicht zuschreiben. Davon kategorisch auszugehen wäre aber ein Fehler. Denn dies muss nicht immer so sein. Warum soll sich ein Personalleiter nicht im selben Maße in Fragen der strategischen Positionierung einbringen, wie es die Kolleginnen und Kollegen aus dem Marketing, der Forschung & Entwicklung schon immer getan haben?

Hinter den sechs Rollen vom Verwalter zum Unternehmer steht eine logische Dimension. Während sich der Verwalter primär mit sich und HR selbst beschäftigt (HR für HR) setzt sich der Unternehmer mit dem Unternehmen und seinen Märkten auseinander (Vom Unternehmen für Märkte). Die erste Frage ist also, welche Rolle HR in einem Unternehmen besetzen oder zumindest anstreben möchte (siehe ◻ Abb. 1.1).

Dieses Buch befasst sich mit der Rolle des *Befähiger*. Alle anderen Rollen werden bestenfalls dann berührt, wenn es für die weiteren Ausführungen als relevant erscheint. Warum wird für dieses Buch ausgerechnet diese Rolle ausgewählt? Dafür gibt es mehrere Gründe. Zum einen besteht eigenen Beobachtungen zu Folge gerade hier ein großer Handlungsbedarf. Kaum eine Rolle ist von den aktuellen Entwicklungen mehr betroffen als diese. Hier geht es nicht nur um die Frage, *was* wir im HR tun sondern vor allem um die Frage, *wie* wir in Zukunft Dinge tun. Gerade hier werden wir in den kommenden Jahren vermutlich erhebliche Umbrüche zu beobachten haben. Zum anderen scheint diese Rolle unter einem starken Druck zu stehen. CEOs, aber auch die Mitarbeiter und Führungskräfte fordern in Zeiten sich ändernder Vorzeichen ein anderes HR. Die mangelnde Kompatibilität zwischen einem modernen Führungs- und Organisationsverständnis einerseits und traditionellen HR-Prozessen, -Systemen, -Instrumenten

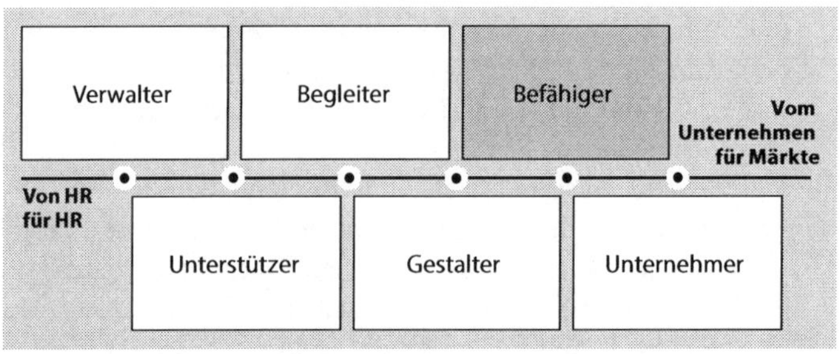

◻ **Abb. 1.1** Mögliche Rollen von HR im Kontext der digitalen Transformation

andererseits werden zunehmend spürbar. Zugleich besteht gerade hier die größte Unsicherheit. Bloßes HR-Bashing, das einseitige Einprügeln auf HR hilft nicht weiter. Davon hat die HR-Community eh genug. Der Druck liegt auf der Entwicklung alternativer Ansätze und Lösungen, und das in einer Zeit, wo man kaum auf Erfahrungswerte anderer Unternehmen blicken kann.

Versprechen dieses Buches

Dieses Buch soll hierfür Orientierung bieten. Wer auf der Suche nach einer neuen Personalstrategie in Zeiten der Digitalisierung ist findet in diesem Buch einen praktischen Leitfaden. Das ist mein Versprechen als Autor an den Leser. Selbstverständlich wird im weiteren Verlauf dieses Buches keine fertige Personalstrategie vorgeschlagen. Dies wäre nur bei höchstmöglicher Ignoranz unternehmensspezifischer Herausforderung und Rahmenbedingungen möglich. Dieses Buch bietet keine ultimative Lösung sondern führt schrittweise durch Fragen, gepaart mit praktischer Orientierung. Dabei verfolgt dieses Buch den Anspruch undogmatisch zu sein. Es gibt kein ultimatives Falsch oder Richtig. Damit soll sich dieses Buch von manch anderen Werken abheben, die für meinen Geschmack zu oft und zu vorschnell einseitige Sichtweisen prophetenhaft in den Vordergrund rücken.

Eine Sache verspricht dieses Buch *nicht*. Hoffentlich inspiriert und mit besserer Orientierung wird man sich beim Lesen immer wieder die Frage stellen, wie strategische Ausrichtungen denn nun in die Praxis umgesetzt werden könnten. Der Praktiker wird Überlegungen in diesem Buch vor dem Hintergrund seiner gegebenen Rahmenbedingungen reflektieren und versuchen, diese in möglichst konkrete Abläufe, Instrumente oder Verantwortlichkeiten zu übersetzen. Nun habe ich mich bemüht, zahlreiche Gedanken in diesem Buch mit praktischen Beispielen und Ideen greifbar zu machen. Allerdings kann es dieses Buch nicht leisten, auf Alles eine konkrete Lösung zu liefern. Dies hat mindestens zwei Gründe. Erstens sehen Lösungen je nach gegebenen Rahmenbedingungen immer unterschiedlich aus und es wäre vermessen, hier bestimmte Ansätze als besonders geeignet hervorzuheben. Vor allem aber hätte dieses Buch einen deutlich größeren Umfang, wollte ich zu allen Strategien, die hier besprochen werden zugleich das operative Design diskutieren. Dann wäre aus diesem Werk ein umfassendes Lehr- oder Praxishandbuch geworden, was von Anfang an nicht die Intention war.

Ausblick auf die Inhalte dieses Buches

Dieses Buch besteht im Wesentlichen aus zwei Teilen, einem allgemeinen, strategischen Teil und einem Teil, in dem die wichtigsten Handlungsfelder und HR-Themen nach hierarchischen und agilen Gesichtspunkten durchdekliniert werden. Der erste Teil umfasst die ▶ Kap. 2–4. Hier werden grundlegende Überlegungen zur Entwicklung einer Personalstrategie dargelegt. Dieser Teil liefert einen praktischen Leitfaden. Welche Schritte sind bei der Entwicklung einer Personalstrategie einzuhalten? Wie bauen die einzelnen Schritte aufeinander auf? Ein wesentlicher Teil dieses

Teils werden unterschiedliche HR-Spielarten sein. Es beschreibt ein Modell, das zu meinem Mantra im HR wurde. Es zeigt das Spannungsfeld zwischen den drei Polen, entweder bewusst nichts zu tun, zentral zu planen oder Mitarbeiterinnen und Mitarbeiter zu befähigen. Es vergeht kaum ein Vortrag, in dem ich dieses Modell nicht zeige. In diesem Buch bildet es die Leitplanken aller Überlegungen. Bereits hier wird das Spektrum zwischen Agilität und Stabilität deutlich. Die zentrale These dieses Buches besteht darin, dass HR in einem agilen Kontext nach anderen Regeln funktioniert als dies in einem nach Stabilität strebenden Unternehmen der Fall sein kann. Daher wird in ▶ Kap. 4 ausführlich erläutert, was die Unterschiede zwischen einer hierarchischen, auf Stabilität setzenden Welt und einer eher agilen Welt sind. Auch hier liefert dieses Buch praktische Orientierung. Schrittweise werden relevante Faktoren und Kriterien veranschaulicht anhand derer jedes Unternehmen in der Lage ist, sich selbst einzuordnen. Wo stehen wir heute und wo wollen wir hin? Dieses ▶ Kap. 4 befasst sich kaum mit HR. Hier geht es lediglich um den internen strukturellen und kulturellen Kontext.

Bis zu diesem Punkt wird unter anderem deutlich, dass die Definition strategisch wichtiger HR-Themen – wir nennen sie HR-Schlüsselthemen – ein zentraler Baustein jeder Personalstrategie sein sollte. In den nun folgenden ▶ Kap. 5–12 wird ein breites Spektrum möglicher HR-Themen vor dem Hintergrund agiler aber auch stabiler Rahmenbedingungen diskutiert. Hier wurde der Versuch unternommen, HR umfassend zu behandeln. Es geht um Employer Branding, Kandidatenansprache und -bindung, Auswahl, Onboarding, Zielvereinbarung, Beurteilung, Feedback, Ausbildung, Führungskräfteentwicklung, Lernen, Wissensmanagement, Talentidentifikation und -förderung, Fachkarriere, Arbeitszeiten, Architektur, Arbeitsflexibilisierung, Mitarbeiterbefragung, Mitarbeiterbindung, Vergütungspolitik, fixe und variable Vergütung, um fast alles, womit wir uns im Kontext HR beschäftigen. Danach geht es um Themen, die man eher der Infrastruktur zuordnen könnten: Personalorganisation, Controlling, Technologie, People Analytics und um das große Thema des Change Management. In diesem Sinne hat dieses Buch den Charakter eines Lehrbuchs, weil ein sehr breites Spektrum gängiger HR-Themen behandelt wird, wenngleich auf die Grundlagen nicht eingegangen wird. Vielmehr stehen die strategischen Optionen im Zusammenhang mit den behandelten Themen im Fokus. Während die Lektüre der ▶ Kap. 2–4 empfohlen wird, können die ▶ Kap. 5–12 und sogar die jeweiligen Unterkapitel unabhängig voneinander gelesen werden. Auch die Reihenfolge ist beliebig.

Dieses Buch muss mit einem Kapitel schließen, in dem der Frage nachgegangen wird, wie eine Transformation von einer stabilen in eine agile Welt gelingen kann. Dieses abschließende Kapitel handelt wiederum nicht von HR im engeren Sinne sondern vom

Unternehmenskontext insgesamt. Wenn aber HR dazu beitragen soll, diesen agilen Wandel nicht nur mitzumachen sondern aktiv zu gestalten, dann darf dieses Thema in einem Buch wie diesem nicht fehlen.

Literatur

Trost A (2015) Unter den Erwartungen. Warum das jährliche Mitarbeitergespräch in modernen Arbeitswelten versagt. Wiley-VCH, Wiesbaden

Ulrich D (1997) Human resource champions. The next agenda for adding value and delivering results. Harvard Business School Press, Boston

Agilität und Stabilität

A. Trost, *Neue Personalstrategien zwischen Stabilität und Agilität*,
https://doi.org/10.1007/978-3-662-57407-2_2

Selbstverständlich wünschen Unternehmen und deren Lenker Stabilität, Planbarkeit oder Vorhersagbarkeit. Kein ernst zu nehmender CEO würde freiwillig darauf verzichten. Gerade in den heutigen Zeiten, die von Komplexität, Dynamik, Unsicherheit und schnellem Wandel geprägt sind, ist der Ruf nach mehr Sicherheit mehr als verständlich. Nun sind es dieselben CEOs, die sich zugleich ein hohes Maß an Anpassungsfähigkeit, Flexibilität und Resilienz wünschen. Wir sprechen heute auch von Agilität, einer unternehmerischen Beweglichkeit in wilden Zeiten. Das Problem besteht nun aber darin, dass beides nicht gleichzeitig zu haben ist. Unternehmen, die auf Stabilität setzen werden unweigerlich ein anderes Führungs- und Organisationsverständnis an den Tag legen, als dies bei jenen Unternehmen der Fall ist, die auf Agilität setzen. Dieses Dilemma prägt die Diskussion um Führung und Organisation gerade in diesen Zeiten der Digitalisierung. In diesem Kapitel erfolgt daher zunächst eine Annäherung an diese beiden Welten. Darauf aufbauend werden in diesem Kapitel grundlegende Spielarten vorgestellt, die unterschiedliche Rollen und Selbstverständnisse von HR und der Personalfunktion voneinander abgrenzen. Gerade Letztere bilden eine wesentliche Grundlage für den restlichen Verlauf dieses Buches.

2.1 Von der Haltung zu Managementsystemen

Man kann die Zukunft nur fassen, wenn man die Herkunft versteht und ernst nimmt. Kaum ein Unternehmen entwickelt eine Personalstrategie auf der viel zitierten „grünen Wiese". Warum sind wir heute so, wie wir sind? Warum betreiben wir heute ein HR, das so ist wie es ist? Das sind entscheidende Fragen die am Anfang der Entwicklung einer neuen Personalstrategie stehen müssen. Erst auf der Grundlage ihrer Beantwortung kann man sich der Frage zuwenden: Wie wollen wir sein und was bedeutet das für unsere Personalstrategie? Im Folgenden soll daher eine einfache Geschichte nachvollzogen werden, wie sich Unternehmen und deren Führungs- und Organisationsverständnis entwickeln. All dies hat zunächst nur wenig mit HR an sich zu tun, ist aber wichtig für das weitere Verständnis. Wir beginnen ganz am Anfang.

Der Gründer und seine persönliche Haltung

Am Anfang eines Unternehmens stehen meist ein Gründer und seine Idee. Auch wenn es sich hier um Gründerteams handeln kann, soll im weiteren Verlauf von „dem Gründer" die Rede sein. Dieser Gründer hat eine persönliche *Haltung*, ein komplexes Konstrukt aus Persönlichkeit, Selbstbild, Einstellung, Menschenbild. Diese Haltung prägt das Miteinander im jungen Unternehmen. Da gibt es patriarchalische Gründer, Gründer, die ihr junges Team väterlich, mütterlich führen. Die einen wollen kontrollieren, die anderen vertrauen. Die einen sehen sich selbst, ihre Idee und die

Sache an sich als Mittelpunkt. Die anderen wiederum rücken die Mitarbeiter oder Kunden ins Zentrum des Geschehens. Häufig ist noch nach vielen Jahrzehnten die Haltung des Gründers im Unternehmen spürbar. Dies gilt sogar dann, wenn aus dem jungen Pflänzchen ein Global Player geworden ist. Noch heute spürt man den „Geist" von Bill Hewlett und Dave Packard, von Robert Bosch, von Dietmar Hopp und Hasso Plattner (SAP) wenn man durch die Flure nicht nur der jeweiligen Headquarter wandelt.

Diese Haltung des Gründers hat einen nachhaltigen Einfluss auf das Miteinander und die Führung im Unternehmen. Gerade in den Anfängen spiegelt sich diese Haltung darin wider, wie Entscheidungen gefällt werden, wer Entscheidungen fällt, was wichtig ist und was nicht.

Eine Unternehmenskultur entsteht und bleibt

Diese Haltung des Gründers reproduziert sich im Denken und Verhalten der immer mehr werdenden Kollegen. Eine *Unternehmenskultur* entsteht. Sie ist im Grunde die reproduzierte Erweiterung der Unternehmens-DNA, die durch den Gründern bereits in den Anfängen in das Unternehmen eingepflanzt wurde. Sie spiegelt das kollektive Verständnis dessen wider, was im Unternehmen erwünscht oder unerwünscht ist. Dabei macht sie vor nichts Halt und prägt nicht nur die Art und Weise wie Entscheidungen gefällt werden sondern auch welcher Humor erlaubt oder erwünscht ist, welche Kleidung man trägt, ob man sich siezt oder duzt.

Bereits in dieser frühen Phase hat Kultur eine bedeutende Ordnungsfunktion. Sie schafft wechselseitiges Verständnis und Vertrauen im täglichen Handeln, weil Überraschungen im Verhalten und dadurch Komplexität reduziert wird. Kultur hat darüber hinaus eine wichtige Selektionsfunktion. Nur wer mit der jeweiligen Kultur zurechtkommt, fühlt sich von einem Unternehmen angezogen oder wird im Falle eines mangelnden Kultur-Fits abgestoßen. Das Besondere an Kultur ist, dass sie sehr beständig ist. Weil sie auf ungeschriebenen Regeln basiert und in das Unbewusste der Akteure übergeht, scheint sie einer gezielten Veränderung oder bewussten Reflexion kaum zugänglich.

Regeln und Strukturen

Während in einer frühen Phase der Unternehmensentwicklung die Haltung des Gründers und die daraus entstehende Kultur absolut ausreichen, um schnell und verlässlich Entscheidungen zu fällen und Prioritäten zu setzen, genügt dies ab einer gewissen Unternehmensgröße nicht mehr aus. Umso größer das Unternehmen wird, desto weniger erlebbar wird die Haltung des Gründers für den Einzelnen. Darüber hinaus steigt mit zunehmender Unternehmensgröße die Wahrscheinlichkeit von Situationen, die nach einer offiziellen Regelung rufen. Schnelle, zwischenmenschliche Abstimmungsprozesse erfordern immer häufiger eine allgemeine Klärung. Es entstehen Regeln und Strukturen.

Anders als implizite Normen einer Kultur sind *Regeln* explizit. Man verfasst sie möglicherweise schriftlich. Sie gelten offiziell und müssen in ihrer Bedeutung möglichst wenig Interpretationsspielraum lassen. Man kann sie sogar an die Wand hängen oder im Intranet kommunizieren. Regeln beschreiben, wie sich Mitarbeiter und Führungskräfte in einer bestimmten Situation zu verhalten haben. Sie können die Arbeitszeit, Reisekosten, Neueinstellungen, externe Anschaffungen und vieles mehr betreffen. Regeln reduzieren Komplexität, weil sie bei Entscheidungsprozessen mögliche Entscheidungsoptionen minimieren. Man muss nicht immer wieder alles neu ausdiskutieren. Damit einhergehend reduzieren sie das Potenzial möglicher Konflikte.

Regeln an sich sind Regeln erster Ordnung. Regeln zweiter Ordnung befassen sich auf einer Metaebene mit der Frage, wie Regeln entstehen oder verändert werden. Wer bestimmt Regeln? Wer legt deren Anwendungsgebiet fest? Was muss man tun, um Regeln zu adaptieren? Wer kontrolliert wie die Einhaltung von Regeln?

Auch durch Regeln werden die Kultur und damit die Haltung des Gründers reproduziert. Wie man Reisekosten regelt, Arbeitszeiten oder die Anschaffung von Betriebsmitteln regelt, trägt meist die Handschrift der Kultur. Darauf wird weiter unten in diesem Kapitel näher eingegangen. Spätestens seit den Arbeiten von Talcott Parsons (1951) nennt man die Übersetzung von Kultur in Regeln *Institutionalisierung*. Umgekehrt lernen neue Mitarbeiterinnen und Mitarbeiter die Kultur durch das Lernen und Einhalten bestehender Regeln. Letzteres nennt man dann *Internalisierung*.

Strukturen hingegen klären Zuständigkeiten im Unternehmen. Während in den Anfängen der Unternehmensentwicklung Zuständigkeiten häufig auf Zuruf und auf der Basis persönlicher Verfügbarkeit geklärt werden, wird dies mit zunehmender Unternehmensgröße immer schwieriger. Klare Zuständigkeiten reduzieren Komplexität insofern, als dass jederzeit klar ist, wer heute und morgen welche Verantwortung trägt. Strukturen bilden sich horizontal, zwischen den Mitarbeitern aus. Die möglichen Folgen sind funktionale oder produktbezogene Abteilungen, Teams, Rollen, Cluster oder gar Silos je nach organisationalem Verständnis. Darüber hinaus bilden sich vertikal Strukturen mit entsprechenden Führungsebenen heraus. Das sagt noch nichts darüber aus, wie Führung gelebt wird. Auch in höchst agilen Organisationen gibt es Hierarchien, wie wir später noch sehen werden.

Strategische Managementsysteme

Für manche Organisationen reicht es zum erfolgreichen Funktionieren aus, Regeln und Strukturen zu haben und diese entsprechend einzuhalten. Man denke hier beispielsweise an Behörden, Schulen oder Vereine. Sobald sich aber ein Unternehmen in einem dynamischen Marktumfeld behaupten muss, wird die bloße Einhaltung von Regeln und Strukturen nicht mehr ausreichen. Und dies gilt heute wohl für alle Unternehmen. Auch kleine Unternehmen befinden sich in einem dynamischen Umfeld, erleben dieses häufig sogar noch intensiver als die großen Wettbewerber. Sie können aber schneller und direkter agieren, nicht zuletzt aufgrund der Präsenz des Gründers. Größere Unternehmen in einem dynamischen Umfeld hingegen setzen auf bestehende (meist statische) Regeln und Strukturen noch eine weitere Ebene drauf. *Strategische Managementsysteme* entstehen.

Viele Jahre konnte sich beispielsweise das Personalmanagement auf die Einhaltung von Regeln und Strukturen zurückziehen. Pure Verwaltung, das war in Ordnung. Und weil die Einhaltung von Regeln häufig mit Rechtmäßigkeit zu tun hat wurden Leitungspositionen im HR meist von Juristen besetzt. Spätestens mit dem Aufkommen des Wettbewerbs um Talente entstanden umfassende Managementsysteme – Talent Management oder Talent Relationship Management. Damit nicht genug. Heute kennen wir Kompetenzmanagement, Performance Management, Diversity Management, Change Management, Health Management. Lange Jahre studierten Studenten der Betriebswirtschaft „Business Administration", was man mit „Betriebsverwaltung" übersetzen könnte. Heute sprechen wir lieber von „Business Management" und neben den Klassikern, wie Rechnungswesen, Kosten-Leistungs-Rechnung lernen Studenten Customer Relationship Management, Supply Chain Management, Strategisches Management usw.

Strategisches Management setzt sich mit der Frage auseinander, wie sich ein Unternehmen in einem dynamischen Markt positionieren muss und entsprechende strategische Prioritäten im Unternehmen erfolgreich, zielorientiert umsetzen und steuern kann. Auch die konzeptionelle Ausrichtung der strategischen Managementsysteme folgt den kulturellen Werten des Unternehmens. Insofern findet auch auf dieser Ebene eine Institutionalisierung statt, bei der Kultur in gewisser Weise reproduziert wird. Ein Unternehmen, das auf Kontrolle und Misstrauen basiert, wird seine Managementsysteme anders gestalten als ein Unternehmen, das auf Vertrauen aufgebaut ist.

Hierarchische und agile Entwicklung

Diese eben beschriebene Entwicklung verläuft je nach Unternehmen qualitativ unterschiedlich. Gründer unterscheiden sich in ihrer Haltung. Entsprechend unterschiedlich bilden sich Kulturen in Unternehmen aus, die in Regeln, Strukturen und Managementsysteme institutionalisiert werden. Neben den bereits bekannten Phasen der Unternehmensentwicklung zeigt ◘ Abb. 2.1 daher zwei unterschiedliche Hemisphären innerhalb derer sich die Entwicklung eines Unternehmens vollziehen kann, die hierarchische und die agile Hemisphäre.

Die obere Hemisphäre deutet auf eine traditionelle Organisation hin, die nach Stabilität strebt. Hier geht es darum, Verantwortung in der Unternehmensspitze zu bündeln. Vermutlich wird sich die Mehrheit der Unternehmen auf dieser Seite wiederfinden. Die untere Hemisphäre deutet eine agile Organisation an. Hier wird Verantwortung dezentral in Netzwerken geteilt. Diese Unter-

2

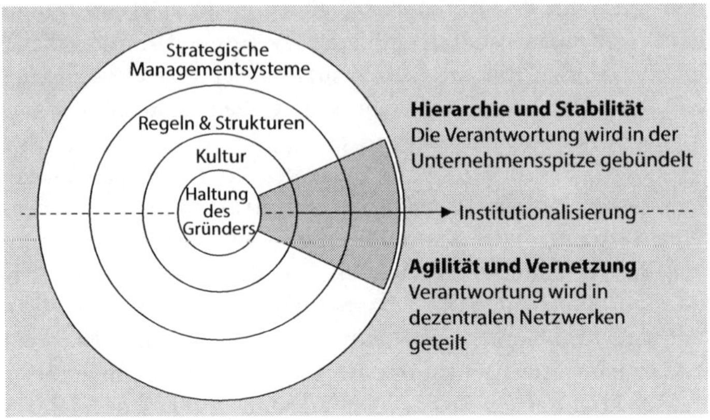

Abb. 2.1 Die Ebenen der Unternehmensentwicklung innerhalb zweier gegensätzlicher Hemisphären

scheidung wird uns im weiteren Verlauf des Buches noch intensiv beschäftigen. Zunächst zur hierarchischen Hemisphäre.

Die hierarchische Hemisphäre

Hierarchische Organisationen haben nicht selten einen patriarchalischen Gründer. Von Anfang an herrscht die Haltung, wonach der Chef das Sagen hat. Die Mitarbeiterinnen und Mitarbeiter wissen das und haben das bereits in den ersten Tagen Ihrer Beschäftigung gelernt. Entsprechend werden Entscheidungen immer „oben" gefällt, entweder durch den direkten Vorgesetzten, die nächsthöhere Führungskraft, oder auf noch höher angesiedelten Ebenen der Hierarchie. Sobald ab einer gewissen Größe Regeln und Strukturen entstehen weisen diese einen bestimmten Charakter auf. Regeln entziehen den Mitarbeitern Verantwortung und vermitteln unmissverständlich, wie in einer bestimmten Situation zu handeln ist. „Reisekosten müssen durch den direkten Vorgesetzten genehmigt werden". „Es gilt Anwesenheitspflicht". „Urlaube werden durch den nächsthöheren Vorgesetzten genehmigt". Hier dominieren jene Prinzipien, die Max Weber bereits vor fast hundert Jahren in seinem Bürokratiemodell beschrieben hat: Arbeitsteilung, Befehlsgewalt, Hierarchie, Regelgebundenheit und Aktenmäßigkeit (Kieser 2005).

In hierarchischen Organisationen gilt das Prinzip der Arbeitsteilung. Mitarbeiter sind aufgefordert, sich auf ihre jeweils zugeordnete Aufgabe zu konzentrieren. Eine Orientierung nach links oder rechts innerhalb der Wertschöpfungskette ist explizit nicht vorgesehen. Die Bezeichnungen „Abteilung" oder „Division" sind wörtlich gemeint. Neben dieser horizontalen Teilung von Verantwortlichkeiten finden wir in etablierten Unternehmen eine vertikale Teilung von Befugnissen. Was die Zuständigkeit einer Stelle oder Organisationseinheit übersteigt, wird an die nächsthöhere Führungsebene weitergeleitet. Wenn beispielsweise ein Mitarbeiter im Marketingbereich vor der Entscheidung steht, ob eine Anzeige geschaltet werden soll, deren Veröffentlichung 20.000 Euro kostet und der Mitarbeiter nur bis 500 Euro entscheiden darf, dann gibt dieser Mitarbeiter diese Entscheidung an die nächste Ebene weiter. Wenn die nächste Ebene nur bis 5000 Euro entscheiden darf, geht die Sache noch eine Ebene höher. Dies geht so lange, bis die Schwere einer Entscheidung mit der Befehlsgewalt einer Führungsebene korrespondiert. Alle Pflichten, Verantwortlichkeiten, Befehlsgewalten sind in einer Hierarchie nach dem Prinzip der Über- und Unterordnung sortiert und strukturiert. Oben sticht Unten. Entsprechend gibt es Befehlswege von oben nach unten und so genannte Dienstwege von unten nach oben.

Hierarchische Organisationen versuchen, Macht und Verantwortung möglichst weit oben in der Pyramide zu bündeln. Das obere Management ist sozusagen der Kopf des Unternehmens. Regeln sind dazu da, die Vorstellungen der Unternehmensleitung über korrektes Verhalten nach unten zu tragen und eigene Befugnisse zu sichern. „Warum wir das so machen? Weil ich das so sage!". Ähnliches gilt für Managementsysteme. Sie sind dazu da, die Unternehmensleitung zu befähigen. Über Managementsysteme erhält die Führung des Unternehmens „Durchgriff" auf die Organisation. Zugleich liefern Managementsysteme die Informationen, die auf höheren Ebenen für weitere Entscheidungen beansprucht werden. Entscheidungen werden dann kaskadisch nach unten transportiert, wo arbeitsteilig organisierte Mitarbeiter ihre Weisung empfangen. Die Summe der Einzelleistungen ergibt jene Produkte oder die Dienstleistungen, die dann an die Kunden geliefert werden. Über entsprechende Feedbacksysteme, wie Kundenbefragungen oder über die Entwicklung des Umsatzes erhalten Top-Entscheider eine Rückmeldung, die sie dann wiederum zu adaptierenden Entscheidungen veranlassen könnte. Eine vereinfachte Darstellung dieses hierarchischen Zyklus aus Entscheidung, Weisung und Feedback liefert ◘ Abb. 2.2.

Eine direkte Zusammenarbeit zwischen den Mitarbeitern unterschiedlicher Abteilungen ist in hierarchischen Organisationen nicht explizit vorgesehen, auch wenn sie informell durchaus stattfinden mag. Dasselbe gilt für den direkten Kontakt und Austausch mit den Kunden des Unternehmens. Mitarbeiter, Teams und Abteilungen sehen sich eher übergeordneten Instanzen verpflichtet als benachbarten Abteilungen.

Unternehmen, die sich in ihrer Entwicklung innerhalb der hierarchischen Hemisphäre bewegen, haben einen zentralen Vorteil. Entscheidungen in der Unternehmensspitze können schnell umgesetzt und deren Fortschritt kontrolliert werden. Das Wort des CEO hat Gewicht und ist Auslöser für entsprechendes Verhalten im gesamten Unternehmen. Die zunehmende Komplexität im und außerhalb des Unternehmens zwingen hierarchisch denkende Unternehmen andererseits dazu, immer komplexere Regeln, Strukturen und Managementsysteme auf die Beine zu stellen. In

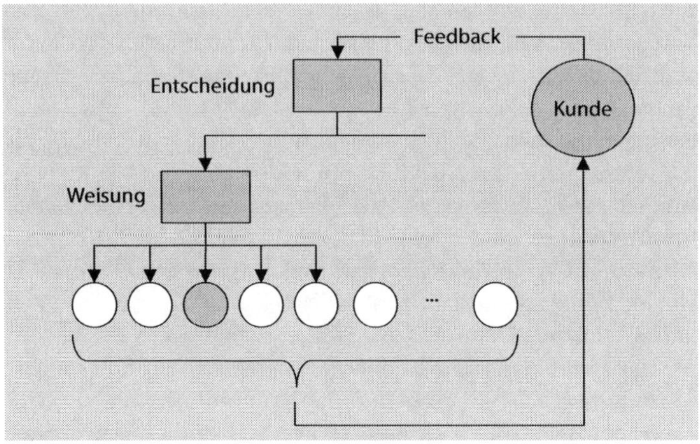

■ **Abb. 2.2** Zyklus aus Entscheidung, Weisung und Feedback in hierarchischen Organisationen. (Trost 2015, S. 151; © Wiley-VCH Verlag GmbH & Co. KGaA. Reproduced with permission)

manchen Unternehmen gewinnt man zunehmend den Eindruck, die Mitarbeiter und Führungskräfte würden mehr Energie darauf verwenden, bestehende Managementsysteme zu füttern als sich um die Belange der Kunden zu kümmern. Das Aufrechterhalten oder Betreiben von Managementberichten, Balanced Scorecards, KPIs in Management-Cockpits, internen und externen Audits, jährlichen Mitarbeitergesprächen, Budgetrunden, Planungs-Meetings etc. macht zwar viel Mühe und kostet Zeit, ist aber im eigentlichen Sinne keine Arbeit. Arbeit ist nur dann Arbeit, wenn sie zu einer Wertschöpfung führt, die vom Kunden honoriert, nachgefragt und entsprechend bezahlt wird.

Die agile Hemisphäre

Unternehmen die in der agilen Hemisphäre ihre Entwicklung durchlaufen weisen gänzlich andere Regeln, Strukturen und Managementsysteme auf. Auch hier ist die Entwicklung auf die zugrunde liegende Haltung des Gründers und die Unternehmenskultur zurückzuführen. Sie führen aber in der Praxis zu anderen Ergebnissen. Eines der zentralen Prinzipien dieser Hemisphäre besteht darin, möglichst viel Verantwortung auf Seiten der Mitarbeiter und der Teams zu belassen. Durch Institutionalisierung wird diese Eigenverantwortung nicht nur gefordert sondern auch gestärkt. In hierarchischen Unternehmen müssen Mitarbeiterinnen und Mitarbeiter vor einer Reise die Führungskraft um Genehmigung bitten. Dadurch wird den Mitarbeitern Verantwortung entzogen. Ihre einzige Verantwortung besteht darin, die Regel an sich einzuhalten. In agilen Organisationen entscheiden Mitarbeiter selbst. Um die Eigenverantwortung zu stärken, müssen Mitarbeiter beispielsweise 5 % der Reisekosten aus eigner Tasche bezahlen (dafür bekommen sie ein höheres Fixgehalt). Oder alle Reisekosten werden in einem internen Portal für alles sichtbar angezeigt. Verschwenderisches Verhalten kann dann durchaus zu Konflikten führen. Entweder man steht die Konflikte durch oder passt sein Verhalten an. Agilität heißt also nicht, dass es keine Regeln gäbe. Das Gegenteil ist der Fall. Der Unterschied besteht darin, wie die Regeln gestaltet sind und was sie am Ende bewirken. Scrum beispielsweise ist eine agile Methode um Projekte durchzuführen, die auf sehr klaren, umfangreichen Regeln basieren. Es scheint wichtig, hier explizit darauf hinzuweisen, weil aus hierarchischer Sicht agile Organisationen häufig als anarchisch bzw. chaotisch interpretiert werden.

Regeln zweiter Ordnung (der Umgang mit Regeln an sich) sind in hierarchischen Unternehmen meist simpel. „Im Zweifel entscheidet der Chef", wenn nötig nach harter Verhandlung mit dem Betriebsrat. In agilen Organisationen beschreiben Regeln zweiter Ordnung meist demokratische Prozesse. Mitarbeiter entscheiden selbst und nicht selten nach aufreibenden Diskussionen, wie sie zukünftig mit bestimmten Situationen umgehen wollen. Auch hier muss auf einen weit verbreiteten Mythos hingewiesen werden. Hierarchisch sozialisierte Menschen interpretieren den Umgang in agilen Organisationen häufig als „Kuschelkurs", weil es ja keine „harte Hand" gibt, die ab und an „durchgreift". Auch hier verhalten sich die Dinge genau umgekehrt. Dinge auszufechten, Meinungen zu vertreten, Konflikte auszutragen wird in agilen Organisationen als Teil der Intelligenz und Motivation interpretiert. Das ist zuweilen hart und nicht jedermanns Sache. Wer das nicht aushält oder zu wenig Rückgrat hat, könnte in hierarchischen Organisationen besser aufgehoben sein, dort „wo Papa sagt, wo's lang geht".

Auch agile Organisationen haben Strukturen. Allerdings funktionieren sie nach anderen Prinzipien. Während sich in hierarchischen Organisationen die Mitarbeiter und Teams primäre der nächst höheren Ebene verpflichtet fühlen sehen sich die Akteure agiler Unternehmen vor allem ihren Kollegen, den benachbarten Teams und den Kunden gegenüber verpflichtet. Entsprechend durchlässiger sind sie in Bezug auf die laterale Zusammenarbeit und Kommunikation. Anstatt hart und statisch definierter Stellen und voneinander abgrenzender Silos finden sich in agilen Organisationen überlappende Rollen, Cluster, Projekte, die sich über die Zeit hin an gegebene Anforderungen adaptieren. Selbst dann, wenn es so genannte *Ab*teilungen gibt, gestalten sich diese deutlicher offener gegenüber benachbarten Abteilungen entlang der Wertschöpfungskette. Entsprechend viel Aufwand wird in solchen Unternehmen dahingehend betrieben, allen Akteuren zu jedem Zeitpunkt die Transparenz zu bieten, die nötig ist, um zu verstehen, wer sich aktuell womit beschäftigt.

Agile Unternehmen lassen sich bei der Entwicklung von Managementsystemen von der Frage leiten, was miteinander vernetzte Teams und deren Mitarbeiter benötigen, um erfolgreich

2

zu sein. Es wird also nicht nichts unternommen. Institutionalisierung hat vielmehr zum Ziel, die Akteure im Unternehmen zu befähigen – Alle, nicht nur das Management.

Vernetzte Märkte erfordern vernetzte Organisationen

Fische sind lebensfähig, weil sich in der Beschaffenheit ihrer Flossen und Schuppen, die Beschaffenheit des Wasser widerspiegelt. Vögel können fliegen, weil ihre Flügel und Federn ein perfektes Abbild der Beschaffenheit der Luft darstellen. Das Auge kann sehen, weil es in seinem Aufbau der Natur des Lichtes entspricht. Diese Beispiele aus der Natur zeigen, wie im Sinne der Evolutionstheorie natürliche Wesen deshalb überlebensfähig wurden, weil sie sich der Beschaffenheit ihrer unmittelbaren Umgebung angepasst haben. Sie wurden ein Spiegelbild ihrer Umwelt.

Greift man diese Analogie auf, so liegt die Annahme nahe, dass Unternehmen vor allem dann wettbewerbsfähig sind und bleiben, wenn sie sich an die Beschaffenheit der Märkte anpassen. Diese Märkte erfahren wiederum das, was wir als *digitale Transformation* bezeichnen. Digitale Transformation ist nicht etwas, was jemand macht oder vorantreibt. Digitale Transformation ist auch nicht gleichzusetzen mit unternehmensinternen Veränderungen, die im Zuge der Digitalisierung stattfinden. Digitale Transformation ist eine weltweite Veränderung der Märkte und der Gesellschaften in Folge digitaler Technologien und neuer Geschäftsmodelle. Sie kommt sozusagen über uns, wie einst die Industrielle Revolution vor über hundert Jahren. Beteiligt sind daran fast alle Akteure der Wirtschaft, Politik und Gesellschaft. Niemand steuert diese Entwicklung. Sie ist vielmehr ein Phänomen, das schlichtweg passiert.

Ein zentraler Aspekt dieser digitalen Transformation – der unternehmerischen Umwelt – ist die zunehmende Vernetzung von fast allem, von Menschen, Maschinen, Unternehmen, Lieferanten, Institutionen, Dingen gepaart mit verteilter und dezentraler, künstlicher Intelligenz. In der Tat werden eigenen Gesprächen und Beobachtungen zu Folge immer mehr traditionelle Unternehmen unruhig. „Sind wir in Bezug auf unsere Führung und Organisation noch richtig aufgestellt um mit der digitalen Transformation mitzuhalten?" ist eine Frage, die in zahlreichen, oberen Etagen immer lauter und ernsthafter diskutiert wird. Vermutlich ist es richtig, sich diese Frage zu stellen. Zweifel an traditionellen, hierarchischen Regeln, Strukturen und Managementsystemen werden zunehmend spürbar. Zwar ist man als hierarchisches Unternehmen sehr schnell im Fällen strategischer Entscheidungen. Die operative Umsetzung erweist sich aber nicht selten aufgrund endloser Entscheidungsprozesse als unfassbar kundenfremd und langsam. Zudem zahlt man den hohen Preis, geringer Mitarbeiterzufriedenheit, eingeschränkten Engagements, von Sinnentfremdung und limitierter Lernchancen. Möglicherweise sind diese traditionellen Ansätze nicht mehr in der Lage, der komplexen und dynamischen Wirklichkeit gerecht zu werden.

Sollten Unternehmen auf die sich ändernde äußere Wirklichkeit also nicht mit einem internen Abbild antworten? Vermutlich erfordern vernetzte Märkte auch vernetzte Organisationen. Damit ist nicht nur die Vernetzung zwischen Organisationen gemeint, sondern vor allem die interne Vernetzung verteilter Intelligenz innerhalb Unternehmen. Nichts anderes beschreibt das, was man heute unter der agilen Organisation versteht.

Bis zu Stelle in diesem Buch ging es einerseits um die Entwicklung von Unternehmen und andererseits um die hierarchische und agile Hemisphäre. HR wurde dabei kaum gestreift, weil zunächst einige Grundlagen zum organisationalen Umfeld aufgezeigt werden mussten. Im nun folgenden Abschnitt werden die bisherigen Überlegungen auf HR übertragen.

2.2 HR-Spielarten innerhalb des HR-Spielfelds

Bereits in ◘ Abb. 2.1 wurden die verschiedenen Phasen der Unternehmensentwicklung sowie die beiden Hemisphären grafisch skizziert. In derselben Abbildung findet sich ein (grau schraffiertes) Dreieck, das für die weiteren Überlegungen ausreicht, weil sich in ihm alle relevanten Dimensionen wiederspiegeln, nämlich der Grad der Institutionalisierung sowie die agile und hierarchische Hemisphäre. Übertragen auf HR ergibt sich das in ◘ Abb. 2.3 dargestellte, so genannte *HR-Spielfeld*, das ich nicht selten auch als das HR-Dreieck bezeichne.

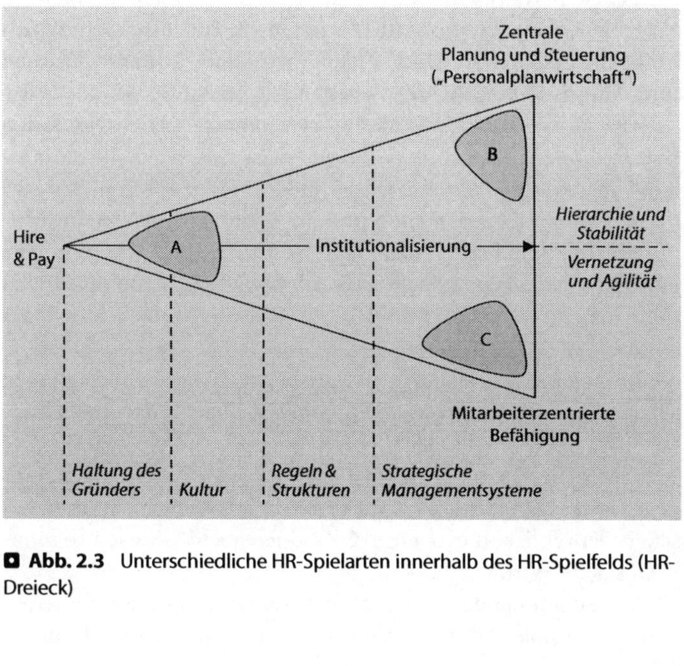

◘ **Abb. 2.3** Unterschiedliche HR-Spielarten innerhalb des HR-Spielfelds (HR-Dreieck)

Dieses HR-Dreieck spiegelt ein äußerst zentrales Konzept wider. Neben den bereits bekannten Phasen der Institutionalisierung besteht das HR-Spielfeld aus drei extremen Eckpunkten. Diese symbolisieren drei extreme *HR-Spielarten* auf der Basis der bisherigen Überlegungen. Eine Spielart (A) ohne jegliche Form der Institutionalisierung wird hier als *Hire & Pay* bezeichnet, eine sehr einfache Form des HR, die man auch als „Personaldarwinismus" umschreiben könnte. Die Spielart (B) *Zentrale Planung und Steuerung* steht für eine HR-Spielart mit stark institutionalisiertem, hierarchischen Charakter. Man könnte diesen Ansatz auch als „Personalplanwirtschaft" bezeichnen, was weiter unten noch erläutert wird. Dem steht (C) eine *mitarbeiterzentrierte Befähigung* gegenüber, die mit einem agilen Organisationsverständnis kompatibel ist. Im Folgenden werden die drei Extreme des HR-Spielfelds ausführlicher dargestellt. Dabei wird davon ausgegangen, dass sich das aktuelle aber auch das angestrebte HR eines jeden Unternehmens irgendwo in diesem Spielfeld verorten lässt.

Hire & Pay und Darwinismus

Gerade in kleinen und mittelständischen Unternehmen (KMU) kann man eine HR-Spielart finden, bei der Mitarbeiterinnen und Mitarbeiter irgendwie eingestellt (Hire) und anschließend fair bezahlt (Pay) werden. Nicht mehr und nicht weniger. CEOs dieser Unternehmen berichten gerne davon, dass sie „das alles", was es im Personalmanagement heute an modernen Ansätzen gibt schlichtweg nicht bräuchten. Mitarbeitergespräche braucht man nicht; schließlich wird täglich miteinander gesprochen und vor allem dann, wenn es nötig ist. Eine systematische Personalentwicklung braucht man nicht. Wenn Mitarbeiter herausfordernde Aufgaben bewältigen, kann man Lernen gar nicht vermeiden. Variable Gehaltsysteme braucht man nicht. Das führt nur zu unnötigen „Reibereien". Und solange man seine Mitarbeiterinnen und Mitarbeiter „ordentlich" behandelt braucht man auch keine Arbeitgebermarke. Wozu ein Talentmanagement? Die Besten finden ihren Weg auch von alleine, sonst sind sie nicht die Besten – „the cream always comes to the top". Wozu Regeln, solange man miteinander reden kann und die Leute im Interesse des Unternehmens handeln? Problematische Situationen, wie schwache Leistung, schlechtes Verhalten wird dann fallweise und persönlich thematisiert, wenn sie auftreten. So, oder so ähnlich klingt das dann.

Immer, wenn ich diesen Ansatz beispielsweise auf Vorträgen skizziere erntet er durchweg Sympathie. Vielleicht macht sich hierbei auch eine Art Überdruss gegenüber aufwendig erscheinender Managementsysteme bemerkbar? Der Ansatz klingt schlank, einfach, kostet kein Geld, setzt auf Eigenverantwortlichkeit und zwischenmenschlichen Umgang. „Geht doch auch", höre ich so manchen sagen. Wirklich?

Mit zunehmender Unternehmensgröße und damit einhergehender Komplexität und mangelnder Überschaubarkeit fühlen sich Unternehmen mit „Hire & Pay" zunehmend unwohl. Spätestens dann, wenn ohne Ankündigung eine Schlüsselposition aufgrund von Krankheit, Tot oder freiwilliger Kündigung vakant wird, ruft der CEO seinen Personalleiter zu sich und fragt, wer denn nun der geeignete Nachfolger sein könnte. „The cream always comes to the top" eignet sich dann denkbar schlecht als Antwort. In Zukunft will man vorbereiteter sein. Ein neues Managementsystem könnte dann die Folge sein.

Institutionalisierung und HR-Amplitude

Nun wandern viele Unternehmen im Zuge ihrer Entwicklung vom linken Spielrand (Hire & Pay) nach rechts und intensivieren das Ausmaß ihrer Institutionalisierung, mehr Regeln, Strukturen, Prozesse, Systeme, Kennzahlen etc. „mehr HR". Man kann dieses Maß an Institutionalisierung auch *HR Amplitude* nennen. Nun gibt es aber zwei Richtungen, in die ein Unternehmen grundsätzlich gehen kann. Ein Unternehmen, das seine Unternehmensspitze stärken will wird in die obere rechte Ecke marschieren (zentrale Planung und Steuerung). Unternehmen aber, die auch trotz zunehmender Komplexität und Wachstum auf Eigenverantwortung, Agilität und Vernetzung setzen, werden sich in die rechte untere Ecke bewegen (mitarbeiterzentrierte Befähigung). Die erste Alternative wird im nun folgenden Abschnitt erläutert.

Personalplanwirtschaft

Es gibt im HR ein sehr verbreitetes Verständnis in Bezug auf das, was HR macht und wofür jene Kolleginnen und Kollegen verantwortlich sind, die aus einer HR-Funktion heraus agieren. Fast jeder Student, der sich irgendwann mit HR auseinandersetzen muss oder darf, lernt dieses Verständnis. Demnach wird im HR sichergestellt, dass sich *zum richtigen Zeitpunkt, die richtigen Mitarbeiter am richtigen Platz* befinden – eine Interpretation, die auf einem äußerst hierarchischen, statischen Verständnis basiert. Demnach muss man die richtigen Mitarbeiter auswählen, sie adäquat bezahlen, sie entwickeln, versetzen, halten und motivieren, so lautet zumindest die verbreitete Lehrbuchmeinung (Scholz 2014). Eine zentrale, dafür verantwortliche Einheit im Unternehmen tut etwas mit der menschlichen Ressource, um am Ende die Leistung zu erzielen, die man als Unternehmen anstrebt.

Nun konnte in den vergangenen Jahren gerade in großen Unternehmen eine zunehmende Professionalisierung festgestellt werden, insbesondere auf der Ebene der strategischen Managementsysteme, weltweit. ◘ Abb. 2.4 zeigt eine vereinfachte Übersicht über die wesentlichen Bausteine und deren Verknüpfung in einem modernen HR, das nach dem Prinzip zentraler Planung und Steuerung gedacht ist.

Ausgangspunkt ist eine Aufbauorganisation mit hierarchischer Über- und Unterordnung und horizontaler Arbeitsteilung. Darin werden unterschiedliche Jobs und Positionen differenziert. Die Jobs an sich werden in einer allgemeinen *Jobarchitektur* strukturiert – Junior-Marketing-Expert, Einkäufer, Key Account Manager, Junior Software Developer, Senior Software Deve-

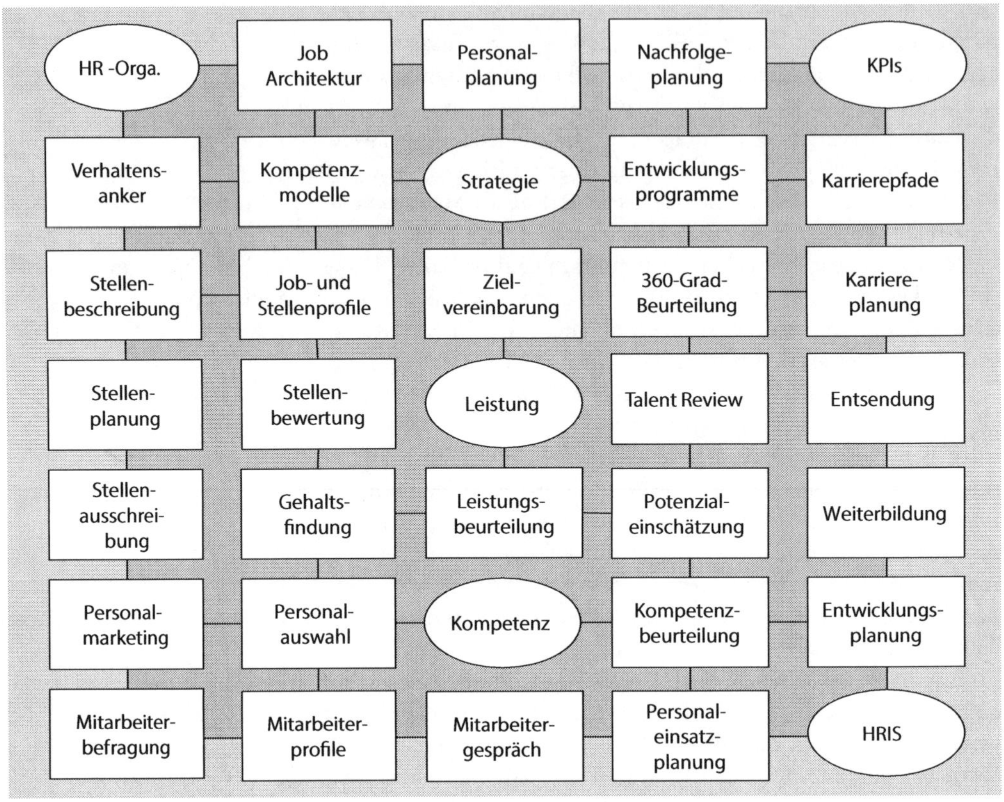

Abb. 2.4 Zentrale Planung und Steuerung in ihrer vollen Ausbaustufe

loper usw. Parallel gibt es *Kompetenzmodelle*, die unterschiedliche Sets von Fähigkeiten beschreiben, die für eine erfolgreiche Aufgabenerfüllung erforderlich sein können (Problemlösefähigkeit, Teamfähigkeit, Kommunikation usw.). Damit man die unterschiedlichen Levels der jeweiligen Kompetenzen objektiver interpretieren kann, gibt es so genannte *Verhaltensanker*, die anhand distinkter Verhaltensmuster beschreiben, was die unterschiedlichen Levels von „Anfänger" bis „Experte" bedeuten. Verheiratet man Kompetenzmodelle mit unterschiedlichen Jobs und bestimmt die erforderlichen Kompetenzausprägungen ergeben sich daraus *Job- bzw. Stellenprofile*, die schließlich jeder Position im Unternehmen zugeordnet werden. Diese Stellenprofile sind ein wesentlicher Teil der *Stellenbeschreibungen* und eine wichtige Grundlage für die *Stellenbewertung*. Die Stellenbewertung liefert Auskunft darüber, wie viel Verantwortung mit einem bestimmten Job verbunden ist. Damit ist sie eine wichtige Orientierungsgrundlage für die *Gehaltsfindung* entsprechend einer allgemeinen Gehaltstruktur, die darlegt, welches Gehaltsband mit welcher Stellenbewertung (Eingruppierung) korrespondiert. Die

Stellenbeschreibung ist aber auch eine wichtige Grundlage für die *Stellenplanung*: wann benötigen wir wie viele Vollzeitkräfte an welcher Stelle? Aus der Stellenbeschreibung lässt sich auch eine *Stellenausschreibung* ableiten. Sie ist wichtig für das *Personalmarketing* und die nachfolgende *Personalauswahl*, bei der geprüft wird, inwieweit ein Bewerber, ein Kandidat die im Stellenprofil definierten Anforderungen gerecht wird. Um beim Personalmarketing überzeugend zu wirken bedient man sich im Sinne eines Employer Branding den Erkenntnissen der jährlich durchgeführten *Mitarbeiterbefragung*. Das Ergebnis all dieser Bemühungen im Recruiting ist die erfolgreiche Besetzung der Stellen mit Mitarbeitern. Die Mitarbeiter an sich weisen bestimmte, individuelle *Mitarbeiterprofile* auf. Auch diese basieren auf den bereits genannten Kompetenzmodellen und sollten so weit wie möglich mit den Stellenprofilen übereinstimmen, was nicht immer gelingt: die „richtigen" Mitarbeiter mit der „richtigen" *Kompetenz*. Welche Kompetenzen wann, an welcher Stellen benötigt werden ergibt sich in letzter Konsequenz aus der *Strategie*. Eine langfristige Aussage über die zukünftigen, zum Teil langfristigen Personalbedarfe liefert die (strategische) *Personalplanung*: Wie viele Mitarbeiter mit welchen Kompetenzen werden in den kommenden Jahren benötigt? Damit die übergeordnete Strategie ihren Weg von „oben" bis zu jedem einzelnen Mitarbeiter findet, werden (jährliche) *Zielvereinbarungen* durchgeführt. Zielvereinbarungen sind der Transmissionsriemen zwischen den hierarchischen Ebenen der Organisation. Hier wird bestimmt, welche *Leistung* von einem Mitarbeiter in einem definierten Zeitraum erbracht werden soll. Meist zwölf Monate nach der Zielvereinbarung findet dann die *Leistungsbeurteilung* statt. Beides, die Zielvereinbarung und die Leistungsbeurteilung sind Teil des (formalen) *jährlichen Mitarbeitergesprächs*, einem Instrument, das klaren Regeln, Formen, Zyklen und Verantwortlichkeiten folgt. In diesem Zusammenhang findet nicht selten eine regelmäßige *Kompetenzbeurteilung* der Mitarbeiter statt. Diese Kompetenzbeurteilung wiederum ist eine wesentliche Grundlage für die *Personaleinsatzplanung*, einer meist operativen, eher kurz- und mittelfristigen Prozedur, die Aufschluss darüber bringt, wer wann was tun soll bzw. irgendwann tun könnte. Hierbei geht es auch um die Frage der Beschäftigungsfähigkeit (Employability). Darüber hinaus hilft diese regelmäßige Kompetenzbeurteilung bei der persönlichen *Entwicklungsplanung*: mit welcher Form der *Weiterbildung* soll der Mitarbeiter welche Kompetenzen bis wann und in welchem Maße optimieren? Kombiniert man die Beurteilung der Kompetenzen und der Mitarbeiterleistung mit der *Potenzialeinschätzung*, dann ist das Unternehmen in der Lage, im Rahmen eines so genannten *Talent Review* so genannte Nachwuchskräfte (High-Potentials) zu identifizieren. Dies tun Manager meist in einer gemeinsamen, strukturierten, straff moderierten Runde. Im Anschluss an die Identifikation der talentiertesten Mitarbeiter werden deren Stärken, Schwächen, berufliche und persönliche Präferenzen eingehender in Betracht gezogen, was etwa im Rahmen einer langfristigen Entwicklungsplanung, unterstützt durch ein *360-Grad-Beurteilung* erfolgen kann. Bewaffnet mit den Erkenntnissen dieses intensiven Verfahrens ist HR nicht nur in der Lage, die Talente einem meist aufwendigen *Entwicklungsprogramm* zuzuführen. Vielmehr kann man diesen High-Potentials eine möglichst konkrete *Karriereplanung* anbieten: was müssen Sie tun, um von Ihrer heutigen Position auf Ihre Zielposition zu gelangen? Dabei helfen so genannte *Karrierepfade*. Sie beschreiben sehr genau, was die einzelnen Karriereschritte sind und mit welchen Anforderungen diese Schritte verbunden sind. Dabei wird zwischen Führungs-, Fach- und Projektlaufbahn unterschieden. Nicht selten ist für eine Nachwuchskraft die *Entsendung* in eine Niederlassung im Ausland als besondere Lernchance vorgesehen. Wird dieser Prozess von Beurteilung, Talentidentifizierung, Entwicklung möglichst genau verfolgt hat das Unternehmen jederzeit einen Überblick darüber, welche Nachwuchskräfte für welche Schlüsselposition wie reif sind. Die damit einhergehende Betrachtung und das Ziehen von Schlussfolgerungen sind wesentliche Teile der so genannten *Nachfolgeplanung*. All dies erfordert die kontinuierliche Generierung unfassbar umfangreicher Informationen durch unterschiedlichste Akteure im Unternehmen. Deren Verwaltung und intelligente Nutzung ist ohne ein entsprechendes *HR-Informationssystem (HRIS)* schlichtweg nicht denkbar. Hat man aber dieses System am Laufen birgt es die Chance, jederzeit Kennzahlen (*KPIs*, Kcy Performance Indicator) über fast alles im HR ziehen zu können. All dies erfordert eine ausgefeilte *HR-Organisation (HR-Orga)*. Sie ist zugleich der Betreiber dieser umfassenden HR-Maschine. Sie benötigt die gesamte Bandbreite an Instrumenten, Systemen, Prozessen, um ihrer Verantwortung gerecht zu werden: die richtigen Mitarbeiter zum richtigen Zeitpunkt am richtigen Platz.

Leser, die mit HR wenig zu tun haben werden sich fragen, ob es tatsächlich Unternehmen gibt, die diesen Ansatz in der vollen Ausbaustufe wirklich verfolgen. Die Antwort lautet: So gut wie alle großen Unternehmen haben diesen Ansatz in den vergangenen Jahren implementiert oder es zumindest versucht. Es gibt aber mindestens zwei Gruppen von Menschen, die sich in Ihrer Sichtweise auf diesen Ansatz unterscheiden. Die einen sehen darin die ultimative Vision eines State-of-the-Art-HR, professionell, integriert, vollständig. Die anderen hingegen verbinden damit Adjektive wie „bürokratisch“, „technokratisch“, „babylonisch“, „statisch“, „überladen“, „over-engineered“. Auf zunehmende Komplexität wird offenbar mit Kompliziertheit reagiert.

Wie bereits im Zusammenhang mit der Entwicklung von Unternehmen beschrieben, haben wir es hier mit einem prototypischen Beispiel dafür zu tun, wie ein Unternehmen durch Managementsysteme versucht, eine zentrale Einheit bzw. die Unternehmensspitze zu rationalem Handeln zu befähigen. Hier steht weniger der Mitarbeiter im Mittelpunkt sondern Bedarfe einerseits und HR andererseits als zentraler Akteur, der sicherstellen möchte, dass zum richtigen Zeitpunkt der richtige Mitarbeiter am richtigen Platz bereitsteht. Davon unterscheidet sich die nun folgende Alternative innerhalb des HR-Spielfelds – die mitarbeiterzentrierte Befähigung.

Dezentrale Mitarbeiterzentrierte Befähigung

Bei der mitarbeiterzentrierten Befähigung steht die Frage im Vordergrund, was Mitarbeiter, Teams und Netzwerke benötigen um eigenverantwortlich personalrelevante Herausforderungen meistern zu können. Hier bietet es sich an, unterschiedliche Herausforderungen und Fragestellungen entlang eines Mitarbeiterlebenszyklus genauer zu betrachten, angefangen beim Interesse eines Kandidaten oder eines Mitarbeiters, über die Beschäftigung bis hin zum Austritt aus einem Unternehmen und möglicherweise darüber hinaus.

Interessenten, Kandidaten oder Bewerber stellen sich Fragen, wie: „Warum soll ich in diesem Unternehmen arbeiten? Wie kann ich mich bewerben? Passt das Unternehmen zu mir? Was ist der aktuelle Status meiner Bewerbung?“. Sobald eine Person tatsächlich Mitarbeiter des Unternehmen ist, stellen sich möglicherweise die folgenden Fragen: „Was sind meine Stärken, meine Schwächen, Präferenzen und Begabungen? Wie kann ich zum Unternehmenserfolg beitragen? Wie teile ich mein Wissen, meine Ideen und meine Erfahrungen? Von wem kann ich das lernen, was ich akut benötige? Wie finde ich meine nächste Herausforderung im Unternehmen? Wie kann ich gute Leute für das Unternehmen empfehlen? Wie kann ich Kolleginnen und Kollegen Feedback geben? Wie kann ich Feedback einholen? Wie kann ich mich für spannende Projekte ‚ins Spiel bringen'? Wie kann ich Kollegen für gute Leistung belohnen? Wie kann ich mein berufliches und privates Leben in Einklang bringen? Wie gewinnen wir neue Mitarbeiter für unser Team oder Projekt? Wer kann meine Schicht übernehmen?“ Am Ende des Zyklus könnten Mitarbeiterinnen und Mitarbeiter dann mit folgenden Fragen konfrontiert sein: „Wie finde ich meinen Nachfolger und wie kann ich ihn vorbereiten? Wie schaffe ich einen reibungslosen Übergang, wenn ich das Unternehmen verlasse?“.

Anders als im Fall von Hire & Pay wird bei dieser Spielart HR-seitig *nicht* nichts getan. Was aber getan wird, erfolgt mit der Zielsetzung, die Mitarbeiter und Teams zur Eigenverantwortlichkeit zu befähigen. Dieser Unterschied sei anhand weniger Beispiele verdeutlicht. Hierfür stelle man sich vor, Unternehmen *A* würde auf Personalplanwirtschaft setzen, während Unternehmen *B* Befähigung vorzieht.

- Unternehmen A und B führen 360-Grad-Beurteilungen durch. In Unternehmen A erhält HR und das obere Management die

Ergebnisse, um besser beurteilen zu können, wie man mit dem entsprechenden Kandidat zukünftig verfährt. In Unternehmen B erhält nur die beurteilte Person die Ergebnisse. Sie sollen den Mitarbeiter bei seiner eigenen Einschätzung der Stärken und Schwächen befähigen. Eventuell erhält er einen Coach zur Seite gestellt.

- In Unternehmen A drängt die HR-Abteilung darauf, durch ein jährliches Mitarbeitergespräch sicher zu stellen, dass die Mitarbeiterinnen und Mitarbeiter wenigstens einmal im Jahr von ihren Führungskräften ein Feedback erhalten. In Unternehmen B gilt die Prämisse „Wer Feedback wünscht holt es sich". Von Seiten HR werden hierfür Instrumente, Plattformen, Apps oder Mitarbeitertrainings zum Thema „Feedback geben, Feedback einholen" angeboten.
- In Unternehmen A wird Gehalt als Entlohnung für geleistete Arbeit bezahlt. Das Unternehmen erkauft sich sozusagen eine Leistung für den Preis des zu zahlenden Gehalts. In Unternehmen B wird Gehalt als befähigende Voraussetzung für Arbeit gesehen. Der Mitarbeiter kann nur deshalb seine Leistung erbringen, weil sich sein Arbeitgeber um seine existenzielle Sicherheit kümmert.
- In Unternehmen A werden Mitarbeitern gezielt bestimmte Weiterbildungsmöglichkeiten verordnet, basierend auf zuvor erfolgten Kompetenzbeurteilungen. In Unternehmen B sind die Mitarbeiterinnen und Mitarbeiter nicht nur für die Identifikation ihrer Lernbedarfe selbst verantwortlich sondern auch dafür, diesen Bedarfen selbstgesteuert nachzukommen. Dafür haben sie eigene Budgets oder jederzeit und mobil Zugriffe auf virtuelle oder soziale Lernumwelten.

Während die Ansätze der zentralen Planung und Steuerung innerhalb der HR-Community hinlänglich bekannt sind und in zahlreichen Fachbüchern bereits beschrieben wurden, besteht im Falle mitarbeiterzentrierter Befähigung noch weitgehende Ahnungslosigkeit bis Unsicherheit. Im Rest dieses Buches wird es darum gehen, diese Lücke zu füllen. Darüber hinaus stellt sich für immer mehr Unternehmen die Frage, wie man ausgehend von einer zentralen Steuerung und Planung die Kurve hin zu mitarbeiterzentrierten Befähigung kriegt? Nicht selten bedeutet dies eine schmerzhafte Transformation.

Schmerzhafte Transformation

Kritik am Personalwesen gab es schon immer. Momentan erreichen die Bedenken an weit verbreiteten Praktiken des HR aber ein neues Niveau. Nun ist auf HR-Kongressen oder in der einschlägigen Blogger-Szene vielfach von „HR als Treiber der digitalen Transformation" die Rede. Personalabteilungen, die aber ungehindert HR-Management-Systeme im Sinne zentraler Planung und Steuerung ausbauen sind mehr Verhinderer als Treiber irgendeiner „digitalen Transformation". In Zeiten der Digitalisierung sind vermutlich jene Unternehmen besser dran, die dies erkennen. Diese Erkenntnis fällt besonders dann schwer, wenn in den vergangenen Jahren erheblich Energie in die Implementierung personalplanwirtschaftlicher Systeme gesteckt wurde. Man will gar nicht daran denken, wie viel Aufwand, Mühe und Zeit es kostet, in einem Unternehmen mit 10.000 Mitarbeitern und 500 Führungskräften ein jährliches Mitarbeitergespräch einzuführen. Wie viel Motivation kann ein Personaler nach solch einem Projekt haben, umfassende Änderungen an „seinem" Instrument vorzunehmen oder gar komplett den Stecker zu ziehen? Den Personalern sei an dieser Stelle in Erinnerung gerufen, dass sich aktuell ganze Branchen neu ausrichten müssen und dies zum Teil sehr schnell, radikal und umfassend. Denken wir nur an den Einzelhandel oder an die Automobilbranche. Vor diesem Hintergrund erscheint der Änderungsdruck im HR wohl eher als ein sanfter Druck.

Eigenen Beobachtungen zufolge wachsen die Zweifel im Zusammenhang mit zentraler Planung und Steuerung in immer mehr Unternehmen. Dieser Zweifel wird von zahlreichen Eindrücken aber auch von sachlichen Überlegungen und Argumenten gespeist:

- Können wir wirklich vorhersagen, welche Kompetenzen unsere Mitarbeiter in fünf oder zehn Jahren benötigen?
- Das „Babysitten" unserer Mitarbeiter führt zu mangelnder Eigenständigkeit und frisst unverhältnismäßig viele Ressourcen.
- Die Personalentwicklung rennt der technischen Entwicklung um Jahre hinterher. Dabei haben wir führende Experten im Unternehmen, die nur ihr Wissen teilen müssten.
- Unsere Talentmanagementsysteme reproduzieren den immer gleichen Führungskräftetyp. Müssten wir uns hier nicht viel mehr öffnen, um Innovationen mehr zuzulassen?
- Unsere Personalabteilung ist mit der Gewinnung rarer Fachkräfte und Spezialisten heillos überfordert. Dabei kennen unsere Leute gute Leute.
- Unsere auf individuelle Leistung fokussierenden Anreizsysteme führen vor allem zu Demotivation und internem Wettbewerb. Zukünftig bräuchten wir aber genau das Gegenteil.
- Die Vielzahl Zeit raubender Managementsysteme nicht nur im HR sondern auch darüber hinaus (Budgetrunden, Audits etc.) lässt immer weniger Raum, sich um Kundenbedürfnisse zu kümmern.

Die Liste ließe sich über mehrere Seiten hinweg erweitern. Eine eher mitarbeiterzentrierte Befähigung könnte ein Ausweg darstellen. Egal mit welchen Unternehmen ich spreche, sie zeigen mir innerhalb des HR-Spielfelds fast immer die in ◘ Abb. 2.5 dargestellte Konstellation.

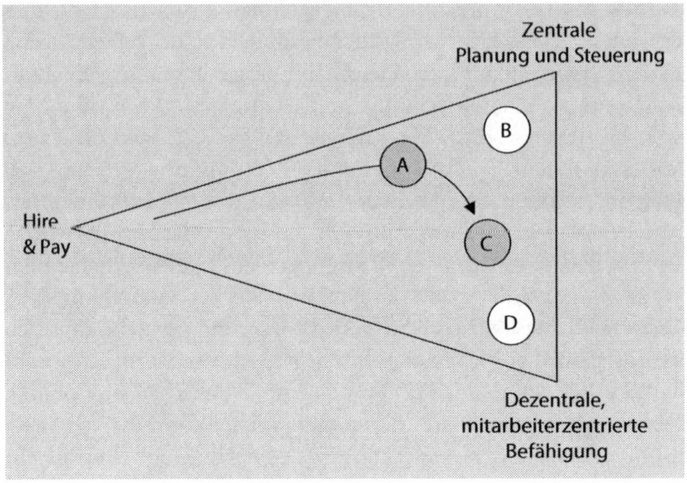

Abb. 2.5 Gegenwärtige und angestrebte Spielart im HR

Die aktuelle Situation wird mit *A* angezeigt. Nicht selten wird berichtet, man sei gerade dabei, sich in Richtung *B* zu bewegen, was man aber in Anbetracht aktueller Entwicklungen eigentlich nicht mehr will. Häufig wird dies in Verbindung mit der Implementierung einer neuen HR-Software begründet. Tatsächlich verkaufen die meisten HR-Softwareanbieter einen eher personalplanwirtschaftlichen Ansatz. Die nahe Zukunft müsste eher *C* sein. Aus Sicht vieler Personalleiter und Geschäftsführer wäre *C* das mittelfristige Ziel. Manche sehen die langfristige Zukunft am besten durch *D* repräsentiert. Kennzeichnet für diese Transformation ist nicht die Rückkehr zu Hire & Pay sondern eine Veränderung institutionalisierter, struktureller Rahmenbedingungen basierend auf einer sich ändernden Grundhaltung und Unternehmenskultur.

Hierbei deutet sich ein Henne-Ei-Problem an. Müsste man nicht zuerst die Unternehmenskultur und die Haltung der Unternehmenslenker ändern, damit geänderte strukturelle Bedingungen eine Aussicht auf Erfolg haben? Man erinnere sich hier an das fast inflationär gebrauchte Zitat „Culture eats strategy for breakfast", das dieser Tage fälschlicherweise gerne auf Peter Drucker zurückgeführt wird. Umgekehrt können sich ändernde, kulturelle Werthaltungen nur dann glaubhaft vermittelt werden, wenn die strukturellen Bedingungen mit diesen einhergehen. Für einen CEO lohnt es nicht, Vertrauen zu predigen solange jede erdenkliche Reiseaufwendung vom nächsthöheren Vorgesetzten abgesegnet werden muss. Am Ende bewerten Mitarbeiter die Dinge nicht daran, was „oben" gesagt wird, sondern daran, wie konkret entschieden und gehandelt wird.

In diesem Buch vertrete ich die Hypothese, dass Verhalten in Organisationen vor allem durch eine Veränderung struktureller, institutioneller Bedingungen erfolgen kann (siehe auch ▶ Kap. 13).

Will man Eigenverantwortung, Teamwork und Vielfalt, dann sollte man die Strukturen im Unternehmen entsprechend gestalten. Auch wenn aus geänderten Strukturen nicht unmittelbar ein verändertes Verhalten resultiert, so ermöglicht man es zumindest und sendet an die Mitarbeiterinnen und Mitarbeiter ein entsprechendes Signal. Setzt man aber ausschließlich oder in erster Linie an den kulturellen Bedingungen an, werden diese Bemühungen aufgrund alter, nicht-kompatibler struktureller Bedingungen bereits im Keim erstickt. Sozialpsychologische Erkenntnisse unterstützen diese Sichtweise. Dort gab es schon seit Jahrzehnten die Debatte, ob Einstellung Verhalten bewirkt oder umgekehrt. Unterm Strich deuten empirische Befunde eindeutige darauf hin, dass Verhalten einen größeren Einfluss auf Einstellung hat als umgekehrt (vgl. Dillard 1993). Das Rauchverbot an öffentlichen Orten hat die Einstellung der Menschen spürbar geändert. Hätte man das Verhalten der Menschen auch in dem Maße geändert, wenn man zunächst an deren Einstellung appelliert hätte? Vermutlich nicht.

Die digitale Enthumanisierung des Human Resources Management

Was kommt nach den strategischen Managementsystemen? Aktuell deutet sich im Zuge der Digitalisierung eine weitere Ebene an, in der *künstliche Intelligenz*, Maschinenlernen und Big Data eine zentrale Rolle spielen werden. Dies gilt für alle betriebswirtschaftlichen Kernfunktionen wie die Logistik, das Marketing, Rechnungswesen und eben auch für das Personalmanagement.

Wie im weiteren Verlauf dieses Buches noch deutlich wird, zeichnen sich Szenarien ab, wo talentierte Mitarbeiter beispielsweise über Algorithmen vergleichsweise valide identifiziert werden können. Unter der Verwendung umfangreicher, unstrukturierter Datenmengen (Big Data) wird es immer besser möglich sein, geeignete von weniger geeigneten Bewerbern zu differenzieren. Bereits wenige Indikatoren liefern gute Vorhersagewerte in Bezug auf die Frage, wann welcher Mitarbeiter das Unternehmen freiwillig verlassen wird. Die Liste möglicher Szenarien ließe sich beliebig erweitern. Die aktive und intelligente Nutzung relevanter Daten im Kontext von HR wird heute unter dem Label *People Analytics* intensiv diskutiert (siehe auch ▶ Abschn. 11.3).

Während wir also in der Vergangenheit über umfangreiche Systeme, Strukturen, Prozesse und Regeln versucht haben, das Miteinander im Unternehmen und die erforderlichen Entscheidungen in vernünftige Wege zu leiten, kommt mit der Digitalisierung eine neue Ebene ins Spiel. Bisher trugen vorwiegend Menschen Verantwortung für Entscheidungen. In Zukunft wird diese immer mehr von Maschinen übernommen. Max Weber würde darin eine weitere Stufe der Enthumanisierung erkennen. Interessant ist, dass diese Entwicklung auch vor HR offenbar nicht Halt macht – die digitale Enthumanisierung des Human Resources Management.

Literatur

Dillard JP (1993) Persuasion past and present: attitudes aren't what they used to be. Commun Monogr 60:90–97

Kieser A (2005) Max Webers Analyse der Bürokratie. In: Kieser A (Hrsg) Organisationstheorien. Kohlhammer, Stuttgart, S 39–64

Parsons T (1951) The social system. Routledge & Kegan Paul, London

Scholz C (2014) Grundzüge des Personalmanagements. Vahlen, München

Trost A (2015) Unter den Erwartungen. Warum das jährliche Mitarbeitergespräch in modernen Arbeitswelten versagt. Wiley-VCH, Wiesbaden

Die Entwicklung einer Personalstrategie

A. Trost, *Neue Personalstrategien zwischen Stabilität und Agilität*,
https://doi.org/10.1007/978-3-662-57407-2_3

Eigenen Beobachtungen zufolge stehen immer mehr Unternehmen vor der praktischen Herausforderung, ihre Personalstrategie neu zu überdenken. Wie im vorausgegangenen Kapitel skizziert streben immer mehr Unternehmen ein höheres Maß an Agilität an. Damit einher geht die Frage nach einer alternativen HR-Spielart. Nun mag die Definition einer angestrebten HR-Spielart bereits ein erster Schritt in Richtung einer Personalstrategie sein. Vielleicht ist sie bereits ein wesentlicher Teil davon. Trotzdem erfordert eine Personalstrategie deutlich mehr. Strebt man etwa mehr mitarbeiterzentrierte Befähigung an muss man sich die Frage gefallen lassen, was dies denn nun konkret bedeutet, etwas für Themen wie Vergütung, Beurteilung, Lernen, Talentmanagement usw. Dieses Kapitel liefert daher einen praktischen Leitfaden zur Entwicklung einer Personalstrategie. Dieser Leitfaden stellt nicht nur die wesentlichen Fragen vor, die im Rahmen einer Strategieentwicklung gestellt werden sollten. Darüber hinaus werden mögliche Antworten und Optionen skizziert, auf die im weiteren Verlauf aufgebaut werden kann.

3.1 Personalstrategie – ein Überblick

In den vergangenen Jahren konnte in Bezug auf die Frage, was denn unter „strategischem HR" zu verstehen sei eine gewisse Konfusion festgestellt werden. Strategisches HR wurde nicht selten als Gegenstück oder gar als Gegenteil von administrativem HR verstanden. Manche Unternehmen wiederum subsummieren unter strategischem HR all jene Dinge, die international eine hohe Reichweite haben, wovon also viele bzw. alle Mitarbeiterinnen und Mitarbeiter betroffen sind. Während sich also administrative Aufgaben mit den lokalen, alltäglichen, überschaubaren Fragestellungen beschäftigt, handelt strategisches HR von den großen, übergreifenden und grundsätzlichen Themen. Nicht selten begegnet mir ein Verständnis von strategischem HR basierend auf der Langfristigkeit von Konzepten. Demnach ist innerhalb von HR all das strategisch, was weit in die Zukunft reicht. Möglicherweise findet hier eine ähnliche Abgrenzung zu den meist kurzfristigen Themen eines administrativen HR statt. Überlegungen und Sichtweisen dieser Art sollten mit Vorsicht genossen werden. Sie spiegeln nicht wirklich das wider, was strategisches HR beschreibt.

Personalstrategie

In diesem Buch wird die Sichtweise vertreten, dass HR dann strategisch ist, wenn es einer klaren Personalstrategie folgt. Eine *Personalstrategie* wiederum beschreibt, auf *was*, *wie* fokussiert werden muss, um als Unternehmen und Arbeitgeber wettbewerbsfähig zu sein. Entsprechend ist HR dann strategisch, wenn es auf diese Fragestellung eine passende Antwort hat und danach handelt. Die Fokussierung auf das *Was* bezieht sich einerseits auf die strategischen Herausforderungen des Unternehmens aus denen sich HR-seitig personalrelevante Herausforderungen ableiten. Zum anderen richtet sich der Fokus auf kritische Zielfunktionen und Rollen im Unternehmen, auf die es bei der Umsetzung der Geschäftsstrategie in besonderem Maße ankommt. Das *Wie* orientiert sich an dem angestrebten Führungs- und Organisationsverständnis des Unternehmens, dem *strukturellen und kulturellen Kontext*. Hier kommt die HR-Spielart zum Tragen. Aus ihr wiederum leitet sich ab, wie mit den *strategischen Herausforderungen* umgegangen wird. Auf gleiche strategische Herausforderungen wird ein agiles Unternehmen mit gänzlich anderen Lösungen und Konzepten antworten als es ein traditionelles, hierarchisches Unternehmen tun würde. Diese *strategische Ausrichtung* der für die Bewältigung personalrelevanter Herausforderungen wichtigen *HR-Schlüsselthemen* ist ebenfalls Teil der Personalstrategie.

Bausteine einer Personalstrategie

Im weiteren Verlauf dieses Kapitels wird nun ein schrittweises Vorgehen dargestellt, wie eine Personalstrategie entwickelt werden kann, die der adäquaten HR-Spielart entspricht, welche dies immer auch sein mag. Zunächst sollen die nun folgenden Schritte überblicksartig vorweggenommen werden. ◘ Abb. 3.1 liefert hierfür einen grafischen Überblick.

Ausgangspunkt für die Entwicklung einer Personalstrategie muss immer eine Auseinandersetzung mit unternehmensstrategischen Aspekten sein. Anders ist die Entwicklung einer Personalstrategie schlichtweg nicht möglich. Man muss verstehen, was der ultimative Unternehmenszeck und damit seine Daseinsberechtigung sind. Was ist das Versprechen an den Kunden? Neben diesem *Warum* sollte verstanden werden, *wie* sich das Unterneh-

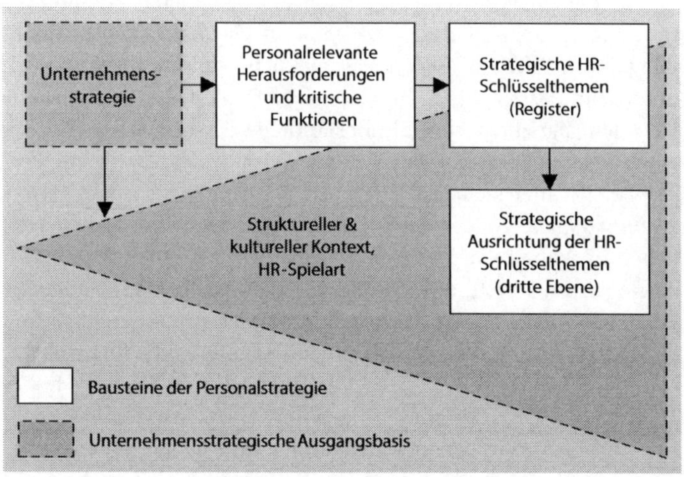

◘ **Abb. 3.1** Die Entwicklung einer Personalstrategie (*graue Felder*) im Gesamtzusammenhang

men strategisch von seinen Wettbewerbern differenziert. Wo und wie will es besser sein, als seine Wettbewerber. Diese Differenzierung muss mit Herausforderungen und unternehmerischen Möglichkeiten verbunden sein. Wäre dies nicht so, könnten Wettbewerber die Kernkompetenzen des Unternehmens ohne weiteres kopieren. Insofern sollte klar sein, worin die strategischen Herausforderungen (und Chancen) eines Unternehmens bestehen. Zusammengenommen bilden all diese Aspekte die *unternehmensstrategische Ausgangslage.* Kein Personalleiter kann strategisch erfolgreich agieren, wenn er oder sie diese Ausgangslage nicht durch und durch verstanden und verinnerlicht hat.

Eine unternehmensstrategische Komponente bezieht sich auf das angestrebte Führungs- und Organisationsverständnis im Unternehmen. Strebt man Agilität oder Stabilität an? In diesem Buch wird dieser Aspekt im Zusammenhang mit den *kulturellen und strukturellen Rahmenbedingungen* behandelt. Was ist die dominierende Führungsrolle? Wie gestaltet sich die Zusammenarbeit im Unternehmen? Wie selbstbestimmt agieren die Teams und Mitarbeiter um nur wenige Facetten zu nennen? In ► Kap. 4 wird umfassend auf relevante Kriterien eingegangen, die es erlauben, diesen kulturellen und strukturellen Kontext zu begreifen und einzuschätzen. Wie bereits mehrfach erwähnt leitet sich aus diesem Verständnis die geeignete *HR-Spielart* ab. Wird eine zentrale Planung und Steuerung im Sinne einer „Personalplanwirtschaft“ angestrebt oder eine mitarbeiterzentrierte Befähigung? Man mag diesen Aspekt bereits als Bestandteil einer Personalstrategie betrachten. In diesem Buch betrachten wir die HR-Spielart lediglich als eine zentrale Leitplanke innerhalb derer die eigentliche Personalstrategie geformt werden sollte.

Abgesehen von der Frage nach der geeigneten HR-Spielart sind alle Aspekte, die bis jetzt genannt wurden zunächst unabhängig von HR. Sie spielen sich vielmehr auf einer allgemeinen unternehmensstrategischen Ebene ab. Die folgenden Bausteine sind demgegenüber zentrale Bestandteile dessen, was hier unter einer Personalstrategie verstanden werden soll. Die erste Frage, die sich hier stellt, ist jene nach den so genannten *kritischen Zielfunktionen.* Welche Funktionen (oder auch Job, Rollen etc.) haben in Anbetracht der unternehmensstrategischen Herausforderungen und Wettbewerbsdifferenzierung einer herausragende Bedeutung? Hier sprechen wir von Schlüsselfunktionen. Was sind darüber hinaus Funktionen, deren Bedarf aufgrund Arbeitsmarktbedingungen nur schwer zu decken ist aber wo zugleich ein hoher quantitativer Bedarf besteht? Hier sprechen wir von Engpassfunktionen. Von grundlegender Bedeutung sind demgegenüber aber die *personalrelevanten, strategischen Herausforderungen,* die meist einen engen Bezug zu den unternehmensstrategischen Herausforderungen aufweisen. Ein strategisch erfolgreicher Personalleiter muss ausdrücken und priorisieren können, welche wenigen personalrelevanten Herausforderungen bewältigt werden müssen, um die Zukunft des Unternehmens und seine Wettbewerbsfähigkeit zu sichern.

Die Antwort auf diese Herausforderungen ist in der Auswahl kritischer HR-Themen zu sehen. Wir sprechen hier von den *HR-Schlüsselthemen*. An diesen Themen wird schließlich gearbeitet. Sie bergen die Lösung für jene Herausforderungen, die sie adressieren sollen. Hier eignet sich auch das Bild der *Register*, die in Anbetracht der Herausforderungen konkret gezogen werden sollen. Hierbei kann es um Themen, wie Employer Branding, Personalauswahl, variable Vergütung, Gestaltung von Veränderungen, Talentidentifikation oder um andere Themen gehen. Das Spektrum möglicher Themen ist groß. Während also die personalrelevanten, strategischen Herausforderungen eine Antwort auf das *Warum* liefern, beschreiben die HR-Schlüsselthemen das *Was*. Was muss getan werden bzw. an welchen Themen muss gearbeitet werden, um die Herausforderungen (das Warum) erfolgreich zu meistern.

Schließlich umfasst die Personalstrategie eine umfangreiche und meist schwer zu erarbeitende Antwort auf die Frage, *wie* diese *HR-Schlüsselthemen strategisch ausgerichtet* werden sollen. Darin liegt am Ende einer der größten Aufgaben bei der Entwicklung einer Personalstrategie. Dabei geht es um die Auslotung und Bewertung möglicher strategischer Optionen. Wollen wir variable Boni für Individuen oder nur für Teams? Setzen wir die Arbeitgebermarke breit auf, also mit einer großen Breitenwirkung im Arbeitsmarkt oder eher fokussiert (minimalinvasiv)? Der größte Teil dieses Buches beschäftigt sich mit eben diesen Fragen.

An dieser Stelle schließt sich der Kreis. Denn diese strategische Ausrichtung der HR-Schlüsselthemen muss sich am angestrebten Führungs- und Organisationsverständnis und damit auch an der präferierten HR-Spielart orientieren, von der Eingangs die Rede war. Unabhängig davon, welches HR-Schlüsselthema als Teil der Personalstrategie gesehen wird, seine strategische Ausrichtung wird in einem agilen Umfeld anders ausfallen als in einem nach Stabilität strebenden Kontext.

Alles, was bisher beschrieben wurde bezieht sich auf die Entwicklung der Personalstrategie an sich. Dabei wurden die wichtigsten Determinanten und Bausteine kurz skizziert. Es wäre aber für ein praxisorientiertes und modernes Buch nicht genug, würden weitere Aspekte, die als relevante Rahmenbedingungen bei der Strategieentwicklung, nicht kurz beleuchtet. Dieses Kapitel wird daher mit einer Betrachtung des Zusammenspiels zwischen Firmenzentrale und den dezentralen organisationalen Einheiten (Niederlassungen, Divisionen, Tochterunternehmen etc.) schließen. Gerade im Kontext der Globalisierung spielt dieser Aspekt eine wichtige Rolle.

Alle relevanten Fragestellungen im Überblick

Abschließend seien in ◘ Tab. 3.1 alle relevanten Fragen nochmals überblicksartig wiedergegeben. Diese Übersicht mag auch als

Tab. 3.1 Fragestellungen bei der Entwicklung einer Personalstrategie im Überblick

Fragestellung	**Kap./Abschn.**
Strukturelle und kulturelle Rahmenbedingungen	
Was ist das aktuelle und angestrebte Führungs- und Organisationsverständnis (Agilität und Vernetzung versus Stabilität und Hierarchie)?	**4**
Welche HR-Spielart (HR-Dreieck) leitet sich aus diesem Führungs- und Organisationsverständnis ab?	2.2
Unternehmensstrategische Ausgangslage	
Was ist der ultimative Zweck bzw. die Daseinsberechtigung des Unternehmens? Wie differenziert sich das Unternehmen von seinen Wettbewerbern im Markt (strategische Prioritäten)? Was sind die kritischen Herausforderungen und unternehmerischen Möglichkeiten des Unternehmens?	3.2
Bausteine einer Personalstrategie	
Was sind die kritischen Zielfunktionen in Anbetracht der Wettbewerbsdifferenzierung, Bedarfe und Arbeitsmarktsituation?	3.3
Was sind die kritischen personalrelevanten Herausforderungen?	3.4
Welche HR-Schlüsselthemen (Register) leiten sich aus den kritischen, personalrelevanten Herausforderungen ab?	3.5
Wie sollten die HR-Schlüsselthemen vor dem Hintergrund der geeigneten HR-Spielart strategisch ausgerichtet werden?	3.5 **5–12**
Relevante Bedingungen bei der Strategieentwicklung	
Wie gestaltet sich das Zusammenspiel zwischen der Unternehmenszentrale und den dezentralen Einheiten?	3.6

einfacher Leitfaden dienen. In der rechten Spalte dieser Abbildung wird auf die relevanten Abschnitt und Kapitel dieses Buches verwiesen.

3.2 Unternehmensstrategie als Ausgangslage

Es dürfte heute jedem ernst zu nehmenden Personalleiter klar sein, dass ein enger Bezug zwischen der Unternehmensstrategie und der Personalstrategie bestehen muss. Letzteres kann nicht isoliert von Ersterem definiert werden. Ob sich die Personalstrategie nun von der Unternehmensstrategie ableitet, die Personalstrategie Teil der Unternehmensstrategie ist oder gar die Personalstrategie die Unternehmensstrategie beeinflussen sollte ist zwar eine interessante Thematik, soll aber an dieser Stelle nicht weiter vertieft werden. Natürlich sind alle Varianten vorstellbar. Im Folgenden gehen wir aber von der einfacheren Perspektive aus, wonach sich die Personalstrategie aus der Unternehmensstrategie ableitet. Insofern liegt es nahe, sich in einem ersten Schritt zumindest ansatzweise mit der Unternehmensstrategie auseinanderzusetzen. Grundsätzlich wurde zu diesem Thema bereits viel geschrieben. Herausragende Vordenker, wie etwa Michael Porter haben hierzu Wegweisendes gesagt. Es soll daher genügen, drei Aspekte in den Vordergrund zu rücken, nämlich den *Unternehmenszweck*, die *Positionierung* des Unternehmens im Markt und die strategischen *Herausforderungen und Chancen* des Unternehmens. Sie reichen aus, um sich darauf aufbauend mit der Entwicklung einer Personalstrategie sinnvoll beschäftigen zu können.

Der ultimative Unternehmenszweck

Es sei jedem Mitarbeiter, jeder Führungskraft und jedem Geschäftsführer empfohlen, im Kollegenkreis die einfache, und zugleich schwierige Frage zu stellen: „Warum gibt es uns eigentlich?". Man wird erstaunt sein, welche Antworten man hierauf erhält. „Es gibt uns, weil es uns eben gibt und das ist gut, weil wir sonst keine Arbeit hätten und kein Geld verdienen würden". Manche meiner Studentinnen und Studenten der Betriebswirtschaft sind verwundert, wenn ich diese Frage in Bezug auf ein beliebiges Unternehmen stelle. „Unternehmen gibt es, um Gewinne zu erwirtschaften. Was sonst?". Mitarbeiter eines Maschinenbauunternehmens könnten die Frage beantworten indem sie darauf verwiesen, sie würden eben Maschinen bauen. Kollegen im Einzelhandel könnten daran erinnern, dass sie Produkte verkaufen. Vielleicht neigen wir ab und an dazu, die Existenz „unseres" Unternehmens oder anderer Unternehmen als gegeben vorauszusetzen. „Uns gibt es, weil es uns irgendwie schon immer gab". Die täglichen Aufgaben und die Kontinuität unseres Arbeitsalltags bieten wenig Raum für solch einfache, schwierige Fragen. Die Antwort hierauf ist aber existenziell.

Stellen Sie sich für einen Moment vor, Sie wären mit dem Auto unterwegs, auf der Heimreise von einem Geschäftstermin. Es ist 19 Uhr. Sie fahren auf der Autobahn und haben Hunger. Sie wollen eigentlich schnell nachhause, allerdings liegen noch 180 Kilometer vor Ihnen. Sie haben keinen Nerv, sich Gedanken darüber zu machen, was Sie, wo essen können oder wollen. Bitte jetzt keine aufwendige Restaurantsuche. Bei Ihrem Geschäftstermin mussten Sie bereits zahlreiche Entscheidungen fällen. Deshalb steht Ihr Sinn nun nach etwas Vertrautem.

Immer wenn ich diese Situation irgendwo erzähle, habe ich je nach Alter der Anwesenden circa 50 % Personen vor mir, die nun an McDonalds oder Burger King denken. Warum gibt es diese Unternehmen? Unter anderem genau dafür.

Haben Sie eine Tochter oder einen Sohn im studierfähigen Alter? Steht Ihr Kind vor der Herausforderung, in einer fremden Stadt, im Laufe eines einzigen Wochenendes eine komplett leere Einzimmerwohnung einigermaßen stilvoll, umfassend aber trotzdem günstig einzurichten? An welchen Anbieter denken Sie dann? Die meisten denken an IKEA. Deshalb gibt es IKEA. Geschäftsführer von IKEA würden niemals auf die Idee kommen, auf die Frage, warum es sie gibt mit „wir verkaufen Möbel und sonstiges Zeug" zu antworten. Sie werden vielmehr darauf hinweisen, dass sie Lebensqualität zu guten Preisen anbieten – „Wohnst Du noch oder lebst Du schon?".

Produziert und verkauft BMW Motorräder und Autos? Nein, sie bieten „Freude am Fahren". Produziert und verkauft Apple Computer und andere Endgeräte? Nein, sie befähigen Menschen, die sich von der konformen Masse abheben, indem sie Großartiges gestalten („Think different"). Produziert und verkauft Puma Sportbekleidung? Nein, sie verleihen ihren Kunden den äußeren Eindruck eines sportlichen Lebensstils. Diese Unternehmen, von McDonalds bis Puma, haben es hervorragend geschafft, mittels ihrer Marke ein differenzierendes und für deren Zielgruppen attraktives Versprechen basierend auf ihrem jeweiligen Unternehmenszweck zu vermitteln.

Es sollte für ein Unternehmen möglich sein, den Unternehmenszweck in wenigen Sätzen, vielleicht sogar in einem einzigen Satz auszudrücken. Für manche mag die Frage „Warum gibt es uns?" einfach zu beantworten sein. Der Weg dahin ist aber selten einfach. In manchen Situationen ringen Unternehmen um die richtige Antwort. Schließlich berührt sie den Kern des Selbstverständnisses und der eigenen Daseinsberechtigung – ein Grund, es sich bei dieser Frage nicht einfach zu machen.

Die Positionierung des Unternehmens im Markt

Während sich der Unternehmenszweck auf das *Warum* konzentriert, geht es bei der strategischen Positionierung eines Unternehmens um das *Wie*. Unabhängig davon, welcher Unternehmenszweck verfolgt wird, muss immer von Wettbewerbern ausgegangen werden, die einen vergleichbaren Zweck für sich in Anspruch nehmen. Unternehmer kennen das Prinzip: Wo es keine Wettbewerber gibt, gibt es vermutlich auch keinen Markt. Wie also versucht ein Unternehmen in dem, was es tut (dem Unternehmenszweck) besser zu sein, als seine Wettbewerber? Auf diese Frage nach dem *Wettbewerbsvorteil* (Competitive Advantage) kann es sehr unterschiedliche Antworten geben. „Wir werden in den kommenden Jahren erfolgreicher als unsere Wettbewerber sein, weil …

- wir innovativer sind
- wir technologisch fortschrittlicher sind
- wir unsere Produkte günstiger anbieten können
- unsere Produkte und Dienstleistungen eine höhere Qualität aufweisen

- wir unser Leistungsversprechen überzeugender vermitteln (Marke)
- unsere Produkte ein besseres Design haben
- wir die besseren Marktzugänge haben
- wir weltweit über die größten Marktanteile verfügen".

Sehr unterschiedliche, strategische Prioritäten können hier eine Rolle spielen, wie die unvollständige Liste möglicher Antworten verdeutlicht. Geht es um Preisführerschaft, Qualitätsführerschaft, Innovation, Technologieführerschaft, Marke, Design, Marktführerschaft oder Kundennähe, Wachstum? Nun kann ein Unternehmen aufgrund begrenzter Ressourcen nicht in allen Aspekten überlegen sein. Es muss sich auf wenige Stärken fokussieren, auf jene Prioritäten nämlich, die zu den Kernkompetenzen eines Unternehmens gehören (vgl. Hill et al. 2017).

Von außen betrachtet scheinen sich Unternehmen wie Aldi oder Lidl über Preisführerschaft zu positionieren. Edeka positioniert sich demgegenüber über die Qualität im Kauferleben. Zahlreiche bekannte Pharmariesen, wie Roche, Bayer oder Boehringer Ingelheim positionieren sich über Innovation, die Entwicklung neuer, wirksamer Präparate, während sich Anbieter von Generika, wie beispielsweise Teva (bekannt durch die Marke Ratiopharm) über Preisführerschaft im Markt abheben. Lufthansa positioniert sich über Qualität und Zuverlässigkeit, während sich die Lufthansa-Tochter Eurowings über niedrige Preise differenziert. Sparkassen positionieren sich über ihre lokale Nähe, während sich ING Diba durch Qualität im Konsumentenerleben abhebt.

Mir ist kein Unternehmen bekannt, dass sich etwa über Preis, Qualität, Marke und Innovation zugleich differenziert. Am Ende bedeutet Strategie, sich auf jene, wenigen Kernkompetenzen zu konzentrieren, die am ehesten zur einer wettbewerbsfähigen Positionierung im Markt beitragen. Jeder halbwegs strategisch denkende Geschäftsführer oder CEO wird auf die Frage nach dem Wie, also der Frage nach den wenigen wettbewerbsrelevanten Prioritäten unmittelbar eine Antwort parat haben. Im Laufe dieses Buches wird noch deutlich, wie bedeutsam dieser Punkt für die Personalstrategie ist. Es wird beispielsweise gezeigt werden, dass aufgrund dieser strategischen Prioritäten in bestimmten Funktionen und Rollen bessere Mitarbeiter beschäftigt sein müssen als in vergleichbaren Funktionen und Rollen beim Wettbewerber.

Strategische Herausforderungen und Chancen

Strategische Prioritäten, wie soeben beschrieben sind in Bezug auf ihre Umsetzung niemals einfach. Sie wären sonst von Wettbewerben zu leicht zu kopieren. Insofern stellt sich im Weiteren die Frage, worin die erfolgskritischen Herausforderungen eines Unternehmens bestehen. Welche Hürden muss ein Unternehmen überwinden, um langfristig am Markt entweder seine Position zu bewahren oder sie zu stärken? Welche Bedrohungen deuten sich an oder sind bereits spürbar? Um es weniger akademisch auszudrücken kann man auch der Frage nachgehen, warum der CEO nachts nicht schlafen kann. Diese Frage führt in der Praxis nicht selten direkt zu den entscheidenden Punkten.

Im Folgenden seien einige prominente Beispiele strategischer Herausforderungen kurz wiedergegeben:

- *Digitalisierung*. Digitale Technologie entwickelt sich exponentiell. Es besteht daher die Gefahr, technologisch abgehängt zu werden, weil Konkurrenten durch Anwendung digitaler Technologie bessere Produkte, Dienstleistungen deutlich effizienter produzieren bzw. erbringen können. Digitalisierung bietet aber auch die Chance, sich vom Wettbewerb abzuheben.
- *Disruption*. Gerade die Digitalisierung birgt die Gefahr, von gänzlich neuen Playern und deren Produkte zunächst langsam bedroht und dann in kurzer Zeit abgehängt zu werden. Man scheut davor zurück, das traditionelle Geschäft durch moderne, andere Technologien zu kannibalisieren.
- *Staatliche Regulierung*. Zunehmende staatliche Regulierung etwa in der Finanz- oder Energiebranche schmälert den unternehmerischen Handlungsspielraum und führt zu bürokratischer Belastung. Hinzu kommen Abhängigkeiten von staatlichen Institutionen, wie etwa von den Zentralbanken.
- *Sich änderndes Käuferverhalten*. Präferenzen der Kunden in Bezug auf Produkte, Dienstleistungen, Kaufkanäle der relevanten Zielgruppen im Markt ändern sich. Es besteht die Gefahr, dass diese neuen Vorlieben von Konkurrenten besser bedient werden. Zugleich besteht die Chance, sich durch eine überlegene Berücksichtigung neuer Präferenzen Vorteile im Markt zu verschaffen.
- *Politische Unsicherheit*. Politische Rahmenbedingungen im eigenen Land, in wichtigen Exportländern oder an Produktionsstandorten unterliegen kurzfristigen politischen, gesellschaftlichen Turbulenzen, die nicht nur eine Planbarkeit erschweren sondern auch die Gefahr zum Teil dramatischer Verluste bergen.
- *Neue Geschäftsmodelle*. Es entstehen innerhalb des eigenen Segments gänzliche neue Wege, wie Kundennutzen gestiftet, Wertschöpfung erbracht und Geld verdient wird. Etablierte Geschäftsmodelle werden möglicherweise gänzlich durch neue Geschäftsmodelle verdrängt. Auch darin stecken Bedrohung und Chance zugleich.
- *Ressourcenknappheit*. Kritische, materielle Ressourcen, wie etwa Rohstoffe, unterliegen Preisschwankungen oder erfahren eine dauerhafte Verknappung. Letzteres treibt die Preise nach oben und reduziert die Umsatzrentabilität.

Stellt man Geschäftsführern dieser Tage die Frage nach dem einen Grund, warum er oder sie nicht schlafen kann wird in den meisten Fällen Digitalisierung genannt. Landet diese Herausforderung nicht auf Platz eins der Liste, werden anstatt dessen Herausforderungen genannt, die meist mit Digitalisierung in Beziehung stehen, etwa disruptive Entwicklungen, sich änderndes Kundenverhalten oder neue Geschäftsmodelle.

Wie bereits oben angedeutet, steht aus unternehmerischer Sicht hinter jeder Herausforderung auch eine unternehmerische Chance. Insofern sollte hier immer von Herausforderungen *und* unternehmerischen Möglichkeiten gesprochen werden. Der Einfachheit halber belassen wir es aber bei Ersterem, wissend, dass auch das Letztere damit gemeint sein kann.

Ein anderes Führungs- und Organisationsverständnis

Alle im vorausgegangenen Abschnitt angedeuteten Herausforderungen beschreiben Bedrohungen von außen gepaart mit der Gefahr, Möglichkeiten aktueller Entwicklungen zu verpassen. Viele CEOs adressieren aber ebenso interne Herausforderungen und dies nicht selten mit höherem Nachdruck. „Die größte Bedrohung geht von uns selber aus". Die Liste der Herausforderungen ist meist lang. Es geht um die Art der Führung im eigenen Hause und die Form der Zusammenarbeit und Kommunikation. Von „Silodenken" ist die Rede, von zu langen Entscheidungswegen, von mangelnder Eigenverantwortung der Mitarbeiter, von Demotivation, einem Mangel an Begeisterung und Aufbruchsstimmung. Die allseits gegenwärtige Angst, Fehler zu machen dominiert gegenüber dem Willen zu gewinnen. Dem folgt die martialisch anmutende Frage „Wie wollen wir so einen Krieg gewinnen?". Vor allem im Kontext der digitalen Transformation entwickelte sich das Führungs- und Organisationsverständnis offenbar zu einer Herausforderung von strategischer Bedeutung.

Nun ist seit etlichen Jahren in der Wirtschaft von der Notwendigkeit einer Agilisierung die Rede und es gibt Unternehmen, die mit ersten Erfolgen ihren Weg in diese Richtung eingeschlagen haben. Dabei hat man gelernt, dass es zunächst auf niemanden mehr ankommt, als auf den CEO höchstpersönlich (siehe auch ► Kap. 13). Dies klingt zunächst irritierend, geht man doch nicht selten davon aus, agile Organisationen seien demokratisch geführt und Hierarchien würden eine geringere Rolle spielen. Was kümmert es dann, was der CEO denkt? Dies ist ein Trugschluss. Wenn Unternehmen in hohem Maße agil geführt werden liegt dies in erster Linie am CEO, weil er oder sie Agilität nicht nur fördern sondern vor allem zulassen muss. CEOs, die auf eine agile Form der Führung und Zusammenarbeit setzen, investieren viel Zeit und Energie dafür, dieses Verständnis vor hierarchischen Einflüssen zu schützen. Wenn aber ein Unternehmen traditionell, hierarchisch geführt wird und Silodenken, lange Entscheidungswege oder Dienst nach Vorschrift Einzug gehalten haben ist der CEO auch hierfür verantwortlich. Man muss zunächst davon ausgehen, dass die Form der Führung und Organisation so ist, wie sie ist, weil es sich der CEO so wünscht. In agilen Organisationen kommt die Haltung des CEOs deutlich mehr zum Tragen als in dehumanisierten, hierarchischen Organisation, die im Sinne eines Max Webers strukturiert und geführt werden.

Das zukünftig angestrebte Führungs- und Organisationsverständnis kann daher ein zentraler Bestandteil der Unternehmensstrategie sein. Für die weitere Entwicklung der Personalstrategie ist ein klares Bekenntnis darüber, welche Form von Führung und Zusammenarbeit in Zukunft angestrebt wird unverzichtbar. Dies wird insbesondere dann eine zentrale Rolle spielen, wenn es ab ▶ Kap. 5 um die strategische Ausrichtung der HR-Schlüsselthemen gehen wird. Setzt ein Unternehmen etwa auf netzwerkartige Zusammenarbeit in und zwischen Arbeitsgruppen, dann hat dies entscheidende Konsequenzen auf die Ausgestaltung der Anreizsysteme. Wenn von Führungskräften erwartet wird, weniger als Bosse (Weisung und Kontrolle) sondern mehr als Coach zu agieren, dann hat dies direkte Implikationen auf die Frage, ob das jährliche Mitarbeitergespräch das geeignete Führungsinstrument ist. Im weiteren Verlauf dieses Buches werden noch zahlreiche Schlussfolgerungen dieser Art umfassend thematisiert. An diesem Punkt genügt die Feststellung, dass es für die weitere Entwicklung der Personalstrategie eine klare Ausrichtung in Bezug auf Führung und Organisation benötigt. Im Zusammenhang mit den strukturellen und kulturellen Rahmenbedingungen wird in ▶ Kap. 4 detailliert auf relevante Dimensionen eingegangen.

Jeder Personaler sollte in der Lage sein, die in diesem Kapitel beschriebenen Aspekte für das eigene Unternehmen in einem einstündigen Vortrag zu erläutern. Ohne umfassende Kenntnisse des Unternehmenszwecks, der strategischen Positionierung und Herausforderungen ist strategisches Denken und Handeln im HR nicht ansatzweise vorstellbar. Denn aus diesen Aspekten leiten sich personalrelevante Herausforderungen ab, die schließlich in die Behandlung ausgewählter HR-Schlüsselthemen münden. Darüber hinaus bestimmt die strategische Positionierung eines Unternehmens, welche Funktionen und Rollen im Unternehmen eine hohe strategische Relevanz haben und welche nicht.

3.3 Kritische Funktionen und Rollen

Wie bereits ausgeführt, kann man aus traditionellen Lehrbüchern lernen, bei HR ginge es um „die richtigen Mitarbeiter, am richtigen Platz, zum richtigen Zeitpunkt" – also die *richtigen* Mitarbeiter und nicht die *besten* Mitarbeiter. Das klingt zunächst bescheiden. Tatsächlich stellt sich die Frage, wo im Unternehmen „richtige" bzw. geeignete Mitarbeiter benötigt werden und wo die Besten. Die Besten kann man sich nur dann in allen Bereichen der Organisation leisten, wenn man beispielsweise Google, Netflix oder FC Bayern München heißt. Deshalb ist hier eine strategische Fokussierung erforderlich, die sich unmittelbar aus den strategischen Prioritäten und Herausforderungen ableitet.

Rollen und Funktionen mit hoher strategischer Relevanz

Was bringt es einem traditionellen Autohersteller wie BMW anstatt guter Mitarbeiter in der Qualitätssicherung die besten Mitarbeiter zu haben? Vermutlich wenig. Hier sind bestenfalls qualifizierte, zuverlässige Mitarbeiter erforderlich, deren Leistung einem zuvor definierten Standard entsprechen. Welchen Wettbewerbsvorteil erzielt der besagte Autohersteller, wenn im Entwicklungsbereich „Connected Car" die Besten arbeiten? Hier muss man annehmen, dass sich BMW durch eine schnelle und innovative Entwicklung vernetzter, selbstfahrender Autos einen Wettbewerbsvorteil verschaffen möchte. Insofern können wir von einer hohen strategischen Bedeutung dieser Thematik ausgehen, weswegen sich die Investition in die besten Mitarbeiter als besonders lohnenswert erweisen könnte. Herausragende Leistungen in diesem Bereich wären in der Lage, das Unternehmen *insgesamt* einen großen Schritt nach vorne zu bringen.

Welchen Wettbewerbsvorteil würde IKEA erzielen, wenn in den Einrichtungshäusern die weltbesten Kassierer beschäftigt wären? Vermutlich keinen. Da IKEA offenbar die strategischen Prioritäten auf Preisführerschaft bei ansprechendem Design der angebotenen Produkte gelegt hat, könnte es sich hingegen lohnen, die besten Designer und Einkäufer zu beschäftigen. Bayer, Roche und Boehringer Ingelheim benötigen zum Erhalt und zur Steigerung ihres Wettbewerbsvorteils möglichst herausragende Mitarbeiter in der Forschung, während der Generika-Hersteller Teva vermutlich die besten Mitarbeiter in den Bereichen Marketing und Vertrieb benötigt.

Es bedeutet einen großen Schritt in Richtung einer Personalstrategie, sich darüber im Klaren zu sein, welche Funktionen, welche Rollen von besonderer, strategischer Relevanz sind. Man spricht bei diesen von so genannten *Schlüsselfunktionen* bzw. *Schlüsselrollen*. Diese zu identifizieren ist in der Praxis nicht immer einfach. Voraussetzung hierfür ist eine klare strategische Positionierung und ein Verständnis der wichtigsten, strategischen Herausforderungen, wie sie im vorausgegangenen Abschnitt ausführlicher behandelt wurden.

Die wohl größte Hürde dieser Übung resultiert aus den persönlichen Befindlichkeiten relevanter Entscheider auf oberster Managementebene. Man sollte es vermeiden, vor versammelter Mannschaft, in Anwesenheit des Entwicklungsleiters, Vertriebsleiter, Produktionsleiter, Personalleiters, IT-Leiters, Marketingleiters die Frage in den Raum zu werfen: „Wer repräsentiert in diesem Unternehmen die bedeutungsvollste Funktion?". Der dann folgende Schlagabtausch führt totsicher zu charakteristischen Fehlern bei der Argumentation. „Was wäre, wenn es die Produktion nicht gebe?", „Wer verdient ohne den Vertrieb das Geld?", „Wer arbeitet, wenn HR die richtigen Leute nicht besorgt?", „Was wäre, wenn die IT für einen Tag den Stecker ziehen würde?". Die Argumente kreisen meist um die Frage, auf welche Funktion oder Rolle man am ehesten verzichten könnte. Dies führt aber zu keinem sinnvollen Ergebnis. Vielmehr muss bei jeder einzelnen Funktion oder Rolle die zentrale Frage lauten: Welchen Unterschied macht es für das Unternehmen *insgesamt*, wenn wir in dieser Funktion oder Rolle nicht nur geeignete sondern die bestmöglichen Mitarbeiter haben? Wenn dann kein Potential für einen dramatischen Unterschied erkennbar ist, handelt es sich bei der jeweiligen Funktion um *keine* Schlüsselfunktion. Dabei ist es wichtig, sich des Unternehmenszwecks bewusst zu sein. Welche Funktion, welche Rolle trägt am entscheidendsten zum Unternehmenszweck bei? In der Praxis bietet es sich an, diese Übung zunächst mit dem Personalleiter zu besprechen um dann das Ergebnis mit dem CEO persönlich abzustimmen. Eine objektive, algorithmische Einschätzung der strategischen Relevanz ist grundsätzlich nur schwer möglich. Vielmehr ist hier eine ganzheitliche Bewertung erforderlich, bei der folgende Fragen helfen können:

- Steht die Funktion in unmittelbarem Zusammenhang zur Wettbewerbsdifferenzierung und somit zum Wettbewerbsvorteil des Unternehmens (vgl. ▶ Abschn. 3.2)?
- Macht es für das Unternehmen insgesamt einen erheblichen Unterschied (Competitive Advantage), in einer Funktion die Besten, anstatt nur die Geeigneten einzustellen bzw. einzusetzen?
- Führt eine höhere Leistung in dieser Funktion zu einem deutlich überproportionalen Mehrwert für das Unternehmen insgesamt und zu einer sichtbaren Stärkung seiner Wettbewerbsposition?
- Steht die Funktion im Fokus des CEO und des gesamten Vorstands?
- Spielen die Recruiting-Kosten bei der Besetzung dieser Funktion keine Rolle weil sich der Gewinn der Besten vielfach auszahlt?
- Erfolgt die Suche nach den Besten für diese Funktion auf globaler Basis?

Werden die meisten dieser Fragen mit „Ja" beantwortet, dann handelt es sich bei einer entsprechenden Funktion vermutlich um eine Schlüsselfunktion. Die Dimension der strategischen Funktionen und Rollen wird in ◘ Abb. 3.2 durch die horizontale Achse repräsentiert. Jene Funktionen, die eine hohe *strategische Relevanz* aufweisen und daher Schlüsselfunktionen sind, befinden sich demnach auf der rechten Seite innerhalb dieser Abbildung.

Die dargestellten Kreise stehen für unterschiedliche Funktionen und Rollen im Unternehmen. Nun sind in dieser Abbildung zwei weitere Dimensionen wiedergegeben, nämlich die Verfügbarkeit von Personal im Arbeitsmarkt und der quantitative Bedarf.

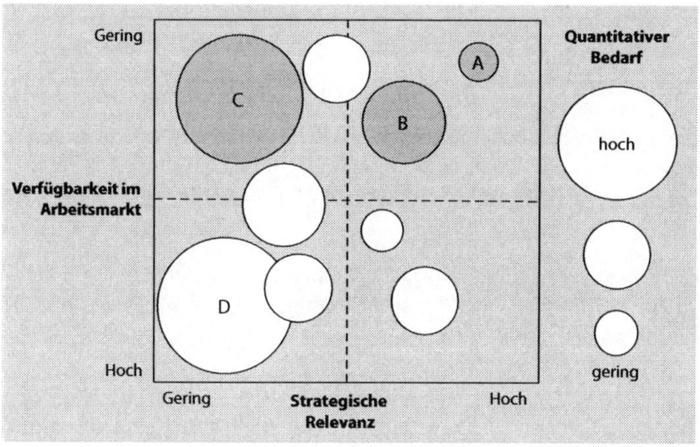

Abb. 3.2 Priorisierung von Rollen und Funktionen

Auf diese beiden Dimensionen sei im Folgenden kurz eingegangen (vgl. auch Trost 2012; Huselid et al. 2005).

Schwer zu besetzende Funktionen und Rollen

Es gibt Funktionen, für die man eine Stellenausschreibung schaltet und man anschließend mit Bewerbungen regelrecht zugeschüttet wird. Die Besetzung anderer Funktionen wiederum führt selbst bei den erfahrensten Personalberatern zu schlaflosen Nächten. Personaler, die mit der Gewinnung von Mitarbeitern befasst sind, können die *Verfügbarkeit von Personal* in Bezug auf unterschiedliche Funktionen und Rollen meist zuverlässig einschätzen. Man kennt die Anzahl der Bewerbungen, den Suchaufwand, die Zeit zur Besetzung offener Positionen (Time-to-Fill) aus Erfahrung. In der obigen Abbildung ist diese Dimension durch die vertikale Achse wiedergegeben. Am unteren Rand befinden sich die Funktionen mit hoher Verfügbarkeit (einfache Besetzung). Am oberen Rand sind jene Funktionen angesiedelt, die aufgrund geringer Verfügbarkeit von Personal nur sehr schwer zu besetzen sind.

Die Verfügbarkeit von Personal für verschiedene Funktionen und Rollen ist einfacher zu ermitteln, als deren strategische Relevanz. Hier ist schlichtweg weniger Politik und persönliches Empfinden im Spiel. Dennoch besteht in der Praxis die Gefahr, zu viele Funktionen als schwer besetzbar einzustufen. Neben der bereits erwähnten Erfahrung von Recruitern können Arbeitsmarktstudien oder Tools und Plattformen helfen, die mittels Big Data Nachfrage und Angebot analysieren und Situationen im Arbeitsmarkt objektiv abbilden. Praktikabler kann aber auch die Einordnung der Funktionen beispielsweise in vier unterschiedliche, prototypische Situationen sein, wie in Tab. 3.2 dargestellt.

Der quantitative Personalbedarf

Schließlich ist in Abb. 3.2 eine dritte Dimension, der quantitative Bedarf dargestellt. Dieser ist durch die Größe der Kreise angezeigt. Umso größer der Kreis ist, desto größer ist der quantitative

3

Tab. 3.2 Vier prototypische Situationen bei der Einschätzung der Verfügbarkeit von Personal

1 „Kinderspiel"	2 „Anstrengung"	3 „Herausforderung"	4 „Albtraum"
Es gibt zahlreiche aktiv Arbeitsuchende, die an dieser Funktion interessiert sind. Stellen ausschreiben, massenweise Bewerbungen sammeln, die Richtigen auswählen	Es gibt wenige, geeignete Kandidaten im Arbeitsmarkt, die von sich aus auf eine Funktion aufmerksam werden. Man muss sich um gute Kandidaten aktiv bemühen	Es ist ziemlich schwer, eine Stelle dieser Funktion zu besetzen, aber nicht unmöglich. Es bedarf hierfür ein breites Spektrum an Employer Branding- und Sourcing-Maßnahmen	Der Versuch, eine Stelle in dieser Funktion zu besetzen ist eine kaum lösbare Aufgabe, weil es fast keine geeigneten Kandidaten gibt und diese nicht nach Jobs Ausschau halten

Bedarf. Die zentrale Frage lautet: Wie viele Mitarbeiterinnen und Mitarbeiter wird man in den kommenden Jahren innerhalb der unterschiedlichen Rollen und Funktionen voraussichtlich benötigen? Nicht selten genügt ein kurzer Blick auf die externe Karriereseite um zu einer groben, aktuellen Einschätzung zu gelangen. Was unter „geringem", „mittlerem" oder „hohem" Bedarf zu verstehen ist sollte hier pragmatisch und in Orientierung an der Unternehmensgröße definiert werden. Hierfür ist erfahrungsgemäß keine umfassende, detaillierte Personalplanung erforderlich. Eine grobe Einschätzung genügt.

Schlüssel- und Engpassfunktionen

Das Ergebnis dieser Übung liefert ein Bild, das dem in Abb. 3.2 gleicht. Tatsächlich sollte jeder Personalleiter über eine Übersicht dieser Art verfügen, weil sich daraus strategisch wichtige Schlussfolgerungen ableiten lassen. Um dies zu verdeutlichen sei auf die Funktionen A, B, C und D in der obigen Abbildung kurz eingegangen.

A Hierbei handelt es sich um eine *Schlüsselfunktion* mit eher geringem, quantitativem Personalbedarf. Für die externe Besetzung bietet es sich an, entweder einen Personalberater zu engagieren oder eigene aktive Suchstrategien in die Wege zu leiten. Alternativ können hierfür ausgewählte Mitarbeiter aus den eigenen Reihen aufgebaut werden. Eine freiwillige Fluktuation in dieser Funktion kann zum Teil dramatische Konsequenzen nach sich ziehen.

B Bei Funktion B handelt es sich ebenfalls um eine Schlüsselfunktion, allerdings mit einem höheren, quantitativen Bedarf. Hier sind umfassende Bemühungen in Bezug auf Personalgewinnung und -entwicklung erforderlich. Die Bezahlung der Mitarbeiterinnen und Mitarbeiter in dieser Funktion sollte deutlich über dem Durchschnitt im Markt liegen.

C Hierbei handelt es sich um eine klassische *Engpassfunktion*, weil hier die Bedarfe hoch sind, diese aber aufgrund mangelnder Verfügbarkeit von Personal nur schwer zu decken sind. Engpassfunktionen können strategisch bedeutsam sein, müssen aber nicht. Die wesentliche Herausforderung bei Engpassfunktionen liegt in der Personalgewinnung. Hier sind besondere Anstrengungen im Sinne eines Talent Relationship Management erforderlich.

D Bei dieser Funktion dürfen jene Ansätze zum Tragen kommen, die in Jahrzehnte alten Lehrbüchern über Personalwirtschaft beschrieben werden. Personalgewinnung erfolgt passiv, etwa über Stellenausschreibungen. Auswahl ist aufwendiger als Gewinnung. Man bezahlt Tarif, nicht mehr nicht weniger. Personalentwicklung erfolgt punktuell und fokussiert. Freiwillige Fluktuation ist zwar schade aber nicht kritisch.

Wie bereits angedeutet, bedeutet Strategie immer auch Fokussierung auf das, was zur Wettbewerbsfähigkeit beiträgt. Insofern ist die Identifikation kritischer Zielfunktionen, wie Schlüssel- und Engpassfunktionen bereits ein wichtiger Schritt in Richtung einer Personalstrategie. Durch diese Übung wird deutlich, auf welche Rollen und Funktionen der Fokus gerichtet werden sollte. Hat man 100 Euro für Personalgewinnung übrig, sollte man 90 Euro auf kritische Zielfunktionen setzen und 10 Euro auf den Rest. Alles andere wäre HR nach dem Gießkannenprinzip.

3.4 Personalrelevante, strategische Herausforderungen

Immer wieder begegnet man Unternehmen, deren Personalstrategie in etwa so lautet: „Finden, Gewinnen, Entwickeln und Binden der richtigen Mitarbeiter". Das Problem dieser „Strategie" ist, dass dies keine Strategie ist sondern eine Aufgabenbeschreibung bzw. eine wenig überzeugende Definition von HR. Hier steckt alles drin. Und wenn alles wichtig ist, ist nichts besonders wichtig. Es gehört zu den essentiellen Bestandteilen einer Personalstrategie, die wichtigsten personalrelevanten Herausforderungen in den Vordergrund zu rücken. Was sind die Top 3 personalrelevanten Herausforderungen des Unternehmens? Auch darin spiegelt sich eine Form strategischer Fokussierung wider, weil man sich auf die wesentlichen Herausforderungen konzentriert. Vor allem lässt man damit andere weg, was meist weit schwerer ist – Strategy means saying „No". Und umso mehr diese Herausforderungen einen Zusammenhang zur Unternehmensstrategie aufweisen, desto besser ist es.

Natürlich gibt es auch Herausforderungen, die unabhängig von der Unternehmensstrategie bestehen. Ein Beispiel wurde im vorausgegangenen Abschnitt bereits thematisiert. Schlüsselfunktionen haben eine strategische Relevanz für die Wettbewerbsfähigkeit des Unternehmens. Engpassfunktionen müssen diese Bedeutung hingegen nicht aufweisen, stellen aber innerhalb des HR große Herausforderungen dar. Wenn man beispielsweise massive Schwierigkeiten hat, jedes Jahr eine große Zahl an Auszubildenden zu gewinnen, mag dies unternehmensstrategisch unerheblich sein. Innerhalb des HR muss diesem Problem aber eine hohe Priorität zukommen.

Warum tun Sie das?

Personalstrategische Überlegungen sollten sich immer auf zu bewältigende Herausforderungen beziehen. Was ist das Problem? Welcher Nutzen soll erzielt werden? Nicht *was* wir tun ist zentral, sondern *warum* wir etwas tun, für *wen*. Vermutlich werden hier die meisten zustimmen. Die Praxis sieht aber häufig anders aus. Ich erlebe seit vielen Jahren, dass sich die HR-Community im Wesentlichen mit Instrumenten, Konzepten, Systemen, Programmen auseinandersetzt und dabei Gefahr läuft, das eigentliche Problem oder die zu bewältigende Herausforderungen aus den Augen zu verlieren.

Diese Einschätzung kommt nicht von ungefähr. Auf Kongressen der HR-Community, im Rahmen von mir geleiteter HR-Schulungen, bei Kunden, die ich berate begegnen mir durchweg Konzepte, die in der Praxis angewandt werden. Man denke hier an Mitarbeiterbefragungen, das jährliche Mitarbeitergespräch, Kompetenzmanagement, Fachkarriere, strategische Personalplanung und so weiter. Ich habe mir angewöhnt, in solchen Situationen eine gemeine Frage zu stellen: „Warum tun Sie das?". Nicht selten muss ich ergänzen: „Welches Problem lösen Sie damit und wer hat das Problem?". „Was würde mit Ihrem Unternehmen passieren, wenn Sie dieses Konzept von heute auf morgen ausknipsen würden?". Besonders fordernd ist die Frage: „Was würde es für Ihre (externen) Kunden bedeuten, wenn Sie dieses Konzept nicht umsetzen würden?". Das Überraschende an den Antworten sind nicht die Antworten selbst, sondern, dass sich zahlreiche Gefragte mit einer Antwort schwer tun, vor allem dann, wenn man es genauer wissen möchte. Hier ein Beispiel einer typischen Konversation:

Wir machen jetzt seit letztem Jahr auch Employer Branding

Warum tun Sie das?

Um uns als Arbeitgeber noch überzeugender im Arbeitsmarkt zu positionieren?

Und warum wollen Sie das?

Weil wir uns schwer tun, gute Fachkräfte zu gewinnen?

Und wie kann Ihnen Employer Branding dabei nützen?

Mit einer Arbeitgebermarke können wir relevante Zielgruppen besser überzeugen.

Wer ist Ihre Zielgruppe?

Zum Beispiel Verfahrensingenieure mit mehrjähriger Berufserfahrung in der Chemiebranche oder Pharmabranche

Wie groß ist Ihre relevante Zielgruppe?

Es gibt da sehr wenige davon. Der Arbeitsmarkt ist extrem eng.

Das heißt, die meisten Vertreter Ihrer Zielgruppe sind bereits beschäftigt?

Absolut, zumindest diejenigen, die wir haben wollen.

Liest Ihre Zielgruppe Stellenausschreibungen? Besucht sie Karrieremessen oder die Karriereseiten von Unternehmen Ihrer Branche?

Nein, das haben sie im Grunde nicht nötig

Wo bewegt sich Ihre Zielgruppe denn?

Sehr verstreut, so genau kann man das nicht sagen.

Wie viele Verfahrensingenieure stellen Sie in den kommenden 12 Monaten ein?

Wenige, ungefähr fünf, vielleicht sieben.

In dieser Stelle kann man die Konversation abbrechen, um festzustellen, dass offenbar die Lösung nicht mit dem Problem korrespondiert. Eine Employer-Branding-Kampagne im klassischen Sinne wird bei dieser Herausforderung vermutlich kaum nutzen. Hier hat man es mit einer kleinen, schwer zu besetzenden Zielfunktion zu tun, deren relevante Zielgruppe aus schwer zu lokalisierenden, verstreuten, passiv suchenden Kandidaten besteht. Es wäre nahe liegend gewesen, vor dem Hintergrund dieser Herausforderung eher auf aktive Suchstrategien (Active Sourcing) zu setzen, als auf Employer Branding. Zusammenhänge dieser Art erkennt man aber erst, wenn die zu lösenden Probleme und Herausforderungen hinreichend verstanden sind (vgl. auch die ausführlichen Überlegungen zum Thema Personalgewinnung in ▶ Kap. 5). Jede Personalstrategie sollte immer mit der Identifikation wichtigster Herausforderungen beginnen. Dabei sollte wirklich klar sein, worin diese Herausforderungen konkret bestehen. Die Einfache Logik beispielsweise, wonach ein irgendwie empfundener Fachkräftemangel zum Aufbau einer Arbeitgebermarke führt ist definitiv zu kurz gegriffen. Die richtigen Lösungen, die entscheidenden Schlüsselthemen können erst dann ausfindig gemacht werden, wenn diese Herausforderungen hinreichend verstanden und extrahiert wurden.

Stakeholder, Dynamik und begrenzte Ressourcen

Wie gelangt man aber nun zu den wenigen, ausgewählten, strategischen Herausforderungen? Hierauf gibt es einerseits eine komplexe Antwort, die versucht, der Vielschichtigkeit und Dynamik voneinander abhängiger Herausforderungen innerhalb eines noch dynamischeren Kontexts gerecht zu werden. Andererseits gibt es eine einfache, pragmatische Antwort. Zunächst zur ersten Variante.

Es ist sicherlich richtig, anzunehmen, dass Herausforderungen immer auch Interessensgruppen benötigen, die diese als Herausforderung erkennen. In der Praxis sprechen wir meist von *Stakeholdern*. Im hier behandelten Zusammenhang können die

Geschäftsführung, die Führungskräfte, die Arbeitnehmervertretung, die Mitarbeiter oder auch die HR-Funktion selbst bzw. die externen Kunden als potentielle Stakeholder betrachtet werden. Unterschiedliche Stakeholder werden unterschiedlichen Herausforderungen unterschiedliche Prioritäten beimessen. Nicht nur das. Sie werden dieselben Herausforderungen auch in ihrer inhaltlichen Bedeutung unterschiedlich interpretieren. Man denke beispielsweise an die verbreitete Herausforderung der Mitarbeiterbindung. Der Verlust eines geschätzten Mitarbeiters löst bei unterschiedlichen Stakeholdern gänzlich verschiedenartige Assoziationen aus, weil individuelle Verluste je nach Interessengruppe sehr spezifische Konsequenzen nach sich ziehen.

Eine zusätzliche Komplexität ergibt sich daraus, dass Herausforderungen eigentlich kaum isoliert voneinander betrachtet werden können. Vielmehr muss von *dynamischen Zusammenhängen* und Wechselwirkungen ausgegangen werden. Herausforderungen bei der Personalgewinnung haben ihre Ursachen bei der mangelnden Arbeitgeberattraktivität, welche wiederum auf die schlechten Arbeitszeitbedingungen zurückzuführen sind. Und so weiter, und so weiter. In der Praxis kann dies zu endlosen Debatten führen. Kaum hat man den Diskussionsbeitrag „Warum diskutieren wir hier über A? Das hängt doch mit B zusammen?“ überwunden, folgt der nächste: „Aber B hat doch unmittelbar mit C zu tun, oder?“. Natürlich, die Welt ist komplex. Wir bewegen uns in kybernetischen Systemen. Wer diese Systeme in ihren Zusammenhängen zu erklären vermag hat gute Aussichten auf den Nobelpreis.

Am Ende wird man möglicherweise feststellen, dass die Begrenztheit verfügbarer *Ressourcen* die ultimative Ursache aller Probleme sei. Hätte man alles Geld der Welt und deutlich mehr Zeit, dann würden zahlreiche Herausforderungen entweder nicht bestehen oder aber in einem gänzlich anderen Licht erscheinen. Der einfache Ruf aber nach mehr Ressourcen kann nicht zentraler Bestandteil einer Personalstrategie sein.

Drei Mal „Warum?“

Will man zum Kern einer Herausforderung vordringen, dann kann eine Methode hilfreich sein, die man sich leicht von Kindern abschauen kann. Man stellt drei Mal in Folge die Frage nach dem *Warum*. Es scheint so, als hätten Kinder beim Umgang mit Ursache-Wirkung-Zusammenhängen implizit eine Art systemische Weltsicht, indem sie hinter genannten Ursachen weitere Ursachen vermuten. Diese Technik kann helfen, Ursachen hinter Ursachen zu erkennen und vom vordergründigen Problem zu wahren Herausforderungen zu gelangen. Übertragen auf den HR-Kontext könnte dies beispielsweise wie folgt aussehen:

Unsere Führungskräfte haben zu wenig Ahnung von Digitalisierung.

Warum?

Weil sie sich in Ihrem Alltag zu wenig damit beschäftigen.

Warum?

Sie erkennen die Relevanz der Thematik für ihren Verantwortungsbereich nicht.

Warum?

Weil sie zu sehr mit sich und ihrem Silo beschäftigt sind und zu wenig Gelegenheit haben, die Entwicklungen um sie herum wahrzunehmen.

Jetzt wird's spannend und man könnte noch weiter in die Tiefe bohren. Was am Anfang nach einem Schulungsbedarf aussah entpuppt sich nach wenigen Warums zu einem Problem ganz anderer Natur.

Der pragmatische Ansatz

Auf den komplexen Ansatz folgt nun der einfache, pragmatische Ansatz. Er besteht schlichtweg darin, sich auf Geschäftsführungsebene gemeinsam mit dem Personalleiter die Frage nach den größten, personalrelevanten Herausforderungen zu stellen. Ich habe diese Übung schon häufig begleiten dürfen und es ist immer wieder erstaunlich, wie schnell bei dieser Fragestellung Einigkeit erzielt werden kann. Dabei kommen unterschiedliche Unternehmen zu voneinander abweichenden Ergebnissen.

Man kann davon ausgehen, dass obere Führungskräfte schon lang bevor sie nach strategischen Herausforderungen gefragt werden, eine Meinung gebildet haben. Man wird niemals Sätze wie den Folgenden zu hören bekommen: „Stimmt, jetzt wo ich darüber nachdenke, muss ich feststellen, dass wir uns in der Entwicklung tatsächlich sehr schwer tun, Fachkräfte zu gewinnen. Interessanter Punkt". Obere Führungskräfte wissen im Normalfall weniger vom operativen Betrieb, als sie selbst glauben. Es wäre aber dennoch erstaunlich, hätten obere Führungskräfte keinerlei Vorstellung von Herausforderungen mit strategischer Reichweite.

Gerade bei großen Unternehmen, die bereits durch mehrere Phasen der Institutionalisierung gegangen sind, ist in Bezug auf HR selten eine komplett grüne Wiese vorzufinden. Schon lange bevor man sich über eine (neue) Personalstrategie Gedanken macht, wurden Mitarbeiter eingestellt und zum Teil schwer zu besetzende Positionen besetzt. Nicht selten verfügen Unternehmen bereits über ein Art Talentmanagement, ein jährliches Mitarbeitergespräch und eine Personalentwicklung. Selbstverständlich gibt es schon seit den Anfängen eine zumindest implizite Entlohnungsstrategie. Die Auseinandersetzung mit den strategischen Herausforderungen macht in vielen Fällen deutlich, dass bestehende Ansätze vor dem Hintergrund sich ändernder Rahmenbedingungen an ihre Grenzen stoßen. Personalleiter, Geschäftsführer, Führungskräfte und häufig auch die Mitarbeiter

Besetzung von Schlüsselpositionen	Mitarbeiter für Engpassfunktionen gewinnen	Die richtigen Mitarbeiter auswählen	Mitarbeitern ein faires Gehalt bieten	Balance von Arbeit und Familienleben ermöglichen
Produktive Arbeitswelten bieten	Mitarbeiterpotenziale erkennen und nutzen	Langfristige Entwicklungsmöglichkeiten eröffnen	Relevantes Wissen im Unternehmen teilen	Gute Mitarbeiter im Unternehmen halten
Breite Beschäftigungsmöglichkeiten sichern	Relevante Kompetenzen aufbauen	Begeisterung und hohes Leistungsniveau sichern	Mit unterschiedlichen Generationen umgehen	Vielfalt ermöglichen und fördern

Abb. 3.3 Eine unvollständige Auswahl möglicher, personalrelevanter Herausforderungen

wissen das und können die Probleme vor dem Hintergrund langjähriger Erfahrungen mehr oder weniger klar artikulieren.

Mögliche, personalrelevante Herausforderungen

Fragt man nun unterschiedliche Akteure in einem Unternehmen nach den strategischen, personalrelevanten Herausforderungen werden häufig Punkte genannt, die in Abb. 3.3 wiedergegeben sind.

Die in Abb. 3.3 wiedergegebenen Punkte sind nicht vollständig. Auch die Bezeichnung der Herausforderungen weichen zwischen Unternehmen voneinander ab. Tatsächlich wäre es wie oben angedeutet wichtig, diese Herausforderungen in ihrer besonderen Qualität deutlich zu konkretisieren. Die einen beschreiben „Mitarbeiter motivieren" als Herausforderung während die anderen eine ähnlich gelagerte Herausforderung mit „Demotivation vermeiden" formulieren würden. Trotzdem kann die obige Abbildung dem Leser als eine erste Orientierung dienen. Je nach dem böte es sich an, diese Aufstellung der Geschäftsführung mit der Bitte auf den Tisch zu legen, sie mögen bitte die drei wichtigsten Punkte mit einem Kreuz markieren. Das wäre ein interessanter Start in eine sicherlich spannende Diskussion.

3.5 HR-Schlüsselthemen und deren strategische Ausrichtung

Eine Personalstrategie besteht einerseits aus den zentralen personalrelevanten Herausforderungen, auf die ein Unternehmen in den kommenden Jahren fokussieren möchte. Wie im vorausgegangenen Abschnitt beschrieben umreisen diese Herausforderungen die dinglichsten personalrelevanten Probleme mit strategischer Bedeutung. Diese Herausforderungen müssen in konkrete Themen münden, um die sich ein Unternehmen kümmern möchte. Sie adressieren das, was zukünftig getan werden muss, welche *Register* gezogen werden sollen. Hierfür sind entsprechende Ressourcen erforderlich. Kaum ein Unternehmen wird Ressourcen für Herausforderungen an sich bereitstellen, sondern nur für jene konkreten Dinge, die nun in Angriff genommen werden. Diese Themen mit strategischer Bedeutung nennen wir *HR-Schlüsselthemen*. In der Praxis begegnet man auch anderen Bezeichnungen hierfür. Manche sprechen von Eckpfeilern, von den Säulen oder den Bausteinen der Personalstrategie. Am Ende meinen diese Begriffe mehr oder weniger dasselbe.

Von der Herausforderung zum HR-Schlüsselthema

Eine Herausforderung mag die Gewinnung von geeigneten Mitarbeitern für Engpassfunktionen sein. Die Antwort auf diese Herausforderung könnten nun der Aufbau einer Arbeitgebermarke oder die Entwicklung einer Talent Community sein, über die viel versprechende Kandidatinnen und Kandidaten dauerhaft gebunden werden sollen. Alternativ oder ergänzend könnte sich das Unternehmen auch auf die Entwicklung aktiver Suchstrategien konzentrieren. Dabei werden passiv suchende Kandidaten aktiv, meist über die Netzwerke der eigenen Mitarbeiterinnen und Mitarbeiter angesprochen. Wir sprechen hierbei auch von Active Sourcing. Arbeitgebermarke, Active Sourcing, Talent Communities sind potenzielle HR-Schlüsselthemen. Im Laufe dieses Buches werden je nach Herausforderung sehr unterschiedliche, mögliche Schlüsselthemen vorgestellt. Die Bandbreite ist groß.

Sobald ein Schlüsselthema als strategisch relevant erachtet wird und als Teil der Personalstrategie verabschiedet ist wird man das tun, was man schon immer gemacht hat. Man definiert Verantwortliche, die sich um das Thema kümmern. Man definiert notwendige Budgets usw. Aus dem Thema wird ein Projekt mit allem, was üblicherweise dazugehört.

Häufig sind diese Themen für ein Unternehmen nicht gänzlich neu. Vielleicht gab es schon seit vielen Jahren ein Nachwuchsförderprogramm, eine Mitarbeiterbefragung, individuelle, leistungsabhängige Boni oder das jährliche Mitarbeitergespräch. Man gewinnt in Anbetracht der strategischen Herausforderungen aber den sicheren Eindruck, die Art und Weise, wie diese Themen konzeptionelle gestaltet und umgesetzt wurden führt nicht oder nicht mehr zu den erhofften Ergebnissen und Lösungen. In solch einer Situation kann auch ein bereits bestehendes Thema als HR-Schlüsselthema installiert werden.

Mögliche HR-Schlüsselthemen

◘ Tab. 3.3 liefert eine Übersicht möglicher Schlüsselthemen. Diese Themen wurden zur besseren Übersichtlichkeit in unterschiedliche Themengruppen mit entsprechenden Überschriften kategorisiert.

3

Tab. 3.3 Mögliche HR-Schlüsselthemen

Personalgewinnung und -auswahl (5)	**Lernen und Wissen (7)**	**Engagement und Loyalität (10)**
Employer Branding (5.1) Kandidatensuche, -ansprache und -bindung (5.2) Auswahl und Passung (5.3) Onboarding (5.4)	Betriebliche Ausbildung (7.1) Führungskräfteentwicklung (7.2) Kontinuierliches Lernen (7.3) Wissensmanagement (7.4)	Arbeitsbedingungen und Arbeitgeberattraktivität (10.1) Mitarbeiterbefragung (10.2) Mitarbeiterbindung (10.3)
Leistung, Feedback und Beurteilung (6)	**Entwicklung und Karriere (8)**	**Vergütung (9)**
Zielvereinbarung (6.1) Feedback (6.2) Formale Beurteilung (6.3)	Talentidentifikation (8.1) Talentförderung und -entwicklung (8.2) Fachkarriere (8.3)	Entgeltpolitik (9.1) Grundvergütung (9.2) Variable Vergütung (9.3)
HR Operation (11)	**Change Management**	
Personalorganisation (11.1) Kennzahlen und Controlling (11.2) Digital HR und People Analytics (11.3)	Veränderungen gestalten (12)	

Die Übersicht in Tab. 3.3 hat keinen Anspruch auf Vollständigkeit. Auch werden unterschiedliche Unternehmen für die hier genannten Themen auch andere Begrifflichkeiten verwenden. In den ▶ Kap. 5–12 wird auf diese Themen jeweils umfassend eingehend. Daher soll an dieser Stelle auf eine weitere Vertiefung bewusst verzichtet werden. Im Grunde handelt es sich bei der obigen Abbildung um einen Ausschnitt des Inhaltsverzeichnisses dieses Buches.

Die dritte Ebene

Vermutlich beschäftigen sich alle Unternehmen mehr oder weniger mit den allgemeinen *Handlungsfeldern* des HR (erste Ebene). Hierzu gehören Personalgewinnung und -auswahl, genauso wie die Themen Vergütung oder Personalentwicklung. Würde man ein HR-Lehrbuch schreiben, wären dies die Hauptüberschriften des Buches. Kaum ein Unternehmen wird sich strategisch über diese Themen differenzieren, weil sie im Grunde allgegenwärtig sind. Die Aussage „Unsere Personalstrategie besteht darin, die richtigen Mitarbeiter zu gewinnen, zu entwickeln und zu halten" ist vollkommen wertlos, weil sie allgemeingültig ist. Jedes Unternehmen gewinnt Mitarbeiter, entwickelt und hält sie irgendwie.

Anders sieht dies mit der Auswahl der HR-Schlüsselthemen aus (zweite Ebene). Hier findet bereits eine Art Fokussierung auf das strategisch Bedeutsame statt. Welche konkreten Register sollen gezogen werden, um den personalrelevanten, strategischen Herausforderungen gerecht zu werden? Hierbei geht es um das *Was*. Was ist für die Zukunft des Unternehmens und seine Wettbewerbsfähigkeit personalpolitisch wirklich bedeutsam? Auf der dritten Ebene geht es nun um die strategische Ausrichtung dieser HR-Schlüsselthemen (siehe Tab. 3.4).

Tab. 3.4 Die dritte Ebene einer Personalstrategie im erweiterten Kontext

Ebene	Inhalt	Bedeutung
1	Allgemeine HR-Handlungsfelder	Sind für alle Unternehmen weitestgehend identisch: Personalgewinnung, Recruiting, Talentförderung usw.
2	HR-Schlüsselthemen („Register")	Strategische Auswahl (das Was) an HR-Themen, die als besonders wirksam erscheinen, um kritische personal-relevante Herausforderungen zu bewältigen
3	**Strategische Ausrichtung der HR-Schlüsselthemen**	**Strategische Entscheidungen über die Art und Weise, wie die HR-Schlüsselthemen ausgerichtet werden sollen. Hier kommt die gewünschte HR-Spielart deutlich zum Tragen**
4	Operatives Design	Operative Gestaltung von Prozessen, Instrumenten, KPIs, Technologie und Verantwortlichkeiten

Auf dieser dritten Ebene stellt sich die Frage, *wie* ein HR-Schlüsselthema gestaltet und umgesetzt werden soll. Dabei liefert die HR-Spielart (siehe ▶ Abschn. 2.2) die entscheidenden Leitplanken. Steht zentrale Planung und Steuerung (Personalplanwirtschaft) im Vordergrund oder eher eine mitarbeiterzentrierte Befähigung? Erfahrungsgemäß stellt diese Ebene Unternehmen vor die größten Herausforderungen, weswegen im Rest dieses Buches gerade hierauf ein besonderes Gewicht gelegt wird. Tatsächlich findet die Entwicklung einer Personalstrategie in erster Linie auf dieser Eben statt.

Ist diese strategische Ausrichtung eines HR-Schlüsselthemas geklärt, kann mit der *operativen Gestaltung*, dem Design begonnen werden. Welche Instrumente sind erforderlich? Wie sehen diese konkret aus? Wer im Unternehmen übernimmt dabei welche Rolle und Verantwortung? Benötigen wir hierfür bestimmte Kennzahlen (KPIs) zu Erfolgsmessung? Welche Rolle spielt hierbei Technologie? Doch nun zurück zur dritten Ebene.

Starke strategische Aussagen

Strategische Entscheidungen sind immer Entscheidungen, bei denen aus einer Menge, denkbarer Optionen jene Option ausgewählt wird, die im Hinblick auf die Bewältigung einer bedeutsamen Herausforderung am förderlichsten erscheint. Eine Situation, bei der es keine Alternativen gibt, erfordert auch keine strategische Entscheidung. Es ist ohnehin klar, was man tut. Entscheidungen, die bestimmte Optionen nahe legen haben ebenfalls kein strategisches Gewicht. Kein Unternehmen wird sich mit der Aussage „Erfolg ist unsere Strategie" lächerlich machen, weil die Alternative Misserfolg offenkundig keine ernstzunehmende Option darstellt. Grundsätzlich gilt, dass der Wert einer strategischen Entscheidung nur dann hoch ist, wenn ihr Gegenteil ebenfalls sinnvoll wäre. Erst dann findet eine strategische Differenzierung statt.

Am augenscheinlichsten wird dieser Gedanke, wenn man sich die Führungsleitlinien so mancher Unternehmen zu Gemüte führt. Da bekommt man dann zu lesen: „Wir begegnen unseren Mitarbeitern mit Respekt und Wertschätzung". Das Gegenteil wäre dann: „Wir begegnen Mitarbeitern auf respektlose und geringschätzige Weise". Dies könnte bestenfalls auf einer Galeere oder in einem Arbeitslager ernst gemeint sein. Manche strategischen Aussagen zerbröseln, wenn man sie auf diese Weise aktiv hinterfragt. So schreiben sich zahlreiche Unternehmen den Satz „Mitarbeiter stehen bei uns im Mittelpunkt" auf die Fahne. Implizit steht dahinter die Annahme, im Mittelpunkt hat es nur Platz für Einen. Was ist mit den Kunden? „Ja, die Kunden stehen auch im Mittelpunkt". Und was ist mit den Führungskräften? „Die auch". Damit hätte man den ersten Satz, wonach die Mitarbeiter im Mittelpunkt stehen komplett in die strategische Bedeutungslosigkeit verbannt.

Strategische Aussagen im HR

Stutzig werde ich, wenn ein Unternehmen die Strategie „Wir wollen nur die Besten" ausgibt. Alternativen hierzu wären „Wir wollen die Richtigen" oder „In der Forschung und Entwicklung wollen wir nur die Besten". Verfolgt ein Unternehmen aber uneingeschränkt den Anspruch „nur die Besten" zu wollen, dann hat dies weitreichende Implikationen. Ob man diese Aussage wirklich ernst meint, bemisst sich dann an den Konsequenzen, die diese Aussage nach sich zieht und ob diese Konsequenzen nachhaltig verfolgt werden beispielsweise im Rahmen der Personalauswahl oder der Vergütung. Damit wären wir auf der dritten Ebene angelangt.

Nehmen wir als weiteres Beispiel das Thema Talentförderung. Hier sind zumindest zwei, sich widersprechende, strategischen Aussagen vorstellbar. Die erste Aussage könnte lauten: „Mitarbeiter sind für ihre langfristige Entwicklung selbst verantwortlich". Eine grundsätzlich sinnvolle Alternative könnte die folgende sein: „Führungskräfte tragen die Verantwortung für die Entwicklung ihrer Mitarbeiter". Ich kann mir in vielen Unternehmen ganze Teams von Personalern vorstellen, die sich an der Entscheidung für die eine oder andere Aussage die Zähne ausbeißen würden. Allein die Diskussion um diesen Punkt könnte einen ganzen Workshop füllen, weil man erahnt, welche mächtigen Konsequenzen diese Entscheidung nach sich ziehen würden. Wen müssten wir befähigen, die Mitarbeiter oder die Führungskräfte? Was wäre die Rolle von HR? Was würde das zukünftig für die Instrumente im HR bedeuten? Man denke hier an die Personalkonferenzen, an das jährliche Mitarbeitergespräch usw. Dieses einfache Beispiel zeigt, wie schwer es sein kann, strategische Aussagen zu fällen. Sie müssen auch schwer zu fällen sein, weil sie sonst kein strategisches Gewicht hätten.

Im weiteren Verlauf dieses Buches werden zu sehr unterschiedlichen, potenziellen HR-Schlüsselthemen alternative Optionen und Aussagen aufgezeigt. Diese umfassenden Ausführungen sollen CEOs, Personalleitern und deren Teams wertvolle Orientierung geben.

Die Relevanz von Stabilität versus Agilität

Für welche strategischen Optionen sich ein Unternehmen am Ende entscheidet, hängt bei zahlreichen Themen unmittelbar mit dem aktuellen und angestrebten kulturellen wie strukturellen Kontext zusammen. An dieser Stelle schließt sich der Kreis. Ein weiteres Beispiel mag dies verdeutlichen.

Neben einem Grundgehalt bieten viele Unternehmen ihren Mitarbeitern eine leistungsabhängige, variable Vergütung. Eine variable Vergütung anzubieten ist an sich noch keine strategische Entscheidung, sondern bestenfalls ein HR-Schlüsselthema, das nun (auf der dritten Ebene) strategisch ausgerichtet werden müsste. Man kann zu diesem Thema zahlreiche strategische Entscheidungen in die eine oder andere Richtung fällen. An dieser Stelle genügen zur Veranschaulichung zwei gegensätzliche Optionen. Die erste Option könnte lauten: „Damit sich individuelle Leistung lohnt, erhalten jene Mitarbeiter, die eine herausragende Leistung erbringen eine besondere, finanzielle Anerkennung". Auf den ersten Blick klingt das sehr vernünftig. Eine alternative Aussage klingt aber auch nicht schlecht: „Wir wissen, dass gute Leistung nur im Team erbracht werden kann. Dies soll sich für alle Teammitglieder lohnen, weswegen herausragende Teamleistung finanziell und konsequent honoriert wird". Nun kann man über die richtige Alternative streiten. Die Entscheidung wird nicht leicht fallen, woran man unter anderem ihre strategische Tragweite erkennen kann. Agile Organisationen, die einerseits von einer hohen Aufgabendynamik ausgehen und wo sich Mitarbeiterinnen und Mitarbeiter in erster Linie ihren Kolleginnen und Kollegen verpflichtet fühlen werden die zweite Alternative eindeutig bevorzugen. Arbeitsteilige Organisationen hingegen werden auf die erste Aussage setzen.

Auch das zuvor dargestellte Beispiel, wonach die Verantwortung für langfristige Entwicklung entweder auf den Schultern der Führungskräften oder der Mitarbeiter selbst lastet kann vor diesem Hintergrund interpretiert werden. Agile Organisationen, die auf Eigenverantwortung setzen, werden den Mitarbeitern die Verantwortung übertragen. Dies entspräche auch der agilen HR-Spielart, wonach der HR-Funktion eine befähigende Rolle zugewiesen wird. Nach Stabilität strebende Organisationen würden diesen Aspekt gänzlich anders deuten. Hier liegt die Verantwortung für die Entwicklung der Mitarbeiter eindeutig in den Händen der Führungskräfte bzw. in der Verantwortung der zentral planenden und steuernden HR-Funktion.

Ausblick auf die folgenden Kapitel

In den nun folgenden Kapiteln werden sehr unterschiedliche, in der Praxis verbreitete HR-Themen ausführlicher besprochen. Dabei werden diese Themen nach klassischen Handlungsfeldern, wie Personalgewinnung und -auswahl, Talentmanagement, Vergütung oder Personalentwicklung gegliedert. Bei jedem dieser

Themen wird nochmals in Erinnerung gerufen, welche personalrelevanten Herausforderungen diese Themen adressieren und worum es inhaltlich geht. Der wesentliche Teil der nun folgenden Ausführungen wird aber davon handeln, welche Optionen einer strategischen Ausrichtung bestehen. Die vorgestellten Alternativen orientieren sich in weiten Teilen am jeweils strategischen und kulturellen Kontext eines Unternehmens. Insofern findet in den folgenden Kapiteln eine Konkretisierung dessen statt, wie HR-Themen in Unternehmen mit agilem versus traditionell hierarchischem Führungs- und Organisationsverständnis gestaltet sein können.

Im Ende eines jeden Kapitels werden diese strategischen Dimensionen für jedes Thema nochmals zusammenfassend wiedergegeben. Für Geschäftsführer, Personalleiter und deren Teams bieten diese Übersichten eine praxisorientierte Grundlage. Anhand dieser Optionen können ganze Workshops inhaltlich gestaltet werden, um Fragen nach einer geeigneten strategischen Ausrichtung inhaltlich strukturiert beantworten zu können.

3.6 Internationale Personalstrategien

Bisher gehen wir in gewisser Weise von einer sehr vereinfachten, gar naiven Sichtweise auf Unternehmen aus. Hier gibt es ein Unternehmen, mit strategischen und personalrelevanten Herausforderungen. Wir definieren personalrelevante Herausforderungen, leiten Schlüsselthemen ab, deklinieren sie strategisch durch und entwickeln passende Lösungen dazu. *Das* Unternehmen gibt es aber in der Form nicht, oder nur noch selten, zumindest wenn es sich hierbei um ein international operierendes Unternehmen handelt. Unternehmen bestehen vielmehr aus einer Firmenzentrale – dem Headquarter – aus Niederlassungen, Divisionen oder ganzen Konglomeraten von Firmen oder Tochtergesellschaften innerhalb einer Firmengruppe.

Wenn nun eine Personalstrategie entwickelt und umgesetzt werden soll, wie stellt sich dies dann in einem Kontext dar, bei dem ein Unternehmen eigentlich aus mehreren Teilen besteht? Um diese Frage zu beantworten bedarf es einer genaueren Betrachtung der Unternehmenssituation. Im Folgenden werden in Anlehnung an die wertvollen Überlegungen von Bartlett und Ghoshal (1998) drei Konstellationen unterschieden. Demnach ist ein Unternehmen entweder international, multinational oder global aufgestellt. Je nachdem, welche Situation vorliegt, ergeben sich daraus komplett unterschiedliche Konsequenzen für die Entwicklung und Umsetzung einer Personalstrategie. In ► Abschn. 11.1 wird diese Unterscheidung erneut aufgegriffen, wenn es um die Ausrichtung der Personalorganisation geht.

Gehen wir von dem einfachen Fall aus. Der Personalleiter und seine Kollegen fassen den Beschluss, die hauseigene Führungskräfteentwicklung zu stärken. Seit der letzten Mitarbeiterbefragung und in Anbetracht der steigenden Fluktuationsquoten erkennt man in diesem Thema ein HR-Schlüsselthema, das nun inhaltlich, konzeptionell gefüllt und ins Leben gerufen werden soll. Damit ist Führungskräfteentwicklung ein Bestandteil der Personalstrategie. Wir hätten hier auch jedes andere Thema heranziehen können. Die nun folgenden Konsequenzen wären ziemlich vergleichbar. Im Folgenden soll nun die Geschichte dieses Themas für alle drei Konstellationen – international, multinational und global – jeweils aus zwei Perspektiven erzählt werden, einmal aus der zentralen Headquarter-Perspektive und einmal aus der dezentralen Perspektive, etwa aus Sicht eines Personalleiters einer Niederlassung. Aus Gründen der Veranschaulichung nennen wir die globale Leiterin für Führungskräfteentwicklung Andrea. In der französischen Niederlassung (mit 2000 Mitarbeitern) haben wir den dortigen HR Manager Jean. Wir beginnen mit einem internationalen Unternehmen.

Ethnozentrische Weltsicht in einem internationalen Setting

In einem internationalen Unternehmen sieht sich die Firmenzentrale als Mittelpunkt der Welt. Das Headquarter ist sozusagen das Mekka von wo aus das Geschehen in allen Teilen des Unternehmens gesteuert wird. Hier dominiert eine ethnozentrische Sichtweise. Gerade in den ersten Jahren der Internationalisierung befinden sich die meisten Unternehmen in diesem besonderen Stadium. Aus der Zentrale heraus werden Produkte, Ideen, Wissen aber auch Werte in die verschiedenen Teile des Unternehmens exportiert. Ist das Unternehmen ein deutsches Unternehmen, dann werden die Schlüsselpositionen „im Ausland" gerne mit deutschen Vertretern aus dem Heimatland besetzt um die Verbindung zur Zentrale sicherzustellen.

Wenn Andrea, die globale Leiterin für Führungskräfteentwicklung „ihr" Thema global vorantreiben will, wird sie sich gemeinsam mit ihrem Projektteam ein entsprechendes Konzept überlegen. Gegebenenfalls holt sie sich Feedback aus den Ländern. Sobald das Konzept steht, wird es global ausgerollt. Die Sache wird sozusagen aus der Zentrale heraus in die Länder exportiert. Jean wird der zentralen Anweisung Folge leisten müssen. Wenn aber Jean in Frankreich auf die Idee kommt, für sein Land ein Führungskräfteentwicklungsprogramm auf die Beine zu stellen, dann wird er Andrea um Erlaubnis bitten müssen. Lokal erfolgt nichts, ohne die Zustimmung der Zentrale, es sei denn er hängt die Angelegenheit nicht an die viel zitierte große Glocke. Er legt einfach los, schafft Fakten und hofft darauf, nicht irgendwann von der Zentrale gestört zu werden.

Lokale Differenzierung in einem multinationalen Setting

In multinationalen Unternehmen arbeiten die verschiedenen Einheiten (Divisionen, Niederlassungen, Tochtergesellschaften etc.) vergleichsweise autark. Es herrscht Dezentralität und das

Prinzip der *lokalen Differenzierung*. Die Firmenzentrale folgt der Prämisse, die lokalen Einheiten so weit es geht in Ruhe zu lassen, weil man von der Annahme ausgeht, dort wisse man am besten, was in Anbetracht der jeweiligen, lokalen Gegebenheiten das Richtige ist. Darüber hinaus will man sich zeit- und energieraubende Entscheidungs- und Abstimmungsprozesse zwischen lokalen Einheiten und der Zentrale ersparen. Die Konsequenz ist, dass jedes Land, jede Division eigene Ansätze verfolgt, die sich schlussendlich auf natürliche Weise voneinander unterscheiden.

In diesem Fall hat Andrea eine deutlich schwächere Position als im Falle eines internationalen Unternehmens. Im multinationalen Fall hat sie nur dann eine Chance, das Thema Führungskräfteentwicklung in die Länder zu tragen, wenn diese davon überzeugt und konzeptionell damit einverstanden sind. Wenn Jean hingegen für sein Land ein entsprechendes Programm einführen will, dann tut er dies einfach, ohne jegliche Abstimmung mit seiner Kollegin aus der Zentrale. Wie dieses Beispiel zeigt, haben Personaler im Headquarter eines multinationalen Unternehmens einen ungleich schwereren Stand als Personaler, die in international geführten Unternehmen agieren. Mir scheint, so manchem „Global Head" war dies nicht immer bewusst, bevor er oder sie diesen wohl klingenden Job annahm.

Globale Integration

In einem globalen Unternehmen kennt man das Wort „Ausland" oder „Auslandsentsendung" nicht. Letzteres betrachtet man einfach als einen „cross-regional move". In einem globalen Unternehmen liegt der Gedanke nahe, Dinge gemeinsam zu lösen, nicht weil es die Firmenzentrale so will, sondern weil gerade die dezentralen Einheiten dies einfordern. Nicht bei allen Themen, aber bei vielen Themen geht man davon aus, dass nicht nur das Unternehmen insgesamt sondern auch die einzelne Einheit vor allem dann von einer Sache profitiert, wenn man sie gemeinsam angeht. Der lokalen Differenzierung in multinationalen Unternehmen steht in globalen Organisationen das Prinzip der *globalen Integration* gegenüber. Dem Headquarter kommt im Falle globaler Unternehmen eine moderierende Rolle zu. Es greift Bedarfe in den unterschiedlichen Einheiten auf und führt sie zu gemeinsamen Ansätzen und Lösungen.

Will Andrea ein globales Führungskräfteentwicklungsprogramm auf die Beine stellen, dann wird sie zunächst in Erfahrung bringen müssen, ob in den dezentralen Einheiten ein gemeinsamer Bedarf hierfür besteht. Entweder sie spricht einzeln mit den Vertretern dieser Einheiten und sondiert gemeinsame Interessen oder sie führt einen gemeinsamen Workshop zu diesem Thema durch, um festzustellen, ob es für einen globalen Ansatz eine gemeinsame Grundlage gibt. Sollte dies nicht der Fall sein, hätte das Thema kaum eine Chance auf Erfolg, so sehr dies von der Zentrale aus gewünscht würde.

Sollte Jean das Interesse an einem Führungskräfteentwicklungsprogramm hegen, wird er entweder über Andrea oder auf direktem Weg seine Kollegen in den anderen Einheiten kontaktieren und klären, ob hier ein gemeinsames Interesse besteht. Sollte dies wiederum nicht der Fall sein, wird er seinen eigenen Ansatz entwickeln. Ein Thema in der globalen Community zu adressieren wird aber nur dann stattfinden, wenn hier die Chance auf Synergie erkannt wird. Es muss die Überzeugung vorherrschen, dass man als dezentrale Einheit vor allem dann von einer Sache profitieren wird, wenn alle mitmachen.

Klären, wie das Unternehmen „tickt"

Die obigen Überlegungen machen deutlich, dass in einem Unternehmen, bestehend aus mehreren Teilen (Divisionen, Tochtergesellschaften, Niederlassungen etc.) zunächst geklärt werden muss, wie man eigentlich „tickt", bevor man mit der Entwicklung einer Personalstrategie an den Start geht. Die eben beschriebenen Szenarien sind sehr vereinfacht dargestellt. In der Praxis erweisen sich die Zusammenhänge und die Dynamik meist als deutlich vielschichtiger. In ◘ Abb. 3.4 sind die drei Formen der Internationalität nochmals zusammenfassend wiedergegeben und grafisch veranschaulicht. Die Dreiecke veranschaulichen das Headquarter (das Dach), die Rechtecke die dezentralen Einheiten. Die grau schraffierten Formen symbolisieren die jeweiligen HR-Ansätze.

Ich habe schon so manchen, frisch berufenen Personalleiter erlebt, der aus einer Headquarter-dominierten, ethnozentrisch denkenden Welt und mit einem Koffer, voll von allerlei Lieblingskonzepten den Vorsatz gefasst hat, das eine oder andere Konzept in der neuen, multinationalen Welt einzuführen. Beim ersten Aufschlag mit den Kolleginnen und Kollegen aus den dezentralen Einheiten signalisieren diese ihm: „Very interesting. We should consider it" usw. Tatsächlich meinen sie: „Ich will das nicht, brauch das nicht und überhaupt hat mir das Headquarter gar nichts zu sagen. Ich tue das, was mein lokaler MD [Managing Director] mir sagt". In dem Moment implodiert das Weltbild des neuen „Global Head". Als nächstes rennt er möglicherweise zum CEO. „Können Sie den lokalen MDs bitte sagen, sie mögen doch …", worauf der CEO entgegnet: „Wenn Sie wollen dass die dezentralen Einheiten das tun, was Sie wollen, dann müssen Sie diese ganz einfach überzeugen.

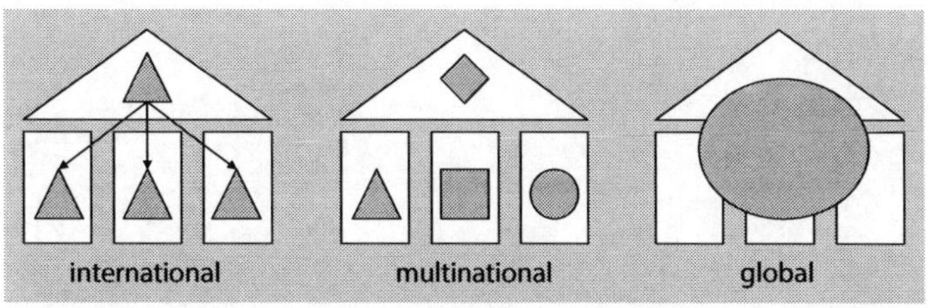

◘ **Abb. 3.4** Unterschiedliche Formen der Internationalität

Wenn Sie das schaffen, haben Sie meinen Segen. Wenn nicht, dann halt nicht".

In der Praxis ergeben sich nicht selten Probleme aus einer unterschiedlichen Wahrnehmung der Unternehmensrealität je nachdem, von welcher Instanz man auf sie schaut. Der Klassiker besteht darin, dass Kollegen im Headquarter von einem internationalen Setting ausgehen, wohingegen die Kollegen in den dezentralen Einheiten eine multinationale Wirklichkeit sehen oder sehen wollen. Durch Missverständnisse dieser Art sind Frustration und Konflikte zwischen der Zentrale und den dezentralen Einheiten vorprogrammiert.

Literatur

Bartlett CA, Ghoshal S (1998) Managing across borders: the transnational solution. Harvard Business Press, Boston (Mass.)

Hill CWL, Schilling MA, Jones GR (2017) Strategic management. Theory & cases. An integrated approach. Cengage, Boston

Huselid MA, Beatty RW, Becker BE (2005) A player or A positions? A strategic logic of workforce management. Harv Bus Rev 2005:110–117

Trost A (2012) Talent Relationship Management. Personalgewinnung in Zeiten des Fachkräftemangels. Springer, Heidelberg

Der strukturelle und kulturelle Kontext

A. Trost, *Neue Personalstrategien zwischen Stabilität und Agilität*,
https://doi.org/10.1007/978-3-662-57407-2_4

In diesem Kapitel werden die strukturellen und kulturellen Besonderheiten hierarchischer und agiler Welten gegenübergestellt. Etliche Merkmalsdimensionen, die hier beschrieben werden gibt es in der Führungs- und Organisationslehre bereits seit vielen Jahrzehnten. Die Beschreibung unterschiedlicher Menschenbilder durch Douglas McGregor (1960) oder die Klassifizierung von Führungsstilen in Bezug auf deren Mitarbeiter- versus Sachorientierung in Folge der Ohio-State-Untersuchungen aus den 50er Jahren sind nur zwei Beispiele (vgl. Fleishman 1991). Aktuell dominieren in der praktischen Diskussion eher populärwissenschaftliche, phänomenologische Versuche, Agilität als Gegenentwurf klassischer Führung und Organisation zu beschreiben. Zu nennen wären hier etwa die international viel beachteten Arbeiten von Frederik Laloux (2014).

Dieses Buch liefert im Gegensatz dazu keine umfassende, vollständige Beschreibung dessen, was ein agiles Führungs- und Organisationsverständnis gegenüber einer hierarchisch, traditionellen Perspektive ausmacht. Dieses Buch ist keine Abhandlung über Führung und Organisation sondern ein Buch über HR. Daher werden in diesem Kapitel nur jene Dimensionen agiler und traditioneller Welten beschrieben, die eine unmittelbare Relevanz dafür haben, *was* wir im HR tun und vor allem darauf, *wie* wir die Dinge tun.

4.1 Der Kontext und seine Relevanz für HR

Diese Dimensionen sind für die Entwicklung einer Personalstrategie von zentraler Bedeutung. Sie liefern einen Orientierungsrahmen für die Art und Weise, wie HR und vor allem die HR-Schlüsselthemen strategisch (auf der dritten Ebene) ausgerichtet werden sollten. HR im oberen, hierarchischen Teil des HR-Spielfelds (HR-Dreieck) stellt sich gänzlich anders dar, als ein HR im unteren, agilen Teil. Dabei besteht zwischen der Art und Weise, wie HR im Unternehmen strategisch ausgerichtet ist und dem Führungs- und Organisationsverständnis eine enge Wechselwirkung (siehe ◘ Abb. 4.1).

Wenn Instrumente, Konzepte, Systeme, Programme innerhalb des HR in ihrer strategischen Ausrichtung nicht dem vorherrschenden oder zumindest angestrebten Führungs- und Organisationsverständnis entsprechen, dann haben sie in der Praxis keine Aussicht auf Erfolg. Sie werden von der Organisation abgestoßen. Dies ist etwa der Fall, wenn in einem erzkonservativen, streng hierarchisch geführten Unternehmen versucht wird, selbstorganisiertes Lernen einzuführen. Die Chefs werden das nicht zulassen. Umgekehrt haben hierarchisch gedachte Instrumente, wie beispielsweise das individuelle, jährliche Mitarbeitergespräch in einem agil geführten Unternehmen kaum eine Überlebenschan-

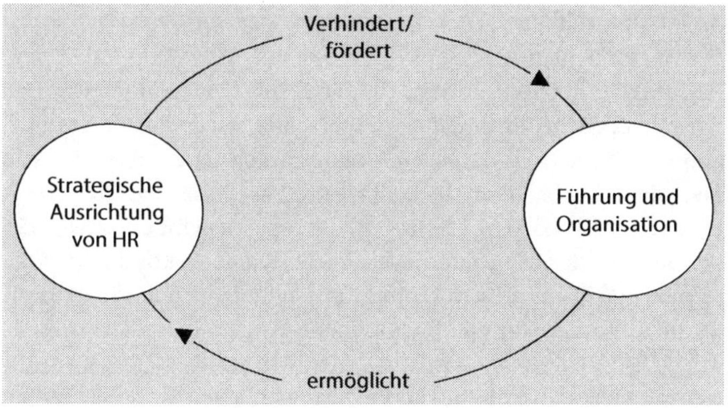

Abb. 4.1 Wechselwirkungen zwischen Führung, Organisation und HR

ce. Insofern ermöglichen Führung und Organisation bestimmte Formen einer strategischen Ausrichtung von HR, während jene, die nicht kompatibel sind abgestoßen werden.

Umgekehrt hat HR die Chance, ein bestimmtes Führungs- und Organisationsverständnis entweder zu verhindern oder aber zu fördern. In diesem Zusammenhang ist ja immer wieder von „HR als Treiber der digitaler Transformation" die Rede. Wenn nun in einem Unternehmen laterale Kooperation innerhalb und zwischen Teams als Teil agiler Führung angestrebt wird, kann HR dies entweder fördern oder ansatzweise verhindern, beispielsweise durch die bestehenden Beurteilungssysteme. Wie noch gezeigt wird, können Verteilungsvorgaben bei der Top-Down-Beurteilung von Mitarbeitern laterale Zusammenarbeit regelrecht sabotieren, weil hierdurch aus potentiellen Kooperationspartnern Kontrahenten gemacht werden. Ein HR, das an Instrumenten dieser Art festhält verhindert agile Führung und Organisation.

Strukturelle und kulturelle Rahmenbedingungen

Ein Führungs- und Organisationsverständnis manifestiert sich in den kulturellen und strukturellen Rahmenbedingungen innerhalb eines Unternehmens oder eines Teilbereichs. Eine Betrachtung dieser, eher konkreten Rahmenbedingungen macht die Ableitung praxisrelevanter Implikationen greifbarer. Was bedeutet denn die Aussage „Führungskräfte müssen ihren Mitarbeitern mehr Vertrauen schenken" für HR? Was bedeutet das für Talentmanagement, Entlohnung, Beurteilung und die vielen anderen Themen, mit denen wir uns im HR beschäftigen? Vielfach ist gerade im Kontext einer digitalen Transformation von der Prämisse die Rede, wonach es vor allem auf Geschwindigkeit ankäme. „Nur die Schnellen werden gewinnen. Die Langsamen werden den Anschluss verlieren". Wer würde dem widersprechen wollen? Aber was bedeutet das für HR? Welcher Zusammenhang besteht zwischen Geschwindigkeit und dem jährlichen Mitarbeitergespräch? Ein großer, nur ist dieser Zusammenhang nicht immer und jedem unmittelbar einleuchtend. Vertrauen, Geschwindigkeit, Respekt, Eigenverantwortung, „Silos überwinden" sind Prinzipien von Führung und Organisation, die sich nur schwer in bestimmte Formen eines institutionalisierten HR übersetzen lassen. Deshalb können wir aktuell in vielen Unternehmen ganze Armeen von Personaler beobachten, die Agilität predigen aber statisches, hierarchisches HR nach vorne tragen. Offenbar scheint es schwer, die Brücke von der abstrakten Welt in die reale, praktische Welt zu bauen. Genau aus diesem Grund werden im Folgenden strukturelle und kulturelle Rahmenbedingungen beschrieben, die einerseits möglichst greifbar sind und aus denen sich andererseits gerade für das HR sehr konkrete Schlussfolgerungen ableiten lassen. Wenn ab ▶ Kap. 5 unterschiedlichste HR-Schlüsselthemen umfassend behandelt werden, wird auf Dimensionen dieser Rahmenbedingungen immer wieder Bezug genommen.

Bevor im Einzelnen auf die ausgewählten Dimensionen eingegangen wird, soll ein kurzer und zusammenfassender Gesamteindruck der beiden Hemisphären vorangestellt werden. Dabei werden die jeweiligen Dimensionen kurz angesprochen. Wir beginnen mit der traditionellen, hierarchischen Welt, in der nach Stabilität gestrebt wird.

Stabilität in einer traditionellen, hierarchischen Welt

Insgesamt entwickeln sich das Unternehmen und seine Leistungen statisch. Man tut das, was man tut und versucht darin jedes Jahr ein bisschen besser zu werden. Dabei sind die Mitarbeiter im Grunde austauschbar, auch weil die Verfügbarkeit potentieller Mitarbeiter im Arbeitsmarkt als sehr hoch erachtet wird. Insofern kann man sich detaillierte, statische Anforderungen an die Mitarbeiter in Bezug auf Kompetenzen erlauben. Man muss nur die Richtigen auswählen. Arbeitszeiten und Arbeitsort werden vom Unternehmen festgelegt. Die Mitarbeiter müssen daher ihren Lebensentwurf an den beruflichen Gegebenheiten ausrichten. Insgesamt erfahren die Mitarbeiterinnen und Mitarbeiter gerade auf den unteren Ebenen der Organisation weniger Wertschätzung als die Führungskräfte. Umso höher man in der Hierarchie steigt, des größer ist auch das Ansehen im Unternehmen. Die Aufgaben der Mitarbeiter wiederum sind sehr klar beschrieben. Jeder Mitarbeiter weiß genau, wie er zu welchen Ergebnissen gelangt. Für Letzteres gibt es klar definierte Standards. Dabei haben die Aufgaben an sich einen möglichst geringen Umfang. Grundsätzlich gilt die Prämisse, dass immer erst gedacht und dann gehandelt wird. Auch bei größeren Projekten wird versucht, alles zu Ende zu denken um erst dann mit der Umsetzung zu beginnen. Hierbei spielen die fachlich überlegenen Führungskräfte eine entscheidende Rolle. Sie sind die Meister und agieren mittels Weisung und Kontrolle. Es gilt: Vertrauen ist gut, aber Kontrolle ist besser. Mitarbeiter muss man anleiten und motivieren sonst erhält man nicht die erwünschten Ergebnisse. Deshalb wird den Mitarbeiter genau gesagt, was sie wie und wann erledigen müssen. Insgesamt erfolgt das Arbeiten sehr arbeitsteilig. Jeder Mitarbeiter kümmert sich um sein eigenes Arbeitsgebiet. Zusammenarbeit und Kommunikation ist auf Mitarbeiterebene nur sehr begrenzt erwünscht und eigentlich auch nicht nötig. Denn im Grunde sieht sich jeder Mitarbeiter seinem direkten Vorgesetzten gegenüber verpflichtet und sonst niemandem.

Diese einfache Skizzierung dürfte manchem Leser recht vertraut klingen. Nun folgt der agile Gegenentwurf entlang derselben Dimensionen.

Agilität und vernetzte Welt

Bestehende Produkte des eigenen Unternehmens werden kontinuierlich hinterfragt. Man strebt danach, Bestehendes durch eigene Neuentwicklungen disruptiv zu verdrängen. Dabei ist man als Unternehmen auf die nur schwer zu ersetzenden Mitarbeiter angewiesen. Individualität wird wertgeschätzt. Sie führt zu erwünschter Vielfalt, die wiederum als Grundpfeiler für Innovation und Erfolg gesehen wird. Auch individuelle Lebensentwürfe werden wertgeschätzt und realisiert, wo es möglich ist. Im Grunde sind die Mitarbeiter im Unternehmen die „wahren Helden". Sie verfügen über mehr Fachkenntnisse als deren Führungskräfte. Die Führungskräfte halten sich eher zurück und nehmen sich nicht wichtiger als alle anderen. Sie führen als Coach, partnerschaftlich, auf Augenhöhe. Die Mitarbeiter selbst sind täglich mit einem hohen Maß an Unsicherheit konfrontiert. Die Ergebnisse der Projekte und die Wege dorthin sind nicht bekannt. Man nähert sich durch iterative Schritte, bei denen Kunden kontinuierlich eingebunden werden. Denken und Handeln verschmelzen. Mitarbeiterinnen und Mitarbeiter tragen dabei eine hohe Verantwortung, genießen aber auch das nötige Vertrauen. Man muss sie weder motivieren noch anweisen. Vielmehr agieren sie aus eigenem Antrieb. Sie entscheiden selbst, wann sie wo, mit wem arbeiten. Was sie tun ergibt sich aus den Notwendigkeiten ihrer Verantwortung. Dabei geschieht fast alles im Austausch innerhalb und zwischen Teams. Man ist nur gemeinsam erfolgreich, weil zwischen dem, was zu tun ist erhebliche, dynamische Abhängigen bestehen. Aus diesem Grund fühlen sich die Mitarbeiter und Teams vor allem ihren Kollegen und Kunden gegenüber verpflichtet, intern wie extern.

Tab. 4.1 Kulturelle und strukturelle Rahmenbedingungen im Überblick

Mitarbeiter	Aufgabe	Führung	Organisation
Individualität Wertschätzung Menschenbild Abhängigkeitsverhältnisse	Optimierung versus Disruption Prozess- und Ergebnissicherheit Denken und Handeln	Fachliche Überlegenheit Dominierende Führungsrolle Handlungsspielraum	Arbeitsteilung und Aufgabendynamik Konsequenzen und Verpflichtung

In den obigen zwei Skizzen wurden zwölf Aspekte angedeutet, die in vier Kategorien gegliedert werden können: Mitarbeiter, Aufgaben, Führung und Organisation. Ein Überblick über diese Kategorien und Inhalte zeigt ◻ Tab. 4.1. Im Folgenden wird auf die einzelnen Kategorien und Dimensionen detaillierter eingegangen.

4.2 Der Mitarbeiter im Mittelpunkt?

Die erste Kategorie befasst sich mit den Mitarbeitern an sich. Wie sehr orientiert sich die Auswahl und Entwicklung der Mitarbeiter an statischen Anforderungen in Bezug auf Kompetenzen? Wie viel Individualität ist erwünscht? Genießen die Mitarbeiterinnen und Mitarbeiter höchste Wertschätzung oder die Führungskräfte? Welches Menschenbild dominiert aus Sicht der Unternehmensleitung und der Führungskräfte? Ist das Unternehmen von den Mitarbeitern abhängig oder umgekehrt?

Individualität, Diversity und Work-Life-Balance

Wie bereits erwähnt besteht eine weit verbreitete Idee von HR darin, für den richtigen Mitarbeiter, zum richtigen Zeitpunkt am richtigen Platz zu sorgen. Hierbei ist die Verbindung zwischen dem „richtigen Mitarbeiter" und dem „richtigen Platz" von zentraler Bedeutung. Aus dieser traditionellen Sicht heraus geht es um den Fit zwischen den Anforderungen einer Stelle einerseits und den Fähigkeiten und der Einstellung eines Mitarbeiters andererseits. In ◻ Abb. 4.2 ist dieser Zusammenhang auf einfache Weise wiedergegeben.

Das Rechteck in ◻ Abb. 4.2 zeigt die Anforderungen in Bezug auf eine Stelle. Es symbolisiert die sprichwörtliche Box, in die ein Mitarbeiter passen sollte: Kompetenzen, ein bestimmter Abschluss, eine bestimmte Form von Berufserfahrung etc. Nun sind

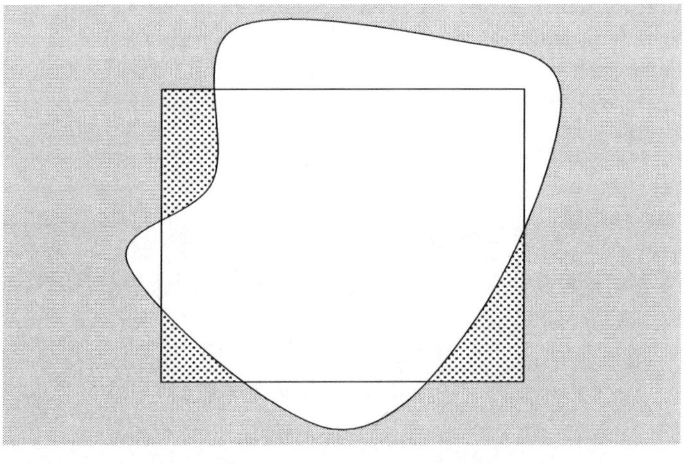

◻ **Abb. 4.2** Der Fit zwischen Anforderungen und dem Mitarbeiter

Menschen leider selten so, wie man es sich in einer idealen Welt vorstellt und in Anbetracht des zunehmenden Fachkräftemangels stehen diese Personen in der gewünschten Form gegebenenfalls nicht hinreichend zur Verfügung. Sie sind möglicherweise eher wie die amöbenhafte Form in dieser Abbildung, sehr individuell. Die Frage ist nun, ob man sich über die Besonderheiten dieses Menschen freut. Immerhin weißt dieser Mensch Stärken auf, die über das Geforderte hinausgehen. Oder fokussiert man auf die in der Abbildung schraffierten Defizite, die es möglicherweise im Rahmen einer gezielten Personalentwicklung auszumerzen gilt, damit der Mitarbeiter die Anforderungen besser ausfüllt?

Agile Organisationen wertschätzen Individualität. Damit erreichen sie das, was man als *Diversity* bezeichnet. Die Folge ist eine natürliche Vielfalt der Fähigkeiten und Perspektiven von der man annimmt, sie sei gerade für die Entwicklung von Innovation förderlich. Tatsächlich kann man feststellen, dass sich in diversen Teams komplementäre Stärken ergänzen und individuelle Schwächen durch die Stärken Anderer kompensieren. In diversen Teams schätzt man die Überlegenheit Anderer anstatt sie als Bedrohung für die eigene Position im Team zu begreifen. Hierarchisch gesinnte Unternehmen interpretieren Diversity hingegen viel mehr im Sinne einer statistischen Verteilung von Mitarbeiterattributen. So berichten CEOs, sie würden beim Thema Diversity Fortschritte machen, weil sie den Anteil an Frauen in Führungspositionen statistisch erhöht hätten oder der Anteil nicht-deutscher Mitglieder in der Geschäftsführung höher sei, als vor wenigen Jahren. Diversity sollte aber mit statistischer Variation nicht verwechselt werden. Diversity, im Sinne einer Wertschätzung von Individualität ist vielmehr eine Frage der Haltung und Offenheit gegenüber der Besonderheit von Menschen. Diesen Unterschied kann man anhand einer einfachen Analogie verdeutlichen:

» Es gibt einen Landwirt, der Kartoffeln anbaut. Bei der Ernte wählt er seine Kartoffeln nach bestimmten Kriterien aus. Rund und mittelgroß müssen sie sein. So fordert es sein Abnehmer. Nun, seit diesem Jahr wüscht sich sein Abnehmer ein höheres Maß an Vielfalt. Er nennt es auch „Diversität". Die alten Kriterien bleiben, aber 20 % der Kartoffeln dürfen kleiner sein, aber nicht zu klein. Der Landwirt hält sich daran. Am Ende wird die angestrebte Diversität erreicht. Alles gut. Ein Dorf weiter gibt es einen anderen Landwirt, der ebenfalls Kartoffeln anbaut. Seine Prämisse bei der Ernte lautet: (fast) jede Kartoffel ist OK und zwar so wie sie ist.

Der erste Landwirt verfolgt offenbar etwas, was man als Diversity-Management bezeichnen kann – klare Ziele, zielorientiertes Handeln, Kennzahlen usw. Der zweite Landwirt kennt möglicherweise nicht einmal dieses Wort. Er muss es nicht kennen. Bei einem

Diversity-Audit nach ISO-Prinzipien würde er vermutlich durchfallen. Welcher der beiden Landwirte erzielt ein höheres Maß an Diversität? Diese einfache Analogie macht deutlich, worum es bei Diversity geht und wie Diversity häufig missverstanden wird. Diversity ist keine Frage der Statistik sondern primär eine Frage der Haltung, die am Ende konsequenterweise in Unterschiedlichkeit mündet. Das Ergebnis ist weder die Ursache zugleich noch ihre eigentliche Bedeutung.

Man kann nun einen Schritt weitergehen und neben den individuellen Fähigkeiten, Perspektiven und Erfahrungshintergründen auch die Individualität ganzer *Lebensentwürfe* betrachten. Der eine genießt sein hoch flexibles Single-Dasein, während der Andere seinen Lebensmittelpunkt in der Familie und seinen drei Kindern sieht. Der eine ist alleinerziehend, der andere möchte sich um seine kranken Eltern kümmern. Wenn ein Unternehmen diese individuellen Lebensentwürfe wertschätzt und aktiv nach Möglichkeiten sucht, diesen individuellen Vorstellungen der Lebensführung gerecht zu werden, erzielt man das, was man weithin als *Work-Life-Balance* bezeichnet. Diversity und Work-Life-Balance sind insofern sehr verwandte Konzepte. Unternehmen, die in dieser Richtung denken, wertschätzen, dass Mitarbeiter Freunde, Familie, ein Leben jenseits der Unternehmenswelt haben.

Agile Unternehmen, die Individualität hoch halten richten ihr HR gänzlich anders aus, als Unternehmen, die dies nicht tun. Dies beginnt schon bei der Auswahl der Mitarbeiter. Agile Unternehmen kommunizieren deutlich generischere Anforderungen – „Sie müssen einigermaßen intelligent sein und Lust auf das haben, was wir hier tun". Potential und Einstellung sind wichtiger als aktuell abrufbare Kompetenzen. Sie konzentrieren sich bei der Förderung sehr talentierter Mitarbeiter viel mehr auf deren Stärken als auf deren Schwächen.

Der Mitarbeiter im Mittelpunkt. Wirklich?

Viele Unternehmen geben etwa auf ihren Karrierewebseiten an, der Mitarbeiter stünde bei ihnen im viel zitierten Mittelpunkt. Wirklich? Wie muss es sich für einen Mitarbeiter anfühlen, in einem Unternehmen wirklich im Mittelpunkt zu stehen? In den meisten hierarchischen Organisationen tun sie dies definitiv nicht. Dort steht der CEO im Mittelpunkt. Der CEO hat nicht nur das größte und schönste Büro. Er hat den privilegiertesten Parkplatz, direkt neben dem Eingang. Nicht nur der CEO, auch die Führungskräfte erfahren eine deutlich höhere Wertschätzung als die Mitarbeiter. Sie speisen nicht in der Kantine neben den „normalen" Mitarbeitern, sondern in einer exklusiveren Executive-Launch. In vielen hierarchischen Unternehmen gilt die nicht ausgeschriebene Regel, wonach man mehr Wertschätzung genießt, je höher man in der Hierarchie angesiedelt ist bzw. je näher man am CEO ist. Wie bereits angedeutet ist diese Form „absolutistischer" Über- und Unterordnung durch sichtbare Machtsymbolik untermauert, die den unteren Kasten unmissverständlich vermittelt, wer „hier was zu sagen hat".

Agilen Organisationen ist diese Haltung eher fremd. Wer als Außenstehender solche Unternehmen besucht, fragt sich nach einiger Zeit „wer ist hier eigentlich der Chef?". Dann darf man sich nicht wundern, wenn man eine Antwort, wie die folgende erhält: „Stefan ist der Chef. Das war der mit dem schwarzen T-Shirt. Er redet normalerweise nicht viel". Machtsymbolik, die man aus hierarchischen Unternehmen kennt vermisst man gänzlich. Führungskräfte haben keinen festen Platz am Ende des Tisches. Sie lassen Mitarbeiter ein Meeting moderieren. Sie halten sich je nach persönlicher Disposition zurück bzw. bringen sich ein, wie die anderen eben auch. Der Parkplatz direkt neben dem Eingang steht für denjenigen bereit, der als erstes kommt. Begleitet man einen CEO, der Mitarbeiter wirklich in den Mittelpunkt rückt bei einem Gang durch das Unternehmen, ist man von der Nähe zu den Mitarbeitern beeindruckt. Er kennt die Leute mit Namen, erinnert sich an Vieles aus bisherigen Gesprächen. Er vermittelt jedem Mitarbeiter: „Sie sind für das Unternehmen an dieser Stelle der wichtigste Mitarbeiter, viel wichtiger als ich. Gut, dass Sie da sind".

Diese Form der Wertschätzung kann man mittels der *invertierten Pyramide* gut veranschaulichen. Sie ist auf der rechten Seite in ◘ Abb. 4.3 auf einfache Weise wiedergegeben.

Das Dreieck in dieser Abbildung zeigt die klassische Hierarchie. Die linke Seite zeigt die traditionelle Variante, wonach der CEO, „an der Spitze" die höchste Wertschätzung genießt. Von unten nach oben wird die Pyramide immer schmaler und ganz oben hat es nur für Einen Platz. Die rechte Seite zeigt die invertierte Pyramide. Sie soll symbolisieren, dass die Mitarbeiterinnen und Mitarbeiter an der Basis die eigentlich Stars des Unternehmens sind. Der komplette Aufbau der Hierarchie ist dafür da, die Mitarbeiter – sie erbringen die eigentliche Leistung auf die es ankommt – für das, was sie tun zu befähigen. Führungskräfte als Diener ihrer Mitarbeiter.

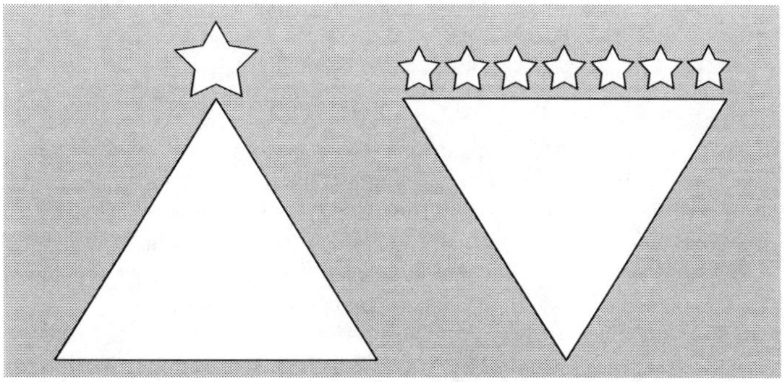

◘ **Abb. 4.3** Absolutismus oder invertierte Pyramide

Menschenbild X oder Y?

Die wohl wichtigste Frage, die sich eine Führungskraft, ein CEO aber auch ein Personaler stellen sollte, ist die nach dem *Menschenbild.* In meinen Seminaren mit Personalleitern diskutiere ich die Frage so intensiv, wie nur möglich. Sie ist ein wichtiger Schlüssel für unser Führungs- und Organisationsverständnis und damit auch für die Art und Weise, wie wir uns erfolgreiches HR vorstellen. Das Menschenbild ist die kulminierte Vorstellung, die wir über das Verhalten von Menschen und ihrem Antrieb haben. Insofern ist das Menschenbild eine Theorie über den Menschen an sich, ein Set von Hypothesen mittels derer wir das Verhalten von Menschen vorhersagen. Diese Hypothesen bestimmen am Ende unser eigenes Verhalten.

Wer im Kontext von Führung und Management an Menschenbilder denkt, kommt an den Überlegungen des großartigen Vordenkers Douglas McGregor (1960) nicht vorbei. Vor fast sechzig Jahren schrieb er das Buch „The human Side of Enterprise", was bis heute zu Recht als eines der wichtigsten Bücher nicht nur in der Managementlehre sondern vor allem im HR angesehen werden kann. In diesem Buch skizzierte McGregor zwei gegensätzlich Menschenbilder, *Theorie X* und *Theorie Y*. Diese beiden Theorien sind den meisten Lesern bereits bekannt. Auch ich habe diese Theorien bereits im Laufe meines Studiums auswendig lernen dürfen. Ich benötigte aber weitere 20 Jahre, um deren enorme Relevanz einigermaßen zu begreifen. Sie werden in ◘ Tab. 4.2 gegenübergestellt.

An dieser Stelle soll nicht diskutiert werden, welche der beiden Theorien zutreffender oder weniger zutreffend ist. Im hier behandelten Kontext erscheint es interessanter, die Konsequenzen dessen zu beleuchten, ob man an die eine oder andere Theorie glaubt. Zwei Effekte sind hier von besonderer Bedeutung. Erstens kann man davon ausgehen, dass Führungskräfte ihr Verhalten an ihrem Menschenbild ausrichten. Wer glaubt, seine Mitarbei-

◘ **Tab. 4.2** Theorie X und Theorie Y. (Nach Douglas McGregor 1960)

Theorie X	**Theorie Y**
Menschen haben eine natürliche Abneigung gegenüber allem, was mit Arbeit zu tun hat und versuchen diese zu vermeiden, wo immer es geht. Um als Organisation Ergebnisse zu erzielen kommt man nicht umhin, Mitarbeiter anzuleiten, sie an der Hand zu nehmen und ab und an zu bestrafen, wenn es nötig ist. Menschen wollen geleitet werden weil sie Verantwortung scheuen und keinerlei Ambitionen haben, Verantwortung zu übernehmen. Am Ende streben Menschen nach Sicherheit, mehr als nach allem anderen	Für Menschen ist körperliche und geistige Belastung so natürlich wie Spielen oder Ausruhen. Menschen bevorzugen eigenverantwortliches, selbstgesteuertes Handeln, wenn es ihnen darum geht, Dinge zu erreichen, die ihnen wichtig sind. Menschen lernen normalerweise nicht nur, Verantwortung zu übernehmen, sondern streben danach. Die meisten Menschen sind in der Lage, ein hohes Maß an Vorstellungsvermögen, Einfallsreichtum und Kreativität an den Tag zu legen, wenn es um die Lösung von Problemen geht

terinnen und Mitarbeiter seien von Natur aus faul, wird klarere Anweisungen geben, häufiger und genauer kontrollieren. Misstrauen wird dominieren. Das umgekehrte gilt für Führungskräfte, die an Theorie Y glauben. Dieser, erste Effekt ist vergleichsweise nahe liegend. Spannender ist aber der Effekt, wonach die Theorien X und Y selbsterfüllende Prophezeiungen nach sich ziehen. Eine Prophezeiung bestätigt sich deshalb, weil man an sie glaubt. Wer an Theorie X glaubt, wird danach handeln und in seiner Sichtweise bestätigt werden. Die Mitarbeiter werden so, wie es Theorie X beschreibt. Dasselbe gilt für Theorie Y. Am Ende bewahrheitet sich das initiale Menschenbild. Das ist der Grund, warum zwei Führungskräfte, die unterschiedlichen Menschenbildern folgen im Rahmen einer Diskussion zur Frage nach der idealen Führung niemals einen gemeinsamen Nenner finden werden. Beide werden von gegensätzlichen Erfahrungen berichten, die sie jeweils auf konträre Weise in ihrer persönlichen Sichtweise bestätigen.

Wenn man Führungskräfte fragt, welchem Menschenbild sie selbst entsprächen und man sie gleichzeitig bittet, andere Menschen zu klassifizieren wird man immer zu dem Ergebnis kommen, dass sich Führungskräfte selbst anhand Theorie Y beschreiben, alle anderen aber eher durch Theorie X treffend charakterisiert werden – „Alle Menschen scheuen Verantwortung, nur ich nicht". Das ist ziemlich bizarr, geht man davon aus, dass jeder so denkt. Wenn nun ein CEO oder ein Gründer die Haltung vertritt, alle Menschen – außer ihm selbst – entsprächen Theoric X, dann wird er sein Unternehmen kulturell und institutionell entsprechend prägen. Wie wir gerade gesehen haben, ist die Wahrscheinlichkeit, dass er oder sie so denkt extrem hoch. Es liegt gewissermaßen in der Natur des Menschen. In der deutschen Geschichte gibt es gute Beispiele für beide. Der Gründer der Drogeriemarktkette dm-drogeriemarkt Götz Werner bekennt sich öffentlich zur Theorie Y, während sein einstiger Wettbewerber Anton Schlecker ganz offensichtlich an Theorie X geglaubt hat.

Wollte man den Versuch unternehmen, den zentralen Unterschied zwischen hierarchischen, nach Stabilität strebenden Unternehmen und agilen, vernetzten Unternehmen möglichst einfach und prägnant auf den Punkt zu bringen, dann genügen die beiden Buchstaben X und Y. Erstere vertreten das Menschenbild entsprechend der Theorie X während agile Organisationen sich tendenziell der Theorie Y verbunden fühlen.

Wer ist von wem abhängig?

Folgt man dem traditionellen, bürokratischen Verständnis von Organisation im Sinne Max Webers, dann sollten Organisationen so aufgebaut sein, dass die Mitarbeiter an sich austauschbar sind. Man definiert Stellen mit konkreten Aufgaben und Zuständigkeiten. Diese sind wiederum in hierarchischen Systemen mit Unter- und Überordnung eingebunden. Fällt ein Mitarbeiter aus, sei es durch freiwillige oder unfreiwillige Kündigung, durch Berentung, Krankheit oder Tod, dann holt man sich eben einen neuen und die Maschine läuft weiter. Hinter dieser dehumanisierten Sichtweise steht die implizite Annahme, Mitarbeiter seien nicht nur austauschbar sondern auch grenzenlos verfügbar.

Ein Geschäftsführer, der von diesen Rahmenbedingungen ausgeht wird ein Denken und Handeln an den Tag legen, das vor allem in hierarchischen, traditionellen Welten zuhause ist. Entsprechend einseitig ist der psychologische Arbeitsvertrag: „Sie [Mitarbeiter] bekommen Geld, damit Sie das tun, was ich Ihnen sage, egal ob Ihnen das Spaß macht oder nicht". Wenn der Mitarbeiter diesen Vertrag nicht eingeht, wird es jemanden anderen geben, der sich anstelle seiner in diese Abhängigkeit begeben wird. So, oder so ähnlich sind die Vorstellungen gelagert.

Dieser Sichtweise sind allerdings zwei wichtige Entwicklungen entgegenzuhalten. Erstens beobachten wir eine zunehmende Knappheit qualifizierter Personen in bestimmten Berufsgruppen. Man denke hier an Softwareentwickler, Wissenschaftler aber auch an Pflegekräfte, Erzieher oder LKW-Fahrer. Diese zunehmende Knappheit führt zu einer Umkehrung der Abhängigkeitsverhältnisse. Nicht mehr der Mitarbeiter ist vom Unternehmen abhängig sondern umgekehrt. Die Folge ist ein gänzlich neues Selbstbewusstsein der Vertreter dieser Berufsgruppen. Umgekehrt müssen Arbeitgeber ihr Verhalten an diese neuen Abhängigkeitsverhältnisse anpassen, was wiederum Fragen der Personalgewinnung, der Mitarbeiterbindung, der Personalbeurteilung aber auch der Gehaltsfindung berührt.

Parallel zu dieser erstgenannten Entwicklung ist zweitens zu beobachten, dass sich die Arbeitsverhältnisse an sich in einem Wandel hin zu einer größeren Unabhängigkeit der Beschäftigten befinden. Im Rahmen des HR gehen wir meist stillschweigend davon aus, bei Mitarbeitern ging es ausschließlich oder in erster Linie um fest angestellte Mitarbeiter. Die Realität liefert allerdings ein etwas anderes Bild (siehe ◘ Abb. 4.4).

Neben festen Mitarbeitern greifen Unternehmen schon immer auch auf *vorübergehend beschäftige Mitarbeiter* zu. Die Rede ist von Zeitarbeit, Leiharbeit, Arbeitnehmerüberlassung etc. Bei Arbeitsverhältnissen dieser Art ist immer noch von einer gewissen Abhängigkeit der Beschäftigten auszugehen. Gänzlich anders verhält sich dies bereits bei *freien Mitarbeitern* (Freelancern). Es scheint, als ob immer mehr qualifizierte Menschen dieses Arbeitsverhältnis gegenüber einer abhängigen Beschäftigung vorziehen. Sie entscheiden selbst, welche Aufträge sie annehmen. Sie definieren ihre Arbeitsbedingungen mit einem deutlich höheren Maß an Souveränität, als dies bei festen Mitarbeitern normalerweise der Fall ist. Freie Mitarbeiter sehen sich vor allem sich selbst und ihren Kunden gegenüber verpflichtet und weniger einem übergeordneten Boss.

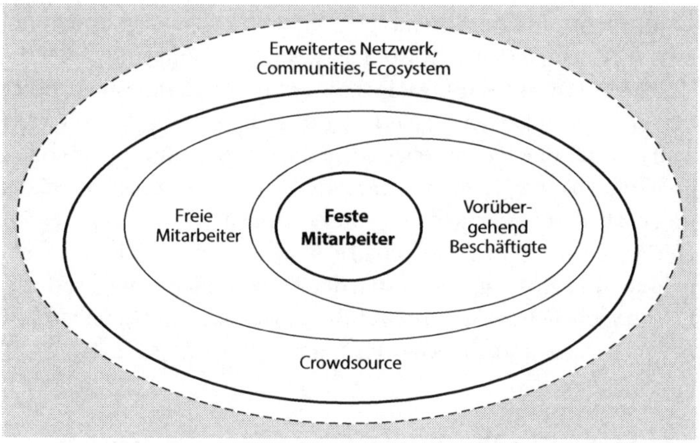

Abb. 4.4 Unterschiedliche Beschäftigungsformen mit unterschiedlichem Grad an Abhängigkeit?

Die zunehmende Vernetzung und digitale, mobile Kommunikation förderte innerhalb der vergangenen Jahre gänzlich neue Arbeitsverhältnisse zutage, an die man sich wohl gewöhnen sollte. Eine besondere Form beschreibt das Phänomen des *Crowdsourcing* (Abrahamson et al. 2013). So schreibt etwa die Firma Procter & Gamble auf ihrer Plattform „connect & develop" Probleme aus, an deren Problemlösung sich jeder, der sich berufen fühlt beitragen kann[1]. Unternehmen, die Crowdsourcing betreiben, akzeptieren, dass jene Person, die am besten in der Lage ist, ein bestimmtes Problem zu lösen vermutlich nicht im eigenen Unternehmen beschäftigt ist. Vermutlich werden wir in den kommenden Jahren eine massive Zunahme in diese Richtung erleben, weil immer mehr Menschen selbstbestimmtes Arbeiten in selbstgewählten Settings (z. B. in Coworking-Spaces oder zuhause) einer institutionellen Abhängigkeit bevorzugen. Crowdsourcing erlaubt Menschen, in dem was sie tun so gut zu sein, wie sie es selbst wollen. Für die Betroffenen resultiert daraus ein hohes Maß erlebter Selbstwirksamkeit.

Darüber hinaus tragen zahlreiche Menschen zur Wertschöpfung eines Unternehmens bei, die in unterschiedlichen Formen dem erweiterten Netzwerk, firmeneigenen Communities oder einem das Unternehmen umgebenden Ecosystem zugerechnet werden können. So werden zahlreiche Apps, die etwa auf iPhones genutzt werden nicht von Apple selbst entwickelt. Die Anzahl der unabhängigen Softwareentwickler, die innerhalb dieses Ecosystems Apps entwickeln entspricht einem Vielfachen der Anzahl an Softwareentwickler, die fest bei Apple angestellt sind.

---

1 https://www.pgconnectdevelop.com/needs/ (zuletzt gesehen am 28.02.2018).

In einer statischen, hierarchischen Welt können Unternehmen mit einer Burg verglichen werden. Kennzeichnend sind dabei die Grenzen nach außen. Entweder man befindet sich innerhalb dieser Mauern und folgt den darin festgeschriebenen Regeln und Weisungen oder man gehört eben nicht dazu. Agile Unternehmen begreifen sich demgegenüber eher als Marktplätze oder als Städte innerhalb derer es Regeln und eine befähigende Infrastruktur gibt. Die Frage nach der wechselseitigen Abhängigkeit zwischen Arbeitnehmer und Arbeitgeber wird in den kommenden Jahren vermutlich zu ganz neuen Antworten führen, was auch in Bezug auf HR neuer Ansätze und Denkweisen bedarf.

4.3 Das Aufgabenumfeld

Kommen wir nun zu den Aufgaben an sich. Hier stehen drei Aspekte im Vordergrund. Erstens, bestehen die Aufgaben der Mitarbeiter darin, Etabliertes umzusetzen und wo nötig und möglich schrittwiese zu optimieren? Oder liegt die Herausforderung darin, gänzlich Neues zu entwickeln, um damit möglicherweise Bestehendes zu verdrängen? Zweitens, wie klar ist vorherzusehen, was die gewünschten Ergebnisse der Aufgaben sind und wie man diese erreicht? Der dritte Aspekt geht der Frage nach, in welchem sequenziellen Verhältnis Denken und Handeln stehen. Wird erst gedacht und dann umgesetzt oder verschmelzen Denken und Handeln im Rahmen eines iterativen Prozesses?

David gegen Goliath

Vermutlich tun die meisten Unternehmen genau das, was sie schon seit vielen Jahren tun. Sie produzieren Waschmaschinen, Autos, Bücher, bieten Versicherungen oder andere Dienstleistungen an. Darin sind sie gut. Darin kennen sie sich aus. Jeder Mitarbeiter leistet an seiner Stelle den bewährten Beitrag. Um am Markt wettbewerbsfähig zu bleiben versuchen sie, das was sie tun kontinuierlich zu verbessern. Dadurch steigern sie Effizienz und Qualität. Im Rahmen kontinuierlicher Verbesserungsprozesse sind die Mitarbeiterinnen und Mitarbeiter angehalten, jeden Tag darüber nachzudenken, wie man Dinge besser machen könnte. Folgt man der Argumentation des großartigen Harvard-Professors Clayton Christensen (1997), dann sind in der Geschichte der Industrie zahlreiche, gut geführte Unternehmen genau daran zugrunde gegangen. Während sie sich auf ihre etablierte Überlegenheit konzentriert haben, entwickelten andere, meist unbekannte und kleine Unternehmen Lösungen, die erst langsam und unbemerkt, dann immer schneller Produkte und Dienstleistungen an den Markt brachten, die den Angeboten bislang dominierender Unternehmen irgendwann überlegen waren. Man spricht hierbei von *Disruption* (siehe ◘ Abb. 4.5).

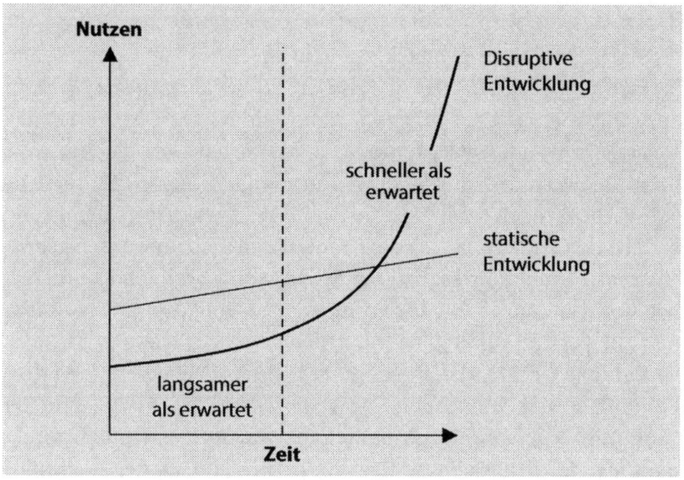

Abb. 4.5 Statische versus disruptive Entwicklung

Gerade jetzt, in Zeiten der Digitalisierung haben viele Unternehmen die Bedrohung disruptiver Entwicklungen erkannt. Unternehmen, die bislang kaum wegzudenken waren, wie Siemens, Daimler, Bosch, die Deutsche Bank und viele andere entwickelten zunehmenden Respekt vor kleinen, bislang unbedeutenden, aggressiven und hoch innovativen Unternehmen, die mit neuen, digitalen Technologien und Geschäftsmodellen drohen, die großen Etablierten in die Bedeutungslosigkeit zu verdrängen. Man muss an dieser Stelle die zahlreichen Beispiele nicht extra erwähnen. Jeder, der sich nur ansatzweise mit Digitalisierung und aktuellen wirtschaftlichen Entwicklungen befasst kennt sie.

Unternehmen stehen hier vor einem Dilemma. Sollen sie das, was sie im Griff haben, wo sie am Markt dominieren, weiterführen oder mit einer unsicheren, neuen Technologie ihr bestehendes Geschäft angreifen, ein Geschäft mit dem sie (noch) erfolgreich sind und mit dem sie die Familien der vielen Tausend Mitarbeiterinnen und Mitarbeiter ernähren? Warum soll Daimler in elektronische Mobilität investieren, solange das Unternehmen mit Verbrennungsmotoren unschlagbar erfolgreich ist? Warum hätte Kodak, Erfinder der digitalen Fotografie, mit einer damals unsicheren, unausgereiften, teuren Technologie das Geschäft ankratzen sollen, mit dem sie weltweit gigantisch erfolgreich waren? Dieses Dilemma nennt man seit den Arbeiten von Christensen (1997) das *Innovator's Dilemma*[2].

Dieses Dilemma beschreibt einen scheinbar unauflösbaren Konflikt in der Geschäftsstrategie. Worauf Christensens aber kaum eingegangen ist, ist der damit einhergehende Konflikt in

2 Meines Wissens existiert Stand heute kein deutscher Begriff für dieses Dilemma.

der Art der Führung und Organisation zahlreicher Unternehmen. Disruptionen gehen meist von Startup-Unternehmen aus. Schaut man sich die Arbeitsweise und die Kultur dieser Startups an, stellt man fest, das hier gänzlich andere Gesetze herrschen, als etwa in traditionell, hierarchisch geführten Unternehmen, die ihren Schwerpunkt auf Stabilität und langfristige Planbarkeit legen. Arbeitszeiten spielen keine Rolle. Man arbeitet in Teams und Netzwerken, autonom, selbstgesteuert, agil. Regeln werden gebrochen, nicht weil man sie brechen will sondern weil man keine Zeit hat sie zu beachten. Entscheidungen werden extrem schnell und nah am Kunden gefällt. Die Mitarbeiter sind getrieben und beseelt von einem Gefühl, die Welt zu verändern. Die Vision, den großen Etablierten das Leben schwer zu machen ist ein wesentlicher Kern ihrer Motivation. Es ist ein Spiel David gegen Goliath. Greift man auf das in diesem Buch dargestellte Dreieck der Institutionalisierung mit seinen beiden Hemisphären zurück, dann spielen Startups meist in der linken unteren Ecke, während viele der großen Etablierten rechts oben angesiedelt sind (siehe ◘ Abb. 4.6).

Unternehmen, die traditionell, hierarchisch aufgestellt sind und nach Stabilität streben werden sich sehr schwer tun, intern strukturelle und kulturelle Rahmenbedingungen zu schaffen, die disruptive Entwicklungen unter dem eigenen Dach ermöglichen oder fördern. Daher kann man aktuell einen Trend dahingehend betrachten, dass die großen Etablierten in Startups investieren, Venture Capitals bilden, sie in bestehende Unternehmensstrukturen eingliedern oder aber eigene Bereiche entwickeln, in denen unternehmenseigene Davids den Angriff wagen sollen. Bei letzteren spricht man dann von so genannten „Innovation Labs" oder Inkubatoren. Man stellt hauseigene „Garagen" zur Verfügung, in denen in historischer Anlehnung an Apple, Hewlett & Packard

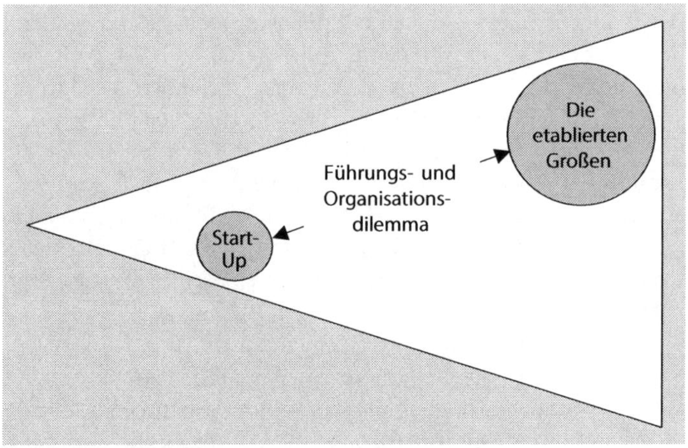

◘ **Abb. 4.6** Das Dilemma der Führung und Organisation

oder Microsoft der Neustart untergebracht wird. Während also der große Rest des Unternehmens weiterhin Optimierung im Sinne statischer Entwicklungen betreibt, sollen in den kleinen Zellen disruptive Entwicklungen vorangetrieben werden. John Kotter (2014) spricht hierbei vom dualen Betriebssystem. Andere sprechen von hybriden Strukturen.

Wenn es um die strategische Ausrichtung zahlreicher HR-Schlüsselthemen geht, wird es eine große Rolle spielen, ob sich ein Unternehmen oder einen Teilbereich eher als David oder als Goliath sieht. Ein disruptiver David erfordert in vielerlei Hinsicht einen gänzlich anderen Umgang mit personalrelevanten Themen, wie etwa ein stabiler Goliath. Die schwierigste Frage wird aber sein, wie eine Personalstrategie auszusehen hat, wenn kleine, disruptiv agierende Einheiten unter einem gemeinsamen Dach mit traditionellen, beständigen Rest zusammenarbeiten soll.

Prozess- und Ergebnissicherheit

Es gibt in Unternehmen Aufgaben, bei denen eindeutig beschrieben ist, worin das Ergebnis der Aufgabe ist und wie man zu diesem Ergebnis kommt. Tatsächlich war es im Zuge der Industrialisierung und nachfolgend bei der Entwicklung der Managementlehre immer ein zentraler Gedanke, Aufgaben und Arbeitsschritte so zu gestalten, dass sie standardisierbar sind, mit den immer gleichen Ergebnissen und den immer gleichen Prozessen. Um Komplexität klein zu halten hat man diese Aufgaben so weit wie möglich geteilt, so dass der Umfang der Einzelaufgabe am Ende möglichst gering ausfiel.

Demgegenüber gibt es auch Aufgaben, bei denen von Anfang an unklar ist, wie das Ergebnis aussehen wird. Es gibt zwar eine Vorstellung vom Ergebnis, eine Vision oder Prioritäten, aber klar vor Augen hat man das Ergebnis nicht. Zu dieser geringen *Ergebnissicherheit* kommt oftmals eine geringe *Prozesssicherheit* hinzu. Man weiß zwar, was man im Laufe einer Woche tun wird, aber nicht, worin in einem Monat die konkreten Handlungen und Arbeitsschritte bestehen werden. Oftmals handelt es sich bei diesen Aufgaben um Projekte mit großem Umfang. Man erledigt diese Aufgabe also nicht mehrmals am Tag oder gar pro Stunde sondern arbeitet an ihr über einen längeren Zeitraum.

Man kann diese drei Dimensionen Prozesssicherheit, Ergebnissicherheit und Umfang wie in ◘ Abb. 4.7 dargestellt in einem entsprechenden Portfolio abbilden (Trost 2015). Dieses erlaubt dann die entsprechende Zuordnung unterschiedlicher Aufgaben.

Das Aufgabenportfolio in ◘ Abb. 4.7 zeigt die bereits skizzierten Extreme (A und B). Diese Unterscheidung von Aufgaben ist gerade im Hinblick auf den Umgang mit personalrelevanten Themen von entscheidender Bedeutung. Mitarbeiter, die mit Aufgaben wie A betraut sind erfordern ein anderes HR als ihre Kollegen, die B-Aufgaben nachgehen. Die Relevanz zeigt sich auf zwei Ebenen.

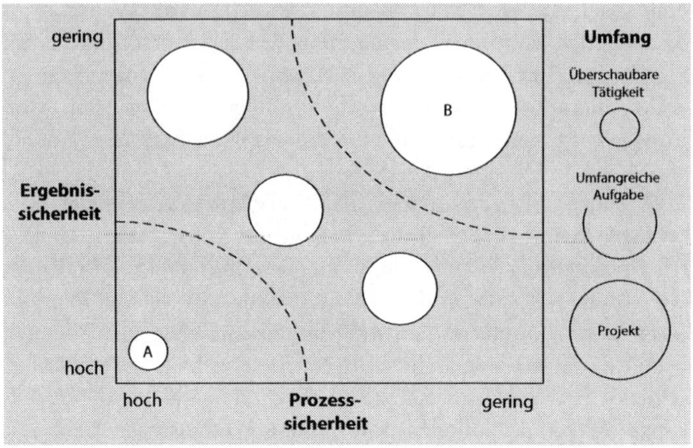

Abb. 4.7 Prozess-, Ergebnissicherheit und Umfang von Aufgaben. (Trost 2015, S. 70; © Wiley-VCH Verlag GmbH & Co. KGaA. Reproduced with permission)

Einerseits werden wir erleben, dass Aufgaben wie A zunehmend von smarten Technologien, wie Robotern oder künstlicher Intelligenz übernommen werden. Diese Entwicklung ist bereits seit Jahrzenten im Gange und erfährt dieser Tage durch die zunehmende Digitalisierung einen erheblichen Schub. Betroffen sind nicht nur die sehr einfachen Aufgaben, wie das wiederholte Zusammenfügen zweier Bauteile etwa, sondern zunehmend auch höherwertige Aufgaben, wie das diagnostizieren von Röntgenbildern, die Ermittlung der Kreditwürdigkeit von Bankkunden oder das Steuern von Verkehrsmittel.

Andererseits muss mit Aufgaben vom Typ B ein anderes Führungs- und Organisationsverständnis einhergehen als mit Aufgaben vom Typ A. Weisung und Kontrolle versagen weitestgehend. Welche Weisung will man auch geben, wenn nicht einmal der Chef das Ergebnis kennt? Komplexität erfordert diverse Team- und Netzwerkstrukturen. Das jährliche Mitarbeitergespräch mit seiner traditionellen Kombination aus individueller Zielvereinbarung und Leistungsbeurteilung ist mit Aufgaben dieses Typs nicht kompatibel (vgl. Trost 2015). Eine direkte Konsequenz aus dieser Unterscheidung ergibt sich in Bezug auf die Zyklen von Denken und Handeln, wie im folgenden Teilabschnitt erläutert wird.

Kurze Zyklen, lange Zyklen

Es gehört wohl zu den deutschen Tugenden, Dinge erst zu Ende zu denken um dann mit der Umsetzung zu beginnen. Erst Denken, dann Handeln. Klassisches *Projektmanagement* folgt beispielsweise diesem Prinzip (vgl. Madauss 2000). Bevor man den ersten Spatenstich tut oder die erste Zeile des Software-Codes schreibt müssen Projektstrukturpläne entwickelt und Netzpläne, Gantt-Charts, Projektphasen und Projektmeilensteine abgeleitet werden. Man spricht hierbei auch vom so genannten *Wasser-*

fallmodell. Zeitliche Abläufe und die dafür nötigen Budgets und Verantwortlichkeiten müssen möglichst umfassend geklärt sein. Planung als Versuch, Komplexität zu reduzieren. Bei umfangreichen Projekten mit geringer Prozess- und Ergebnissicherheit kann dieses Vorgehen allerdings zu dysfunktionalen Effekten führen, die bereits seit vielen Jahren insbesondere im Zusammenhang mit der Entwicklung von Software bekannt sind (Weltz und Ortmann 1992). Man arbeitet zu lange an der falschen Sache. Auftretende Unsicherheiten oder Unstimmigkeiten während des Projektverlaufs werden mit dem Verweis auf die initiale Projektplanung ignoriert. Das Produkt wird vom Kunden nicht wie erwartet angenommen, was man aber erst dann realisiert, wenn dieses Produkt bereits zu Ende entwickelt wurde. In ◘ Abb. 4.8 ist dieser Ansatz durch einen großen Zyklus von Denken und Handeln graphisch symbolisiert.

Demgegenüber hat sich gerade in der Softwareentwicklung ein alternativer, kurzzyklischer Ansatz vielfach als erfolgreicher herausgestellt. In ◘ Abb. 4.8 ist dieser Ansatz durch die kurzzyklischen Iterationen angedeutet. Die Rede ist von *Scrum*, einer agilen Methode des Projektmanagements, die besser in der Lage zu sein scheint, mit Unsicherheit umzugehen. Hier wird in kurzyklischen, so genannten „Sprints" gedacht. Dinge werden im deutlich kleineren Rahmen geplant, kurzfristig umgesetzt und nah am Kunden getestet. Danach erfolgt der nächste Sprint (Sims und Johnson 2011).

Agile Unternehmen denken und handeln kurzzyklisch, nah am Kunden. Dies kann man an unterschiedlichen Prinzipien verdeutlichen, die derzeit aus dem kalifornischen Silicon Valley kommend die ganze Welt erobern. Eines dieser Prinzipien lautet „fail fast, fail cheap", versage so früh wie möglich und verursache dabei so wenig Kosten wie möglich. Ob ein Produkt beim Kunden ankommt oder

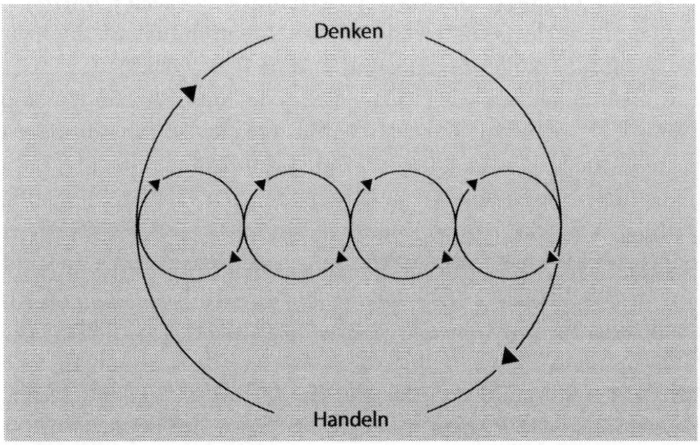

◘ **Abb. 4.8** Denken und Handeln in umfangreichen und kurzen Zyklen

nicht kann man häufig bereits in sehr frühen Phasen der Produktentwicklung erkennen. Besser man tut dies frühzeitig, vermeidet dadurch nicht rentable weitere Investitionen und lernt daraus. Damit einher geht die Idee des *Rapid Prototyping*. Der Erfolg eines Produkts wird nicht erst dann in Erfahrung gebracht, wenn dieses zu Ende entwickelt wurde und Marketingkampagnen und die Produktion anlaufen sondern möglichst früh auf der Basis eines frühen Prototyps. Diese, damit einhergehende Haltung konnte sich in einem von Software-Technologie geprägten Umfeld wie dem Silicon Valley eher entwickeln als etwa im deutschen Maschinenbau oder in der Automobilbranche. Hier ist man es zu Recht gewohnt, Produkte erst dann an den Markt zu bringen, wenn ihre Qualität wirklich perfekt ist. Alles andere hätte zum Teil massive Kosten zur Folge, sei es im Service, bei nachträglichen, aufwendigen Reparaturen oder im schlimmsten Fall durch notwendige Rückrufaktionen. Im Silicon Valley denkt man in so genannten *Minimal Viable Products*, Produkte, die gut genug sind, um zügig ausgeliefert zu werden, wohl wissend, dass sie fehlerhaft sind. Nachträgliche Korrekturen können dann durch zeitnahe Updates aufgespielt werden. Dieses Denken ist dem guten deutschen, verlässlichen Ingenieur äußerst fremd. Schließlich war man sich über Jahrzehnte hinweg darüber im Klaren, dass man als Lieferant einer Maschine spätestens ab dem Zeitpunkt seiner Auslieferung die Kontrolle über dieselbe verliert. Sie muss ab diesem Moment ohne eigenes Zutun fehlerfrei und perfekt funktionieren. Im Zuge der Digitalisierung wird man sich wohl eine andere Haltung angewöhnen dürfen.

4.4 Das dominierende Führungsverständnis

Kaum ein Thema wird im Zuge der Digitalisierung und Agilisierung so intensiv diskutiert, wie das der *Führung*. Tatsächlich ist davon auszugehen, dass sich die Verhältnisse zwischen Mitarbeitern und Führungskräften ändern und dies unmittelbare Implikationen für die Rolle von Führungskräften haben wird.

Allgemeinwissen, Expertenwissen

Traditionell war meist klar, dass jene Mitarbeiterinnen und Mitarbeiter befördert werden, die im Vergleich zu ihren Kollegen fachlich am besten sind. Beförderung war nicht nur eine Frage der Führungseignung sondern auch ein Zeichen der Anerkennung fachlicher Stärke. Guten Mitarbeitern muss man Perspektiven bieten und Perspektiven waren immer auch gleichbedeutend mit einem Aufstieg auf der Hierarchieleiter. Weil das so war, hatten nicht nur die geführten Mitarbeiter gegenüber ihrer Führungskraft den Anspruch von ihr Antworten auf drängende Fragen zu erhalten und Lösungen auf akute Probleme. Meist hatten Führungskräfte diesen Anspruch auch gegenüber sich selbst.

In meinen Veröffentlichungen und in zahlreichen Vorträgen nutze ich gerne eine Darstellung, die das Verhältnis zwischen Füh-

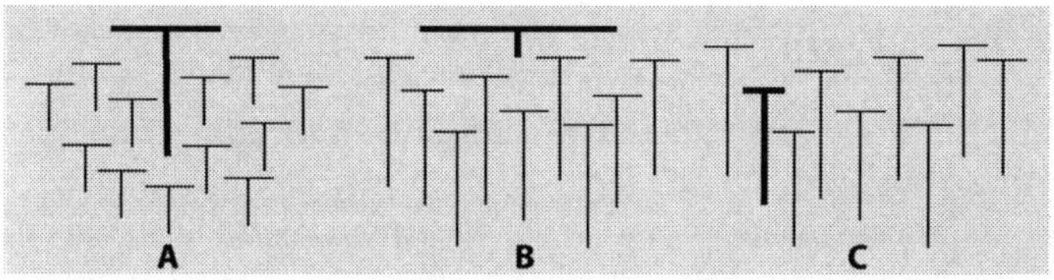

Abb. 4.9 Allgemeinwissen und Expertise von Führungskräften und Mitarbeitern

rungskräften und Mitarbeiter recht einfach und einprägsam veranschaulicht (siehe Abb. 4.9).

In den in Abb. 4.9 dargestellten Konstellationen wird das so genannte *T-Konzept* bemüht, um Allgemeinwissen (Querbalken) und Expertenwissen (horizontaler Balken) widerzuspiegeln. Konstellation *A* zeigt eine traditionelle Variante. Hier verfügt die Führungskraft (dicke Balken) über viel Allgemeinwissen und viel Expertenwissen. Sie ist ihren Mitarbeitern (dünne Balken) in jeglicher Hinsicht überlegen – der „Meister". Deshalb ist sie ja auch die Führungskraft. Die Mitarbeiter hingegen sind wie die Führungskraft, nur deutlich kleiner. Hat ein Mitarbeiter eine Frage oder ein Problem, so liegt es nahe, sich an die (überlegene) Führungskraft zu wenden. An wen auch sonst?

Konstellation *B* unterscheidet sich von Variante A insofern, als hier die Führungskraft zwar über deutlich mehr Allgemeinwissen verfügt als die Mitarbeiter, fachlich aber unterlegen ist. Sie hat den Überblick und das große Ganze vor Augen, zeitlich, sachlich und strategisch. Jeder Mitarbeiter verfügt aber über ein tieferes Expertenwissen, als die Führungskraft. Man kann diese Konstellation mit einem Orchester vergleichen, in dem jeder Instrumentalist sein Instrument besser beherrscht als der Dirigent. Der Dirigent sorgt aber dafür, dass das Zusammenspiel der Experten zu einem großartigen Gesamtergebnis führt. Wenn in dieser Konstellation der einzelne Mitarbeiter eine Frage oder ein Problem hat wird er sich nicht nur an seine Führungskraft wenden sondern vor allem an die Anderen – „Warum soll ich meinen Chef fragen, wenn ich jemanden kenne, der die Antwort kennt?". In einem idealen Setting ergänzen sich die Mitarbeiterinnen und Mitarbeiter aufgrund einer diversen, komplementären Zusammensetzung von Expertenwissen.

Hierarchische, traditionelle Organisationen tendieren zu Konstellation A während sich agile Organisationen tendenziell eher mit Konstellation B identifizieren werden. Ein wesentlicher Grund liegt in der hohen Aufgabenunsicherheit, wie im vorausgegangenen Abschnitt beschrieben wurde. Wenn Neues entwickelt wird und man kaum auf Erfahrungen zurückgreifen kann, dann ist ein interdisziplinäres Team von Experten erforderlich. Die Führungskraft kann nicht den Anspruch haben, auf Alles eine Antwort parat zu haben. Das ist schlichtweg nicht mehr möglich. Verfolgt sie diesen Anspruch doch, wird sie jeden Tag lange arbeiten, sicher in einen Burnout marschieren und am Ende doch keine gute Führungskraft sein.

Darüber hinaus ist eine weiter Variante *C* vorstellbar, bei der es keine übergeordnete, dauerhaft installierte Führungskraft gibt. So gibt es mittlerweile erfolgreiche Orchester, die gänzlich ohne Dirigent auskommen, wie beispielsweise das italienische Orchester Spira Mirabilis oder das wunderbare, mehrfach ausgezeichnete Orpheus Kammerorchester (Mukunda 2012). In einem solchen, sehr demokratischen Setting übernehmen je nach Situation unterschiedliche Mitarbeiter die Führungsrolle, manchmal nur für wenige Sekunden. Dieser Fall ist sicherlich sehr selten, sollte aber nicht unerwähnt bleiben, weil er nicht nur theoretisch denkbar ist sondern auch praktisch möglich, wie manche Beispiele eindrucksvoll beweisen.

Bereits die einfache Unterscheidung zwischen Konstellation A und B hat umfassende Implikationen nicht nur auf das adäquate Führungsverständnis – darauf wird im nächsten Teilabschnitt eingegangen –, sondern auch auf die Ausrichtung personalrelevanter Themen. Klassische Personalbeurteilung oder Potenzialeinschätzung von oben nach unten funktionieren möglicherweise bei Konstellation A, bei B funktioniert sie definitiv nur sehr begrenzt. Lernen wird bei A von der Führungskraft veranlasst. Die Führungskraft tritt möglicherweise selbst als Lehrer (Meister) auf. Bei B lernen Mitarbeiter vor allem voneinander. Das Thema Fachkarriere hat im Falle von A eine gänzlich andere Bedeutung als im Falle B. Sollte in einem Unternehmen oder in einem Teilbereich der Fall C (keine Führungskraft) vorherrschen, wären zahlreiche, traditionelle HR-Konzepte, die offenkundig Entscheidungen und Urteile von Führungskräften vorsehen schlichtweg nicht denkbar.

Boss, Coach, Partner oder Befähiger

Wie bereits angedeutet haben die soeben beschriebenen Konstellationen einen erheblichen Einfluss darauf, welches Führungsverständnis als adäquat erscheinen mag. Im Folgenden werden daher vier unterschiedliche *Führungsrollen* kurz beschrieben. Hinter jeder Rolle steht ein bestimmtes Führungsverständnis. Die traditionell am meisten verbreitete Rolle dürfte die des Bosses oder Herrscher sein. Hier wird ganz bewusst, diese Bezeichnung gewählt, weil sie auch im alltäglichen Sprachgebrauch genau das beschreibt, worum es im Kern geht. Der *Boss* stellt sich in seiner Rolle als Führungskraft vor allem die Frage: „Wie schaffe ich es, dass meine Mitarbeiter das tun, was ich von ihnen will?". So einfach ist das. Um das zu erreichen muss man „seine" Mitarbeiter motivieren, kontrollieren, klare Anweisungen geben, Entscheidungen fällen und zuweilen auch bestrafen. So, oder so ähnlich versteht ein Boss seine Rolle. Es scheint so, als entspräche dieses Führungsverständnis geradezu den stereotypen Vorstellungen dessen, was eine Führungskraft ausmacht. In meinen Vorlesungen bitte ich meine Studentinnen und Studenten regelmäßig, drei Dinge auf einen Zettel zu schreiben, die eine Führungskraft tut. Die Ergebnisse spiegeln dann genau dieses Bild wider: Entscheidung fällen, Anweisungen geben, Belohnen, Motivieren, Kontrollieren, Feedback geben etc. Neben dieser Rolle des Bosses, können aber mindestens drei andere Rollen unterschieden werden, nämlich die des Coach, des Partners und des Befähigers (siehe ◘ Abb. 4.10).

Am einfachsten kann man diese Rollen verstehen, wenn man sich einen sehr einfachen, alltäglichen Fall vor Augen führt. Man stelle sich vor, ein Mitarbeiter benötigt eine Entscheidung, A oder B. Zunächst kann ein Mitarbeiter natürlich selbst die Entscheidung fällen. Sollte er sich aber damit an seine Führungskraft wenden und diese agiert als Boss, dann wird diese Führungskraft eine Entscheidung fällen und sie dem Mitarbeiter mitteilen – „Wir machen B".

Agiert die Führungskraft als *Coach*, wird sie die Verantwortung beim Mitarbeiter belassen und mit Fragen reagieren. „Wie würden Sie entscheiden?", „Was spricht für A, was für B?", „Mit wem müssten Sie sprechen um besser einschätzen zu können, welche Alternative die bessere ist?", „Gibt es auch eine dritte Option C?". Der großartige Götz Werner, Gründer der Drogeriemarktkette dm-drogeriemarkt hat es in seiner Autobiografie „Womit ich nie gerechnet hätte" sinngemäß wie folgt auf den Punkt gebracht: „Wenn ein Mitarbeiter mit einer Frage zu mir kommt, bekommt er drei Fragen zurück und eine davon macht richtig viel Arbeit" (Werner 2015). Ein Coach glaubt daran, dass der Mitarbeiter die Antwort kennt oder zumindest das Potenzial hat, die richtige Antwort selbst zu finden. Dies liegt unter anderem an der Erkenntnis,

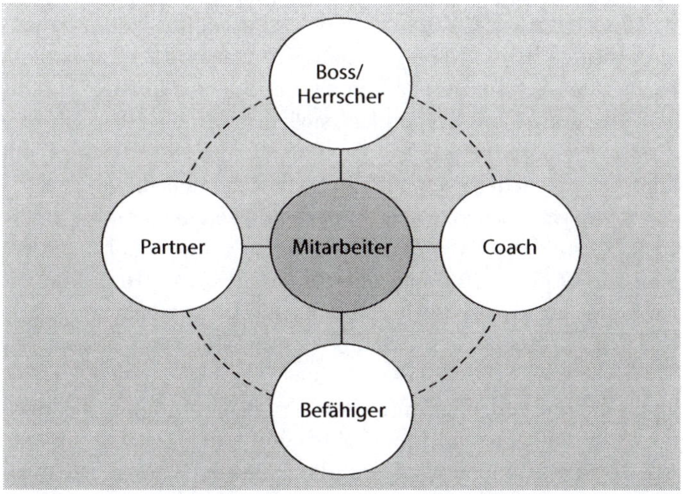

◘ **Abb. 4.10** Mögliche, dominierende Führungsrollen. (Trost 2015, S. 83; © Wiley-VCH Verlag GmbH & Co. KGaA. Reproduced with permission)

dass die Mitarbeiterinnen und Mitarbeiter selbst über mehr Expertise verfügen als sie selbst (Konstellation B, C in ◘ Abb. 4.9). Er geht davon aus, dass immer dann, wenn er als Führungskraft selbst eine Entscheidung fällt oder ein Problem löst er dem Mitarbeiter eine wichtige Lernchance nimmt und damit die wichtige Möglichkeit, selbst ein Erfolgserlebnis zu generieren. Coaches schreiben daher kurze Mails – „was denken Sie?". Auf Dauer erhalten Coaches weniger Mails von ihren Mitarbeitern als Bosse.

Eine Führungskraft, die als *Partner* agiert, sieht sich in gewisser Weise als normales, gleichwertiges Mitglied seines Teams. Man agiert auf Augenhöhe. Wird eine Entscheidung benötigt, wird der Partner gemeinsam mit seinen Kolleginnen und Kollegen eine Lösung suchen. „Was wollen *wir* tun?", „Lasst uns *gemeinsam* überlegen, was für *uns* die richtige Entscheidung ist". Man kann eine Führungskraft, die als Partner agiert eher als eine Art Sprecher begreifen, ähnlich wie der Dekan an einer Fakultät oder der Klassensprecher. Sie repräsentiert das Team gegenüber höheren Ebenen und hat sozusagen „den Hut auf". Häufig werden diese Führungskräfte von ihren Kollegen für eine bestimmte Zeit gewählt. Ein Habitus von Macht, Unter- und Überordnung ist diesen Führungskräften gänzlich fremd und würde von den Teammitgliedern auch nicht angenommen.

Es gibt ein Führungsverständnis, wonach Führung darin besteht, Mitarbeitern jene Rahmenbedingungen sicherzustellen, die sie benötigen, um einen guten Job machen und ihr Potenzial entfalten zu können. Führungskräfte, die so denken sehen sich als *Befähiger*. Im Sinne der bereits beschriebenen invertierten Pyramide interpretieren sie ihre Rolle als die eines Dienstleister ihren Mitarbeitern gegenüber. In manchen Branchen hat es nie ein anderes Führungsverständnis gegeben. Man denke hier beispielsweise an den Sport, die Kunst, Literatur. Auch Sportler, Musiker und manche Autoren haben Manager. Deren Aufgabe besteht aber nicht darin, dem Geführten zu sagen, was er oder sie in einer jeweiligen Situation zu tun hat sondern stellen sicher, dass der Geführte das tun kann was er oder sie am besten kann. Die Führungskraft kümmert sich lediglich um die nötigen Rahmenbedingungen.

Streng genommen und der Vollständigkeit halber müssten die eben beschriebenen vier Rollen durch eine fünfte ergänzt werden. Sie ist in ◘ Abb. 4.10 durch den mittleren Kreis, den „Mitarbeiter" selbst angedeutet und beschreibt eine Form von Führung ohne wirklich zu führen. Hier wird die Verantwortung gänzlich auf den Mitarbeiter oder die Mitarbeiter eines Teams übertragen. Hier signalisiert die Führungskraft, dass sie mit bestimmten Belangen nichts zu tun haben möchte – „Bitte kümmern Sie sich darum. Ich will damit nichts zu tun haben und tun Sie mir den Gefallen, mich hier nicht nach meiner Meinung, meinen Rat oder meine Erlaubnis zu fragen".

Gute Führungskräfte kennen ihre dominierende Rolle, die sie im Normalfall an den Tag legen. Sie vermitteln diese gegenüber ihren Mitarbeitern und Kollegen auf sehr klare Weise. Gute Führungskräfte wissen aber auch, wann und gegenüber wem sie in andere Rollen Schlüpfen sollten. Auch der Partner agiert je nach Situation als Boss um danach wieder in die Partnerrolle zurück zu kehren. Wenn ich Führungskräfte coache, dann bitte ich meine Coachees regelmäßig, die verschiedenen Rollen mit Punkte zu gewichten. „Wenn Sie Ihre Führungsrolle beschreiben müssten, wie würden Sie zehn Punkte auf die verschiedenen Rollen verteilen?". Spannend wird die Diskussion auch dann, wenn ich meine Coachees bitte, diese Einschätzung einerseits für ihre eigene Führungskraft vorzunehmen und anderseits zu beschreiben, welche Erwartungshaltung die Geführten wohl haben. Die Ergebnisse liefern meist eine erstaunlich wertvolle Grundlage für eine weitere Erörterung der Frage, wie eine Führungskraft wirkt bzw. wirken möchte.

Sucht man Bosse, wird man vor allem in traditionellen, hierarchischen Organisationen fündig. Kaum ein Merkmal ist so eng mit hierarchischem Verständnis verbunden, wie diese besondere Führungsrolle. Es ist mit der oben beschriebenen Theorie X kompatibel. In agilen Organisationen ist eher der Coach, der Partner oder der Befähiger zuhause.

Wie wir noch sehen werden, hat auch das Führungsverständnis einen erheblichen Einfluss auf fast alle personalrelevanten Themen. Douglas McGregor hat bereits darauf hingewiesen, dass ein Coach niemals urteilt. Wer mittels Personalbeurteilung über die Zukunft und das Gehalt eines Mitarbeiters verfügt, kann gegenüber diesem Mitarbeiter niemals als Coach oder Partner agieren. Allein dieser Aspekt deutet darauf hin, wie umfassend die HR-bezogenen Implikationen des Führungsverständnisses sind.

Handlungsspielraum und Vertrauen

Die oben beschriebenen Führungsrollen gehen eng mit dem Thema *Vertrauen* einher. Nun mag man einwenden, Vertrauen sei etwas, das seinen Platz unter Freunden, in der Familie oder in der Selbsthilfegruppe hat, aber nicht im harten Business. Vermutlich hat kein Student der Betriebswirtschaft bisher das Fach Vertrauen belegt. Vertrauen erscheint im Verständnis Vieler als ein weiches, irrationales Konstrukt. Wer so denkt, verkennt die große Bedeutung dieses, wichtigen sozialen Phänomens. Es geht um die Annahme, das Verhalten Anderer vorhersagen zu können, ohne sicher zu wissen, dass dieses Verhalten tatsächlich eintrifft. Insofern kann Vertrauen formale Regeln, formale Abmachungen, aber auch institutionelle Zwänge und Kontrolle in gewissem Maß ersetzen.

Leben und Zusammenleben wäre ohne Vertrauen nicht möglich. Der große Soziologe Niklas Luhmann (2000) hat sich umfassend und wissenschaftlich mit diesem Phänomen beschäftigt. Wenn man seine Erkenntnisse versuchen würde, in einem einzigen Satz zusammenzufassen, dann käme man zu der Aussage:

Vertrauen reduziert Komplexität. Ein wunderbarer Satz. Kunden-Lieferanten-Beziehungen werden einfacher, wenn dieses in gewissem Masse auf Vertrauen basiert. Dasselbe gilt für die Beziehung zwischen Führungskräften und Mitarbeitern oder für die Beziehung zwischen Mitarbeitern und Teams.

Vertrauen manifestiert sich institutionell in der Entscheidungsfreiheit und Eigenverantwortlichkeit der Mitarbeiter und Teams. Darüber hinaus berührt Vertrauen die Arbeitsbedingungen und den so genannten *Handlungsspielraum* der Mitarbeiter. In der Arbeits- und Organisationspsychologie beschreibt der Handlungsspielraum einen Raum bestehend aus drei, voneinander unabhängigen Dimensionen, wie in ◘ Abb. 4.11 grafisch dargestellt.

Ein großer Handlungsspielraum steht für flexible Arbeitsbedingungen. Mitarbeiter entscheiden selbst, *wo* sie Arbeiten (flexibler Arbeitsort), *wann* sie arbeiten (flexible Arbeitszeiten) und mit *wem* sie arbeiten (flexible Organisation). All dies setzt ein hohes Maß an Vertrauen voraus, weswegen wir etwa bei der höchsten Form von Arbeitszeitsouveränität auch von Vertrauensarbeitszeit sprechen (vgl. hierzu auch ► Abschn. 10.1).

Gerade jene Unternehmen und Unternehmensbereiche, die auf neue Ideen und Innovation setzen tun gut daran, ihren Mitarbeitern einen hohen Handlungsspielraum zu bieten. Wir wissen zum Teil aus wissenschaftlichen Studien aber auch aus persönlicher Erfahrung, dass Menschen häufig dann die besten Ideen haben, wenn sie sich nicht in ihrem regulären Arbeitssetting befinden: im Urlaub, auf dem Heimweg, am Wochenende beim Joggen, beim Duschen, manchmal sogar im Schlaf. Wir wissen sogar, dass langweilige Meetings und Kongresse kreativitätsfördernder sind, als jene Veranstaltung, die Konzentration und vollen Einsatz for-

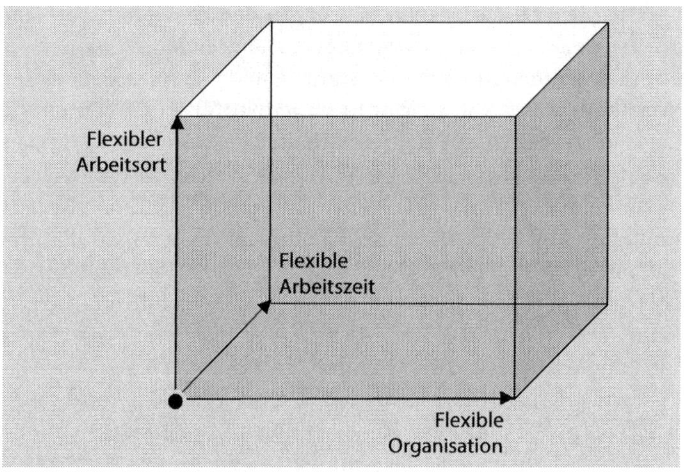

◘ **Abb. 4.11** Der Handlungsspielraum

dern. Nimmt man diese Überlegungen ernst, dann kommt man zu dem Schluss, dass traditionelle, fixe Arbeitswelten offenbar wenig förderlich für das sind, wofür Mitarbeiterinnen und Mitarbeiter bezahlt werden. In gewisser Weise können traditionelle, fixe Arbeitsbedingungen Mitarbeiter von ihrer Arbeit abhalten.

Während traditionell, hierarchische Unternehmen tendenziell darauf setzen, dass ihre Mitarbeiter zu bestimmten und kontrollierten Zeiten an ihrem Arbeitsplatz sind, setzen agile Unternehmen vielmehr auf Eigenverantwortlichkeit, Vertrauen und Selbststeuerung. Agile Unternehmen sehen sich mit einer deutlich höheren Komplexität konfrontiert, als hierarchische, statische Unternehmen. Insofern liegt es nahe, durch Vertrauen Komplexität zu reduzieren, um sich so auf das Wesentliche konzentrieren zu können. Dabei versuchen agile Organisationen die Wahrscheinlichkeit zufälliger, informeller Begegnungen von Mitarbeitern unterschiedlicher Rollen und Funktionen möglichst hoch zu halten. Wie wir noch sehen werden, haben diese Überlegungen nicht nur Auswirkungen auf zentrale Themen des HR, wie Arbeitszeit oder Zusammenarbeitsformen sondern sogar auf Fragen der Architektur und der physischen Arbeitsumwelt.

4.5 Organisation, Dynamik und Verpflichtung

Die vierte Kategorie relevanter Rahmenbedingungen befasst sich mit der Frage nach der Organisation und somit mit der Kooperation und wechselseitigen Verpflichtung von Führungskräften, Mitarbeiter, Teams und Kunden. Wie hoch ist der Grad der Arbeitsteilung und in welcher Beziehung stehen die Aufgaben zueinander? Ein zentraler Aspekt wird die Verpflichtung der Mitarbeiter und Teams sein. Sehen sich diese eher übergeordneten Instanzen gegenüber verpflichtet oder ihren Kollegen und Kunden, intern wie extern?

Arbeitsteilung und Aufgabendynamik

Arbeitsteilung und die Teilung ganzer Organisationen in so genannte *Ab*-teilungen hat in zahlreichen Organisationen über Jahrzehnte hinweg zu einer enormen Steigerung der Effizienz geführt. Jeder Mitarbeiter, jedes Team konzentrierte sich allein auf seine jeweilige Aufgabe. Eine Integration dieser Einzelaufgaben fand dann auf einer übergeordneten Ebene statt. Es war für einen Mitarbeiter in Ordnung, sich allein beispielsweise auf das Montieren eines einzelnen Bauteils zu konzentrieren, solange irgendjemand übergeordnetes wusste, wie sich diese isolierte Aufgabe in die Herstellung eines Gesamtprodukts einfügt. Dieses Gesamtprodukt, diese Gesamtleistung war nichts anderes als die Summe isolierter Einzelleistungen (siehe ◘ Abb. 4.12).

In agilen Organisationen nimmt man demgegenüber eine Dynamik voneinander abhängiger Aufgaben an – vernetzte Produkte

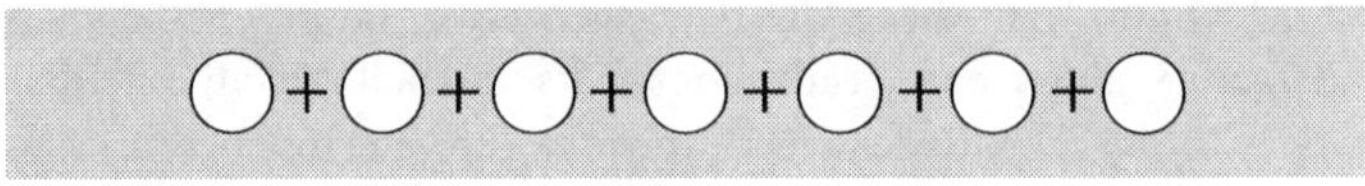

Abb. 4.12 Die Gesamtleistung als Summe isolierter Einzelleistungen

erfordern vernetzte Organisationen. Anders als wie in Abb. 4.12 dargestellt, stehen die Aufgaben in einer kybernetischen Wechselwirkung zueinander, so wie in Abb. 4.13 grafisch skizziert.

Die einzelnen Kreise in Abb. 4.13 stehen für einzelne Aufgaben. Die Pfeile wiederum symbolisieren interne Kunden-Lieferanten-Beziehungen. Der Output der einen Aufgabe ist zugleich der Input für eine andere Aufgabe. Darüber hinaus gibt es kritische Relationen (durchgezogene Pfeile) und solche, die eher unkritisch sind (gestrichelte Pfeile). Das Besondere an dieser Konstellation hoher *Aufgabendynamik* besteht unter anderem darin, dass der einzelne Mitarbeiter nur dann erfolgreich sein kann, wenn das Zusammenspiel insgesamt gut funktioniert. In meinen Vorträgen vergleiche ich die arbeitsteilige Konstellation gerne mit einer Galeere, bei der sich die Gesamtleistung des Schiffes aus der Summe der koordinierten Einzelleistungen ergibt. Die Konstellation mit hoher Aufgabendynamik kann eher mit einem Fußballspiel verglichen werden. Hier kann der einzelne Spieler nur dann gewinnen, wenn das Spielsystem insgesamt besser funktioniert als das der Gegner.

In einem arbeitsteiligen Setting ist es einfacher, die individuelle Leistung von Mitarbeitern anhand der Ergebnisse zu beurteilen als im Falle hoher Aufgabendynamik. Eine Incentivierung individu-

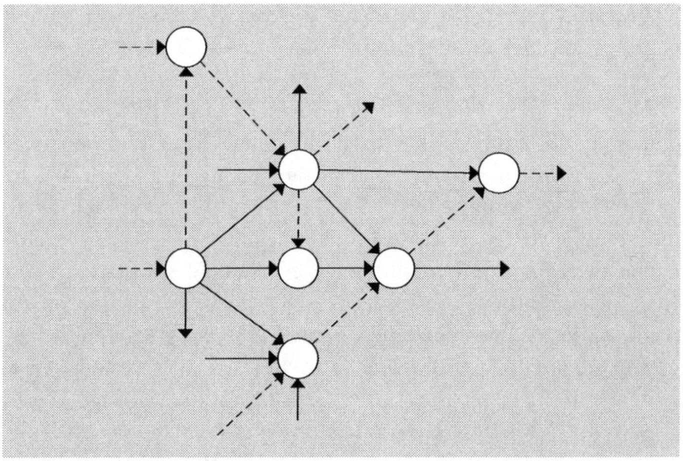

Abb. 4.13 Kybernetische Wechselwirkung voneinander abhängiger Aufgaben. (Trost 2015, S. 74; © Wiley-VCH Verlag GmbH & Co. KGaA. Reproduced with permission)

eller Leistungen im Kontext hoher Aufgabendynamik kann sogar dysfunktional sein und dort Wettbewerb unter Mitarbeitern schüren, wo eigentlich Kooperation und Austausch erfolgskritisch wären. Diese beiden Beispiele zeigen ausschnitthaft die hohe Bedeutung des Aufgabenkontexts in Bezug auf personalrelevante Themen.

Konsequenzen und Verpflichtung

Stellt man einem Mitarbeiter die einfache Frage, woran er es fest mache, ob er einen guten Job gemacht hat, dann kann man mit einer von zwei gegensätzlichen Antworten rechnen. Antwort *A* könnte lauten: „Ich habe dann einen guten Job gemacht, wenn meine Führungskraft mit meinen Arbeitsergebnissen zufrieden ist“. Vermutlich denken gerade in hierarchisch geführten Unternehmen eine Vielzahl von Mitarbeitern so, selbst dann, wenn sie es nicht direkt zugeben würden. Während sie an etwas arbeiten, an einer Präsentation, an einem Bericht, an einem Konzept, fragen sie sich stillschweigend: „Wird das meinem Chef gefallen? Was ist, wenn sie damit nicht zufrieden ist?“. In diesem Fall sehen sich Mitarbeiterinnen und Mitarbeiter primär ihrer Führungskraft gegenüber verpflichtet. Die Konsequenzen der eigenen Arbeit ergeben sich aus den Reaktionen der direkten Führungskraft. Hat man die Dinge zur Zufriedenheit der Führungskraft erledigt, dann erfährt man Lob, Anerkennung, möglicherweise einen Bonus und am Ende des Jahres eine positive Beurteilung im Jahresgespräch. Ist die Führungskraft nicht zufrieden, dann ist mit Kritik, möglicherweise Bestrafung oder einer schlechten, formellen Beurteilung zu rechnen. So läuft das in hierarchisch geführten Unternehmen. Der Kunde spielt in diesem Denken zunächst keine Rolle. Sollte sich aber plötzlich ein Kunde gegenüber dem Mitarbeiter kritisch zu Wort melden erhält dieser meist die Antwort: „Ich kann da nichts machen. Das kommt von oben“. Besser kann man diese Konstellation kaum auf den Punkt bringen. Sie ist als Konstellation *A* in ◘ Abb. 4.14 wiedergegeben.

Der agile Gegenentwurf ist in ◘ Abb. 4.14 auf der rechten Seite wiedergegeben. Bei dieser Konstellation (B) sehen sich Mitarbeiter

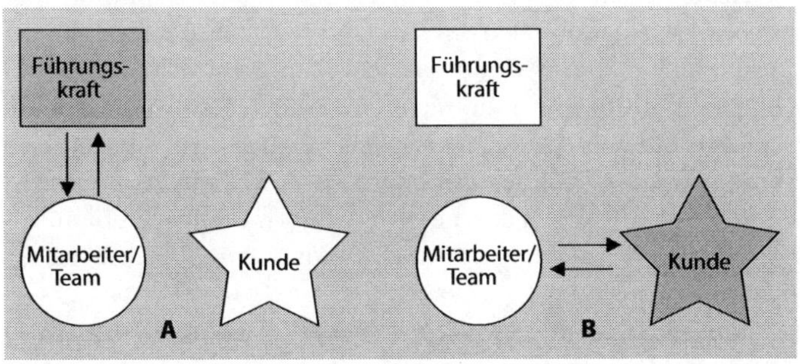

◘ **Abb. 4.14** Die Verpflichtung der Mitarbeiter und Teams

oder Teams primär ihren Kunden gegenüber verpflichtet, intern, wie extern. „Ich habe dann einen guten Job gemacht, wenn mein Kunde zufrieden ist" lautet entsprechend Antwort *B* auf die eingangs formulierte Frage. Vom Kunden kommt der Auftrag. Vom Kunden kommen die Konsequenzen in Form von Lob, Kritik oder Feedback, das man sich aktiv einholt. Der Führungskraft kommt in diesem Setting lediglich die Aufgabe zu, dieses Verhältnis zwischen Mitarbeiter, Team und Kunden zu moderieren – „Sie müssen mich (Führungskraft) nicht fragen, ob ich diese Idee gut finde. Wer ist der Kunde Ihrer Idee? Haben Sie mit den Kunden schon gesprochen? Was sagt der Kunde hierzu?".

Was hier als vergleichsweise einfache Überlegung erscheint, betrifft im Kern ein fundamentales Problem von Organisation. Albert Bandura, einer der weltweit führenden Psychologen im Bereich der Motivation und Lernentwicklung verdeutlichte wie kaum ein anderer die hohe Bedeutung wahrgenommener *Selbstwirksamkeit* (self-efficacy). Die Überzeugung, aus freien Stücken für Andere etwas Sinnhaftes leisten zu können, erklärt Bandura (1997) als eine der wichtigsten Quellen nicht nur von Motivation und Erfülltheit sondern auch von Lernen an sich. Insbesondere in sehr arbeitsteiligen Organisationen und Verpflichtung „nach oben" wird Mitarbeitern genau diese Grundlage entzogen. Sie spielt schlichtweg keine Rolle. Der Mitarbeiter tut, was man ihm sagt und dafür bekommt er Geld. Nur darauf basiert der explizite und psychologische Arbeitsvertag. Selbstwirksamkeit und die damit einhergehende Motivation, Erfüllung, Sinnhaftigkeit und Lernchance setzt hingegen voraus, dass Mitarbeiter für Andere etwas leisten. Nichts anderes bedeutet „Arbeit". Sie müssen dies mit einem Gefühl der Eigenverantwortlichkeit tun. Aber vor allem müssen sie die Konsequenzen ihres Denken und Handelns erleben.

Alle Unternehmen, die über Agilität nachdenken werden zustimmen, dass sie weniger Silodenken wünschen aber dafür mehr Zusammenarbeit und laterale Vernetzung. Dies tun sie allein aus dem oben genannten Grund: Teams und Mitarbeiter sollen die Konsequenzen ihrer Entscheidungen und Aktivitäten unmittelbar erleben. Ingenieure sollen direkt erfahren, wie ihre Planung in der Produktion ankommt. Leute aus dem Marketing sollen unvermittelt sehen, ob und wie ihr Material beim Vertrieb funktioniert. Kollegen aus den Headquarter sollen möglichst am eigenen Leib spüren, was ihre Zentralverordnungen in den Niederlassungen anrichten. Alles lässt sich auf die einfache Formel zurückführen wonach soziale Vernetzung das Erleben von Konsequenzen ermöglicht und fördert.

Nun sieht HR in einer vernetzten Organisation, in der Mitarbeiter und Teams die Konsequenzen ihres Handelns erfahren anders aus, als in einer arbeitsteiligen, hierarchischen Organisation mit gehüteten Silos. Beurteilung, Feedback, Potentialerkennung,

Lernen, Incentivierung und viele andere Themen haben in netzwerkartigen Organisationen zumindest die Chance, horizontal, nach links und rechts gedacht zu werden. Agile Organisationen streben ausdrücklich danach. Deshalb werden Talente in diesen Unternehmen nur dann als Talente akzeptiert, wenn die Anderen auf gleicher Ebene das auch so sehen und nicht nur das Führungsteam eine Ebene höher. Job-Rotation, gemischte Projektteams, informelle Arbeitskreise, sogenannte „Communities of Practice", Working Out Loud. All dies sind Konzepte, die vor allem den Zweck verfolgen, laterale Vernetzung zu fördern. Lernen wird als Aktivität des selbstgesteuerten Austauschs unter Kolleginnen und Kollegen verstanden. Social Learning nennt man das. Diese wenigen Beispiele sollen an dieser Stelle genügen.

4.6 Status und Zielvorstellung

In den vorausgegangenen Abschnitten wurden zwölf Dimensionen kultureller und struktureller Rahmenbedingungen, aufgeteilt in vier Kategorien behandelt. Es würde zu weit gehen, wollte man diese Dimensionen als gleichwertig oder gar als unabhängig voneinander betrachten. Das sind sie ganz offensichtlich nicht. Manche Dimensionen, wie etwas das Menschenbild oder die laterale versus horizontale Verpflichtung sind sehr generisch und haben eine übergeordnete Bedeutung, während andere Dimensionen eher spezifischen Charakter haben. Dass manche Dimensionen voneinander abhängig sind, vielleicht sogar die eine Dimension als Ursache für die andere Dimension gesehen werden kann liegt ebenso auf der Hand. Insofern sollte diese Aufstellung insgesamt nicht als zu wissenschaftlich betrachtet werden. Für die Praxis haben sie sich jedenfalls als sehr hilfreich erwiesen.

Vorstände und Geschäftsführer können anhand dieser Dimensionen einschätzen, wo sie in ihrem Unternehmen aktuell stehen und wo sie hinwollen. Hierbei kann es auch hilfreich sein, Führungskräfte und Mitarbeiter einzubinden, zumindest wenn es um die Einschätzung der aktuellen Situation geht. In ◘ Tab. 4.3 sind nochmals alle Dimensionen überblicksartig wiedergeben. Eine einfache Darstellung dieser Art, bei der alle relevanten Dimensionen plakativ gegenübergestellt werden, kann beispielsweise im Rahmen eines Workshops dabei helfen, eine gemeinsame Einordnung der aktuellen Situation vorzunehmen und eine Zielvorstellung zu entwickeln.

Tab. 4.3 Alle Dimensionen struktureller und kultureller Rahmenbedingungen im Überblick

Hierarchische Welt		**Agile Welt**	
	Orientierung an statisch beschriebenen Mitarbeiteranforderungen	Individualität und individuelle Lebensentwürfe werden wertgeschätzt	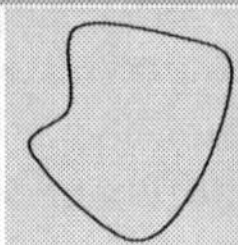
	Interne Wertschätzung steigt mit der Hierarchiestufe	Mitarbeitern sind die „wahren Helden" (invertierte Pyramide)	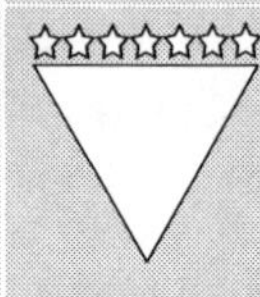
X	Es besteht tendenziell eine Kultur der Kontrolle und des Misstrauens	Es besteht tendenziell eine Kultur der Offenheit und des Vertrauens	Y
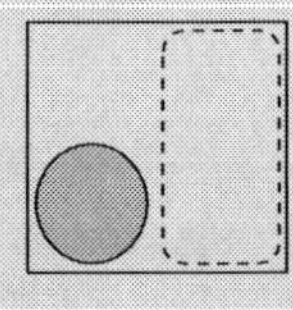	Mitarbeiter (hoch verfügbar) sind von ihrem Arbeitgeber abhängig	Das Unternehmen ist von seinen (schwer ersetzbaren) Mitarbeitern abhängig	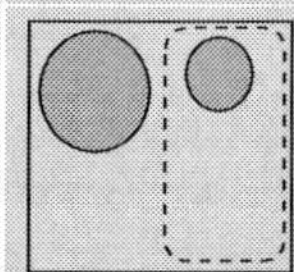
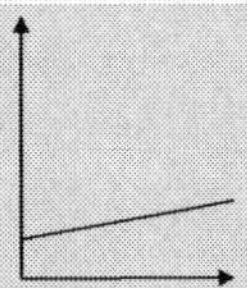	Man versucht, jedes Jahr in dem was man tut immer besser zu werden (statisch)	Man versucht, Bestehendes durch neue (disruptive) Entwicklungen zu zerstören	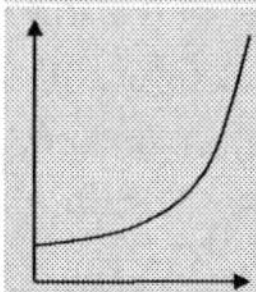
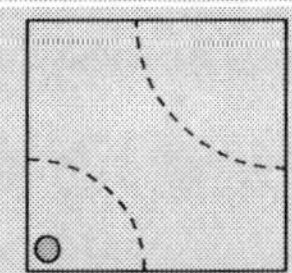	Kleinteilige Aufgabenergebnisse und die Wege dorthin sind klar beschrieben	Aufgabenergebnisse (Projekte) und die Wege dorthin werden iterativ entwickelt	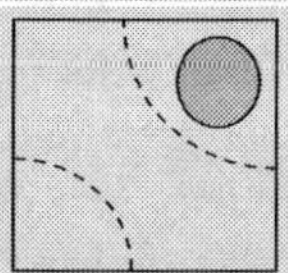
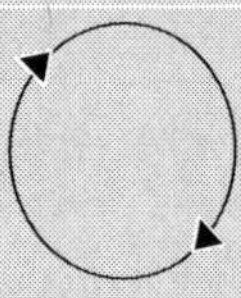	Dinge werden erst zu Ende gedacht (geplant) bevor gehandelt wird	Dinge werden iterativ in kurzen Zyklen entwickelt	
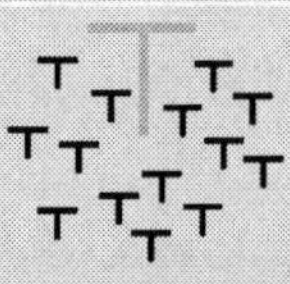	Führungskräfte sind die ultimativen Experten	Mitarbeiter sind die eigentlichen Experten	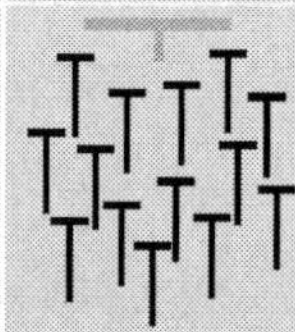
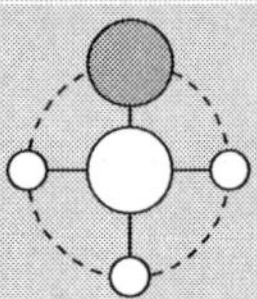	Führungskräfte agieren primär als „Bosse" – „Mitarbeiter tun, was ich will"	Führungskräfte agieren primär als Coach, Partner oder Befähiger	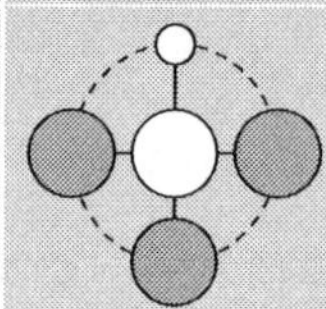

Tab. 4.3 (Fortsetzung)

Hierarchische Welt		Agile Welt	
	Mitarbeitern handeln nach Standards und Anweisungen	Mitarbeitern entscheiden eigenverantwortlich (großer Handlungsspielraum)	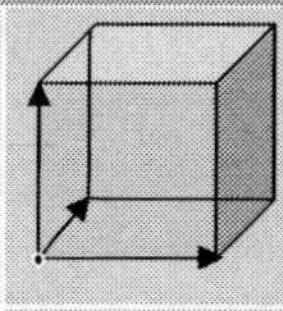
	Aufgaben werden arbeitsteilig und unabhängig voneinander erfüllt	Es besteht eine hohe Abhängigkeit der Aufgaben und Akteure (Dynamik)	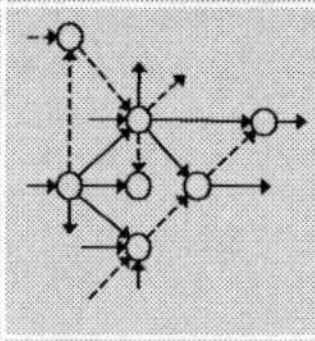
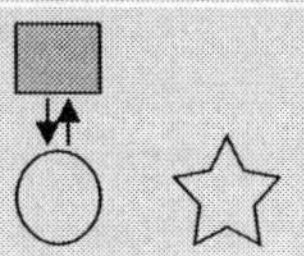	Mitarbeiter sehen sich primär ihrer Führungskraft gegenüber verpflichtet	Teams sehen sich vor allem ihren Kollegen und Kunden gegenüber verpflichtet	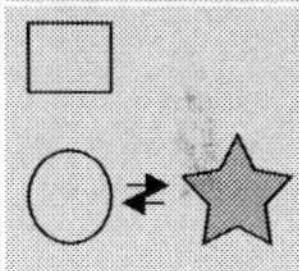

Literatur

Abrahamson S, Ryder P, Unterberg B (2013) Crowdstorm. The future of innovation, ideas and problem solving. Wiley, Hoboken

Bandura A (1997) Self-efficacy. The exercise of control. Freeman, New York

Christensen CM (1997) The innovator's dilemma. Harvard Business School Press, Boston

Fleishman EA (1991) Taxonomic efforts in the description of leader behavior: a synthesis and functional interpretation. Leadersh Q 2:245–278

Kotter JP (2014) Accelerate. Harvard Business press, Boston

Laloux F (2014) Reinventing organizations: a guide to creating organizations inspired by the next stage in human consciousness. Nelson Parker, Brussels

Luhmann N (2000) Vertrauen. Ein Mechanismus der Reduktion sozialer Komplexität. UTB, Stuttgart

Madauss B (2000) Handbuch Projektmanagement. Schäffer-Poeschel, Stuttgart

McGregor D (1960) The human side of enterprise. McGraw-Hill, New York

Mukunda G (2012) Leaders don't matter (most of the time). Harv Bus Rev Blogs. https://hbr.org/2012/08/leaders-dont-matter-most-of-th.html

Sims C, Johnson HL (2011) The elements of scrum. DyMaxicon, Foster City

Trost A (2015) Unter den Erwartungen. Warum das jährliche Mitarbeitergespräch in modernen Arbeitswelten versagt. Wiley-VCH, Wiesbaden

Weltz F, Ortmann RG (1992) Das Softwareprojekt: Projektmanagement in der Praxis. Campus, Frankfurt/M.

Werner G (2015) Womit ich nie gerechnet habe: Die Autobiographie. Ullstein, Berlin

Personalgewinnung und -auswahl

A. Trost, *Neue Personalstrategien zwischen Stabilität und Agilität*,
https://doi.org/10.1007/978-3-662-57407-2_5

Noch zum Ende des letzten Jahrhunderts hätte dieses Kapitel die Überschrift „Personalbeschaffung" getragen. Damals ging man beim Thema Personalgewinnung noch von gänzlich anderen Personalbedarfen vor dem Hintergrund einer gänzlich anderen Arbeitsmarktsituation aus. Personalbeschaffung bedeutete in erster Linie das Schalten von Stellenausschreibungen gepaart mit wenigen werblichen Maßnahmen. Personalauswahl wiederum befasste sich in erster Linie mit der validen, reliablen und objektiven Vorhersage zukünftiger Leistung. All dies hat sich komplett gewandelt. Wenn heute an Personalgewinnung gedacht wird – Unternehmen nennen diese Funktion zwischenzeitlich *Talent Acquisition* – dann erscheinen Konzepte wie Employer Branding, Active Sourcing, Talent Relationship Management, Candidate Experience etc. auf dem Radar. Und selbst die Personalauswahl befasst sich heute nicht mehr nur mit der einseitigen Auswahlentscheidung des Unternehmens. Auch Kandidaten fällen Entscheidungen für oder gegen einen Arbeitgeber. Und wenn es um schwer zu besetzende Positionen geht, hat vor allem die Entscheidung des Kandidaten großes Gewicht. All dies wirft auf die Themen Personalgewinnung und -auswahl ein neues, zuweilen ungewohntes Licht. Dies betrifft am Ende auch die Einführung bzw. Integration neuer Mitarbeiterinnen und Mitarbeiter im Kontext des Onboarding. Längst ist nicht mehr nur von einer einseitigen, aufgabenbezogenen Einarbeitung die Rede.

Die Themen Personalgewinnung und -auswahl stehen – anders als die meisten nachfolgend behandelten Themen – nicht in unmittelbarem Zusammenhang mit den kulturellen und strukturellen Rahmenbedingungen. Das bedeutet, dass die nun vorgestellten strategischen Dimensionen unabhängig davon betrachtet werden können, ob ein Unternehmen nach Stabilität oder Agilität strebt. Eine zunehmende Bedeutung dieser Themen ergibt sicher vielmehr aus der Digitalisierung. Immer mehr Unternehmen erkennen dramatisch wachsende Bedarfe etwa im Bereich der Softwareentwicklung für die es im Arbeitsmarkt nicht genügend Angebote gibt.

5.1 Employer Branding

Die Entwicklung einer Arbeitgebermarke ist in den meisten Unternehmen eine Antwort auf den zunehmenden Fachkräftemangel. Im englischen Sprachgebrauch nutzen wir auch den Begriff *Employer Brand*. Alle Maßnahmen zum Aufbau einer Arbeitgebermarke bezeichnen wir als *Employer Branding* (Trost 2013).

Der Kandidat oder die Anforderungen im Mittelpunkt

Hinter Employer Branding steht die Überlegung, dass Arbeitgeber in engen Arbeitsmärkten potenzielle Kandidaten überzeugen müssen. In der Vergangenheit war man eher das Gegenteil gewohnt. Da mussten ausschließlich Bewerber Arbeitgeber überzeugen, um am Ende vom Arbeitgeber „genommen zu werden". Insofern setzt die Entwicklung einer Arbeitgebermarke immer ein hohes Maß an Wertschätzung gegenüber potenziellen Kandidatinnen und Kandidaten voraus. Dies wiederum geht Hand in Hand mit der Wertschätzung gegenüber den eigenen Mitarbeitern, wie in ▶ Abschn. 4.2 beschrieben. Ob diese Wertschätzung bereits gelebt wird, kann man bereits mit einem Blick auf die *Stellenausschreibungen* eines Unternehmens unmittelbar erkennen. Überwiegen die Anforderungen an den Bewerber, stellt man also die eigenen Erwartungen als Arbeitgeber in den Vordergrund? Oder findet man in erster Linie Argumente dafür, warum sich ein Bewerber für einen Job bzw. einen Arbeitgeber interessieren sollte? Letzteres signalisiert zumindest an dieser Stelle Wertschätzung. Der Ausgangspunkt für dieses Verhältnis zwischen „was wollen wir" und „was bieten wir" hat seinen praktischen Ursprung schon im Briefing mit den Fachbereichen, wenn es darum geht, eine Ausschreibung vorzubereiten. Wie viel Zeit wird auf die erste Frage verwendet und wie viel Zeit auf die zweite?

Wirft man einen Blick auf die meisten Stellenausschreibungen etwa auf der Online-Stellenbörse Monster oder auf den Karriereseiten der meisten Unternehmen, dann fällt unmittelbar auf, dass nach wie vor zwei Themen auf den Stellenausschreibungen dominieren, nämlich die Verantwortlichkeiten, die mit der Stelle verbunden sind und die Anforderungen, welchen ein geeigneter Kandidat gerecht werden sollte. Die strategische Ausrichtung in diesen Fällen ist eindeutig:

> In unseren Stellenausschreibungen vermitteln wir in erster Linie die Verantwortlichkeiten und Anforderungen, die mit der jeweiligen Stelle verbunden sind. **(1-1)**

Diese Herangehensweise ist in gewisser Weise arrogant. Man stelle sich vor, ein Bewerber würde sich auf diese Weise präsentieren und in seinem Anschreiben zunächst die Erwartungen artikulieren um schließlich in einem beiläufigen Satz zu erwähnen, warum er glaubt, der geeignete Kandidat zu sein. Diesen Bewerber würde man reflexartig aufgrund arroganten Verhaltens ablehnen. Die meisten Unternehmen hingegen agieren genau so. Sie stellen ihre eigene Wunschliste in den Vordergrund.

Arbeitgeber, die sich dafür entscheiden, die Perspektive des Kandidaten ins Zentrum zu rücken, agieren auf gänzlich andere Weise. Sie vermitteln in ihren Anzeigen ein Arbeitgeberversprechen, eine überzeugende Antwort auf die Frage, warum sich ein motivierter, talentierter und qualifizierter Kandidat ausgerechnet für diese eine Stelle interessieren sollte.

In unseren Stellenausschreibungen vermitteln wir in erster Linie Gründe, warum sich ein geeigneter Kandidat für die Stelle interessieren sollte. (**1-2**)

Natürlich wird man auch bei dieser Strategie Anforderungen und Verantwortlichkeiten vermitteln, allerdings mit mehr Zurückhaltung und dem Verweis auf weitere Informationen, die dem interessierten Kandidaten in einem zweiten Schritt gerne zur Verfügung gestellt werden.

Das Arbeitgeberversprechen als Kern der Arbeitgebermarke

Ein Kernstück des Employer Branding besteht nun darin, dieses oben genannte *Arbeitgeberversprechen* zu entwickeln, das in den Augen der relevanten Zielgruppen als attraktiv erscheint und die Stärken des Arbeitgebers auf authentische Weise transportiert. Darüber hinaus sollte sich dieses Arbeitgeberversprechen von den Stärken anderer Wettbewerber im Arbeitsmarkt auf differenzierende Weise abheben. Man spricht hierbei auch von einer so genannten *Arbeitgeberpositionierung*. Im Grunde handelt es sich beim Arbeitgeberversprechen um nichts weiter, als um eine überzeugende Antwort auf die Frage eines geeigneten, motivierten Kandidaten: „Warum soll ich ausgerechnet in Ihrem Unternehmen arbeiten?". In der Praxis hat sich hierfür auch der Begriff der *Employee Value Proposition (EVP)* durchgesetzt, eine Terminologie, die erstmals von den Autoren des legendären Buches „The War for Talent" Michaels et al. (2001) ins Bewusstsein gerufen wurde. Der Entwicklung dieses Arbeitgeberversprechens geht meist eine umfassende Reflektion eigener Stärken als Arbeitgeber, der Präferenzen relevanter Zielgruppen und den Besonderheiten von Wettbewerbern voraus (siehe ◘ Abb. 5.1).

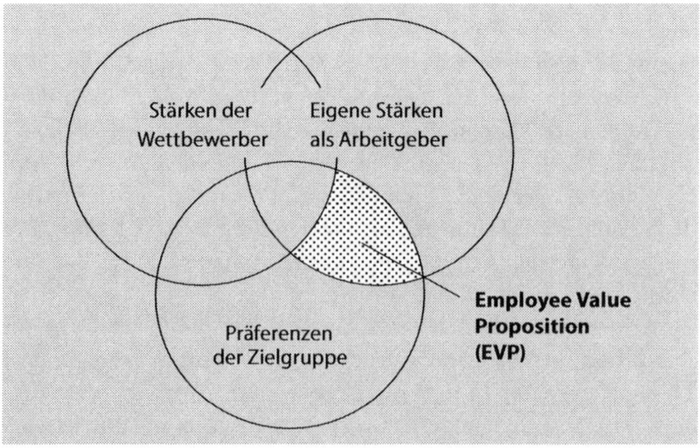

◘ **Abb. 5.1** Die vereinfachte Logik einer Employee Value Proposition (EVP)

Es werden Interviews und Fokusgruppen mit aktuellen, neuen und ehemaligen Mitarbeitern, Führungskräften, Vorständen, Bewerbern durchgeführt. Arbeitgeberstudien werden herangezogen oder Karriereseiten anderer Unternehmen eingehend studiert. Dann werden Einschätzungen zu den Stärken der Wettbewerber, den eigenen Stärken als Arbeitgeber und zu den Präferenzen der Zielgruppe übereinandergelegt. Am Ende spiegelt die EVP jene Aspekte wieder, die man als Arbeitgeber bieten kann, die zugleich die Präferenzen der Zielgruppen adressieren und bei denen der Wettbewerb weniger zu bieten hat. Die EVP wird dann etwa im Rahmen geeigneter Kampagnen über zielgruppenrelevante Kanäle, wie zum Beispiel der Karrierewebseite, über Imageanzeigen und -videos oder über Social-Media-Kanäle wirksam kommuniziert.

Die angestrebte Reichweite

Kürzlich hatte ich hierzu ein interessantes Gespräch mit dem CEO eines führenden Automobilzulieferers. Er legte mir die Ergebnisse einer Studie auf den Tisch, bei der eine Vielzahl von Unternehmen der Automobilindustrie in Bezug auf ihre Bekanntheit und Beliebtheit in einem zweidimensionalen Schaubild gezeigt wurde. Der Studie lag eine Befragung von Studenten unterschiedlichster Fachrichtungen aus ganz Deutschland zugrunde. Rechts oben waren die üblichen, bekannten und beliebten Verdächtigen: Bosch, Porsche, BMW usw. Sein Unternehmen stand im linken unteren Bereich. Er griff nun zu einem dicken Stift und zeigte, wo er „sein" Unternehmen in drei Jahren sehen möchte: irgendwo rechts oben. Das war eine strategische Ansage. Die Gesichtsfarbe des Personalleiters neben uns veränderte sich in diesem Moment von Minute zu Minute. Die Frage ist nun: Wollen Sie das wirklich? Ergibt das überhaupt einen Sinn? Die dahinter stehende, strategische Aussage lautet in diesem Fall:

Wir wollen im Arbeitsmarkt insgesamt als attraktiver Arbeitgeber bekannt und beliebt sein. Im Grunde soll jeder bei uns arbeiten wollen. **(2-1)**

Diese strategische Ausrichtung einer Arbeitgebermarke erfordert gerade in diesem Fall ein enormes Personalmarketingbudget. Steht dieses Budget überhaupt zur Verfügung? Dieses Budget muss vor allem dann hoch sein, wenn des Unternehmen an sich über keine starke Marke verfügt, was beispielsweise bei vielen Hidden Champions der Fall sein könnte. Zudem geht man das Risiko ein, die Zahl der Bewerbungen signifikant zu steigern. Darüber kann man sich zunächst freuen. Jede weitere Bewerbung erfordert aber auch einen administrativen Aufwand und erhöht die Wahrscheinlichkeit ungeeigneter Bewerber. Mit letzterem gehen Absagen einher, was gerade dann ein Problem sein könnte, wenn man diese Menschen nicht als Kunden verlieren möchte.

5

Eine Alternative könnte sein, sich bei der Entwicklung einer Arbeitgebermarke vorwiegend auf Engpassfunktionen zu konzentrieren. Wie in ▶ Abschn. 3.3 bereits dargelegt handelt es sich hierbei um kritische Zielfunktionen mit einem hohen Personalbedarf einerseits, der aber andererseits aufgrund aktueller und zukünftiger Arbeitsmarktbedingungen nur schwer zu decken ist. Denken wir beispielsweise an die betriebliche Ausbildung, an den Pflegebereich in Senioreneinrichtungen oder an die Softwareentwicklung in jenen Unternehmen, die einen Aufbruch in Richtung Digitalisierung wagen.

Baut man eine Arbeitgebermarke auf, die sich lediglich auf jene relevanten Zielgruppen konzentriert, die für Engpassfunktionen in Frage kommen wird man zu einer gänzlich anderen, strategischen Aussage gelangen:

Wir wollen gar nicht für Alle und Jeden attraktiv sein. Nur bei bestimmten, ausgewählten Zielgruppen wollen wir als attraktiver Arbeitgeber auf dem Rader erscheinen. **(2-2)**

Dabei erhält das Konzept der so genannten *Persona* zunehmen Aufmerksamkeit (vgl. Dion und Arnould 2016). Anstatt eine Zielgruppe anhand fachlicher Anforderungen zu beschreiben, skizziert man deren Arbeitgeber- und Medienpräferenzen, Lebensvorstellungen, Einstellungen, Vorlieben, Gewohnheiten, sozialen Kontexte auf möglich prägnante Art und Weise. Versucht man schließlich, all diese Aspekte nachvollziehbar auf den Punkt zu bringen, landet man bei einer Persona, einer prototypischen Beschreibung eines Kandidaten, den man am Ende erreichen möchte. Daraus leiten sich schließlich Maßnahmen darüber ab, wie man seine Zielgruppe erreichen möchte. In eine vergleichbare Richtung gehen Ansätze, die eigentlich aus der polizeilichen Ermittlung stammt, dem *Profiling*. Übertragen auf Personalgewinnung stellt sich hier die Frage, wie die Zielpersonen, die man am Ende erreichen und gewinnen möchte wirklich sind, was sie bewegt oder wo sie sich aufhalten (vgl. Schelenz und Gerrits 2018).

Entscheidung für die eine oder andere strategische Ausrichtung hinsichtlich der Reichweite einer Arbeitgebermarke hat zum Teil massive Implikationen hinsichtlich des erforderlichen Aufwands und seiner Wirkung. Darüber sollte man sich im Klaren sein.

Der Grad der Differenzierung

Als Anfang dieses Jahrhunderts immer mehr Unternehmen das Thema Employer Branding für sich entdeckt hatten, stand die Entwicklung einer allgemeinen Arbeitgebermarke meist im Vordergrund des Interesses. Neben der Unternehmensmarke sollte auch ein Versprechen entwickelt und transportiert werden, das die

Besonderheiten des Unternehmens als Arbeitgeber insgesamt vermittelt. Bertelsmann hat *eine* Arbeitgebermarke entwickelt. Audi hat *eine* Arbeitgebermarke aufgebaut. Dasselbe gilt für zahlreiche andere Unternehmen (vgl. Trost 2013). Stillschweigend ging man davon aus, die dahinterliegende EVP sollte einen Arbeitgeber in Gänze repräsentieren.

> Unser Arbeitgeberversprechen repräsentiert uns als Arbeitgeber insgesamt gegenüber allen relevanten Zielgruppen. Wir haben nur eine EVP, an der wir uns umfassend orientieren. (**3-1**)

Der Vorteil dieser strategischen Ausrichtung liegt sicherlich darin, dass man am Ende mit einer einheitlichen Anmutung der Bild- und Textsprache auftritt, man immer denselben Claim oder Slogan verwendet, unabhängig davon, welche Funktion oder welcher Job vermarktet werden soll. Die Schwierigkeit dieses Ansatzes besteht hingegen darin, einen gemeinsamen Nenner finden zu müssen, bei dem schließlich die Gefahr mangelnder Differenzierung gegenüber anderen Arbeitgebern besteht, was nicht selten in einer gewissen Beliebigkeit ihren Ausdruck findet. In der Marketingsprache kann hier auch von einer geringen Markendifferenzierung oder von einem *Branded House* gesprochen werden (siehe ◻ Abb. 5.2).

Bei einem Branded House verfolgt man die Etablierung eines domminierenden Markenkerns (in ◻ Abb. 5.2 ist dieser durch den grauen Kreis angedeutet). Bei der Vermarktung einzelner Funktionen oder Jobs werden dann möglichst marginale Anpassungen vorgenommen – ein bestimmtes Bildmotiv, ein zusätzliches Argument in Ergänzung zum übergreifenden Arbeitgeberversprechen.

Anders stellt sich die strategische Ausrichtung dann dar, wenn eine Art *House of Brands* verfolgt wird. Hier wird eine starke Dif-

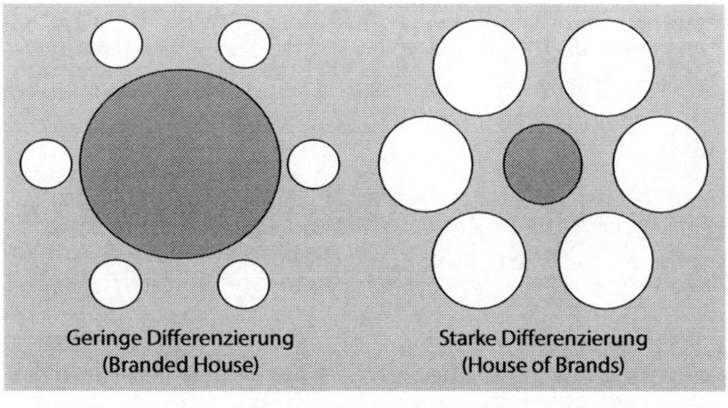

◻ **Abb. 5.2** Geringe versus starke Differenzierung der Arbeitgebermarke

ferenzierung bei der Entwicklung der Arbeitgeberversprechen angestrebt, während man auf einen eher kleinen, gemeinsamen Markenkern referenziert.

> Wir haben für jede kritische Zielfunktion ein eigenes Arbeitgeberversprechen entwickelt, weil wir heterogene Zielgruppen erreichen müssen. Eine einzige EVP würde der Vielfalt nicht gerecht. (**3-2**)

Die Vor- und Nachteile der Strategie starker Differenzierung können komplementär zur Strategie geringer Differenzierung gesehen werden. Das herausragende Argument für eine starke Differenzierung ist darin zu sehen, dass die Besonderheiten einzelner Jobs und Funktionen deutlich akzentuierter entwickelt und transportiert werden können. Unterm Strich stellt sich bei der Entscheidung für oder gegen eine starke Differenzierung immer die Frage, ob Zielgruppen vor allem über den Arbeitgeber an sich oder über die jeweiligen Jobs erreicht und überzeugt werden können.

Die richtige Amplitude

Im Rahmen eines eigenen Employer-Branding-Projekts bei einem großen, zugleich erstaunlich unbekannten Unternehmen gestand mir der Leiter der Kommunikationsabteilung folgendes: „Ich werde dafür bezahlt, dass wir *nicht* in den öffentlichen Medien erscheinen. Unser CEO will das so. Jedesmal, wenn der Name unseres Unternehmens in irgendeinem Käseblatt [Originalton] erscheint, werde ich sofort zum Vorstand zitiert". Über die Jahre habe ich gelernt, dass dies kein Einzelfall ist. Häufig ist gerade familiengeführten Unternehmen öffentliche Zurückhaltung, Bescheidenheit und Diskretion enorm wichtig. Sie wollen öffentliche Debatten über das was sie tun vermeiden, weil das von wertschöpfender Arbeit ablenkt. Manchen Gründern steckt der RAF-Terror der Siebzigerjahre in den Knochen und sie wollen daher keine Aufmerksamkeit auf sich, „ihr" Unternehmen oder auf ihre Familie lenken. Wie ist Employer Branding vor diesem Hintergrund möglich? In diesem Fall könnte die strategische Ausrichtung der Arbeitgebermarke wie folgt lauten:

> Wir treten eher leise und dezent auf und argumentieren vor allem im persönlichen Kontakt. Wir drängen nicht aber bieten jedem Interessierten gute Argumente. (**4-2**)

Selbstverständlich benötigen diese Unternehmen eine überzeugende EVP. Nur die Art und Weise, wie diese transportiert wird, hat einen besonderen Charakter. Man agiert auf persönliche Weise, fokussiert und im direkten Austausch. Diese Unternehmen mögen in diesem Zusammenhang das Adjektiv „minimalinvasiv". Es liegt nahe, dass dieser Ansatz vor allem dann funktioniert, wenn Unternehmen eine geringe Reichweite anstreben.

Andere Unternehmen „ticken" gänzlich anders. Sie wollen Aufsehen erregen, ihre Bekanntheit steigern und dies möglichst auf spektakuläre und unvergessliche Art und Weise. Die strategische Aussage klingt dann eher so:

> Um als attraktiver Arbeitgeber wahrgenommen zu werden „feuern wir aus allen Rohren". Wir treten insgesamt sehr selbstbewusst und weithin sichtbar auf. (**4-1**)

Auch darüber sollte man sich zu Beginn einer Employer-Branding-Projekts sorgfältig und mit dem nötigen Einfühlungsvermögen Gedanken machen. Der Plan, ein weithin sichtbares Feuerwerk abzufeuern, wird in jenen Unternehmen, die Bescheidenheit und Zurückhaltung leben keinen Anklang finden, ob man will oder nicht.

Reine Werbung?

In zahlreichen Unternehmen spielt sich Employer Branding wie folgt ab. Man beschäftigt sich in irgendeiner Weise mit seinen relevanten Zielgruppen, reflektiert interne Stärken und recherchiert, was die Wettbewerber zu bieten haben. Nach wenigen Workshops liegt eine irgendwie formulierte EVP auf dem Tisch, die schließlich von der Geschäftsführung abgesegnet wird um sie sodann in die Hände einer Kreativagentur zu geben. Die Agentur wiederum entwickelt Kreativelemente, mit einheitlicher Text- und Bildsprache in unterschiedlichen Formaten – Anzeigen, Banner, Aufsteller, Karten, Broschüren, Messematerial etc. All dies zielt darauf ab, sich in unterschiedlichen Kommunikationskanälen und -situationen auf einheitliche Weise attraktiv darzustellen. Daran ist zunächst nichts falsch. Für die meisten Unternehmen war es in den vergangenen Jahren bereits ein großer Fortschritt, bei der Außendarstellung als Arbeitgeber professioneller und attraktiver „rüber zu kommen". In gewisser Weise stellt diese Übung eine wichtige Grundlage dar, auf die Unternehmen in Anbetracht umkämpfter Arbeitsmärkte kaum verzichten können. Wer sich auf diese Grundlage beschränkt folgt implizit oder explizit der strategischen Prämisse:

> Beim Employer Branding konzentrieren wir uns auf die äußere Darstellung unseres Unternehmens als attraktiver Arbeitgeber. (**5-1**)

Was passiert nun aber, wenn ein potenzieller Bewerber oder Kandidat tatsächlich beginnt, sich für einen Arbeitgeber zu interessieren und tiefer in die Welt dieses Unternehmens eintaucht? Möglicherweise bewirbt sich diese Person über das eigens hierfür eingerichtete Online-Bewerbungsportal. Die Person kommt in persönlichen Kontakt mit Mitarbeitern. Sie sieht und erlebt das Unternehmen sozusagen „von Innen", beispielsweise im Rahmen eines Vorstellungsgesprächs. Immer dann, wenn eine Person in irgendeiner Weise mit dem Arbeitgeber in Berührung kommt spricht man seit einiger Zeit von so genannten *Touchpoints* oder Berührungspunkten, Situation in denen irgendetwas über das Unternehmen transportiert wird. Zieht man diese Touchpoints insgesamt in Betracht, geht die Arbeitgebermarkenstrategie deutlich über die reine Außendarstellung – schöne Bilder – hinaus.

> Wir vermittelt ein durchgängiges Kandidatenerleben in allen Situationen, in denen Kandidatinnen und Kandidaten mit uns in Berührung kommen. (**5-2**)

Die besten Beispiele für durchgängige Markenstrategien stammen nicht aus dem Bereich des Employer Branding. Zu den weltweit teuersten Marken zählt Apple. Kaum ein anderes Unternehmen beherrscht die hohe Kunst, ein durchgängiges Kundenerleben zu vermitteln so perfekt wie dieses Unternehmen. Alle Touchpoints mit Apple vermitteln dasselbe Erleben, egal ob man es mit Apple-Stores, der Produktverpackung, den Produkten selbst oder mit der Präsenz von Apple im Internet zu tun hat.

Employer Branding von Innen

Der Kontinuität zuliebe will ich auch diesen Teilabschnitt mit einer kleinen Anekdote beginnen. Der Geschäftsführer eines führenden Sportbekleidungshersteller mit Sitz im sonst unaufgeregten Burladingen auf der schwäbischen Alb erläuterte mir gegenüber in einem sehr lebhaften Gespräch: „So ein Quatsch [Originalton] wie ‚Employer Branding' oder wie Sie das hier nennen brauche ich nicht. Ich behandle die Mitarbeiter ordentlich [Originalton]. Und mit meiner Hilfe spricht sich das dann herum". Bezugnehmend auf die klassische Logik des Marketing und der bekannten vier Ps konzentriert sich dieser Unternehmer weniger auf das Promotion-P sondern vielmehr auf das Produkt-P, in diesem besonderen Fall gepaart mit einer wirksamen Employer-

PR, dem Versuch die eigene Arbeitgeberattraktivität über öffentliche Medien zu streuen. Sein strategisches Statement könnte in gewählten Worten wie folgt formuliert werden:

> Über eine systematische Arbeitgeberpositionierung machen wir uns keine ernsthaften Gedanken. Wir versuchen ein attraktiver Arbeitgeber zu sein. Der Rest ergibt sich von alleine. (**6-2**)

Auch das ist zumindest eine strategische Option, die eher an die Spielart Hire & Pay erinnert als an Employer Branding im Kontext eines institutionalisierten HR. Im letzteren Fall wird vielmehr folgende, eingangs erläuterte Alternative angestrebt:

> Wir verfügen über eine strategisch entwickelte und auf umfassenden Analysen basierende, ausformulierte Arbeitgeberpositionierung, die gezielt an relevante Zielgruppen vermittelt wird. (**6-1**)

Die Frage, ob ein Arbeitgeber einer elaborierten und auf Analysen basierenden Arbeitgeberpositionierung folgt oder nicht erfährt unter anderem dann eine besondere Relevanz, wenn es zur Kommunikation nach außen kommt. Wie sehr soll das, was in die Arbeitsmärkte transportiert wird einer einheitlichen und gesteuerten Sprachregelung folgen und wie verhält sich dies gerade bei der Anwendung sozialer Medien? Mit diesem Aspekt schließt dieses Unterkapitel.

Die Rolle von Social Media

Bereits seit etlichen Jahren ist zu beobachten, dass Mitarbeiterinnen und Mitarbeiter eigene Accounts auf den verbreiteten sozialen Medien betreiben. Sie bewegen sich auf Plattformen wie *Facebook*, *Twitter* oder *Instagram*. Darüber hinaus pflegen Viele ihre Präsenz auf Karrierenetzwerken wie *Xing* oder *LinkedIn*. Je nach Plattform sind die Inhalte, die von Mitarbeitern gepostet werden eher privater oder beruflicher Natur. Während auf Plattformen wie Facebook oder Instagram üblicherweise vor allem Privates geteilt wird handelt es sich bei Inhalten auf Xing, LinkedIn oder Twitter vor allem um berufliche Inhalte. Immer dann, wenn Mitarbeiter etwas kommunizieren liefern sie auch mehr oder weniger Einblicke in ihr berufliches Umfeld, welches eine Art Spiegelbild ihres jeweiligen Arbeitgebers bietet. Darin mag man als Unternehmen eine Chance oder eine Bedrohung erkennen. Die Chance besteht freilich darin, Mitarbeiter als *Markenbotschafter* zu sehen. Sie repräsentieren ihr Unternehmen und vermitteln authentische Einblicke nach außen. Zugleich wollen viele Unternehmen nicht, dass ihre Mitarbeiterinnen und Mitarbeiter Inhalte verbreiten, die aus Sicht des Unternehmens besser nicht nach Außen gelangen sollten. Die Bandbreite an heiklen Inhalten ist denkbar breit. Man denke hier an vertrauliche Informationen (z. B. Produktneuentwicklungen, Finanzielles) oder an Zwischenmenschliches, was besser im persönlichen Austausch behandelt werden sollte (z. B. Meinungsverschiedenheiten). Schließlich berührt diese Thematik auch Fragen des Datenschutzes. Manche Kollegen wollen ihr Verhalten auf der betrieblichen Weihnachtsfeier nicht öffentlich dokumentiert sehen. Unternehmen, die einerseits soziale Medien als Kommunikationskanal nutzen aber zugleich die genannten Bedrohungen klein halten wollen, tendieren zu folgender strategischen Prämisse:

Die Nutzung von Social Media erfolgt immer durch eine zentrale Instanz (z. B. Kommunikationsabteilung). So stellen wir sicher, dass die veröffentlichten Inhalte adäquat sind. (**7-1**)

Bei der Verfolgung dieser strategischen Ausrichtung zahlen Unternehmen allerdings den Preis eingeschränkter Authentizität. In meiner Vorlesung zeige ich Studenten ab und an verschiedene Präsenzen von Arbeitgeber beispielsweise auf Facebook gepaart mit der Frage, wer wohl im jeweiligen Unternehmen die Inhalte postet. Ob die Studenten am Ende Recht haben oder nicht vermag ich nicht zu beurteilen. Es fällt aber auf, dass sich alle Anwesenden sehr schnell darüber einig sind, ob die Inhalte von einer zentralen Instanz stammen oder von den Mitarbeitern selbst. Offenbar verfügen sie hierbei über ein sehr feines Gespür. Inhalte, die von der Kommunikationsabteilung oder vom Personalmarketing gepflegt werden fühlen sich offenbar geschönt, geglättet, poliert, künstlich oder irgendwie unecht an. Dies lädt User nicht dazu ein, Kommentare zu posten, die Inhalte zu liken oder sie gar zu teilen. Diese Form der zentralen Kommunikation stellt aber auch interne Social-Media-Verantwortliche vor erhebliche Herausforderungen. Ihr Alltag ist davon geprägt, möglichen Inhalten nicht nur hinterher zu rennen sondern auch bei Fragen der User Antworten aus den jeweiligen Unternehmensbereichen einzuholen. Das ist einerseits mit einem hohen koordinativen Aufwand verbunden und kostet andererseits Zeit, die man im Kontext von sozialen Medien nicht hat. User erwarten heute Antworten in Echtzeit – nicht innerhalb weniger Stunden sondern Minuten.

Daher wundert es nicht, dass gerade jene Unternehmen, die ihren Mitarbeiterinnen und Mitarbeitern vertrauen eine gegenteilige Strategie verfolgen. Im Sinne einer unkontrollierten Kommunikation fordern sie ihre Mitarbeiter auf, eigenverantwortlich soziale

Medien zu nutzen und jene Inhalte zu teilen, die sie selbst für adäquat erachten.

Es ist bei uns erwünscht, dass die Mitarbeiterinnen und Mitarbeiter auf Social Media eigenverantwortlich über ihren Arbeitgeber kommunizieren. Dadurch erreichen wir Authentizität. (**7-2**)

Beide strategischen Optionen, die zentrale und unkontrollierte Kommunikation sind in ◘ Abb. 5.3 grafisch veranschaulicht. Der große, grau Kreis symbolisiert die Außenwelt (z. B. den externen Arbeitsmarkt) der interne Kreis steht für das Unternehmen innerhalb dessen sich die Mitarbeiter (schwarze Punkte) bewegen. Im Zentrum steht ein weißer Punkt. Er symbolisiert eine zentrale Instanz. Die Pfeile stehe für die Kommunikation.

Neben den bereits vorgestellten strategischen Möglichkeiten der unkontrollierten und zentralen Kommunikation ist in ◘ Abb. 5.3 eine dritte Option angedeutet, nämlich die der delegierten Kommunikation. Sie steht in der Mitte. Diese Spielart stellt für viele Unternehmen ein gangbarer Kompromiss zwischen Kontrolle und Authentizität darf. Ausgewählte Mitarbeiter posten Inhalte eigenverantwortlich. Dabei werden ihre Aktivitäten von einer zentralen Instanz moderiert. Typische Beispiele finden sich etwa im Zusammenhang mit der Gewinnung von Auszubildenden. Hier wählen Ausbildungsbetriebe eine kleine Gruppe von Auszubildenden aus, bewaffnen diese mit schicken Smartphones und unterstützen diese bei der Pflege entsprechender Kanäle.

Employer-Branding-Strategie

Die in diesem Unterkapitel beschriebenen Dimensionen einer strategischen Ausrichtung ergeben (siehe ◘ Tab. 5.1) insgesamt das, was man als eine *Employer-Branding-Strategie* bezeichnen kann. Auf jeden Fall ist es unerlässlich, sich ganz zu Beginn, bevor man mit irgendwelchen Analysen, Aktivitäten, Kampagnen oder dergleichen beginnt, sich darüber Klarheit zu verschaffen. Ich habe be-

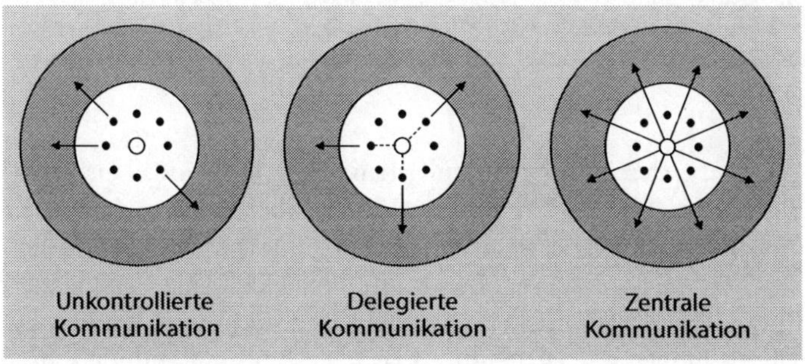

◘ **Abb. 5.3** Möglichkeiten einer internen Rollenaufteilung bei der Anwendung sozialer Medien

Tab. 5.1 Alle strategischen Dimensionen zu Employer Branding im Überblick

Schwerpunkt in Stellenausschreibungen	1-1 Anforderungen In unseren Stellenausschreibungen vermitteln wir in erster Linie die Verantwortlichkeiten und Anforderungen, die mit der jeweiligen Stelle verbunden sind	1-2 Arbeitgeberversprechen In unseren Stellenausschreibungen vermitteln wir in erster Linie Gründe, warum sich ein geeigneter Kandidat für die Stelle interessieren sollte
Reichweite im Arbeitsmarkt	2-1 Große Reichweite Wir wollen im Arbeitsmarkt insgesamt als attraktiver Arbeitgeber bekannt und beliebt sein. Im Grunde soll jeder bei uns arbeiten wollen	2-2 Fokussierte Zielgruppen Wir wollen gar nicht für Alle und Jeden attraktiv sein. Nur bei bestimmten, ausgewählten Zielgruppen wollen wir als attraktiver Arbeitgeber auf dem Rader erscheinen
Differenzierung des Arbeitgeberversprechens	3-1 Allgemein Unser Arbeitgeberversprechen repräsentiert uns als Arbeitgeber insgesamt gegenüber allen relevanten Zielgruppen. Wir haben nur eine EVP, an der wir uns umfassend orientieren	3-2 Differenziert Wir haben für jede kritische Zielfunktion ein eigenes Arbeitgeberversprechen entwickelt, weil wir heterogene Zielgruppen erreichen müssen. Eine einzige EVP würde der Vielfalt nicht gerecht
Sichtbarkeit der Kommunikation	4-1 Laut und dominant Um als attraktiver Arbeitgeber wahrgenommen zu werden „feuern wir aus allen Rohren". Wir treten insgesamt sehr selbstbewusst und weithin sichtbar auf	4-2 Leise und zurückhaltend Wir treten eher leise und dezent auf und argumentieren vor allem im persönlichen Kontakt. Wir drängen nicht aber bieten jedem Interessierten gute Argumente
Vermittlung des Arbeitgeberversprechens	5-1 In der Außendarstellung Beim Employer Branding konzentrieren wir uns auf die äußere Darstellung unseres Unternehmens als attraktiver Arbeitgeber	5-2 Durchgängiges Erleben Wir vermittelt ein durchgängiges Kandidatenerleben in allen Situationen, in denen Kandidatinnen und Kandidaten mit uns in Berührung kommen
Elaboration des Arbeitgeberversprechens	6-1 Analysiert und definiert Wir verfügen über eine strategisch entwickelte und auf umfassenden Analysen basierende, ausformulierte Arbeitgeberpositionierung, die gezielt an relevante Zielgruppen vermittelt wird	6-2 Natürlich von Innen Über eine systematische Arbeitgeberpositionierung machen wir uns keine ernsthaften Gedanken. Wir versuchen ein attraktiver Arbeitgeber zu sein. Der Rest ergibt sich von alleine
Nutzung von Social Media	7-1 Zentrale Kommunikation Die Nutzung von Social Media erfolgt immer durch eine zentrale Instanz (z. B. Kommunikationsabteilung). So stellen wir sicher, dass die veröffentlichten Inhalte adäquat sind	7-2 Unkontrollierte Kommunikation Es ist bei uns erwünscht, dass die Mitarbeiterinnen und Mitarbeiter auf Social Media eigenverantwortlich über ihren Arbeitgeber kommunizieren. Dadurch erreichen wir Authentizität

reits seit vielen Jahren mit dem Thema zu tun und muss aus Erfahrung feststellen, dass das Bewusstsein darüber, wie man das Thema Arbeitgebermarke strategisch ausrichten möchte zu selten in ausreichendem Maße vorhanden ist. Im Folgenden Unterkapitel zum Thema Kandidatensuche, -ansprache und -bindung werden diese Überlegungen aufgegriffen und vertieft. Am Ende münden diese in das, was man als *Personalgewinnungsstrategie* bezeichnen kann.

5.2 Kandidatensuche, -ansprache und -bindung

Während es bei Employer Branding darum geht, überzeugend auf sich als Arbeitgeber aufmerksam zu machen, konzentriert sich die Kandidatensuche, -ansprache und -bindung darauf, wie man potenzielle Kandidaten und Bewerber findet, auf sie zugeht und gegebenenfalls in langfristigerem Kontakt mit ihnen bleibt (vgl. Trost 2012). Hierfür seien zunächst zwei extreme Szenarien dargestellt, nämlich das passive, vakanzfokussierte Szenario und das aktive, kandidatenfokussierte Szenario.

Das passive, vakanzfokussierte Szenario

Im Grunde beschreibt dieses Szenario einen verbreiteten Ansatz, wie er in klassischen Lehrbüchern der Personalwirtschaft unter der traditionellen Bezeichnung „Personalbeschaffung" beschrieben wird (z. B. bei Scholz 2014). Der Ausgangspunkt für die Bemühung bildet eine offene *Vakanz*, die es zu besetzen gilt. Man definiert hierfür die Anforderungen, übersetzt diese in eine Stellenausschreibung, welche dann in einschlägigen Medien und Plattformen veröffentlicht wird. Dann wartet man auf die eingehenden Bewerbungen, die anschließend gesichtet, bewertet und entsprechend weiter verarbeitet werden. Wo die klassische Stellenausschreibung versagt, engagiert man einen Personalberater. Sobald die Stelle dann erfolgreich besetzt ist, wird der Prozess abgeschlossen. Man verabschiedet sich von den nicht geeigneten Kandidaten. Das war's, mehr oder weniger. Man bezeichnet diesen Ansatz auch als *vakanzfokussiert*, weil hier die Vakanz im Mittelpunkt aller Aktivitäten steht. Die Vakanz löst den Prozess aus, sie stellt das Problem dar und wenn die Vakanz besetzt ist, ist das Problem gelöst.

> Wir suchen dann nach Kandidaten, wenn wir einen akuten Bedarf (Vakanz) haben. Sobald eine Vakanz besetzt ist, ist der Prozess abgeschlossen (Vakanzfokussierung). **(1-1)**

Als „passiv" kann man diesen Ansatz deshalb bezeichnen, weil man sich zurücklehnt um nachdem die Stellenausschreibung „draußen ist" oder der Personalberater seine Arbeit in Angriff genommen hat der Dinge zu harren, die kommen. Gerade bei der Nutzung passiver Medien, wie der Stellenausschreibung verlässt man sich auf die Existenz so genannter „aktiv suchender" Kandidaten, auf Menschen, die nicht nur geeignet sind, sondern auch aktiv nach einer neuen Herausforderung suchen.

Tatsächlich gibt es viele Unternehmen und Personaler, die sich mit dieser Herangehensweise am wohlsten fühlen. Dahinter steht nicht selten eine Form von Bescheidenheit und Zurückhaltung. Arbeitnehmer bei anderen Arbeitgebern abzuwerben liegt diesen

Unternehmen fern. Sie erachten diese Vorgehensweise als latent unethisch oder gar als geschäftsschädigend. Schließlich will man sich auf Seiten der Lieferanten und Kunden keine Feinde machen. Deshalb verlässt man sich lieber auf die Initiative des Bewerbers, „der ja aus freien Stücken zu uns kommen will".

Bei der Suche nach Kandidaten sind wir vor allem zurückhaltend, zuweilen brav. Wir drängen uns nicht auf und setzen auf die Initiative der interessierten Kandidaten. Jegliche Form von Aggressivität entspräche nicht unserem Naturell. (**2-1**)

Es ist kein Zufall, dass dieser Ansatz vor allem bei der zentral planenden und steuernden HR-Spielart zu finden ist. Dort trägt die Personalabteilung die Verantwortung für die Besetzung offener Stellen, meist im Zusammenspiel mit einer Recruiting-Abteilung und den dezentral verantwortlichen HR Business Partnern. Nicht selten haben Kolleginnen und Kollegen in der HR-Organisation eine administrative Sicht auf die Dinge, verwalten den Bewerbungseingang, organisieren Vorstellungsgespräche, erstellen Arbeitsverträge usw. Das wird von den Fachbereichen auch nicht selten so erwartet. Im Sinne einer Arbeitsteilung erwartet jeder Bereich vom jeweils anderen die Erfüllung seiner im zugewiesenen Aufgaben und Zuständigkeiten.

Kandidatensuche und -ansprache ist primär die Aufgabe der Personalabteilung. Die Fachbereiche kümmern sich um ihr eigenes Business. (**3-1**)

Bevor eine Bewertung dieses Ansatzes erfolgt soll zunächst das alternative Szenario skizziert und die damit verbundenen, strategischen Aussagen aufgezeigt werden. Im Anschluss daran werden die beiden strategischen Ausrichtungen abgewogen und in den Kontext personalrelevanter Herausforderungen gestellt.

Das aktive, kandidatenfokussierte Szenario

Als ich vor etlichen Jahren bei der SAP AG die Verantwortung für globales Recruiting übernommen habe, besuchte ich unter anderem das Talent-Acquisition-Team der Nordamerikanischen Niederlassung in der Nähe von Philadelphia. Als ich mich pünktlich zum ersten Treffen mit dem dortigen Team einfand, begegnete ich einer Gruppe echter Kämpfer, allesamt extrem durchtrainierte, Respekt einflößende Männer. „Alright Armin, you wanna talk about our recruiting strategy? So, here we go …". Dann ging's richtig los und ich fand mich in einer anderen Welt wieder. Die Rede war von „strong targets, fast and aggressive attacks, kill the competitor, challenging KPIs" usw. Etwas sehnsüchtig erinnerte ich mich an meine Kolleginnen in Deutschland und wie nett sie dort alle sind. Vor allem aber wurde mir spätestens in diesem Schlüsselmoment deutlich, was es mit der Redewendung „War for Talent" auf sich hat. Diese Kerle befanden sich im Krieg gegen Oracle oder Microsoft. Das war nicht HR, wie ich es gewohnt war, sondern eine knallharte Form von Vertrieb.

Diese Vorstellung von Personalgewinnung oder *Talent Acquisition* basiert auf einem Verständnis, wonach potenzielle Kandidaten aktiv und direkt angesprochen werden müssen. Dabei geht man konsequent von der Annahme aus, die geeigneten Kandidaten sind bestenfalls passiv suchend, haben bereits einen Job, sind aber möglicherweise aufgeschlossen für etwas Neues.

> Wir gehen direkt auf Kandidaten zu. Den „Krieg um Talente" nehmen wir dabei wörtlich. Unsere Suchstrategien sind frech, mutig und bewegen sich manchmal an der Grenze des ethisch, rechtlich vertretbaren. (**2-2**)

In Deutschland hat sich für diesen Ansatz die Bezeichnung *Active Sourcing* etabliert[1]. Verbreitete Ansätze des Active Sourcing sind beispielsweise *Mitarbeiterempfehlungsprogramme* (Mitarbeiter werben Mitarbeiter) oder das Suchen und Kontaktieren scheinbar geeigneter Kandidatinnen und Kandidaten auf den Karrierenetzwerken LinkedIn oder Xing. Darüber hinaus gibt es Ansätze, die latent an rechtliche oder ethische Grenzen stoßen oder gar Grenzen des guten Geschmacks überschreiten. Diese Ansätze werden auch als Formen des *Guerilla Recruiting* bezeichnet – etwas böse, mit geringem Budget aber vergleichsweise wirksam.

Active Sourcing ist ohne die aktive Mitwirkung der Fachbereiche kaum vorstellbar. Tatsächlich ist in der Praxis zu beobachten, dass die Initiative für solche Wege häufig von den Fachbereichen und weniger von Kollegen aus der Personalabteilung ausgeht. So werden bei Mitarbeiterempfehlungsprogramme explizit die Netzwerke der Kolleginnen und Kollegen genutzt. Eigene Studien haben gezeigt, dass dieses Instrument äußerst mächtig ist. So konnten wir zeigen, dass im Durchschnitt 7 Empfehlungen zu 3 Einstellungen führen, ein Verhältnis, das mit kaum einem anderen Instrument erreicht werden kann (Berberich und Trost 2012). Die Ansprache von Kandidaten über LinkedIn oder Xing ist eher von Erfolg gekrönt, wenn diese durch Vertreter aus den Fachbereichen erfolgt als durch einen Kollegen aus dem HR bzw. durch einen

---

1 International ist dieser Begriff kaum gebräuchlich. Insofern handelt es sich bei der Terminologie „Active Sourcing" um eine deutsche Erfindung, ähnlich wie die englisch klingenden Begriffe „Public Viewing" oder „Handy".

Personalberater. Letzteres hängt wiederum vom Renommee der Personalberatung ab. Ein Siemens-Manager brachte es kürzlich auf den Punkt, als er für sein Unternehmen proklamierte, bei Siemens gäbe es 350.000 Recruiter.

> Bei uns ist jeder Mitarbeiter zugleich ein Recruiter. Bei der Kandidatensuche und -ansprache setzen wir konsequent auf die Netzwerke und das Engagement aller unserer Kollegen. (**3-2**)

Active Sourcing unter aktiver Einbindung der Fachbereiche ist vor allem bei einer HR-Spielart vorstellbar, die auf Befähigung der Linie setzt. Hier übernehmen die Mitarbeiter und Führungskräfte die Verantwortung für die Gewinnung neuer Kollegen. Dabei werden sie von der HR-Funktion befähigt und begleitet. Gerade in agilen Organisationen legt man darauf Wert, dass Mitarbeiter, Teams und Führungskräfte die Konsequenzen ihrer Handelns erfahren (siehe ► Abschn. 4.5). Wenn Fachbereiche selbst die Verantwortung für die Gewinnung neuer Kollegen tragen, erleben sie unmittelbar die Konsequenzen ihrer Bemühungen, aber auch die Konsequenzen ihrer etwaigen Passivität.

Beim aktiven, *kandidatenfokussierten* Ansatz werden nicht nur Kandidaten für Vakanzen gesucht sondern Vakanzen für Kandidaten. Im Grunde ist man insbesondere für Engpassfunktionen kontinuierlich auf der Suche nach geeigneten Kandidaten, unabhängig von der akuten Bedarfslage. Wenn immer man Menschen begegnet oder sie etwa im Rahmen von Praktika näher kennenlernt, betrachtet man die Situation als eine Art Bewerbungsgespräch und Beurteilungssituation. Zahlreiche Unternehmen haben daher in den vergangenen Jahren so genannte *Talent Communities* aufgebaut. Gute, viel versprechende Leute, die man wo und wann auch immer kennenlernt, integriert man in einen Pool von Kandidaten, bleibt mit diesen in dauerhaftem Kontakt und hofft am Ende darauf, den einen oder anderen Kandidaten irgendwann für das Unternehmen gewinnen zu können (vgl. Trost 2012).

> Wir sind immer auf der Suche nach Kandidaten unabhängig von akuten Bedarfen. Immer, wenn wir gute Kandidaten gefunden haben, halten wir zu ihnen langfristigen Kontakt (Kandidatenfokussierung). (**1-2**)

Wie bereits angedeutet ist dieser Ansatz vor allem dann lohnenswert, wenn es um die Besetzung von Engpassfunktionen geht. Hier besteht dauerhaft ein hoher Bedarf, der schwer zu decken ist. Nicht selten ist man hier bestrebt, Repräsentanten der immer selben Zielgruppe zu binden. So überrascht es nicht, dass beispielsweise die so genannten „Big Four" der Wirtschaftsprüfung Deloitte, KPMG, EY und PWC bereits seit langer Zeit, erfolgreich auf Talent Communities setzen. Sie suchen im großen Stil und kontinuierlich Hochschulabsolventen insbesondere der Betriebswirtschaftslehre.

Bespaßung oder Vernetzung?

Dabei kann man bei der strategischen Ausrichtung von Talent Communities zwei gegensätzliche Spielarten beobachten. Der Klassiker funktioniert in der Weise, dass beispielsweise Praktikanten am Ende ihres Praktikums bewertet werden und diese nach einem einfachen Assessment in einen Pool aufgenommen werden. Von dort aus erhalten diese Kandidatinnen und Kandidaten interessante Angebote. Es geht um gemeinsame Events, Unterstützung im Studium, Kamingespräche, Grußkarten und Geschenke zu Weihnachten oder zum Geburtstag. Am Ende hofft man darauf, so viele Kandidaten wie möglich irgendwann aus dem Pool heraus für einen Job gewinnen zu können. So, oder so ähnlich funktionieren die meisten *Praktikantenbindungsprogramme.* All dies wird von einem hierfür verantwortlichen Team im Personalbereich koordiniert und gesteuert. Die Fachbereiche haben dabei nur sehr wenig zu tun. Oder sie werden hie und da für die eine oder andere Aktion auf freundliches Bitten der HR-Kollegen hin eingebunden.

> Wir (HR) bilden Pools vielversprechender Kandidaten, die wir langfristig „warm halten" um daraus Bedarfe in der Linie zu decken. **(4-1)**

Den Kandidaten gegenüber impliziert dieser Ansatz eine Art Versprechen auf zukünftige Karriereaussichten im Unternehmen, früher oder später. Zumindest wird ihnen vermittelt, dass sie aussichtsreiche Chancen hierfür haben. Die Bindungsaktivitäten selbst verkörpern aktives Bemühen des Unternehmens um die Kandidaten, die in gewisser Weise an der Hand genommen werden.

Eine strategisch gegensätzliche Ausrichtung von Talent Communities vermittelt hingegen eine etwas andere Botschaft gegenüber einem viel versprechenden Kandidaten:

» Sie sind uns positiv aufgefallen und sind der Ansicht, es könnten sich in unserem Unternehmen langfristig attraktive Möglichkeiten der Zusammenarbeit finden. Wir können Ihnen weder sagen noch versprechen, wohin die Reise geht, bieten Ihnen aber exklusiv an, sich aktiv mit Kollegen aus für Sie interessanten Unternehmensbereichen zu vernetzen und an überschaubaren Aufgaben zusammenzuarbeiten. Ob Sie bei uns erfolgreich sein werden und eine erfüllte Karriere starten liegt in erster Linie an Ihnen. Wir öffnen Türen. Es liegt an Ihnen, durch diese Tür zu gehen und bei der Zusammenarbeit mit unseren Kollegen zu überzeugen.

Wie man erkennen kann, geht es bei diesem Ansatz weniger um Communities von Kandidaten (Talenten) sondern um Communities von Kandidaten *und* aktuellen Mitarbeitern. Eine Vernetzung von Kandidaten unter sich hat in der Vergangenheit tatsächlich kaum funktioniert, weil Kandidaten darin kaum einen Nutzen erkennen. Eine Vernetzung mit interessanten Leuten aus der Linie ist dabei eine weitaus attraktivere Sache.

Wir bieten vielversprechenden Kandidatinnen und Kandidaten exklusive Möglichkeiten, sich selbstständig mit den Fachbereichen zu vernetzen. (**4-2**)

Am Ende ergeben sich Stellenbesetzungen als natürliche Konsequenz erfolgreicher und aktiver Vernetzung. Der Personalbereich spielt hierbei bestenfalls eine koordinierende Rolle.

Aktuelle und mögliche Suchstrategien

Viele Unternehmen haben ihre Strategien, Prozesse und Verantwortlichkeiten in Bezug auf Personalmarketing und Recruiting in Zeiten ausgerichtet, als der Fachkräftemangel noch weniger spürbar war und sich die HR-Funktion in erster Linie für administrative Aufgaben verantwortlich sah. Insofern wundert es nicht, dass noch heute die Suchstrategien zahlreicher Personalabteilungen eher einen passiven Anstrich haben und die Verantwortung in erster Linie bei der HR-Funktion liegt. Diese *aktuelle Suchstrategie* ist in ◘ Abb. 5.4 links unten angedeutet.

Davon ausgehend stellt sich für Unternehmen die Frage, inwieweit sie ihre Strategie, bzw. das Spielfeld im in ◘ Abb. 5.4 dargestellten Portfolio ausweiten könnten. Zwei Fragen sind in diesem Zusammenhang zu klären. Ist es erstens in Anbetracht der *Kultur* des Unternehmens möglich, gegenüber Kandidaten direkter, aktiver und gegenüber Wettbewerbern im Arbeitsmarkt aggressiver bzw. kompetitiver aufzutreten? Zweitens, wie stark ist die *Bereitschaft* auf Seiten der Führungskräfte und Mitarbeiter innerhalb der Fachbereiche ausgeprägt, sich aktiv bei der Suche und Ansprache von Kandidaten zu beteiligen? Je nachdem, wie die Antworten dieser beiden Fragen ausfällt kann wie in der obigen Abbildung grafisch angedeutet das Spielfeld einer *möglichen Suchstrategie* ausgeweitet und aktivere Suchstrategien angewandt werden.

Die richtige Strategie in Abhängigkeit von der Zielfunktion

Unternehmen sollten bei der Wahl ihrer Suchstrategie grundsätzlich eine gemischte Strategie verfolgen entsprechend ihrer Bedarfe und Zielfunktionen. In ► Abschn. 3.3 wurde bereits ausführlich auf die Bedeutung kritischer Zielfunktionen und die

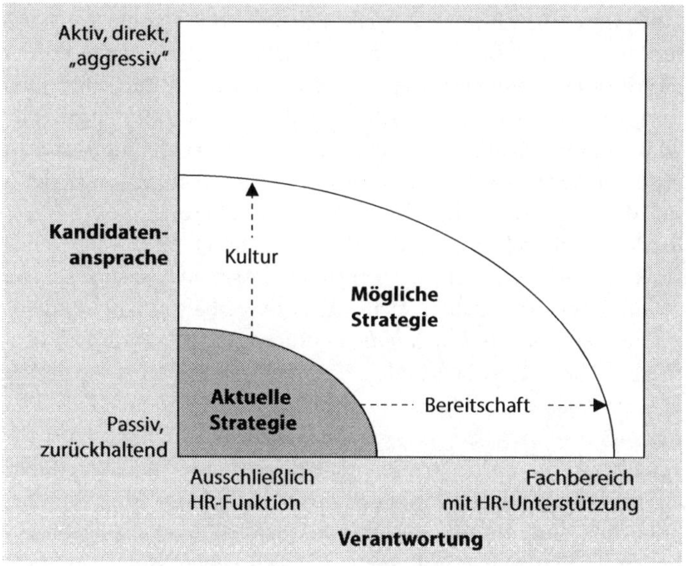

Abb. 5.4 Aktuelle und mögliche Suchstrategien

Definition von Schlüssel- und Engpassfunktionen eingegangen. Im Folgenden werden vier charakteristische Szenarien unterschieden (Abb. 5.5). Je nach Szenario bietet es sich an, den Fokus auf bestimmte Strategien zu richten.

Das Szenario *Einfaches (operatives) Recruiting* kommt dann zum Zug, wenn die Besetzung offener Stellen vergleichsweise einfach erfolgen kann, weil im Arbeitsmarkt eine hohe Verfügbarkeit geeigneter, meist aktiv suchender Kandidaten gegeben ist. Dieser Fall ist unabhängig von den quantitativen Bedarfen. *Schwierige*

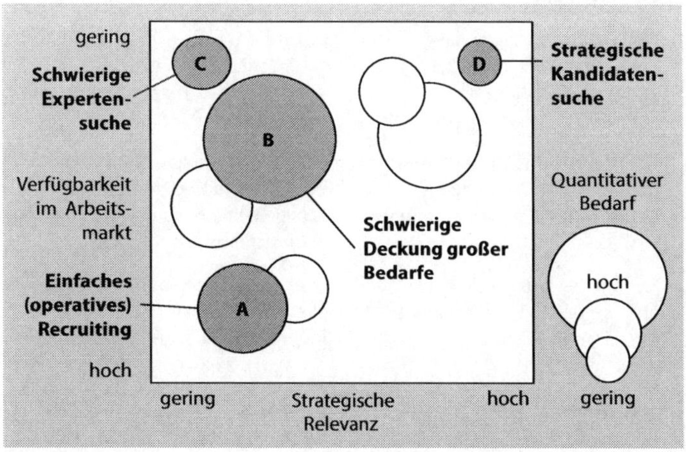

Abb. 5.5 Vier charakteristische Szenarien im Rahmen der Personalgewinnung

Deckung großer Bedarfe bezieht sich auf so genannte Engpassfunktionen. Wie bereits an anderer Stelle ausgeführt geht es hier um die Gewinnung einer großen Anzahl neuer Mitarbeiterinnen und Mitarbeiter mit vergleichbaren Profilen, wobei sich die Gewinnung an sich aufgrund externer Arbeitsmarktbedingungen als sehr schwierig erweist. Bei der *schwierigen Expertensuche* geht es um die Besetzung singulärer Positionen. Hierbei spielt weniger das Volumen in Bezug auf den Personalbedarf eine entscheidende Rolle, sondern vielmehr der Umstand, dass man einzelne, schwer zu findende Spezialisten sucht. Ähnlich verhält sich die Situation bei der *strategischen Kandidatensuche*. Die Besonderheit liegt hierbei aber darin begründet, dass man aufgrund strategischer Herausforderungen nicht nur nach einem geeigneten Kandidaten sucht, sondern den Besten. Anders als bei der Expertensuche spielen die Recruiting-Kosten hier eine sehr untergeordnete Rolle.

Im Folgenden werden diese vier Szenarien im Einzelnen beschrieben. Eine zusammenfassende Übersicht über die Besonderheiten und Strategien in Bezug auf die jeweiligen Szenarien findet sich in ◘ Tab. 5.2.

Einfaches (operatives) Recruiting

Dieser Fall beschreibt eine Situation, die zahlreiche Unternehmen über viele Jahrzehnte hinweg als den Normalfall betrachtet haben. Man geht davon aus, es gäbe auf dem Arbeitsmarkt mehr Nachfrager als man offene Stellen anzubieten hat. Diese Nachfrager suchen aktiv nach Beschäftigungsmöglichkeiten, bewerben sich und die Aufgabe des Arbeitgebers besteht lediglich darin, die Geeigneten auszuwählen. Infineon bezeichnet dieses Szenario daher treffenderweise als „Post and Select". Personalgewinnung

◘ **Tab. 5.2** Strategien der Personalgewinnung in Abhängigkeit von der Art der Zielfunktion (Szenario)

Szenario		**Besonderheit**	**Strategien**
Einfaches (operatives) Recruiting	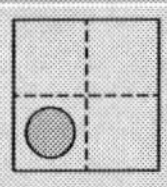	Hohe Verfügbarkeit von Personal im Arbeitsmarkt. Meist keine hohe strategische Relevanz	Passive Ansprache von Kandidaten, z. B. mittels Stellenausschreibungen, Kooperation mit Arbeitnehmervermittlungen
Schwierige Deckung großer Bedarfe	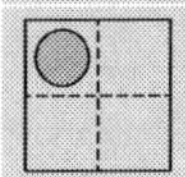	Geringe Verfügbarkeit von Personal im Arbeitsmarkt und quantitativ hoher Bedarf (Engpassfunktion)	Arbeitgebermarke, Talent Communities, breite Einbindung der Fachbereiche bei der Suche und Ansprache von Kandidaten
Schwierige Expertensuche	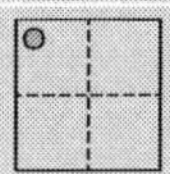	Geringe Verfügbarkeit von Personal im Arbeitsmarkt und singulärer, spezifischer Bedarf	Spezifisches Arbeitgeberversprechen, aktive Suche und Ansprache, intensive Einbindung der Fachbereiche
Strategische Kandidatensuche	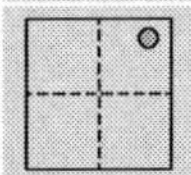	Schwer zu deckender Bedarf und hohe strategische Relevanz der Position (Schlüsselposition)	Engagement einer Personalberatung. Fallweise Bestimmung der Vorgehensweise und Verantwortlichkeiten

funktioniert hier genauso, wie es schon immer in einschlägigen Fach- und Lehrbüchern beschrieben wurde. Man schaltet eine Anzeige, sammelt Bewerbungen und wählt aus. Nicht mehr und nicht weniger. Jedes Unternehmen kann von Jobs, Rollen oder Funktionen berichten, auf die dieser Fall nach wie vor zutrifft. Insofern darf hier auf traditionelle, eher passive Personalbeschaffungspraktiken zu Recht zurückgegriffen werden. Alles Weitere wäre Geldverschwendung. Hier ist weder eine Arbeitgebermarke, noch eine Talent Community oder gar Active Sourcing erforderlich.

Schwierige Deckung großer Bedarfe

Dieser Fall stellt Unternehmen vor ganz besondere Herausforderungen und ist mit dem zuvor beschriebenen Szenario in keiner Weise vergleichbar. Nicht selten ist hier auch von „Difficult Mass Hiring" die Rede. Man steht etwa vor der kaum lösbaren Aufgabe, innerhalb weniger Monate 100 Softwareentwickler einzustellen. Ein mittelständischer Betrieb sucht händeringend nach Möglichkeiten, 20 Auszubildendenstellen zu besetzen. Eine Pflegeeinrichtung stellt jedes Jahr 30 neue Pflegekräfte ein. Ein Wirtschaftsprüfungsunternehmen adressiert für einen bestimmten Unternehmensbereich einen Bedarf von mehreren 100 Hochschulabsolventen. In diesem Fall kommt ein Arbeitgeber nicht umhin, eine ganze Reihe von Register zu ziehen:

- Eine überzeugendes Arbeitgeberversprechen, transportiert über eine Vielzahl zielgruppenrelevanter Kanäle (vgl. ► Abschn. 5.1). Hierbei sollten insbesondere Argumente für die entsprechende Engpassfunktion vermittelt werden.
- Eine breite Einbindung der Fachbereiche bei der Suche und Ansprache geeigneter Kandidaten. Man denke hier etwas an Mitarbeiterempfehlungsprogramme, zielgruppenfokussiertes Hochschulmarketing, Präsenz auf bestimmten Veranstaltungen und Messen.
- Der Aufbau einer Talent Community zur langfristigen Bindung potenziell geeigneter Kandidaten. Nur in diesem Szenario ergibt dieses Konzept wirklich Sinn, weil sich der Aufbau und Betrieb von Talent Communities nur ab einem bestimmten quantitativen Bedarf lohnt.
- Einfache Formen von Active Sourcing beispielsweise durch gezielte Suche und Ansprache von Kandidaten auf Plattformen wie LinkedIn oder Xing.
- Strukturelle Maßnahmen zur Optimierung des Bewerbererlebens. Hierzu gehören einfache Bewerbungsmodalitäten und Auswahlprozesse, die mehr auf Geschwindigkeit, Transparenz und Wertschätzung setzen als nur auf eine valide Auswahl.

Wie diese einfache Auflistung bereits zeigt, erfordert die schwierige Deckung großer Bedarfe ein umfassendes Personalgewinnungssystem im Sinne eines Talent Relationship Management (vgl. Trost 2012). Nicht selten kümmert sich ein sorgfältig zusammengesetztes Team bestehend aus Personalprofis und Vertretern aus dem

Fachbereich um eine bestimmte Engpassfunktion, moderiert und geführt von einem so genannten Talent Relationship Manager.

Schwierige Expertensuche

Jedes Unternehmen kennt den besonderen Fall, wo man sich an der Besetzung einer einzelnen Stelle die sprichwörtlichen Zähne ausbeißt. Der Bedarf ist singulär, aber qualitativ spezifisch. Weil vergleichbare Stellen nur selten besetzt werden, verfügt man als Unternehmen nur begrenzt über Erfahrungswerte. Bereits der eher fachfremde HR Business Partner tut sich schwer, die Besonderheit dieser Vakanz zu verstehen und einzuordnen – „Und was genau tut so ein Big Data Engineer?". Bei diesem Szenario wird in der Praxis schnell der Ruf nach einem Personalberater laut, was langfristig zu hohen Kosten führt. Bei der schwierigen Expertensuche geht es zwar im Einzelfall nur um die Besetzung singulärer Stellen. Andererseits tritt dieser Fall aber an sich sehr häufig auf, so dass die Vielzahl unterschiedlicher, zu besetzender Expertenstellen in der Summe zu äußerst hohen Kosten führen kann, wenn hier reflexartig Personalberater eingeschaltet werden.

Eine generische Arbeitgebermarke hilft hier auch nicht weiter. Vielmehr ist hier ein Arbeitgeberversprechen erforderlich, dass die Besonderheit einer bestimmten Expertenposition vermittelt. Eine Talent Community lohnt sich ebenfalls nicht. Dafür ist der quantitative Bedarf zu gering. Die Suche nach geeigneten Kandidaten muss definitiv aktiv erfolgen, weil man bestenfalls von passiv suchenden Kandidaten ausgehen kann. Dabei erfordert die schwierige Expertensuche die aktive Verantwortungsübernahme durch den Fachbereich. Aus einer zentralen Personalfunktion heraus kann ein Fall wie dieser kaum erfolgreich gelöst werden. Zumindest werden erhebliche Möglichkeiten vertan, wenn sich der Fachbereich aus der Sache heraushält.

Wenn nun eine einstellende Führungskraft (Hiring Manager) beispielsweise gegenüber der Personalabteilung einen Personalbedarf mit der Bitte um eine entsprechende Kandidatensuche anmeldet und es sich nach einem ersten Gespräch herausstellt, dass es sich hier um eine schwierige Expertensuche handelt, dann könnte die Reaktion von HR wie folgt klingen:

» Alles klar. Hierbei handelt es sich offenbar um den Fall einer *schwierigen Expertensuche*. Das bedeutet nun folgendes: Wir setzen ein kleines Team auf, bestehend aus einem HR-Profi und zwei Vertretern Ihres Bereiches. Diese Kolleginnen und Kollegen widmen in den kommenden vier Wochen 10–20 % ihrer Zeit für diese Suche. Wir entwickeln zügig und gemeinsam ein schlagkräftiges Arbeitgeberversprechen. Wir setzen parallel ein Meeting auf, bei dem wir systematisch unsere Netzwerke prüfen und Listen in Frage kommender Zielkandidaten erstellen. Danach feuern wir im Sinne eines Active Sourcing aus allen Rohren. Die Ansprache erfolgt durch Kollegen des Fachbereichs. Diese reservieren jetzt schon Zeit für baldige Gespräche. Bevor wir uns darauf nicht verständigen können, legen wir nicht los. Das hier ist eine herausfordernde Angelegenheit, die besondere Bemühungen erfordert. Hier brennt die Hütte. Deshalb können wir nicht anders, als einen GSG9-Ansatz zu fahren. Sind wir uns einig?

Stand heute reagieren die meisten Unternehmen anders. Sie behandeln eine schwierige Expertensuche fälschlicherweise so, als ginge es um einfaches (operatives) Recruiting, wodurch Frustration, Zeitverschwendung und Misserfolg vorprogrammiert ist.

Strategische Kandidatensuche

Wird ein Personalbedarf als strategische Kandidatensuche klassifiziert, sollte dies wiederum einen gänzlich anderen Prozess auslösen, als wie bei den zuvor beschriebenen Szenarien dargestellt wurde. Meist spielen im Falle einer strategischen Kandidatensuche die Kosten für die Besetzung eine untergeordnete Rolle. Der CEO hat die Suche auf seinem Radar und vermittelt das nötige Interesse, die Dringlichkeit und die strategische Tragweite. Nicht selten ist er der Auftraggeber. Darüber hinaus erfolgt die Suche häufig global.

In diesem Fall spricht vieles dafür, eine Personalberatung zu engagieren, die gerade im Falle einer internationalen Suche auch international vernetzt operiert und über entsprechende Zugänge in die jeweiligen, lokalen Märkte und Industrien verfügt. Eine zentrale HR-Funktion oder Vertreter aus den Fachbereichen können dies nur in den seltensten Fällen wirklich leisten.

Während es bei den zuvor beschriebenen Szenarien ratsam ist, Strukturen, Prozesse und Instrumente zu etablieren, bevor der Bedarf entsteht, ist es bei einer strategischen Kandidatensuche durchaus vorstellbar und auch professionell, fallweise zu agieren. Dabei werden relevante Fragen ergebnisoffen diskutiert: Wen oder was suchen wir, warum? Wen oder was suchen wir nicht? Wer kann uns extern unterstützen und wer sind die internen Ansprechpartner? Was bieten wir bzw. was wollen wir bieten – auch im Sinne eines Arbeitgeberversprechens?

Personalgewinnungsstrategie

In diesem und im vorausgegangenen Unterkapitel wurden strategische Dimensionen im Kontext der Personalgewinnung aufgezeigt (siehe ◘ Tab. 5.3). Es wurde deutlich, dass es nicht die eine Art gibt, ein Arbeitgeberversprechen zu entwickeln und zu vermitteln. Vielmehr wurde gezeigt, dass es verschiedene Spielarten des Employer Branding gibt. Aktive Suche wurde passiver Suche gegenübergestellt, mit oder ohne Einbindung der Fachbereiche. Man kann vakanz- oder talentfokussiert agieren und im Auswahlprozess den Bewerber oder die Anforderungen in den Mittelpunkt rücken. Spätestens auf den letzten Seiten wurde aber deutlich, dass sich die strategische Ausrichtung auch an den jeweiligen Problemstellungen, Bedarfen und Szenarien orientieren sollte, was am Ende immer zu Mischstrategien führt. Die Entwicklung einer *Personalgewinnungsstrategie* beinhaltet eine stringente

Tab. 5.3 Alle strategischen Dimensionen zu Kandidatensuche, -ansprache und -bindung im Überblick

Anlass für Kandidatensuche	1-1 Vakanzfokussierung Wir suchen dann nach Kandidaten, wenn wir einen akuten Bedarf haben. Sobald eine Vakanz besetzt ist, ist der Prozess abgeschlossen	1-2 Kandidatenfokussierung Wir sind immer auf der Suche nach Kandidaten unabhängig von akuten Bedarfen. Immer, wenn wir gute Kandidaten gefunden haben, halten wir zu ihnen langfristigen Kontakt
Aktivität der Suche und Ansprache	2-1 Zurückhaltend Bei der Suche nach Kandidaten sind wir vor allem zurückhaltend, zuweilen brav. Wir drängen uns nicht auf und setzen auf die Initiative der interessierten Kandidaten. Jegliche Form von Aggressivität entspräche nicht unserem Naturell	2-2 Aktiv, frech und mutig Wir gehen direkt auf Kandidaten zu. Den „Krieg um Talente" nehmen wir dabei wörtlich. Unsere Suchstrategien sind frech, mutig und bewegen sich manchmal an der Grenze des ethisch, rechtlich vertretbaren
Verantwortlichkeit für Kandidatensuche	3-1 Personalabteilung Kandidatensuche und -ansprache ist primär die Aufgabe der Personalabteilung. Die Fachbereiche kümmern sich um ihr eigenes Business	3-2 Fachbereich Bei uns ist jeder Mitarbeiter zugleich ein Recruiter. Bei der Kandidatensuche und -ansprache setzen wir konsequent auf die Netzwerke und das Engagement aller unserer Kollegen
Führung von Kandidaten-Pools	4-1 Bespaßung Wir (HR) bilden Pools vielversprechender Kandidaten, die wir langfristig „warm halten" um daraus Bedarfe in der Linie zu decken	4-2 Vernetzung Wir bieten vielversprechenden Kandidatinnen und Kandidaten exklusive Möglichkeiten, sich selbstständig mit den Fachbereichen zu vernetzen

Definition dessen, was man in Bezug auf die zuletzt dargestellten Szenarien konkret tun möchte.

5.3 Auswahl und Passung

Personalauswahl wird in den meisten Lehrbüchern sinngemäß wie folgt erklärt: Wenn man für eine Stelle mehrere Bewerberinnen und Bewerber zur Auswahl hat, dann stellt sich die Frage, welcher Bewerber nun der Richtige ist (z. B. Bröckermann 2007). Die Lösung liegt einerseits in der klaren Definition dessen, was man theoretisch unter dem „Richtigen" versteht (die Anforderungen der Stelle bzw. an den Job) und anderseits in der Anwendung valider eignungsdiagnostischer Auswahlinstrumente bei der Beurteilung von Bewerbern. So einfach ist das. Auch das dahinter stehende Problem ist selten so einfach zu verstehen, wie in diesem Fall. Einerseits will man vermeiden, nicht geeignete Kandidaten einzustellen. Man nennt dies auch den *Alpha-Fehler* oder „false positive". Andererseits will man geeignete Kandidaten nicht ablehnen. Dies wiederum nennt man dann den *Beta-Fehler* oder „false negative" (siehe Abb. 5.6).

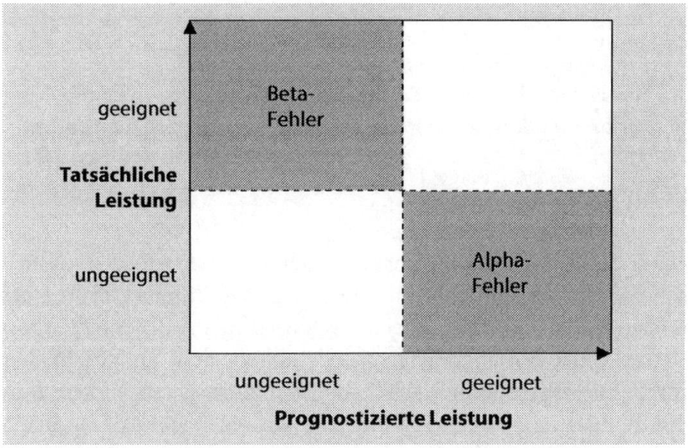

Abb. 5.6 Alpha- und Beta-Fehler bei der Personalauswahl

Es scheint so, als ginge es bei der Personalauswahl lediglich um eine Prognose zukünftiger Leistung. Am Ende entscheidet die Validität des Auswahlverfahrens darüber, ob die tatsächliche Leistung eines Mitarbeiters mit der prognostizierten Leistung einher geht. Dies wäre allerdings deutlich zu kurz gegriffen. Die folgenden Überlegungen zeigen eine Reihe strategischer Register, die sehr unterschiedlich ausgerichtet werden können. Wir beginnen am Anfang, also bei der Feststellung der Anforderungen.

Kurzfristige und langfristige Passung

Der führende Professor für Personalmanagement an der Wharton School Peter Cappelli (2012) nannte es in seinem lesenswerten Buch „Why good people can't get jobs" etwas zynisch das „Home Depot Syndrom". Wenn in einem Unternehmen eine Stelle neu zu besetzen ist, dann geht man einfach ins Lager und holt sich jenen neuen Mitarbeiter, der genau in die entstandene Lücke innerhalb der Organisation passt. Dahinter steht ganz offenkundig die Betrachtung einer Organisation als statische Maschine. Man spricht hier auch von der *Maschinenmetapher* (Morgan 1997). Ab dem Moment, wo der neue Mitarbeiter in die Maschine eingepasst wurde, läuft dieselbe perfekt weiter. Dies setzt allerdings voraus, dass zuvor genau verstanden wurde, wie die fehlende Komponente (der Mitarbeiter) beschaffen sein muss.

Diese Sichtweise spiegelt die gängige Lehrbuchmeinung wider. Tatsächlich ist die Beschreibung relevanter Anforderungen fast immer der Ausgangpunkt aller Maßnahmen zur Personalgewinnung. Der so genannte HR Business Partner verabredet sich mit dem einstellenden Linienmanager und bespricht die notwendigen Anforderungen, denen der zukünftige Mitarbeiter zu entsprechen hat so genau wie möglich. Man tut dies in der Hoffnung, einen Mitarbeiter zu finden, der ab dem ersten Tag oder zumindest nach einer möglichst kurzen Einarbeitungsphase seiner ihm zugewiesenen Verantwortung gerecht werden kann.

Wir besetzen Stellen. Ausgangspunkt dafür ist immer eine möglichst detaillierte Beschreibung stellenspezifischer Anforderungen. Finden setzt voraus, das man weiß wonach man sucht. (**1-1**)

Ich habe die Vermutung, dass man den hierarchischen, statischen Charakter einer Organisation bereits an der Differenziertheit der in den Stellenausschreibungen ausgewiesenen Anforderungen erkennt. Umso umfangreicher und detailliert diese sind, desto eher strebt die Organisation nach Stabilität und Vorhersagbarkeit. Agile Organisationen denken anders. Sie verfolgen von Anfang an ein Prinzip, das im Einklang mit einem sehr verbreiteten Phänomen steht. Greifen Sie aus Ihrer Organisation irgendeinen Mitarbeiter zufällig heraus und fragen sie ihn, wie viele seiner aktuellen Aufgaben noch mit dem zu tun haben wofür er ursprünglich eingestellt wurde. Fragen Sie einen Mitarbeiter, der bereits fünf oder mehr Jahre im Unternehmen beschäftigt ist. In vielen Unternehmen wird die Antwort lauten: „wenig" bis „gar nichts". Mitarbeiterinnen und Mitarbeiter entwickeln sich in ihrem jeweiligen, unternehmerischen Kontext, wechseln Funktionen, Divisionen, verbringen Zeit in anderen Ländern und Niederlassungen, was gerade in jenen Organisationen, die auf laterale Netzwerke setzen in hohem Maße erwünscht ist. Denkt man dieses Prinzip zu Ende, gelangt man zu einer strategischen Ausrichtung, wie der folgenden:

Wir besetzen Karrieren, deren Entwicklungen immer ungewiss sind. Anforderungsprofile sind bei uns daher immer so generisch wie möglich. Kandidaten müssten vor allem zum Unternehmen passen. (**1-2**)

Agile Organisationen setzen sich vor allem mit der Frage auseinander, ob ein Mitarbeiter zum Unternehmen insgesamt passt. Das tun sie, indem sie eine Auswahlentscheidung niemals dem sich in Not befindenden, einstellenden Manager alleine überlassen, sondern Vertreter aus anderen Bereichen in den Entscheidungsprozess aktiv einbinden. Die leitende Frage lautet stets: „Könntet Ihr Euch auch vorstellen, mit dieser Person zusammenzuarbeiten?". Dies hat zur natürlichen Folge, dass dabei zwischenmenschliche Faktoren, Motivation, Aspekte der Persönlichkeit und der kognitiven Disposition (z. B. Intelligenz) mehr in den Vordergrund rücken. Der bekannte Standford-Professor Robert Sutton (2007) brachte es in seinem Buch „The No Asshole Rule" markant auf den Punkt. Motiviert wurde er zum Verfassen seines Buches im Kontext einer Neuberufung eines Professorenkollegen, wobei die Kollegenschaft sich auf das Prinzip einigten kein „Arschloch[2]" zu berufen, auch wenn seine fachlichen, wissenschaftlichen Qualifikationen überragend sind. In der Stellenausschreibung stand dies sicherlich nicht.

Potenzial für zukünftige Entwicklung oder aktuelle Eignung?

Ein weiterer Grund aber, warum Unternehmen sich dazu veranlasst sehen, ihre Anforderungen generischer zu halten, besteht im zunehmenden Fachkräftemangel. Der Arbeitsmarkt gibt es schlicht nicht mehr her, mit einer ausgefeilten, umfangreichen Wunschliste an Anforderungen rare Talente vorzuselektieren. Dies gilt insbesondere für Engpassfunktionen und zum Teil für Schlüsselfunktionen (vgl. ► Abschn. 3.3). Insofern sind Unternehmen zunehmend dazu gezwungen, von der Priorität abzukehren, genau jene Mitarbeiter zu suchen und auszuwählen, die ab dem ersten Tag ihre Stelle erfolgreich ausfüllen können. Zusammenfassend kann dieser Ansatz wie folgt auf den Punkt gebracht werden:

> **Wir stellen Mitarbeiter ein, damit sie nach kürzester Zeit auf ihrer jeweiligen Stelle ihre zugewiesenen Aufgaben gut erfüllen können. Alles andere wäre eine Verschwendung von Ressourcen. (2-1)**

Muss ein Mitarbeiter wirklich auf einem bestimmten Niveau Englischkenntnisse mitbringen oder kann er das entwickeln? Wie gut müssen seine Fähigkeiten bei der Nutzung von Office-Anwendungen an dem Tag, wo er sein Beschäftigungsverhältnis beginnt wirklich sein? In Anbetracht des zunehmenden Fachkräftemangels lohnt es sich, bei der Durchsicht verwendeter Anforderungsprofile und Stellenausschreibungen zwei Fragen zu stellen:

- Welche Kompetenzen muss ein Mitarbeiter *unbedingt* am ersten Tag seiner Beschäftigung mitbringen?
- Welche Fähigkeiten kann ein Mitarbeiter in angemessener Zeit *erlernen* vorausgesetzt man erkennt sein Potenzial hierfür?

Dabei muss die Betrachtung von Potenzial gegenüber aktueller Kompetenz kein Notnagel darstellen, sondern kann als Chance erkannt werden. In ◘ Abb. 5.7 ist diese Überlegung grafisch verdeutlicht.

Man stelle sich vor, für die Besetzung einer Stelle sei ein möglichst hohes Kompetenzniveau bezogen auf irgendeine Fähigkeit

---

[2] Der Leser mag die Verwendung dieser ordinären Terminologie nachsehen. Robert Sutton selbst suchte vergeblich nach einer Alternative. Offenbar existiert für das, was dieses Wort beschreibt interessanterweise keine andere, zivilisiertere Begrifflichkeit.

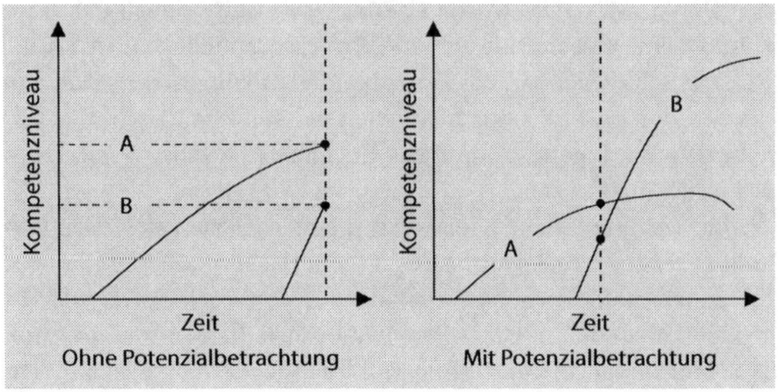

Abb. 5.7 Vergleich zweier Kandidaten mit und ohne Potenzialbetrachtung

erwünscht. Zu einem bestimmten Zeitpunkt (angedeutet durch die vertikale, gestrichelte Linie) steht die Entscheidung zwischen Kandidat A oder B. In Anbetracht der linken Darstellung in Abb. 5.7 würde man sich definitiv für Kandidat A entscheiden. Er weist ein höheres Kompetenzniveau auf. Was man aber bereits erkennen kann ist die schnellere Lernentwicklung von Kandidat B. Extrapoliert man die Verläufe der beiden Lernkurven dann könnte sich langfristig eine Entwicklung ergeben, wie sie auf der rechten Seite der Abbildung angedeutet ist. Demnach wäre B langfristig der eindeutig bessere Kandidat.

> Potenzial ist bei der Personalauswahl wichtiger als aktuelle Kompetenz. Das vergrößert die relevante Zielgruppe und ist langfristig Erfolg versprechender. (**2-2**)

Das Problem besteht freilich darin, dass zum gegebenen Entscheidungszeitpunkt nicht bekannt ist, wie sich die Lernkurve einer Person weiterentwickelt. Potenzial ist grundsätzlich eine hypothetische Größe. Im Zusammenhang mit dem Thema Talentidentifikation (▶ Abschn. 8.1) wird im weiteren Verlauf dieses Buches intensiver auf die Frage eingegangen, wie man Potenzial erkennen kann.

Effizienz versus Effektivität

Es gibt im Recruiting eine wissenschaftlich nicht belegte Daumenregel wonach ein Unternehmen pro Jahr ungefähr so viele Bewerbungen erhalten sollte, wie es aktuell Mitarbeiter hat. Es ist nicht einfach zu definieren, was man genau unter einer Bewerbung versteht. Geht man aber davon aus, dass Bewerbungen die üblichen Inhalte, wie Anschreiben, Lebenslauf, Zeugnisse etc. umfassen, dann bedeutet dies für mittlere und große Unternehmen bereits eine erhebliche Datenflut. Darin ist der wesentliche Grund zu sehen, warum Unternehmen spätestens seit den späten

Neunzigerjahren dazu übergegangen sind, Recruiting-Prozesse elektronisch abzubilden. Damals sprach man noch von „e-Recruiting". Die Einführung dieser Recruiting-Systeme hatte vor allem das Ziel, das Leben der Mitarbeiterinnen und Mitarbeiter im HR einfacher zu machen. Damit verfolgten Unternehmen das, was man als *Effizienzstrategie* bezeichnen kann (Trost et al. 2009). Es ging darum, den Arbeitsaufwand pro Bewerbung (Cost per Hire) möglichst klein zu bekommen, was wiederum die Chance eröffnete, die Bearbeitungszeiten und Dauer bis zur Besetzung (Time to Fill) insgesamt zu reduzieren.

Die Bearbeitung vieler Bewerbungen erfordert vor allem Effizienz. Sie ist die Grundlage für eine wettbewerbsfähige Time-to-Fill und eine angemessene Cost-per-Hire. (**3-1**)

Durch Technologie wurde es einfacher, Bewerberdaten zu erfassen, sie zu vergleichen und halb-automatisch zu bewerten. Weiterhin konnten mit diesen Recruiting-Systemen Bewerbungen von einer Instanz zur nächsten geroutet werden, etwa vom HR Business Partner zum einstellenden Manager. In allen Phasen ergab sich durch diese Technologie ein Effizienzgewinn. Weitere Effizienzgewinne konnten durch die teilweise Verlagerung von Auswahlprozessen in Shared-Service-Organisationen und den zunehmenden Einsatz künstlicher Intelligenz erzielt werden.

Nun ist Cost per Hire nicht alles. Tatsächlich spielen gerade bei Schlüsselpositionen die Kosten eine untergeordnete Rolle. Insofern stellt sich für Arbeitgeber die Frage, ob sie ihren Auswahlprozess möglichst effizient gestalten wollen oder aber effektiv. Effektivität zielt gegenüber der reinen Reduktion von Kosten darauf ab, einerseits die richtigen Entscheidungen zu fällen – auf Seiten aller Beteiligter, einschließlich der des Bewerbers. Dies ist unter anderem eine Frage der Validität und Elaboration. Andererseits soll bereits der Auswahlprozess so angelegt sein, dass geeignete Kandidaten nicht nur nicht verprellt werden, sondern überzeugt und gewonnen werden.

Die Einstellung neuer Mitarbeiter bedeutet immer eine große Investition. Am Ende geht es deshalb darum, die richtigen Entscheidungen zu treffen und geeignete Kandidaten am Ende auch zu gewinnen. (**3-2**)

Während bei Schlüssel- und Engpassfunktionen definitiv eine *Effektivitätsstrategie* verfolgt werden sollte können sich Arbeitgeber bei den anderen Funktionen möglicherweise eine Effizienzstrategie erlauben (vgl. ► Abschn. 3.3). Im Zuge der Darstellung weiterer Dimensionen strategischer Ausrichtung wird die Bedeutung der Effektivitätsstrategie weitergehend behandelt.

Wem hilft die Eignungsdiagnostik?

Jede Maßnahme im HR hat einen Kunden. Dabei soll die entsprechende Maßnahme dazu dienen, ein Problem eben dieses Kunden zu lösen. Auf dieses grundlegende Denken wurde in der ersten Hälfte dieses Buches bereits umfassend eingegangen. Wenn das so ist bzw. sein sollte, wer ist dann der Kunde der Personalauswahl und wessen Problem wird damit gelöst? Wenn ich diese Frage an meine Studentinnen und Studenten im Rahmen meiner Vorlesung stelle, erhalte ich fast immer diese eine Antwort: „HR oder die einstellenden Führungskräfte sind die Kunden. Sie haben das Problem, den Alpha- und Beta-Fehler zu minimieren. Die Problemlösung ist in der Anwendung eignungsdiagnostischer Verfahren zu sehen". Vermutlich würden auch viele Personaler dieser Antwort reflexartig zustimmen. Die dahinter stehende strategische Prämisse lautet also:

> Führungskräfte und Recruiter sind die Kunden eignungsdiagnostischer Verfahren. Sie helfen ihnen, die richtigen Kandidaten auszuwählen. (**4-1**)

Noch heute ist dieses Denken in der Praxis der Personalauswahl tief verankert. Gerade jene Unternehmen, die im Arbeitsmarkt und darüber hinaus recht selbstbewusst bis arrogant agieren machen keinen Hehl daraus, ihre Bewerberinnen und Bewerber durch eine möglichst harte, zuweilen brutal anmutende Mühle zu drehen. Man will sehen, ob der Bewerber dies durchsteht. Die entscheidende Frage ist dann, wer die Ergebnisse eingesetzter eignungsdiagnostischer Verfahren bekommt. Wer erhält den Bericht aus dem Assessment Center oder den Score aus dem Intelligenztest? Der obigen Strategie zufolge sind das die Führungskräfte und Recruiter. Wer sonst, ist man in vielen Unternehmen geneigt zu fragen.

Tatsächlich erreicht diese Perspektive nur *eine* Hälfte der Realität. Am Ende fällen immer zwei Instanzen eine Entscheidung, der potenzielle Arbeitgeber *und* der potenzielle Mitarbeiter, also der Kandidat – es sei denn wir hätten es mit Sklavenhandel zu tun. Auch für den Bewerber oder den Kandidat gibt es das Risiko eines Alpha- und Beta-Fehlers. Er kann den richtigen Job ablehnen oder den falschen Job annehmen. Auch seine Entscheidung ist von hoher Relevanz und zugleich von erheblicher Unsicherheit behaftet. Dies trifft umso mehr zu, desto mehr Auswahloptionen der Kandidat hat. Dabei hat dieses Risiko auch für den potenziellen Arbeitgeber relevante Konsequenzen, denn kaum ein Unternehmen wird ein ernsthaftes Interesse daran haben, Personen zu beschäftigen, die am Ende ihre Zusage bereuen. Warum sollten Arbeitgeber daher nicht anstreben, auch den Kandidaten bei seiner Entscheidung zu befähigen?

> Kandidaten sind die Kunden eingesetzten, diagnostischen Verfahren. Sie sollen dem Kandidaten helfen zu entscheiden, ob das Unternehmen/der Job zu ihnen passt. (**4-2**)

Wird diese strategische Priorität ernst genommen, dann bietet man Kandidaten an, Ergebnisse aus eignungsdiagnostischen Verfahren offen zu legen und sie mit ihnen zu besprechen. Führt man Assessment Center durch, dann immer mit dem Anspruch, der Kandidat möge selbst mindestens so viel über sich und das in Frage kommende Unternehmen lernen, wie der Arbeitgeber selbst. Möglicherweise bietet man den Kandidaten auch Maßnahmen an, von denen nur oder in erster Linie sie selbst profitieren. Einfache Varianten dieser Maßnahme sind unverbindliche Schnuppertage oder Gespräche mit aktuellen Mitarbeitern gepaart mit der klaren Botschaft: „Nicht wir bewerten Sie. Erleben Sie uns und machen Sie sich ein Bild". Manche Unternehmen bieten Online-Tests an, die einzig und allein dazu dienen, potenziellen Bewerbern eine Selbsteinschätzung darüber zu ermöglichen ob, ein Job zu ihm passt.

Ob nun Führungskräfte und Recruiter einerseits oder die Bewerber selbst Kunden des Auswahlverfahrens sind ist freilich keine Entweder-oder-Entscheidung. Unternehmen werden es sich immer vorbehalten, selbst Kunde zu sein. Die Frage ist lediglich, in welchem Maße man *auch* den Entscheidungsprozess der Bewerber aktiv unterstützt.

Das positive Bewerbererleben

Woran erkennt ein Recruiter, dass er im Rahmen der Personalauswahl einen guten Job gemacht hat? Zunächst erkennt er dies sicherlich daran, dass eine Stelle in angemessener Zeit mit einem hinreichend geeigneten Kandidaten besetzt wurde. Das ist klar. Wer aber muss am Ende mit dem Auswahlprozess zufrieden sein? Hier gibt es eine nahe liegende Antwort und eine unterschätze. Die nahe liegende Antwort verweist auf die einstellende Führungskraft und sein Team. Sie haben schließlich die Not und durch ein erfolgreiches Auswahlverfahren wurde ihre Not gestillt. Wenn sie zufrieden sind, dann ist alles gut.

Führungskräfte und deren Teams sind die Kunden der Personalauswahl. Wir setzen alles daran, dass sie mit dem Prozess, den Methoden und Entscheidungen insgesamt zufrieden sind. (**5-1**)

Die unterschätze Antwort hingegen stellt den Kandidaten selbst in den Mittelpunkt. Wie berichtet der Kandidat über das Auswahlverfahren – selbst dann, wenn er eine Absage erhalten hat? Diese Frage gilt zwischenzeitlich als Schlüsselfrage, wenn es um das positive Bewerbererleben geht. In der HR-Community hat sicher hierfür auch der Begriff der *Candidate Experience* herumgesprochen. Hier geht es um drei Kriterien aus Sicht des Bewerbers: Geschwindigkeit, Transparenz und Wertschätzung (vgl. Trost 2012).

- *Geschwindigkeit*. Reaktionen auf Bewerbungen oder Entscheidungen im Laufe des Bewerbungsprozesses erfolgen schneller als bei der Konkurrenz.
- *Transparenz*. Der Bewerber ist sich jederzeit darüber im Klaren, was der aktuelle Status seiner Bewerbung ist und kennt die nächsten Schritte. Er weiß, warum welches Auswahlinstrument wann zum Einsatz kommt und erhält entsprechende Rückmeldungen.
- *Wertschätzung*. Dem Bewerber wird auf persönliche Weise mit Respekt begegnet. Guten Bewerbern wird klar vermittelt, dass man an ihnen persönlich interessiert ist.

Ich habe bereits mit unzähligen Unternehmen deren Auswahlprozesse besprochen und dabei stets die Frage gestellt, wie bei welchem Schritt eines oder mehrere Kriterien eines positiven Bewerberlebens optimiert werden könnten. Immer waren die Ergebnisse erhellend und erstaunlich vielfältig. Das Prinzip lautet:

Wir behandeln Bewerberinnen und Bewerber wie Kunden und setzen alles daran, im Auswahlprozess schneller, transparenter und wertschätzender zu sein als unsere Wettbewerber. (**5-2**)

Tab. 5.4 Praxisbeispiele für die Vermittlung eines positiven Bewerbererlebens

Geschwindigkeit	Transparenz	Wertschätzung
Die Übermittlung der Bewerbung dauert nicht länger als zehn Minuten. Ein Interviewtermin innerhalb weniger Tage nach der Bewerbung. Entsprechende Zeitfenster werden frühzeitig bereitgestellt. Für die Unterzeichnung des Arbeitsvertrags wird ein persönlicher Termin (beim Bewerber) vereinbart	Dem Bewerber wird bereits vor der Bewerbung vermittelt, wie sich der Auswahlprozess konkret darstellt. Teilnehmer nach einem AC erhalten ein persönliches Feedback und einen schriftlichen Bericht. Über eine App erfahren Bewerber tagesaktuell den Status ihrer Bewerbung	Vorstellung aller Interviewteilnehmer seitens des Arbeitgebers gemeinsam mit der Einladung zum Interviewtermin. Der Bewerber wird bei Erscheinen zum Interview vom Rezeptionisten mit Namen begrüßt und (mit einem Golfcart) zum Interviewort begleitet. Ein persönlicher Ansprechpartner während des gesamten Prozesses

Mir scheint, dass die meisten Unternehmen hier über ein erhebliches Optimierungspotenzial verfügen. Dabei führen viele Optimierungen noch nicht einmal zu höheren Kosten. Zur Veranschaulichung ist in Tab. 5.4 eine kleine Auswahl einfacher Praxisbeispiele wiedergegeben.

Wie immer, wenn es um die Konzeption und Gestaltung des Kundenerlebens geht, hilft auch hier die aktive Einbindung der Kunden – in diesem Fall also der Kandidaten. Praktisch empfiehlt es sich hier gemeinsam mit neuen Mitarbeitern die gesamte so genannten *Candidate Journey* durchzugehen. Man betrachtet die komplette Kommunikation und Interaktion mit Bewerbern und Kandidaten vom ersten Moment der Begegnung (z. B. der Ausschreibung) bis hin zum ersten Arbeitstag. Möglicherweise kann man alle relevanten Materialien – typische Ausschreibung, Screenshots der Karriere- und Bewerberseiten, die Mail-Kommunikation, Broschüren, Fotos der Räumlichkeiten, die Bewerber beim Interview antrifft, typischer Arbeitsvertrag usw. – ausdrucken und auf mehreren Pinnwänden darstellen. Es ist erhellend, ein geschlossenes Bild von all dem zu erhalten, wie sich ein Unternehmen gegenüber einem Kandidaten präsentiert. Vor allem liefert eine solche Übung relativ schnell wertvolle Hinweise auf Verbesserungspotenziale.

Wer überzeugt hier wen?

Es gibt ein weit verbreitetes, ungeschriebenes Gesetz, wonach der Bewerber den potenziellen Arbeitgeber zu überzeugen hat. Der Bewerber wetteifert um eine rare, begehrte Position und am Ende entscheidet der Arbeitgeber darüber, wer den Zuschlag bekommt. Das war schon immer so. Deshalb war es schon immer der Bewerber, der vor dem Vorstellungsgespräch nervös war und nur selten der Interviewer.

> Es liegt in der Natur der Personalauswahl, dass Bewerber ihren potenziellen, zukünftigen Arbeitgeber überzeugen müssen. Das war schon immer so. (**6-1**)

Gerade in Bezug auf Engpassfunktionen wendet sich aber zusehends das Blatt. Unternehmen erkennen dies auf fast intuitive Weise. Sobald man erkennt, dass eine Stelle schwer zu besetzen ist, wird man bei einem als geeignet erscheinenden Kandidaten anfangen, sich um ihn zu bemühen, ihn zu überzeugen. Nimmt man diesen Gedanken ernst, ist es nur noch ein Schritt hin zu einer strategischen Ausrichtung der Personalauswahl:

> In der direkten Interaktion mit Bewerbern erkennen wir die besondere Chance, als Arbeitgeber zu überzeugen. (**6-2**)

Ab diesem Moment werden der Auswahlprozess und die damit einhergehende Interaktion mit Kandidaten zu einem Vehikel des Arbeitgeberversprechens und der Arbeitgebermarke (vgl. ► Abschn. 5.1).

Künstlich intelligente Auswahlverfahren

Wo umfangreiche Datenmengen (Big Data) und Feedbackschleifen sind, ist die Anwendung von künstlicher Intelligenz nicht weit. Bereits heute ist es möglich, auf der Grundlage verfügbarer Daten, etwa aus Bewerbungsunterlagen, Stellenprofilen, LinkedIn-Präsenzen und der Verwendung intelligenter Algorithmen hinreichend valide vorherzusagen, wie sich professionelle Recruiter im Rahmen einer Auswahlentscheidung entscheiden würden. Über Maschinenlernen werden diese Algorithmen bereits in kurzer Zeit immer besser. Das einzige was sie benötigen ist konstantes Feedback.

Dies funktioniert nach einem Prinzip, das man bereits seit Jahrzehnten in der psychologischen Diagnostik als externale Testkonstruktion bezeichnet (Schmidt-Atzert und Amelang 2006). Man unterteilt Mitarbeiter oder Bewerber beispielsweise in zwei Gruppen, geeignete und ungeeignete, erfolgreiche und weniger erfolgreiche, Menschen, die eine Führungsposition erreicht haben und jene die dies nicht geschafft haben. Dann zieht man unendlich viele Merkmale in Betracht und sucht nach etwaigen statistischen Zusammenhängen, Korrelationen. Das Ergebnis sind Algorithmen, die beispielsweise besagen, dass Menschen, die dort studiert haben, soundso viele Jahre in dieser Rolle gearbeitet haben, mindestens eine 2,0 in Sport aufweisen, mehr als 1000 Follower auf Twitter haben am erfolgreichsten sind. Warum das so ist spielt keine Rolle. Künstliche Intelligenz versteht nicht. Sie schert sich nicht um theoretische Erklärung. Künstliche Intelligenz sucht einfach nur nach Zusammenhängen und optimiert diese mittels Maschinenlernen. Im Kontext von HR nennen wir das heute *People Analytics* (siehe auch ► Abschn. 11.3).

In Zukunft werden sich immer mehr Unternehmen dahin entwickeln, Auswahlentscheidungen auf der Grundlage solcher statistischen Urteile zu fällen. Sie gehen dabei von erhöhter Effizienz aus und verlassen sich auf die Überlegenheit künstlicher Intelligenz gegenüber und der von Bias und Fehlurteilen geprägten, sozialen Urteilsbildung.

Wir streben an, Entscheidungen in der Personalauswahl soweit wie möglich auf der Grundlage künstlicher Intelligenz, entsprechender Algorithmen und Big Data zu fällen. Dadurch erreichen wir eine höhere Effizienz und Objektivität. **(7-1)**

Wer dieser Prämisse folgt, findet sich früher oder später in der Situation wieder, einem interessierten Bewerber erklären zu müssen, dass ein Algorithmus die Entscheidung gefällt oder zumindest vorbereitet hat. Zynische Denker sprechen hierbei auch vom „Verstecken hinter einer Blackbox". Es ist wohl eine Frage der Haltung, ob man als Unternehmen das will. Dem steht das Streben gegenüber, Entscheidungen über Menschen und deren Zukunft immer durch Menschen fällen zu lassen. Am Ende soll immer jemand (ein Mensch) die Verantwortung für eine Entscheidung tragen.

Entscheidungen über Menschen und deren Zukunft werden bei uns immer von Menschen gefällt. Solche Entscheidungen erfordern die Übernahme persönlicher, zwischenmenschlicher Verantwortung. **(7-2)**

Entscheidungen, die unter anderem auf der Grundlage von Erfahrung, Abwägen oder Intuition gefällt werden bezeichnet man in der psychologischen Diagnostik als *klinische Urteile* – auch wenn sie keine pathologische Bedeutung haben. Wissenschaftlich betrachtet sind diese Urteile hinsichtlich ihrer Validität nicht immer überlegen. Häufig ist sogar das Gegenteil der Fall (Meehl 2013).

Die Konsequenzen der Auswahlentscheidung tragen

Bevor ein Kandidat als Professor an eine Hochschule berufen wird, durchläuft dieser ein Berufungsverfahren. Teil dieses Berufungsverfahren ist immer eine Probevorlesung, bei der dieser seine pädagogischen Fähigkeiten unter Beweis stellen darf. Innoffiziell wird diese Probevorlesung auch liebevoll als „Vorsingen" bezeichnet. Nachdem ein Kandidat etwa an meiner Fakultät sein „Vorsingen" beendet und den Hörsaal verlassen hat, werden die noch anwesenden, meist zahlreichen Studenten gefragt, wer sich diesen Kandidat als Professor an unserer Fakultät vorstellen kann und wer nicht. Stimmt die Mehrheit gegen den Kandidat ist das Verfahren für diesen so gut wie gelaufen. Hier entscheiden also mehr oder weniger die Kunden, wer als Kandidat eine Chance erhält und wer nicht.

Inwieweit ist es in der öffentlichen Wirtschaft vorstellbar, dass Kunden bei der Auswahlentscheidung mit einbezogen werden? Soll etwa eine Bank bei der Einstellung von Privat- oder Firmenkundenbetreuern auf die Urteile ihrer Kunden Wert legen? Je nach Branche, Art der Produkte oder Dienstleistungen und je nach Art der Kundenbeziehungen wird diese Möglichkeit in unterschiedlichem Maße gegeben sein. Grundsätzlich könnte es sich zumindest lohnen, darüber nachzudenken.

Wie in ▶ Abschn. 4.5 bereits ausgeführt legen gerade agile Unternehmen viel Wert darauf, dass immer jene Instanz eine Entscheidung fällen sollte, die mit den Konsequenzen der jeweiligen Entscheidung zu leben hat. Denn die Aussicht, die Konsequenzen eigener Entscheidung tragen zu müssen steigert die Motivation, sich mit der jeweiligen Entscheidung kritisch auseinanderzusetzen, was am Ende zu intelligenteren Entscheidungen führen mag. Werden Fehlentscheidungen gefällt, ermöglicht dies Erfahrung und Lernen für die Zukunft. In der Praxis der Personalauswahl sind die relevanten Instanzen entweder die Kunden oder aber die Kollegen.

> Auswahlentscheidungen werden von denjenigen gefällt, die dauerhaft die Konsequenzen tragen: zukünftige Kollegen und Kunden. Das steigert die Motivation, die Qualität der Entscheidung und ermöglicht Lernen. (**8-2**)

In hierarchisch denkenden Organisationen ist dieser Gedanke eher fremd. Entscheidungen werden hier grundsätzlich von Führungskräften gefällt. Dies liegt schlichtweg in ihrer formalen Rolle begründet. Auch andere Entscheidungen, etwa über Investitionen werden von ihnen gefällt, weil sie am Ende die Gesamtverantwortung tragen. Hier gilt das Prinzip:

> Auswahlentscheidungen werden immer von den jeweiligen Führungskräften in Abstimmung mit den verantwortlichen HR-Profis gefällt. Sie tragen dafür die Verantwortung und wurden entsprechend geschult. (**8-1**)

Tab. 5.5 Alle strategischen Dimensionen zu Auswahl und Passung im Überblick

Spezifität der Anforderungen	1-1 Stellen Wir besetzen Stellen. Ausgangspunkt dafür ist immer eine möglichst detaillierte Beschreibung stellenspezifischer Anforderungen. Finden setzt voraus, das man weiß wonach man sucht	1-2 Karrieren und Unternehmen Wir besetzen Karrieren, deren Entwicklungen immer ungewiss sind. Anforderungsprofile sind bei uns daher immer so generisch wie möglich. Kandidaten müssten vor allem zum Unternehmen passen
Anforderung an den Kandidaten	2-1 Aktuelle Kompetenzen Wir stellen Mitarbeiter ein, damit sie nach kürzester Zeit auf ihrer jeweiligen Stelle ihre zugewiesenen Aufgaben gut erfüllen können. Alles andere wäre eine Verschwendung von Ressourcen	2-2 Zukünftige Potenziale Potenzial ist bei der Personalauswahl wichtiger als aktuelle Kompetenz. Das vergrößert die relevante Zielgruppe und ist langfristig Erfolg versprechender
Priorität bei der Bewerberauswahl	3-1 Effizienz Die Bearbeitung vieler Bewerbungen erfordert vor allem Effizienz. Sie ist die Grundlage für eine wettbewerbsfähige Time-to-Fill und eine angemessene Cost-per-Hire	3-2 Qualität Die Einstellung neuer Mitarbeiter bedeutet immer eine große Investition. Am Ende geht es deshalb darum, die richtigen Entscheidungen zu treffen und geeignete Kandidaten am Ende auch zu gewinnen
Kunden der Eignungsdiagnostik	4-1 Führungskräfte und Recruiter Führungskräfte und Recruiter sind die Kunden eignungsdiagnostischer Verfahren. Sie helfen ihnen, die richtigen Kandidaten auszuwählen	4-2 Kandidaten Kandidaten sind die Kunden eingesetzten, diagnostischen Verfahren. Sie sollen dem Kandidaten helfen zu entscheiden, ob das Unternehmen/der Job zu ihnen passt
Kunden des Auswahlverfahrens	5-1 Fachbereich Führungskräfte und deren Teams sind die Kunden der Personalauswahl. Wir setzen alles daran, dass sie mit dem Prozess, den Methoden und Entscheidungen insgesamt zufrieden sind	5-2 Bewerber Wir behandeln Bewerberinnen und Bewerber wie Kunden und setzen alles daran, im Auswahlprozess schneller, transparenter und wertschätzender zu sein als unsere Wettbewerber
Zu überzeugende Instanz	6-1 Bewerber überzeugt Arbeitgeber Es liegt in der Natur der Personalauswahl, dass Bewerber ihren potenziellen, zukünftigen Arbeitgeber überzeugen müssen. Das war schon immer so	6-2 Arbeitgeber überzeugt Bewerber In der direkten Interaktion mit Bewerbern erkennen wir die besondere Chance, als Arbeitgeber zu überzeugen
Nutzung künstlicher Intelligenz	7-1 Maximale Nutzung Wir streben an, Entscheidungen in der Personalauswahl soweit wie möglich auf der Grundlage künstlicher Intelligenz, entsprechender Algorithmen und Big Data zu fällen. Dadurch erreichen wir eine höhere Effizienz und Objektivität	7-2 People over Systems Entscheidungen über Menschen und deren Zukunft werden bei uns immer von Menschen gefällt. Solche Entscheidungen erfordern die Übernahme persönlicher, zwischenmenschlicher Verantwortung
Entscheider	8-1 Führungskräfte Auswahlentscheidungen werden immer von den jeweiligen Führungskräften in Abstimmung mit den verantwortlichen HR-Profis gefällt. Sie tragen dafür die Verantwortung und wurden entsprechend geschult	8-2 Kollegen und Kunden Auswahlentscheidungen werden von denjenigen gefällt, die dauerhaft die Konsequenzen tragen: zukünftige Kollegen und Kunden. Das steigert die Motivation, die Qualität der Entscheidung und ermöglicht Lernen

In einer arbeitsteiligen Welt kommt hier der Personalabteilung eine aktive Rolle zu. Entweder sie begleitet den Auswahlprozess oder fällt am Ende gar die Auswahlentscheidung. Dabei wird argumentiert, für das Fällen von Auswahlentscheidungen bedürfe es HR-Profis, die über Jahre hinweg Erfahrungen in diesem Metier sammeln konnte. Tatsächlich ist es meist so, dass Personaler die Konsequenzen ihres Handelns selten am eigenen Leib erleben. Ist ein Mitarbeiter eingestellt, besteht für die Personalabteilung kaum mehr die Chance, zu erfahren, ob ihr Handeln erfolgreich war oder nicht. Das fehlende Feedback ist hier strukturell angelegt. In ► Abschn. 11.1, wenn es um das Thema Personalorganisation geht, wird diese Überlegung noch weiter vertieft.

Langfristige Kandidaten- und Teamorientierung

Traditionelle Personalauswahl setzt in erster Linie auf die akuten, statischen Anforderungen an einer Stelle, artikuliert durch die einstellende Führungskraft. Der Bewerber muss überzeugen, dass er möglichst ab Tag eins die notwendigen Fähigkeiten abrufen kann. Das war irgendwie schon immer so und ist aus praktischer Sicht mehr als verständlich. Dieser Sichtweise wurden in diesem Unterkapitel alternative, strategische Optionen gegenübergestellt (siehe ◘ Tab. 5.5). Hierbei wurde eine gänzlich andere Orientierung vorgestellt. Karriere- anstatt Stellenorientierung, Kandidatenorientierung, den Bewerber, den Kandidaten in den Mittelpunkt rücken, Arbeitgeber, die überzeugen müssen (nicht Bewerber), Orientierung auf langfristiges Potenzial und weniger auf akute Fähigkeiten, Teams, Kolleginnen und Kollegen, die mit einer Auswahlentscheidung nicht nur glücklich sein müssen, sondern diese auch zu tragen haben. Natürlich spielen Validität, Reliabilität und Objektivität bei der Prognose von Leistung und Verhalten nach wie vor eine Rolle. Im Zuge der Agilisierung und vor allem in Anbetracht des Fachkräftemangels rücken diese Klassiker aber zunehmend in den Hintergrund.

5.4 Onboarding

Egal, wie man es anstellt, die ersten Arbeitstage stellen jeden neuen Mitarbeiter vor besondere Herausforderungen. Das ist immer so. Es sind einfach zu viele offene Fragen, die Betroffene in Bezug auf fast alles bewegt. Dies erfordert an dieser Stelle auch keine weiteren Ausführungen, da vermutlich jeder Leser dieses Buches bereits mit dieser Herausforderung persönlich konfrontiert war.

Aber nicht nur für neue Mitarbeiter, auch für das Unternehmen kann diese Situation kritisch sein. So stellt sich für Unternehmen die Frage, wie man neue Mitarbeiterinnen und Mitarbeiter möglichst zügig auf ein angemessenes Produktivitätslevel bringt. Gerade die ersten Tage und Wochen entscheiden vermutlich darüber, ob der neue Mitarbeiter im Unternehmen bleiben wird. Zu guter Letzt weiß man, dass neue Mitarbeiter ihre Erfahrungen aus den ersten Tagen mit Bekannte und Freunde teilen. Insofern besteht sogar ein Zusammenhang zwischen dem Arbeitgeberimage und der Gestaltung der ersten Tage und Wochen neuer Mitarbeiter. Alle gezielten Aktivitäten, die zur Integration neuer Mitarbeiter dienen bezeichnen wir als *Onboarding*.

Zwei gegensätzliche Erfahrungsberichte

Wenn neue Mitarbeiter nach wenigen Tagen im neuen Job über ihre Erfahrungen berichten, dann können sich deren Geschichten sehr unterschiedlich anhören. Im Folgenden sollen zwei fiktive Erfahrungsberichte dargestellt werden. Dabei wird deutlich, das hinter diesen Berichten gegensätzliche, strategische Ausrichtungen des Onboarding stehen. Hier nun die erste Geschichte:

» Der erste Arbeitstage war relativ spannend, weil ich außer meinen zukünftigen Chef und der Kollegin aus dem Personal niemanden kannte. Ich wusste, wo ich zu erscheinen hatte und wurde in einen Raum mit zwölf anderen neuen Mitarbeitern geführt. Dort wurden wir dann erst vom Geschäftsführer und dann vom Personalleiter freundlich begrüßt. Danach bekamen wir eine Einführung in technische und organisatorische Dinge – Software, Datenschutz, Geheimhaltung, Sicherheit, Mitarbeiterausweis usw. Dann wurde ich durch meinen Chef dem Team vorgestellt. In den Tagen darauf nahm ich dann an einem umfangreichen Einführungsprogramm teil, das wohl jeder neue Mitarbeiter absolvieren muss. Das fand im Schulungsgebäude statt. Am Ende des Programms hat mein Chef mit mir die ersten Wochen besprochen, so dass mir klar wurde, was ich zunächst zu tun habe. Der Plan sah vor, dass ich mich Schritt für Schritt mit meiner neuen Tätigkeit und dem Umfeld vertraut mache. Soweit es ging, nahm sich mein Chef in den ersten Tagen immer eine halbe Stunde oder mehr Zeit für mich, was ich gut fand.

Soweit die erste Geschichte. Hier nun die zweite:

» Das Gute war, dass ich etliche meiner zukünftigen Kolleginnen und Kollegen schon lange vor meinem ersten Arbeitstag kennengelernt habe. Mit einem dieser Kollegen hatte ich am ersten Tag Zeit- und Treffpunkt ausgemacht. Er nahm mich dann direkt mit zu meinem zukünftigen Team. Zwischendurch musste ich am ersten Tag einen kurzen Abstecher zur Verwaltung machen, um ein paar formale Dinge zu klären. Alle anderen organisatorischen und technischen Dinge konnte ich bereits im Vorfeld über das Intranet klären. Für mich gab es im Grunde keine Schonfrist. Ich wurde direkt ins kalte Wasser geworfen und arbeitete in einem Projekt voll mit. Dass ich zwei Buddies hatte, die sich um mich kümmerten war extrem hilfreich. Die beiden waren auch erst seit einem halben Jahr im Unternehmen. Abgesehen von einem Art Begleitprogramm gab es eigentlich kaum eine richtige Einführung. Die einzige Ausnahme war ein eintägiges Training zu Networking, Teamwork und Konfliktbewältigung. Ansonsten haben mir meine Buddies eine Liste von Namen gegeben. Sie sagten, es wäre gut, wenn ich diese Personen im Laufe der nächsten vier Wochen irgendwann treffen würde. Sie meinten noch, ich würde nie mehr in meinem Leben so viel Kaffee trinken, wie in den kommenden vier Wochen. Sie behielten Recht.

Ganz offensichtlich unterscheiden sich diese beiden Erfahrungsberichte in charakteristischen Aspekten. Hinter beiden Geschichten steht jeweils eine Strategie, deren Besonderheiten im Folgenden aufgelöst und erläutert werden.

Wann beginnt Onboarding?

Es gibt Aktivitäten im geschäftlichen Kontext, die mit kaum einem nennenswerten Aufwand verbunden sind, aber dennoch eine nachhaltige Wirkung entfalten. Eine dieser Aktivitäten besteht darin, als Führungskraft oder als Team einem zukünftigen, neuen Mitarbeiter wenige Tage vor seinem ersten Arbeitstag eine Nachricht mit dem einfachen Satz „Wir freuen uns auf Sie" zu senden – eine SMS oder eine Mail genügt vollkommen. Dieser eine Satz bedeutet für den neuen Mitarbeiter bereits einen wichtigen Schritt in Richtung seiner sozialen Integration.

Die Bandbreite möglicher Aktivitäten lange vor dem ersten Arbeitstag kann natürlich beliebig erweitert werden – eine Einladung zur Betriebsfeier, Ansprechpartner, die bereit stehen und Kontakt halten, Schulungsmaterialien zu Produkten oder einfache Podcasts, ein Zugang zum Intranet, eine Vernetzung mit zukünftigen Kollegen über entsprechende soziale Medien etc. Diese Überlegungen berühren die Frage, wann Onboarding beginnt. Wie eben umschrieben kann eine Prämisse wie folgt lauten:

> Wir betrachten Onboarding als einen zeitlich umfassenden, sozialen und fachlichen Prozess, der lange vor dem ersten Arbeitstag beginnt. (**1-2**)

Oder man betrachtet Onboarding wie im Hotel oder im Flugzeug als eine vergleichsweise kurze Aktivität unmittelbar im Kontext des ersten Arbeitstags – eine Art Check-In. Dann lautet die Prämisse eher so:

> Wir betrachten Onboarding eher als eine Art Check-In, der dann beginnt, wenn der Mitarbeiter wirklich angekommen ist. (**1-1**)

Wie in Bezug auf andere Themen auch werden die meisten Unternehmen dazu tendieren, die strategische Ausrichtung des Onboarding hinsichtlich dieses Aspekts von der jeweiligen Zielfunktion abhängig machen. Onboarding für den zukünftigen CEO wird sicherlich anders verlaufen als für die zukünftige Ferienaushilfe, um nur zwei Extreme zu nennen.

Die harte und weiche Seite des Onboarding

Man stelle sich einen einfachen, generischen Fall vor. Ein neuer Mitarbeiter ist sich in einem Arbeitsschritt unsicher, handelt in der Weise, die ihm als richtig erscheint und begeht dadurch nachweislich einen fatalen Fehler. Dieser Fall ist in vielerlei Variationen und in unterschiedlichsten Situationen denkbar. Der Gabelstaplerfahrer hat anstatt dem Vorwärtsgang den Rückwärtsgang eingelegt. Bei der Anwendung eines Computerprogramms wurde der Sichern- mit dem Löschen-Button verwechselt etc. Nun zu eigentlichen Frage: Worin liegt seitens des Unternehmens das Versäumnis?

Hierauf gibt es zwei denkbare Antworten, zwischen denen zwar kein Widerspruch besteht. Trotzdem scheint es aber so, als hätten Unternehmen die Tendenz entweder in die eine oder in die andere Richtung zu denken. Die erste, mögliche Antwort lautet: „Man hätte dem Mitarbeiter zeigen sollen, wie es richtig geht". Unternehmen, die so antworten tendieren vermutlich zu folgender, strategischer Prämisse:

> Neuen Mitarbeitern vermitteln wir vor allem die grundlegenden, technischen, methodischen und fachlichen Dinge. Der Rest ergibt sich aus der Zusammenarbeit. (**2-1**)

Die alternative Antwort könnte wie folgt lauten: „Man hätte dem Mitarbeiter von Anfang an vermitteln sollen, dass er bei Unsicherheit einen Kollegen um Rat fragt, egal worum es geht oder wie unbedeutend die Angelegenheit zunächst erscheint". Diese Antwort adressiert weniger die fachliche Seite sondern vielmehr die soziale Seite des Problems.

> Wir betrachten Onboarding in erster Linie als einen sozialen Prozess. Daher vermitteln wir zu Beginn vor allem Aspekte des zwischenmenschlichen Umgangs. (**2-2**)

Agile Unternehmen tendieren eher zur letzteren strategischen Ausrichtung. Wenn Mitarbeiterinnen und Mitarbeiter frühzeitig lernen, an wen sie sich bei Unsicherheiten wenden können, wenn sie die Scheu verlieren, gegenüber anderen ihre Unsicherheiten zu artikulieren, wenn sie lernen, Konflikte zu meistern, wenn sie lernen, aktiv Feedback einzuholen, wenn sie lernen, dass Fragen immer besser ist als es nicht zu tun, dann verfügen die Mitarbeiter über das nötige soziale „Betriebssystem", das ihnen bei der Aneignung aller restlichen Dinge, einschließlich fachlicher, technischer Belange am besten weiterhilft. Die erste Antwort ist statisch: Lerne *dies* und Du kannst *das*. Die zweite Antwort ist agil: Lerne *dies* und Du lernst *alles*.

Babysitten oder kalte Wasser

Reflexartig könnte man dazu tendieren, Onboarding-Maßnahmen dann als gut und professionell zu bezeichnen, wenn neue Mitarbeiter umfangreiche und systematische Instruktionen zu Beginn ihres Anstellungsverhältnisses erfahren. Dies kann man aber auch anders sehen. So wird etwa Werner von Siemens folgende Äußerung zugeschrieben: „Bei uns ist das nicht Brauch, dass man jedem Neueintretenden besondere Instruktionen gibt. Wer arbeiten will, findet hier genug Arbeit" (Kocka 1969, S. 297). Meist wird dieses Zitat als Beispiel einer unzureichenden Sichtweise herangezogen. Aber vielleicht lag dieser legendäre, deutsche Unternehmer gar nicht so falsch. Zwei Strategien stehen sich hier gegenüber. Die hier angedeutete Strategie geht davon aus, dass Mitarbeiter dann am schnellsten produktiv werden, wenn man sie „ins kalte Wasser wirft".

Damit unsere neuen Mitarbeiterinnen und Mitarbeiter zügig lernen, ermutigen wir sie, ins kalte Wasser zu springen bzw. werfen sie hinein. Dabei stehen wir ihnen zur Seite. (**3-2**)

Die Professionalität dieses Ansatzes besteht am Ende darin, am Beckenrand zu stehen, um dann einzugreifen, wenn der neue Mitarbeiter an seine Grenzen stößt. Diese Strategie erfordert immer auch individuelle Betreuung, gepaart mit der Fähigkeit, Vertrauen und Unterstützung situativ zu balancieren.

Der strategische Gegenpol der Kalte-Wasser-Strategie ist dadurch charakterisiert, dass neue Mitarbeiter unabhängig von ihren Fähigkeiten, ihrer Reife oder ihrem Mut grundsätzlich instruiert und systematisch eingeführt werden. Sie werden „in Watte gepackt", „an der Hand genommen", „Babysitting" wird betrieben.

Wir nehmen neue Mitarbeiter die ersten Tage und Wochen gezielt an der Hand. Das hilft ihnen, ihre Unsicherheit zu reduzieren. (**3-1**)

Auch hinsichtlich dieser Dimension werden sich Unternehmen immer für eine Mischstrategie entscheiden. In reiner Form wird man in der Praxis weder die eine noch die andere Variante vorfinden. Unterm Strich geht es um die Frage, in welche Richtung ein Unternehmen grundsätzlich tendiert. Will man so viel „kalte Wasser" oder so viel „Babysitting" wie möglich?

Die Verantwortung für Onboarding

Versetzen wir uns für in einen Moment in eine Situation, die jedem Leser in gewisser Weiser vertraut sein mag: Eines Morgens betritt der Klassenlehrer das Klassenzimmer. An seiner Seite begleitet ihn ein schüchtern dreinschauender Schüler. Der Neue. Seine Familie ist erst kürzlich in die Stadt gezogen. Er ist in diesem Moment zum ersten Mal mit der für ihn neuen Klasse konfrontiert, deren Schüler bereits seit langem miteinander vertraut sind. In diesem Moment beginnt die Phase der Integration und zwar für Alle.

Man kann diese Situation durchaus mit der eines neuen Mitarbeiters vergleichen, der nun Teil eines bereits etablierten und entwickelten Teams werden soll. In der Klasse gibt es den Lehrer, den Neuen und die Klasse. Wer ist für eine erfolgreiche Integration verantwortlich? Und wer wäre dies im Falle der Einführung eines neuen Mitarbeiters (siehe ◘ Abb. 5.8)? Er selbst (der Neue)? Das Team (die Klasse)? Der Chef bzw. HR (der Lehrer bzw. die Schule)?

Die strategisch undifferenzierte Antwort auf die obige Frage könnte lauten: „Alle sind verantwortlich, irgendwie". Eher akzentuiert wäre der Verweis auf nur eine dieser drei Rollen, etwa die explizite Erwartung, es sei allein die Aufgabe des Neuen sich aktiv zu integrieren. Wenn dies nicht gelingt, hat er versagt. Ganz anders würden sich die Konstellation darstellen, würde man allein auf das integrierende Team verweisen und auf die Notwendigkeit einer Art Willkommenskultur gepaart mit sichtbaren Maßnahmen, die vom Team auszugehen haben.

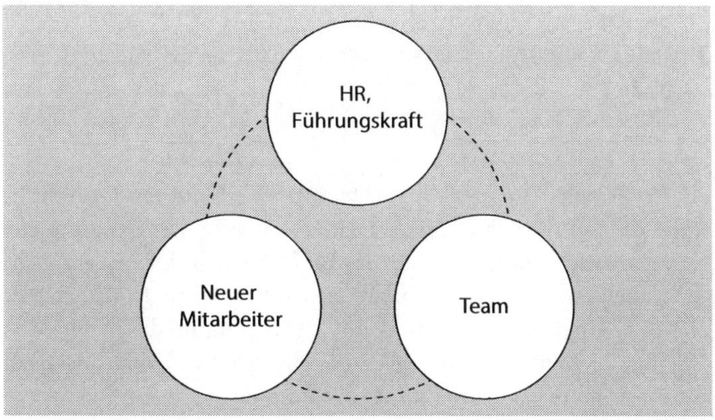

◘ **Abb. 5.8** Wer ist für die Integration eines neuen Mitarbeiters verantwortlich?

5

Was in solch einem Prozess passiert oder passieren kann, ist aus sozialpsychologischer, gruppendynamischer Sicht recht komplex. Jede Rolle birgt eigene Perspektiven, verbunden mit eigenen Fähigkeiten, Befürchtungen und einer Dynamik wechselseitiger Zuschreibungen von Merkmalen und Verhaltenserwartungen. Insofern erscheint es eher schwer, aus psychologischen Gesichtspunkten heraus eine allgemeine, sinnvolle Strategie abzuleiten. Aus personalstrategischer Sicht wäre es allerdings hilfreich, zumindest eine Tendenz explizit zu formulieren. Wie sähe diese in einem eher hierarchisch geführten Unternehmen aus? Was wäre die Tendenz innerhalb einer eher agilen Organisation? Entsprechend dieser Gegensätze können zwei Ausrichtungen unterschieden werden. Wir können davon ausgehen, dass in einem hierarchischen Unternehmen folgende Prämisse nahe liegt:

> Die Verantwortung für die Einführung neuer Mitarbeiter liegt bei der Führungskraft und bei HR. Sie kümmern sich um entsprechende Aktivitäten, Programme, Prozesse etc. (**4-1**)

Unternehmen, die so denken, landen früher oder später bei standardisierten Einführungsprogrammen oder bei Trainings, Leitfäden und Checklisten für einstellende Führungskräfte. Diese Ausrichtung wäre in gewisser Weise für die HR-Spielart der zentralen Planung und Steuerung prototypisch. Demgegenüber würde eine mitarbeiterzentrierte Befähigung zu anderen Schlussfolgerungen gelangen. Hier stünde eher folgendes Prinzip im Vordergrund:

> Neue Mitarbeiter und aufnehmende Teams tragen eine gemeinsame Verantwortung für die Integration neuer Kollegen. Dafür bekommen sie von zentraler Seite aus Unterstützung. (**4-2**)

Dieses Prinzip folgt dem in ► Abschn. 4.5 erläuterten Grundidee agiler Organisationen, wonach immer jene Akteure für eine Sache verantwortlich sein sollten, die am Ende die Konsequenzen zu tragen haben. Im Falle des Onboarding ist dies der neue Mitarbeiter und das aufnehmende Team. Wenn die Integration des neuen Mitarbeiters nicht glückt, sind sie es, die ein Problem haben. Insofern könnte es nahe liegen, bei ihnen die Verantwortung zu sehen.

Vereinbarkeit und Umsetzung

Betrachtet man sich die zu diesem Thema behandelnden strategischen Dimensionen zusammenfassend (siehe ◘ Tab. 5.6), dann wird deutlich, dass sich diese nicht notwendigerweise widersprechen. Anstatt eines Entweder-oder ist hier ebenso ein Sowohl-als-

Tab. 5.6 Alle strategischen Dimensionen zu Onboarding im Überblick

Fristigkeit	1-1 Kurzfristig Wir betrachten Onboarding eher als eine Art Check-In, der dann beginnt, wenn der Mitarbeiter wirklich angekommen ist	1-2 Langfristig Wir betrachten Onboarding als einen zeitlich umfassenden, sozialen und fachlichen Prozess, der lange vor dem ersten Arbeitstag beginnt
Inhaltlicher Fokus	2-2 Fachliches Neuen Mitarbeitern vermitteln wir vor allem die grundlegenden, technischen, methodischen und fachlichen Dinge. Der Rest ergibt sich aus der Zusammenarbeit	2-2 Zwischenmenschliches Wir betrachten Onboarding in erster Linie als einen sozialen Prozess. Daher vermitteln wir zu Beginn vor allem Aspekte des zwischenmenschlichen Umgangs
Modus der Einarbeitung	3-1 Babysitting Wir nehmen neue Mitarbeiter die ersten Tagen und Wochen gezielt an der Hand. Das hilft ihnen, ihre Unsicherheit zu reduzieren	3-2 Kalte Wasser Damit unsere neuen Mitarbeiterinnen und Mitarbeiter zügig lernen, ermutigen wir sie, ins kalte Wasser zu springen bzw. werfen sie hinein. Dabei stehen wir ihnen zur Seite
Verantwortung	4-1 Übergeordnete Instanz Die Verantwortung für die Einführung neuer Mitarbeiter liegt bei der Führungskraft und bei HR. Sie kümmern sich um entsprechende Aktivitäten, Programme, Prozesse etc.	4-2 Neue Mitarbeiter und Team Neue Mitarbeiter und aufnehmende Teams tragen eine gemeinsame Verantwortung für die Integration neuer Kollegen. Dafür bekommen sie von zentraler Seite aus Unterstützung

auch denkbar. Hier stellt sich lediglich die Frage, wie viel von welcher Option zur Geltung kommen soll. Auch scheint gerade dieses Thema im Hinblick auf seine Umsetzung vergleichsweise einfach. Die Grundvergütung lässt sich nur schwer verändern. Dasselbe gilt für Themen wie Zielvereinbarung oder Talentidentifikation. Will ein Unternehmen aber das Thema Onboarding in Angriff nehmen, um es institutionell zu wandeln erscheint der zeitliche aber auch der politische Aufwand vergleichsweise gering.

Literatur

Berberich M, Trost A (2012) Employee referral programs (Books On Demand)
Bröckermann R (2007) Personalwirtschaft. Schäffer-Poeschel, Stuttgart
Cappelli P (2012) Why good people can't get jobs. Wharton
Dion D, Arnould E (2016) Persona-fied brands: managing branded persons through persona. J Mark Manag 32(1–2):121–148
Kocka J (1969) Unternehmensverwaltung und Angestelltenschaft am Beispiel Siemens 1847–1914: Zum Verhältnis von Kapitalismus und Bürokratie in der deutschen Industrialisierung. Klett, Stuttgart
Meehl PE (2013) Clinical versus statistical prediction. A theoretical analysis and a review of evidence. Echo Point Books & Media, Brattleboro (VT)
Michaels E, Handfield-Jones H, Axelrod B (2001) The war for talent. Harvard Business School Press, Boston
Morgan G (1997) Images of organization. SAGE, London

Schelenz B, Gerrits O (2018) Candidate Profiling. Wie Sie Bewerber identifizieren und erreichen. Berichte aus dem wirklichen Leben. Publicis, Düsseldorf

Schmidt-Atzert L, Amelang M (2006) Psychologische Diagnostik. Springer, Heidelberg

Scholz C (2014) Grundzüge des Personalmanagements. Vahlen, München

Sutton R (2007) The no asshole rule: building a civilised workplace and surviving one that Isn't. Sphere, London

Trost A (2012) Talent Relationship Management. Personalgewinnung in Zeiten des Fachkräftemangels. Springer, Heidelberg

Trost A (2013) Employer Branding. In: Trost A (Hrsg) Employer Branding. Arbeitgeber positionieren und präsentieren. Wolters Kluwer, Köln, S 13–75

Trost A, Frickenschmidt S, Keim T (2009) Einführung von e-Recruiting-Systemen. Normstrategien zur konsequenten Implementierung. Personalführung 1:56–68

5

Ziele, Beurteilung und Feedback

A. Trost, *Neue Personalstrategien zwischen Stabilität und Agilität*,
https://doi.org/10.1007/978-3-662-57407-2_6

Man mag meinen, *Performance Management* gehöre zu den Selbstverständlichkeiten eines jeden halbwegs professionell geführten Unternehmens. Einmal im Jahr werden mit allen Mitarbeiterinnen und Mitarbeiter individuelle Leistungs- und Entwicklungsziele vereinbart. Neben diesem zukunftsgewandten Blick wird rückblickend die Leistung der vergangenen Monate beurteilt. Im selben Atemzug erfährt der Mitarbeiter ein strukturiertes Feedback durch seine direkte Führungskraft. All dies findet im Rahmen des so genannten *jährliche Mitarbeitergesprächs* statt. Nun geriet kaum ein Konzept in den vergangenen Jahren und im Zuge der Digitalisierung und Agilisierung so sehr in die Kritik wie dieser Klassiker. Bereits 2015 stellte ich in meinem Buch „Unter den Erwartungen" die These auf, dass klassisches Performance Management und das damit einhergehende jährliche Mitarbeitergespräch in strikt hierarchischen Welten zwar funktionieren könnte, es in einem agilen Kontext aber gänzlich versagt (vgl. Trost 2015). In Anbetracht dieser Erkenntnis stellt sich für immer mehr Unternehmen die Frage: Was nun?

6.1 Zielvereinbarung und Leistungserwartungen

Zielvereinbarung gehört weltweit sicherlich zu den am meisten verbreiteten Personal-, Führungs- oder Managementinstrumenten. Die Idee dahinter ist denkbar einfach. In regelmäßigen Abständen werden mit Mitarbeitern Leistungserwartungen besprochen und festgelegt. Meist findet dies im Rahmen jährlicher Mitarbeitergespräche statt (vgl. Winkler und Hofbauer 2010). Dabei wird mittels Zielvereinbarungen eine ganze Reihe an Nutzenerwartungen adressiert. So versprechen sich manche Unternehmen mit der Vereinbarung von Zielen eine motivierende Wirkung auf die Mitarbeiter. Darüber hinaus wird durch Ziele versucht, die Leistung individueller Mitarbeiter und ganzer Teams in synchronisierender Weise auf übergeordnete Ziele auszurichten. Schließlich geht man davon aus, dass eine Reflexion oder gar eine Bewertung von Leistung vor allem dann möglich ist, wenn im Vorfeld Leistungserwartungen bestimmt wurden.

Bei Zielvereinbarungen gibt es einen klassischen Ansatz, der im Folgenden beschrieben wird. Wie im weiteren Verlauf deutlich wird, basiert seine strategische Ausrichtung auf einem traditionellen, hierarchischen Führungs- und Organisationsverständnis. Nur mit diesem Verständnis ist Zielvereinbarung in seiner weit verbreiteten Form hinreichend kompatibel (siehe auch Trost 2015).

Die klassische, strategische Ausrichtung

Traditionelle, hierarchisch geführte Unternehmen denken arbeitsteilig. Aufgaben werden so gestaltet, dass sich jeder Mitarbeiter individuell seinen besonderen Zuständigkeiten zuwendet. Dabei wird grundsätzlich eine hohe Prozess- und Ergebnissicherheit angestrebt. Man weiß, was wie zu erreichen ist. Hierauf wurde im Zusammenhang mit dem Aufgabenumfeld in ► Abschn. 4.3 umfassend eingegangen. Weil von einer eher statischen Entwicklung ausgegangen wird, scheint es als ausreichend, langzyklisch, einmal im Jahr einen Blick auf die Ziele zu werfen. Wie in ► Abschn. 4.5 ausgeführt, fühlen sich die Mitarbeiter in hierarchischen Arbeitswelten primär ihren Führungskräften gegenüber verpflichtet, weswegen die Vereinbarung von Leistungserwartungen mit der direkten Führungskraft erfolgt. Die Führungskraft wiederum agiert als das, was in diesem Buch bereits als „Boss" gekennzeichnet wurde. Ziele werden nicht irgendwie vereinbart. Vielmehr gibt es hierfür unternehmensweit geltende Regeln, die festlegen, wann, wer, wie Ziele zu vereinbaren hat. Es gibt Formulare und vor allem die weithin bekannte *SMART-Regel*. Demnach müssen Ziele so formuliert werden, dass sie *s*pezifisch, *m*essbar, *a*ttraktiv, *r*ealistisch und zeitlich determiniert (*t*ime-bound) sind. Die Ergebnisse landen am Ende nicht selten bei der Personalabteilung bzw. im Personalinformationssystem. Gießt man all die soeben genannten Punkte in strategische Aussagen, lässt sich der klassische Ansatz überblicksartig wie folgt ausdrücken:

Ziele werden mit jedem Einzelnen individuell vereinbart. Damit wird eine individuelle Verbindlichkeit und klare Verantwortlichkeit sichergestellt. **(1-1)**

Die Vereinbarung von Zielen erfolgt immer mit der nächsthöheren Führungskraft. Sie hat den Überblick und trägt die übergeordnete Verantwortung. **(2-1)**

Ziele werden regelmäßig (jährlich) vereinbart. Dadurch erreicht man eine Synchronisation mit anderen, internen Prozessen, die ebenfalls einem regelmäßigen Zyklus folgen. **(3-1)**

Ziele werden „von oben" vorgegeben. So stellen wir sicher, dass in der Summe das erreicht wird, was für das Unternehmen wichtig ist. **(4-1)**

Es wird erwartet, dass mit allen Mitarbeiterinnen und Mitarbeitern Ziele vereinbart werden. Hierfür gibt es klare, formale und verbindliche Regelungen. **(5-1)**

Individuelle Ziele werden vertraulich behandelt. Sie sind eine Angelegenheit zwischen dem Mitarbeiter und seinem direkten Vorgesetzten. **(6-1)**

So, oder so ähnlich klingen dann auch die Inhalte entsprechender Betriebsvereinbarungen zum Thema Zielvereinbarung (Hinrichs 2009). Im weiteren Verlauf dieses Abschnitts erfolgt ein entsprechender Gegenentwurf für Unternehmen mit eher agilem Führungs- und Organisationsverständnis. Zuvor soll zunächst auf mögliche Grenzen dieses Ansatzes eingegangen werden.

Das Problem mit „smarten" Zielen

Unabhängig davon, ob ein Unternehmen hierarchisch, traditionell oder agil geführt wird ergeben sich bei der Zielvereinbarung grundsätzliche Probleme. Vor allem Unternehmen mit hierarchischem Hintergrund berichten regelmäßig davon. Schaut man sich die Ziele genauer an, die in zahlreichen Unternehmensbereichen vereinbart werden, stellt man unmittelbar fest, dass die meisten davon mit der SMART-Regel sehr wenig zu tun haben. Produktionsmitarbeiter vereinbaren „Sauberkeit", Busfahrer vereinbaren „Pünktlichkeit", Verkäufer vereinbaren „Freundlichkeit". Dabei unterscheiden sich die „Ziele" zwischen verschiedenen Mitarbeiterinnen und Mitarbeiter ein und desselben Bereichs kaum.

Tatsächlich ist es bei Aufgaben mit hoher Ergebnis und Prozesssicherheit sehr schwer, jedes Jahr aufs Neue mit jedem einzelnen Mitarbeiter smarte Ziele zu vereinbaren. In einem derartigen Aufgabenumfeld kann die Vereinbarung von Zielen gar keinen Sinn ergeben. Schließlich erwartet man von einer ganzen Gruppe von Mitarbeitern nichts weiter als die dauerhafte Einhaltung gemeinsamer und stabiler *Leistungsstandards*. Alle Busfahrer sollten pünktlich sein. Alle Verkäuferinnen und Verkäufer sollten freundlich sein. Alle Lehrerinnen und Lehrer sollten ihren Lehrstoff anschaulich vermitteln. Alle Mitarbeiterinnen und Mitarbeiter im Housekeeping eines Hotels sollten perfekte Zimmer hinterlassen. Diese Standards galten schon immer und werden weiterhin gelten. Sollte es hier Änderungen geben, wird man dies gemeinsam mit allen Betroffenen dann besprechen, wenn die neuen Standards in Kraft treten sollen. Was bringt es also, ein Mal im Jahr mit jedem einzelnen Busfahrer, Verkäufer usw. darüber zu sprechen, was die Ziele sind? Aus Sicht vieler Führungskräfte und Mitarbeiter ergibt das jedenfalls keinen Sinn.

Ähnlich problematisch ist der Anspruch smarter Zielvereinbarung bei Aufgaben mit geringer Prozess-, Ergebnissicherheit und hohem Umfang (Projekte). Aufgaben dieser Art sind so definiert, dass Ergebnisse von Anfang an nicht klar sind und auch nicht klar sein können, was die Formulierung smarter Ziele schlichtweg unmöglich macht. Dies ist unter anderem der Grund, warum Wissenschaftler zum Beispiel einer „smarten" Zielvereinbarung tendenziell aus dem Weg gehen wird. Trotzdem verfolgt man selbstverständlich auch bei solchen, mit Unsicherheit behafteten Aufgaben eine Richtung. Allerdings lässt sich diese Richtung eher in Form gemeinsamer *Prioritäten* beschreiben. Wo liegen die Schwerpunkte? Was ist die Vision? Worauf kommt es bei dem, was erreicht werden soll am meisten an? Was sind Schlüsselergebnisse (Key Results), die wir auf jeden Fall sicherstellen wollen. Im Folgenden soll daher weniger von einer Zielvereinbarung gesprochen werden, sondern vielmehr von einer *Definition von Leistungserwartungen*, unabhängig davon, ob diese Definition mit der direkten Führungskraft, mit den internen oder externen Kunden, mit den Kolleginnen und Kollegen oder mit sich selbst erfolgt.

Unter bestimmten Voraussetzungen funktioniert die Vereinbarung „smarter" Ziele nur bei mittlerer Ergebnis- und Prozesssicherheit und bei mittlerem Umfang. Dies hat zunächst mit Agilität oder Hierarchie nichts zu tun sondern stellt ein allgemeiner Kontextfaktor dar. Betrachtet man aber agil geführte Unternehmen genauer, wird man unweigerlich zum Schluss kommen, dass die Definition von Leistungserwartungen in diesem Kontext anders funktionieren muss, als wie in traditionell, hierarchischen Umwelten.

Toxische Wirkung individueller Ziele in vernetzten Arbeitswelten

In einer arbeitsteiligen Arbeitswelt sind individuelle Ziele grundsätzlich denkbar. In einer vernetzten Arbeitswelt mit einem hohen Grad an Aufgabendynamik (vgl. ▶ Abschn. 4.5) können individuelle Ziele hingegen toxisch sein. Die Gründe hierfür liegen auf der Hand. In vernetzten Arbeitswelten geht man davon aus, dass der Einzelne niemals erfolgreich sein kann sondern immer nur das Gesamtsystem. Dies liegt an der wechselseitigen Abhängigkeit der Aufgaben, weswegen die Mitarbeiter voneinander abhängig sind.

Leistung wird bei uns nur durch ganze Teams erzielt. Deshalb werden Leistungserwartungen auch nur mit Teams insgesamt definiert. **(1-2)**

Kein Expeditionsteam, das einen Achttausender besteigt, würde niemals auf die Idee kommen, individuelle Ziele zu definieren. Würde sich etwa ein einzelner Bergsteiger am persönlichen Ziel orientieren, möglichst schnell den Gipfel zu erklimmen, könnte dies den Erfolg des gesamten Teams und am Ende seinen eigene Sicherheit gefährden. Insofern sind in agil geführten Unternehmen mit dynamischem Aufgabenkontext ausschließlich Teamziele aber niemals individuelle Ziele vorstellbar.

Was tun Sie für wen warum?

Jeder Mitarbeiter, jedes Team sollte in der Lage sein, folgende Frage beantworten zu können: Was tun Sie für wen warum? Hierbei geht es ausdrücklich nicht um die Frage, was man *ist* – Vertriebsmitarbeiter, Buchhalter, Marketingspezialist, sondern wer von der eigenen Arbeit wie profitiert. Arbeit bedeutet grundsätzlich, dass man für jemand Anderen einen Mehrwert generiert. Wer ist dieser *Andere*? Wer ist der Kunde der eigenen Arbeit? Nur in den seltensten Fällen kann die Antwort „mein Chef" lauten. Dies ist nur dann der Fall, wenn man beispielsweise Assistent für

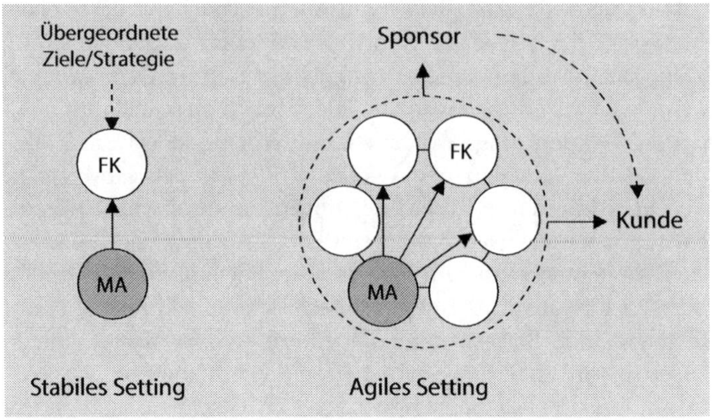

Abb. 6.1 Verpflichtung eines Mitarbeiters in einem stabilen, hierarchischen Setting und in einem agilen Setting. (*MA* Mitarbeiter, *FK* Führungskraft; Trost 2015, S. 159; © Wiley-VCH Verlag GmbH & Co. KGaA. Reproduced with permission)

eine Führungskraft ist. Ansonsten muss es interne oder externe Instanzen geben, die Empfänger der eigenen Arbeitsleistung sind.

Wenn dem so ist, dann stellt sich die Frage, warum gerade in hierarchisch geführten Unternehmen Mitarbeiter Ziele mit ihrem direkten Vorgesetzten vereinbaren. Wäre es nicht naheliegender, sich dem eigenen Kunden gegenüber zu verpflichten und mit dieser Instanz Vereinbarungen zu treffen?

> Teams sehen sich in erster Linie ihren (internen und externen) Kunden verpflichtet. Mit ihnen erfolgt deshalb auch die Definition von Leistungserwartungen. (**2-2**)

Wie bereits in ► Abschn. 4.5 ausführlich dargelegt wurde, ist die Verpflichtung gegenüber dem Kunden ein zentrales Merkmal agiler Organisationen. Die hierarchisch soziale Führungskraft wird dieser Gedanke tendenziell verstören. Sie neigt zu fragen, wofür sie denn dann noch gut sei. Die Antwort ist einfach. Sie ist dazu da, dass genau das passiert. Etwa aus der Rolle eines Coach heraus fordert sie Antworten von Seiten der Mitarbeiter auf Fragen wie: „Für wen machen wir das?". „Was denkt der Kunde über diesen Vorschlag?". „Was erwarten unsere Kunden konkret?".

Auf der linken Seite (A) in ◘ Abb. 6.1 ist diese Logik grafisch dargestellt. Der durchgezogene Pfeil zeigt die Verpflichtung des Mitarbeiters gegenüber seiner Führungskraft an.

Auf den ersten Blick stellt sich die Verpflichtung eines einzelnen Mitarbeiters in einem agilen Setting als komplexer dar, wie die rechte Seite in ◘ Abb. 6.1 vermuten lässt. Mitarbeiterinnen und Mitarbeiter in einer agilen Welt sind nicht nur ihrer Führungskraft gegenüber verpflichtet, sondern auch ihren Teamkollegen. Die individuelle und die gemeinsame Leistung kann man in diesem Setting meist nur schwer voneinander trennen. Dabei ist die Führungskraft in der Rolle eines Coaches oder Partner immer auch Teil des gesamten Teams. Es besteht insofern eine *gemeinsame* Verpflichtung. Das Team ist insgesamt nicht einer übergeordneten Führungskraft verpflichtet sondern einerseits dem Kunden und andererseits einem internen Sponsor – wenn es letzteren gibt. Wie in der obigen Abbildung angedeutet, wird hier unterstellt, dass der interne Sponsor sich indirekt auch dem Kunden gegenüber verpflichtet sieht.

Vereinbarung wörtlich genommen

Im Zusammenhang mit Zielvereinbarungen wird immer wieder darauf hingewiesen, Ziele seien für diejenigen, die Ziele haben motivierend. Tatsächlich geht diese Hypothese auf umfangreiche Forschungsergebnisse der Psychologen Locke und Latham (1984) zurück. In der von ihnen postulierten *Goal-Setting-Theory* begründen sie die Annahme, dass bei gleichen Rahmenbedingungen jene Menschen eine höhere Leistung erbringen, die sich zuvor ein entsprechendes Ziel gesetzt haben. Der Vollständigkeit halber sollte aber ergänzend erwähnt werden, dass dieser Effekt nur dann eintritt, wenn sich derjenige, der das Ziel hat gegenüber seinem Ziel umfänglich verpflichtet fühlt. Locke und Latham sprechen hierbei vom so genannten Ziel-Commitment, das vor allem dann erreicht wird, wenn Ziele nicht vorgegeben sondern Leistungserwartungen wirklich vereinbart werden.

> Leistungserwartungen werden partnerschaftlich vereinbart. Nur so stellt man sicher, dass die Betroffenen die Erwartungen erfüllen wollen und können. **(4-2)**

Werden Ziele zwischen einer Führungskraft und einem Mitarbeiter vereinbart, setzt dies einen partnerschaftlichen Umgang voraus. Jede Form von Über- und Unterordnung, wie sie beispielsweise dann gegeben ist, wenn die Führungskraft als Boss agiert, kann die motivierende Wirkung von Zielen zunichtemachen, weil eine echte Form von Vereinbarung (auf Augenhöhe) nicht mit dem hierarchischen System kompatibel ist.

Eigenverantwortung und Offenheit

Die traditionelle Vorstellung von Zielvereinbarung geht davon aus, dass vereinbarte Ziele eine Angelegenheit zwischen einem Mitarbeiter und seiner Führungskraft sind. Die Verantwortung aber dafür, dass überhaupt Ziele vereinbart werden liegt meist bei der Führungskraft. Schließlich ist sie es, die das jährliche Mitarbeitergespräch maßgeblich führt und hierfür trainiert wird. Zielvereinbarung wird als (reine) Führungsaufgabe gesehen. Die dokumentierten Ergebnisse gehören am Ende der Führungskraft oder dem Unternehmen insgesamt. Diese Sichtweise ist nahe liegend, geht man davon aus, dass Ziele zur Steuerung einer gesamten Organisation erforderlich sind.

In einem agilen Kontext sieht man die Dinge etwas anders. Egal, ob man smarte Ziele, Prioritäten, Leistungsstandards oder Key Results vereinbart, sie werden von den betroffenen Mitarbeitern und Teams benötigt, weil sie ihnen Orientierung bieten und die nötigen Verbindlichkeiten schaffen – zwischen Teammitgliedern, Kollegen, internen Kunden und Lieferanten, vernetzten Projektgruppen etc. Wenn aber Teams, Mitarbeiter, Projektgruppen selbst die hauptsächlichen Nutznießer einer irgendwie gestalteten Vereinbarung von Zielen, Erwartungen, Prioritäten etc. sind, dann liegt es nahe bzw. ist es konsequent, ihnen selbst die Verantwortung hierfür zu überlassen. Dann entscheiden die Partner selbst, wann sie eine solche Vereinbarung von Leistungserwartungen für sinnvoll erachten und diese durchführen. In einer agilen, von Eigenverantwortung und Vernetzung geprägten Arbeitswelt ergibt es schlichtweg keinen Sinn, Vereinbarungen von Leistungserwartungen an die Rotation der Sonne um die Erde zu koppeln, wie es bereits der geistige Vater des *Management by Objectives*, George Odiorne (1965) auf den Punkt brachte.

Leistungserwartungen können immer dann definiert werden, wenn es für die jeweiligen Partner als sinnvoll erscheint. **(3-2)**

Nimmt man den Gedanken der Eigenverantwortlichkeit ernst, dann stellt sich grundsätzlich die Frage, ob man die Vereinbarung von Zielen zur Pflicht erheben soll oder darf. Spätestens an diesem Punkt kommen hierarchisch sozialisierte Führungskräften und Personalern ernsthafte Zweifel auf. Wo kommt man hin wenn man nichts mehr muss und nur noch alles darf? Ist das nicht naiv und realitätsfern? So oder so ähnlich mag man denken. Tatsächlich erscheint es aus agiler Perspektive als naiv und realitätsfern an den Nutzen einer Maßnahme zu glauben, wenn deren Akteure den Nutzen nicht erkennen. Vielmehr geht man von der – nicht ganz realitätsfernen – Annahme aus, dass Dinge nur dann mit der nötigen Verlässlichkeit und Verbindlichkeit getan werden, wenn gerade die relevanten Akteure verstehen, warum sie etwas tun und was es ihnen bringt.

Leistungserwartungen können definiert werden, man muss aber nicht. Dies liegt in der Verantwortung der Mitarbeiter und

Teams. Hierfür gibt es auch keine verbindlichen Regeln oder Formate. (**5-2**)

Will man Mitarbeiter und Teams befähigen anstatt sie zu bevormunden, wird man ihnen Hilfestellungen geben – Leitfäden, Checklisten, Templates, Webinare, (Peer) Coaching, eine App, Workshop-Formate und dazugehörige Hilfsmittel. Verpflichtende, standardisierte Formulare und vorkonfigurierte Felder in etwaigen HR-Systemen liegen agil denkenden Organisationen hingegen fern. Man verzichtet auf Regeln und Standards so weit wie möglich und etabliert sie bestenfalls dann, wenn sie von den Akteuren als gemeinsame Grundlage aktiv eingefordert und erwünscht werden.

Zieltransparenz versus Schublade

In hierarchisch geführten, arbeitsteiligen Unternehmen werden individuelle Ziele meist vertraulich behandelt. Wie bereits oben angedeutet, werden sie als Angelegenheit zwischen dem Mitarbeiter und seiner Führungskraft betrachtet. Die praktische Wahrscheinlichkeit ist hoch, dass sie für ein Jahr in der viel zitierten Schublade oder in einem entsprechenden System landen. In vernetzten Arbeitswelten hingegen, wo es auf laterale Zusammenarbeit und Abstimmung über Team- und Abteilungsgrenzen hinaus ankommt, liegt dieser Gedanke eher fern.

Leistungserwartungen werden intern kommuniziert. Diese Form von Transparenz stärkt die Verbindlichkeit und erleichtert laterale Kommunikation und Zusammenarbeit. (**6-2**)

Ich habe Unternehmen kennengelernt, die sehr erfolgreich dazu übergegangen sind, vereinbarte Leistungserwartungen im Intranet oder in einem internen Wiki zu veröffentlichen. Öffentlichkeit erzeugt Verpflichtung und Transparenz. Warum soll man aus Leistungserwartungen ein Geheimnis machen? Auch für hierarchische, arbeitsteilige Unternehmen ist diese Idee eigentlich nicht ganz fremd. Schließlich gibt es auch dort von je her Stellenbeschreibungen aus denen für Jedermann im Unternehmen ersichtlich ist, wer für welche Aufgaben verantwortlich ist.

Zielvereinbarung in agilen Arbeitswelten

Im Folgenden soll anhand eines einfachen, praktischen Szenario dargestellt werden, wie eine Definition von Leistungserwartungen im Sinne eines agileren Gegenentwurfs stattfinden kann, unabhängig von der Branche oder Größe eines Unternehmens.

Die Mitarbeiter eines Teams, oder Mitarbeiter mit vergleichbaren Rollen im Unternehmen setzen sich zusammen und suchen zunächst eigenständig eine Antwort auf die Frage „Was bedeutet für uns gute Arbeit?". Sie tun dies aus der Perspektive ihrer Kunden, weswegen sie dieser Übung die Frage voranstellen: „Wer sind unsere Kunden? Für wen tun wir das, was wir tun?". Für die Beantwortung dieser Fragen bedarf es im ersten Schritt weder die Anwesenheit einer Führungskraft noch bedarf es irgendeines Formulars. Ein leeres Flipchart-Papier genügt. Wenn es als erforderlich erachtet wird, könnte die Begleitung durch einen Moderator nützlich sein. Die Mitarbeiterinnen und Mitarbeiter führen diese Übung durch, weil sie diese Übung entweder aus eigenen Stücken als wichtig erachten oder weil sie von einer Führungskraft eingefordert wurde. Wann und wie häufig sie durchgeführt wird, bestimmt das Team im wesentlichen selbst. Auch die Ergebnisse dieser Diskussion gehören dem Team. Sie entscheiden, was damit passiert. Manche Teams bewahren die Dokumentation in einer virtuellen Schublade auf. Manche kommunizieren diese im unternehmenseigenen Intranet. Manche wiederum drucken die Ergebnisse in Form von Poster aus und heften diese sichtbar für Alle an ihre Bürowände. Ob es sich bei den hier erarbeiteten Leistungserwartungen um „smarte" Ziele handelt ist vollkommen unerheblich. Meistens ergeben sich daraus gemeinsame Leistungsstandards, Qualitätskriterien, Maßstäbe für gute Arbeit, Erfolgsindikatoren, wie auch immer. Die Form ist unerheblich. Die Mitarbeiter formulieren die Dinge so, wie es für sie am meisten Sinn ergibt ohne sich an einem festgelegten Format abzuarbeiten oder von ihm gar ablenken zu lassen.

Bis zu diesem Punkt findet zwar eine Erarbeitung von Leistungsstandards statt. Eine umfängliche, verbindliche Vereinbarung liegt dann aber noch nicht vor. Dafür benötigt es eine weitere Instanz. Bestenfalls hat man eine Vereinbarung untereinander getroffen. In einer fortschrittlichen, besonders konsequenten Ausbaustufe präsentieren die Mitarbeiter ihre Ergebnisse gegenüber ihren Kunden: „Ist es das, was Ihr von uns erwartet?". Anschließend werden entsprechende Änderungen vorgenommen. Selbstverständlich wäre es auch denkbar, Kunden so frühzeitig wie möglich in den Prozess aktiv einzubinden.

Nun fragt man sich, wo in diesem Szenario die Führungskraft bleibt. Hierarchisch denkende Leser quälte diese Frage vermutlich während der kompletten Lektüre dieses Szenarios während ihre agil denkenden Kollegen an diese Frage nicht einmal denken. In Organisationen mit einem agileren Führungsverständnis agieren Führungskräfte als Coach, Partner oder als Befähiger (siehe ► Abschn. 4.4). Als Coach halten sie sich bei der Entwicklung von Leistungsstandards zunächst zurück und lassen die Mitarbeiter machen. Anschließend hören sie sich die Ergebnisse an, fordern mehr Klarheit oder höhere Standards, hinterfragen oder relativieren. Aus einer hierarchischen Denkweise heraus wird man annehmen, Mitarbeiter würden ihre Leistungsstandards tendenziell gering ansetzen. Erfahrungsgemäß ist aber genau das Gegenteil der Fall und die Führungskraft muss in Richtung geringerer Standards intervenieren. Dieser Effekt ist freilich nur dann zu beobachten, wenn die Vergütungssysteme entsprechend ausgerichtet sind. Hierauf wird in ▶ Abschn. 9.3 detaillierter Bezug genommen. Führungskräfte, die als Partner agieren bringen sich von Anfang an gleichwertig mit ein. Sie betrachten die Leistungsstandards als gemeinsame Standards, an denen sie sich selbst ebenfalls orientieren. Sie vermeiden es dabei, am Tischende zu sitzen und bei allem das letzte Wort zu haben während sich die Mitarbeiterinnen und Mitarbeiter auf die gemeinsame Sache konzentrieren, anstatt auf das zu hören, was der „Chef" will. Befähiger gehen darüber hinaus der Frage nach, was die Mitarbeiter benötigen, um ihren Leistungsansprüchen gerecht zu werden. Dies tun sie mit den Mitarbeitern gemeinsam.

Tab. 6.1 Alle strategischen Dimensionen zu Zielvereinbarung und Leistungserwartungen im Überblick

Organisationale Granularität	1-1 Individuelle Mitarbeiter Ziele werden mit jedem Einzelnen individuell vereinbart. Damit wird eine individuelle Verbindlichkeit und klare Verantwortlichkeit sichergestellt	1-2 Teams Leistung wird bei uns nur durch ganze Teams erzielt. Deshalb werden Leistungserwartungen auch nur mit Teams insgesamt definiert
Partner der Vereinbarung	2-1 Nächsthöhere Führungskraft Die Vereinbarung von Zielen erfolgt immer mit der nächsthöheren Führungskraft. Sie hat den Überblick und trägt die übergeordnete Verantwortung	2-2 Interne und externe Kunden Teams sehen sich in erster Linie ihren (internen und externen) Kunden verpflichtet. Mit ihnen erfolgt deshalb auch die Definition von Leistungserwartungen
Zeitpunkt	3-1 Regelmäßiger Zyklus Ziele werden regelmäßig vereinbart. Dadurch erreicht man eine Synchronisation mit anderen, internen Prozessen, die ebenfalls einem regelmäßigen Zyklus folgen	3-2 Bedarfsorientiert Leistungserwartungen können immer dann definiert werden, wenn es für die jeweiligen Partner als sinnvoll erscheint
Macht- und Kräfteverhältnis	4-1 Über- und Unterordnung Ziele werden „von oben" vorgegeben. So stellen wir sicher, dass in der Summe das erreicht wird, was für das Unternehmen wichtig ist	4-2 Augenhöhe Leistungserwartungen werden partnerschaftlich vereinbart. Nur so stellt man sicher, dass die Betroffenen die Erwartungen erfüllen wollen und können
Regelung	5-1 Verpflichtung und Standards Es wird erwartet, dass mit allen Mitarbeiterinnen und Mitarbeitern Ziele vereinbart werden. Hierfür gibt es klare, formale und verbindliche Regelungen	5-2 Freiwilligkeit ohne Standards Leistungserwartungen können definiert werden, man muss aber nicht. Dies liegt in der Verantwortung der Mitarbeiter und Teams. Hierfür gibt es auch keine verbindlichen Regeln oder Formate
Kommunikation	6-1 Vertraulichkeit Individuelle Ziele werden vertraulich behandelt. Sie sind eine Angelegenheit zwischen dem Mitarbeiter und seinem direkten Vorgesetzten	6-2 Transparenz Leistungserwartungen werden intern kommuniziert. Diese Form von Transparenz stärkt die Verbindlichkeit und erleichtert laterale Kommunikation und Zusammenarbeit

Dieses, soeben beschriebene Szenario sollte keine ideale, agile Herangehensweise darstellen, sondern soll lediglich verdeutlichen, dass es zur klassischen, eingangs beschriebenen Variante eine agilere, einfache und praktikable Alternative gibt. Gerade beim Thema Zielvereinbarung und Leistungserwartungen und den damit einhergehenden strategischen Dimensionen (siehe ◻ Tab. 6.1) wird der Unterschied zwischen Hierarchie und Stabilität einerseits und Agilität und Vernetzung andererseits besonders deutlich. Müsste man anhand einer einzigen Frage feststellen, auf welcher Seite ein Unternehmen steht, dann würde allein die Frage „Woher wissen die Mitarbeiterinnen und Mitarbeiter was sie bei ihrer Arbeit erreichen sollen?" sehr viel verdeutlichen.

6.2 Feedback

Um in einer Sache wirklich gut zu werden benötigen Menschen eine Rückmeldung über das was sie tun bzw. erreichen. Dies gilt vermutlich für alle Fähigkeiten, die sich Menschen im Laufe der Zeit aneignen, sei es im Beruf, im Sport, in der Kunst oder wo auch immer. Wenn wir Kinder gut erziehen, geben wir ihnen eine Rückmeldung. Die meisten Kinder fordern dies auch ein. Wenn in Unternehmen junge Menschen ausgebildet werden, erhalten sie von ihren Meistern und Kollegen möglichst häufig Rückmeldungen. Gute Lehrer geben Feedback. Gute Schüler holen sich Feedback. Über die Sinnhaftigkeit von Rückmeldung oder Feedback muss wohl kaum diskutiert werden. Kaum jemand würde die Bedeutung dieses Themas herabwürdigen. Insofern wundert es nicht, dass die meisten Unternehmen in den vergangenen Jahrzenten Versuche unternommen haben, Feedback in irgendeiner Form zu institutionalisieren. Das Thema scheint zu wichtig, als es dem Zufall oder dem Wohlwollen Einzelner zu überlassen.

Feedbackregeln und -prozesse

Man wird kaum eine Führungskräfteschulung finden, bei der das Thema *Feedbackregeln* nicht explizit behandelt wird. Dahinter steht zunächst die Annahme, es sei eine der zentralen Führungsaufgaben, Feedback zu geben, eine Annahme, die im weiteren Verlauf dieses Kapitels noch auf den Prüfstand kommt. Darüber hinaus folgt man bei der Vermittlung von Feedbackregeln der Annahme, Feedback sei vor allem dann erfolgreich, wenn Feedback „richtig" gegeben wird. So wird etwa vermittelt, man solle Feedback immer beschreibend geben und nicht bewertend. Nicht: „das war jetzt aber nicht so gut", sondern: „so hast das gemacht und das kam dabei raus". Feedback sollte sich auf die Sache beziehen und nicht auf die Person. Feedback sollte klar, verständlich, sachlich richtig usw. formuliert sein. Wenn Unternehmen einen Schritt weiter geben, vermitteln sie nicht nur die Regeln des Feedbackgebens sondern auch Regeln des Feedbacknehmens. „Höre aufmerksam zu", „sei aufgeschlossen", „vermeide eine verteidigende Reaktion" oder dergleichen. Es ist aber davon auszugehen, dass die alleinige Vermittlung von Feedbackregeln nur zum Teil ausreicht, Feedback wirksam zu geben und zu nehmen. Wie später gezeigt wird, spielt das Setting innerhalb dessen Feedback gegeben und empfangen wird eine Rolle. Wer gibt wem warum Feedback und was passiert damit?

Noch problematischer erweisen sich die sehr verbreiteten Ansätze, *Feedbackprozesse* institutionell zu verankern. Der wohl prominenteste Ansatz besteht darin, Feedback zum zentralen Bestandteil eines jährlichen Mitarbeitergesprächs zu machen (vgl. Hossiep et al. 2008). Hier werden Führungskräfte aufgefordert oder gar verpflichtet, ein Mal im Jahr ihren Mitarbeitern rückblickend ein individuelles Feedback über ihr Verhalten, ihre Leistung und ihre Kompetenzen zu geben. Man geht davon aus, dass Mitarbeiter nur oder vor allem dann von ihren Führungskräften Feedback erhalten, wenn man den berühmten „sanften Druck" auf die Führungskräfte ausübt. Wie noch gezeigt wird, greift auch dieser Versuch unter bestimmten Voraussetzungen deutlich zu kurz.

Bevor nun auf alternative Sichtweisen eingegangen wird soll zunächst verdeutlich werden, was gutes Feedback ausmacht und unter welchen Voraussetzung von der erwünschten Wirksamkeit ausgegangen werden darf.

Offenheit gegenüber Feedback

Feedback muss nicht immer zwischenmenschlich erfolgen. Nicht selten liefern auch Technologien oder schlicht die Arbeitsergebnisse eine Rückmeldung. Im hier behandelten Kontext soll aber ausschließlich zwischenmenschliches Feedback betrachtet werden, bei dem ein Mensch einem anderen Menschen Feedback gibt. Wir sprechen hierbei auch von *sozialem Feedback*. Im Zusammenhang mit Personalstrategien ist meist von dieser Form des Feedbacks die Rede.

Unter Feedback an sich verstehen wir die Widerspiegelung von Verhalten des Feedbackempfängers, um sein Verhalten entsprechend zu optimieren. Ob nun Feedback gut oder wirksam ist, entscheidet sich somit immer und ausschließlich am Feedbackempfänger, dem eigentlichen und einzigen Kunden des Feedbacks. Ein Feedbackgeber kann alle Feedbackregeln einhalten und seine ganze persönliche Motivation und Leidenschaft in die Waagschale legen. Wenn das Feedback beim Feedbackempfänger nicht ankommt ist das Feedback schlichtweg wertlos. Es mag im Alltag vorkommen, dass Feedbackgeben den Feedback-*Geber* mental, emotional erleichtert – „Das musste ich jetzt mal loswerden. Jetzt geht's mir besser". Mit wirksamem Feedback hat dies allerdings nichts zu tun. Eine Voraussetzung dafür, dass Feedback beim Feedbackempfänger ankommt ist seine *Offenheit gegenüber Feedback*.

Natürlich ist die Offenheit eines Feedbackempfängers gegenüber einem Feedback dann am größten, wenn der Feedbackempfänger den Feedbackgeber aktiv um Feedback bittet. Offenheit hängt darüber hinaus von weiteren Faktoren ab. In dem hier behandelten Kontext erscheint es angebracht, sich auf jene Faktoren zu konzentrieren, aus denen sich Schlussfolgerungen für die strategische Behandlung von Feedback ableiten lassen. Daher wird im Folgenden eine einfache Theorie der Offenheit gegenüber vorgestellt. Eine grafische Darstellung dieser Theorie findet sich in ◘ Abb. 6.2.

Ob ein Mitarbeiter gegenüber einem Feedback offen bzw. aufgeschlossen ist hängt zunächst von den erwarteten *Konsequenzen* des Feedbacks ab. Handelt es sich bei dem Feedback noch um ein Feedback oder schon um ein Urteil oder gar um ein formales Urteil? Muss ein Mitarbeiter bei einem als negativ erlebten Feedback fürchten, dies habe möglicherweise Konsequenzen auf seine Leistungsbeurteilung und somit auf seine Gehalts- und Karriereentwicklung? Formal und zeitlich lassen sich Feedback und formale Urteile zwar trennen. Ob diese Trennung aber vom Mitarbeiter so wahrgenommen wird steht auf einem anderen Blatt. Sollte der Mitarbeiter aus seiner subjektiven Wahrnehmung heraus Konsequenzen aufgrund eines negativen Feedbacks befürchten wird er eine Verteidigungshaltung einnehmen, das Gegenteil von Offenheit.

Feedback wird nur dann angenommen, wenn man als Feedbackempfänger dem Feedbackgeber eine positive Intention unterstellt. Will der Feedbackgeber wirklich helfen? Meint er es gut? Oder will der Feedbackgeber dem Feedbacknehmer schaden? Unterm Strich geht es hierbei um die Wertschätzung als Voraussetzung für wirksames Feedback. Diese Wertschätzung ist wiederum von der Motivation des Feedbackgebers abhängig bzw. von der Motivation, die der Feedbackempfänger dem Feedbackgeber zuschreibt. Als Mitarbeiter mag man sich implizit oder explizit die Frage stellen, warum ein Feedbackgeber einem Feedback gibt? Was ist die *Motivation* des Feedbackgebers? Tut

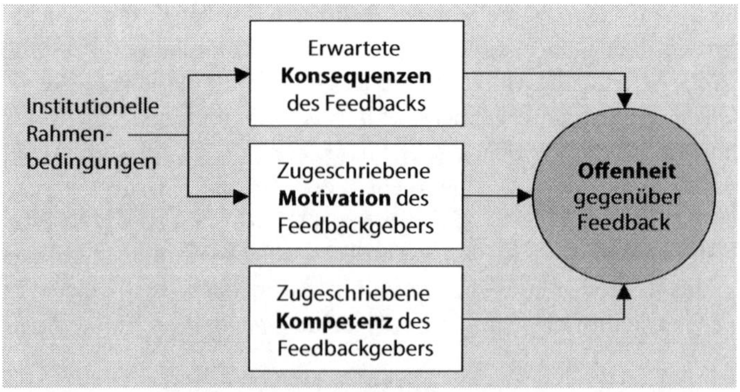

◘ **Abb. 6.2** Faktoren der Offenheit gegenüber Feedback

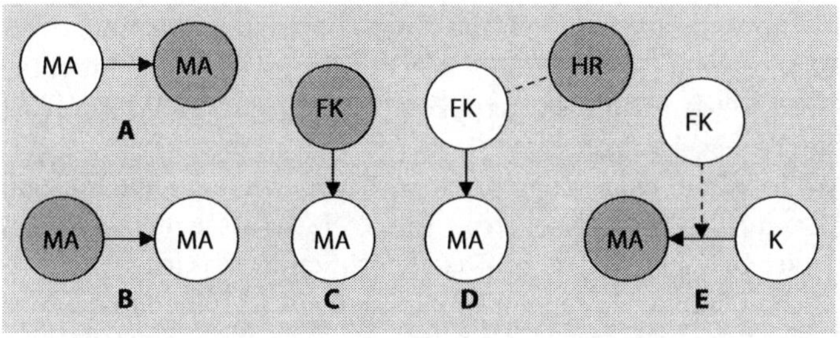

Abb. 6.3 Situative Rahmenbedingungen des Feedbacks. *MA* Mitarbeiter, *FK* Führungskraft, *K* Kunde

er dies aus eigenem Antrieb heraus, weil er oder sie das will? In diesem Fall spricht man auch von *intrinsischer* Motivationszuschreibung. Oder gibt der Feedbackgeber nur deshalb Feedback, weil eine dritte Instanz (HR, eine übergeordnete Führungsinstanz) dies von ihm oder ihr erwartet? Dies entspräche einer *extrinsischen* Motivationszuschreibung. Ein Feedbacknehmer wird einem Feedback weniger Wert beimessen, wenn er die Motivation des Feedbackgebers extrinsisch zuschreibt. Wenn etwa ein Kind sich bei einem anderen Kind entschuldigt, nachdem der Vater dieses zum Entschuldigen „verdonnert" hat, dann schmälert dies den wahrgenommenen Wert signalisierter Reue. Wie im nächsten Abschnitt noch gezeigt, wird hängen die erwarteten Konsequenzen und die Motivationszuschreibung unmittelbar von den institutionellen Rahmenbedingungen im Unternehmen ab.

Schließlich hängt die Offenheit gegenüber einem erhaltenen Feedback von der zugeschriebenen *Kompetenz* des Feedbackgebers ab. Dieser Aspekt ist offensichtlich und bedarf kaum einer weiteren Erläuterung. Natürlich nehmen Menschen das Feedback eines Anderen vor allem dann an, wenn sie davon ausgehen können, der Andere sei in der Lage, ein konstruktives Feedback zu geben. Umgekehrt birgt das unaufgeforderte Geben von Feedback die latente, implizite Botschaft der Überlegenheit gegenüber dem Feedbacknehmer.

Situative und institutionelle Rahmenbedingungen

Führen wir uns für einen Moment folgende, einfache Situation vor Augen: Ein Feedbackgeber Anna sagt einem Mitarbeiter Bernd (dem Feedbacknehmer) nach einem Meeting folgenden Satz: „Du bringst Dich kaum in die Diskussion ein. Ich bin mir aber sicher, die Runde könnte deutlich von Deinen Sichtweisen profitieren". Interessant ist nun die Dynamik dieses Feedback, die von den situativen und institutionellen Rahmenbedingungen abhängt. Unterschiedliche Rahmenbedingungen sind in Abb. 6.3 auf einfache Weise skizziert. Die jeweils grau schattierte Instanz zeigt an, von wem in der gegebenen Situation die Initiative ausgeht, also wer der Trigger der Situation ist.

Im Folgenden werden die unterschiedlichen Situationen aus ◻ Abb. 6.3 in Bezug auf den obigen Fall kurz erläutert. Anschließend werden Schlussfolgerungen in Bezug auf die Wirksamkeit des Feedbacks abgeleitet.

A Der Mitarbeiter (Trigger) hat nach dem Meeting seine Kollegin aktiv um Feedback gebeten. „Anna, wie siehst Du meine Rolle in der Gruppe? Gibt es aus Deiner Sicht etwas, was ich besser machen könnte?". Man kann kaum von einer größeren Offenheit auf Seiten des Feedbackgebers ausgehen, als bei dieser Situation.

B Die Kollegin Anna (Trigger) gibt dem Mitarbeiter unaufgefordert Feedback. „Bernd, was ich Dir schon immer mal sagen wollte ..". Diese Situation ist für die Feedbackgeberin Anna riskant, solange nicht sicher ist, ob der Feedbacknehmer Bernd die nötige Offenheit zeigt. In manchen Kulturen gehören unaufgeforderte, negative Rückmeldungen sogar zu den Dingen, die man schichtweg nicht tut.

C Anna als Feedbackgeberin ist die Chefin des Feedbacknehmers Bernd. Die Initiative geht von ihr aus. Sie (Trigger) weiß in diesem Moment nicht, ob Bernd die nötige Offenheit zeigt. Zudem wird die Sache nun für den Feedbacknehmer bedrohlich. Möglicherweise kündigt sich bereits in diesem Moment eine spätere, negative Beurteilung an, was Bernd dazu verleiten könnte, sich zu verteidigen.

D Anna gibt Bernd ein Feedback, weil HR als dritte Instanz (Trigger) das so will. Bernd weiß dies, was eine extrinsische Motivationszuschreibung bedingt. Möglicherweise ist Anna als Chefin von Bernd sogar aufgefordert, ihr Feedback formal zu dokumentieren. Nun wird die Sache für Bernd nicht nur bedrohlich. Er fragt sich zudem, ob Anna ihm ein Feedback gibt weil sie es muss oder ob sie es selbst will.

E Bernd bittet Anna aktiv um Feedback, dabei ist Anna der Kunde von Bernd. Beide begegnen sich auf Augenhöhe. Die direkte Führungskraft von Bernd regt in ihrer Rolle als Coach an, Feedback direkt beim Kunden aktiv einzuholen. Wie weiter unten noch ausführlich gezeigt wird, handelt es sich bei dieser Situation um das ideale Setting gerade in agil geführten Organisationen.

Die Gegenüberstellung dieser unterschiedlichen Rahmenbedingungen vermittelt recht gut, dass es bei der Frage, wann Feedback wirksam ist weniger um die Einhaltung etwaiger Feedbackregeln geht, sondern vielmehr um die durch Rahmenbedingungen ausgelöste Dynamik, welche an sich förderlich oder eben weniger förderlich sein kann. Insbesondere die institutionellen Rahmenbedingungen sind Gegenstand einer Personalstrategie wenn es um Feedback geht. Im Folgenden werden nun aufbauend auf den bisherigen Überlegungen strategische Dimensionen rund um dieses Thema aufgezeigt und diskutiert.

Die Verantwortung für Feedback

Nach wie vor führen zahlreiche Unternehmen regelmäßige Mitarbeiterbefragungen durch. Dabei werden Mitarbeiter häufig gebeten, zu einem Statement wie dem Folgenden ihren Grad der Zustimmung abzugeben: „Meine direkte Führungskraft gibt mir regelmäßig eine Rückmeldung über meine Arbeitsleistung". Meist sind die Ergebnisse zu diesem Statement verheerend. Daraufhin werden Führungskräfte noch intensiver und nachdrücklicher aufgefordert, sie mögen doch bitte ihrer Führungspflicht nachkommen. Wenn in Anbetracht dieser Ergebnisse noch kein jährliches Mitarbeitergespräch implementiert wurde, wird spätestens jetzt über die Einführung eines solchen Instruments nachgedacht. Man muss ein verpflichtendes Gespräch durchführen, in dem das Geben von Feedback ein fester Bestandteil ist. So, oder so ähnlich wird in zahlreichen Unternehmen argumentiert.

Hinter dem oben genannten Statement der Mitarbeiterbefragung und den nachfolgenden Überlegungen und Konsequenzen steht unausgesprochen eine strategische Grundhaltung, wonach die Führungskräfte und in letzter Konsequenz das Unternehmen dafür verantwortlich sind, dass die Mitarbeiterinnen und Mitarbeiter regelmäßig Feedback erhalten.

> Als Unternehmen tragen wir die Verantwortung dafür, dass unsere Mitarbeiterinnen und Mitarbeiter regelmäßig Feedback erhalten. (**1-1**)

Diese strategische Grundhaltung ist zwar nachvollziehbar aber zugleich gefährlich. Die obigen, theoretischen Überlegungen führen zu der Schlussfolgerung, dass gutes Feedback dadurch verhindert werden kann, indem man es zur Pflichtübung übergeordneter Führungskräfte erklärt. Verordnetes (extrinsisch motiviertes) Feedback wird durch Mitarbeiter geringer geschätzt als freiwilliges, intrinsisch motiviertes. Zudem ist Feedback, das durch Mitarbeiter aktiv eingeholt wird mit einer größeren Offenheit auf Seiten der Feedbackempfänger verbunden. Ein alternatives, strategisches Statement zur Verantwortung für Feedback könnte wie folgt lauten:

> Die Mitarbeiterinnen und Mitarbeiter sind selbst dafür verantwortlich, sich Feedback einzuholen. (**1-2**)

In Unternehmen, die sich dieser Strategie verpflichten vermittelt der CEO unmissverständlich: „Feedback ist wichtig. Wenn Sie

Feedback wünschen, holen Sie es sich. Gute Mitarbeiter tun dies sehr häufig".

Relevante Feedbackgeber

Zugleich wird in der oben skizzierten, traditionellen Sichtweise unterstellt, Feedback müsse „von oben" kommen, was einem klassischen Verständnis von Führung entspricht. Die Führungskraft gibt eine Anweisung darüber, wie was erreicht werden soll. Später gibt sie dann dem Mitarbeiter zu verstehen, ob er im angewiesenen Sinne gehandelt hat.

Mitarbeiter erhalten Feedback in erster Linie von ihrer direkten Führungskraft. Feedback zu geben ist eine der wichtigsten Führungsaufgaben. (**2-1**)

In Arbeitswelten, in denen Mitarbeiter aber über eine höhere Expertise in ihrem jeweiligen Feld verfügen als ihre jeweilige Führungskraft kann dieses Prinzip nicht funktionieren. In ► Abschn. 4.4 wurde unter Anwendung des so genannten T-Konzepts darauf eingegangen. Weiterhin sehen sich gerade in agilen Arbeitswelten die Mitarbeiter und Teams nicht ihrer Führungskraft gegenüber verpflichtet sondern primär ihren jeweiligen (internen oder externen) Kunden. Von ihnen – nicht von der direkten Führungskraft – holt man sich Feedback anstatt es passiv vom direkten Vorgesetzten zu empfangen. Entsprechend lautet das strategische Statement hierzu:

Mitarbeiter holen sich Feedback in erster Linie von ihren (internen/externen) Kunden oder Kollegen. (**2-2**)

Führungskräfte, die dieses Denken internalisiert haben werden immer dann, wenn ihnen ihre Team einen Vorschlag, eine Idee, ein Konzept präsentieren mit Fragen konfrontieren, wie: „Für wen macht Ihr das?", „Wer soll davon profitieren?" um schließlich die krönenden Frage zu stellen: „Was halten die Kunden von Eurem Vorschlag?". Insgeheim vermitteln diese Führungskräfte die Haltung, wonach nicht sie selbst mit einer Arbeit zufrieden sein müssen, sondern immer diejenigen, die von einer Arbeit profitieren sollen.

In einem Unternehmen, das ich kürzlich beraten habe, entwickelten wir eine einfache Methode, um diesen Gedanken zu institutionalisieren. Anstatt einer jährlichen, individuellen Zielvereinbarung sind Teams (nicht Individuen) aufgefordert, sich systematisch darüber Gedanken zu machen, wer ihre Kunden sind und

von welchen Leistungserwartungen sie ausgehen (siehe vorausgegangener ► Abschn. 6.1). In diesem Atemzug wird bereits überlegt, wer wann aktiv um Feedback gebeten werden soll. Dabei geht es um die gemeinsame Beantwortung einfacher Fragen, wie:
- Was lief gut und sollten wir für die Zukunft beibehalten?
- Was lief nicht so gut und was sollten wir in Zukunft ändern?

Diese Form bewusster Reflexion kann und sollte jederzeit durchgeführt werden, wenn es die Beteiligten für sinnvoll erachten. Führungskräfte haben hierbei nur eine moderierende Aufgabe entsprechend ihrer Rolle als Coach. Zumindest in diesem Unternehmen funktioniert dieser Ansatz hervorragend und weitaus besser als das bis dato praktizierte, jährliche Mitarbeitergespräch.

Der richtige Zeitpunkt für Feedback

Nehmen wir an, ein Mitarbeiter versucht einem potenziellen Kunden ein Auto zu verkaufen und ein erfahrener Kollege begleitet ihn dabei eher passiv. Im Anschluss an das Verkaufsgespräch kann der Autoverkäufer vier Formen von Feedback erhalten bzw. erfahren.
- Das *Ergebnis*. Der Kunde kauft das Auto. Langfristig erhält der Mitarbeiter ein Feedback über den im Laufe eines Jahres erzielten Umsatz. Ist der Umsatz hoch hat der Verkäufer gute Arbeit geleistet. Diese Form des Feedbacks ist nicht sozialer Natur.
- Den *Prozess*. Der Kollege gibt dem Autoverkäufer eine Rückmeldung über die Form der Gesprächsführung unmittelbar nach dem Gespräch. Er zeigt auf, wie sich der Verkäufer verhalten hat und was dies beim Kunden bewirkt haben mag. Darüber hinaus erläutert er, in welcher Situation der Autoverkäufer anders bzw. besser hätte agieren können.
- Die *Person*. Der Kollege spiegelt dem Autoverkäufer zurück, er sei etwa ein besonders talentierter, geschickter, empathischer, ergebnisorientierter Verkäufer. Alles was er sagt bezieht sich nicht auf das Verhalten des Autoverkäufers sondern auf ihn und sein Person. „Sie sind echt ein guter Verkäufer".
- Die *Selbstregulation*. Das Feedback des Kollegen bezieht sich auf die Art und Weise, wie der Autoverkäufer sein Verhalten reflektiert und beispielsweise mit Erfolgen oder Misserfolgen umgeht. „Nimm die Absage nicht persönlich", oder „Du solltest häufiger Deine Verkaufsstrategie hinterfragen".

Bisherige Erkenntnisse der Feedbackforschung weisen darauf hin, dass unterschiedliche Formen des Feedbacks auch in unterschiedlichem Maße einen Feedbackerfolg nach sich ziehen (Hattie und Timperley 2007). Demnach lernen Menschen am ehesten dann, wenn sie Feedback auf der Ebene des Prozesses erhalten. Im Sport war dies schon immer selbstverständlich, etwa beim Golfen. Trainer geben fast ausschließlich Rückmeldungen zum Schwung, während das Ergebnis zumindest in der Trainingssituation eher irrelevant ist. Diese Rückmeldung geben sie unmittelbar. Das jährliche Mitarbeitergespräch hingegen und das darin enthaltende Feedback beziehen sich meist auf Ergebnisse und die Person. Für eine Rückmeldung zu konkreten Verhaltensweisen eines Mitarbeiters ist es hierbei meist zu spät. Insofern überrascht es nicht, dass immer mehr Unternehmen erkennen, das es zu wenig ist, Feedback ein Mal im Jahr zu geben. Es überrascht aber sehr wohl, dass zahlreiche Unternehmen Jahre gebraucht haben, um zu dieser simplen Erkenntnis zu gelangen. Feedback im Rahmen eines jährlichen Mitarbeitergesprächs basiert auf der folgenden, strategischen Ausrichtung:

Mitarbeiter erhalten regelmäßig Feedback. Hierfür gibt es einen fest definierten (jährlichen) Zyklus. (**3-1**)

Unternehmen, die sich aber dem Prozessgedanken zu eigen machen und auf unmittelbares Feedback setzen, tendieren zunehmend zu dieser strategischen Ausrichtung:

Mitarbeiter holen sich immer dann Feedback ein, wenn sie es als sinnvoll erachten. Gute Mitarbeiter tun dies zeitnah und häufig. (**3-2**)

Diese, letztere Variante lässt sich kaum durch Regeln und Prozesse institutionalisieren. Man kann aber Rahmenbedingungen schaffen, die das häufige und unmittelbare Feedback fördern, vereinfachen und befähigen. Diejenigen, die etwa in sozialen Medien unterwegs sind erleben das tägliche, schnelle Geben und Nehmen von Feedback auf fast natürliche Weise. Ein neuer, verbreiteter Ansatz, der diese Überlegungen aufgreift, besteht in der Durchführung so genannter Check-Ins.

Check-In und Feedback-Apps

Immer mehr Unternehmen erkennen die Grenzen klassischer, lang-zyklischer, regulierter Feedbackprozesse, die top-down erfolgen. Als Antwort darauf hat sich in jüngster Vergangenheit international ein Trend verbreitet, so genannte Check-Ins und Feedback-Apps zu etablieren. *Check-Ins* gehen vermutlich auf das Unternehmen Adobe im Jahr 2012 zurück[1]. Dort wurde das klassische, jährliche Mitarbeitergespräch durch dieses neue Konzept ersetzt: Einmal im Quartal (nicht jährlich) setzen sich ein Mitarbeiter und seine Führungskraft zusammen, geben sich Feedback und sprechen über wechselseitige Erwartungen. Der Prozess berührt keine Gehaltsanpassung und ist im wesentlichen informell –

1 http://www.adobe.com/check-in.html (zuletzt gesehen am 01.01.2018).

keine Formulare, Ratings, Rankings etc. – und nicht mit anderen HR-Prozessen verknüpft. Grundsätzlich sind Check-Ins freiwillig und können von den Mitarbeitern selbst initiiert werden. Flankiert wird dieser Prozess durch eine *Feedback-App*, die es Mitarbeitern ermöglicht, jederzeit cross-funktional und unabhängig von der Hierarchieebene der Feedbackgeber und -nehmer Rückmeldung über was auch immer zu geben und einzuholen. Seitdem folgten Unternehmen wie SAP, Accenture, Deutsche Bahn, General Electric oder Deutsche Telekom um nur wenige zu nennen.

Dieser Ansatz weist in eine Richtung mit agilem Anstrich. Feedback soll häufiger erfolgen. Die Mitarbeiterinnen und Mitarbeiter tragen mehr Verantwortung beim Einholen und vor allem beim Geben von Feedback. Feedback wird nicht nur als top-down-Phänomen verstanden, sondern als etwas, was lateral erfolgen soll und kann. Trotzdem bleibt bei diesem wohlgemeinten Ansatz die unbeantwortete Frage, wozu Mitarbeiter ein formales Ereignis, wie einen Check-In benötigen, um mit ihrer Führungskraft zu reden. Und welchen befähigenden Beitrag leistet eine App, wenn es darum geht, Kolleginnen und Kollegen eine Rückmeldung zu geben? Ein Tool dieser Art ist sicher nett. Es adressiert Verhaltenspräferenzen, die User aus anderen Plattformen gewohnt sind. Was am Ende den erwarteten Mehrwert bringen soll, scheint allerdings weitestgehend ungeklärt. Spricht man mit Unternehmen, die diesen Weg eingeschlagen sind, dann gewinnt man schnell den Eindruck, es seit vor allem darum gegangen, dem klassischen jährlichen Mitarbeitergespräch (das man nicht mehr will) eine Alternative entgegenzuhalten. Für einen gänzlichen Verzicht oder für die Einführung radikal anderer Ansätze fehlte möglicherweise der Mut.

Wem gehört Feedback?

Vermutlich geben und nehmen Mitarbeiter im Laufe eines Arbeitstages unendliche Male Feedback. Man äußerst sich zu irgendeinem Arbeitsergebnis, kommentiert eine Entscheidung oder sagt etwas zu irgendeiner Verhaltensweise eines Anderen. Wir können gar nicht anders. Soziales Feedback geben und nehmen ist ein natürlicher Bestandteil einer jeden Form von Zusammenarbeit. Selbst, wenn man zu etwas nichts sagt, kann dies bereits eine Form des Feedbacks sein. Wenn wir aber im HR-Kontext über Feedback sprechen, denken wir selten über *informelles Feedback*, das in fast jedem Moment der Zusammenarbeit erfolgt. Vielmehr haben wir Prozesse vor Augen, die Feedback in irgendeiner Form regeln. Wir nehmen an, zu bestimmten Zeitpunkten oder bei ausgewählten Gelegenheiten müssten bestimmte Personen wiederum anderen Personen in einer vordefinierten Form auf einer dafür bereitgestellten Plattform Feedback geben. Wir denken technisch und formal.

Wenn wir das tun und Mitarbeiter dazu anhalten, Feedback so zu geben, dann entstehen im weitesten Sinne Daten. Ein Mitarbeiter gibt einem anderen Mitarbeiter über eine Feedback-App fünf Sterne für eine besondere Hilfeleistung. Die Führungskraft schenkt einem Mitarbeiter für eine besondere Leistung spontan einen anerkennenden Kommentar – „Danke Bernd, super gemacht. Weiter so". Nun stellt sich die Frage, wem dieses Feedback gehört. Wer darf sehen, wer welches Feedback von wem erhalten hat? Wer darf daraus welche Schlüsse ziehen? In einem hierarchischen Kontext wird man zu der Antwort tendieren, Feedback sei im Interesse des Unternehmens, weswegen Feedback zentral dokumentiert und ggf. von hierarchisch übergeordneten Instanzen eingesehen werden kann.

Als Unternehmen haben wir ein Interesse am Feedback, das unsere Mitarbeiter erhalten. Deshalb dokumentieren wir Feedback in einer zentralen Instanz. (**4-1**)

Die Gründe dafür sind nahe liegend. Schließlich kann man über das Feedback, dass ein einzelner Mitarbeiter erhält, Schlüsse über seine Aktivitäten und seine Wirkung im Unternehmen ziehen. Einblicke dieser Art könnten irgendwann im Rahmen einer formalen Beurteilung in Betracht gezogen werden, ein Aspekt, der im nun folgenden ► Abschn. 6.3 umfassender aufgegriffen wird.

Agil denkende Unternehmen würden hingegen grundsätzlich davon ausgehen, dass Feedback demjenigen gehört, der es erhält. Der Feedbackempfänger entscheidet, was mit einem Feedback passiert. Es liegt in seiner Hand, ob er sich ein Feedback zu Herzen nimmt oder nicht, ob er das Feedback teilt, oder für sich behält etc.

Feedback gehört ausschließlich dem Feedbackempfänger (Mitarbeiter, Teams). Er ist primärer Kunde des Feedbacks. Deshalb kommt eine zentrale Dokumentation nicht in Frage. (**4-2**)

Bei zahlreichen, strategischen Optionen, die in diesem Buch behandelt werden hängt es vom Kontext ab, welche Option die geeignetere ist. Während die eine Option in einem hierarchisch denkenden Umfeld durchaus funktionieren mag, führt die andere Option in erster Linie in agilen Organisationen zum möglichen Erfolg. Es geht weniger um eine Wertung der Optionen, sondern darum, welche vor welchen Hintergrund passt. Dies gilt nur zum Teil für die beiden, soeben beschriebenen Optionen zur Frage, wem Feedback gehört. Wenngleich hierarchische Unternehmen eher dazu tendieren mögen, Feedback nicht nur in der alleinigen Ownership des Feedbackempfängers zu sehen, ist grundsätzlich davon abzuraten. Sobald Feedbackempfänger wissen, dass Feedback in gewisser Weise „gegen sie verwendet" werden kann, hat

Tab. 6.2 Alle strategischen Dimensionen zu Feedback im Überblick

Verantwortung für Feedback	1-1 Unternehmen Als Unternehmen tragen wir die Verantwortung dafür, dass unsere Mitarbeiterinnen und Mitarbeiter regelmäßig Feedback erhalten	1-2 Mitarbeiter Die Mitarbeiterinnen und Mitarbeiter sind selbst dafür verantwortlich, sich Feedback einzuholen
Primärer Feedbackgeber	2-1 Direkte Führungskraft Mitarbeiter erhalten Feedback in erster Linie von ihrer direkten Führungskraft. Feedback zu geben ist eine der wichtigsten Führungsaufgaben	2-2 Interne und externe Kunden Mitarbeiter holen sich Feedback in erster Linie von ihren (internen/externen) Kunden oder Kollegen
Auslöser für Feedback	3-1 Zyklisch und passiv Mitarbeiter erhalten regelmäßig Feedback. Hierfür gibt es einen fest definierten (jährlichen) Zyklus	3-2 Nach Bedarf und aktiv Mitarbeiter holen sich immer dann Feedback ein, wenn sie es als sinnvoll erachten. Gute Mitarbeiter tun dies häufig und zeitnah und häufig
Besitz und Dokumentation	4-1 Unternehmen Als Unternehmen haben wir ein Interesse am Feedback, das unsere Mitarbeiter erhalten. Deshalb dokumentieren wir Feedback in einer zentralen Instanz	4-2 Feedbackempfänger Feedback gehört ausschließlich dem Feedbackempfänger (Mitarbeiter, Teams). Er ist primärer Kunde des Feedbacks. Deshalb kommt eine zentrale Dokumentation nicht in Frage

dies nicht nur einen dysfunktionalen Einfluss auf den Feedbackempfänger und seine Art, mit Feedback umzugehen, sondern auch auf Feedbackgeber. Die Grenze zwischen Feedback und Beurteilung ist sehr fein. Die damit einhergehende soziale Dynamik ist aber komplett unterschiedlich. Unternehmen, die aus Feedback Urteile machen, zerstören Feedback. Sie fallen sozusagen in die Beurteilungsfalle. Unter anderem davon handelt das nun folgende Unterkapitel.

Eine Sache des Unternehmens oder des Feedbackempfängers

Auf den vorausgegangenen Seiten wurde insgesamt vier strategische Dimensionen im Zusammenhang mit dem Thema Feedback behandelt (siehe Tab. 6.2). Wer stellt Feedback sicher? Von wem erhalten die Mitarbeiterinnen und Mitarbeiter bzw. deren Teams Feedback? Wem gehört Feedback? Was ist der Auslöser von Feedback? Insgesamt drängt sich hierbei ein Kerngedanke auf, in dem sich all jene Dimensionen vereinen lassen. Ist Feedback eine Sache des Unternehmens oder aber eine Sache des Feedbackempfängers? Weite Teile der vorausgegangenen Diskussion lassen sich mehr oder weniger auf diesen Nenner bringen.

6.3 Formale Beurteilung

Immer dann, wenn sich Menschen begegnen, findet das statt, was man in der Sozialpsychologie als *soziale Urteilsbildung* bezeichnet.

Meist in Bruchteilen einer Sekunde wird der Gegenüber gesamtheitlich eingeschätzt. Ist dieser Mensch mir mehr oder weniger wohl gesonnen? Mag ich diesen Menschen oder nicht? Ist dieser Mensch tendenziell stark oder schwach? Es ist gut, dass Menschen über diese instinktive Fähigkeit verfügen. Sie ist im Zusammenleben von Menschen in sozialen Systemen unerlässlich und für das Überleben schlechthin erforderlich (vgl. Fiske und Taylor 1991). Soziale Urteilsbildung hat für Menschen darüber hinaus immer auch eine handlungsleitende Relevanz. Wie man über andere Person denkt bestimmt in gewisser Weise das eigene Verhalten gegenüber dieser Person.

Die Besonderheit formaler Beurteilungen

Und weil dies natürlicherweise auch im Verhältnis zwischen einer Führungskraft und einem Mitarbeiter oder auch zwischen Mitarbeitern derselben Ebene der Fall ist, wird zuweilen argumentiert, es wäre eine Frage der Fairness und Transparenz, diese Urteile kund zu tun und sie zu artikulieren (Gerstner 1976). Allerdings entspricht es nicht der verbreiteten Werthaltung immer das zu sagen, was man über einen anderen Menschen denkt. Auch ergibt sich aus personalpolitischer Sicht kaum die zwingende Notwendigkeit dies zu tun. Wenn im Kontext des Personalmanagement von Beurteilung die Rede ist, dann geht es vielmehr um *formale* Beurteilungen, die in direktem Bezug zu personalrelevanten Entscheidungen stehen.

Genau darin liegt der Unterschied zum bereits besprochenen Konzept des Feedbacks. Im Falle von Feedback liegt es immer in der Verantwortung des Feedbackempfängers, über die Rückmeldung zu reflektieren, Schlussfolgerungen abzuleiten und das eigene Verhalten im besten Fall zu optimieren. Aus einer formalen Beurteilung leiten sich hingegen Konsequenzen *über* den Beurteilten ab. Eine praktische Situation mag dies veranschaulichen. Wenn ein Mitarbeiter von seiner Führungskraft gesagt bekommt, er täte gut daran, sich in Teambesprechungen aktiver einzubringen, dann handelt es sich zunächst um ein Feedback. Wenn nun die Führungskraft ergänzend zu diesem Hinweis ihr Smartphone zückt, die Mitarbeiterbeurteilungs-App öffnet und im Bereich „Teamfähigkeit" ein entsprechendes Häkchen setzt, diese Information an die Personalabteilung weitergeleitet wird, dies in die Gesamtbeurteilung des Mitarbeiters einfließt und sich schließlich Konsequenzen daraus für die zukünftige Entwicklung und Bezahlung des Mitarbeiters ableiten, dann handelt es sich hierbei nicht mehr nur um ein Feedback sondern um ein formales Urteil. Formale Urteile haben formale, klar geregelte Konsequenzen für den Beurteilten. Ansonsten sind sie grundsätzlich irrelevant. Hierzu gibt es eine Reihe, verbreiteter Anwendungsfelder (vgl. Breisig 2005):

- Mitarbeiter, deren Leistung als positiv beurteilt wird, erhalten entsprechende variable Vergütungsbestandteile, eine Gehaltserhöhung, werden befördert oder als Talent nominiert. Letzte-

res findet nur dann statt, wenn auch deren Potenzial als hoch beurteilt wird.
- Mitarbeiter, deren Leistung als negativ beurteilt wird, erfahren ein situatives Mitarbeitergespräch, werden intern versetzt, erhalten gezielte Entwicklungsmaßnahmen oder werden in den externen Arbeitsmarkt entsandt.
- Man beurteilt die Kompetenzen der Mitarbeiter, um deren Entwicklungsbedarfe und deren internen Einsatzmöglichkeiten festzustellen.

Meist finden formale Beurteilungen dieser Art im Rahmen des so genannten *jährlichen Mitarbeitergesprächs* statt (Breisig 2005). Sie gehören regelrecht zum Standardrepertoire des Personalmanagements. Inwieweit sie hingegen sinnvoll sind, hängt von den strukturellen und kulturellen Rahmenbedingungen eines Unternehmens ab. Während klassische, formale Beurteilungen im Kontext hierarchisch geführter Unternehmen durchaus funktionieren können, versagen sie in agilen und vernetzten Arbeitswelten auf ganzer Linie (vgl. Trost 2015). Hierzu werden im weiteren Verlauf dieses Abschnitts einzelne Facetten rund um dieses Thema eingehender beleuchtet. In den späteren Kapiteln dieses Buches werden jene Themen detaillierter behandelt, die mit den Konsequenzen formaler Beurteilungen zu tun haben. Hierzu gehören die Themen kontinuierliches Lernen (► Abschn. 7.3), Talentidentifikation (► Abschn. 8.1), Grundvergütung (► Abschn. 9.2) und variable Vergütung (► Abschn. 9.3). Daher geht es im Folgenden ausschließlich um den Vorgang der formalen Beurteilung an sich.

Der Chef als Richter

Wenn Unternehmen, Berater, Hersteller von HR-Software und andere Akteure in der Personaler-Community über formale Beurteilung nachdenken, dann gehen sie mehrheitlich von einer Beurteilung des Mitarbeiters durch die nächsthöhere Führungskraft aus. Abweichungen von dieser Praxis sind nur selten, wenn auch immer häufiger zu beobachten. Die strategische Prämisse lautet entsprechend:

> Es gehört zu den zentralen Aufgaben einer Führungskraft, Mitarbeiter in regelmäßigen Abständen formal zu beurteilen. **(1-1)**

Dieser Ansatz ist allerdings nicht unproblematisch insbesondere wenn man als Unternehmen ein agileres Führungs- und Organisationsverständnis anstrebt. Von besonderer Relevanz ist in diesem Zusammenhang das dominierende Führungsverständnis. Bereits in ► Abschn. 4.4 wurde ausführlich dargelegt, dass man vier unterschiedliche Führungsrollen unterscheiden kann, den Boss, den Partner, den Coach und den Befähiger. Eine Führungskraft, die sich die Rolle des Bosses zu eigen macht, hat mit der formalen Beurteilung von Mitarbeitern überhaupt kein Problem. Im Gegenteil. Formale Beurteilungen untermauern dessen Führungsposition.

Führungskräfte hingegen, die in der Rolle eines Coach, Partner oder Befähiger agieren, empfinden die Aufforderung, ihre Mitarbeiterinnen und Mitarbeiter formal beurteilen zu müssen als gänzlich inkompatibel mit dem Verhältnis, das sie mit ihren Mitarbeitern pflegen oder anstreben. Der große Douglas McGregor drückte es wie folgt aus: „The role of judge and the role of counselor are incompatible" (McGregor 1960, S. 117). Was McGregor als „Counselor" bezeichnet, entspricht weitestgehend der Rolle des Coach, wie sie in diesem Buch beschrieben wurde. Und, wer formale Urteile fällt, agiert im Sinne eines Richters. Partnerschaftliche Führung oder Führung als Coach erfordert Augenhöhe, während formale Beurteilung mit Über- und Unterordnung einher geht. Mick Jagger agiert als Band-Leader der Rolling Stones aus der Rolle des Partners heraus. Es wäre kaum vorstellbar, dass Mick Jagger jemals dazu bereit gewesen wäre, Keith Richards formal zu beurteilen – „Hey Keith, es ist Januar und Zeit für das jährliche Mitarbeitergespräch". Ebenso würde beispielsweise der Dekan einer Fakultät dies gegenüber seinen Professorenkollegen, die er in gewisser Weise führt, niemals tun. Dabei ist sicher davon auszugehen, dass Mick Jagger seinen Bandkollegen im Laufe einer Bandprobe unzählige Male Feedback gibt.

Führung erfolgt bei uns auf Augenhöhe. Deshalb richten unsere Führungskräfte nicht über ihre Mitarbeiter, sondern regen zur kritischen Selbstreflexion an. (**1-2**)

Sobald ein Mitarbeiter die Befürchtung haben muss, von seiner Führungskraft gerichtet zu werden hat dies Befürchtungen oder auch Ängste zur Folge. Der Mitarbeiter agiert gegenüber seiner Führungskraft kaum auf authentische sondern vielmehr auf taktische Weise. Es geht darum, gegenüber der Führungskraft in einem positiven Licht zu erscheinen. Aus Feedback wird Verhandlung – „Ich finde, das habe ich gar nicht so schlecht gemacht, wenn man bedenkt …". Kurz vor dem jährlichen Mitarbeitergespräch gibt man nochmal „richtig Gas". Man spricht hierbei auch vom so genannten Nikolaus-Effekt. All dies wollen Unternehmen, die ihre Mitarbeiter als mündige Menschen behandeln tendenziell nicht.

Verteilungsvorgaben

Eine weit verbreitete Form formaler Beurteilung besteht darin, Mitarbeiter in Leistungsklassen aufzuteilen. A-, B- und C-Player. A-Player sind besondere Leistungsträger, die eine überragende Leistung an den Tag legen. B-Player gehören zur breiten Mitte. Sie erfüllen ihren Job entsprechend der Erwartungen. C-Player hingegen sind leistungsschwache Mitarbeiter, die von den anderen getragen werden.

Lässt man Führungskräften die freie Wahl, wie sie ihre Mitarbeiter klassifizieren, wird man zumindest bei einigen Führungskräften feststellen, dass sie entweder alle Mitarbeiter durchweg der Kategorie B zuordnen. Manche wiederum tun den Mitarbeitern den Gefallen, sie rundum als A-Player zu klassifizieren (Murphy und Cleveland 1995). Das trifft vor allem dann zu, wenn Führungskräfte aus der Rolle eines Coach oder Partner heraus agieren. Was häufig fehlt, ist eine ausgewogene Differenzierung. Vielmehr wird eine Form von Ausweichverhalten sichtbar. Positive Beurteilungen vermeiden aufwendige Diskussionen mit den Beurteilten. Die motivationalen Hintergründe dieser Beurteilungsstrategien sind vielfältig.

Um solchen Tendenzen entgegen zu wirken, nutzen manche Unternehmen so genannte *Verteilungsvorgaben* (Forced Rankings). Durch sie wird von zentraler Seite aus bestimmt, dass immer ein bestimmter Prozentsatz an Mitarbeitern einer der jeweiligen Kategorien zugeordnet werden muss (vgl. Grote 2005). Ein Beispiel hierfür ist in ◘ Abb. 6.4[2] grafisch veranschaulicht.

Bekannt wurde dieser Ansatz vor allem durch dessen konsequente Anwendung bei General Electric unter der Führung des legendären CEO Jack Welch (vgl. Bartlett und McLean 2006). A-Player wurden konsequent gefördert. Von C-Playern trennte man sich konsequent. Bis heute sehen viele Unternehmen darin ein Vorbild für uneingeschränktes Leistungsdenken.

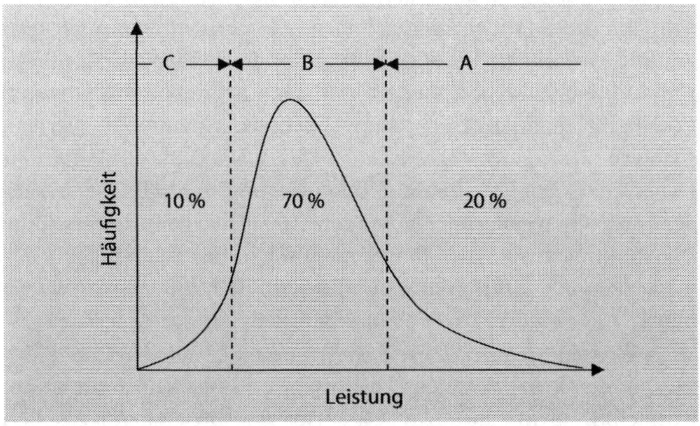

◘ **Abb. 6.4** Verteilungsvorgaben bei der Beurteilung von Mitarbeitern. (Trost 2015, S. 112; © Wiley-VCH Verlag GmbH & Co. KGaA. Reproduced with permission)

---

2 Da Mitarbeiter im Rahmen des Recruiting nicht zufällig ausgewählt werden ist eher von einer linkssteilen Verteilung auszugehen als von einer Normalverteilung.

> Die konsequente Handhabung von Beurteilungsverfahren erfordert klare Verteilungsvorgaben. Alles andere führt zu Willkür und Ausweichverhalten. (**2-1**)

Es gibt durchaus gute Gründe, die für Verteilungsvorgaben sprechen. Der große Nachteil dieser Strategie besteht allerdings darin, dass dadurch jede Form von Kollaboration, wechselseitiger Unterstützung, Teilen von Wissen, Erfahrungen und Ideen gebremst wird. Verteilungsvorgaben machen aus Kollegen Konkurrenten, Hürden auf dem Weg zum persönlichen Erfolg. Würde ich als Professor bei der Vergabe von Examensnoten Verteilungsvorgaben nutzen, dann würde dies auf Seiten der Studentinnen und Studenten das Ende von Lerngruppen bedeuten. Insofern stellt sich für Unternehmen die Frage, ob sie bereit sind, diesen Preis zu bezahlen. Agile Unternehmen, die auf vernetztes Denken, Teamwork und die Ausrichtung auf übergeordnete Ziele setzen, werden dies sicher nicht tun.

> Wir betrachten Verteilungsvorgaben als toxisch. Sie gefährden all das, worauf wir in einer vernetzten, kollaborativen Arbeitswelt besonderen Wert legen. (**2-2**)

In Gänze lassen sich interne Wettbewerbssituationen niemals ausschließen. Manche Dinge bleiben in Unternehmen immer umkämpft, weil sie als besonders attraktiv erscheinen und zugleich rar sind. Gehaltserhöhungen unterliegen begrenzten Ressourcen und bedürfen einer Priorisierung. Nicht jeder kann CEO werden. Insofern tut sich hier in gewisser Weise ein Dilemma auf. Agile Unternehmen vermeiden eine Differenzierung individueller Leister aus den soeben genannten Gründen. Zugleich ist eine ausgewählte Behandlung einzelner A-Player nicht selten unumgänglich.

Leistung oder Leister?

Bereits im Zusammenhang mit dem Thema Feedback wurde darauf hingewiesen, dass Feedback inhaltlich auf unterschiedlichen Ebenen angesiedelt sein kann, nämlich auf der Ebene der Person, des Prozesses, des Ergebnisses und der Selbstregulation. Ähnliches gilt für die formale Beurteilung. Im Folgenden sollen vor allem zwei Ebenen unterschieden werden, die der Person einerseits und die des Ergebnisses andererseits. Wird die Leist*ung* beurteilt oder der Leist*er*? Diese Unterscheidung sei anhand eines praktischen Beispiels erläutert (siehe ◘ Abb. 6.5).

Nehmen wir an, ein Mitarbeiter erfüllt seit mehreren Jahren die vereinbarten Leistungserwartungen. Er liegt sogar etwas darüber. Ab einem gewissen Zeitpunkt scheint seine Leistung hin-

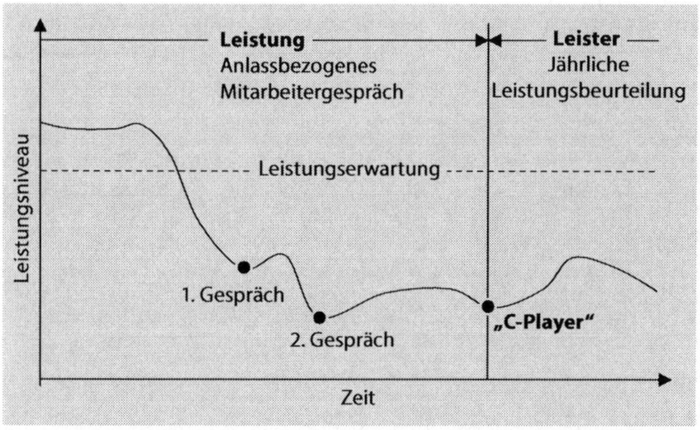

Abb. 6.5 Beurteilung von Leistung und Leister. (Trost 2015, S. 112; © Wiley-VCH Verlag GmbH & Co. KGaA. Reproduced with permission)

gegen einzubrechen. Die Kolleginnen und Kollegen und die Führungskraft stellen dies mit Sorge fest. Üblicherweise findet dann das statt, was man als *anlassbezogenes Mitarbeitergespräch* bezeichnet. Wenn die Sache professionell von statten geht, werden die Dimensionen Können, Wollen und Dürfen besprochen. Kann der Mitarbeiter aktuell seine Leistung nicht bringen, will er nicht oder halten ihn äußere Bedingungen davon ab (Dürfen)? Es werden gemeinsam Maßnahmen zur Widerherstellung des gewohnten Leistungsniveaus besprochen. Nehmen wir weiter an, die Leistung des Mitarbeiters erholt sich kurzzeitig, danach bricht sie aber noch weiter ein. Es folgt ein zweites, anlassbezogenes Gespräch. Aber selbst danach findet der Mitarbeiter nicht auf sein ursprüngliches Niveau zurück.

Wenige Wochen danach findet das jährliche Mitarbeitergespräch und damit einhergehend eine formale Leistungsbeurteilung statt. Der Mitarbeiter wird nun als C-Player klassifiziert. Hier findet nun eine Änderung in der inhaltlichen Beurteilungsebene statt. Bis zur formalen Leistungsbeurteilung wurden in erster Linie die *Leistung* und die damit in Bezug stehenden Faktoren thematisiert. Mit der Leistungsbeurteilung aber findet eine Bewertung der Person statt. Nun steht der *Leister* im Fokus.

Natürlich hängen Leistung und Leister zusammen. Aus der Leistung wird auf die Person geschlossen, den Leister. Wer schwache Leistung erbringt ist ein C-Player. Wer eine überdurchschnittliche Leistung an den Tag legt ist ein A-Player. Umgekehrt wird Leistung durch die Eigenschaften der handelnden Person (den Leister) erklärt. Ein Mitarbeiter erbringt eine überdurchschnittliche Leistung, weil er ein A-Player ist, über besondere Kompetenzen verfügt und dauerhaft motiviert ist.

In der Praxis spielt es aber eine entscheidende Rolle, auf welcher Ebene man sich bewegt und welche Inhalte man thematisiert.

Im Zusammenhang mit den im vorausgegangenen ► Abschn. 6.2 aufgezeigten Ebenen des Feedbacks wurde dieser Unterschied bereits hervorgehoben. So ist es ein Unterschied ob man sagt: „Du verwendest bei Vorträgen immer sehr viele, vollgepackte Folien und redest sehr schnell. Ich habe regelmäßig Probleme, Dir zu folgen" (Leistung). Oder ob man sagt: „Du bist ein schlechter Redner" (Leister). Beurteilt man inhaltlich oder persönlich? Ersteres betrachtet den Prozess, das Verhalten. Letzteres die Person. Daraus ergeben sich zwei gegensätzliche Strategien. Die eine Strategie kann durch folgende Prämisse zusammengefasst werden:

Formal beurteilen wir Leistung und Verhalten. Nicht Personen, sondern die Arbeit steht bei uns im Vordergrund. Personen werden nur dann beurteilt, wenn es um deren Zukunft im Unternehmen oder außerhalb geht. (**3-2**)

Dahinter steht die grundlegende Annahme, dass man Verhalten und Leistung von Mitarbeiter aber auch von Teams anpassen und verändern kann. Gerade in agil geführten Unternehmen ist die Beurteilung von Leistung und Verhalten ein kontinuierlicher Teamprozess. Leistungsdenken erfordert eine Fokussierung auf Leistung.

Die Beurteilung von *Personen* hat hingegen zur Folge, dass Entscheidungen über jene *Personen* gefällt werden. Und, nur dann wenn es um Konsequenzen über die Person geht, kann eine Beurteilung der Person einen Sinn ergeben. Nicht das Verhalten oder die Leistung steht im Vordergrund sondern die Frage, wie mit einem Mitarbeiter (dem Leister) zukünftig umgegangen werden soll. Mögliche Konsequenzen sind Beförderung, Versetzung, Kündigung aber auch Gehaltserhöhung, individuelle Boni etc.

Wir setzen auf die formale Beurteilung von Personen. Dies ermöglicht es uns, sinnvolle Entscheidungen über die Beurteilten in Bezug auf ihre berufliche Zukunft und deren Vergütung zu fällen. (**3-1**)

Anders als die Beurteilung von Leistung und Verhalten erfolgt die formale Beurteilung von Personen meist nur einmal im Jahr. Alles andere wäre für die Mehrzahl der Unternehmen kaum praktikabel. Dies liegt auch daran, dass jene Konsequenzen, die mit der formalen Beurteilung von Personen verbunden sind, kaum in einem kontinuierlichen Prozess als realisierbar erscheinen.

Am Ende wird es in hierarchisch aber auch in agil geführten Unternehmen immer Mischstrategien geben aus der formalen Beurteilung von Leistung und Leister. Aber auch hier geht es schließlich um die Frage, welche dominierende Tendenz angestrebt wird.

Der richtige Zeitpunkt, schwache Leistung zu thematisieren

Es ist zynisch, einem Mitarbeiter etwa im Zuge des jährlichen Mitarbeitergesprächs im Januar Situationen schwacher Leistung aufzutischen, die mehrere Wochen oder gar Monate zurückliegen und über die seitdem niemals gesprochen wurde. Genauso zynisch ist es, einem Mitarbeiter in einem solchen, institutionalisierten Moment mitzuteilen, man sei eigentlich seit langer Zeit mit dessen Leistung unzufrieden. Führungskräfte, die das tun, demonstrieren just in dem Moment selbst eine schwache Leistung.

Diese Feststellung erfolgt in dieser Klarheit, weil sie nicht Gegenstand einer strategischen Ausrichtung sein kann. Man muss schwache Leistung eines Mitarbeiters oder eine Phase schwacher Leistung unmittelbar thematisieren. Hier gibt es schlichtweg keine rational begründbare Alternative. Man mag vielleicht einwenden, starke Leistung würde auch nicht unmittelbar thematisiert. Dies wiederum lässt sich anhand einer Analogie verdeutlichen. Wir reden nicht immer und unmittelbar über unsere Gesundheit. Einer Krankheit sollten aber unmittelbare Konsequenzen folgen.

Kontinuierliche und qualitative Beurteilung von Leistung und Verhalten im Team

Der klassische Ansatz formaler *Leistungsbeurteilung* folgt einem jährlichen Zyklus. Einmal im Jahr setzen sich der Mitarbeiter und sein Vorgesetzter zusammen und besprechen die Leistung und das Verhalten des Mitarbeiters innerhalb der vergangenen zwölf Monate (Breisig 2005). Diese Auseinandersetzung mündet schließlich in eine Gesamtbeurteilung entlang vorgegebener Skalen. Nicht selten wird sogar nur eine Skala herangezogen, anhand derer eine Art Gesamtnote vergeben wird. Sie reicht etwa von „gänzlich unter den Erwartungen“ bis hin zu „weit über den Erwartungen“.

Die Leistung unserer Mitarbeiter wird einmal im Jahr durch deren direkten Vorgesetzten auf der Grundlage strukturierter Vorgaben formal beurteilt. (**4-1**)

Nun wird nicht selten argumentiert, diese Herangehensweise entspräche einer konsequenten Leistungsorientierung. „Wer Leistung von den Mitarbeitern erwartet muss deren Leistung auch regelmäßig beurteilen und daraus Konsequenzen ableiten“. Das ist nur zum Teil richtig. Man kann nämlich auch anders argumentieren. Etwa so:

> Wir sind ein äußerst leistungsorientiertes Unternehmen. Wir können und wollen es uns daher nicht leisten, nur einmal im Jahr die Leistung und das Verhalten jedes Einzelnen zu thematisieren. Wir tun dies kontinuierlich. Wir sind uns darüber im Klaren, dass Leistung immer nur in Teams erbracht wird. Dort muss die Auseinandersetzung mit Leistung auch aktiv stattfinden. Das Letzte was wir wollen ist die Verbannung dieses Themas in die Abgeschiedenheit eines jährlichen Mitarbeitergesprächs. Eine formale Beurteilung anhand standardisierter, einheitlicher Skalen hilft uns dabei nicht weiter. Wir sprechen inhaltlich über Leistung. Nur so kann sich daraus einen Sinn für jeden Einzelnen und das Team ergeben.

Dies ist ein fiktives Statement eines Personalleiters, vermutlich aus einem agil geführten Unternehmen. Es zeigt pointiert eine gänzlich andere Form formaler Beurteilung hinsichtlich der verwendeten Formate. Leser, die agiles Arbeiten gewohnt sind fühlen sich bei der dieser Darstellung unmittelbar an die agile Methode der Produktentwicklung *Scrum* erinnert. In Teamsetting verpflichten sich Mitarbeiterinnen und Mitarbeiter in kurzen Zyklen zur Übernahme bestimmter Aufgaben über die sie innerhalb des Teams regelmäßig berichten. Dieses Beispiel zeigt sehr schön, dass auch in agilen Arbeitswelten formale Beurteilungen – von Leistung nicht von Leistern – stattfinden, allerdings mit einer deutlich höheren Taktrate und Intensität, als dies bei hierarchisch geführten Unternehmen der Fall ist. Dabei werden qualitativen Formaten nicht selten gegenüber quantitativen Formaten (Rankings, Skalen etc.) den Vorzug gegeben.

Wir beurteilen (gemeinsame) Leistung kontinuierlich und innerhalb von Teams. Dabei verwenden wir in erster Linie qualitative Formate. (**4-2**)

Dabei soll nicht der Eindruck entstehen, agil geführte Unternehmen würden persönlichen Konsequenzen in Bezug auf einzelne Mitarbeiter ausweichen. Meist ist gerade hinsichtlich leistungsschwacher Mitarbeiter genau das Gegenteil der Fall. Besonders eindrücklich wird dies bei Netflix gelebt, einem Unternehmen, das für sein agiles Führungs- und Organisationsverständnis bekannt ist. Netflix trennt sich konsequent von jenen Kollegen, die den Leistungserwartungen nicht mehr gerecht werden (vgl. McCord 2014).

Alle, in diesem Unterkapitel wiedergegebenen strategischen Dimensionen und Aussagen sind in ◘ Tab. 6.3 zusammenfassend und überblicksartig wiedergegeben.

Tab. 6.3 Alle strategischen Dimensionen zu formaler Beurteilung im Überblick

Rolle der Führungskraft	1-1 Formale Beurteilung Es gehört zu den zentralen Aufgaben einer Führungskraft, Mitarbeiter in regelmäßigen Abständen formal zu beurteilen	1-2 Coaching und Reflexion Führung erfolgt bei uns auf Augenhöhe. Deshalb richten unsere Führungskräfte nicht über ihre Mitarbeiter, sondern regen zur kritischen Selbstreflexion an
Verteilungsvorgaben	2-1 Klare Verteilungsvorgaben Die konsequente Handhabung von Beurteilungsverfahren erfordert klare Verteilungsvorgaben. Alles andere führt zu Willkür und Ausweichverhalten	2-2 Keine Verteilungsvorgaben Wir betrachten Verteilungsvorgaben als toxisch. Sie gefährden all das, worauf wir in einer vernetzten, kollaborativen Arbeitswelt besonderen Wert legen
Gegenstand der Beurteilung	3-1 Personen (Leister) Wir setzen auf die formale Beurteilung von Personen. Dies ermöglicht es uns, sinnvolle Entscheidungen über die Beurteilten in Bezug auf ihre berufliche Zukunft und deren Vergütung zu fällen	3-2 Primär Leistung Formal beurteilen wir Leistung und Verhalten. Nicht Personen, sondern die Arbeit steht bei uns im Vordergrund. Personen werden nur dann beurteilt, wenn es um deren Zukunft im Unternehmen oder außerhalb geht
Beurteiler und Formate	4-1 Strukturiert und top-down Die Leistung unserer Mitarbeiter wird einmal im Jahr durch deren direkten Vorgesetzten auf der Grundlage strukturierter Vorgaben formal beurteilt	4-2 Lateral und qualitativ Wir beurteilen (gemeinsame) Leistung kontinuierlich und innerhalb von Teams. Dabei verwenden wir in erster Linie qualitative Formate

Literatur

Bartlett C, McLean AN (2006) GE's talent machine: the making of a CEO. Harv Bus Sch Case 2003:304–49

Breisig T (2005) Personalbeurteilung: Mitarbeitergespräche und Zielvereinbarungen regeln und gestalten. Bund-Verlag, Frankfurt am Main

Fiske ST, Taylor SE (1991) Social cognition. McGraw-Hill, New York

Gerstner G (1976) Die Beurteilung des Leistungsverhalten von Tarifangestellten. Beschreibung und Analyse eines analytisch-systematischen Beurteilungsverfahrens am Beispiel eines Unternehmens der Metallindustrie. Diss. Heidelberg.

Grote RC (2005) Forced ranking: making performance management work. Harvard Business School Press, Boston

Hattie J, Timperley H (2007) The power of feedback. Rev Educ Res 77(1):81–112

Hinrichs S (2009) Mitarbeitergespräch und Zielvereinbarung. Betriebs- und Dienstvereinbarungen. Bund-Verlag, Frankfurt/M.

Hossiep R, Bittner JE, Berndt W (2008) Mitarbeitergespräche. Motivierend, wirksam, nachhaltig. Göttingen: Hogrefe

Locke EA, Latham GP (1984) Goal Setting: A Motivational Technique That Works! Prentice Hall

McCord P (2014) How Netflix reinvented HR. Harv Bus Rev 2014(January/February):60–77

McGregor D (1960) The human side of enterprise. McGraw-Hill, New York

Murphy KR, Cleveland J (1995) Understanding performance appraisal: social, organizational, and goal-based perspectives. SAGE, London

Odiorne GS (1965) Management by objectives. A system of managerial leadership. Pitman, New York

Trost A (2015) Unter den Erwartungen. Warum das jährliche Mitarbeitergespräch in modernen Arbeitswelten versagt. Wiley-VCH, Wiesbaden

Winkler B, Hofbauer H (2010) Das Mitarbeitergespräch als Führungsinstrument. Handbuch für Führungskräfte und Personalverantwortliche. Hanser, München

Lernen und Wissen

A. Trost, *Neue Personalstrategien zwischen Stabilität und Agilität*,
https://doi.org/10.1007/978-3-662-57407-2_7

Dieses Kapitel handelt von der kurz- bis mittelfristigen Aneignung von Wissen und Fähigkeiten. Damit wird im Folgenden ein wesentlicher Teil dessen beschrieben, was man schon immer der so genannten *Personalentwicklung* zugeordnet hat. Im internationalen Kontext, etwa in Lehrbüchern wird Personalentwicklung meist mit „Training and Development" überschrieben (z. B. Jackson und Schuler 2012). Dabei beschreibt Training im weitesten Sinne das, was hier mit Lernen gleichgesetzt wird. Heute erkennen wir allerdings, dass Lernen weit mehr ist, als die Nutzung formaler Trainings, Seminare oder Kurse. Lernen findet auch im Rahmen etwaiger Programme statt, formell und geplant. Vielmehr erfolgt die schnelle Aneignung von Wissen und Fähigkeiten auf informelle Weise, kontinuierlich, bedarfsorientiert, zwischenmenschlich und mobil.

Das Kapitel beginnt mit der betrieblichen Ausbildung, die sicherlich langfristig angelegt ist, wenngleich sie sich nicht über den langen Zyklus einer lebenslangen Karriere erstreckt. Ähnlich ist das besondere Thema der Führungskräfteentwicklung gelagert. Diese erfolgt entweder im Rahmen einer zeitlich befristeten Maßnahme oder kontinuierlich. Ein zentrales Thema innerhalb dieses Kapitels nimmt kontinuierliches Lernen ein. Schließen wird dieses Kapitel mit einem ebenfalls besonderen Thema, nämlich dem Wissensmanagement. Hierbei geht es freilich nicht nur um den Wissenserwerb und -austausch sondern auch um Fragen der Wissensidentifikation und -bindung.

Der andere Teil der Personalentwicklung (Development) ist langfristig und befasst sich mit der langfristigen Entwicklung und Karriere von Menschen oder Mitarbeitern. Auf ihn wird im nachfolgenden ► Kap. 8 eingegangen.

7.1 Betriebliche Ausbildung

Im Zusammenhang mit meiner Beratungstätigkeit für die Diehl AG kam ich in den Genuss ihrer Firmenbiographie. Dort ist ein Bild von der eindrucksvollen Lehrlingswerkstatt aus den Dreißigerjahren abgebildet auf dem an der Rückwand der promintente Schriftzug zu erkennen ist: „Nur wer gehorchen lernt, kann später auch befehlen!" (Schöllgen 2002, S. 73). Bei einem Ortstermin konnte ich mich dann versichern, dass dieser Schriftzug zwischenzeitlich übermalt wurde. Dieser Spruch ist bezeichnend für eine Haltung, die vor vielen Jahren prägend für die betriebliche Ausbildung war. Gehorsam, Disziplin, Ordnung, Fleiß waren dominierende Tugenden, die für eine strategische Ausrichtung einer damaligen, betrieblichen Ausbildung bestimmend waren. Heute ist das anders, wenngleich in so manchen Ausbildungsbetrieben noch Spuren dieser Haltung erkennbar sind. Im Folgenden werden unterschiedliche Dimensionen einer strategischen Ausrichtung in Bezug auf die berufliche Ausbildung vorgeschlagen und beschrieben.

Coole und eher uncoole Ausbildung

Inwieweit sich Ausbildungsbetriebe in der Gestaltung ihrer dualen Ausbildung von diesen historischen Leitmotiven gelöst haben erkennt man, wenn man mit aktuellen oder ehemaligen Auszubildenden spricht und sie von ihrer Ausbildung berichten lässt. In einem „coolen" Fall hört sich das dann wie folgt an:

» Als Azubi hatte ich von Anfang an viel Verantwortung. Oft wurden mir Aufgaben zugetraut, die mir eigentlich zu groß waren. Aber das Vertrauen und die Hilfe älterer Azubis haben echt geholfen. Unseren Ausbildern war es immer super wichtig, dass wir so häufig wie möglich mit unseren Kunden zu tun hatten. Dadurch konnte ich extrem viele Einblicke bekommen. Meine Ausbilder waren super locker drauf und haben auch echt etwas von uns abverlangt. Die wollten auch immer, dass man selber mit Ideen kommt. Eigentlich waren Alle total nett. Man war nie allein und wir konnten gemeinsam an Projekten arbeiten, die wir uns sogar selbst ausdenken durften. Später habe ich dann auch den jüngeren Azubis geholfen. Ich muss sagen, dass ich dadurch sogar am meisten gelernt habe.

Wie man offensichtlich erkennt, spiegelt dieser Bericht ein sehr modernes, mündiges Verständnis von Ausbildung wider. Studenten in meiner Vorlesung, die in dieser Form von ihrer vorherigen Ausbildung berichten, werden regelmäßig von jenen Kommilitonen beneidet, die von ihren eher „uncoolen" Erfahrungen erzählen. Deren Bericht klingt dann ungefähr so:

» In meiner Ausbildung habe ich schrittweise immer schwierigere Aufgaben machen dürfen. Da gab es auch einen klaren Plan, den wir immer zum Anfang eines Lehrjahres bekommen haben. Die Ausbilder haben einem sehr genau erklärt, wie man die Aufgaben erledigt und man durfte immer erst dann etwas für Kunden machen, wenn man es wirklich gut konnte. Dabei waren die meisten ziemlich streng. Einmal im Jahr mussten wir auch ein Projekt mit anderen zusammen machen, das sich unsere Ausbilder ausgedacht haben. Die hatten dann immer ein Auge drauf, wie wir das Projekt umgesetzt haben. Das Ergebnis durften wir manchmal sogar einem Vorstandsmitglied präsentieren. Das war eigentlich ziemlich cool aber auch echt stressig. Oft war es mit den anderen Azubis wie so ein Wettbewerb. Man hat irgendwie immer versucht, besser zu sein, wie die anderen. Man hat sich dann natürlich besonders angestrengt aber ich glaube die Stimmung war dadurch nicht immer so gut.

Was hier anhand fiktiver Berichte etwas anekdotisch erscheint beschreibt im Kern zwei mögliche, gegensätzliche strategische Ausrichtungen in Bezug auf die betriebliche Ausbildung. Bei genauerem Hinhören erkennt man Dimensionen, auf die im Folgenden kurz eingegangen wird. Es geht unter anderem um Lernchancen, Vielfalt und die Form des Miteinander.

Lernchancen, Vertrauen und kalte Wasser

Vor etlichen Jahren habe ich für einen großen, regionalen Sparkassenverband eine Open-Space-Veranstaltung durchgeführt. Gemeinsam mit 120 Schülern und Auszubildenden haben wir einen Tag lang an der dortigen Sparkassenakademie Ideen zur Frage entwickelt, wie man im 21. Jahrhundert Auszubildende gewinnt. Die Idee war es, bei dieser Frage direkt mit der Zielgruppe zusammenzuarbeiten. Komplett begeistert und von der Ideenvielfalt angetan fragte mich die Verbandsleitung im Anschluss, ob ich bereit wäre, die Ergebnisse dieser Veranstaltung bei der nächsten, großen Personalleitertagung zu präsentieren. Ich weigerte mich entschieden, weil ich der Meinung war, dies sollten Auszubildende selbst tun. Ich bestand darauf. Schließlich führten wir auf der besagten Tagung eine einstündige Präsentation durch, bei der vier Auszubildende unter meiner Moderation ihre Gedanken und Ideen vorstellten. Die Unsicherheit vor der Veranstaltung war groß. Die Auszubildenden waren sichtlich nervös. Am Ende war die Sache ein voller Erfolg. Die Auszubildenden waren unfassbar stolz. Deren Personalleiter waren ebenso stolz und angetan. Besser hätte man die Sache nicht machen können.

Natürlich hätte ich die Ergebnisse des Open-Space-Events präsentieren können und sicherlich hätte ich das aufgrund meiner Erfahrung gut gekonnt. Aber: immer wenn ein Erfahrener etwas tut nimmt er den weniger erfahrenen die Lernchance. Ausbildungsbetriebe, die dies erkennen, handeln nach folgender, strategischen Prämisse:

> Wir eröffnen unseren Auszubildenden jede erdenkliche Lernchance, die sich bietet und ermutigen sie, Herausforderungen anzunehmen, die ihnen aktuell für zu groß erscheinen. **(1-2)**

Andere Ausbildungsbetriebe wiederum denken gegensätzlich. Dabei geht es weniger um die Frage des Können oder Wollen. Hier geht es in erster Linie um das Dürfen. Sie haben Angst und zweifeln an den Fähigkeiten ihrer Anvertrauten. Zumindest wollen sie sicher gehen und Risiken vermeiden:

Wir können Auszubildenden erst dann eine Aufgabe übertragen, wenn wir uns auf ihre Fähigkeiten verlassen können. Alles andere wäre zu riskant. (1-1)

Ausbildungsbetriebe, die ihren Auszubildenden jede erdenkliche Lernchance eröffnen wollen erkennen hierfür grenzenlose Möglichkeiten. Um nur ein Beispiel zu nennen: In zahlreichen Ausbildungsbetrieben werden jedes Jahr Neuankömmlinge begrüßt – eine Gruppe, stiller, schüchterner, unsicherer und erwartungsfroher, junger Menschen. Wer führt die Begrüßung durch? Macht dies der Ausbildungsleiter oder wird diese Aufgabe von Auszubildenden aus dem zweiten Lehrjahr übernommen? Wenn dies der Ausbildungsleiter tut nimmt er den Auszubildenden im zweiten Lehrjahr eine Lernchance – auch wenn er es damit gut gemeint hat.

Vielfalt und Mitgestaltung versus Konformität und Standards

Ich kenne einen äußert innovativ denkenden Ausbildungsleiter eines großen, schwäbischen Maschinenbauunternehmens. Er berichtete mir von einem sehr gut funktionierenden „Best Practice". Gruppen von Auszubildenden aus unterschiedlichen Ausbildungsrichtungen erhalten einen großen Klotz bestehend aus ST37-Stahl. Der Klotz hat jeweils eine Länge, Breite und Höhe von 30 cm. Die einfache Aufgabenstellung lautet: Überlegt Euch, was Ihr damit macht und generiert bis zum Ende dieses Jahres einen möglichst hohen Umsatz. Diese Übung vermittelt eine Vielzahl von Lerninhalten. Es geht um Technologie, Produktion, Produktdesign, Innovation, Marketing, Vertrieb, Kostenrechnung, Projektmanagement, Gruppendynamik und um vieles mehr. Alles was es dafür braucht ist ein Klotz aus Stahl, Vertrauen, Zeit und Unterstützung dort, wo sie eingefordert wird. In einem standardisierten Lehrplan lassen sich diese Dinge kaum beschreiben. Möglicherweise kam diese Idee sogar von Auszubildenden selbst. Es wäre natürlich denkbar, dass sie irgendwann auf die Idee kommen, den Stahlklotz durch etwas anderes zu ersetzen.

In vielen Ausbildungsbetrieben hingegen ist die Ausbildung in hohem Maße vorstrukturiert. Es gibt klare Lehrpläne. Es ist festgelegt, wer was wann wie zu lernen hat. Manche sprechen gar von einer Industrialisierung der Ausbildung. In nicht geringem Maße sind diese Inhalte auch von den jeweiligen Kammern oder von anderen, zentralen Stellen vorgegeben. Nicht selten wird argumentiert, die Auszubildenden würden dies auch aktiv einfordern. Strukturiertheit als Zeichen der Professionalität. Diese Ausbildungsbetriebe folgen der strategischen Prämisse:

Wir halten uns an klar strukturierte Ausbildungspläne, die festlegen, was wann wie gelernt werden muss. Unsere Auszubildenden fordern diese Klarheit und Struktur auch ein. **(2-1)**

Zahlreiche Beispiele aus Unternehmen zeigen aber, dass sich trotz übergeordneter Vorgaben und der notwendigen Synchronisation der Ausbildung mit den statischen Plänen der Berufsschulen Freiräume schaffen lassen. Diese wiederum bieten Raum für die Präferenzen, Neigungen, Talente und Interessen der Betroffenen:

Die zeitliche und inhaltliche Gestaltung der Ausbildungen liegt so weit wie möglich in den Händen der Auszubildenden selbst. **(2-2)**

Am Ende wird es für Ausbildungsbetriebe immer um die richtige Balance zwischen diesen beiden Polen gehen. Entscheidend sind schließlich die bestimmende Tendenz und die Frage, wie weit man in die eine oder andere Richtung gehen möchte.

Ich kann als Hochschullehrer einerseits meinen Studenten Projekte vorgeben und zentral definieren, wer sich um welches Projekt zu kümmern hat. Wenn ich das tue, werden mich die Studentinnen und Studenten reflexartig fragen, was meine konkreten Erwartungen sind, damit sie am Ende für das was sie abliefern eine möglichst gute Note zu erhalten. Vorgaben und Standardisierung führen unmittelbar zu einer Fokussierung der Lernenden auf das was am Ende „prüfungsrelevant" ist. Lernmotivation ist in der Tendenz extrinsischer Natur.

Auszubildende lernen vor allem jene Inhalte, die prüfungsrelevant sind. Alles andere wäre unrealistisch. Ein gewisser Druck ist hier durchaus sinnvoll. **(3-1)**

Gänzlich anders stehen die Dinge, wenn ich meinen Studenten zwar einen Rahmen vorgebe, sie aber innerhalb diese Rahmen Projekte selbst definieren und selbst entscheiden, wer mit wem zusammenarbeiten möchte. Bei dieser Vorgehensweise muss ich mir um die Motivation der Studenten kaum Sorgen machen. Sie machen sich ihr Projekt zu eigen, sind also eher intrinsisch motiviert, auch wenn ich formal dazu gezwungen bin, am Ende Noten zu vergeben.

Jeder Schüler, jeder Auszubildende hört in seinem Leben mehrmals den Hinweis, man lerne für das Leben und nicht für die Schule. Manche Betroffene irritiert dieser Hinweis, hat man doch gelernt, dass sich allein aus den Noten persönliche Konsequenzen ableiten. Also lernt man, um schließlich gute Noten zu erzielen. Die Relevanz der zu lernenden Inhalte ist unmittelbar mit den Prüfungen verbunden. Schüler, Studenten und Auszubildende, die frühzeitig eine Nähe zu Kunden erfahren, haben zumindest die Chance, Lerninhalte in einem anderen Lichte zu sehen. Sie erfahren, dass sie Lerninhalte benötigen, um die Probleme Anderer (der Kunden) lösen zu können.

Neugier und erlebte Relevanz sind die besten Lehrer. Deshalb bringen wir unsere Auszubildenden mit Kunden und deren Probleme zusammen. **(3-2)**

Insofern kann es eine gute Idee sein, Auszubildende aus den geschützten Bereichen einer Lehrwerkstatt ins wahre Leben zu führen. Gute Ausbildungsbetriebe tun dies so intensiv wie nur möglich. Ausbilder, die hingegen eine Fokussierung der Auszubildenden auf Prüfungsrelevantes und auf Noten hinnehmen, haben vermutlich kapituliert. Sie haben akzeptiert, dass ihre Auszubildenden der Theorie X im Sinne McGregors (1960) entsprechen und nicht der Theorie Y.

Lernen durch Lehren

Lehren ist eine wunderbare Methode um zu Lernen. Gute Lehrer wissen das, weswegen sie sich nicht nur als Vermittler von Wissen sondern als Moderatoren des Lernens sehen. Insofern ist es zu begrüßen, dass bereits in Schulen Schüler dazu aufgefordert werden, etwa im Rahmen von Referaten Anderen etwas zu vermitteln. Hierbei profitieren weniger die zuhörenden Schüler sondern vor allem der referierende Schüler selbst. Anderen etwas zu vermitteln schafft Commitment. Schüler, Auszubildende oder Studenten erfahren dies unmittelbar in ihren informellen Lerngruppen. Es ist ein Unterschied, ob man sich Lernstoff in einem sozial isolierten Setting sozusagen „in die Rübe prügelt“ (auswendig lernt) oder ob man durch die bloße Anwesenheit Anderer motiviert ist, etwas in eigenen Worten zu erklären.

Auszubildende sind Schüler und Lehrer zugleich. Sie lernen, indem sie mit Anderen ihr Wissen und ihre Erfahrungen teilen. **(4-2)**

Das traditionelle, konservative Verständnis von Lehren und Lernen basiert auf anderen Annahmen. Hier gibt es den fachlich überlegenen und erfahrenen Meister. Er, und nur er hat die im zugewiesene Aufgabe, unerfahrenen, jungen Menschen Wissen und Fähigkeiten zu vermitteln. Hier sei an die Anwendung des T-Konzepts im Zusammenhang mit der fachlichen Überlegenheit von Führungskräften in ▶ Abschn. 4.4 erinnert.

Auszubildende (wenig Wissen) lernen von ihren Ausbildern, Lehrern, Meistern und Führungskräften (viel Wissen). Das war schon immer so. (**4-1**)

In zahlreichen Unternehmen sind Meister hoch respektierte Persönlichkeiten. Dies soll hier auch in keiner Weise in Frage gestellt werden. Als Professor finde ich mich in einer ähnlichen Position und genieße selbstverständlich die soziale Wertschätzung, die mir zuweilen begegnet. Es wäre aber zu kurz gegriffen, würden sich Meister als auch Professoren in einem Lernkontext als die alleinigen Ressourcen des Lernens verstehen. Damit würden sie die sozialen Möglichkeiten des Lernens von und miteinander ausblenden.

Buddies und Reversed Mentoring

In modernen Ausbildungsbetrieben unterstützen Auszubildende andere Auszubildende. Teilweise wird dies durch Mentorenprogramme unterstützt – in der Sprache zukünftiger Generationen spricht man hier auch von Buddies und *Buddy-Programmen*. Auszubildende lernen nicht nur voneinander sondern auch miteinander. Hierdurch werden die Schwächen einzelner durch die Stärken anderer kompensiert oder ergänzt. Gemeinsame Projekte spielen hierbei eine entscheidende Rolle. Manche Betriebe gehen sogar einen Schritt weiter und nutzen Auszubildende als Lernressource für erfahrene und übergeordnete Mitarbeiter und Führungskräfte – Auszubildende als Mentoren für Führungskräfte. Man spricht hierbei auch von *Reversed Mentoring*. Auszubildende schulen Führungskräfte in der Nutzung von Social Media oder vermitteln Präferenzen, Interessen, Lebensperspektiven jüngerer Generationen. Auch hierbei lernen in erster Linie die Lehrenden selbst.

In zahlreichen Branchen sind Auszubildende insofern eine wunderbare Ressource, weil sie aktuelle und zukünftige Zielgruppen in den Märkten repräsentieren. Man denke hier etwa an Branchen wie Einzelhandel, Mode, Gastronomie oder Finanzdienstleistungen. Wenn das Modeunternehmen H&M die Präferenzen junger Zielgruppen verstehen möchte sollte es von seinen Auszubildenden lernen. Wenn Banken wie die Sparkassen oder genossenschaftlichen Banken verstehen möchte, wie zukünftige Generationen Finanztransaktionen tätigen wollen, sollten sie auf ihre Auszubildenden hören. Einzelhändler können von ihren Auszubildenden lernen, welche Produkte eine Aussicht auf Erfolg haben und wie man diese positioniert. Die Liste ließe sich beliebig erweitern. Wenn ein Unternehmen von jungen Zielgruppen lernen möchte fordert es diese auf, zu widersprechen und bestehende Dinge in Frage zu stellen.

Wir ermutigen unsere Auszubildenden, ihren Ausbildern, Lehrern und Führungskräften sachlich und konstruktiv zu widersprechen. (**5-2**)

Diese Haltung steht der eingangs formulierten Haltung der Firma Diehl aus den Dreißigerjahren diametral gegenüber. Dabei tut sich für immer mehr Ausbilder an dieser Stelle ein Dilemma auf. Zumindest in etlichen Bereichen bemängeln Unternehmen eine sinkende *Ausbildungsreife*. Dies betrifft in erster Linie Aspekte wie Disziplin, Belastbarkeit und die Einhaltung grundlegender, zwischenmenschlicher Umgangsformen (Dobischat et al. 2012). Vor diesem Hintergrund ist es durchaus verständlich, wenn Ausbilder wieder traditionelle Werte, wie Gehorsamkeit oder Pünktlichkeit gezielt in den Vordergrund rücken. Nicht selten sehen sie die Notwendigkeit, eine verpasste Erziehung nachholen zu müssen.

Es hat schon immer zu den Tugenden eines guten Auszubildenden gehört, gegenüber Ausbildern und Führungskräften gehorsam zu sein. (**5-1**)

Mein Vater war Schweißer, ein weithin anerkannter Meister seines Faches, der in seinem Leben hunderte von Auszubildenden geschult hat. In seiner Lehrwerkstatt hing prominent ein Ausspruch des schwäbischen Mundartdichters Harald Fischer: „Wenn Du Stift bist lernst Du etwas und hast nichts zum Sagen. Wenn Du Geselle bist lernst Du nichts mehr und hast etwas zum Sagen. Wenn Du aber gelernt hast Deinen Mund zu halten, wenn Du etwas zum Sagen hast, dann bist Du Meister“[1]. Dies würde man heute nicht mehr uneingeschränkt unterschreiben.

Auszubildende als Erwachsene behandeln

Neben der oben dargestellten Entwicklung der Ausbildungsreife ist ein weiterer, wichtiger Trend in der dualen Ausbildung festzustellen. So berichtet das Bundesinstitut für Berufsbildung

1 Bei dieser Version handelt es sich um eine eigene Übersetzung aus dem Schwäbischen. Das Original lautet wie folgt: Wenn de Schdift bisch, lernsch äbbes ond hosch nix zom Saga. Wenn de Gesell bisch, lernsch nix mai ond hosch äbbes zom Saga. Wenn de abr glernt hosch, dai Gosch z'halda, wenn de äbbes zom Saga hosch, noo bisch Moischdr!

Tab. 7.1 Alle strategischen Dimensionen zu betrieblicher Ausbildung im Überblick

Übertragung von Aufgaben	1-1 Risiken vermeiden Wir können Auszubildenden erst dann eine Aufgabe übertragen, wenn wir uns auf ihre Fähigkeiten verlassen können. Alles andere wäre zu riskant	1-2 Lernchancen eröffnen Wir eröffnen unseren Auszubildenden jede erdenkliche Lernchance, die sich bietet und ermutigen sie, Herausforderungen anzunehmen, die ihnen aktuell für zu groß erscheinen
Strukturierung der Ausbildung	2-1 Fixe Ausbildungspläne Wir halten uns an klar strukturierte Ausbildungspläne, die festlegen, was wann wie gelernt werden muss. Unsere Auszubildenden fordern diese Klarheit und Struktur auch ein	2-2 Selbstgesteuerte Ausbildung Die zeitliche und inhaltliche Gestaltung der Ausbildungen liegt so weit wie möglich in den Händen der Auszubildenden selbst
Lernmotivation	3-1 Relevante Prüfungsinhalte Auszubildende lernen vor allem jene Inhalte, die prüfungsrelevant sind. Alles andere wäre unrealistisch. Ein gewisser Druck ist hier durchaus sinnvoll	3-2 Neugier und Relevanz Neugier und erlebte Relevanz sind die besten Lehrer. Deshalb bringen wir unsere Auszubildenden mit Kunden und deren Probleme zusammen
Lehrende	4-1 Lehrer, Meister, Ausbilder Auszubildende (wenig Wissen) lernen von ihren Ausbildern, Lehrern, Meistern und Führungskräften (viel Wissen). Das war schon immer so	4-2 Auszubildende Auszubildende sind Schüler und Lehrer zugleich. Sie lernen, indem sie mit Anderen ihr Wissen und ihre Erfahrungen teilen
Anspruch der Unterordnung	5-1 Gehorsamkeit Es hat schon immer zu den Tugenden eines guten Auszubildenden gehört, gegenüber Ausbildern und Führungskräften gehorsam zu sein	5-2 Kritische Reflexion Wir ermutigen unsere Auszubildenden, ihren Ausbildern, Lehrern und Führungskräften sachlich und konstruktiv zu widersprechen

(2017) in seinem jährlichen Bericht eine kontinuierliche Zunahme des Einstiegsalters bei Auszubildenden. Im Jahr 2017 betrug dieses fast 20 Jahre. Dabei kann man gerade bei den über 20-Jährigen seit vielen Jahren eine deutliche Zunahme feststellen. Soll man nun Auszubildende wie große Kinder oder wie junge Erwachsene behandeln? Betrachtet man die in diesem Unterkapitel dargestellten Dimensionen zusammenfassend (siehe Tab. 7.1), dann werden diese beiden Perspektiven mehr oder weniger durch die gegensätzlichen, strategischen Optionen widergespiegelt.

7.2 Führungskräfteentwicklung

Will man *Führungskräfteentwicklung* in ihrer heutigen, verbreiteten Form verstehen muss man etwas in die Vergangenheit der Personalentwicklung (PE) blicken. Unternehmen, die damit beginnen, PE zu institutionalisieren tun dies meist, indem sie im Unternehmen nachgefragte Trainingsmodule, Schulungsbausteine anbieten. Drei Tage Projektmanagement, Business

English I, II, III, Präsentieren, Moderieren. Zwei Tage Einführung in das Rechnungswesen. Und schließlich: Richtig Führen, zwei Tage, zwölf Teilnehmer, durchgeführt von einem externen Führungskräftetrainer. Nach einiger Zeit entwickeln sich diese Schulungsbausteine häufig zu umfassenden Führungskräfteentwicklungsprogrammen, länger andauernde Maßnahmen, bestehend aus mehreren Schulungsbausteinen, Coaching, Projekten etc. Im Folgenden wird zunächst die grundsätzliche Logik und strategische Ausrichtung dieser Programme in ihrer traditionellen Form vorgestellt. Anschließend wird eine alternative Ausrichtung dagegen gehalten.

Die Trennung von Strategie, Geschäftskontext und Lernkontext

Schaut man sich in großen oder mittleren Unternehmen nach deren Führungskräfteentwicklung um, dann findet man mit hoher Wahrscheinlichkeit Programme, denen eine Logik zugrunde liegt, wie sie in ◘ Abb. 7.1 grafisch dargestellt ist (vgl. Sattelberger 1999).

Ausgangspunkt für die Konzeption und Umsetzung eines Entwicklungsprogramms sind die im *Geschäftskontext* angesiedelten Anforderungen. Was sind die aktuellen und zukünftigen Aufgaben von Führungskräften im Unternehmen? Mit welchen besonderen Herausforderungen werden sie in Anbetracht zukünftiger, strategischer Herausforderungen konfrontiert sein und welchen Anforderungen müssen sie daher gerecht werden? Bei Letzterem wird nicht selten in Kompetenzen gedacht, die sich wiederum aus einer übergeordneten Unternehmensstrategie ergeben. Aus diesem Geschäftskontext werden *Qualifizierungsbedarfe* passend zur Zielgruppe der Führungskräfte abgeleitet, die schließlich in ein passendes Qualifizierungsprogramm, dem *Lernkontext* übersetzt werden. Beim Lernkontext geht es um die Frage, welche Inhalte, mit Hilfe welcher Trainer angeboten werden sollen. Darüber hinaus geht um die geeigneten Lehr- und Lernformate: Frontalunterricht, Gruppenarbeit, Fallstudien, Projekte. In Bezug auf das Letztere werden nicht selten strategische Fragestellungen in das Programm hinein gekippt, um so die Teilnehmer zur

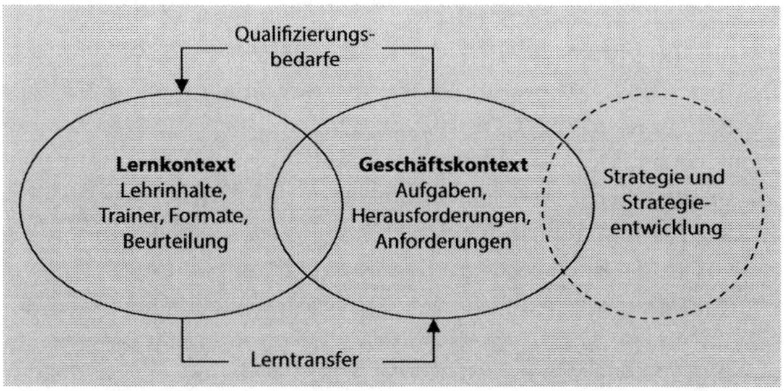

◘ **Abb. 7.1** Der Zusammenhang zwischen Lern- und Geschäftskontext

Auseinandersetzung mit übergreifenden Fragen der Wettbewerbsfähigkeit anzuregen. Abschließend kann es noch um die Art der Beurteilung gehen oder um die Ermittlung des Lernerfolgs.

Die Inhalte der Führungskräfteentwicklung leiten sich aus der übergeordneten Unternehmensstrategie ab. (**1-1**)

Am Ende hofft man dann auf den so genannten *Lerntransfer*. Wie viel von dem, was die teilnehmenden Führungskräfte erworben haben, können sie im Geschäftskontext schließlich anwenden und tun dies auch? Die grundlegende Annahme dieser Logik besteht darin, dass umso klarer der Geschäftskontext gesehen wird, umso besser daraus die Bedarfe abgeleitet und im Lernkontext übersetzt werden, desto eher gelingt schließlich der Lerntransfer (vgl. Baldwin und Ford 1988).

Traditionelle Führungskräfteentwicklungsprogramme werden zwar durch die Unternehmensstrategie inspiriert. Die Entwicklung der Unternehmensstrategie findet aber an einer anderen Stelle statt und ist nicht Teil der Führungskräfteentwicklung an sich. Im Grunde wird hier sequenziell gedacht. Erst kommt die Unternehmensstrategie und dann wird darauf aufbauend das Entwicklungsprogramm konzipiert.

MBA Light

Eine gesonderte Betrachtung verdienen in diesem Zusammenhang fachliche Lerninhalte, die von sehr grundlegender Art sind. In den meisten Fällen blicken Führungskräfte auf keine betriebswirtschaftliche Grundausbildung zurück. Sie sind häufig Ingenieure, Juristen, Informatiker oder Absolventen unterschiedlichster naturwissenschaftlicher Richtungen. Andere haben beispielsweise eine technische berufliche Ausbildung absolviert. In Anbetracht dessen, sehen sich zahlreiche Unternehmen dazu veranlasst, ihren Führungskräften eine betriebswirtschaftliche Grundausbildung zu ermöglichen. Es geht um Rechnungswesen, rechtliche Aspekte, strategisches Management oder andere Grunddisziplinen der Betriebswirtschaftslehre. Oft werden Teilnehmer dieser Programme entweder auf so genannte Executive MBA-Programme an regionalen Hochschulen geschickt, oder man bietet „inhouse" kleinere Derivate von MBA-Programmen an – man nennt diese dann liebevoll „Mini MBA" oder „MBA Light". Diese Programme haben mit Führung meist nur wenig zu tun und fallen nicht in den Kontext der in diesem Kapitel stattfindenden Auseinandersetzung. Grundsätzlich scheinen der Nutzen und das Design dieser Programme unabhängig von den strukturellen und kulturellen Rahmenbedingungen eines Unternehmens.

Strategisch abgeleitete Führungskompetenzen auf unterschiedlichen Ebenen

Fast alle großen Unternehmen verfügen über *Kompetenzmodelle* für Führungskräfte. Sie beschreiben nichts weiter als ein Set an Fähigkeiten, die als erforderlich erachtet werden, um im jeweiligen Unternehmen als Führungskraft erfolgreich zu sein. Trotz aller Unterschiedlichkeit der jeweiligen Branchen, Märkte, strategischen Herausforderungen und Positionierungen unterscheiden sich diese von Unternehmen zu Unternehmen kaum: Strategisches Denken, Ergebnisorientierung, Kunden- und Marktorientierung, Teamfähigkeit, Netzwerke aufbauen und pflegen, Mitarbeiterentwicklung, durch Transformationen führen, internationale Mobilität und Sensitivität, digitale Kompetenz. Sie entstehen meist top-down und iterativ. Am Ende entscheidet der Vorstand über zukünftig geltende Kompetenzen aufgrund derer strategischen Relevanz.

Führungskompetenzen werden „von oben" vorgegeben. Sie sind Teil der strategischen Ausrichtung des Gesamtunternehmens und beschreiben, wie Führungskräfte sein sollen. (2-1)

Kompetenzmodelle haben im Rahmen einer Führungskräfteentwicklung die Bedeutung relevanter Lernziele, zumindest auf generischer Ebene. Dabei ist es üblich, zwischen Führungsligen zu unterscheiden. Eine sehr verbreitete Differenzierung kennt erstens das Top-Management, Executives oder C-Level, zweitens das mittlere Management, Führungskräfte, die Führungskräfte führen und drittens die Ebene der Gruppen- oder Teamleiter. Innerhalb dieser Ebenen werden besondere Herausforderungen und erforderliche Führungskompetenzen beschrieben. Entsprechend unterschiedlich sind die Lerninhalte auf diesen Ebenen (siehe ◘ Abb. 7.2).

Executives auf C-Level führen nicht nur Führungskräfte sondern ganze Organisationen. Sie sind für die Strategie (das Warum), Systeme und die Unternehmenskultur (das Wie) verantwortlich. Insofern beschäftigt sich diese, meist globale Zielgruppe mit anderen Fragestellungen als ihre Kollegen in der Liga unter ihnen. Hier finden sich Bereichsleiter, Mittelmanager, die sich aus ihrer Sandwich-Position zwischen Strategie und operativer Umsetzung mit Themen der Planung, Steuerung, Kommunikation etc. beschäftigen. In Teamleitertrainings hingegen liest sich das Curriculum wieder gänzlich anders. Hier kommen Inhalte zum Tragen, die sich unmittelbar an den Mitarbeiterbelangen orientieren (z. B. Konfliktmanagement, Zielvereinbarung und Beurteilung) sowie Themen rund um den täglichen Betrieb (Kreativität, Problemlösen etc.).

Abb. 7.2 Führungskompetenzen und Herausforderungen auf unterschiedlichen Ebenen

> Wir entwickeln für unsere Führungskräfte abgestimmte Trainingsprogramme. Dadurch können wir sicherstellen, dass unsere Führungskräfte das lernen, was das Unternehmen auch braucht. **(3-1)**

Wie bereits im Zusammenhang mit der Trennung von Strategie, Geschäfts- und Lernkontext erläutert, wird in der Übersetzung von Strategie in Anforderungen, von Anforderungen in Kompetenzen, von Kompetenzen in Trainingsinhalte, von Trainingsinhalten in Trainingsprogramme, von Trainingsprogramme in Lernen, von Lernen in die Anwendung (Lerntransfer) die zentrale Wertschöpfungskette der Führungskräfteentwicklung gesehen. Der Nutzen hängt am Ende von der Qualität der Übersetzung vom einen zum nächsten Schritt ab.

Strategische Aufgabenstellungen

Es erfordert nicht viel Fantasie, sich vorzustellen, dass diese Wertschöpfungskette zu Verlusten führen kann. Das gesamte Programm mag an der schwächsten Übersetzung scheitern. Was bleibt von den anfänglichen strategischen Überlegungen schließlich bei der konkreten Anwendung im Geschäftskontext wirklich übrig? Vor dem Hintergrund dieser mit Unsicherheit belasteten Überlegung lag es für viele Unternehmen nahe, strategische Fragestellung unmittelbarer in den Führungskräfteentwicklungsprogrammen zu verankern. Hier bediente man sich fortan der Idee des *Aktionslernens* – Lernen von und miteinander anhand realer Herausforderungen (Marquardt et al. 2009). Teilnehmer von Führungskräfteentwicklungsprogrammen werden Fragestellungen von strategischer Bedeutung zugewiesen. Meist werden diese Themen vom Vorstand oder der Geschäftsführung zentral definiert. In diversen Teams bestehend aus Teilnehmern aus unterschiedlichen Funktionen, Division oder Ländern werden diese Fragestellungen bearbeitet. Analysen, Schlussfolgerungen, Optionen werden dann am Ende des Programms vor dem obersten Management feierlich präsentiert. All dies erfolgt meist zusätzlich zur ohnehin hohen Arbeitsbelastung der für das Programm ausgewählten Führungskräfte. Im Zusammenhang mit dem Thema Talententwicklung (▶ Abschn. 8.2) wird dieses Konzept detailliert beschrieben. Wie noch gezeigt wird, ergeben sich auch hier unterschiedliche strategische Möglichkeiten einer Ausrichtung. Werden Themen selbst gewählt oder vorgegeben. Erfolgt die Bearbeitung von Themen on-the-job oder on-top-of-the-job?

Wissende und Unwissende

In Führungskräfteschulungen kommen meist externe Trainer zum Einsatz, so genannte Führungskräftetrainer. Je nach Führungsliga gibt es hier nicht nur erhebliche Unterschiede in der Qualität sondern auch im Honorar, das diese Trainer anschließend in Rechnung stellen. Während für Executives namhafte Professoren aus noch namhafteren Business Schools eingeflogen werden, begnügt man sich auf der Ebene der Teamleiter nicht selten mit regionalen Freelancern, die man ab 500 Euro pro Tag bekommen kann. Ein erfahrener Trainer mit fachlicher Überlegenheit vermittelt Inhalte an Teilnehmer mit entsprechenden Lernbedarfen. Dieses Prinzip kennen wir vermutlich schon seit Jahrhunderten. Der Wissende vermittelt sein Wissen dem Unwissenden. Das war schon in der Schule so.

Führungskräfte (Unwissende) lernen von professionellen Führungskräftetrainern und Mentoren (Wissende), die über eine fachliche Überlegenheit verfügen. (**4-1**)

Führungskräftetrainer selbst sind sich natürlich dessen bewusst, dass dieser Überlegenheitsanspruch nicht umfassend gerechtfertigt ist. Die anwesenden Führungskräfte sind mit ihrem jeweiligen Geschäftskontext selbstverständlich besser vertraut. Sie kennen ihre Mitarbeiter und das weitere Umfeld deutlich besser als der Trainer. Wie kann also ein Führungskräftetrainer ein Führungskräftetraining erfolgreich leiten, wenn die Lernenden ihren Geschäftskontext deutlich besser kennen als der Trainer? Die einfache Lösung besteht darin, Führung als eine Art Handwerk zu vermitteln: So gibt man Feedback. So vereinbart man Ziele. So geht man mit leistungsschwachen Mitarbeitern um. Dabei werden konkrete Handlungsanleitungen, Techniken, Checklisten,

Fragebogen, Orientierungsrahmen etc. geboten. Diese Techniken werden umrahmt von viel zitierten *Führungsmodellen*, denen eine universelle Gültigkeit zugeschrieben wird: die Maslow-Pyramide, die vier Ebenen der Kommunikation, Führungsrollen, Führungsstile, Blake und Mouton, Blanchard, Herzberg, Vroom und Yetten (siehe Rosenstiel et al. 1995).

Seminarhotels, Business Schools, Corporate Universities und Akademien

Führungskräfteschulungen finden meist off-the-job statt, in Seminar- und Konferenzhotels, an namhaften Business Schools, in Corporate Universities und Akademien in Distanz zum Firmengelände wenn möglich in inspirierender Umgebung. Dadurch verspricht man sich eine Reihe von Vorteilen. Eine physische Distanz des Lernkontexts zum Geschäftskontext macht es den Lernenden psychologisch einfacher, ihr Führungsverhalten zu reflektieren. Man genießt die Vorzüge professioneller Lern- und Reflexionsumgebungen. Zudem bieten entfernte Lernkontexte die Möglichkeit des abendlichen, informellen Networkings – das so genannte „Get-Together". In diesen Runden wird nicht selten arbeitsrelevanten Inhalten auf fachlicher aber auch zwischenmenschlicher Ebene Raum gegeben. Alkoholkonsum mag in diesem Rahmen die wechselseitige Offenheit und Direktheit beflügeln und emotionale Verbundenheit für eine zukünftige Zusammenarbeit fördern.

Die physische und damit auch psychologische Separierung von Lern- und Geschäftskontext erfordert im Anschluss an die Führungskräfteschulung einen Transfer gelernter Inhalte in den Anwendungskontext. Ein wesentlicher Faktor für Lerntransfer ist die erlebte Relevanz vermittelter Inhalte für die Bewältigung persönlicher Herausforderungen (Baldwin und Ford 1988). Daher werden Teilnehmer von Führungskräfteschulungen immer wieder aufgefordert, soeben präsentierte Inhalte vor dem Hintergrund ihrer jeweiligen, praktischen Führungsrealitäten zu reflektieren und Schlussfolgerungen abzuleiten.

Die Verantwortung liegt im Personalbereich

Die bisherige Darstellung vermittelt eine gewisse Vorstellung von der nicht zu unterschätzenden Komplexität solcher Führungskräfteentwicklungsprogramme. Hier geht es um strategische Überlegungen, um Fragen des Programmentwurfs und um dessen operativer Umsetzung. Zahlreiche Faktoren müssen koordiniert werden: Teilnehmer, Termine, Inhalte, Materialien, Lokationen, externe Trainer etc. All dies erfolgt in gegebenen Zeit- und Kostenrahmen. In den meisten Unternehmen ab einer gewissen Größe kümmert sich ein Team im Personalbereich um all diese Dinge.

Als Unternehmen tragen wir die Verantwortung für die Entwicklung unserer Führungskräfte. **(5-1)**

Der Leiter dieses Teams berichtet an den Leiter Personalentwicklung, welcher wiederum an den Personalleiter berichtet. Dieser berichtet schließlich direkt an den CEO oder an ein Mitglied in der Geschäftsleitung. Neben der bereits besprochenen Trennung von Strategie, Geschäfts- und Lernkontext, der physischen Trennung von Lern- und Anwendungsumwelt, dem Auslagern der Trainerverantwortung erkennt man in dieser organisatorischen Verankerung des Themas eine weitere Form der Trennung im Sinne einer Arbeitsteilung. Führungskräfte kümmern sich um ihr jeweiliges Business. Um deren Entwicklung kümmert sich hingegen eine separate und zugleich zentrale Abteilung irgendwo im Personalbereich. In ► Abschn. 11.1 werden zentrale Überlegungen zur Organisation und Positionierung der HR-Funktion weiter vertieft.

Alles, was bisher in diesem Unterkapitel zum Thema Führungskräfteentwicklung dargestellt wurde, klingt weitestgehend vernünftig. Tatsächlich spiegelt das bisher Skizzierte die gängige Praxis in den meisten großen und mittelgroßen Unternehmen wider. Wie in dem gesamten Buch soll aber auch zu diesem Thema ein agiler Gegenentwurf präsentiert werden, der möglicherweise mit selbstbestimmter und vernetzter Führung und Organisation kompatibler ist.

Strategieentwicklung = Führungskräfteentwicklung

Wenn Executives sich auf Klausurtagungen zusammenfinden, sich für mehrere Tage einschließen um über die Zukunft des Unternehmens nachdenken, oder sich zahlreiche Führungskräfte möglicherweise gemeinsam mit Geführten und Kunden in Open-Space-Veranstaltungen zusammenkommen, um Zukunftsfragen zu diskutieren, dann lernen sie, werden inspiriert und vernetzen sich. Strategieentwicklung bedeutet immer auch Umgang mit Ambiguität und Unsicherheit in einem dynamischen Umfeld. Nicht selten werden hierzu externe Impulsgeber und Querdenker hinzugezogen. Wenn schließlich aus einer gemeinsam erlebten Unsicherheit eine Form von Gewissheit oder Orientierung entsteht, haben die Beteiligten offenkundig gelernt.

> Die Entwicklung und Umsetzung der Unternehmensstrategie ist Teil der Führungskräfteentwicklung. **(1-2)**

Traditionell sehen sich die im Personalbereich für Führungskräfteentwicklung Verantwortlichen auch für die Entwicklung einer Unternehmensstrategie verantwortlich. Letzteres wird als Aufgabe der Unternehmensleitung gesehen, während die Personalfunktion ihre Herausforderung eher darin erkennt, von der Unternehmensstrategie ausgehend passende Entwicklungsprogramme zu erstellen. Dies muss nicht so sein.

Eines der bekannteren Beispiele für diese Form der Führungskräfteentwicklung liefert General Electric. Dort ist Führungskräfteentwicklung eng mit dem nördlich von New York gelegenen Ort verbunden, wo das General Electric Management Development Institute angesiedelt ist. Bereits zu Zeiten von Jack Welsh entwickelte sich dieses Institut, dieser Ort zu einem Platz für geistige Öffnung, für Inspiration und für internationale Vernetzung mit anderen Führungskräften aber auch mit Kunden. Jack Welsh sagte von sich, er habe zwei Drittel seiner Zeit dort verbracht (Ben-Hur et al. 2012).

Führungsrolle, Führungserwartungen, Führungswirkung

Hinter der selbstbestimmten Variante der Führungskräfteentwicklung steht weniger die Überzeugung, man könne vielen Führungskräften zugleich, auf einheitliche Weise „richtiges Führen" anhand gängiger Führungsmodelle und handwerklichen Führungsinstrumenten vermitteln. Vielmehr geht es um die Verantwortung und Besonderheit der Führungskraft selbst. Hier bedeutet Führungskräfteentwicklung vielmehr, einen Reflexionsrahmen zu bieten, innerhalb dessen eine Führungskraft ihr eigenes Führungsverhalten in Führungssituationen lernt zu verstehen, ihre Wirkung einzuordnen, Verhaltensoptionen zu erkennen und für sich zu bewerten.

Die Verantwortung für die Entwicklung unserer Führungskräfte liegt bei den Führungskräften selbst. (**5b**)

Dies klingt noch etwas abstrakt. Ein konkretes, einfaches Beispiel mag an dieser Stelle helfen. Man stelle sich eine Situation vor, wie sie jede Führungskraft nahezu täglich erlebt.

» Sie erhalten von ihrem Team eine Mail mit einem Anhang. Bei diesem handelt es sich um ein Konzept, einen Präsentationsentwurf, einen Vertrag, ein Angebot, eben irgendein Arbeitsergebnis. Das Team schreibt: „Hallo Jürgen [die Führungskraft], anbei findest Du den Entwurf usw. Ist das ok für Dich?".

Wenn ich mit Führungskräften zusammen bin präsentiere ich gerne diesen einfachen Fall. Dann kommt die Frage: „Was tun Sie?". Die Antworten lauten meist wie folgt: „Ich schaue mir das an und wenn mir etwas auffällt, was man vielleicht besser machen könnte, gebe ich das entsprechend zurück". In den Augen der Führungskräfte lese ich zuweilen die leicht irritierte Frage: „Was denn sonst?". Dann aber reagiere ich mit der eigentlichen Frage: „Warum tun Sie das?". Die häufigste Antwort: „Weil ich der Chef bin und weil das Chefs so machen". Das lasse ich nicht gelten. Also nochmal: „Warum tun Sie das?". Ich muss konkretisieren: „Was denken Sie, was Ihre Mitarbeiterinnen und Mitarbeiter von

Ihnen erwarten?". Spätestens jetzt kommen die unterschiedlichen Führungsrollen in Spiel, wie sie in ▶ Abschn. 4.4 dieses Buches dargestellt wurden.

- Erwarten die Mitarbeiter die Reaktion eines *Bosses*, dann wollen sie von ihrer Führungskraft den Segen, eine Genehmigung, „grünes Licht", ein „Approval". Damit laden sie die Verantwortung bei ihrem Chef ab. Wenn er es gut findet ist es gut und das Team entlastet sich von späteren Konsequenzen ihrer Arbeit. Das ist der einfachste Weg für das Team.
- Wünschen die Mitarbeiter eine weitere Perspektive bzw. Feedback? Dann betrachten sie ihre Führungskraft als *Partner*. Die Verantwortung bleibt beim Team (einschließlich der Führungskraft). Sie bereichern sich nur um die Sichtweise einer weiteren Instanz.
- Wollen die Mitarbeiter herausgefordert werden, etwa durch kritische Fragen? Dann erwarten sie den *Coach*. Auch dann behalten sie selbst die Verantwortung und stellen sich einfach nur den kritischen Fragen ihrer Führungskraft.
- Oder suchen die Mitarbeiter einfach nur Unterstützung von ihrem Chef etwa durch weitere Klärung, Informationen, Zeit, Budget etc.? In diesem Falle erwarten sie eine Führungskraft, die als *Befähiger* agiert.

Viele Führungskräfte gehen implizit von der Rolle des Bosses aus, haben dies aber weder reflektiert noch mit ihren Mitarbeitern jemals geklärt. Oft sehen sie noch nicht mal die alternativen Verhaltensoptionen. Wenn aber die Erwartungen der Mitarbeiter und das Rollenverständnis der Führungskraft nicht zueinander passen entstehen zum Teil groteske Situationen. Bereits dieser einfache, alltägliche Fall zeigt das große Potenzial führungsbedingter Reibungsverluste. Wie verhält es sich dann bei komplexeren Situationen?

Ein guter Freund von mir war frisch berufener Personalleiter in einem großen Konzern. Er sieht sich primär als Coach. Eines Tages bekam er ein interessantes Angebot auf den Tisch, das er an sein Team weiterleitete. Seine begleitende Frage: „Können wir das machen?". Wenige Wochen hakte er nach und fragte, was denn mit dem Angebot sei. Zu seinem Erstaunen erhielt er die Antwort: „Ja, wir haben das gemacht". Dies ist noch ein kleiner Fall, der schön zeigt, wie mangelnde Rollenklärung zu absurden Situationen führen kann. Er sah sich als Coach und erwartete die Expertenmeinung seiner Mitarbeiter um anschließen gemeinsam zu entscheiden. Diese aber haben seine Rolle als Boss interpretiert und seine Frage entsprechend als Weisung.

Führen lernen heißt, als Führungskraft seine Rolle zu finden, entsprechende Handlungsoptionen zu erkennen, sie zu bewerten und die persönliche Wirkung auf die Mitarbeiter zu verstehen. Ich bin davon überzeugt, dass noch keine Führungskraft ihre

Führungsstärke verbessern konnte, weil sie Führungsinstrumente konsequent anwendet oder die Maslow-Pyramide verstanden hat. Die Entwicklung eigener Führungsstärke erfordert die aktive Auseinandersetzung mit sich selbst in Führungssituationen, wie sie in diesem Abschnitt auf einfache Weise skizziert wurden.

Kritische Führungssituationen

Gemeinsam mit 30 Führungskräften einer Division eines großen Unternehmens der Finanzdienstleistungsbranche führte ich vor etlichen Monaten eine zweitägige Veranstaltung durch, deren Ziel es war, ein gemeinsames Führungsverständnis zu entwickeln. Im Laufe dieser Veranstaltung bat ich die Führungskräfte, auf DIN-A-4-Templattes kritische Führungssituationen zu beschreiben. Zwei Fragen: Worin bestand diese Führungssituation? Was war das Herausfordernde an dieser Situation?

Eine zentrale Herausforderung von Führung besteht etwa im Umgang mit *Ambiguität*. In vielen Situationen gibt es nicht *die* eine Lösung. Vielmehr muss man erkennen, dass unterschiedliche Optionen jeweils zu Nachteilen führen. Binde ich beispielsweise Mitarbeiter frühzeitig in Entscheidungsprozesse ein erzeugt dies Unsicherheit und öffnet den Raum für Gerüchte und Ängste. Informiere ich Mitarbeiter erst zu einem späteren Zeitpunkt, nämlich dann, wenn Dinge klarer sind, dann fühlen sie sich übergangen und vor vollendete Tatsachen gestellt. Der Schaden kann in beiden Fällen erheblich sein. Führungssituationen mit hohem Grad an Ambiguität gepaart mit der Wahrscheinlichkeit großen Schaden anzurichten bezeichnet man als *kritische Führungssituationen*. Das sind jene Situationen, die das Potenzial haben, Führungskräfte den Schlaf zu rauben.

In der besagten Veranstaltung sammelten wir also die Beschreibungen kritischer Führungssituationen und ließen diese im Anschluss hinsichtlich ihrer gemeinsamen Relevanz bewerten. Wir wollten jene zwölf Situationen auswählen, die möglichst vielen anwesenden Führungskräften Bauchschmerzen bereiten. Anschließend waren die Führungskräfte aufgefordert, sich mit diesen Situationen in Gruppen auseinanderzusetzen, Handlungsoptionen zu entwickeln und diese zu bewerten.

Was ursprünglich als Workshop zur Entwicklung eines gemeinsamen Führungsverständnisses geplant war entwickelte sich im Verlauf dieser Veranstaltung als die wohl wirksamste Maßnahme zur Führungskräfteentwicklung, die alle Anwesenden – einschließlich meiner selbst – jemals erlebt hatten. Dass wir das Event am Ende tatsächlich mit einem gemeinsame Verständnis beenden konnten, wurde nur noch als wertvollen Begleitnutzen erachtet.

Kollegiale Fallberatung

Wenn sich zehn, 20 oder gar 30 Führungskräfte unterschiedlicher Funktionen, aus unterschiedlichen Generationen, mit unterschiedlichen Erfahrungshintergründen gemeinsam in einem Raum aufhalten, dann befindet sich in diesem Raum eine unfassbar große Führungsintelligenz. Konfuzius wird folgendes Zitat zugeschrieben: „Wenn immer ich mit zwei Menschen wandere wird einer von ihnen mein Lehrer sein". Jede Führungskraft bringt etwas mit, wovon jede andere Führungskraft irgendetwas lernen kann. Führungskräfteentwicklung kann bedeuten, dieses Potenzial aktiv zu nutzen und zu moderieren. Die oben beschriebene Veranstaltung liefert nur ein Beispiel, wie sich dies in der Praxis darstellen kann. Man spricht hierbei auch von der so genannten *kollegialen Fallberatung*.

Führungskräfte lernen von und mit Anderen im Zuge gemeinsamer Reflexion. Sie sind Lehrer und Lerner zugleich. (4-2)

Eigenen Beobachtungen zufolge haben bereits viele Unternehmen diesen Ansatz versucht. Nicht alle waren damit erfolgreich. Ein Grund, warum dieses Konzept zuweilen scheitert, liegt darin, dass die Nutzung dieses Angebots Anderen signalisieren mag, man sei keine gute Führungskraft. „Ich bin seit vielen Jahren eine erfolgreiche Führungskraft und habe das nicht nötig". Am Ende sind es nur die Reflektierten und Selbstkritischen, die das Angebot nutzen. Jene aber, die Unterstützung am nötigsten hätten, bleiben fern. Folgende Faktoren scheinen hier unter anderem erfolgskritisch:

- Der CEO sollte als Vorbild vorausgehen und sich selbst an kollegialer Fallberatung beteiligen. Seine Botschaft sollte lauten: „Wer nicht bereit ist, sich bei der Auseinandersetzung mit Führungsherausforderungen aktiv einzubringen, ist in diesem Unternehmen keine gute Führungskraft".
- Es bedarf gezielter Irritation beispielsweise durch Feedback an die Führungskraft (siehe das Beispiel von Google im folgenden Abschnitt). Führungskräften muss bewusst werden, dass sie eine Situation als herausfordernd erleben und sie an ihre persönlichen Grenzen stoßen. Im folgenden ► Abschn. 7.3 (Kontinuierliches Lernen) wird hierauf detaillierter eingegangen.
- Selbstverständlich setzt kollegiale Fallberatung eine Kultur des Vertrauens voraus. Die Artikulation eigener Herausforderung muss als Stärke und nicht als Schwäche verstanden werden. Niemals dürfen Inhalte und Beiträge aus der kollegialen Fallberatung Gegenstand bei Entscheidungen über Beförderungen oder Gehalt sein.

Die Rolle externe Führungskräftetrainer besteht dabei gerade nicht darin, Wissen über „gute Führung" zu vermitteln sondern Lernprozesse zu moderieren. Sie strukturieren Prozesse und deren Ergebnisse. Sie geben Impulse und stellen einfache Fragen, die gerade deshalb, weil sie so einfach erscheinen, oftmals schwer

Wer sind Sie? Wie wollen Sie sein? Wofür stehen Sie?

zu beantworten sind: „Warum würden Sie das tun?", „Was würde diese Verhalten bewirken?", „Was erwarten Ihre Mitarbeiter?", „Warum betrachten Sie die Situation als kritisch?" etc.

Was würde passieren, würde man den Gründer und CEO von Virgin Richard Branson anhand zentral definierter Führungskompetenzen beschreiben und wie würde Jack Welsh, der ehemalige und legendäre CEO von General Electric anhand dieser Kompetenzen beurteilt? Wäre es möglich, Mahatma Ghandi anhand der Führungskompetenzen von Sir Winston Churchhill zu bewerten? Diese Überlegungen wirken absurd. Schließlich handelt es sich bei diesen Führungspersönlichkeiten um Unikate, die konfrontiert mit ihren jeweiligen Herausforderungen so wirkten, wie sie waren oder noch sind.

Manche außergewöhnlich ambitionierten Absolventen meiner Fakultät gestehen mir ab und an in persönlichen Gesprächen, sie würden in ihrer Karriere eine obere Führungsposition anstreben. Ich respektiere das. Dann wollen sie von mir wissen, was dafür erforderlich ist. Ich begegne diese Frage immer mit der Gegenfrage: „Wie wollen Sie denn sein?". Diese Gegenfrage erzeugt immer Irritationen, sind sie es doch gewohnt, sich auf vorformulierte Antworten auf die Frage „Wie muss man sein?" einzurichten. Große Führungspersönlichkeiten haben sich nie gefragt, wie sie sein müssen. Sie wurden mehr dessen, was sie schon immer waren und damit waren sie angesichts ihrer jeweiligen Herausforderungen genau richtig, authentisch und wirksam.

Für Führungskräfte stellt sich in ihrer Entwicklung daher die Frage, wer sie wirklich sind, wie sie sein wollen und können und welche Möglichkeiten sie für sich erkennen, auf Andere zu wirken. Bob Goffee und Gareth Jones brachten es mit ihrem 2006 erschienen Buch und seinem Titel „Why should anyone be led by you?" wunderbar auf den Punkt. Sie schreiben:

> » Zu entdecken, wer wir sind ist vermutlich ein lebenslanger Prozess bestehend aus kontinuierlichem Ausprobieren, Lernen, Versuch und Irrtum mit zahlreichen Drehungen und Wendungen. Jede Wendung resultiert in Lernen. Dabei erfolgt Lernen immer in Verbindung mit Anderen (Goffee und Jones 2006, S. 33, eigene Übersetzung).

Im Vordergrund stehen nicht einheitlich definierte Kompetenzen sondern Vielfalt und Individualität, wie in ► Abschn. 4.2 im Zusammenhang mit Diversity ausführlich beschrieben wurde. Mündige Führungskräfteentwicklung fördert dies.

Führungskräfte definieren ihre erforderlichen Kompetenzen selbstständig. Sie sollten reflektieren, wer sie sind, wie sie sein wollen und im Unternehmen wirken können. (2-2)

Darüber hinaus befasst sich ein entscheidender Teil dieser Selbstfindung mit der Frage, wofür man als Führungskraft steht. Als Führungskraft eine Antwort hierauf zu haben ist von existenzieller Bedeutung. Zugleich scheint es so, als hätten sich zahlreiche Führungskräfte gerade dazu niemals ernsthafte Gedanken gemacht. Eine gute Führungskraft steht für etwas, für eine Idee, eine Vision, für bestimmte Werte. Sie hat eine Vorstellung vom Miteinander und wie in Zukunft gearbeitet werden sollte. Schwache Führungskräfte reagieren nur auf akute, überschaubare Herausforderungen mit kurzfristigen Entscheidungen und Aktionen. Starke Führungskräfte denken hingegen grundsätzlich, strategisch und visionär. Eine wirksame, wenn auch verstörende Reflexionsübung, die ein Denken in diese Richtung fördert, ist die sogenannte Grabrede (Von Hehn et al. 2016). Führungskräfte werden aufgefordert, ihre eigene Grabrede zu schreiben. Hier hat nur Grundsätzliches Platz. Inhalte an die sich Nachkommen immer erinnern werden. Wer diese Grabrede schreiben kann, weiß, wofür er steht.

Führungskräftefeedback oder -beurteilung

Im Rahmen eines erstaunlich umfangreichen Projekts mit dem klingenden Namen Oxygen ermittelte Google innerhalb der eigenen Organisation ein Modell, das beschreibt, was erfolgreiche Führungskräfte anders tun als ihre weniger erfolgreichen Kolleginnen und Kollegen (Garvin et al. 2013). Das Ergebnis waren acht Verhaltensweisen. Fasst man diese Verhaltensweisen zusammen, dann kommt man zu dem einfachen Schluss, dass erfolgreiche, gute Führungskräfte Coach, Partner und Befähiger sind, genau wie in ► Abschn. 4.4 diese Buches beschrieben wurde, nicht mehr und nicht weniger. Dieses Projekt war ursprünglich von der Frage getrieben, was Führung wirklich bringt. Am Ende resultierte daraus ein Rahmenwerk, das Führungskräfte hilft, ihre eigenen Führungserfolge zu verstehen, Verhaltensweisen zu reflektieren und zu optimieren (Garvin 2013).

Diese Idee ist an sich nicht neu – zumindest aus methodischer Perspektive. 360-Beurteilungen, Vorgesetztenbeurteilungen, Aufwärtsbeurteilungen gibt es schon seit etlichen Jahrzehnten und sind in zahlreichen Unternehmen etabliert (Bungard und Jöns 2005). Methodisch läuft die Sache immer gleich ab. Führungskräfte werden von ihren Mitarbeitern entlang bestimmter Dimensionen der Führungsqualität beurteilt. Bei 360-Grad-Beurteilungen kommen noch vier Beurteilungsinstanzen hinzu, nämlich die übergeordnete Führungskraft, Kollegen auf gleicher

Ebene, interne und, oder externe Kunden und die Führungskraft selbst. Am Ende gibt es einen Bericht.

Trotzdem gibt es zwei Spielarten dieser Systeme, die sich in ihrer Dynamik fundamental unterscheiden, eine Unterscheidung, die manchen Unternehmen nicht bewusst zu sein scheint. Die erste Spielart fällt in die Kategorie zentraler Planung und Kontrolle. Sie folgt der Prämisse:

Durch regelmäßige, strukturierte Führungskräftebeurteilungen erkennen wir (HR) den Entwicklungsbedarf unserer Führungskräfte. (**6-1**)

Der Kunde dieser Spielart ist eine zentrale Instanz, beispielsweise die Personalentwicklungsabteilung oder gar die Geschäftsführung. In erster Linie erhält sie den Bericht und nicht die betroffene Führungskraft selbst. Sobald Kontrolle ins Spiel kommt und die betroffenen Führungskräfte von etwaigen Konsequenzen in Abhängigkeit von ihrer Beurteilung ausgehen müssen, besteht das Potenzial einer dysfunktionalen Dynamik. Natürlich hat eine Führungskraft vor diesem Hintergrund das berechtigte Interesse, am Ende gut dazustehen. Mit Feedback hat dies nur bedingt etwas zu tun. Vielmehr werden Führungskräfte Taktiken entwickeln und nutzen, die Ergebnisse zu ihren Gunsten zu beeinflussen. Erfahrene Führungskräfte können das.

Die alternative Spielart setzt weniger auf zentrale Planung und Kontrolle sondern auf Befähigung der Führungskräfte durch Feedback. Sie folgt der strategischen Ausrichtung:

Strukturiertes Führungskräftefeedback bietet unseren Führungskräften die Möglichkeit, eigene Entwicklungspotenziale zu erkennen. (**6-2**)

Der Unterschied zwischen der ersten und der zweiten Spielart ist erstaunlich simpel. Erstens basiert diese Spielart auf Freiwilligkeit und der Überzeugung, dass Feedback vor allem dann positiv wirkt, wenn es aktiv durch den Feedbackempfänger eingefordert wird (vgl. ► Abschn. 6.2). Zweitens erhält nur die Führungskraft den Bericht. Sie ist Kunde des Systems. Google praktiziert genau diese Spielart. Anschließend haben Führungskräfte die Möglichkeit – nicht die Pflicht – je nach Ergebnis Entwicklungsbausteine zu nutzen.

Führungskräfte entwickeln und nutzen Entwicklungsmöglichkeiten selbstständig. Sie wissen selbst am besten, was ihnen weiterhilft. Dafür erhalten Sie entsprechende Unterstützung (z. B. Coaching, Budget). (**3-2**)

Wenn etwa eine Führungskraft das eindeutige Feedback erhält, die Entwicklungsmöglichkeiten ihrer Mitarbeiterinnen und Mitarbeiter zu wenig im Blick zu haben, dann kann sie sich genau zu diesem Thema mit anderen Führungskräfte austauschen und reflektieren, wie so etwas konkret gehen könnte.

Eine Frage der Verantwortung

In ◘ Tab. 7.2 sind alle strategischen Aussagen, die in diesem Unterkapitel behandelt wurden überblicksartig gegenübergestellt. Wagt man den Versuch, diese gegensätzlichen Ausrichtungen zu-

◘ **Tab. 7.2** Alle strategischen Dimensionen zu Führungskräfteentwicklung im Überblick

Bezug zur Unternehmensstrategie	1-1 Strategie bestimmt Inhalte Die Inhalte der Führungskräfteentwicklung leiten sich aus der übergeordneten Unternehmensstrategie ab	1-2 Strategie als Teil der Entwicklung Die Entwicklung und Umsetzung der Unternehmensstrategie ist Teil der Führungskräfteentwicklung
Führungskompetenzen	2-1 Strategisch Vorgegeben Führungskompetenzen werden „von oben" vorgegeben. Sie sind Teil der strategischen Ausrichtung des Gesamtunternehmens und beschreiben, wie Führungskräfte sein sollen	2-2 Selbst definiert und reflektiert Führungskräfte definieren ihre erforderlichen Kompetenzen selbstständig. Sie sollten reflektieren, wer sie sind, wie sie sein wollen und im Unternehmen wirken können
Programmentwicklung	3-1 Strategisch abgestimmt Wir entwickeln für unsere Führungskräfte strategisch abgestimmte Trainingsprogramme. Dadurch können wir sicherstellen, dass unsere Führungskräfte das lernen, was das Unternehmen am Ende auch braucht	3-2 Selbstgesteuert Führungskräfte entwickeln und nutzen Entwicklungsmöglichkeiten selbstständig. Sie wissen selbst am besten, was ihnen weiterhilft. Dafür erhalten Sie entsprechende Unterstützung (z. B. Coaching, Budget)
Lehrende	4-1 Lehrer, (externe) Trainer Führungskräfte (Unwissende) lernen von professionellen Führungskräftetrainern und Mentoren (Wissende), die über eine fachliche Überlegenheit verfügen	4-2 Andere Führungskräfte Führungskräfte lernen von und mit Anderen im Zuge gemeinsamer Reflexion. Sie sind Lehrer und Lerner zugleich
Verantwortung	5-1 Unternehmen, HR Als Unternehmen tragen wir die Verantwortung für die Entwicklung unserer Führungskräfte	5-2 Führungskräfte Die Verantwortung für die Entwicklung unserer Führungskräfte liegt bei den Führungskräften selbst
Führungskräftebeurteilung	6-1 Formale, zentrale Beurteilung Durch regelmäßige, strukturierte Führungskräftebeurteilungen erkennen wir (HR) den Entwicklungsbedarf unserer Führungskräfte	6-2 Feedback Strukturiertes Führungskräftefeedback bietet unseren Führungskräften die Möglichkeit, eigene Entwicklungspotenziale zu erkennen

sammenzufassen, dann böte sich der Begriff der *Verantwortung* an. In hierarchischen und nach Stabilität strebenden Organisationen liegt die Verantwortung für die Entwicklung ihrer Führungskräfte im System, das bestimmten Vorgaben, Regeln, Prozessen, Urteilen etc. folgt. Die einzelne Führungskraft ordnet sich diesem System unter und wenn alles nach Plan läuft erfährt sie eine für die Organisation angemessene Entwicklung. In agilen und vernetzten Welten liegt die Verantwortung bei der Führungskraft selbst. Dort ist es unter anderem ihre Aufgabe, Entwicklungsbedarfe zu reflektieren, eine eigene Identität und Form des Wirkens zu erfahren und zu entwickeln, Lehrer und Lerner zugleich zu sein.

7.3 Kontinuierliches Lernen

Kaum ein ernstzunehmender CEO wird der Aussage widersprechen, dass Mitarbeiter kontinuierlich lernen sollten, am besten lebenslang. In der HR-Community hat sich hierzu eine Art Witz herumgesprochen. Sagt der CFO zum CEO: „Was, wenn wir in unsere Mitarbeiter investieren und sie verlassen uns dann?". Daraufhin der CEO: „Was, wenn wir *nicht* in unsere Mitarbeiter investieren und sie entscheiden sich zu bleiben?".

Wenn es um kontinuierliches Lernen geht ist die Aufgabensicherheit der zentrale Faktor, der darüber entscheidet, wie Lernen konkret funktionieren sollte. In ▶ Abschn. 4.3 wurde ja recht ausführlich auf Prozess- und Ergebnissicherheit eingegangen. Dabei wurde deutlich, dass in manchen, meist hierarchischen Arbeitswelten Klarheit darüber besteht, was die Mitarbeiterinnen und Mitarbeiter im Rahmen ihrer Arbeit erreichen sollen. Es gibt klare Standards in Bezug auf die erwarteten Arbeitsergebnisse. Zugleich sind in solchen Arbeitswelten die Wege, die Prozesse hin zum Ergebnis sehr klar beschrieben. Demgegenüber finden sich Arbeitswelten, in denen genau das Gegenteil der Fall ist. Teams arbeiten an Projekten bei denen zu Beginn eben nicht klar ist, wo die Reise hingeht und noch nicht einmal der Weg dahin ist vorgezeichnet. Immer wenn es um Innovationen, Produktneuentwicklungen usw. geht hat man es eher mit solchen Welten zu tun.

Diese Unterscheidung sollte deshalb nochmals in Erinnerung gerufen werden, weil gerade sie in Bezug auf Lernen in besonderem Maße relevant ist. Im Folgenden wird Lernen in diesen beiden Welten getrennt darstellt. In ◻ Tab. 7.3 ist eine zusammenfassende Gegenüberstellung der im Folgenden diskutierten Dimensionen wiedergegeben.

Dabei ist zu beachten, dass in agilen Unternehmen auch die linke Seite stattfindet. Allerdings kommt die rechte Seite ergänzend hinzu, was in ◻ Tab. 7.3 durch die Pluszeichen angedeutet ist. Hierarchische Unternehmen bewegen sich hingegen vorwiegend

Tab. 7.3 Lernen in stabilen und agilen Arbeitswelten

Aufgabensicherheit & Stabilität	Unsicherheit & Agilität
Vorgegebene Lernbedarfe	+ Reflektierte Lernbedarfe
Anforderungen als Lerntreiber	+ Relevanz als Lerntreiber
Lernen als individueller Prozess	+ Lernen als Prozess in Teams
Geplantes Lernen	+ Spontanes Lernen
Lernen erfolgt außerhalb der Arbeit	+ Lernen = Arbeit, Arbeit = Lernen
Lernen auf Vorrat (just in case)	+ Lernen auf Bedarf (on demand)
Formelles Lernen	+ Informelles Lernen
Lernen von Lehrern	+ Lernen von Anderen
Lernen durch Beibringen	+ Lernen durch Ausprobieren

am linken Rand der Abbildung. Wir beginnen mit dieser Seite. Sie bedarf weniger Erläuterungen, weil sie erstens in der Praxis verbreiteter ist. Zweitens ist gerade sie in jedem gängigen Personalmanagementlehrbuch hinreichend beschrieben (z. B. Becker 2013). Dabei wird die nun folgende Darstellung bewusst extrem ausfallen. Wie extrem sie wahrgenommen wird, hängt vermutlich vom Erfahrungshintergrund des Betrachters ab.

Kontinuierliches Lernen in hierarchischen Welten

Mitarbeiter in einer hierarchischen, nach Stabilität strebenden Welt erfüllen im Laufe ihres beruflichen Daseins die ihnen zugewiesenen Aufgaben. Dann, einmal im Jahr werden sie von ihrem direkten Vorgesetzten zum jährlichen Mitarbeitergespräch oder *Entwicklungsgespräch* eingeladen innerhalb dessen sie eine Beurteilung ihrer Leistung und Kompetenzen erfahren. Die zu beurteilenden Kompetenzen entsprechen einem vorher definierten Kompetenzrahmen. Sie sind Teil der Stellenbeschreibung und zeigen auf, welche Kompetenzniveaus für eine erfolgreiche Erfüllung der zugewiesenen Aufgaben erforderlich sind. Etwaige Lernbedarfe ergeben sich immer dann, wenn Mitarbeiter vom jeweiligen Soll-Profil abweichen.

Mitarbeitern wird vorgegeben (auf der Basis formeller Beurteilungen), in welchen Kompetenzfeldern sie Lernbedarfe aufweisen. (**1-1**)

Anlässe dafür, in einem bestimmten Bereich hinzuzulernen, ergeben sich also immer aus den Anforderungen, die mit der Erfüllung einer Aufgabe verbunden sind. Wenn etwa ein Mitarbeiter der Anforderung gegenübersteht, bei der täglichen Konversation mit Kunden und Lieferanten Englischkenntnisse auf einem bestimmten Niveau zu demonstrieren und der Mitarbeiter kann dies nicht in ausreichendem Maß vorweisen, dann ist dies ein Anlass für die Einleitung notwendiger Lernaktivitäten.

Der wichtigste Treiber für Lernen sind die gegebenen arbeitsrelevanten Anforderungen, die in der Stellenbeschreibung dokumentiert sind. (**2-1**)

Wenn hierbei von Mitarbeitern die Rede ist, dann sind immer Individuen gemeint. Alles, was im Zusammenhang mit Lernen getan oder in Betracht gezogen wird – Beurteilung, Anforderungsprofile, Kompetenzprofile, Lernbedarfe, Lernaktivitäten etc. – bezieht sich immer auf individuelle Personen. Technisch betrachtet ist der einzelne Mitarbeiter das Objekt. So wird dies üblicherweise in den gängigen, informationstechnologischen Lernsystemen auch abgebildet.

Lernaktivitäten sind immer auf das Individuum ausgerichtet. Am Ende sind es Personen, die etwas lernen. (**3-1**)

Insgesamt ist Lernen ein geplanter Prozess. Wie bereits angedeutet wird etwa im jährlichen Mitarbeiter- oder Entwicklungsgespräch geklärt, warum und vor allem wie ein Mitarbeiter sich weiterentwickeln soll. Deshalb spricht man in diesem Zusammenhang auch von der *Entwicklungsplanung* (z. B. Winkler und Hofbauer 2010). Die Personalabteilung erfährt schließlich die aggregierten Lernbedarfe aus den Fachbereichen und kann entsprechende Maßnahmen in die Wege leiten und anbieten. Auch der Mitarbeiter kann sich darauf einrichten und weiß, welche Lernmaßnahmen im Laufe eines Jahres auf ihn zukommen.

Professionelles Lernen erfordert Planung. Zu bestimmten Zeitpunkten im Jahr sollen Mitarbeiterinnen und Mitarbeiter wissen, was sie wann wie lernen. (**4-1**)

Lernen an sich findet vorwiegend off-the-job, in Form von Seminaren und Kursen statt. Hierfür steht dem Unternehmen eine eigene Weiterbildungseinrichtung zur Verfügung. Man nennt diese auch „Academy", „Corporate University" oder einfach nur „Schulungszentrum".

Lernen erfordert einen geschützten Bereich außerhalb des täglichen Arbeitsumfelds. Anschließend setzen wir auf den Lerntransfer. (**5-1**)

Man ist davon überzeugt, dass Lernen geschützte Bereiche außerhalb des täglichen Arbeitsumfelds erfordert. Dadurch kann man sich auf das Lernen konzentrieren und kommt in den Genuss einer professionellen und inspirierenden Lernumgebung.

Im Idealfall eignen sich Mitarbeiter Lerninhalte zu einem Zeitpunkt an, zu dem sie diese in ihrem Arbeitskontext noch nicht benötigen, aber irgendwann benötigen könnten. Damit sind sie für den Bedarfsfall oder „Notfall" vorbereitet. Feuerwehrleute sollten auch gelernt haben, Feuer zu löschen, bevor es irgendwo brennt. Insofern lernen die Mitarbeiter in gewisser Weise auf Vorrat.

Unsere Mitarbeiter lernen auf Vorrat, damit sie dann relevantes Wissen zur Verfügung haben, wenn sie es benötigen. (**6-1**)

Man ist sich selbstverständlich darüber bewusst, dass Mitarbeiter möglicherweise jeden Tag hinzulernen, unabhängig von den Lernveranstaltungen, die sie wahrnehmen. Lernen ist sozusagen eine willkommene Nebenwirkung der täglichen Auseinandersetzung mit den gegebenen Herausforderungen. Diese Form des informellen Lernens ist aber nicht Gegenstand der unternehmensinternen Lernstrategie, weil informelles Lernen nur schwer gemanagt werden kann.

Lernen erfolgt primär im Rahmen formeller Maßnahmen. Das ermöglicht eine professionelle Planung, Steuerung und Durchführung. (**7-1**)

Für die Durchführung der Lernveranstaltungen werden professionelle Trainer von intern oder extern engagiert. Ab und an werden auch interne Experten als Trainer eingesetzt, was aber eher die Ausnahme darstellt. Professionelle Trainer zeichnen sich dadurch aus, dass sie über eine fachliche Überlegenheit gegenüber den Lernenden verfügen. Darüber hinaus bringen sie die nötige didaktische Erfahrung mit, die für eine wirksame Gestaltung des Lernprozesses erforderlich ist.

Mitarbeiter lernen von professionellen Trainern, die über eine fachliche Überlegenheit und didaktische Erfahrung verfügen. (**8-1**)

Am Ende vermitteln Trainer Wissen und Fähigkeiten auf eine Art und Weise, wie man dies schon immer erfolgreich gemacht hat, wenngleich die Lehrmethoden und Lernmedien heute moderner und an die Zielgruppe angepasster sind. Egal ob es in einem Seminar um Sprachkenntnisse, den Umgang mit Office-Lösungen, Projektmanagementmethoden, Arbeitstechniken, Kommunikation, Konfliktlösung oder was auch immer geht, die Mitarbeiterinnen und Mitarbeiter profitieren davon, dass ihnen die jeweiligen Trainer neben den theoretischen Grundlagen vor Augen führt, wie man etwas richtig macht.

Mitarbeiter lernen, indem man ihnen zeigt und beibringt, wie man Dinge richtig macht. (**9-1**)

Wenn Mitarbeiter eine Lernmaßnahme absolviert haben, besteht die Herausforderung darin, das Gelernte in die Praxis zu übertragen. Diesen Lerntransfer stellt man vor allem dadurch sicher, indem man bereits im Vorfeld die Lerninhalte an die zukünftigen Bedarfe der Mitarbeiter und deren Arbeitskontext anpasst.

Die meisten der eben, vergleichsweise kurz dargestellten Aspekte traditionellen Lernens weisen eine gewisse Verwandtschaft zu den Überlegungen des vorausgegangenen Unterkapitels über Führungskräfteentwicklung auf. Dies ist natürlich kein Zufall. Schließlich soll auch im Rahmen der Führungskräfteentwicklung Lernen stattfinden. Die nun folgende Gegenüberstellung des kontinuierlichen Lernens in agilen Kontexten wird ebenfalls Parallelen zu bereits Gesagtem aufweisen. Weil es hier aber um das Lernen auch von Nicht-Führungskräften und ganzer Teams geht, weißen die folgenden Überlegungen einen allgemeineren Charakter auf. Wir beginnen daher mit einem allgemeinen Modell des Lernens.

Ein einfaches Modell agilen Lernens

Um zu verstehen, wie kontinuierliches Lernen in agilen Arbeitswelten funktioniert, hilft ein einfaches Modell, das in ◘ Abb. 7.3 grafisch wiedergegeben ist. Im Folgenden werden Prinzipien agilen Lernens anhand dieses Modells erläutert und der hierarchischen Sichtweise gegenübergestellt.

Wir beginnen im linken, unteren Bereich dieses Modell. *Ignoranz* beschreibt einen Zustand, in dem Mitarbeiter sich ihrer Inkompetenz nicht bewusst sind. Sie fühlen sich möglicherweise

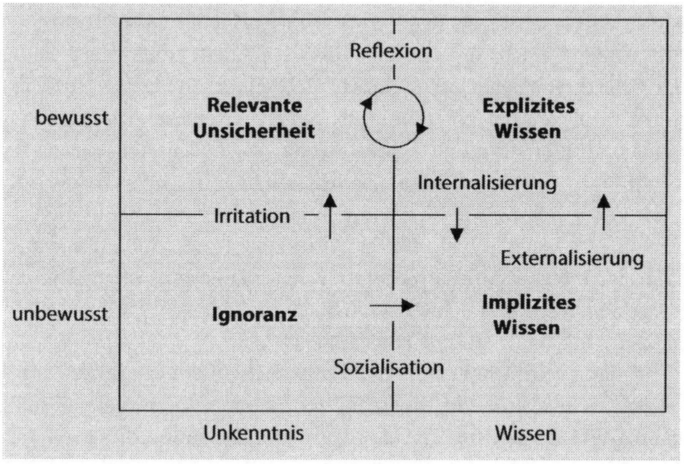

Abb. 7.3 Ein einfaches Modell agilen Lernens

wohl in ihrem Unvermögen. Man mag zunächst herablassend auf diesen Zustand schauen. Tatsächlich ist dies der Normalzustand für jeden Menschen. Wir sind uns unserer Unkenntnis nur in minimalen Ausschnitten bewusst. Dies ist auch in gewisser Weise gut so. Denn, wüsste man, was man alles nicht weiß, würde man vermutlich schlagartig in eine lebenslange Depression verfallen. Fast alles, was man über die Welt wissen könnte, wissen wir nicht. Darüber können wir uns gar nicht bewusst sein und müssen es auch nicht.

Irritation und relevante Unsicherheit

Lernen erfordert aber zunächst *Irritation*, die Bewusstwerdung dessen, dass man mit aktuellem Wissen oder mit aktuellen Verhaltensmustern in einer Situation nicht mehr weiterkommt. Sie führt zu einer bewusst erlebten *Unsicherheit*. Man erkennt oder spürt, dass es für die Lösung eines Problems bessere Strategien gibt oder geben könnte, die man aber aktuell nicht kennt oder beherrscht. Wenn Personalleiter und Geschäftsführer meine Seminare besuchen, dann bringen sie fast immer diese Unsicherheit mit. Sie kennen ihre aktuelle Personalpraxis, wissen zugleich, dass es bessere Strategien gibt, die sie aber zunächst nicht greifen können. Wenn diese Unsicherheit nicht vorhanden ist, setze ich als Trainer alles daran, die Teilnehmer zu irritieren.

Nun kann Unsicherheit grundsätzlich nur dann zu Lernerfolg führen, wenn sie für Betroffene als *relevant* erlebt wird. Man stelle sich zwei Mitarbeiter vor, die beide ein Projektmanagementseminar besuchen, Mitarbeiter A und B. A wurde von seinem Chef dort hingeschickt. Er leidet weder unter Unsicherheit noch ist im bewusst, was er auf dem Seminar eigentlich soll. Aber er ist offen und vielleicht lohnt sich die Sache ja wider Erwarten – „Mal schauen. Wenigstens das Hotel ist schön“. Was dieser Mitarbeiter aus dem Seminar mitnimmt ist ein Seminarordner und möglicherweise einen schweren Kopf vom vorabendlichen „Get-Together". Mitarbeiter B wurde kürzlich zum Projektleiter befördert. Seine Unsicherheit besteht darin, dass er sich seiner Unkenntnis im Führen komplexer Vorhaben bewusst ist. Dies stellt für ihn ein Problem von hoher, beruflicher Relevanz dar. Vorausgesetzt, dass dieses Seminar gut ist, wird dieser Kollege nicht nur einen Ordner mit nachhause nehmen, sondern eine Lösung. Der entscheidende Unterschied zwischen Mitarbeiter A und B ist die erlebte Relevanz. Man lernt etwas dann am besten, wenn man es aus intrinsischem Antrieb heraus wirklich lernen will. Wann will man etwas wirklich lernen (vgl. Baldwin und Ford 1988)?

Solange Mitarbeiter einer Arbeit nachgehen, die ihnen zugewiesen wurde und die sie zu 100 Prozent beherrschen, besteht kaum eine Chance für Irritation. Für so manchen ist dies sogar ein sehr komfortabler Zustand. In einer statischen Welt ist dies auch aus unternehmerischer Sicht von Vorteil. Man hat die Mitarbeiter, die ihr Handwerk im Griff haben und auf die man sich jederzeit verlassen kann. Mitarbeiter in einer disruptiven Umgebung hingegen kennen diesen Zustand nicht. Sie befinden sich in einem anhaltenden Zustand bewusster Unkenntnis, weil sie jeden Tag Probleme lösen, die sie zuvor noch nie gelöst haben und dadurch an die Grenzen ihrer Kompetenz stoßen. In ► Abschn. 4.3 wurde ja bereits ausführlich auf die Prozess- und Ergebnissicherheit von Aufgaben eingegangen. Dabei wurde deutlich, dass die Mitarbeiterinnen und Mitarbeiter gerade in agilen Welten vor allem mit Aufgaben konfrontiert sind, bei denen von Anfang an nicht klar ist, worin das Ergebnis besteht (Ergebnisunsicherheit) und wie man dort hinkommt (Prozessunsicherheit). Paart man Unkenntnis mit dem unbedingten Willen, die relevanten Probleme zu lösen, dann entsteht der wohl beste Nährboden für Lernen. Insofern sind in agilen Welten weniger die lang zuvor definierten Kompetenzen die Treiber für kontinuierliches Lernen sondern die anhaltende Unsicherheit und Neugier.

> Die wichtigsten Treiber für Lernen sind relevante Unsicherheit gepaart mit Neugier. **(2-2)**

Hierarchische Unternehmen, die sich auf den Weg Richtung Agilität machen setzen bewusst auf Irritation, indem sie beispielsweise ihren Mitarbeitern und Führungskräfte Einblicke in für sie fremde Kontexte ermöglichen. So veranstalten Unternehmen beispielsweise so genannte *Learning Journeys*, bei denen die Teilnehmer die Gelegenheit bekommen, persönliche Einblicke in für sie fremde Umwelten zu gewinnen. Executives aus hierarchischen Unternehmen besuchen Co-Working-Spaces agiler Startup-Unternehmen oder pilgern geschlossen Richtung Silicon Valley. Eine wesentliche Motivation dieser Reisen besteht darin, zu irritieren aber zugleich Vertrauen in alternative Arbeits- und Lösungswelten zu schaffen. Diese Reisen liefern weniger Antworten, sondern wecken vor allem Fragen und Neugier.

Häufig werde ich von CEOs angefragt um vor deren versammelter Führungsmannschaft Vorträge über Führung und Organisation in vernetzten Arbeitswelten zu halten. Dabei lautet der Auftrag meist, ich solle „das Weltbild dieser Führungskräfte mal so richtig auf den Kopf stellen". Auch dies stellt eine Möglichkeit dar, im Unternehmen Irritationen „von außen" zu induzieren.

Aber auch auf individueller Ebene können Mitarbeiter zu einer Art Selbstirritation angeregt werden. Es ist ja ein zentrales Merkmal agiler Organisationen, dass die Mitarbeiter und Teams ein erhebliches Maß an Eigenverantwortung tragen. Dies gilt für ihre tägliche Arbeit und eben auch für kontinuierliches Lernen. Im Sinne der HR-Spielart, die auf Befähigung setzt, besteht die Rolle des Unternehmens darin, Mitarbeitern zum eigenständigen Lernen zu befähigen. Dies bedeutet auch, dass Mitarbeiter ihre Lernbedarfe selbst reflektieren und erkennen. Die oben beschriebene Irritation und Bewusstwerdung von Unsicherheit muss in den Mitarbeitern selbst stattfinden und weniger von der direkten Führungskraft vorangetrieben und artikuliert werden.

> Mitarbeiter müssen ihre Lernbedarfe selbst erarbeiten, reflektieren und erkennen. Nur so kann von einer notwendigen Lernmotivation ausgegangen werden. **(1-2)**

Hier kann beispielsweise Coaching helfen, das von der jeweiligen Führungskraft oder eine anderen Vertrauensperson geleistet werden kann. Einfache, leitende Coaching-Fragen können sein:

- Worin siehst Du bei Deiner Arbeit in Zukunft die größten Herausforderungen?
- Worin solltest Du in Zukunft besser werden und warum?
- Was könnte Dir helfen, um in den genannten Bereichen besser zu werden?

Anstatt Mitarbeiter aus übergeordneter Perspektive entlang vordefinierter Kompetenzen zu matchen können Kompetenzkataloge Mitarbeiter helfen, sich selbst zu verorten und entsprechende Bedarfe zu artikulieren. Dadurch erlangen Kompetenzen weniger einen normativen sondern vielmehr einen befähigenden Charakter, der es Mitarbeitern möglicherweise einfacher macht, sie anzunehmen.

Lernen = Arbeit,
Arbeit = Lernen,
Lernen = bewusste Reflexion

Wissenschaftler an einem Forschungsinstitut arbeiten an einer offenen, wissenschaftlichen Fragestellung (bewusste Unsicherheit). Sie beschäftigen sich kontrovers mit dem Forschungsgegenstand, führen Studien durch und am Ende liegt eine wissenschaftliche Erkenntnis vor. Ganz offensichtlich haben die Wissenschaftler etwas gelernt. Ein Team von Softwareentwickler steht vor der Herausforderung für ein bestimmtes Anwendungsproblem eine entsprechende Lösung zu entwickeln, die es aktuell nicht gibt und die vor Beginn des Projektes keiner kennt. Das Team geht die Sache an und am Ende steht die Lösung. Auch in diesem Fall hat das Team etwas gelernt. Ein Vertriebsteam versucht, in einem fremden Land mit einer fremden Kultur geschäftlich Fuß zu fassen. Am Anfang dominierte bewusste, relevante Unsicherheit. Das Team lässt sich darauf ein und nach etlichen Monaten harter Arbeit nimmt die Umsatzentwicklung in dem Land Fahrt auf. Das Vertriebsteam hat gelernt. Mitarbeiter und Teams, die eine für sie neue Herausforderung anpacken lernen – immer. Dies ist auch – oder vor allem – dann der Fall, wenn sie Scheitern. Daher wird gerade in agilen Welten zwischen Lernen und Arbeit kein Unterschied gemacht.

Lernen erfolgt am Besten im realen Arbeitskontext. Wir sehen zwischen Lernen und Arbeit keinen Unterschied. Arbeit = Lernen, Lernen = Arbeit. **(5-2)**

Der zentrale Motor des Lernens und des Arbeitens ist die bewusste *Reflexion*. Ausgehend von relevanter Unsicherheit werden Hypothesen aufgestellt, Dinge ausprobiert, Ideen generiert, Prototypen entwickelt. Man holt sich aktiv und frühzeitig Feedback von Kunden ein. All dies sind Teile eines übergreifenden Lernprozesses.

Insofern überrascht es nicht, dass gerade in agilen Welten Methoden wie Scrum oder Design Thinking eine so große Rolle spielen. Bei *Scrum* handelt es sich um eine Methode der agilen Produktentwicklung (Sims und Johnson 2011). Sie sieht schnelle Planungs-, Reflexions- und Feedbackschleifen vor, so genannten Sprints. Man geht bewusst nicht von der Annahme des klassischen Projektmanagements aus, wonach man zu Beginn bereits weiß, was im Laufe eines Projekts zu tun sei. Vielmehr entscheidet und handelt man in kurzzyklischen, iterativen Schritten, wie in ► Abschn. 4.3 bereits beschrieben wurde. Insofern ist Scrum nicht nur eine alternative, agile Projektmanagementmethode sondern auch ein Format der bewussten Reflexion und somit des Lernens, das neben Experimentieren auch Scheitern explizit vorsieht.

Mitarbeiter lernen, indem man ihnen die Möglichkeit zum Experimentieren und Scheitern einräumt. (9-2)

Ähnliches gilt für die zunehmend verbreitete Methode des *Design Thinking*. Personen, die ihre Zeit dieser Methode widmen sind aufgerufen, Ideen zu entwickeln und sie mithilfe der bekannten und beliebten LEGO-Bausteine darzustellen. Das klingt zunächst absurd, denn wie will man etwa ein alternatives Business-Modell in der Versicherungsbranche mit LEGO-Bausteinen darstellen. Allerdings zwingt dies die Akteure zur bewussten Reflexion. Sie sollen ihre impliziten Ideen nicht nur sprachlich artikulieren sondern haptisch greifbar machen. Schlendert man heute durch Potsdam, dann darf man sich nicht wundern, wenn einem ein DAX30-Vorstand sein LEGO-Gebasteltes unvermittelt unter die Nase hält und um Feedback bittet. Ganz bewusst werden Führungskräfte etwa bei der School of Design Thinking am Hasso-Plattner-Institut in Potsdam aufgefordert, sie mögen ihre Ideen in die wahre Welt hinaustragen und von normalen Menschen – nicht von Kollegen, Analysten, Beratern, Investoren – Feedback einholen. So manche Teilnehmer dieser Veranstaltungen sprechen noch Jahre von ihre Erleuchtung. Was hier stattfindet ist Lernen direkt am Produkt, nah am Kunden, bewusst und in Form zyklischer Reflexion.

Informelles Lernen

Vor allem findet dieses Lernen ohne gezielte Lernplanung statt. Lernen ist in gewisser Weise eine natürliche Folge oder eine positive Nebenwirkung der Arbeit. Man spricht hierbei auch von *informellen Lernen*. Einer der bekanntesten Vordenker in diesem Bereich ist Jay Cross, der auf eindrückliche Weise darauf aufmerksam gemacht hat, dass Lernen in Organisationen zu 80 % informell passiert (Cross 2006) und nur zu 20 % auf formellem Weg, also im Rahmen formaler Lernveranstaltungen und Schulungsmaßnahmen. Zugleich wies Cross darauf hin, dass gängige Personalentwicklungsabteilungen ihre Budgets in erster Line (zu 80 %) auf formelle Maßnahmen konzentrieren. Seine Schlussfolgerung war entsprechend nahe liegend. Müsste man nicht viel mehr in informelles Lernen investieren, also in Rahmenbedingungen, die Lernen als natürliches Nebenprodukt der Arbeit fördern? Agile Unternehmen setzen vor allem auf diesen Schwerpunkt.

Wir setzen vor allem auf informelles Lernen. Hierfür schaffen wir entsprechende Rahmenbedingungen, die dies ermöglichen und fördern. (7-2)

Fast alle Aspekte, die in den nun folgenden Abschnitten erläutert bzw. angeschnitten wurden, fallen in diese Kategorie: Vernetzung, offene Lernzugänge, Herausforderungen, neue Projekte, zufällige Begegnung, Kundennähe etc.

Soziales Lernen

Weil der Umgang mit komplexen Fragestellungen meist die Einbeziehung ganzer Teams und Netzwerke erfordert, sind Reflexion und die damit einhergehenden Lernprozesse in agilen Welten meist soziale Prozesse, die umso lebhafter, inspirierender und kontroverser verlaufen desto diverser die sozialen Konstellationen sind (vgl. ► Abschn. 4.2 zum Thema Diversity).

Lernen ist auch ein sozialer Prozess, der in Teams und Netzwerken erfolgt. Deshalb finden Lern- und Reflexionsprozesse meist in Gruppen statt. **(3-2)**

Selbst in eher hierarchisch geführten Unternehmen können soziale Lernprozesse mit überschaubarem Aufwand implementiert werden. Mitarbeiter entwickeln sich zwar individuell, indem sie individuell dazulernen, jeder für sich. Es muss aber nicht immer um die Frage des Einzelnen gehen „Wo und wie kann *ich* besser werden?" sondern um: „Wo und wie können *wir* besser werden?". Man kann einen einzelnen Kollegen auf ein Projektmanagement-Seminar schicken oder aber eine ganze Projektgruppe optimiert die eigene Projektarbeit. Sobald man Lernprozesse sozial anlegt kommt die soziale Dynamik zum Tragen, die wiederum ein wesentlicher Faktor für erfolgreiches Lernen darstellen kann.

Jeder kennt die Ernüchterung einzelner Mitarbeiter, die etliche Tage auf Weiterbildungsveranstaltungen verbracht haben und schon kurz nach ihrer Rückkehr in den Arbeitskontext feststellen, dass sie das Erlernte nur dann umsetzen könnten, wenn das soziale Umfeld passen würde. Man kann die Zusammenarbeit in einem Team nicht verbessern, indem man ein einzelnes Teammitglied auf ein gruppendynamisches Seminar schickt.

Ich treffe daher immer mehr Unternehmen, die darüber nachdenken, individuelle Entwicklungsgespräche durch entsprechende Gruppenverfahren zu ersetzen. Dabei handelt es sich um einfache Workshops in denen neben den eigenen Leistungserwartungen auch die Frage in den Raum gestellt wird, was das Team braucht, um diesen Erwartungen gerecht werden zu können. Häufig geht es dabei nicht um Entwicklungsmaßnahmen sondern um prozessuale, organisatorische oder finanzielle Aspekte. Aber auch der Wunsch nach gemeinsamer Entwicklung kann aufkommen. In diesem Kontext spricht man nicht selten auch von *Organisationsentwicklung*, bei der die Bedingungen und die Zusammenarbeit ganzer Einheiten im gemeinsamen Fokus stehen. Führungskräfte, die ihre Rolle als Befähiger nachkommen, sind gegenüber Formaten wie diesen meist besonders aufgeschlossen.

Internalisierung – von explizit zu implizit

Das Ergebnis des oben beschrieben, aktiven und bewussten Reflexionsprozesses ist *explizites Wissen*, Wissen, das dem Wissenden bewusst ist und daher artikuliert werden kann. Sehr häufig praktizieren wir Dinge auf bewusster Ebene um mit ihnen vertraut zu werden. Das ist beim Autofahren so. Das ist beim Erlenen eines Instruments so oder bei der Aneignung beruflich relevanter Fähigkeiten so. Wir führen Handlungen und Gedanken bewusst und kontrolliert aus. Man nennt das zuweilen auch Üben. Akademisch gesprochen findet hier der Prozess der *Internalisierung* statt. Sobald man mit einer Sache hinreichend vertraut ist, Produkte, Lösungen, Prozesse, Erkenntnisse eine Reife erfahren und zur Normalität werden, spart sich das Bewusstsein seine begrenzten Ressourcen für andere Dinge und schiebt das Erlernte ins unterbewusste Langzeitgedächtnis. Aus explizitem Wissen wird dann *implizites Wissen*.

Externalisierung – von implizit zu explizit

Aber auch der umgekehrte Weg ist nicht nur möglich sondern in der Praxis besonders wichtig: der Transfer von implizitem zu explizitem Wissen. Man spricht hierbei auch von der so genannten *Externalisierung*. Externalisierung findet beispielsweise dann statt, wenn ein erfahrener, wissender Mitarbeiter sein Wissen mit weniger erfahrenen Kollegen teilt. Dies klingt einfacher, als es oftmals ist, weil erfahrene Mitarbeiter sich häufig damit schwer tun, ihr Wissen in der Form zu artikulieren, dass es die jeweiligen Adressaten verstehen.

Im unternehmerischen Kontext ist aber weniger die Frage nach der Artikulation impliziten Wissens entscheidend, sondern die nach relevanten Zugängen. Mitarbeiter wünschen sich immer dann Zugänge zu Wissen und zu Wissenden, wenn sie es unmittelbar benötigen, weil relevante Unsicherheiten meist situativ erlebt werden. Dabei können diese Unsicherheiten eine unterschiedliche Flughöhe oder Tragweite haben. Eine einfache, spontane Unsicherheit kann beispielsweise darin besteht, dass man bei der Arbeit mit Excel ahnt, etwas müsse irgendwie einfacher gehen, aber man hat die Lösung nicht parat. „Gibt es da nicht diese Funktion mit dem Spaltenverweis? Wie ging das nochmal?". Im Zusammenhang mit einer fremdsprachigen Konversation fehlt einem das richtige Wort. Oder man weiß in einer akuten, sozialen Situation nicht, wie man mit dem Verhalten eines Mitarbeiters umgehen soll. Es gibt aber auch Unsicherheiten auf hoher Flughöhe mit großer Tragweite – „Das Thema Digitalisierung kommt und wir müssen uns damit auseinandersetzen. Aktuell haben wir aber ehrlich gesagt noch keinen Plan". Spontane Unsicherheiten lassen sich nicht planen. Sie sind Teil des Arbeitsalltags und umso größer die Eigenverantwortung eines Mitarbeiters ist, desto häufiger füllen diese Unsicherheiten die Stunden und den Tag.

Lernen muss immer dann stattfinden, wenn es erforderlich ist. Wir können und wollen das nicht planen. (4-2)

7

Wenn sich Mitarbeiter spontan Wissen und Fertigkeiten aneignen, dann nennt man das auch *inzidentelles Lernen*, situatives Lernen ohne geplante Absicht. Kommen bei diesem spontanen Lernvorgang überschaubare, kurze Leineinheiten zum Tragen spricht man in der Praxis auch von *Micro-Learning*. Meist dauern diese Lerneinheiten (Video-Tutorials, Podcasts etc.) nur wenige Minuten. Hier setzt die Herausforderung an, kurzfristige Zugänge zu relevantem Wissen zu schaffen. Hierbei kann das Unternehmen befähigend wirken. Ein naheliegender Schritt besteht darin, Zugänge zu relevanten *Lernressourcen* zu eröffnen oder zumindest nicht zu verwehren. ▣ Abb. 7.4 zeigt eine moderne Lernumgebung mit internen und externen Lernressourcen, die für inzidentelles Lernen geeignet sein können (vgl. Trost 2011).

Man stelle sich einfach vor, ein Mitarbeiter erfährt eine akute Irritation, hat also eine relevante Frage oder ein relevantes Problem, wofür er kurzfristig nach einer Antwort oder Lösung sucht. Welche Möglichkeiten stehen ihm zur Verfügung? In einer modernen Arbeitswelt ist der betroffene Mitarbeiter von zahlreichen Lernressourcen umgeben. Innerhalb des Unternehmens kann er Kollegen fragen oder seinen direkten Manager. Es gibt Yellow Pages (Gelbe Seiten) über die er Experten im Unternehmen ausfindig machen kann. Vielleicht wird zeitnah ein Off-the-Job-Training angeboten. *Communities of Practice* sind informelle Gruppen im Unternehmen, die verwandte Interessen teilen

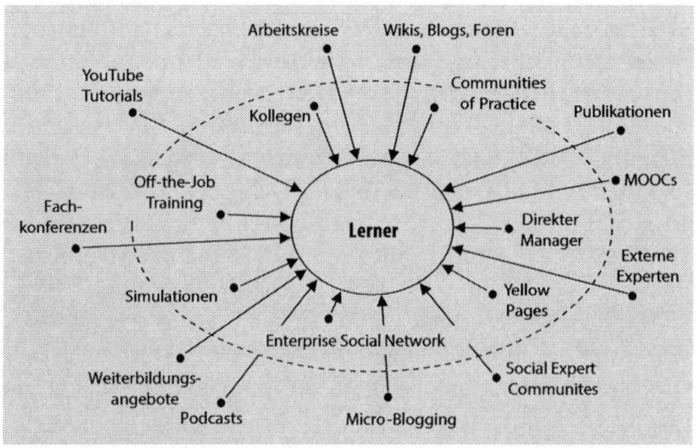

▣ **Abb. 7.4** Zugänge zu Lernressourcen in einer modernen Lernumgebung. (In Anlehnung an Trost 2011)

und sich kontinuierlich austauschen (McDermott et al. 2002). Zunehmende Verbreitung erfahren so genannte *Enterprise Social Networks* (Rossmann und Stei 2016). Im Kern handelt es sich hierbei um unternehmensinterne Social-Media-Plattformen, die cross-funktionale und cross-hierarchische Kommunikation, Zusammenarbeit und Vernetzung ermöglichen.

Außerhalb des Unternehmens stehen Mitarbeitern YouTube-Tutorials bereit, externe Arbeitskreise, Experten-Communities und -gruppen auf unterschiedlichen Social-Media-Plattformen, Weiterbildungsangebote und natürlich Publikationen, Fachkonferenzen, Wikis (z. B. Wikipedia), Blogs oder Internet-Foren. Eine weitere, interessante Entwicklung ist in den sogenannten *MOOCs* (Massive Open Online Courses) zu sehen[2]. Hier werden Internetnutzern komplette Vorlesungen und Kursprogramme über das Internet angeboten (Castillo et al. 2015).

Bis vor wenigen Jahren gab es in vielen hierarchisch geführten Unternehmen noch die Hürde des eingeschränkten Internetzugangs. Inzidentelles Lernen im Internet wurde gleichgesetzt mit privatem Herumsurfen im Internet auf Kosten des Betriebs. Zwischenzeitlich hat sich dieses Problem weitestgehend gelöst, seitdem Mitarbeiter ihren eigenen Internet-Zugang in der Hosentasche mit sich herumtragen. Wenn Mitarbeiter über ihr mobiles Endgerät wann und wo auch immer lernen spricht man auch von *mobilem Lernen*.

Diese Entwicklung verdeutlicht einen weiteren Trend in Bezug auf kontinuierliches Lernen. Früher lernte man in erster Linie auf Vorrat, also für den Fall, dass man das Erlernte irgendwann gebrauchten könnte. Für ganze Armeen von Studenten stellt dies der Normalfall dar. Man lernt im Studium „just in case". Moderne Lernumgebungen erlauben hingegen ein *Lernen on demand*, also dann, wenn die Irritation spontan gegeben ist.

Lernen erfolgt „on demand" und kurzfristig, dann wenn Mitarbeiter und Teams ihre Lernbedarfe erkennen. (**6-2**)

Es könnte sich für ein Unternehmen lohnen, auf Seiten der Mitarbeiter etwa im Rahmen eines Workshops relevante Bedarfe im Hinblick auf deren tägliche Lernumgebung durchzuführen. Im Zentrum steht dabei die Frage, wie Mitarbeiter für inzidentelles Lernen on demand noch besser befähigt werden könnten. Welche Formate, Plattformen, Netzwerke, Apps, oder was auch immer wären aus Sicht der Mitarbeiter hilfreich?

2 Ein Beispiel hierfür ist meine eigene Einführungsvorlesung „Human Resources Management", die auf 20 Sitzungen verteilt mit einer Gesamtdauer von 24 Stunden komplett auf YouTube verfügbar ist.

Vorsicht Filterblase

Vor etlichen Jahren hat man das Internet und vor allem Web 2.0 und Social Media als Heilsbringer für modernes Lernen betrachtet. Von Personalentwicklung 2.0 war die Rede. Man nahm Google deren Vision ab, allen Menschen das Wissen der Welt verfügbar zu machen. Heute sind wir etwas schlauer. Während das Internet ein wichtiger, externer Zugang zu Lernressourcen ist, versagen die gängigen Plattformen zunehmen in Bezug auf ihre Fähigkeit, Internetnutzer zu irritieren. Das Gegenteil wollen sie erreichen. In meinen Vorlesungen bitte ich Studenten zu einem bestimmten Suchbegriff (z. B. „Fitness") eine Google-Suche durchzuführen. Ich tue das auch und alle Studenten können meine Suchergebnisse sehen. Dann frage ich, wer dieselben Ergebnisse auf seinem Smartphone sieht. Niemand. Wir stellen dann gemeinsam fest, dass umso näher sich zwei Studenten stehen, desto ähnlicher sind deren Suchergebnisse. Für die meisten Studentinnen und Studenten ist das eine schockierende Erkenntnis. Suchergebnisse, gezeigte Posts auf Facebook usw. sind zensiert und werden entsprechend persönlicher Präferenzen ausgewählt. Wenn man eine bestimmte Sichtweise vertritt, dann wird man im Internet vor allem das antreffen, was zur eigenen Sichtweise passt. Was nicht zur eigenen Position passt, wird durch die Betreiber der größten Plattformen konsequent ausgeblendet. Man bezeichnet dieses Phänomen als *Filterblase* oder auch als Echokammer (Pariser 2012). Mögliche Irritationen werden hier durch entsprechende Algorithmen systematisch vermieden.

7

Sozialisierung

Erlernt man eine Fremdsprache an der Schule lernt man zunächst Vokabeln, Wörter, sozusagen das Material einer Sprache. Ergänzend lernt man teils mühsam grammatische Regeln, die erklären, wie Wörter zu nutzen und zu verknüpfen sind. All dies erfolgt als bewusster Vorgang. Kinder lernen eine Sprache gänzlich anders. Insbesondere die Grammatikregeln wenden sie irgendwann an, ohne sie jemals bewusst reflektiert zu haben. Dieser Vorgang der unbewussten Aneignung von Wissen wird auch als *Sozialisierung* bezeichnet. Man lernt durch unbewusstes Nachahmen. In der obigen ◘ Abb. 7.3 findet sich dieser Schritt in der unteren Hälfte des Vier-Felder-Schemas.

Auch im unternehmerischen Kontext spielt Sozialisierung eine wichtige Rolle. Dies ist beispielsweise im Rahmen des Onboarding der Fall (vgl. ► Abschn. 5.4). Neue Mitarbeiter erlenen Werte und kulturell erwünschte Verhaltensmuster vorwiegend auf diesem Weg indem sie mit etablierten Mitarbeitern zusammenarbeiten und unbewusst Verhaltensmuster übernehmen. „Warum tust Du das?". „Weil wir das hier so machen. Ich habe nie wirklich darüber nachgedacht".

Mitarbeiter lernen von und mit Anderen. Sie sind Lehrer und Lernende zugleich. (8-2)

Sozialisation kann in Unternehmen strategisch genutzt werden, indem man Mitarbeiter mit jenen Personen gezielt zusammenbringt, von denen die Mitarbeiter bewusst oder eben auch unbewusst lernen können und sollten. Wenn Mitarbeiter, die sich mit Marketingaufgaben befassen, eine gewisse Zeit mit ihren Kolleginnen und Kollegen im Vertrieb verbringen werden sie die Bedarfe, Nöte, Mechanismen etc. der Vertriebskollegen automatisch in sich aufnehmen, was für die weitere Zusammenarbeit ein Erfolgsfaktor sein könnte. Man spricht hierbei auch von interner *Hospitation*. Werden Mitarbeiterinnen und Mitarbeiter gezielt durch unterschiedliche Bereiche geführt nennt man dies *Job Rotation*, eine Maßnahme, die gerade im Kontext von Traineeprogrammen schon immer erfolgreich umgesetzt wurde. Interdisziplinäre, diverse Teams sind ein weiterer Ansatz. Hier profitieren Mitarbeiter von den komplementären Fähigkeiten ihrer Kollegen ganz einfach durch Zusammenarbeit. Diese Idee kann sogar auf Kunden ausgeweitet werden. Der großartige Gründer und langjährige CEO von SAP hat einst gesagt: „Wer etwas lernen möchte soll einfach zum Kunden gehen". Die Idee dahinter ist einfach und spiegelt den soeben ausgeführten Gedanken wider. Durch Zusammenarbeit und gemeinsame Zeit mit Kollegen oder Kunden erlernt man deren Bedürfnisse und die Art und Weise ihrer Arbeit. Dies passiert in weiten Teilen ohne bewusste Reflexion.

Was es schon immer gab

Wie eingangs in diesem Unterkapitel dargestellt finden wir in einer hierarchischen, statischen Welt ein anderes Verständnis von Lernen als dies in einer agilen, vernetzten Welt der Fall ist. Es wurde darauf hingewiesen, dass es auch in einer agilen Welt vieles von dem, was in einer hierarchischen Welt schon immer gab auch geben wird. Allerdings wird dieses Verständnis durch agile Elemente ergänzt. Darüber hinaus verlagert sich der Schwerpunkt von der einen auf die andere Seite. In ◘ Tab. 7.4 sind die strategischen Aussagen passend zur agilen Sichtweise in der rechten Spalte wiedergegeben. Lässt man sich diese Aussagen auf der agilen Seite überblicksartig auf der Zunge zergehen wird man feststellen, dass es all dies auch in hierarchischen Kontexten schon immer gab. Nur hat man sich eher selten um die institutionellen Grundlagen gekümmert. Es wurden schon immer Lernbedarfe reflektiert. Relevanz war schon immer der beste Lehrer. Auch fand schon immer Lernen auch in Gruppen statt, als sozialer Prozess. In einer agilen Welt werden diese Dinge aber aktiv unterstütz, während in einem hierarchischen Kontext all dies eher zufällig stattfindet. Genau darin liegt der praktische Unterschied zwischen den beiden Seiten.

Tab. 7.4 Alle strategischen Dimensionen zu kontinuierlichem Lernen im Überblick

Identifikation von Lernbedarfen	1-1 Vorgegeben Mitarbeitern wird vorgegeben (auf der Basis formeller Beurteilungen), in welchen Kompetenzfeldern sie Lernbedarfe aufweisen	1-2 Reflektiert Mitarbeiter müssen ihre Lernbedarfe selbst erarbeiten, reflektieren und erkennen. Nur so kann von einer notwendigen Lernmotivation ausgegangen werden
Lerntreiber	2-1 Formale Anforderungen Der wichtigste Treiber für Lernen sind die gegebenen arbeitsrelevanten Anforderungen, die in der Stellenbeschreibung dokumentiert sind	2-2 Relevanz Die wichtigsten Treiber für Lernen sind relevante Unsicherheit gepaart mit Neugier
Lernende	3-1 Individuelle Mitarbeiter Lernaktivitäten sind immer auf das Individuum ausgerichtet. Am Ende sind es Personen, die etwas lernen	3-2 Lernen als soziale Prozess Lernen ist auch ein sozialer Prozess, der in Teams und Netzwerken erfolgt. Deshalb finden Lern- und Reflexionsprozesse meist in Gruppen statt
Zeitpunkt	4-1 Lernen nach Plan Professionelles Lernen erfordert Planung. Zu bestimmten Zeitpunkten im Jahr sollen Mitarbeiterinnen und Mitarbeiter wissen, was sie wann wie lernen	4-2 Situatives, spontanes Lernen Lernen muss immer dann stattfinden, wenn es erforderlich ist. Wir können und wollen das nicht planen
Bezug zur Arbeit	5-1 Off-the-job und Transfer Lernen erfordert einen geschützten Bereich außerhalb des täglichen Arbeitsumfelds. Anschließend setzen wir auf den Lerntransfer	5-2 Realer Arbeitskontext (on-the-job) Lernen erfolgt am Besten im realen Arbeitskontext. Wir sehen zwischen Lernen und Arbeit keinen Unterschied. Arbeit = Lernen, Lernen = Arbeit
Anlass	6-1 Lernen auf Vorrat Unsere Mitarbeiter lernen auf Vorrat, damit sie dann relevantes Wissen zur Verfügung haben, wenn sie es benötigen	6-2 Lernen auf Bedarf Lernen erfolgt „on demand" und kurzfristig, dann wenn Mitarbeiter und Teams ihre Lernbedarfe erkennen
Planung und Steuerung	7-1 Formelles Lernen Lernen erfolgt primär im Rahmen formeller Maßnahmen. Das ermöglicht eine professionelle Planung, Steuerung und Durchführung	7-2 Informelles Lernen Wir setzen vor allem auf informelles Lernen. Hierfür schaffen wir entsprechende Rahmenbedingungen, die dies ermöglichen und fördern
Lehrende	8-1 Lehrer, Trainer Mitarbeiter lernen von professionellen Trainern, die über eine fachliche Überlegenheit und didaktische Erfahrung verfügen	8-2 Andere Mitarbeiter lernen von und mit Anderen. Sie sind Lehrer und Lernende zugleich
Lernmethode	9-1 Unterweisung, Beibringen Mitarbeiter lernen, indem man ihnen zeigt und beibringt, wie man Dinge richtig macht	9-2 Ausprobieren Mitarbeiter lernen, indem man ihnen die Möglichkeit zum Experimentieren und Scheitern einräumt

7.4 Wissensmanagement

Vermutlich Jeder hat schon die Aussagen so mancher Unternehmen gehört: „People are our most important asset". Man tendiert hier offenbar gern zur englischen Formulierung, weil der Begriff „Betriebsmittel" zu materiell erscheint. Gemeint sind die umfangreichen Erfahrungen der Mitarbeiter, ihre Fertigkeiten, ihr Können, ihre Motivation, Gesundheit aber auch ihr Wissen. Das Besondere am Wissen besteht darin, dass Wissen mehr ist als bloße Information (Nonaka 1994). Wissen ist Information gepaart mit der Fähigkeit, diese Informationen kreativ im Kontext einer Problemstellung nutzen zu können, eine Fähigkeit, die man in erster Linie Menschen und neuerdings künstlicher Intelligenz zuschreibt. Wir bleiben im Folgenden beim Menschen als dem zentralen Träger von Wissen – „knowledge needs a knower".

Wissen binden, finden und übertragen

Nun sind Menschen von Natur aus mobil und vergänglich. Sie verlassen Unternehmen. Manche sterben oder werden krank. Insofern stellt sich zunächst die Frage, wie Unternehmen das Wissen ihrer Mitarbeiterinnen und Mitarbeiter halten oder *binden* können. Für zahlreiche Arbeitgeber stellt sich diese Frage etwa im Zusammenhang der demografischen Entwicklung. Wie stellen wir sicher, dass das Wissen erfahrener Mitarbeiter dem Unternehmen erhalten bleibt, wenn ganze Generationen kurz- oder mittelfristig in Rente gehen?

Eine zweite Herausforderung stellt sich in Bezug auf die *Identifikation* von Wissen. Wer im Unternehmen verfügt über welches Wissen? Gibt es im Unternehmen Kollegen, die genau das Wissen haben, das ich bei der Bearbeitung meiner aktuellen Problemstellung akut benötige? Wie finde ich diese Kollegen? Das Wissen über das Wissen anderer kann eine wertvolle Grundlage dafür sein, Fehler, die bereits begangen wurden nicht erneut zu begehen oder das viel zitierte Rad nicht neu zu erfinden.

Sollte es nun so sein, dass es Kollegen mit relevantem Wissen im Unternehmen gibt, dann steht man vor der Herausforderung, dieses Wissen zu *übertragen* oder zu transferieren. Wie also gelangt das Wissen von Simone, die über relevantes Wissen verfügt zu Jürgen, der von Simones Wissen profitieren könnte?

Um diese drei Herausforderungen des Wissensmanagement geht es im Folgenden: das Binden, Identifizieren und Transferieren von Wissen. Vor allem wird darauf eingegangen, wie diese Herausforderungen institutionell gemeistert werden können und welche strategischen Ausrichtungen denkbar sind.

Wissensmanagement, für wen?

Wir betrachten zunächst einen typischen Fall. Ein Unternehmen im Bereich der Sensor- und Automatisierungstechnik stellt aufgrund einer Altersstrukturanalyse fest, dass es in den kommenden Jahren insbesondere im Bereich der Forschung und Entwicklung (F&E) eine erhebliche Anzahl erfahrener Ingenieure

7

und Wissenschaftler aufgrund von Verrentung verlieren wird. Das Unternehmen betrachtet die F&E eindeutig als ihre Schlüsselfunktion. Eine junge Generation von Nachwuchsingenieuren steht zur Verfügung. Nun stellt sich das Unternehmen die Frage, wie es das Wissen der erfahrenen Kolleginnen und Kollegen sichern und auf die jungen Kollegen übertragen kann. Es konzentriert sich dabei ausschließlich auf den F&E-Bereich. Eine Fokussierung in der *Reichweite* des Wissensmanagements wird beschlossen.

Nun zum zweiten Fall. Eine global operierende Unternehmensberatung beschließt im Zuge ihrer Internationalisierungsstrategie ihre so genannten Practices global aufzustellen. Während die Beratung bislang regional organisiert war, kümmern sich nun internationale Teams jeweils um Kunden bestimmter Branchen. So gibt es etwa eine IT-Practice für Unternehmen aus der IT-Branche oder eine Einheit, die sich auf Kunden aus der Finanz- und Versicherungsbranche konzentriert. In diesem Atemzug strebt das Unternehmen einen besseren Wissensaustausch zwischen den Beratern auf internationaler Ebene an. Dies wiederum gilt für die Mitarbeiter aller Practices gleichermaßen.

Diese beiden Beispiele zeigen bereits zwei mögliche strategische Ausrichtungen eines Wissensmanagements in Bezug auf deren Reichweite. Das erste Unternehmen würde vermutlich folgende strategische Aussage unterschreiben:

> Wissensmanagement konzentriert sich auf möglichst wenige, strategisch wichtige Schlüsselbereiche. Nur dort lohnt sich der Aufwand. (**1-1**)

Das Unternehmen aus dem zweiten Beispiel würde die Reichweite seines angestrebten Wissensmanagements gänzlich anders ausrichten:

> Wir betrachten Wissensmanagement als eine möglichst umfassende Initiative, die für alle Mitarbeiterinnen und Mitarbeiter im Unternehmen mehr oder weniger relevant ist. (**1-2**)

Ob sich nun ein Unternehmen für die eine oder andere Variante entscheidet hat ganz offenkundig mit der Relevanz der Thematik für etwaige Zielfunktionen zu tun. Sicherlich ist die umfassende Option mit einem größeren Aufwand verbunden als die fokussierte Option.

Mensch versus Datenbank

Als das Thema Wissensmanagement vermutlich in den Neunzigerjahren eine zunehmend breitere Aufmerksamkeit erfuhr, konnte man den Trend feststellen, die Herausforderungen des Wissensmanagements vor allem auf technische Weise zu lösen (vgl. Milton und Lambe 2016). Die Idee an sich war denkbar einfach und orientierte sich an einer jahrhundertealten Praxis aus der Wissenschaft. Menschen, die über ein besonderes Wissen verfügen dokumentieren dieses in einer *Wissensdatenbank.* Wissen wird so für andere Menschen unmittelbar zugänglich. Dadurch werden der (vergängliche) Wissende und sein Wissen entkoppelt, in dem Wissen auf ein überdauerndes Medium übertragen wird. Letzteres kann man nicht nur vervielfältigen sondern über entsprechende Systeme einer breiten Zielgruppe zugänglich machen. Der Wissen Suchende kann nun in der Wissensdatenbank nach relevantem Wissen suchen und über die Lektüre der Wissensinhalte wird dieses Wissen an den Wissen Suchenden transferiert (siehe ◘ Abb. 7.5).

Bei diesem Ansatz spricht man auch vom so genannten *Collect*-Ansatz. Wissen wird an zentraler Stelle gesammelt (Englisch: collect) und Anderen zur Verfügung gestellt.

Um Wissen für Andere dauerhaft verfügbar zu machen und unabhängig von Einzelnen zu werden muss man Wissen an zentraler Stelle dokumentieren (Collect-Ansatz). **(2-1)**

Dem steht der sogenannte *Connect*-Ansatz gegenüber. Hierbei handelt es sich weniger um eine technische Lösung basierend auf einer Datenbank mit Dokumenten sondern um eine zwischenmenschliche Herangehensweise, bei der es darum geht, Wissende mit Wissen Suchenden zu verbinden (Englisch: connect). Praktisch kann dies wie in ◘ Abb. 7.6 dargestellt funktionieren.

Mitarbeiter mit Wissen machen auf einer internen Plattform auf ihr Wissen aufmerksam. Sie dokumentieren ihr Wissen nicht,

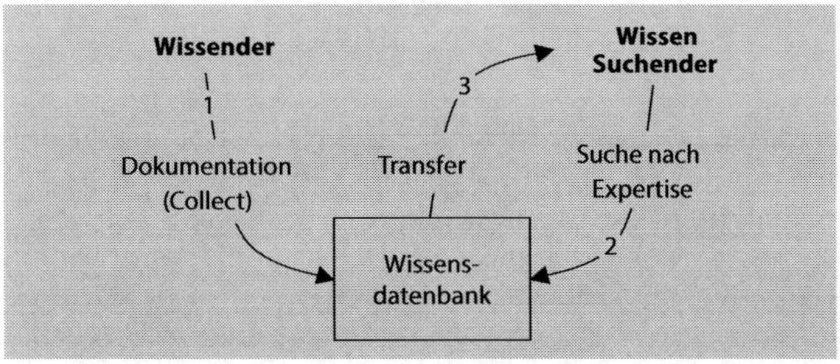

◘ **Abb. 7.5** Der Collect-Ansatz des Wissensmanagement

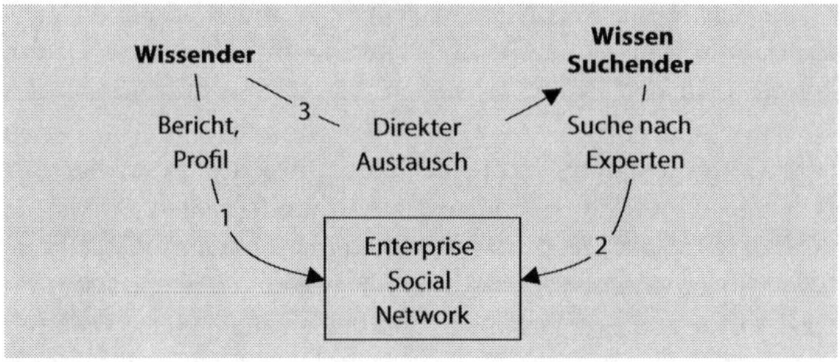

Abb. 7.6 Der Connect-Ansatz des Wissensmanagement

sondern sie präsentieren, in welchen Bereichen sie über Wissen oder Erfahrungen verfügen. Sie entwickeln ein persönliches Expertenprofil und berichten über ihre Erfahrungen, etwas aus einschlägigen Projekten. Der einfachste Weg, dies zu tun besteht in so genannten *Gelben Seiten* oder Yellow Pages. Zunehmend verwenden Unternehmen hierbei so genannte Enterprise Social Networks. Hier wird Expertise nur Stichwortartig angedeutet, in einem Verzeichnis im Intranet, einem physischen Buch oder einer App. Etwas aufwendiger hingegen ist der Ansatz der internationalen Strategieberatung McKinsey & Co. (vgl. Bartlett 1996). Immer dann, wenn ein Beratungsprojekt erfolgreich abgeschlossen wurde, sind die jeweiligen Berater aufgefordert, Erkenntnisse und Erfahrungen in einem vergleichsweise kurzen Dokument zu skizzieren. Dabei geht es in erster Linie darum, anderen Beratern gegenüber sichtbar zu machen, mit welchen Herausforderungen man sich wie auseinandergesetzt hat. Dies ermöglicht, dass Wissensuchende auf Wissende aufmerksam werden. Der eigentliche Wissenstransfer findet dann aber nicht über statische Dokumente statt, sondern über den direkten, zwischenmenschlichen Austausch. Man redet miteinander, im Kontext einer gegebenen Problemsituation.

Die Vermittlung von Wissen erfolgt über den zwischenmenschlichen, persönlichen und problembezogenen Austausch (Connect-Ansatz). (**2-2**)

Auch die Beratungsfirma McKinsey & Co. hat es ursprünglich mit dem Collect-Ansatz versucht, ist aber damit gescheitert. Es scheint, dass es zahlreichen Unternehmen, die sich mit diesem Thema in der Vergangenheit auseinandergesetzt haben ähnlich erging. Insgesamt kann man zu Recht konstatieren, dass der Collect-Ansatz gegenüber dem Connect-Ansatz nur wenig Aussicht auf Erfolg hat. Mitarbeiter haben schlichtweg nicht die Zeit, ihr Wissen zu dokumentieren. Dies trifft gerade auf die am besten und engagiertesten Mitarbeiter zu. Vor allem aber ist den meisten Mitarbeiter ihr Wissen schlichtweg nicht bewusst. Ihr Wissen ist implizit und über ihr Bewusstsein nicht unmittelbar zugänglich. Wie bereits im vorausgegangenen ▶ Abschn. 7.3 im Zusammenhang mit kontinuierlichem Lernen beschrieben, erfordert dieser Schritt den schwierigen Prozess der Externalisierung. Stellt man einem erfahrenen Mitarbeiter die Frage „Was wissen Sie?", dann wird er sich schwer tun relevantes Wissen einzugrenzen. Wo soll man anfangen und wo aufhören? Er geht dann vollends in die Knie, wenn er gebeten wird, sein Wissen explizit zu artikulieren: „Können Sie Ihr Wissen inhaltlich beschreiben?".

Pflicht oder Anreiz

Ein Kollege berichtete mir kürzlich von seinen interessanten Erfahrungen mit der Einführung eines Wissensmanagements bei einer militärischen Einheit. Die Plattform war für das Teilen von Wissen eingerichtet. Alle Soldaten (vorwiegend Jetpiloten) waren hinreichend informiert und die Sache konnte losgehen. Leider ist überhaupt nichts passiert. Bei genauerem Hinschauen wurde schnell deutlich, dass man Soldaten über das reine Darbieten einer Plattform und entsprechender Aufklärung nicht mobilisieren kann. Ein Befehl war nötig. Den gab es dann auch und die Sache nahm Fahrt auf.

Diese Geschichte mag zunächst etwas befremdlich klingen. Tatsächlich berichten mir so manche originär hierarchisch geführten Unternehmen von ähnlichen Verhältnissen. Mitarbeiter haben Angst, Wissen zu teilen oder das Wissen anderer Kollegen zu kommentieren, weil ihnen ihre Vorgesetzten im Nacken sitzen: „Sind Sie mit Ihrer Arbeit schon so weit, dass Sie auch noch Zeit finden, Wissen zu teilen?". Mitarbeiter wollen den Eindruck vermeiden, unausgelastet zu sein oder sich nicht ganz auf ihre „eigentliche" Aufgabe zu konzentrieren.

In solchen Situationen kann eine klare Aufforderung von Seiten des CEO sehr hilfreich sein. Er kann und darf in seiner Ansage betonen, dass nur jene Führungskräfte gute Führungskräfte sind, deren Mitarbeiter ihr Wissen teilen. Gegenüber den Mitarbeitern kann vermittelt werden, dass jene Mitarbeiter, die ihr Wissen nicht teilen niemals eine Chance haben werden, in den Genuss einer Beförderung zu kommen. Wissen zu teilen ist nicht etwas, was man leistet, wenn man sonst nichts zu tun hat, sondern Teil des Jobs. Wer in seinem Job Verantwortung übernimmt, teilt selbstverständlich sein Wissen. Eine extreme, verpflichtende Strategie im Kontext des Wissensmanagements mag daher lauten:

Mitarbeiter sind in der Pflicht, Wissen zu teilen und sich um relevantes Wissen zu kümmern. Dies wird von zentraler Seite aus kontrolliert und gesteuert. **(3-1)**

Möglicherweise sollten Unternehmen mit hierarchischem Ursprung zunächst mit dieser Strategie starten und diese solange durchhalten bis Wissenteilen zur Normalität wird und in die gelebte Unternehmenskultur übergeht.

Eine gegensätzliche Strategie besteht darin, Wissenteilen für die Mitarbeiterinnen und Mitarbeiter möglichst einfach und attraktiv zu gestalten um so einer Freiwilligkeit den Weg zu bahnen. Je nachdem, wie Wissensmanagement operativ gestaltet wird, können auch zwischenmenschliche Anreize geschaffen werden, wie man sie bei bekannten sozialen Medien gewohnt ist. Gute Beiträge werden durch Likes, Kommentare oder andere Formen der Anerkennung honoriert.

Mitarbeiter werden dazu befähigt, Wissen zu teilen und sich um relevantes Wissen zu kümmern. Hierfür gibt es zwischenmenschliche Anreize. (**3-2**)

Selbst Elemente aus dem Bereich des *Gamification* sind hier denkbar. Dabei werden motivierende, spielerische Elemente in Bereichen angewandt, die von Natur aus zunächst eintönig erscheinen, aber bei entsprechenden Aktivitäten durch Anreize und Verstärker positive, emotionale Rückkopplungen erzeugen. Durch Teilen attraktiver Wissensinhalte können Mitarbeiter etwa Punkte oder so genannte „Badges" sammeln, höhere Level erreichen, in internen Rankinglisten um bessere Plätze konkurrieren etc.

Eine zusammenfassende Übersicht über die drei dargestellten Dimensionen rund um das Thema Wissensmanagement findet sich in der folgenden ◘ Tab. 7.5.

◘ Tab. 7.5 Alle strategischen Dimensionen zu Wissensmanagement im Überblick

Reichweite	1-1 Fokus auf Schlüsselbereiche Wissensmanagement konzentriert sich auf möglichst wenige, strategisch wichtige Schlüsselbereiche. Nur dort lohnt sich der Aufwand	1-2 Fokus auf Relevanz Wir betrachten Wissensmanagement als eine möglichst umfassende Initiative, die für alle Mitarbeiterinnen und Mitarbeiter im Unternehmen mehr oder weniger relevant ist
Dokumentation und Transfer	2-1 Collect-Ansatz Um Wissen für Andere dauerhaft verfügbar zu machen und unabhängig von Einzelnen zu werden muss man Wissen an zentraler Stelle dokumentieren	2-2 Connect-Ansatz Die Vermittlung von Wissen erfolgt über den zwischenmenschlichen, persönlichen und problembezogenen Austausch
Motivation	3-1 Verpflichtung Mitarbeiter sind in der Pflicht, Wissen zu teilen und sich um relevantes Wissen zu kümmern. Dies wird von zentraler Seite aus kontrolliert und gesteuert	3-2 Befähigung und Anreize Mitarbeiter werden dazu befähigt, Wissen zu teilen und sich um relevantes Wissen zu kümmern. Hierfür gibt es zwischenmenschliche Anreize

Literatur

Baldwin TT, Ford KJ (1988) Transfer of training: a review and directions for future research. Pers Psychol 41:63–105

Bartlett CA (1996) McKinsey & co.: managing knowledge and learning. Harv Bus Sch Case 1996(June):396–357

Becker M (2013) Personalentwicklung. Bildung, Förderung und Organisationsentwicklung in Theorie und Praxis. Schäffer-Poeschel, Stuttgart

Ben-Hur S, Jaworski BJ, Gray D (2012) Re-imagining Crotonville: epicenter of GE's leadership culture. Harv Bus Rev 2:74–82

Bundesinstitut für Berufsbildung (2017) Datenreport zum Berufsbildungsbericht 2017. Informationen und Analysen zur Entwicklung der beruflichen Bildung. Bundesministerium für Bildung und Forschung, Bonn

Bungard, Jöns I (Hrsg) (2005) Feedbackinstrumente im Unternehmen. Gabler, Wiesbaden

Castillo NM, Lee J, Zahra FT, Wagner DA (2015) MOOCS for development: trends, challenges, and opportunities. Inf Technol Int Dev 11(2):35–42

Cross J (2006) Informal learning: rediscovering the natural pathways that inspire innovation and performance. John Wiley, San Francisco

Dobischat R, Kühnlein G, Schurgatz R (2012) Ausbildungsreife. Ein umstrittener Begriff beim Übergang Jugendlicher in eine Berufsausbildung. Arbeitspapier 189. Hans-Böckler-Stiftung, Düsseldorf

Garvin DA (2013) How Google sold its engineers on management. Harv Bus Rev 74–82

Garvin DA, Wagonfeld A, Kind L (2013) Google's project oxygen: do managers matter? Harv Bus Sch Case 313-110, April 2013

Goffee R, Jones G (2006) Why should anyone be led by you? What takes to be an authentic leader. Harvard Business School Press, Boston

von Hehn S, Cornelissen NI, Braun C (2016) Kulturwandel in Organisationen. Ein Baukasten für angewandte Psychologie im Change-Management. Springer, Heidelberg

Jackson EJ, Schuler RS (2012) Strategic human resource management. Blackwell, Malden

Marquardt MJ, Leonard HS, Freedman AM, Hill CC (2009) Action learning for developing leaders and organizations. American Psychological Association, Washington/DC

McDermott R, Snyder W, Wenger E (2002) Cultivating communities of practice: a guide to managing knowledge. McGraw-Hill, Berkshire

McGregor D (1960) The human side of enterprise. McGraw-Hill, New York

Milton N, Lambe P (2016) The knowledge manager's handbook: a step-by-step guide to embedding effective knowledge management in your organization. Kogan Page, London

Nonaka I (1994) A dynamic theory of organizational knowledge creation. Organ Sci 5:18–19

Pariser E (2012) The filter bubble: what the Internet is hiding from you. Penguin Books, London

v. Rosenstiel L, Regnet E, Domsch M (Hrsg) (1995) Führung von Mitarbeitern – Handbuch für erfolgreiches Personalmanagement, 3. Aufl. Schäffer-Poeschel, Stuttgart

Rossmann A, Stei G (2016) Enterprise Social Networks. Einführung in die Thematik und Ableitung relevanter Forschungsfelder. In: Rossmann A, Stei G, Besch M (Hrsg) Enterprise Social Networks. Springer Gabler, Heidelberg, S 3–24

Sattelberger T (1999) Wissenskapitalisten oder Söldner? Personalarbeit in Unternehmensnetzwerken des 21. Jahrhunderts. Gabler, Wiesbaden

Schöllgen G (2002) Diehl. Ein Familienunternehmen in Deutschland 1902–2002. Propyläen, Berlin
Sims C, Johnson HL (2011) The elements of scrum. DyMaxicon, Foster City
Trost A (2011) Personalentwicklung 2.0. In: Trost A, Jenewein T (Hrsg) Personalentwicklung 2.0. Wolters Kluwer, Köln, S 11–28
Winkler B, Hofbauer H (2010) Das Mitarbeitergespräch als Führungsinstrument. Handbuch für Führungskräfte und Personalverantwortliche. Hanser, München

Entwicklung und Karriere

A. Trost, *Neue Personalstrategien zwischen Stabilität und Agilität*,
https://doi.org/10.1007/978-3-662-57407-2_8

Dieses Kapitel behandelt die langfristige Seite der Personalentwicklung. Dabei steht nicht Lernen, im Sinne einer schnellen Aneignung von Wissen und Fähigkeiten im Vordergrund sondern die langfristige Entfaltung individueller Potenziale und Talente im Kontext langfristig angelegter Lebens- und Karriereentwürfe. Natürlich haben Entwicklung und Karriere für Mitarbeiter eine hohe persönliche Bedeutung nicht nur in Bezug auf deren persönliche Verwirklichung und Lebenszufriedenheit sondern auch hinsichtlich ihrer existenziellen Rahmenbedingungen. Auf Seiten der Unternehmen stand hingegen schon immer der Wunsch im Vordergrund, eigene Mitarbeiter in Positionen und Ebenen größerer Verantwortung entweder hinein zu entwickeln oder Rahmenbedingungen zu schaffen, die genau dies fördern und zulassen. Denkt man gezielt über Maßnahmen, Instrumente, Prozesse oder Systeme dahingehend nach, gelangt man unmittelbar zum Thema *Talentmanagement*. Auch wenn der Begriff des Talentmanagement aus akademischer Sicht beides beschreibt, nämlich Talentgewinnung (Talent Acquisition, siehe ▶ Kap. 5) und Talentförderung, ist in der Praxis eher Letzteres gemeint. Hierzu gehören die zwei wesentlichen Disziplinen der Talentidentifikation (▶ Abschn. 8.1) einerseits und der Talententwicklung (▶ Abschn. 8.2) anderseits.

Traditionell hat man bei Karriere und Entwicklung meist vertikal gedacht. Demnach war die Karriere einer Person dann erfolgreich, wenn sie in kurzer Zeit mehrere Führungsebenen innerhalb der Hierarchie erklommen hat. Heute betrachten wir Karrieren etwas differenzierter und erkennen auch die langfristige Entwicklung von Expertise als möglichen Pfad. Die Rede ist von der so genannten Fachkarriere. Auch hierauf wird in diesem Kapitel (▶ Abschn. 8.3) detaillierter eingegangen.

8.1 Talentidentifikation

Es gibt die verbreitete Sichtweise, Talente würden ihren Weg auf natürliche Weise finden. „The cream always comes to the top". Die Geschichte der Menschheit liefert hierzu etliche biografische Beispiele. Man denke hier etwa an Albert Einstein, der nach dem Abschluss eines Studiums keinen professoralen Förderer (Doktorvater) für eine Promotion fand und auf dem Berner Patentamt eine Stelle annahm, nicht zuletzt um seine junge Familie ernähren zu können. In seiner Freizeit beschäftigte er sich dann mit theoretischer Physik und verfasste im Jahr 1905 vier historisch wichtige Veröffentlichungen. Eine davonwurde schließlich von der Universität in Zürich als Doktorarbeit akzeptiert. Für eine weitere Arbeit erhielt Einstein im Jahr 1921 den Nobelpreis (Fölsing 1995). Talente kann man nicht bremsen. So könnte eine Schlussfolgerung dieser Biografie sein.

In der Sprache der HR-Spielarten handelt es sich bei dieser Philosophie um den Ansatz „Hire & Pay“: Man muss sich um die Begabungen der Mitarbeiter nicht kümmern. Sie entfalten sich von allein. Man könnte sogar noch weiter gehen und postulieren, dass Talente, die ihren Weg nicht auf natürliche Weise finden, keine wirklichen Talente seien. Damit allerdings geben sich die wenigsten Unternehmen zufrieden. Auch im Profisport würde man sich mit dieser Zurückhaltung und dem Glauben an den natürlichen Gang der Dinge nicht begnügen (vgl. Berger und Berger 2005). Vielmehr steht das Interesse im Vordergrund, im Rahmen institutionalisierter Aktivitäten, Prozesse, Instrumente Talente gezielt zu identifizieren, sie zu finden um sie anschließend systematisch zu fördern. Vom ersten Teil, der Talentidentifikation handelt dieses Unterkapitel.

Die persönliche Berufung finden

In der individuellen Entwicklung durchlaufen Menschen eine Reihe charakteristischer, voneinander abgrenzbarer Lebensphasen. Entwicklungspsychologische Erkenntnisse in Bezug auf das, was man menschliche Ontogenese bezeichnet legen diese Vorstellung nahe. Etliche Psychologen beschreiben diese Entwicklungen in Form von *Lebensaufgaben*, wie es etwa der berühmte Erik Erikson (1959) oder später Paul Kegan (1983) dargestellt haben. In einer frühen Lebensphase müssen sich Kinder Werte und soziale Normen aneignen, Sprache erlernen und später eine Identität entwickeln. Damit geht die Aufgabe einher, einen eigenständigen Platz in der Familie und Gesellschaft zu belegen.

Vermutlich gehört es zu den wichtigsten und lebensprägenden Aufgaben, die eigene Berufung zu erkennen. Die deutsche Sprache gebraucht gerade dieses wunderbare Wort des „Berufs“. Es drückt eine Form von Bestimmung in der Arbeitswelt aus, etwas wofür man geboren wurde. Das eigene *Talent*. Was kann bzw. könnte man im Leben wirklich gut können, besser als die meisten anderen Menschen? Was ist die eigene Begabung? Bei welcher Tätigkeit fühlt man sich „in seinem Element“ (vgl. Robinson 2009)? Was sind jene Aufgaben, bei deren Ausübung aus Mühe und Anstrengung Freude und Erfüllung werden, ungeachtet der objektiven Belastung? Wir können davon ausgehen, dass Menschen, die ihre Berufung gefunden haben tendenziell nicht nur erfolgreicher sondern auch glücklicher und gesünder sind.

Meinen Studentinnen und Studenten der Betriebswirtschaftslehre gebe ich in meinen Vorlesungen regelmäßig den Rat, sich nach einer anderen Perspektive umzuschauen, sollten sie kein Interesse, keine Freude, keinen inneren Antrieb an der Auseinandersetzung mit betriebswirtschaftlichen Fragestellung erleben: „Tun Sie mir den Gefallen und bleiben Sie in meiner Vorlesung bis sie zu Ende ist. Aber spätestens dann sollten Sie Ihr Studium beenden und etwas anderes tun“. Ich bin mir der Tragweite dessen was ich in diesem Moment sage durchaus bewusst. Grundsätzlich sollte jeder Mensch die Verantwortung dafür übernehmen, seine Berufung, sein Talent, seine Bestimmung zu ergründen und in adäquater Berücksichtigung existenzieller Rahmenbedingungen danach zu handeln.

Die Verantwortung des Unternehmens

Im hier behandelten Kontext stellt sich aber nun die Frage, welche Verantwortung Arbeitgeber übernehmen sollten. Ein einfacher Standpunkt, der auf einer dehumanisierenden Sichtweise im Sinne Max Webers fußt, könnte darin bestehen, überhaupt keine Verantwortung hierfür zu übernehmen. Man hat Jobs, die es zu besetzen und auszufüllen gilt. Hierfür werden Mitarbeiter eingestellt, die für die damit verbundenen Aufgaben als hinreichend geeignet erscheinen. Für die Erfüllung der Aufgaben bekommen die Mitarbeiter ein angemessenes Gehalt und damit hat sich die Sache erledigt. Für Unternehmen, die so denken ist Talentidentifikation definitiv kein Schlüsselthema.

Anders stellt sich dies möglicherweise für jene Unternehmen dar, die ein Interesse haben, die Entwicklungspotenziale der Mitarbeiter gezielt auszuschöpfen. Dieses Interesse haben sie etwa weil sie sich dadurch eine höhere Leistung versprechen, gute und ambitionierte Mitarbeiter halten wollen oder weil sie sich schwer tun, geeignete Kandidaten von außen zu gewinnen und deshalb Mitarbeiter mit entsprechendem Potential intern entwickeln wollen. Vor diesem Hintergrund liegt vielen Unternehmen folgende, strategische Ausrichtung der Talentfindung nahe:

> Wir betrachten es als eine zentrale Führungsaufgabe, Talente im Unternehmen zu erkennen. Dafür haben wir entsprechende Instrumente. **(1-1)**

Die meisten großen Unternehmen nutzen hierfür die so genannte *Leistung-Potenzial-Matrix.* Aufgrund ihrer charakteristischen Unterteilung nennt man sie in der Praxis häufig nur „9-Box" (siehe ◘ Abb. 8.1, vgl. Michaels et al. 2001).

Führungskräfte übergeordneter Ebenen treffen sich ein Mal im Jahr zu einem so genannten *Talent Review* und klassifizieren ihre untergeordneten Mitarbeiterinnen und Mitarbeiter entlang der Dimensionen Leistung und Potenzial. Jene Mitarbeiter, die nicht nur eine herausragende Leistung an den Tag legen, sondern denen man zudem noch viel Potenzial zuschreibt werden als *High-Potentials* bezeichnet. In der Praxis kursieren auch weitere Begriffe, wie „Nachwuchskräfte", „Talente", „Förderkandidaten" oder gar „Heroes". Diesen High-Potentials winken anschließend zum Teil aufwendige Förderprogramme.

Dieser Klassifizierung einzelner Mitarbeiter als High-Potentials geht meist eine entsprechende Nominierung durch die jeweilige, direkte Führungskraft voraus. Dies bedeutet im Umkehrschluss, dass Mitarbeiter, die von ihren direkten Führungs-

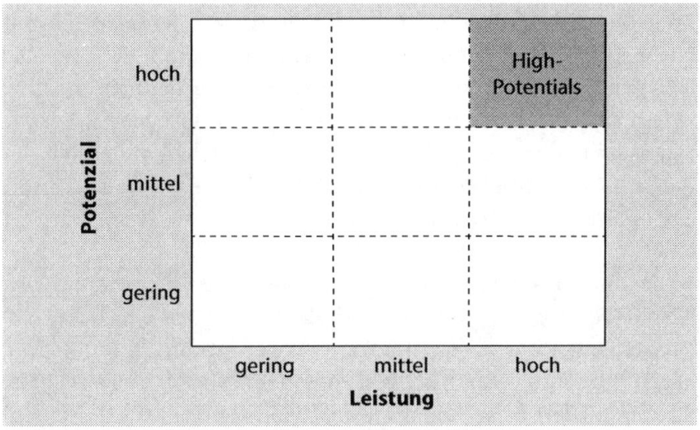

Abb. 8.1 Die Leistung-Potenzial-Matrix (9-Box)

kräften nicht als besonders talentiert erkannt werden, keine Chance haben, in den Kreis förderungswürdiger Kollegen zu gelangen – die direkte Führungskraft als Flaschenhals für die eigene Entwicklung. Spätestens hier wird die Verantwortung von Führungskräften in ihrer ganzen Tragweite sichtbar.

Die Verantwortung der Mitarbeiter

Während die gelebte Verantwortung des Unternehmens und der Führungskräfte zu einer Form institutionalisierter Abhängigkeit der Mitarbeiter von ihren direkten Vorgesetzten führt, verfolgen andere Unternehmen einen Ansatz, der das Unternehmen als Universum von Möglichkeiten präsentiert – intern wie extern. „So viele Herausforderungen. So wenig Zeit" hört man diese Unternehmen und deren Mitarbeiter sagen. Damit ist der Appell an die Mitarbeiterinnen und Mitarbeiter verbunden, diese Vielfalt an Chancen aktiv zu erkennen und zu ergreifen. Die strategische Ausrichtung der Talentfindung klingt dann entsprechend anders:

> Mitarbeiter sollten ihre besonderen Begabungen selbst erkennen und sich eigen-verantwortlich „ins Spiel" bringen. Dies wiederum fördern wir aktiv. (**1-2**)

Arbeitgeber, die sich dieser Ausrichtung verpflichten tun *nicht* nichts. Sie überlassen die Mitarbeiter nicht sich selbst, wie es bei der HR-Spielart „Hire & Pay" der Fall wäre. Vielmehr unternehmen sie zahlreiche institutionalisierte Aktivitäten, um die Mitarbeiter im Rahmen ihrer persönlichen Talenterkennung zu befähigen. In erster Linie bieten Sie Coaching-Maßnahmen an, wobei in den seltensten Fällen die direkte Führungskraft die Rolle als Coach übernimmt – zu Recht. Alternativ finden wir in immer mehr Unternehmen so genannte *Talentmanager*, die eine solche

Rolle annehmen. Am besten kann man diese Talentmanager mit internen Personalberatern vergleichen. Sie kennen nicht nur die internen Bedarfen und Entwicklungen im Unternehmen sondern setzen sich aktiv mit ihrem Klientel, den Mitarbeitern persönlich auseinander. Die Talentmanager selbst stehen außerhalb der Berichtslinie, genießen aber bis in die obersten Etagen ein uneingeschränktes Vertrauen. Häufig berichten sie direkt an den CEO.

Talent haben, Talent sein

Es mag als begriffliche Spitzfindigkeit erscheinen, zu unterscheiden, ob ein Mitarbeiter Talent *hat* oder ein Talent *ist*. Tatsächlich steckt aber dahinter eine bedeutsame Konnotation. Wenn man davon ausgeht, bestimmte Mitarbeiter seien Talente, dann impliziert diese Annahme möglicherweise auch, dass andere Mitarbeiter eben keine Talente sind, sonst hätte die Feststellung, ein Mitarbeiter sei ein Talent keine differenzierende Bedeutung. Meist wird bei Talenten von einer ausgewählten Elite im Unternehmen ausgegangen:

> Talente sind für uns eine ausgewählte Elite: Mitarbeiter, denen wir langfristig das Potenzial zuschreiben Herausforderungen von strategischer Bedeutung zu bewältigen. (**2-1**)

Die meisten, großen Unternehmen bevorzugen eigenen Beobachtungen zu Folge diese strategische Ausrichtung in Bezug auf ihr Talentverständnis. Schon die oben gezeigte Verwendung der Leistung-Potenzial-Matrix legt diese Sichtweise nahe. Schließlich wird kaum ein Unternehmen, das dieser Methodologie folgt, akzeptieren, alle Mitarbeiterinnen und Mitarbeiter in der High-Potential-Kategorie wiederzufinden.

Deutlich weniger Probleme wird man hingegen mit der Annahme haben, jeder Mensch *habe* Talent, irgendein Talent, in irgendwas. Die Frage ist dann wiederum, inwieweit das besondere Talent eines Mitarbeiters im Unternehmen relevant sein mag.

> Jeder Mitarbeiter verfügt über ein besonderes Talent. Am Ende geht es darum, diese Talente zu entdecken, zu entfalten und im Unternehmen zu nutzen, wo auch immer. (**2-2**)

Ich bin noch keinem Unternehmen begegnet, dass dieser Sichtweise zu 100 % folgt. Ich habe aber viele Unternehmen gesehen, die über diesen Ansatz immer wieder diskutieren. „Hat nicht jeder Mitarbeiter irgendein Talent?". „Warum denken wir so elitär? Wollen wir es uns wirklich leisten, uns nur auf ein kleines Häufchen

Auserwählter zu konzentrieren?". „Und was ist mit den anderen?". So, oder so ähnlich klingen dann die Bedenken. Insofern ist es strategisch wichtig, die Ausrichtung relativ früh in die eine oder andere Richtung zu definieren, um ein ewig wiederkehrendes Aufrollen der immer selben Fragen und Bedenken etwas um Zaum zu halten.

High-Potentials – Right Potentials

Immer dann, wenn in Unternehmen über Talentmanagement debattiert wird, ist die Wahrscheinlichkeit hoch, dass irgendwann folgende Frage artikuliert wird: „Wollen wir wirklich High-Potentials oder suchen wir nicht die *Right-Potentials*?" Erfahrungsgemäß erntet diese Frage breites Kopfnicken. Da ist sie dann wieder, die alte Idee vom richtigen Mitarbeiter zum richtigen Zeitpunkt am richtigen Platz. Was den Fragenden bewegt ist klar. Man hat Mitarbeiter vor Augen, die irgendwie gut sind, oder gar besonders talentiert, aber am Ende für bestimmte Schlüsselpositionen doch nicht als geeignet erscheinen. Identifiziert man gerade diejenigen und fördert sie entsprechend führt das auf Seiten aller Beteiligten zu unerfüllten Erwartungen, Enttäuschungen und vor allem zu fehlgeleiteten Investitionen. Tatsächlich berührt dieser Aspekt eine zentrale Dimension der strategischen Ausrichtung in Bezug auf das Thema Talentidentifikation. Eine klassische Ausprägung dieser Dimension könnte wie folgt formuliert sein:

Wir setzen auf „Right-Potentials": Mitarbeiter, die das Potential haben, langfristig bestimmten, erfolgskritischen Anforderungen gerecht zu werden. (3-1)

Dieser Ansatz ist ganz offenkundig sehr bedarfsorientiert. Er fokussiert auf bestimmte Zielpositionen, Zielfunktionen oder Zielebenen und die mit ihnen einher gehenden Anforderungen. Unternehmen, die im Rahmen ihres Talentmanagements ausschließlich zukünftige Führungspersönlichkeiten entwickelt wollen folgen diesem Ansatz. Dasselbe gilt für Unternehmen, die ihr Talentmanagement entweder auf bestimmte Schlüsselfunktionen ausrichten wollen, wie etwa Key Account Management, Design oder Forschung und Entwicklung. Oder es geht bei Talentmanagement darum Engpassfunktionen intern zu decken, weil man sich im Rahmen der Personalgewinnung besonders schwer tut. Im Zusammenhang mit dieser Ausrichtung überrascht es nicht, wenn im weiteren Schritt die Frage nach den relevanten Anforderungen folgt. Dann ist es nur noch ein kleiner Schritt, hin zur Entwicklung entsprechender *Kompetenzmodelle.*

In ► Abschn. 7.2 wurden die Besonderheiten, Vor- und Nachteile von Kompetenzmodellen im Zusammenhang mit Führungskräfteentwicklung angesprochen. Es wurde deutlich, dass der

Gegenentwurf zu statischen, manchmal sehr eng gefassten Anforderungen darin besteht, sich inhaltlich zu öffnen (siehe auch die Überlegungen zum Thema Diversity in ► Abschn. 4.2). Man skizziert erforderliche Stärken, tut dies aber auf eine eher generische Weise. Studien zeigen, dass in der Praxis bei der Feststellung von *Potenzial* drei Merkmale eine hohe Verbreitung genießen (Silzer und Church 2009): Leistungsentwicklung, Motivation und Persönlichkeit.

- Hat ein Mitarbeiter bei dem was er tut in der zurückliegenden Zeit (meist sprechen wir von wenigen Jahren) eine herausragende, überdurchschnittliche Entwicklung seiner Leistung an den Tag gelegt? Dieser Aspekt reflektiert in erster Linie seine Veranlagung und Lernfähigkeit. Der beste Prädiktor für zukünftige Entwicklung ist vergangene Entwicklung.
- Zeigt ein Mitarbeiter eine herausragende Motivation für das, was das Unternehmen tut oder vorhat aber auch dafür, wie das Unternehmen agiert in Bezug auf seine Unternehmenskultur? Eigentlich geht es um mehr, als nur um Motivation. Es geht um Begeisterung, Begeisterungsfähigkeit, „Hunger" nach neuen Herausforderungen, dafür „Brennen", das berühmte Glänzen in den Augen.
- Ist ein Mitarbeiter ein natürliches Vorbild für Andere oder hat er offenkundig das Potenzial dafür? Ist der Mitarbeiter in seiner Persönlichkeit, seiner Haltung, seinen Werte gefestigt oder zumindest für sein Alter deutlich reifer als die meisten anderen? Hat er die natürliche Gabe, Andere zu führen?

Unternehmen, die ein eher generisches Talentverständnis verfolgen werden vermutlich der folgenden, strategischen Aussage den Vorzug geben, wenngleich die generischen Dimension von Fall zu Fall variieren mögen:

> Unabhängig von langfristigen Bedarfen und spezifischen Anforderungen setzen wir auf Persönlichkeiten mit überragender Lernfähigkeit und Begeisterung für das, was wir als Unternehmen tun. (**3-2**)

Wer muss überzeugt sein?

Unabhängig davon, wie ein Mitarbeiter sich selbst sieht, welche Stärken, Begabungen und Ambitionen er an sich erkennt, ist es im unternehmerischen Kontext relevant, wie Andere den Mitarbeiter sehen. Talenterkennung ist einerseits ein persönlicher Prozess, der mit Selbstreflexion und Selbstwahrnehmung zu tun hat. Andererseits geht es aber auch um einen Prozess sozialer Urteilsbildung. So erfährt ein Mitarbeiter im Rahmen eines klassisch angelegten Talentmanagement nur dann eine gezielte Förderung, wenn übergeordnete Führungskräfte sein Talent erkennen. Wie der betroffe-

8

ne Mitarbeiter sich selbst einschätzt bleibt davon zunächst unbenommen. Insofern ergibt sich eine Handlungsrelevanz häufig erst daraus, dass Andere einen Mitarbeiter in irgendeiner Form als besonders talentiert einstufen.

Dieser Aspekt berührt eine strategische Dimension im Zusammenhang mit dem Thema Talentidentifikation: Wer muss vom Talent überzeugt sein unabhängig davon, wie sich ein Mitarbeiter selbst einschätzt? Eine strategische Ausrichtung mit modernem Anstrich könnte wie folgt formuliert sein:

Ein Talent ist nur dann ein Talent, wenn Andere (Kollegen auf gleicher Ebene, interne und externe Kunden) dies auch so sehen. **(4-2)**

In der praktischen Umsetzung ist hierbei meist von *Peer-Nominierung* (von High-Potentials) die Rede. Kollegen auf gleicher Ebene sprechen sich explizit dafür aus, einen bestimmten Kollegen gezielt zu fördern, ein Prozess, der systematisch gesteuert wird. Manche Unternehmen fordern von ihren Talentkandidaten Referenzen aus unterschiedlichen Abteilungen ein. Sogar das Einholen externer Referenzen, etwa von Kunden ist in manchen Fällen vorstellbar. Manchmal hilft auch ein Blick in interne Plattformen, wie *Enterprise Social Networks*, auf denen Mitarbeiter Ideen und Erfahrungen austauschen oder interne Netzwerke mit Followern aufbauen, ähnlich wie auf Twitter. In solchen Fällen könnte es nahe liegen, nur jene Kolleginnen und Kollegen als Talente anzuerkennen, die sich im internen Austausch beteiligen aber vor allem in der Lage sind, intern eine natürliche Resonanz zu erzeugen.

Diese Ausrichtung ist in der Praxis in reiner Form kaum zu finden sondern bestenfalls in Verbindung mit dem hierarchischen Ende der hier behandelten Dimension. Dieses Ende repräsentiert den klassischen, vertikalen, Ansatz der Talentidentifikation, wie er hier schon mehrfach angedeutet wurde.

Ein Talent ist nur dann ein Talent, wenn übergeordnete Führungskräfte das so sehen. **(4-1)**

Beide Enden dieser Dimension schließen sich gegenseitig nicht aus. Die Frage ist vielmehr, welches Gewicht den beiden Seiten zukommt. In einer traditionellen, hierarchischen Welt ist allein entscheidend, wie übergeordnete Führungskräfte einen Mitarbeiter beurteilen. Es ist davon auszugehen, dass auch in Zukunft Führungskräfte eine zentrale Rolle bei der Talentfindung und -identifikation spielen werden. Die zunehmende, horizontale Verpflichtung von Mitarbeitern und Teams gegenüber ihren Kunden, aber auch die sich ändernde Rolle von Führungskräften hin zu mehr Coaching und partnerschaftlicher Führung werden diesem Ansatz langfristig ein größeres Gewicht verleihen.

Transparenz versus Diskretion

Viele Jahre war es eigenen Beobachtungen zufolge durchaus üblich, identifizierten Nachwuchskräften ihre Nominierung nicht mitzuteilen. Und selbst wenn man dies tat, hängte man diese Auswahl im Unternehmen nicht an die sprichwörtliche „große Glocke". Das hatte nachvollziehbare Gründe. So wollte man auf Seiten dieser Kandidaten selbst keine Erwartungen wecken, die am Ende möglicherweise nicht erfüllt werden können, was schließlich eine gewisse Enttäuschung auf Seiten der Betroffenen zur Konsequenz hätte. Und die letzten, die man enttäuschen wollte waren eben diese Auserwählten. Zudem wollte man vermeiden, dass andere Mitarbeiter Neidgefühle entwickeln oder gar ein interner Kampf um die Gunst übergeordneter Führungskräfte entsteht – „Warum sie und nicht ich?". Auch wollte man Talente vor intrinsischem und extrinsischem Druck bewahren.

Wir behandeln die Nominierung von Talenten sehr diskret. Dadurch vermeiden wir überzogene Erwartungen und Missgunst auf Seiten Anderer. **(5-1)**

Diese strategische Ausrichtung funktioniert so lange, wie sich aus einer Talentnominierung keine unmittelbare Relevanz für den Kandidaten selbst oder für andere ableitet. Tatsächlich spielt sich die Praxis in nicht wenigen Unternehmen so ab, dass sich ausgewählte Nachwuchskandidaten auf dem Radar übergeordneter Führungsebenen befinden und man sich bei der Verteilung bestimmter Aufgaben oder etwaiger Beförderungen auf diese Talente konzentriert. Und weil man akut keine weiteren Pläne für diese Kandidaten vorsieht reicht das für den Moment. Warum also die Pferde scheu machen, neigt man zu fragen.

Sobald aber ausgewählte High-Potentials für Förderprogramme vorgesehen sind, wird man ihnen dies mitteilen müssen. Schließlich ist nicht auszuschließen, dass ein Förderprogramm für einen Kandidaten selbst etwa aus persönlichen Gründen aktuell nicht in Frage kommt. Man baut gerade ein Haus, das dritte Kind ist unterwegs, Zeit ist aktuell sehr kostbar und an ein Förderprogramm oder gar an eine Auslandsentsendung ist derzeit einfach nicht zu denken.

Nicht selten werben Unternehmen mit ihren Talentmanagementprogrammen. Nicht nur die Mitarbeiter, sondern auch externe Interessenten und Bewerber sollen wissen, dass es sie gibt.

Unter diesen Voraussetzungen liegt es auch nahe, aus der Talentnominierung eines Kollegen und dem Prozess der gezielten Talentidentifikation kein Geheimnis zu machen, auch wenn man dies nicht notwendigerweise in der Mitarbeiterzeitschrift mitteilen muss. Entsprechend lautet der Gegenentwurf der strategischen Ausrichtung in etwa wie folgt:

Wir gehen mit der Nominierung von Talent sehr offen um. Dies liegt im Interesse der Talente und des Unternehmens insgesamt. (5-2)

Selbstverständlich erübrigt sich die Diskussion darum, welche Alternative die bessere ist gerade dann, wenn ein Talent durch seine Kollegen (Peers) nominiert wird.

Digitale Talentidentifikation

Meinen wohl ersten Berührungspunkt mit *People Analytics* hatte ich auf einer internationalen HR-Konferenz in Zürich im Jahr 2012. Gastredner war Prasad Setty, Vice President People Analytics bei Google. Damals verkündete er hoffnungsvoll und voller Überzeugung seine Vision: „All people decisions at Google are based on data and analytics". Das war irgendwie typisch Google. Welches andere Unternehmen hätte schon damals eine solche Vision formulieren können? Mittlerweile lässt er keine Gelegenheit mehr aus, seine Erfahrungen, die er seitdem sammeln konnte zu teilen[1]. Seine Geschichte ist bemerkenswert und reflektiert eine Entwicklung, die sicherlich noch tausenden von Unternehmen bevorsteht.

Bei Google treffen sich einmal im Jahr hunderte von Executives, Manager aber auch nominierte Talente um Entscheidungen darüber zu fällen, wer in den kommenden Monaten befördert werden soll. Dies waren gigantische Veranstaltungen, die mit einem enormen organisatorischen, logistischen und informationstechnischen Aufwand verbunden waren. Prasad Setty seinerseits entwickelte mit seinem Team einen Algorithmus, der rein auf verfügbaren Daten basiert und mit einer erstaunlichen Präzision jene Entscheidungen vorhersagen konnte, die im Rahmen dieser Events aufwendig generiert wurden. Seine Botschaft war: Ihr könnte Euch diesen ganzen Akt sparen. Unser Algorithmus wird lernen, Entscheidungen von gleicher oder gar besserer prognostischer Validität zu generieren und dies bei minimalstem Aufwand. Die dahinter stehende, strategische Prämisse wird in den Ohren zahlreicher People-Analytics-Protagonisten der heutigen Zeit wie Musik klingen:

---

1 Eine seiner wunderbaren Präsentationen hielt er beispielsweise 2014 auf der von Google veranstaltenden Konferenz re:work. Sie ist zu sehen auf Youtube (https://youtu.be/KY8v-O5Buyc, zuletzt gesehen am 28.02.2018).

Talentnominierungen basieren so weit wie möglich auf Daten, Algorithmen und künstlicher Intelligenz. **(6-1)**

Die Umsetzung dieser Strategie ist bereits heute sehr gut möglich, vorausgesetzt, Unternehmen verfügen über eine halbwegs solide Datengrundlage. Meist genügen bereits wenige Indikatoren, die lediglich entsprechend gewichtet und kombiniert werden müssen. Mit zunehmender, technischer Infrastruktur und dem Zugriff auf Big Data kann die Entwicklung valider Algorithmen im Rahmen einer einfachen Bachelor-Arbeit entwickelt werden. Mehr ist das nicht.

8

Die Geschichte von Prasad Setty geht weiter. Er unterbreitete der Unternehmensleitung den Vorschlag, man möge sich doch zukünftig auf „seinen" Algorithmus verlassen. Dieser Vorschlag wurde komplett abgeschmettert, was schließlich zu einer geänderten Vision von People Analytics führte: „All people make decisions based on data & analytics". Zu Recht. Man stelle sich vor, ein Mitarbeiter bekäme eine automatisch generierte Nachricht in der ihm mitgeteilt wird, er sei als High-Potential nominiert und identifiziert worden. Auf sein Nachfragen bekommt er die Antwort: „Wir können diese Entscheidung nicht wirklich begründen. Dahinter steht ein Algorithmus". Natürlich muss dieser Algorithmus geheim bleiben, um eine dysfunktionale, verfälschende Form von Reaktivität zu vermeiden. Schließlich möchte man, dass Mitarbeiterinnen und Mitarbeiter ihren Herausforderungen – und nicht einem Algorithmus – gerecht werden. Google kam zu der Überzeugung, dass Entscheidungen über Menschen immer von Menschen gefällt werden müssen. Am Ende braucht es immer jemanden, der hinter einer Entscheidung steht. Alles andere wäre „Hiding behind Black Boxes".

Man kann die Pole dieser strategischen Dimension kaum besser erklären als anhand dieser Geschichte. Am Ende geht es um die Frage, ob mitarbeiterbezogene Entscheidungen von Maschinen gefällt oder durch sie nur unterstützt werden. Entsprechend lautet die gegensätzliche Prämisse in Bezug auf eine digitalisierte Talentidentifikation:

Talentnominierungen sind soziale Prozesse, die durch Daten unterstützt werden. Nur Menschen vertrauen Menschen. **(6-2)**

Wer bei der veränderten Vision von Google genauer hingesehen hat, wird festgestellt haben, dass eine wesentliche Veränderung zur ursprünglichen Variante nicht nur in der Unterstützung von Entscheidungen besteht. Was besonders hervorgehoben wird ist die Sequenz „All people make decisions". Diese Aussage adressiert die Frage, für wen People Analytics bestimmt sein kann. Die aktuelle Debatte rund um dieses Thema signalisiert ganz eindeutig, dass People Analytics ein Instrument für Entscheider oberer Etagen ist. Google hat die Entwicklung vorweggenommen und gezeigt, dass künstliche Intelligenz *alle* Mitarbeiter befähigen sollte. Leider ist diese Sichtweise Stand heute erschreckend unterbelichtet. Im ▶ Abschn. 11.3 (Digital HR und People Analytics) wird dieser Gedanke erneut aufgegriffen und vertieft behandelt.

Externales und persönliches Talentverständnis

Zusammenfassend können wir feststellen, dass das traditionelle Talentverständnis in hierarchischen und nach Stabilität strebenden Organisationen in gewisser Weise externalen Charakter hat. Es wird von außen definiert, was ein Talent ist. Vor allem die Institution entscheidet darüber, wer über ausreichendes Talent verfügt. Die Kriterien sind explizit und unabhängig von den zu identifizierenden, internen Kandidaten festgelegt. Wird ein Mitar-

Tab. 8.1 Alle strategischen Dimensionen zu Talentidentifikation im Überblick

Verantwortung	1-1 Führungskräfte Wir betrachten es als eine zentrale Führungsaufgabe, Talente im Unternehmen zu erkennen. Dafür haben wir entsprechende Instrumente	1-2 Mitarbeiter selbst Mitarbeiter sollten ihre besonderen Begabungen selbst erkennen und sich eigenverantwortlich „ins Spiel" bringen. Dies wiederum fördern wir aktiv
Talent haben oder sein	2-1 Talente sind Elite Talente sind für uns eine ausgewählte Elite: Mitarbeiter, denen wir langfristig das Potenzial zuschreiben Herausforderungen von strategischer Bedeutung zu bewältigen	2-2 Jeder hat Talent Jeder Mitarbeiter verfügt über ein besonderes Talent. Am Ende geht es darum, diese Talente zu entdecken, zu entfalten und im Unternehmen zu nutzen, wo auch immer
Kriterien	3-1 Erfolgskritische Anforderungen Wir setzen auf „Right-Potentials": Mitarbeiter, die das Potential haben, langfristig bestimmten, erfolgskritischen Anforderungen gerecht zu werden	3-2 Persönlichkeiten Unabhängig von langfristigen Bedarfen und spezifischen Anforderungen setzen wir auf Persönlichkeiten mit überragender Lernfähigkeit und Begeisterung für das, was wir als Unternehmen tun
Beurteilung	4-1 Übergeordnete Führungskräfte Ein Talent ist nur dann ein Talent, wenn übergeordnete Führungskräfte das so sehen	4-2 Kollegen und Kunden Ein Talent ist nur dann ein Talent, wenn Andere (Kollegen auf gleicher Ebene, interne und externe Kunden) dies auch so sehen
Kommunikation	5-1 Diskretion und Zurückhaltung Wir behandeln die Nominierung von Talenten sehr diskret. Dadurch vermeiden wir überzogene Erwartungen und Missgunst auf Seiten Anderer	5-2 Transparenz Wir gehen mit der Nominierung von Talent sehr offen um. Dies liegt im Interesse der Talente und des Unternehmens insgesamt
Rolle von Analytics	6-1 Grundlage Talentnominierungen basieren so weit wie möglich auf Daten, Algorithmen und künstlicher Intelligenz	6-2 Unterstützung Talentnominierungen sind soziale Prozesse, die durch Daten unterstützt werden. Nur Menschen vertrauen Menschen

beiter als High-Potential identifiziert, kommt diese Nominierung sozusagen über ihn. Wie die überblicksartige Gegenüberstellung der strategischen Optionen in ◘ Tab. 8.1 zeigt spiegelt die rechte Seiten demgegenüber ein persönliches und zwischenmenschliches Talentverständnis wider. Es kommt auf den Mitarbeiter selbst und seine Wirkung auf Andere an. Dabei können sich die Talente, die man hat interpersonell unterscheiden. Selbst Entscheidungen und Urteile Anderer über ein Talent haben vorwiegend persönlichen, zwischenmenschlichen Charakter.

8.2 Talentförderung und -entwicklung

Es ist für einen Menschen und sein Leben mit das Schönste, sein Talent nicht nur zu erkennen sondern es auch zu entfalten. Will man den Prozess dieser Entfaltung grundsätzlich verstehen, dann gibt es hierfür unterschiedliche Zugänge. Einer meiner persönlichen Zugänge zu dieser Themenstellung liegt etwa im Studium von Biografien erfolgreicher Menschen aus der Menschheitsgeschichte. Egal, wessen Leben man sich zu Gemüte führt, seien es die Biografien von Albert Einstein, Angela Merkel, Paul McCartney, Richard Branson oder von Tiger Woods, Steve Jobs, Mahathma Gandhi, Leonard Bernstein, man erkennt früher oder später gewisse Gemeinsamkeiten und Grundmuster von denen Talente selbst aber auch Unternehmen insgesamt lernen können. Diese Menschen kannten ihre Talente, hatten zwar Respekt aber keine Angst vor großen Herausforderungen, einen uneingeschränkten Willen zum Erfolg, Begegnungen mit herausragenden Persönlichkeiten und Lehrern, die Chance, das zu tun, was zu ihrem Talent passt, Disziplin und Freude an dem was taten. Auch wenn jede Lebensgeschichte individuell ist, so gleichen sie sich in zahlreichen, fundamentalen Aspekten. Trotzdem gibt es drei extrem unterschiedliche Varianten dieser vergleichbaren Geschichten.

Drei Varianten der Talententfaltung

Es gibt Persönlichkeiten, die sich in ihrem Leben fast alles selbst erkämpfen mussten. Steve Jobs ist ein gutes Beispiel hierfür. Als Sohn eines syrischen Flüchtlings baute er sich fast alles, was er erreicht hat aus eigener Kraft auf nicht selten sogar gegen massive Widerstände aus dem von ihm gegründeten Unternehmen. So nahm er beispielsweise die Verantwortung für visionäre Herausforderungen an oder entwickelte Partnerschaften zu entscheidenden anderen Persönlichkeiten. Man denke hier etwa an das technische Genie Steve Wozniak, den technischen Vater des Macintosh oder an John Lasseter, den visionären Kopf hinter Pixar und so wunderbaren Filmen wie „Finding Nemo" oder „Toy Stories". Manchen Menschen schadet es offenbar nicht, auf sich selbst gestellt zu sein. Es macht sie womöglich stark und sie suchen sich ihren Weg. Auch das bereits genannte Beispiel von Albert Einstein geht in diese Richtung.

Im unternehmerischen Kontext spiegelt sich dies in dem Satz eines ehemaligen CEO von SAP wieder, der gesagt hat: „Talente muss man nicht aktiv fördern, sonst sind sie keine". Bezugnehmend auf das in diesem Buch behandelte HR-Dreieck mit den unterschiedlichen HR-Spielarten ist hier von *Hire & Pay* die Rede. Unternehmen, die so denken, verfügen über kein institutionalisiertes Talentmanagement. Sie überlassen die Mitarbeiter sich selbst und das nicht selten sogar mit großem Erfolg. „The cream always comes to the top".

Im Profisport finden sich derzeit hingegen Praktiken, die davon deutlich abweichen. Im Kontext der möglichen HR-Spielarten findet hier meist eine *zentrale Planung und Steuerung* statt, die zweite Variante der Talententfaltung. Sobald ein Talent – meist schon im Kindesalter – gefunden und identifiziert wird erfährt das Talent einen gezielten Aufbau. Individualisierte aber auch standardisierte Trainingsprogramme werden in Orientierung an unzähligen Leistungsparametern entwickelt und konsequent umgesetzt. Im unternehmerischen Kontext stehen hierfür zahlreiche Maßnahmen und Konzepte zur Verfügung. Man denke hier an vorgezeichnete, detailliert beschriebene Karrierepfade, umfassende Potential-Assessments, 360-Grad-Beurteilungen, regelmäßige Mitarbeitergespräche, gezielte Einsätze im In- und Ausland. Man tut etwas mit den Talenten. Die strategische Ausrichtung lässt sich in folgendem Statement zusammenfassen:

> Als Unternehmen tragen wir die Verantwortung für die Entwicklung unserer talentiertesten Mitarbeiter. (**1-1**)

Bei aller Professionalität, die dieser Variante eigen ist, neigt so manch zynische Zunge dazu, dieses Vorgehen als eine Form des Babysitten zu betrachten – „Tue was man Dir sagt. Lass Dich drauf ein und denk nicht nach. Gib einfach Alles und irgendwann wird aus Dir ein ganz Großer". Der Trainer, das HR bzw. das Unternehmen insgesamt tragen die Verantwortung.

Bei der dritten Variante der Talententfaltung erfahren Menschen ein hohes Maß an Unterstützung, tragen aber selbst die Verantwortung für ihre Entwicklung. Diese Menschen haben Eltern, die sich hinter die Präferenzen ihrer Kinder stellen, auch wenn diese aus Sicht der Eltern noch so abwegig erscheinen. Menschen, die aufgrund ihrer Herkunft, ihres sozialen Umfelds oder aus anderen Gründen Zugänge zu wertvollen Netzwerken haben, aber am Ende selbst etwas daraus machen müssen. Menschen, die das unfassbare Glück haben, in einem Staat aufzuwachsen, der ihnen nicht nur eine freie Berufswahl ermöglicht sondern auch die notwendigen Qualifizierungswege zur Verfügung stellt. Den Weg müssen sie selber gehen und schließlich die Verantwortung für Erreichtes tragen. Menschen, die in einem Arbeitsmarkt aufwachsen, der etwa aufgrund wirtschaftlicher Rahmenbedingungen ein Universum an Chancen und Perspektiven eröffnet. Nur darin orientieren müssen sie sich auf eigenverantwortliche Weise. Im unternehmerischen Kontext geht es hierbei um die HR-Spielart der Eigenverantwortung und der *mitarbeiterzentrierten Befähigung*. Das Unternehmen vermittelt die unmissverständliche Botschaft:

» Dieses Unternehmen bietet mehr spannende Möglichkeiten und Herausforderungen, als Sie Zeit haben. Hier können Sie sich entsprechend Ihrer Präferenzen und Neigungen entfalten. Wir unterstützen Sie dabei, Ihren eigenen Weg zu finden und sichern Ihnen entwicklungsfördernde Rahmenbedingungen zu. Die Verantwortung für Ihre Entwicklung liegt aber in Ihren Händen.

In einer strategischen Aussage zusammengefasst lautet die strategische Ausrichtung wie folgt:

Die Verantwortung für die Entwicklung unserer Mitarbeiter liegt bei den Mitarbeitern selbst. Wir befähigen Sie hierfür wo nötig und erwünscht. **(1-2)**

In den folgenden Abschnitten werden die beiden Extreme der zentralen Planung und Steuerung einerseits und der mitarbeiterzentrierten Befähigung anderseits entlang wesentlicher Dimensionen der Talententfaltung besprochen. Wir beginnen mit dem Konzept der Karrierepfade.

Normative und deskriptive Karrierepfade

Manche Personalleiter berichten mir von den zunehmenden Bedürfnissen gerade junger Mitarbeiter, zu Beginn ihrer Karriere einen klaren Ausblick, einen Plan für ihre Laufbahn zu erhalten. Damit wird das Konzept *normativer Karrierepfade* berührt, das es in zahlreichen Unternehmen schon seit vielen Jahren gibt. Detailliert wird beschrieben, wie lange ein Mitarbeiter in welcher Funktion welche Position auf welcher Stufe innehat. Es ist beschrieben, worin die Verantwortung besteht und was man „mitbringen" muss. Diese Pläne beschreiben zum Teil vorgeschriebene (präskriptive) Phasen, die sich über mehrere Jahre erstrecken. Damit geht die Botschaft einher, dass nur so die Karriere verlaufen kann. Insofern sind diese Karrierepfade in ihrem Charakter normativ, also vorschreibend und verbindlich.

Mitarbeiter erwarten klare Perspektiven und (normative) Karrierewege. Deshalb beschreiben wir möglichst präzise, wie man bei uns langfristig eine Zielposition erreicht. (**2-1**)

Diese Form normativer Karrierepfade finden sich vorwiegend in traditionell, hierarchisch geführten Unternehmen, die von einem Anspruch größtmöglicher Stabilität und Vorhersehbarkeit ausgehen. Sie erwarten eine Unterordnung der Mitarbeiter unter die bestehenden Strukturen, die vor allem statischen Charakter haben. Individualität und Eigenverantwortung ist diesem Konzept eher fremd. Insofern ist dieser Ansatz in erster Linie mit der HR-Spielart einer zentralen Planung und Steuerung kompatibel.

In agilen Organisationen ist den Mitarbeiter und Führungskräfte eine solche Sichtweise eher fremd, oder erscheint zumindest befremdlich. Ein Personalleiter eines Unternehmens mit 2000 Mitarbeitern wird bei der Frage eines Mitarbeiters nach Karrierepfaden vermutlich wie folgt reagieren: „Ja, wir haben Karrierepfade und zwar 2000 verschiedene. Wie Ihr persönlicher Karrierepfad aussehen wird kann ich Ihnen nicht sagen. Das liegt allein an Ihnen. Fragen Sie mich in zehn Jahren nochmals, dann sind wir beide schlauer".

Anstatt aber Mitarbeiter gänzlich allein zu lassen – das wäre die Spielart „Hire & Pay" – bietet man den Mitarbeitern Transparenz über bisherige Erfahrungen, so genannte *deskriptive Karrierepfade*. Das Beispiel eines großen Einzelhandelsunternehmens kann diese Idee verdeutlichen. In diesem Unternehmen gibt es Stand heute circa 120 Warenhausleiter. In einer einfachen Untersuchung wurden diese gefragt, was sie zuvor gemacht haben. In einem weiteren Schritt wurden die Inhaber dieser zuführenden Positionen mit derselben Frage konfrontiert. Diese Schritte wurden wenige Male wiederholt. Am Ende ergab die Untersuchung einen anschaulichen Baum bzw. ein Netz unzähliger Karrierepfade mit zahlreichen Querverstrebungen. Wer nun wissen möchte, wie man Warenhausleiter wird, erfährt dies aus dieser einfachen, deskriptiven Analyse. Die Grundidee erinnert an Amazon: „Mitarbeiter, die heute X machen, haben zuvor Y gemacht". Diese Karrierepfade sind eher mit Trampelpfaden zu vergleichen. Sie verlaufen nicht in der Weise, wie sich eine zentrale Instanz dies ausgedacht hat sondern so, wie sich in der Vergangenheit Menschen bewegt und entwickelt haben.

> Es gibt bei uns so viele Karrierewege, wie es Mitarbeiter gibt. Unseren Mitarbeitern bieten wir Transparenz und Orientierung über bisherige Erfahrungen und Karrieren Anderer. (**2-2**)

Natürlich geht dies auch auf weniger aufwendige Weise, was gerade dann als notwendig erscheint, wenn Positionen nicht klar voneinander abgrenzbar sind. Dies ist ja gerade in agilen Organisationen nicht selten der Fall. Hier helfen die Geschichten Einzelner präsentiert in internen Foren, Workshops, Karrierekonferenzen und in persönlichen Gesprächen.

Wenn es nun aber um die Frage geht, wie sich Mitarbeiter langfristig entwickeln unabhängig davon ob auf normativen oder deskriptiven Karrierepfaden, wird in der Praxis meist auf die so genannte *70-20-10-Regel* der Talentförderung verwiesen. Auch wenn diese Regel nie empirisch belegt wurde, liefert sie eine erste, pragmatische Klassifizierung möglicher Ansatzpunkte (vgl. McCall 1998; Michaels et al. 2001).

Die 70-20-10-Regel der Talentförderung

Es gibt eine einfache Übung, die ich gerne mit meinen berufsbegleitenden Masterstudenten durchführe. Ich bitte sie, zunächst eine Sache auf einen Zettel zu schreiben, die sie aus ihrer Sicht sehr gut können, besser als die meisten anderen Menschen. Danach frage ich die Studierenden, wo oder wie sie diese Sache erlernt haben. Ich sammle dann die Punkte auf der Tafel. Das Ergebnis ist erstaunlicherweise immer dasselbe, mehr oder weniger. 70 % wurde durch Erfahrung gelernt. Man wurde in einer Sache richtig gut, weil man sie tun durfte oder musste und sie daher häufig genug praktizierte. 20 % wurde durch und mit Anderen gelernt. Man hatte Kollegen, Chefs, Vorbilder von und mit denen man etwas lernte. 10 % wurde durch entsprechendes formales Training erlernt, im Rahmen einer Ausbildung oder eines Weiterbildungsereignisses.

Viele Unternehmen nehmen sich diese Regel zu Herzen, was durchaus als sinnvoll erscheint. Im Kern appelliert diese Regel einerseits an eine Ausgewogenheit unterschiedlicher Lernmöglichkeiten. Andererseits betont sie die hohe Bedeutung der praktischen Erfahrung. Im Folgenden werden diese drei Komponenten und deren mögliche, strategische Ausrichtung jeweils genauer betrachtet. Wir beginnen mit der praktischen Erfahrung.

Kalte Wasser

Fragt man einen Menschen, der es in seinem Leben wirklich weit gebracht hat, was für seine Entwicklung am prägendsten war, dann erhält man nicht selten eine Antwort wie diese: „Es gab diesen Moment, wo ich vor einer riesen Herausforderung stand und mir jemand das Vertrauen gab, diese Herausforderung zu bewältigen". Manchmal verändert der einfache Satz „Du schaffst das" ganze Leben. Es gibt Situationen, wo Menschen gar keine andere Wahl haben, als die Konfrontation mit einer übermächtigen Herausforderung anzunehmen. Aus solchen Situationen lernen Menschen wohl am meisten.

Im Rahmen eines Talentmanagement geht es deshalb darum, Situationen dieser Art gezielt herbeizuführen. Man spricht hierbei auch von sogenannten *Stretch Roles* oder „Stretch Jobs“[2]. Klassische Herausforderungen dieser Art sind die Position als Vorstandsassistent, die Übernahme der Projektleiterrolle für ein schwieriges Projekt, ein Auslandseinsatz oder eine Stellvertreterposition. Vielfach findet man diese Herausforderungen auch in kleinerem Rahmen, etwa wenn Auszubildende bei McDonalds oder bei den Sparkassen für einen Tag oder eine Woche die Verantwortung für das Leiten eines Restaurants oder einer Filiale übertragen bekommen. McCall (1998) spricht hierbei auch von internen „Schulen“. Demnach hat jedes Unternehmen in unterschiedlichen Bereichen und Rollen Schulen, in denen man auf praktische Weise Neues erlernen kann. Man muss nur wissen, was in welcher Schule gelehrt wird. Nun kann man Mitarbeiter oder High-Potentials ganz gezielt in bestimmte Schulen schicken. Alltagssprachlich ist hierbei auch von „kalten Wassern“ die Rede, in die Mitarbeiter gezielt geworfen werden. „Jürgen, was Dir fehlt ist Auslandserfahrung. Wir schicken Dich deshalb für zwei Jahre in unsere Niederlassung nach Singapur“. In dem Fall übernimmt das Unternehmen die Verantwortung für die Entwicklung seiner Mitarbeiter, ein Ansatz, der insbesondere in traditionell, hierarchisch geführten Unternehmen vorstellbar ist:

> Damit unsere Talente schnellstmöglich lernen werfen wir sie gezielt dann und dort ins kalte Wasser, wo es aus Unternehmenssicht als sinnvoll erscheint. **(3-1)**

Selbst dann, wenn ein ambitionierter, talentierter Mitarbeiter den Wunsch hat, in bestimmte kalte Wasser zu springen, wird er das in einem traditionell hierarchischen Kontext gar nicht dürfen. Er ist vielmehr darauf angewiesen, die entsprechende Chance bzw. die Erlaubnis „von oben“ zu erhalten.

In einem agileren Kontext hingegen funktioniert das Finden kalter Wasser vor allem über laterale Netzwerke im Unternehmen. Es wird erwartet, dass Mitarbeiter Herausforderungen selbst suchen und sich entsprechend „ins Spiel bringen“. Dies kann sogar so weit gehen, dass sich Mitarbeiter gemeinsam mit Kollegen neue Herausforderungen selbst schaffen, weil sie die damit verbundenen Chancen und Bedarfe eigeninitiativ erkennen.

---

2 Es scheint für diese Terminologie keine deutsche Entsprechung zu geben. Eine Übersetzung in „Streckstelle“ wäre sicherlich irritierend. Meist ist daher einfach nur von „Herausforderung“ oder „herausfordernden Aufgaben“ die Rede.

Unternehmen können hier institutionell Vieles beitragen. Ein einfaches Konzept, das in den vergangenen Jahren zunehmend an Aufmerksamkeit gewann, ist der so genannte *interne Talentmarkt* (vgl. Trost und Frosch 2011). Im Kern handelt es sich hierbei um nichts anderes, als um eine interne Projektbörse oder Mitarbeiterbörse, vergleichbar mit bekannten Stellenbörsen im Internet. Einerseits präsentieren sich Mitarbeiter mit ihren persönlichen Profilen und weißen auf ihre Erfahrungen, Kenntnisse, internen Kontakte und Präferenzen für kommende Projekte hin. Andererseits werden auf dieser Plattform Projekte oder Projektideen kommunizieren. Am Ende wird damit versucht, zunächst interne Transparenz über Personen und Herausforderungen zu schaffen um in einem weiteren Schritt Personen und Projekte selbstgesteuert zusammen zu bringen. Zunehmend übernehmen interne Plattformen im Sinne eines Enterprise Social Networks diese Funktion. Es geht aber auch mit weniger technischen Mitteln. Man denke hier an interne Veranstaltungen, bei denen bereichs- und rollenübergreifen Projekte und Projektideen präsentiert und diskutiert werden, Foren, Konferenzen, Projektmessen, interne Netzwerkveranstaltungen.

Auch können Unternehmen versuchen, Hürden interner *Mobilität* herabzusetzen oder interne Mobilität aktiv zu unterstützen. Hierbei geht es um scheinbar banale Dinge. Wie einfach oder wie schwer ist es für einen Mitarbeiter die Abteilung zu wechseln, im Unternehmen eine neue Rolle zu übernehmen oder in einem anderen Land zu arbeiten? Welche formalen Zustimmungen etwa von Seiten des Betriebsrats oder von übergeordneten Führungskräften sind hierfür erforderlich? Welche Unterstützung erfährt der Mitarbeiter, wenn er den Wunsch hat, für längere Zeit ins Ausland zu gehen? Je nachdem, welche Haltung ein Unternehmen hierzu lebt, werden entsprechende Interessen der Mitarbeiter begrüßt und gefördert oder aber erschwert. Insgesamt werden agile Unternehmen dazu tendieren, folgende, strategische Ausrichtung zu unterschreiben:

> Talente suchen eigenständig kalte Wasser und springen von selbst hinein. Wir schaffen Transparenz, bauen Hürden ab und schenken Vertrauen. (**3-2**)

Unterm Strich kommt bei dieser strategischen Ausrichtung dem Thema Führung eine entscheidende Bedeutung zu. Diese kommt in der Aussage „Vertrauen schenken" im oberen Statement zum Ausdruck.

Mentoren

Es gibt eine international sehr erfolgreiche Talentshow, die in Deutschland unter dem Namen „The Voice of Germany" bekannt ist. In der Anfangsphase dieser Show, während den so genannten

„Blind Auditions“ haben ausgewählte Talente die Möglichkeit, vor einer Reihe potenzieller Mentoren zu überzeugen. Dafür haben sie 90 Sekunden Zeit. Interessanterweise können die Mentoren, bei denen es sich um sehr prominente Künstler handelt, den Kandidaten nicht sehen. Wurde ein Mentor im Laufe dieser 90 Sekunden dauernden Performance vom Potenzial des Kandidaten überzeugt, betätigt er einen Buzzer. Drückt kein Mentor den Buzzer, ist die Show für den Kandidaten gelaufen. Entscheiden sich aber mehrere Mentoren für das Talent, dann hat das Talent am Ende die Wahl, mit wem er oder sie zusammenarbeiten möchte. Besser kann man Mentoren und Mentees kaum zueinander bringen.

Dahinter stehen eine Reihe entscheidender Prinzipien. Beide, der Mentor und der Mentee wollen am Ende gewinnen. Der Mentor braucht den Mentee und umgekehrt. Dafür ist uneingeschränktes, wechselseitiges Commitment und Vertrauen erforderlich. Nur wenn diese Prinzipien eingehalten werden, können Mentorenprogramme funktionieren.

In der unternehmerischen Praxis können diese Prinzipien auf einfache Weise repliziert werden. Man stelle sich eine Situation vor, in der ausgewählte High-Potentials die Möglichkeit haben, vor dem versammelten Vorstand zu einem beliebigen Thema zu präsentieren. Anschließend geben die Vorstände ihre Präferenzen ab. Am Ende entscheidet das Talent, wen es als Mentor haben möchte. Hat kein Vorstandsmitglied Interesse daran, ein bestimmtes Talent zu fördern, kann sich das scheinbare Talent aus dem Programm verabschieden. Hier gilt der Grundsatz: wer jetzt nicht überzeugt wird auch in Zukunft nicht überzeugen.

Talente müssen ihre Mentoren selbst gewinnen. Wenn sie das nicht schaffen, haben sie auch langfristig nur geringe Chancen. (4-2)

Es gibt auch weniger extreme Ansätze, wie beispielsweise jener einer Division eines großen, deutschen Automobilzulieferers. Dort werden beispielsweise selbst erstellte Fotoalben potenzieller Mentoren und Mentees zur persönlichen Zuordnungsgrundlage gemacht. Mentoren entscheiden sich für Mentees deren Alben sie ansprechend finden und umgekehrt.

Einen starken Mentor zu haben, kann für Talente in Unternehmen von unschätzbarem Wert sein. Mentoren sind dabei meist Vertreter aus dem oberen Management, starke Persönlichkeiten mit Einfluss und Netzwerken. Ihre Rolle besteht darin, ihren Mentees emotional und motivational den Rücken zu stärken – „Sie schaffen das“. Sie bringen Talente mit Personen in Kontakt, die für die weitere Entwicklung der Talente von großer Bedeutung sein können – „Darf ich Ihnen unseren CFO vorstellen?“ „Reden Sie zuerst mit Dr. Pfister." „Lassen Sie die Finger von diesem Projekt." „Jetzt müssen Sie handeln. Verlieren Sie keine Zeit". Aber auch umgekehrt profitieren Mentoren von ihren Mentees. Das müssen sie, sonst nehmen sie die Beziehung und ihre Rolle nicht ernst. Mit der Stärkung ihrer Mentees können Mentoren ihre eigene Position stärken, dauerhafte Unterstützer aufbauen und Verbindungen in unterschiedliche Unternehmensbereiche etablieren. Darüber hinaus können Mentoren von ihren Mentees im Sinne eines *Reversed Mentoring* lernen.

Anders als in Anlehnung an „Voice of Germany" beschrieben erfolgt die Zuordnung von Mentoren zu Mentees in den meisten Unternehmen eher fremdbestimmt und nach formalen Regeln. „Die Talente mit dem Anfangsbuchstaben A bis F im Nachnamen werden vom CFO übernommen. Die Talente von G bis L gehen bitte zum CMO usw.". Etwas intelligenter erfolgen Zuordnungen nach Matching-Verfahren entweder auf der Grundlage bereits vorhandener Information (gleiche Universität, Heimatregion, berufliche Schwerpunkte etc.) oder nach extra hierfür herangezogenen Kriterien.

Wir weisen jedem Talent einen Mentor aus dem oberen Management zu. Dabei achten wir systematisch auf die richtige Passung. (**4-1**)

Die Wahrscheinlichkeit einer funktionierenden, vertrauensvollen Mentor-Mentee-Beziehung ist bei dieser Herangehensweise eher gering. Obwohl hier sehr systematisch vorgegangen wird, entscheidet am Ende vor allem der Zufall. Dann funktioniert das Verhältnis nicht wegen des Matchings sondern trotz desselben.

Karriere-Coaching

Eine weitere Entwicklungsmaßnahme, die es in hierarchischen wie in agilen Unternehmen schon immer gab, besteht im *Karriere-Coaching*. In ihrem Kern adressiert sie allerdings ein Verständnis, dass sich in erster Linie mit einer agilen Sichtweise vereinbaren lässt. Ein Coach belässt die Verantwortung für die Entwicklung eines individuellen Karriereentwurfs immer beim Coachee. Der Coach stellt lediglich gute Fragen. Eine typische Frage könnte sein: „Was ist Ihnen bei Ihrer persönlichen Entwicklung wirklich wichtig?" Eine Frage wie diese in der Einsamkeit des stillen Kämmerchen zu beantworten, führt mit Sicherheit zu einer weniger reflektierten Antwort, als dies im Beisein einer Person, die man respektiert der Fall ist. Gerade darin besteht die Macht des Coaching. Die Aufgabe des Coaches ist es, nicht nur zum richtigen Zeitpunkt die richtigen Fragen zu stellen, sondern auch ein Umfeld zu schaffen, indem sich der Coachee angstfrei artikulieren darf. Der Coach leitet aus dem, was sein Coachee sagt, niemals

Konsequenzen ab, die über die Coaching-Situation hinausgehen. Es liegt allein in der Aufgabe des Coachees, zu eigenen Schlussfolgerungen für sich und seine Zukunft zu kommen. Hat man diese besondere Dynamik des Coaching verstanden, dann leuchtet unmittelbar ein, warum diese Rolle niemals durch den direkten Vorgesetzten übernommen werde kann.

Aktionslernen

Ein verbreiteter Klassiker des Talentmanagements ist das so genannte *Aktionslernen*. Im Kern beschreibt Aktionslernen Lernen von und mit anderen anhand realer Herausforderungen (Marquardt et al. 2009). In der Praxis stellt sich dies meist wie folgt dar. Nehmen wir an, ein Unternehmen habe 15 High-Potentials identifiziert und führt nun ein entsprechendes Aktionslernprogramm durch (siehe ◘ Abb. 8.2).

Der Startschuss wäre ein Kickoff, bei dem alle 15 Teilnehmer anwesend sind und eine hochrangige Führungskraft drei Themen von strategischer Relevanz für das Unternehmen erläutert und vergibt. Wir sprechen hierbei auch von *Lernprojekten*. Sie umfassen reale Problemstellungen, mit denen sich die Anwesenden in gemischten Gruppen von nun an auseinandersetzen sollen, um schließlich konkrete Handlungsoptionen aufzuzeigen und zu bewerten. Themen könnten sein: Digitalisierung, der chinesische Markt, Fachkräftemangel, Nachhaltigkeit etc.

Unsere High-Potentials lernen von- und miteinander anhand strategischer Aufgabenstellungen, die Ihnen zusätzlich zu ihrer regulären Arbeit (on-top-of-the-job) zugewiesen werden. **(5-1)**

Von nun an wechseln sich Projektphasen, gemeinsame Trainingsveranstaltungen und Workshops ab. Den Abschluss bildet eine

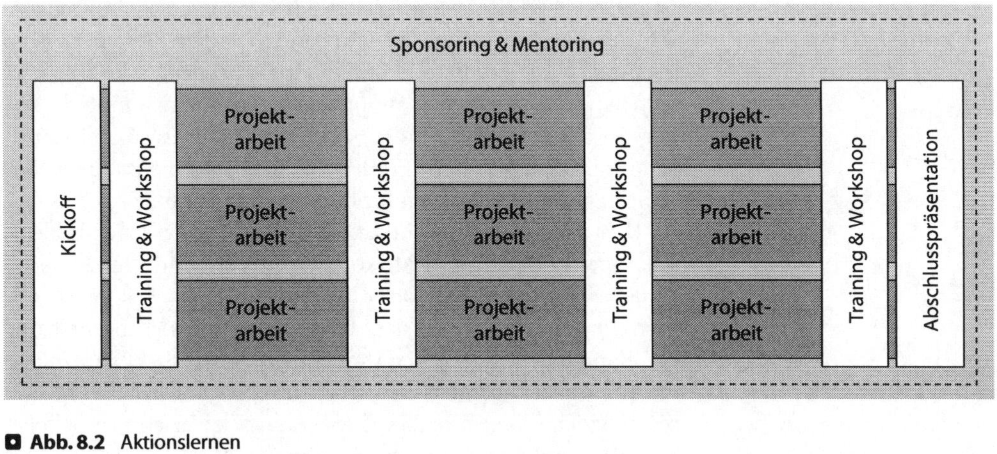

◘ **Abb. 8.2** Aktionslernen

Präsentation der Ergebnisse meist vor einem hochrangigen Gremium. Flankiert wird dieses Programm durch aktive Unterstützung durch das obere Management (Sponsoring und Mentoring). Meist finden diese Programme zusätzlich zur regulären Arbeit der High-Potentials statt – Lernen on-top-of-the-job.

Programme dieser Art funktionieren tendenziell recht gut, weil durch ihr Format mehrere Prinzipen des Lernens zur Geltung kommen. Teilnehmer können sich aktiv präsentieren, kommen mit talentierten Kollegen meist anderer Bereiche und Länder zusammen, bilden Netzwerke, erleben eine dynamische Mischung aus Zusammenarbeit und Wettbewerb, haben Zugang zum oberen Management, lernen mit strategischen Fragestellungen umzugehen, tauschen sich in Workshops aus und bekommen professionellen Input in gut vorbereiteten Trainingsveranstaltungen. Allerdings hat sich in der Praxis immer wieder gezeigt, dass den Teilnehmern dieser Programme im Vorfeld *kein* Versprechen über die Umsetzung der darin entwickelten Vorschläge gegeben wird. Tut man dies doch, erzeugt man am Ende Gruppen frustrierter High-Potentials, die sich nicht wirklich ernst genommen fühlen.

Die strategisch entscheidende Frage bei der Entwicklung solcher Programme ist allerdings die, wie talentierte Hoffnungsträger mit Herausforderungen und anderen Kollegen in Verbindung gebracht werden. Wie viel Eigenverantwortung steckt in diesem Mechanismus bzw. wie vorgegeben und zentral geplant sind die Dinge.

Woher kommen strategische Aufgabenstellungen?

Der oben beschriebene Klassiker des Aktionslernen beginnt für den Leiter Talentmanagement meist damit, dass er beim oberen Management um geeignete Lernprojekte bittet und zugleich verantwortliche Sponsoren und Mentoren benannt haben möchte. In der gelebten Praxis rennt der Leiter Talentmanagement den Themen und Personen nicht selten hinterher und erfährt Reaktionen, wie: „Sie haben mich doch erst kürzlich darum gebeten. Ist denn tatsächlich schon wieder ein Jahr vergangen?". Den Abschluss dieses Programms besteht dann in perfekt inszenierten, bis ins Detail choreografierte Präsentationen, bei denen die High-Potentials versuchen, den bestmöglichen Eindruck zu hinterlassen. Dies ist einerseits verständlich, andererseits liefern diese Auftritte nur selten authentische Eindrücke davon, wie die Präsentatoren im Alltag mit strategischen Problemstellungen umgehen.

Hier stellt sich die grundsätzliche Frage, woher jene Problemstellungen oder Lernprojekte kommen, die am Ende durch die Talente bearbeitet werden. Das oben beschriebene, weit verbreitete Szenario geht davon aus, dass diese Themen oben abgeholt und den Kandidaten zugewiesen werden. Dies muss nicht so sein. Bei diesem Szenario handelt es sich nur um *eine* Spielart von mehreren, möglichen Spielarten. In ◘ Abb. 8.3 ist die Variation möglicher Spielarten systematisch wiedergegeben.

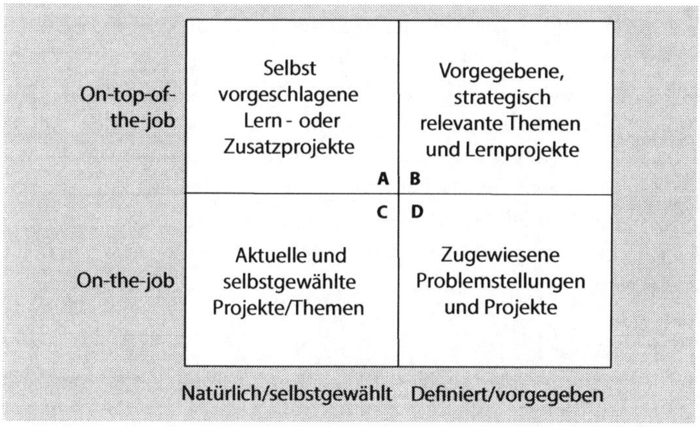

Abb. 8.3 Die Herkunft von Lernprojekten und strategischen Problemstellungen

Dabei wird einerseits zwischen Themen und Problemstellungen unterschieden, die entweder von den High-Potentials auf natürliche Weise *selbstgewählt* bzw. vorgeschlagen werden oder *vorgegeben* werden. Andererseits wird nach Themen und Problemstellungen differenziert, die entweder *on-the-job* Teil des bereits bestehenden Verantwortungsspektrums der Betroffenen sind oder aber *on-top-of-the-job* zusätzlich zur täglichen Arbeit bearbeitet werden.

Der Fall *B* beschreibt den klassischen Ansatz. Lernprojekte werden „von oben" vorgegeben und die High-Potentials dürfen diese zusätzlich zu ihrer eigentlichen Arbeit gemeinsam mit anderen bearbeiten. Dass dies eine Zusatzbelastung bedeutet ist in gewisser Weise gewünscht, schließlich wird den Hoffnungsträgern eine besondere Belastbarkeit zugeschrieben. Entscheidend bei diesem Fall ist, dass es sich häufig um Lernprojekte handelt, die ein Scheitern explizit erlauben. Es ist hier vollkommen offen, ob mit den Ergebnissen irgendetwas geschieht. Der Schwerpunkt liegt vielmehr darauf, den Hoffnungsträgern eine Art „Knochen" hinzuwerfen, an dem sie sich abarbeiten können. Der Vorteil dieses Ansatzes besteht auch darin, dass Gruppen von Talenten jeweils ein Thema zugeordnet werden kann.

Dies ist bei den anderen Szenarien nicht immer so, etwa im Fall *D*. Dieser Fall beschreibt eine Situation, die bereits im Zusammenhang mit den „kalten Wassern" erläutert wurde. Im Rahmen des regulären Verantwortungsbereichs eines High-Potentials wird ihm eine besondere Herausforderung zugewiesen. Die damit verbundene Problemstellung ist real. Der Sprung ins kalte Wasser erfolgt aber fremdbestimmt, im Sinne einer Weisung – „Stephanie, wir [HR, übergeordnetes Management] wollen, dass Sie die Verantwortung für dieses Projekt übernehmen. Die Sache ist möglicherweise zu groß für Sie, aber das ist gut so. Sie werden viel lernen". Hierbei handelt es sich um charakteristische Stretch Jobs.

Ein Szenario, das sich in jeglicher Hinsicht vom klassischen Ansatz vorgegebener Problemstellungen on-top-of-the-job unterschiedet, beschreibt Fall *C*. Hier suchen sich High-Potentials ihr kaltes Wasser selbst aus. Es wird davon ausgegangen, dass talentierte Mitarbeiter dies können. Sie müssen selbst in der Lage sein, zu erkennen, was für das Unternehmen strategisch wichtig ist. Vor allem aber handelt es sich bei diesen Problemstellungen um reale Herausforderungen aus dem natürlichen Verantwortungsbereich des jeweiligen High-Potentials.

Lernen von und miteinander anhand strategischer Problemstellungen ist für unsere High-Potentials ein natürlicher Bestandteil ihrer täglichen Arbeit (on-the-job). **(5-2)**

In der Praxis macht das Konzept *Working Out Loud* zunehmend die Runde (vgl. Stepper 2015). Dabei vernetzen sich Mitarbeiterinnen und Mitarbeiter in so genannten Circle mit anderen Mitarbeitern und bearbeiten selbst eingebrachte Themenstellungen aus ihrer regulären Arbeit. Insofern ist dieses Konzept mit diesem Szenario voll kompatibel und kann ein essenzieller Baustein eines Talentmanagement sein. Weil in diesem Fall jeder High-Potential sein eigenes Thema einbringt, ist eine gemeinsame Bearbeitung von Problemstellungen in Gruppen nur schwer möglich. Die Akteure profitieren vielmehr vom wechselseitigen, konstruktiven Austausch, ein Ansatz, der mit einer kollegialen Fallberatung durchaus vergleichbar ist.

Bleibt noch Fall *A*. Hier werden High-Potentials aufgefordert, zusätzlich zu ihrer eigentlichen Arbeit (on-top-of-the-job) strategische Themen, Lern- oder Zusatzprojekte vorzuschlagen. Bereits dieser Prozess der Themensuche ist für die Talente ein Lernprozess, denn bereits hier zeigt sich, wer aus eigenem Antrieb heraus Themen, die eine strategische Relevanz haben können, erkennen und artikulieren können. Meist erfolgt hier eine Ansage vom oberen Management in der Form, dass inhaltliche Leitplanken vorgegeben werden – „Wie Sie alle wissen, bedeutet die zunehmende Digitalisierung für uns eine Herausforderung und Chance von strategischem Ausmaß. Bitte bringen Sie alleine oder in Gruppen Problemstellungen ein, die in diesem Kontext von Bedeutung sein können". Am Ende entscheidet beispielsweise ein Komitee über die Akzeptanz und Vergabe der Themen.

Formale und zwischenmenschliche Ansätze

Man kann Talentmanagement sehr objektiv und datengestützt denken. In einer etwas extremen Ausbaustufe betrachtet man Talente als Objekte mit bestimmten Eigenschaften. Hierzu gehören Ausprägungen entlang bestimmter Kompetenzen, Persönlichkeitseigenschaften, nachgewiesene Erfolge, eine Entwicklungshistorie und weitere, als relevant erscheinende Merkmale, wie etwa

Mobilität, berufliche Präferenzen usw. Nach Möglichkeit verfügt die HR-Funktion und insbesondere das für Talentmanagement verantwortliche Team über ein IT-System, das genau anzeigt, wo ein Talent in Bezug auf die Vielzahl an Eigenschaften gerade steht. In ▶ Abschn. 2.2 wurde dieser vollumfängliche Ansatz bereits als eine HR-Spielart zentraler Planung und Steuerung vorgestellt. Leicht zynisch war hier von „Personalplanwirtschaft" die Rede. Dieser Ansatz erlaubt es, sehr objektiv die Entwicklung einzelner Talente zu planen und zu steuern. Zumindest ist dies der Anspruch. Und weil man davon ausgeht, dass man nur managen kann, was man auch misst, wird so viel wie möglich vermessen (siehe auch ▶ Abschn. 11.2, Kennzahlen und Controlling). Möglicherweise wird dieser Weg durch People Analytics eine Renaissance erfahren.

Wer genauer verstehen will, wie dieser Ansatz funktioniert, muss vor allem in den Bereich des Leistungssports schauen. Gerade hier ist nicht nur die Vermessung von Sportlern, sondern auch die passgenaue Ausrichtung von Trainingsmaßnahmen längst selbstverständlich (Berger und Berger 2005). Darüber hinaus entscheiden Daten maßgeblich darüber, wann welcher Sportler wo in welcher Konstellation zum Einsatz kommt. Eine öffentliche Aufmerksamkeit hat diese Philosophie durch das Buch „Moneyball" von Michael Lewis erfahren[3]. Die darin erzählte, wahre Geschichte zeigt, wie ein zunächst aussichtsloses Team durch die intelligente Nutzung von Daten zum Gewinnerteam wird.

Auch wenn im Zuge von *People Analytics* zunehmend auf diese Geschichte verwiesen wird, erscheint es eher aussichtslos, eine direkte Übertragung in den unternehmerischen Kontext herzustellen. Es ist ein Unterschied, ob man einen Läufer, Golfer, Gewichtheber vermisst oder eine angehende Führungskraft. Dies liegt schlichtweg daran, dass sich im Business-Kontext die Herausforderungen und das jeweilige Umfeld kaum vorhersagen lassen. Trotzdem ist eine gewisse Ambition in diese Richtung bei vielen Unternehmen zu erkennen, die nicht selten durch Softwareanbieter befeuert wird. Unternehmen, die so denken, setzen bei der Entwicklung ihrer High-Potentials auf objektive Verfahren, auf Prozesse, auf Systeme und auf formale Beurteilungsmethoden. Hinter dieser Haltung steht der explizite Anspruch, den menschlichen Faktor mit all seinen Schwächen auszuschalten. Weder Sympathie noch Empathie, weder subjektive Einschätzungen noch soziale Urteilstendenzen sollen eine Rolle spielen.

[3] Das Buch „Moneyball: The Art of Winning an Unfair Game" von Michael Lewis (2004, erschienen im Verlag Norton) wurde 2012 mit Brad Pitt in der Hauptrolle verfilmt.

Bei der Entwicklung unserer Talente setzen wir in erster Linie auf objektive Prozesse, Daten, Systeme und formale Beurteilungsmethoden. **(6-1)**

Für manche Unternehmen ist dieser objektive, formale Ansatz gleichbedeutend mit Professionalität und Kontrolle. Ich habe in den vergangenen 20 Jahren mehr als nur einmal Personalleiter oder Geschäftsführer erlebt, die nach einer Präsentation eines zutiefst objektiven, formalen – um nicht zu sagen „technokratischen" – Ansatzes klar signalisiert haben: „Genau das will ich haben". Dem stehen Unternehmen und deren Vertreter gegenüber, die niemals in die Nähe der Idee kämen, diesen Weg einzuschlagen. Für mich kam diese Haltung auf eindrückliche Weise in einem Statement eines Verantwortlichen für Talentmanagement eines internationalen Logistikkonzerns zum Ausdruck:

» Das Letzte, was wir wollen ist ein technokratisches Talentmanagement, bei dem Mitarbeiter vermessen und mit langstieligen Instrumenten behandelt werden. Wir reden mit unseren Leuten. Aktuell haben wir im Konzern 200 Nachwuchstalente. Wir haben ein Team von drei Talentmanagern, die das ganze Jahr nichts anderes machen, als um die Welt zu reisen um mit diesen wunderbaren Menschen zu sprechen. Wir kennen sie alle persönlich, deren Status, Historie, Ambitionen, Stärken und sogar deren familiären Kontext. Wir versuchen in jedem einzelnen Fall Entwicklungsmöglichkeiten zu besprechen. Dabei haben wir die internen Bedarfe und Entwicklungen im Unternehmen im Auge. Wir hängen direkt am Vorstand und wenn immer Personalentscheidungen von strategischer Bedeutung gefällt werden, kommen wir ins Spiel. Wir sind interne Personalberatung und interne Entwicklungsberatung in Einem. Das funktioniert gerade deshalb, weil wir in alle Richtungen vertrauensvolle Beziehungen pflegen und Vertrauen genießen.

Bei dieser besonderen Herangehensweise ist das agile Prinzip *People over Processes* in besonderer Weise erkennbar. Man setzt auf den kontinuierlichen, zwischenmenschlichen Austausch. Talente zu verstehen bedeutet, sich persönlich mit ihnen auseinanderzusetzen, was selbstverständlich eine persönliche Begegnung, Vertrauen und einen intensiven Dialog voraussetzt.

Bei der Begleitung unserer Talente setzen wir in erster Linie auf persönliche Betreuung und den zwischenmenschlichen Austausch. **(6-2)**

Was im ersten Szenario in umfangreichen Systemen gespeichert wird ist beim letzteren Ansatz in den Köpfen der Talentmanager repräsentiert. Dies birgt freilich ein Risiko. Die Abhängigkeit von den Talentmanagern aber auch deren Einfluss auf die Entwicklung der Talente und die Besetzung von Schlüsselpositionen ist sicherlich enorm.

Formale Passung und Vertrauen

In der Arbeits- und Organisationspsychologie unterscheidet man zwischen so genannter statistischer und klinischer Urteilsbildung (vgl. Meehl 2013). Eine *statistische Urteilsbildung* erfolgt nach klaren Regeln und auf der Basis relevanter Informationen. Dies ist etwa dann der Fall, wenn bei der Besetzung einer Stelle klare Anforderungsprofile mit den Profilen etwaiger Kandidaten verglichen werden. Hierbei sprechen wir auch von Matching. *Klinische Urteilsbildung* erfolgt hingegen auf der Grundlage von Vertrauen, intuitiv, was zugleich nicht ausschließt, dass diese Urteile begründet und nach intensiver Überlegung erfolgen. Wissenschaftlich sozialisierte Praktiker ziehen statistische Urteile klinischen Urteilen vor. Letztere werden tendenziell mit Bauchgefühl und mangelnder Rationalität in Verbindung gebracht.

Im Talentmanagement hat diese Unterscheidung eine herausragende Bedeutung. Schließlich mündet Talentmanagement irgendwann in die interne Besetzung von Schlüsselpositionen, also Positionen mit hoher, strategischer Relevanz für das Unternehmen insgesamt. Deshalb überrascht es nicht, dass in den vergangenen Jahren der Versuch unternommen wurde, Entscheidungen diesbezüglich möglichst rational, also statistisch vorzunehmen. Immer dann, wenn interne Kandidaten entlang vordefinierter Kompetenzmodelle bewertet und beurteilt werden, folgt man dieser Überlegung. Demnach ist ein interner Kandidat dann für eine Schlüsselposition geeignet, wenn derselbe bestmöglich mit vordefinierten Anforderungskriterien übereinstimmt.

Der Einsatz und die Beförderung unserer Talente basiert auf dem formalen Match zwischen Eignungs- und Anforderungsprofilen. Dadurch vermeiden wir den „Nasenfaktor" und Vetternwirtschaft. **(7-1)**

Offiziell würde kaum jemand diesem Anspruch wiedersprechen. Die praktische Erfahrung und Beobachtung zeigt hingegen nicht selten ein etwas anderes Bild. Neben jenen Unternehmen, die auf Matching (statistische Urteilsbildung) setzen und dies am Ende auch tun, gibt es Unternehmen, die zwar offiziell den Anspruch haben, sich auf statistische Urteile zu verlassen, bei der tatsächlichen Besetzung von Schlüsselpositionen aber auf intuitive (klinische) Urteile vertrauen. Dies kann beispielsweise dann passieren, wenn Entscheidungsträger ihren persönlichen Eindruck und persönliche Präferenzen über formale Kriterien stellen. „Es mag ja sein, dass Frau Pfeiffer eher den Anforderungskriterien entspricht. Trotzdem bin ich dafür, dass Martin den Job bekommt. Das sagt mir mein Bauchgefühl und so falsch bin ich in der Vergangenheit damit nicht gelegen". Wird dieser Fall zum Regelfall kann man sich die formale Vermessung von Talenten möglicherweise sparen. In ◘ Abb. 8.4 ist dieser Fall durch den Quadranten im rechten unteren Bereich angedeutet.

Es gibt aber auch den umgekehrten Fall. Demnach hat ein Unternehmen offiziell vor, jenen Kandidaten den Vortritt zu lassen, oder eine Schlüsselposition anzubieten, denen man zwischenmenschlich Vertrauen schenkt. Sobald es aber zur tatsächlichen Entscheidung kommt, misstraut man der inneren Stimme und bemüht sich um rationale Kriterien. Irgendwie versucht man, Entscheidungen für oder gegen Kandidaten ad hoc zu Rationalisieren und auf Matching zu begründen. Dieser Fall tritt dann ein, wenn Entscheidungen für oder gegen Kandidaten formal begründet werden müssen, beispielsweise gegenüber einer übergeordneten Instanz oder wenn man die Notwendigkeit sieht, sich rechtlich abzusichern, um so dem potenziellen Vorwurf der Willkür oder gar Diskriminierung aus dem Weg zu gehen. Problematisch ist diese Konstellation, weil jene Informationen, die für ein statistisches Urteil benötigt werden in der gegebenen Entscheidungssituation schlichtweg nicht zur Verfügung stehen. Man ist in gewisser Weise unvorbereitet. In ◘ Abb. 8.4 ist dieser Fall durch das linke, obere Feld angedeutet.

Natürlich sind Entscheidungen im Rahmen eines Talentmanagement nur dann konsequent, wenn sich Anspruch und Wirklichkeit entsprechen. In ◘ Abb. 8.4 sind diese Fälle durch

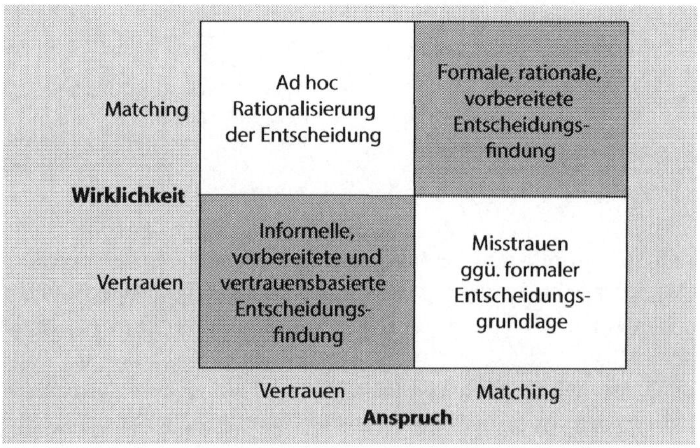

◘ **Abb. 8.4** Anspruch und Wirklichkeit bei der internen Besetzung von Schlüsselpositionen

die grau schraffierten Felder angezeigt. Der rechte, obere Fall ist hinreichend bekannt und wird in zahlreichen Unternehmen angestrebt. Nicht minder interessant ist aber der gegenteilige Ansatz wonach eine interne Besetzung von Schlüsselpositionen nicht nur auf der Grundlage von Vertrauen erfolgen sollen sondern dies auch so erfolgt.

> Am Ende entscheidet immer das persönliche Vertrauen darüber, welche Chancen ein Talent bekommt. Für den Aufbau von Vertrauen schaffen wir Gelegenheiten. **(7-2)**

Aus der Sicht eines wissenschaftlich sozialisierten Praktikers erfordert es Mut, sich lediglich auf Vertrauen zu verlassen. Studiert man die umfangreiche Literatur zum Thema Talentmanagement, dann begegnet einem vor allem der implizite oder explizite Appell, dies nicht zu tun (Silzer und Dowel 2010). Ein mögliches, starkes Argument, das oben bereits angedeutet wurde besteht darin, dass es am Ende auf Seiten der Entscheider doch auf Vertrauen ankommen kann, unabhängig davon, was die Datenlage nahelegt.

Wenn aber nun Vertrauen eine bestimmende Rolle spielt, dann wäre es vorstellbar, sich genau darauf einzustellen und klinische Urteilsbildung zur offiziellen Gangart zu erklären. Folgt man diesen Weg, wird man weniger Zeit und Energie in die formale Vermessung der Talente stecken. Vielmehr wird man von Anfang an Rahmenbedingungen schaffen, die einer Vertrauensbildung dienlich sind. Praktisch kann dies bedeuten, dass Entscheider die Gelegenheit erhalten, mit High-Potentials in einen persönlichen Austausch zu kommen. Die Möglichkeiten hierfür sind endlos. Man denke hier an Kaminabende, an Mentoring, Reversed Mentoring, Aktionslernen, informelle Veranstaltungen, Executive Bar Camps, Roundtable, die aktive Einbindung von High-Potentials in strategische Entscheidungsprozesse, Empfehlungen durch Kollegen usw. Der entscheidende Unterschied besteht schließlich darin, dass man einen internen Kandidaten persönlich kennt und nicht nur sein Kompetenzprofil, ergänzt durch ein situatives Interview.

Das eigenverantwortliche Talent in seiner natürlichen Umgebung

Bei kaum einem personalrelevanten Thema werden die drei Spielarten Hire & Pay, zentrale Planung und Steuerung sowie mitarbeiterzentrierte Befähigung so deutlich, wie beim Thema der Talentförderung und -entwicklung. In diesem Unterkapitel wurden die beiden Letzteren systematisch gegenübergestellt (siehe ◘ Tab. 8.2 für eine Übersicht). Die Spielart der zentral geplanten und gesteuerten Talententwicklung scheint den meisten Unternehmen hinreichend bekannt. Sie spiegelt im Grunde das am meisten verbreitete „Best Practice" wider. Die agilere Variante stellt sich aber gänzlich anders dar. Fast man die Überlegungen

Tab. 8.2 Alle strategischen Dimensionen zu Talentförderung und -entwicklung im Überblick

Verantwortung	1-1 Unternehmen Als Unternehmen tragen wir die Verantwortung für die Entwicklung unserer talentiertesten Mitarbeiter	1-2 Mitarbeiter Die Verantwortung für die Entwicklung unserer Mitarbeiter liegt bei den Mitarbeitern selbst. Wir befähigen Sie hierfür wo nötig und erwünscht
Karrierewege	2-1 Standardisiert und normativ Mitarbeiter erwarten klare Perspektiven und (normative) Karrierewege. Deshalb beschreiben wir möglichst präzise, wie man bei uns langfristig eine Zielposition erreicht	2-2 Individuell und deskriptiv Es gibt bei uns so viele Karrierewege, wie es Mitarbeiter gibt. Unseren Mitarbeitern bieten wir Transparenz und Orientierung über bisherige Erfahrungen und Karrieren Anderer
Herausforderungen	3-1 Zugewiesen Damit unsere Talente schnellstmöglich lernen werfen wir sie gezielt dann und dort ins kalte Wasser, wo es aus Unternehmenssicht als sinnvoll erscheint	3-2 Eröffnet Talente suchen eigenständig kalte Wasser und springen von selbst hinein. Wir schaffen Transparenz, bauen Hürden ab und schenken Vertrauen
Mentor-Mentee-Verhältnis	4-1 Strukturierte Zuweisung Wir weisen jedem Talent einen Mentor aus dem oberen Management zu. Dabei achten wir systematisch auf die richtige Passung	4-2 Soziale Vermittlung Talente müssen ihre Mentoren selbst gewinnen. Wenn sie das nicht schaffen, haben sie auch langfristig nur geringe Chancen
Aktionslernen	5-1 Zugewiesen, on-top-of-the-job Unsere High-Potentials lernen von- und miteinander anhand strategischer Aufgabenstellungen, die Ihnen zusätzlich zu ihrer regulären Arbeit (on-top-of-the-job) zugewiesen werden	5-2 Teil natürlicher Arbeit (on-the-job) Lernen von und miteinander anhand strategischer Problemstellungen ist für unsere High-Potentials ein natürlicher Bestandteil ihrer täglichen Arbeit
Planung und Steuerung	6-1 Formale Prozesse und Systeme Bei der Entwicklung unserer Talente setzen wir in erster Linie auf objektive Prozesse, Daten, Systeme und formale Beurteilungsmethoden	6-2 Sozialer Austausch Bei der Begleitung unserer Talente setzen wir in erster Linie auf persönliche Betreuung und den zwischenmenschlichen Austausch
Beförderungsentscheidung	7-1 Kriteriengeleitet Der Einsatz und die Beförderung unserer Talente basiert auf dem formalen Match zwischen Eignungs- und Anforderungsprofilen. Dadurch vermeiden wir den „Nasenfaktor" und Vetternwirtschaft	7-2 Vertrauensbasiert Am Ende entscheidet immer das persönliche Vertrauen darüber, welche Chancen ein Talent bekommt. Für den Aufbau von Vertrauen schaffen wir Gelegenheiten

zusammen, dann stehen hier Eigenverantwortung des Talents, Vernetzung und zwischenmenschlicher Austausch, Individualität und Nähe zur betrieblichen Realität eindeutig im Vordergrund.

8.3 Fachkarriere

In traditionellen, hierarchischen Unternehmen steigt die Wertschätzung eines Mitarbeiters oder einer Führungskraft mit seiner Hierarchieebene, der er zugehört. Die höchste Wertschätzung

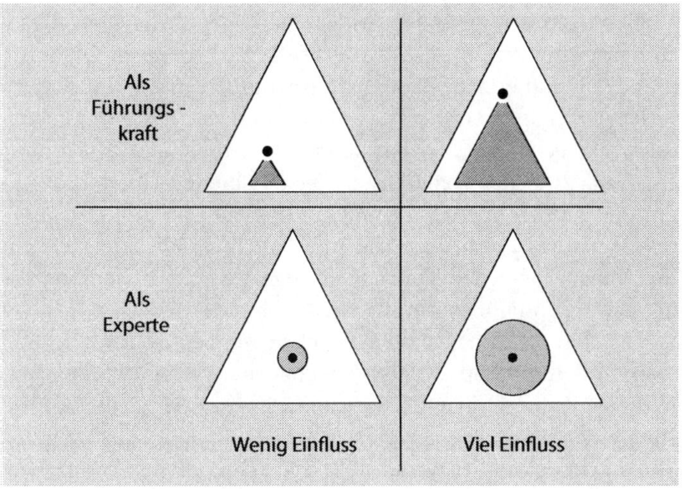

Abb. 8.5 Führungs- versus Experteneinfluss

erfährt der CEO. Wie bereits in ▶ Kap. 4 umfassend dargestellt basiert dies unter anderem auf der Annahme, Führungskräfte wären den Geführten „unter ihnen" in vielerlei Hinsicht überlegen. Zugleich hatten vor allem jene Mitarbeiterinnen und Mitarbeiter mit fachlicher Überlegenheit die größten Chancen in höhere Ebenen befördert zu werden. Diese klassische Vorstellung kommt seit etlichen Jahrzehnten zunehmend ins Wanken. Ihren Anfang nahm diese Entwicklung vermutlich in der Feststellung, dass so manche Mitarbeiter zwar keine Führungsposition inne hatten, deren Expertise aber für das Unternehmen unverzichtbar erschien. Jedes Unternehmen kann über Fälle dieser Art berichten. Problematisch wurden diese Fälle spätestens dann, wenn es um die Eingruppierung der betroffenen Experten in eine adäquate Gehaltsgruppe ging. Und dort waren höhere Gehaltsgruppen meist nur für Führungskräfte, aber nicht für unverzichtbare Experten vorgesehen.

Die Lösung bestand in immer mehr Unternehmen darin, parallel zur Führungslaufbahn, Führungskarriere oder Managementkarriere einen weiteren Pfad einzurichten, nämlich die Fachlaufbahn, *Fachkarriere* oder Expertenlaufbahn (vgl. Ladwig und Domsch 2011). Wie in Abb. 8.5 angedeutet, steigt der Einfluss einer Führungskraft mit zunehmender Hierarchiestufe. Beispielsweise nehmen die Personal- und Budgetverantwortung zu.

Der Einfluss von Experten ergibt sich hingegen weniger aus ihrer formalen Position in der Hierarchie sondern aus der Bedeutung ihrer besonderen Expertise. Umso größer und relevanter die Expertise eines Experten, desto höher ist innerhalb des Unternehmens nicht nur seine Strahlkraft sondern auch seine Wirksamkeit auf Entscheidungen innerhalb der Organisation.

Bereits in ► Abschn. 4.4 wurde anhand des T-Konzepts darauf aufmerksam gemacht, dass Expertise gerade in agilen Organisationen zunehmend an Bedeutung gewinnt. Während in traditionellen Unternehmen die Führungskräfte Experten und Generalisten zugleich waren, beobachten wir zunehmend eine Trennung einerseits zwischen Generalisten, die den breiten Überblick wahren und entsprechend koordinieren (Führungskräfte) und andererseits jenen Mitarbeitern, die innerhalb ihres Wirkungsbereichs über einen fachlichen Tiefgang verfügen, der über die Expertise der jeweiligen Führungskräfte deutlich hinausgeht.

Die interne Positionierung der Fachkarriere

Es gibt rund um das Thema Fachkarriere eine Reihe von Studien, in denen beispielsweise Personalleiter gefragt wurden, was in ihrem Unternehmen die wesentlichen Gründe für die Einführung einer Fachkarriere waren (z. B. DGFP 2012). Im weitesten Sinne geht es hierbei um die Positionierung dieses Ansatzes im Unternehmen und welche Argumente für das Einrichten eines alternativen Karrierepfads vorgebracht werden. Folgende Aussage erreicht bei diesen Studien regelmäßig einen Spitzenplatz:

Wir wollen wichtigen Experten, die für eine Führungslaufbahn ungeeignet erscheinen eine Entwicklungsperspektive bieten und sie dadurch im Unternehmen halten. (**1-1**)

Zweifellos ist diese Art der strategischen Ausrichtung einer Fachkarriere eine naheliegende Variante. Man muss aber zweimal hinschauen, um die Besonderheit dieser Ausrichtung zu verstehen. Hierbei hilft ein einfaches Gedankenexperiment. Man stelle sich vor, man würde Personalleiter fragen, warum es in ihrem Unternehmen eine *Führungs*laufbahn gibt und man würde dieselbe Antwort erhalten, nur eben umgedreht: „Wir haben eine Führungslaufbahn eingerichtet, um jenen Mitarbeitern, die zwar über keine Expertise verfügen, aber gut führen können einen Perspektive zu bieten". Diese Form der Argumentation erschiene manchen nur schwer verdaulich. Dieses Gedankenexperiment verdeutlicht aber den besonderen Charakter der oberen, strategischen Aussage. Man will es Experten, also einzelnen Mitarbeitern irgendwie „Recht machen". Unternehmen, die so denken und agieren laufen bekanntermaßen Gefahr, eine Gruppe von Kolleginnen und Kollegen zu kumulieren, die aufgrund ihrer Experte besondere Privilegien genießen unabhängig von relevanten Bedarfen. Zynische Zungen sprechen hierbei auch gerne vom so genannten „Elefantenfriedhof".

Eine gegensätzliche, strategische Aussage könnte weniger die betroffenen Personen, also die Experten an sich in den Vordergrund rücken sondern die Bedarfe des Unternehmens. Die strategische Aussage zur Positionierung der Fachkarriere könnte dann wie folgt lauten:

Mittels Fachkarrieren stellen wir im Unternehmen die Verfügbarkeit erfolgskritischer Expertise sicher. (1-2)

Hier steht nicht der Experte sondern die *Expertise* im Vordergrund. Die zentrale Motivation für die Fachkarriere besteht nicht darin, es Experten „Recht zu machen", sondern den internen Bedarf an Expertise zu sichern, an welchen Stellen auch immer. Zwischen diesen beiden Optionen besteht ein feiner, aber strategisch entscheidender Unterschied.

Spitzensport versus Breitensport

Im Gegensatz zur soeben erläuterten Dimension der strategischen Positionierung von Fachkarriere hat die folgende Differenzierung erhebliche Konsequenzen für die operative Umsetzung dieser Idee. Eigene Studien zu diesem Thema haben deutlich gezeigt, dass es im Zusammenhang mit Fachkarriere offenbar zwei extrem unterschiedliche Spielarten gibt, die sich in Bezug auf die Reichweite bzw. den Geltungsbereich der Fachkarriere unterscheiden (vgl. Trost 2014; Berberich 2014). Es gibt Unternehmen, die *jedem* Mitarbeiter, ab einer bestimmten Gehaltsstufe die Möglichkeit eröffnen, eine Fachkarriere einzuschlagen, unabhängig davon, in welcher Funktion der Mitarbeiter arbeitet. Wir bezeichnen diese Option auch als „Breitensport":

Alle Mitarbeiterinnen und Mitarbeiter haben ab einem bestimmten Level die Möglichkeit, eine Management- oder Fachkarriere einzuschlagen (Breitensport). (2-1)

Andere Unternehmen gehen bei der Fachkarriere hingegen äußert *selektiv* vor. Das historisch wohl bekannteste Beispiel für diesen Ansatz liefert das Unternehmen IBM und deren Fellow-Programm. Bei IBM werden jedes Jahr maximal zehn Experten vom CEO persönlich in den Status eines Fellow berufen. Diese Fellows genießen innerhalb des Unternehmens nicht nur ein ausgesprochen hohes Ansehen sondern auch außerordentliche Privilegien und fast grenzenlose Selbstbestimmtheit. Ähnlich wie Professoren steht ihnen gänzlich frei, mit welchen Themen und Interessen sie sich wo auch immer einbringen. Einen Ansatz wie diesen kann man als „Spitzensport" bezeichnet, der nur eine ausgewählte, überschaubare Elite vorsieht:

Fachkarrieren sind bei uns nur wenigen ausgewählten Experten vorenthalten. Insofern behandeln wir diese Möglichkeit nur sehr selektiv (Spitzensport). **(2-2)**

Je nach strategischer Ausrichtung, Breitensport oder Spitzensport gestaltet sich die operative Gestaltung und Umsetzung deutlich unterschiedlich. Erfahrungsgemäß handelt es sich bei Breitensport um eine Spielart, die nicht nur mit deutlich höherer Komplexität, und höherem Aufwand verbunden ist, sondern intern auch einer umfassenderen Kommunikation gegenüber den Mitarbeitern bedarf. Nicht selten ist zu beobachten, dass die Definition von Fachkarrieren in sehr unterschiedlichen Funktionsbereichen zu recht merkwürdigen Kunstprodukten führt, was sich unter anderem in zum Teil merkwürdig klingenden Job-Titeln niederschlägt.

8

Vier grundsätzliche Spielarten

Bislang wurde auf zwei strategische Dimensionen eingegangen. Die erste Dimension beschrieb die Fokussierung auf Experten versus Expertise. Bei der zweiten Dimension ging es um die Unterscheidung in Spitzensport versus Breitensport. Kombiniert man diese beiden Dimensionen in einer Vier-Felder-Matrix, dann erhält man die in ◻ Abb. 8.6 wiedergegebenen, grundsätzliche Spielarten von Fachkarrieren.

Wenn Unternehmen versuchen, um einzelne, ausgewählte Personen, die sich im Unternehmen besonders verdient gemacht haben Fachkarrieren zu bauen, etwa um es ihnen Recht zu machen oder sie im Unternehmen zu halten, entspräche dies der Spielart A. In gewisser Weise wird hier jedem König sein eigenes Königreich erbaut. In der Praxis erkennt man solche Karrieren meist

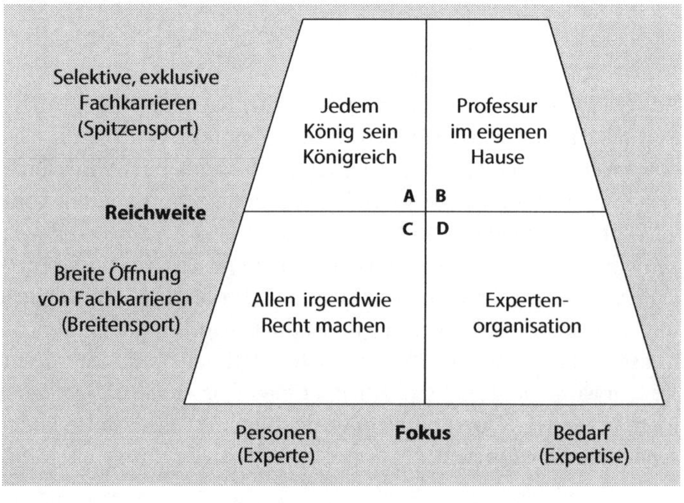

◻ **Abb. 8.6** Vier grundsätzliche Spielarten von Fachkarrieren

dann, wenn etwa bei einer Verrentung des „Königs" keine Nachbesetzung erfolgt. Anders verhält sich dies im Falle weniger, ausgewählter Expertenpositionen, auf die ein Unternehmen in besonderem Maße angewiesen ist und mit denen ein konkreter Bedarf herausragender Expertise verbunden ist (B). Fachkarrieren dieser Art sind am besten mit akademischen Karrieren vergleichbar (die Professur im eigenen Hause). Eigenen Untersuchungen zufolge sind diese beiden Spielarten zumindest im deutschsprachigen Raum eher unterrepräsentiert (vgl. Trost 2014). Eindeutig dominiert der Breitensport. Ungefähr jedes dritte Unternehmen strebt danach, es mit Fachkarriere einer breiten Zielgruppe von Mitarbeitern im Unternehmen irgendwie Recht zu machen (C). Fachkarrieren orientieren sich nicht primär an den Bedarfen des Unternehmens sondern an den Belangen der Mitarbeiter. Wenn ein Mitarbeiter für die Organisation als besonders wichtig erscheint, dieser aber nicht führen kann oder will, ermöglicht man ihm eben eine Fachkarriere. Das primäre Ziel besteht hier meist darin, diese Mitarbeiter zu halten. Grundsätzlich steht hier jedem Mitarbeiter diese Möglichkeit offen. Die am meisten verbreitete Spielart kann als Expertenorganisation bezeichnet werden (D). Hierbei handelt es sich um Organisationen, bei denen Expertise mehr zählt als Führung oder zumindest formal von vergleichbarer Bedeutung ist. In forschungsintensiven Branchen oder bei Unternehmensberatungen ist diese Form besonders verbreitet.

Die organisationale Verankerung

Eine besonders spannende Frage im Kontext von Fachkarrieren lautet: An wen berichtet ein Experte? Wie ist ein Mitarbeiter, der eine Fachkarriere eingeschlagen hat in die Organisation eingebunden? In traditionell, hierarchisch geführten Unternehmen, in denen die Führungslaufbahn dominiert, berichten Experten meist an reguläre Führungskräfte. Die Führungshierarchie stellt sozusagen das zentrale Gerüst dar innerhalb dessen die Experten verankert sind. Die Experten haben eine direkte Führungskraft. Mit ihr werden Ziele vereinbart oder man verständigt sich anderweitig über wechselseitige Erwartungen. Wichtig ist bei dieser strategischen Ausrichtung vor allem die Feststellung, dass es hier eine Form vertikaler Über- und Unterordnung gibt.

> Bei uns berichtet jeder Experten an eine Linienführungskraft, wie alle anderen Kollegen auch. Entsprechend werden mit Experten auch Zielvereinbarungen vorgenommen. **(3-1)**

Ein Beispiel hierfür wäre der Arbeitsrechtexperte innerhalb der Personalabteilung. Dieser Mitarbeiter verfügt über eine ausgewiesene, für das Unternehmen kritische Expertise. Er führt keine Mitarbeiter und soll dies auch nicht. Trotzdem entspricht seine Eingruppierung jener eines Teamleiters. Sein direkter Vorgesetzter ist der Personalleiter.

Ganz anders verhalten sich die Dinge etwa bei dem bereits genannten Beispiel der IBM-Fellows. Fellows berichten in letzter Konsequenz alle an den CEO. Spielarten wie diese sehen keine Unterordnung von Experten gegenüber Linienvorgesetzten vor. Sie sollen keine Chefs haben und sich im Unternehmen so frei wie möglich bewegen dürfen.

> Unsere Experten berichten alle an den CEO und sind ansonsten unabhängig. Das bietet ihnen die Freiheit, sich für das Unternehmen insgesamt einzubringen. (**3-2**)

Dies bedeutet nicht, dass sie vom CEO geführt würden. Dafür hätte auch kein CEO die notwendige Zeit. Allerdings verfügen die Experten über einen Manager, der allerdings weniger als Boss auftritt sondern in erster Linie als Befähiger (vgl. ► Abschn. 4.4). Der Manager stellt sicher, dass die Experten jene Rahmenbedingungen vorfinden, die sie benötigen, um im Unternehmen bestmöglich wirksam sein zu können. Vergleichbare Konstellationen gibt es schon immer im Spitzensport oder beispielsweise in der Kunst. Sportler, oder erfolgreiche Musiker haben auch Manager. Deren Rolle besteht vor allem darin, jene Rahmenbedingungen sicher zu stellen, dass die eigentlichen Stars erfolgreich arbeiten können. Hier handelt es sich also im Wesentlichen um Befähiger.

Die Gleichbehandlung von Führungskräften und Experten

Wie bereits eingangs erwähnt, bestand sicherlich ein wesentlicher Antrieb in der Einführung einer Fachkarriere darin, bereits existierende Experten ohne Führungsverantwortung fair und adäquat zu honorieren und sie mit ihren Kollegen mit Mitarbeiterverantwortung gleichzustellen. Die wohl einfachste Möglichkeit, dies zu tun besteht darin, höhere Gehaltsstufen für Mitarbeiter ohne Führungsverantwortung zu öffnen. Führungskräfte und Experten mit identischer Einstufung erhalten dann vergleichbare Gehälter, womöglich einen Firmenwagen und andere Privilegien, wie etwa ein eigenes Büro, die Teilnahme an strategischen Veranstaltungen, Visitenkarten mit Prägedruck usw. Das Prinzip qualitativer Gleichbehandlung kann wie folgt auf den Punkt gebracht werden:

> Experten werden mit Führungskräften gleicher Stufe konsequent gleichgestellt. Sie erhalten vergleichbare Gehälter und Privilegien. (**4-1**)

Nun gibt es eine stereotype Vorstellung von Managern, die eine entsprechende Managerlaufbahn einschlagen und extrinsisch motiviert nach Macht, Wohlstand und sichtbarem Status streben. Demgegenüber gibt es auch eine vereinfachende Sichtweise auf das, was Experten als erstrebenswert erscheinen mag. Demnach wollen sich eher intrinsisch motivierte Experten in erster Linie mit ihrem fachlichen Thema auseinandersetzen und ansonsten in Ruhe gelassen werden. Geld, Status und Macht spielen für sie eine untergeordnete Rolle. Vielmehr präferieren Experten den Austausch mit anderen Experten, Flexibilität in den Arbeitsbedingungen, Selbstbestimmung in den Inhalten, mit denen sie sich auseinandersetzen oder Zugang zu aktuellstem Wissen (vgl. Goffee und Jones 2007). Die dahinterliegende Idee ist im Hinblick auf die strategische Ausrichtung von Fachkarrieren relevant. Wird tatsächlich von unterschiedlichen Präferenzen ausgegangen, würde es sich anbieten, eine Incentivierung und die zusätzlichen Privilegien an diesen Präferenzen auszurichten:

> Experten und Führungskräfte haben unterschiedliche Präferenzen in Bezug auf Gehalt und sonstige Privilegien. Deshalb behandeln wir Experten auf andere Weise als ihre Kollegen in Führungspositionen. (**4-2**)

Diese strategische Ausrichtung steht in engem Zusammenhang mit einer Überlegung, die an anderer Stelle in diesem Buch im Zusammenhang mit dem Thema Vergütung vorgebracht wird (siehe ► Kap. 9). Es geht um die Frage, ob eine Incentivierung das Ergebnis von Arbeit ist, oder vielmehr die Voraussetzung für Arbeit. Die letztgenannte Option geht in die Richtung, Experten jene Incentivierung und jene Privilegien zugutekommen zu lassen, die sie als Voraussetzung benötigen, um das zu tun, was ihnen intrinsisch am Herzen liegt.

Die Wirkungsweise von Experten

Vereinfacht betrachtet, basiert die Macht von Führungskräften auf zwei möglichen Fundamenten. Entweder sie haben Einfluss aufgrund ihrer formalen Position. Sie dürfen entscheiden, weil sie nun mal die Chefs sind. Die Mitarbeiter folgen ihnen, weil sie nicht anders können. Oder aber, Führungskräfte haben Einfluss, weil andere auf sie hören. Sie haben deshalb Macht über ihre Geführten, weil die Geführten von ihm geführt werden wollen – ein Führer ist jemand, dem andere folgen. Hier spielen Aspekte, wie Charisma, bisherige Erfolge, soziale Kompetenzen, „vernünftige" Ansichten in der Vergangenheit etc. eine gewisse Rolle.

Ähnlich unterschiedlich kann die Wirkungsweise von Experten in Unternehmen betrachtet oder gar institutionell ausgerichtet werden. Man kann Experten in formale Entscheidungsgremien einbinden und ihnen ein formales Stimmrecht geben. Bei jeder internen Führungskräftetagung sind auch die Top-Experten eingeladen. Je nach Inhalt und Ziel eines Projektes werden ausgewählte Experten formal ins Projektteams eingebunden. Experten kommen bei bestimmten Problemstellungen grundsätzlich zum Einsatz und formieren eine Art Sondereingreifkommando. Am Ende geht es immer darum, Experten formal in die bestehende Hierarchie zu integrieren und ihnen dauerhaft oder temporär formale Zuständigkeiten zuzuweisen.

Der Einfluss von Experten im Unternehmen ist formal geregelt. Bestimmte Experten sind Teil bestimmter Entscheidungsgremien und Projektgruppen (formaler Einfluss). (**5-1**)

Mit dieser Herangehensweise ist die Wirkungsweise eines Experten formal gesichert. Andere Mitarbeiter hören auf den Experten, weil sie offiziell dazu angehalten werden – „Solange unser Experte hier keine OK gibt, machen wir nicht weiter". Hierarchisch geführten Organisationen wird diese strategische Ausrichtung von Fachkarrieren eher zusagen, als die folgende Alternative.

Experten gibt es nicht nur in Unternehmen sondern überall dort, wo sich Menschen über welche Sache auch immer auseinandersetzen, etwa in fachlichen oder wissenschaftlichen Communities. Viele Experten artikulieren ihre Sichtweisen in Blogs, die sie dann wiederum über Twitter verbreiten. Und wer bei Twitter die meisten Follower hat, hat auch den größten Einfluss auf die Community. In den sozialen Medien ist die Anzahl der Follower ein Indikator für Macht. Und wer als Experte Einfluss und Gehör haben möchte, muss sich diese aktiv gewinnen. Man muss überzeugen, sich aktiv ins Spiel bringen, präsent sein, sein Wort erheben usw. Niemand ist in den sozialen Medien erfolgreich, weil eine übergeordnete Instanz dies so entschieden hätte. Ähnlich kann die Wirkungsweise von Experten in Unternehmen verstanden werden:

Der Einfluss eines Experten hängt immer vom Experten selber ab. Er muss sich seinen Einfluss und damit seine Akzeptanz selbst erarbeiten (informeller Einfluss). (**5-2**)

Agilen Organisationen, in denen der Netzwerkgedanke im Bewusstsein aller Akteure verankert ist, liegt dieser Ansatz näher als der zuerst beschriebene. Warum sollte der Experte formale Macht haben und als Boss agieren, wo sogar die Führungskräfte vermeiden, als Bosse aufzutreten (siehe ▶ Abschn. 4.4)? Während sich die Mitarbeiter in hierarchischen Organisationen primär den übergeordneten Führungskräften gegenüber verpflichtet fühlen, sehen sich die Mitarbeiter in agilen Organisationen in erster Linie gegenüber ihren Kollegen und Kunden in der Pflicht (siehe ▶ Abschn. 4.5). Vor diesem besonderen Hintergrund erscheint eine informelle Wirkungsweise deutlich kompatibler.

Wann ist ein Experte ein Experte?

Bereits in ▶ Abschn. 8.1 wurde der Frage nachgegangen, wann ein Talent ein Talent ist. Dabei ging es um das HR-Schlüsselthema der Talentidentifikation. Im Zusammenhang mit dem Thema Fachkarriere stellt sich nun eine ähnlich gelagerte Frage: Wann ist ein Experte ein Experte? Die Überlegungen in Bezug auf die Talentidentifikation lassen sich hier unmittelbar übertragen. So wird man in traditionell, hierarchischen Organisationen immer dazu neigen, die (top-down) Nominierung eines Mitarbeiters in den Status eines Experten in der Verantwortung übergeordneter Führungskräfte zu sehen.

> Ein Experte ist nur dann ein Experte, wenn übergeordnete Führungskräfte das so sehen. Entsprechend werden Experten immer top-down nominiert. **(6-1)**

Die Überlegungen aus dem vorausgegangenen Teilabschnitt legen eine alternative Ausrichtung nahe, wonach Experten nur dann Experten sein können, wenn Kollegen, Teams aber auch Führungskräfte das so sehen. In diesem Falle würde man vielmehr von einer *Peer-Nominierung* von Experten sprechen:

> Ein Experte ist nur dann ein Experte, wenn Andere im Unternehmen das so sehen. Daher werden Experten immer durch Peers unterschiedlicher Bereiche nominiert. **(6-2)**

Im Zusammenhang mit dieser Unterscheidung könnte man nun die nächste Unterscheidung treffen und die Frage stellen, wie lange ein Experte den Expertenstatus inne haben soll. Hierauf soll an dieser Stelle allerdings nicht vertiefter eingegangen werden. Eine entscheidende Frage bei der Bestimmung von Experten bezieht sich auf Kompetenzen, die nicht unmittelbar mit der fachlichen Expertise zu tun haben, sondern eher sozialer Natur sind. Wollen wir so genannten Nerds als Experten akzeptieren?

Nerds als Experten?

Unter einem *Nerd* versteht man einen Menschen, der überdurchschnittlich intelligent ist, eine große Begeisterung für fachliche Probleme zeigt aber sozial desinteressiert oder gar sozial weniger kompetent erscheint. Der Begriff des Nerds ist weniger ein akademischer, psychologischer Begriff. Vielmehr beschreibt er eine Art Stereotyp, dessen Bedeutung vor allem im Zuge wachsender Informationstechnologie an Bedeutung gewann. Man stellt sich einen Nerd als jemanden vor, der sein Leben vor dem Computer verbringt, Menschen meidet, keinen Wert auf sein Äußeres legt und weder an Sport oder gesunder Ernährung interessiert ist.

In zahlreichen Unternehmen, insbesondere in der IT-Branche waren und sind solche Menschen schon immer unersetzlich gewesen. Unternehmen, wie SAP oder Microsoft würden heute vermutlich nicht existieren, wären sie nicht zugleich eine Heimat für zahlreiche Nerds gewesen. Fachlich leisten diese Menschen Überragendes. Im Kontext der Fachkarriere stellt sich aber nun die Frage, inwieweit man so genannte Nerds offiziell als Experten behandeln möchte. Eine mögliche Antwort ist sehr einfach und vielleicht auch naheliegend. Man entscheidet über den Expertenstatus allein auf der Grundlage der Expertise eines Mitarbeiters. Soziale Fähigkeiten dürfen außer Acht gelassen werden.

> Uns kommt es bei Experten ausschließlich auf deren fachliche Expertise und kognitive Kapazität an. Alles andere ist zweitrangig. (**7-1**)

Dieser Ansatz kann verfolgt werden, solange man den Einfluss von Experten formal regelt. In diesem Falle kümmert sich die Organisation darum, dass ein Experte zu Wort kommt. Man gibt ihm möglicherweise eine formale Entscheidungsbefugnis und stärkt ihm damit offiziell den ansonsten schwach ausgebildeten sozialen Rücken. Dieser Ansatz versagt aber vermutlich dann, wenn es in der Verantwortung der Experten selbst liegt, sich innerhalb der Organisation zwischenmenschlichen Einfluss zu verschaffen, wenn sie Andere gewinnen müssen, überzeugen sollten, es ihre Aufgabe ist, sich selbst aktiv ins Spiel zu bringen. Im letzteren Fall kann ein Experte nur in dem Maße wirken, wie seine soziale Kompetenz und sein soziales Interesse dies zulassen.

> Experten ohne soziale Kompetenz („Nerds") haben bei uns kaum eine Chance. Sie täten sich schwer, sich aktiv ins Spiel zu bringen und die Akzeptanz Anderer zu gewinnen. (**7-2**)

Zunächst scheint die Frage nach der Akzeptanz von Nerds als eine vergleichsweise unbedeutende Frage. Tatsächlich berührt sie eine ganze Reihe relevanter, strategischer Dimensionen rund um das

■ **Tab. 8.3** Alle strategischen Dimensionen zu Fachkarriere im Überblick

Fokus und Priorität	1-1 Experten Wir wollen wichtigen Experten, die für eine Führungslaufbahn ungeeignet erscheinen eine Entwicklungsperspektive bieten und sie dadurch im Unternehmen halten	1-2 Expertise Mittels Fachkarrieren stellen wir im Unternehmen die Verfügbarkeit erfolgskritischer Expertise sicher
Reichweite	2-1 Breitensport Alle Mitarbeiterinnen und Mitarbeiter haben ab einem bestimmten Level die Möglichkeit, eine Management- oder Fachkarriere einzuschlagen	2-2 Spitzensport Fachkarrieren sind bei uns nur wenigen ausgewählten Experten vorenthalten. Insofern behandeln wir diese Möglichkeit nur sehr selektiv
Organisationale Verankerung	3-1 Hierarchische Einbindung Bei uns berichtet jeder Experten an eine Linienführungskraft, wie alle anderen Kollegen auch. Entsprechend werden mit Experten auch Zielvereinbarungen vorgenommen	3-2 Unabhängigkeit Unsere Experten berichten alle an den CEO und sind ansonsten unabhängig. Das bietet ihnen die Freiheit, sich für das Unternehmen insgesamt einzubringen
Gleichbehandlung	4-1 Qualitative Gleichbehandlung Experten werden mit Führungskräften auf gleicher Stufe konsequent gleichgestellt. Sie erhalten vergleichbare Gehälter und Privilegien	4-2 Orientierung an Präferenzen Experten und Führungskräfte haben unterschiedliche Präferenzen in Bezug auf Gehalt und sonstige Privilegien. Deshalb behandeln wir Experten auf andere Weise als ihre Kollegen in Führungspositionen
Einfluss innerhalb der Organisation	5-1 Formaler Einfluss Der Einfluss von Experten im Unternehmen ist formal geregelt. Bestimmte Experten sind Teil bestimmter Entscheidungsgremien und Projektgruppen	5-2 Informeller Einfluss Der Einfluss eines Experten hängt immer vom Experten selber ab. Er muss sich seinen Einfluss und damit seine Akzeptanz selbst erarbeiten
Nominierung	6-1 Entscheiden Führungskräfte Ein Experte ist nur dann ein Experte, wenn übergeordnete Führungskräfte das so sehen. Entsprechend werden Experten immer top-down nominiert	6-2 Entscheiden Andere Ein Experte ist nur dann ein Experte, wenn Andere im Unternehmen das so sehen. Daher werden Experten immer durch Peers unterschiedlicher Bereiche nominiert
Relevanz sozialer Kompetenz	7-1 Irrelevant Uns kommt es bei Experten ausschließlich auf deren fachliche Expertise und kognitive Kapazität an. Alles andere ist zweitrangig	7-2 Erfolgskritisch Experten ohne soziale Kompetenz („Nerds") haben bei uns kaum eine Chance. Sie täten sich schwer, sich aktiv ins Spiel zu bringen und die Akzeptanz Anderer zu gewinnen

Thema Fachkarriere (siehe ■ Tab. 8.3). Aus meiner persönlichen Erfahrung heraus kann ich berichten, dass die Frage „Akzeptiert Ihr Nerds als Experten?" eine sehr mächtige Einstiegsfrage ist, um zu verstehen, wie ein Unternehmen mit dem Thema der Fachkarriere insgesamt umgeht.

Literatur

Berberich M (2014) The expert career. BlogIntoBook, Print on Demand
Berger LA, Berger DR (2005) Management wisdom from the new York yankees' dynasty: what every manager can learn from a legendary team's 80-year winning streak. John Wiley & Sons, San Francisco
DGFP (2012) Fachlaufbahnen als alternative Karrierepfade. Praxispapier 5/2012
Erikson EH (1959) Identity and the life cycle. International Universities Press, New York
Fölsing A (1995) Albert Einstein: Eine Biographie. Suhrkamp, Berlin
Goffee R, Jones G (2007) Leading clever people. Harv Bus Rev 2007:72–79
Kegan R (1983) The evolving self: problem and process in human development. Harvard University Press, Boston/Mass
Ladwig DH, Domsch ME (2011) Fachlaufbahnen. Zukunftsweisende Laufbahnkonzepte für Wissensgesellschaften und Netzwerkorganisationen. In: Domsch ME, Ladwig DH (Hrsg) Fachlaufbahnen. Alternative Karrierewege für Spezialisten schaffen. Wolters Kluwer, Köln, S 15–29
Lewis M (2004) Moneyball. The Art of Winning an unfair Game. Norton, New York
Marquardt MJ, Leonard HS, Freedman AM, Hill CC (2009) Action learning for developing leaders and organizations. American Psychological Association, Washington/DC
McCall MW (1998) High flyers: developing the next generation of leaders. Harvard Business School Press, Boston
Meehl PE (2013) Clinical versus statistical prediction. A theoretical analysis and a review of evidence. Echo Point Books & Media, Brattleboro (VT)
Michaels E, Handfield-Jones H, Axelrod B (2001) The war for talent. Harvard Business School Press, Boston
Robinson K (2009) The element. How finding your passion changes everything. Viking, New York
Silzer R, Dowell BE (2010) Strategy-driven talent management. A leadership imperative. Jossey-Bass, San Francisco
Silzer RF, Church AH (2009) The pearls and perils of identifying potential. Ind Organ Psychol Perspect Sci Pract 2(4):377–412
Stepper J (2015) Working out loud. For a better career and life. Ikigai Press, New York
Trost A (2014) Fachkarriere auf kleiner Flamme. Personalwirtschaft 01:38–40
Trost A, Frosch M (2011) Interne Talentmärkte. In: Trost A, Jenewein T (Hrsg) Personalentwicklung 2.0. Wolters Kluwer, Köln, S 283–301

Vergütung

A. Trost, *Neue Personalstrategien zwischen Stabilität und Agilität*,
https://doi.org/10.1007/978-3-662-57407-2_9

Spätestens dann, wenn es ums Geld geht wird das aktuelle und angestrebte Führungs- und Organisationsverständnis eines Unternehmens sichtbar. Wer bekommt warum wie viel? Was sind die leitenden Prinzipien hinter der Beantwortung dieser Frage? Von welchen impliziten oder expliziten Annahmen wird ausgegangen? Egal, ob es um Arbeitsteilung, Vernetzung, Führungskräfte als Bosse, Coach, Partner oder Befähiger, X oder Y, Weisung oder Selbststeuerung, Verpflichtung nach oben oder nach links und rechts, Konformität, Individualität, hierarchische oder inverse Pyramiden geht, am Ende spiegelt sich all dies nicht nur in der Art und Weise wider, welche Bedeutung der Vergütung zugeschrieben wird sondern, wie Gehaltssysteme strategisch ausgerichtet werden. In gewisser Weise kommt es spätestens bei dieser besonderen Thematik zum Schwur.

Zugleich handelt es sich hier um eine Thematik, bei der Unternehmen nur eingeschränkte Gestaltungsspielräume wahrnehmen. Wohl jeder Personaler, jeder interne Vergütungsspezialist wird beim Lesen dieses Kapitels die eigenen Grenzen möglicher Veränderungen erkennen. Dies liegt unter anderem daran, dass kein Unternehmen bei der Entwicklung eigener Vergütungsstrategien auf der grünen Wiese beginnt und jede Veränderung immer auch das Risiko von Unmut, gefühlter Ungleichbehandlung etc. weckt. Darüber hinaus sind viele Unternehmen an tarifliche Vereinbarungen gebunden.

Dieses Kapitel ist etwas anders aufgebaut, als die anderen Kapitel, bei denen HR-Schlüsselthemen behandelt werden. Dieses Kapitel beginnt mit einem allgemeinen Teil. Danach werden die Themen Grundvergütung und variable Vergütung detaillierter Besprochen. Dieser Allgemeine Teil zur Entgeltpolitik ist erforderlich, weil es im Kontext der Vergütung strategische Dimensionen gibt, die grundsätzlicher Natur sind unabhängig davon, ob es um die Bestimmung fixer oder variabler Gehaltsbestandteile geht.

9.1 Entgeltpolitik

Entgeltpolitik befasst sich mit der Bedeutung des Geldes und der Incentivierung von Mitarbeitern insgesamt. Insbesondere hier kommen die unternehmenspolitische Haltung des Unternehmens und der daraus abgeleiteten Konsequenzen zum Tragen. Welche Rolle spielen Geld und Incentivierung etwa bei der Gewinnung oder Motivation zukünftiger und aktueller Mitarbeiter? Was bedeutet in diesem Zusammenhang Gerechtigkeit? Traditionell geht man von der Annahme aus, Entlohnung sei die gerechte Gegenleistung eines Unternehmens für erbrachte Leistung. Insofern sollte sich auch die Entlohnung an Letzterem orientieren. Wir beginnen mit der Auseinandersetzung mit dieser, ersten Annahme. Ist Arbeit die Voraussetzung für Gehalt?

Arbeit als Voraussetzung für Gehalt

Im Zusammenhang mit dem spannenden Thema der Vergütung ist eine bestimmte Sichtweise verbreitet, die aber im weiteren Verlauf dieses Kapitels etwas relativiert oder zumindest ergänzt wird: Wenn Mitarbeiter in einem Unternehmen ihrer Arbeit nachgehen, haben sie eine angemessene finanzielle und materielle Belohnung verdient. Im Fokus steht hierbei die Frage nach *Lohngerechtigkeit*, eine Frage, die in der Praxis nicht immer einfach zu beantworten ist. Entsprechend wird davon ausgegangen, dass sich *Entgeltdifferenzierung* an sehr unterschiedlichen Faktoren orientieren sollte, nämlich an seiner Qualifikation, seiner Verantwortung im Unternehmen, seiner Leistung, seinem Familienstatus, dem Unternehmenserfolg. Nicht selten werden hier auch Faktoren, wie etwa die Dauer der Unternehmenszugehörigkeit oder die regionalen Lebenshaltungskosten gezielt berücksichtigt. Am Ende mündet der Blumenstrauß an Überlegungen in das, was international als *Total Compensation* bezeichnet wird, eine Kombination unterschiedlichster Gehaltsbestandteile, deren Höhe sich jeweils an unterschiedlichen Faktoren orientieren. Stellen werden bewertet und entsprechend Gehaltsstufen mit dazugehörigen Gehaltsbändern zugeordnet. Variable Vergütungsbestandteile orientieren sich an der Erreichung zuvor vereinbarter Jahresziele und vieles andere mehr. Der Ausspruch, wonach sich „Leistung lohnen muss" spiegelt diese Grundhaltung treffend wieder.

Tatsächlich geht es hierbei ausschließlich um finanzielle und materielle Formen der Belohnung. Diese werden vertraglich vereinbart, sei es in Arbeits- oder Tarifverträgen. Von nicht-materiellen Formen der Belohnung ist weder in der personalpolitischen Betrachtung noch in den zahlreichen Personalmanagementlehrbüchern die Rede. Fast stillschweigend hat sich in der Praxis des Personalmanagements eine Haltung eingeschlichen, wonach Entlohnung die Folge von Arbeit ist.

> Vergütung ist die Konsequenz aus Verantwortung und Leistung. Sie ist der Preis, den wir für Arbeit bezahlen. Erst die Arbeit, dann die Belohnung. **(1-1)**

Dabei handelt es sich um eine zutiefst ökonomische Sichtweise, wonach Arbeit eben ihren Preis hat. Wenn ich als Unternehmen möchte, dass ein Mensch eine Arbeit verrichtet, die ich von ihm wünsche, muss ich dafür einen Preis bezahlen. Umso höherwertiger diese Arbeit ist, desto höher muss auch der Preis dafür sein. Alles andere wäre nicht gerecht. So, oder so ähnlich kann diese Sichtweise auf den Punkt gebracht werden. Häufig steht dahinter auch die Annahme, dass ein Mitarbeiter jene Arbeit, die von ihm erwartet wird, freiwillig niemals erbringen würden, dies aber dennoch tut, weil er dafür Geld bekommt, das er zur Erfüllung seiner Lebenswünsche oder zur Deckung seiner Lebensbedarfe benötigt.

Gehalt als Voraussetzung für Arbeit

Fragt man Mitarbeiter, was sie tun würden, wenn sie unerwartet im Lotto gewinnen würden und aus existenziellen Gründen nie mehr arbeiten müssten, erhält man nicht selten die Antwort: „Ich würde weiterhin meiner Arbeit nachgehen". Dies mag sicherlich nicht in jedem Fall zutreffen, spiegelt aber einen Sachverhalt wider, wonach Menschen in ihrer Arbeit mehr erkennen, als den puren Zweck, ihren Lebensunterhalt zu sichern. Vielmehr erkennen sie in Ihrer Arbeit eine Vielzahl nicht-monetärer Anreize: einen Sinn im Leben, einen Grund mehr, morgens aufzustehen, sozialer Austausch, Möglichkeiten zur persönlichen Entwicklung und Entfaltung, soziale Anerkennung, Struktur, das Gefühl gebraucht zu werden um nur wenige Aspekte zu nennen.

Wohl zum ersten Mal wurden diese Aspekte sozialwissenschaftlich deutlich, nachdem in den Dreißigerjahren ein Team rund um die junge Wissenschaftlerin Marie Jahoda viele Monate in der Niederösterreichischen Siedlung Marienthal verbrachten, um die Folgen umfassender Arbeitslosigkeit zu erforschen. Eine der größten Textilfabriken schloss von einem Tag auf den anderen und viele Hundert Mitarbeiter und Bürger wurden für lange Zeit arbeitslos. Die Folgen waren eben nicht nur existenzielle Nöte sondern vor allem der Verlust an Identität, sozialer Struktur, Sinnhaftigkeit, sozialem Austausch oder persönlicher Entfaltung und Entwicklung (Jahoda et al. 1933). Offenbar ist der Lohn der Arbeit deutlich mehr als nur der Lohn.

Belohnung für eine Tätigkeit umfasst weit meist mehr als nur die materielle bzw. finanzielle Belohnung. Dies gilt eben nicht nur im Privatem, wo die meisten Tätigkeiten nicht vergütet werden – man denke hier an Kindererziehung, Hobbies, Aktivitäten in Vereinen usw. – sondern auch im beruflichen Kontext.

Befasst man sich mit den Biografien äußerst erfolgreicher Menschen aus unterschiedlichen Bereichen, wie etwa dem Sport, der Kunst, der Politik oder Wissenschaft, dann wird man feststellen, dass diese Menschen ihre Tätigkeit niemals in erster Linie des Geldes wegen ausgeübt haben. Geld war lediglich ein willkommener Nebeneffekt ihrer Tätigkeit. Ausnahmen sind Menschen, die ihren Lebenszweck und ihre Berufung allein im Geldverdienen an sich betrachtet haben. Vermutlich gehören Menschen, wie der amerikanische Investor Georg Soros dazu.

Insgesamt führen diese Überlegungen zu einem gänzlich anderen Verständnis der Bedeutung von Gehalt in Bezug auf die Ausübung von Tätigkeiten. Ich kann dies an meiner eigenen Profession verdeutlichen. Natürlich bekomme ich für das Verfassen dieses Buches Geld. Ich schreibe dieses Buch aber nicht des Geldes wegen. Mein Beruf ist der eines Professors. Professoren bekommen ihr Gehalt nicht als Folge ihrer geleisteten Arbeit. Das war noch nie die Idee. Professoren bekommen ihr Gehalt, damit sie das tun können, was sie aus ihrem tiefsten Antrieb heraus tun wollen, nämlich Forschen, Lehren und ab und an Bücher schreiben. Das Gehalt bekommen sie, damit sie in der Ausübung ihrer Tätigkeit nicht von existenziellen Sorgen geplagt sind und sich nicht gezwungen sehen, parallel noch einer weiteren Tätigkeit nachgehen zu müssen. Diese Strategie lässt sich wie folgt in einem strategischen Statement zusammenfassen:

Vergütung ist die Voraussetzung für Verantwortung und Leistung. Mitarbeiter bekommen ihr Gehalt, damit sie das tun können, was sie aus innerem Antrieb heraus gerne tun wollen. (1-2)

Führungskräfte, die der Theorie X nahe stehen, werden mit dieser Aussage nichts anzufangen wissen. Sie betrachten Menschen als faul, von Natur aus. Man bringt sie nur dann zum Arbeiten, wenn man ihnen Geld in Aussicht stellt. Und, umso mehr man ihnen in Aussicht stellt, desto mehr sind sie bereit zu leisten. Führungskräfte aber, die Theorie Y nach McGregor (1960) glauben, spricht das obige Statement aus der Seele.

Belohnung versus Überschuss

Die Herausforderung bei der Entwicklung von Vergütungssystemen ist in einem fundamentalen Dilemma begründet. Gäbe es dieses Dilemma nicht, dann müsste dieses Kapitel nicht geschrieben werden. Es gäbe keine Tarifstreits, keine Streiks, keine Debatten über Geld, Gehälter usw. Das Dilemma ist darin begründet, dass einerseits die Mitarbeiter mehr Geld bevorzugen oder aktiv einfordern. Dies gilt auch für die zutiefst intrinsisch motivierten, durch und durch begeisterten Mitarbeiter, die sogar bereit wären, für die Ausübung ihres Jobs zu bezahlen. Wenn ein Mensch vor die Wahl gestellt wird, unter wirklich gleichen Bedingungen eine geringere oder höhere Belohnung zu akzeptieren, dann wird er sich immer für die höhere Belohnung entscheiden. Alles andere wäre entweder dumm, irrational oder gar pathologisch. Das Unternehmen versucht andererseits, Gehälter und damit die Lohnkosten geringer zu halten, um am Ende betriebswirtschaftlich einen möglichst hohen Überschuss erzielen zu können. Wir haben es mit einem Zielkonflikt zu tun, einem Dilemma, bei dem niemals alle gleichermaßen glücklich sein können.

Innerhalb dieses Kräftefelds spielen vier Themen eine entscheidende Rolle. Sie tauchen immer auf, wenn es um Vergütung geht, in Lehrbüchern, Handbüchern und natürlich in der Praxis. Sie sind mal Zielgröße, mal Voraussetzung. Es geht um Gerechtigkeit, Motivation, Akquisition und Loyalität und soziale Dynamik.

- *Gerechtigkeit*. In welcher Balance stehen der Beitrag der Mitarbeiter einerseits und deren Vergütung andererseits im Vergleich zwischen verschiedenen Mitarbeiter und Jobs? Wie erreicht man Gerechtigkeit?

- *Motivation.* Unter welchen Voraussetzungen haben einzelne Vergütungsbestandteile eine motivierende oder demotivierende Wirkung?
- *Soziale Dynamik.* Welchen Einfluss hat ein Vergütungssystem auf Führung und Zusammenarbeit im Unternehmen? Wie kann man sicherstellen, dass funktionale Auswirkungen gegenüber toxischen Wirkungen überwiegen?
- *Akquisition und Loyalität.* Welche Bedeutung hat Vergütung bei der Gewinnung und Bindung von Mitarbeitern? Wie verhält man sich gerade bei den Besten?

Im Folgenden wird auf diese Aspekte intensiver eingegangen. Im Zuge dessen werden allgemeine, strategische Dimensionen in Betracht gezogen und diskutiert.

Gerechtigkeit

Vergütung sollte gerecht sein. Wer wollte diese Aussage nicht unterschreiben? Die Frage aber, was gerecht ist oder nicht, ist von hoher Unsicherheit und Subjektivität geprägt. Versuche, Gerechtigkeit zu erklären münden meist in die Betrachtung dreier Faktoren. Auf der einen Seite gibt es einen Beitrag, den ein Mitarbeiter erbringt. Auf der anderen Seite bekommt dieser eine irgendwie geartete Vergütung. Allein diese Gegenüberstellung führt aber noch zu keiner Gerechtigkeitseinschätzung. Am Ende kommt es zusätzlich auf einen dritten Faktor an, den Vergleich zwischen Mitarbeitern, Jobs oder Zeiten (siehe ◘ Abb. 9.1).

Die linke Seite in ◘ Abb. 9.1 zeigt Konstellationen, die Mitarbeiter mit einer hohen Wahrscheinlichkeit als ungerecht einstufen würden. Betrachten wir zunächst den Vergleich zwischen Mitarbeiter MA_1 und Mitarbeiter MA_2. MA_2 trägt mehr zum Erfolg des Unternehmensbei als MA_1, erhält aber eine geringere Vergütung. MA_1 ist der Glücklichere in dieser Konstellation und wird diese nur dann ertragen, wenn er sich emotional und zwischenmenschlich von MA_2 distanziert – „da kann ich ja nichts dafür, dass MA_2 weniger erhält, obwohl er sicherlich mehr verdienen müsste als

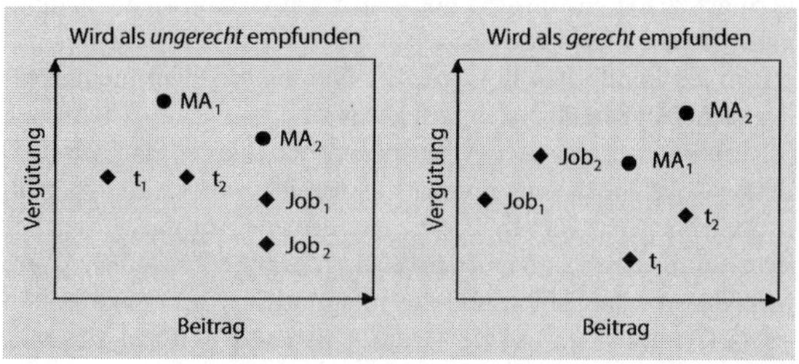

◘ **Abb. 9.1** Ungerechtigkeit und Gerechtigkeit. (*MA* Mitarbeiter, *t* Zeitpunkt)

ich". MA_2 hingegen hat kaum eine andere Wahl, als seine Lage als ungerecht zu empfinden. Wie dieser motivational reagiert wird im weiteren Verlauf dieses Kapitels eingehender beleuchtet.

Neben diesem sozialen Vergleich gibt es aber auch Vergleiche zwischen Zeiten und Jobs bezogen auf einen einzigen Mitarbeiter. Wenn der erwartete Beitrag eines Mitarbeiters vom Zeitpunkt t_1 zum Zeitpunkt t_2 zwar steigt, seine Vergütung aber gleich bleibt, dann wird der Betroffene dies als ungerecht empfinden. Ähnliches kann beim Vergleich zweier Jobs der Fall sein. Wenn ein Mitarbeiter findet, dass bei zwei Jobs Job_1 und Job_2 jeweils Vergleichbares abverlangt wird, dann wird er Job_2 als ungerecht vergütet einstufen.

Auf der rechten Seite in ◘ Abb. 9.1 sind Konstellationen wiedergegeben, die eher als gerecht empfunden werden. Hier stehen Beitrag und Vergütung hinsichtlich aller drei Bedingungen in einem positiven Verhältnis.

Komplexität und Einfachheit

Aber wie erzielt man Gerechtigkeit, wenn es um die Gestaltung von Vergütungssystemen geht? Hierauf gibt es zunächst zwei mögliche Antworten. Man kann Gerechtigkeit erzielen, indem man Vergütungssysteme so einfach wie möglich gestaltet. Die andere Antwort wäre: man kann Vergütungssysteme gerecht gestalten, indem man möglichst viele Faktoren zugleich in Betracht zieht und ein möglichst hohes Maß an Differenzierung erzielt. Beide Antworten sind vermutlich richtig. Zugleich widersprechen sie sich.

Ein bekanntes Beispiel für ein einfaches System ist weithin bekannt, weil es aus dem Bereich des Fußballs kommt. Wenn zwei Mannschaften aufeinander treffen, dann erhält der Gewinner drei Punkte und der Verlierer keinen Punkt. Wenn die Mannschaften sich unentschieden trennen, erhalten beide einen Punkt. Das war's. Dieses System ist gerecht, weil es einfach ist. Aus dem gleichen Grund ist es zugleich ungerecht. Historische Dramen haben sich hier schon abgespielt. Eine Mannschaft dominiert ihren Gegner über 89 Minuten und führt verdient 1:0. In der letzten Minute kassiert sie aufgrund eines Fehlpasses den Ausgleich. Ist das Punktesystem in solch einer Situation gerecht? Die Alternative wäre ein ausgeklügeltes System, bei dem nicht nur die Tore sondern weitere Kriterien in Betracht gezogen werden – Fouls, Ballbesitz, Torschüsse, Ecken etc. Diese Kriterien und weitere mehr könnte man entsprechend werten und gewichten. Am Ende ergeben sich für beide Mannschaften jeweils Gesamtwerte, die über Sieg oder Niederlage entscheidet. Man male sich aus, welche Dynamik dies zur Folge hätte.

Vergütungssysteme können einfach oder differenziert sein. Die Gründe für eine vielschichtige, komplexe Form der *Entgeltdifferenzierung* sind vielfältig. Wer eine höhere Verantwortung trägt sollte auch mehr verdienen. Umso höher die individuelle aber auch die Teamleistung ist, desto höher sollte der Lohn sein. Umso erfolgreicher das Unternehmen ist, desto mehr sollten die Mitarbeiterinnen und Mitarbeiter am Ende in der Tasche haben. Mitarbeiter in Regionen mit hohen Lebenshaltungskosten (München, Paris) sollten ein höheres Gehalt bekommen als Mitarbeiter in Regionen mit geringeren Lebenshaltungskosten (Bad Saulgau). Alleinverdienende Mitarbeiter, die mehrköpfige Familien zu versorgen haben sollten mehr verdienen, als kinderlose Doppelverdiener. Das Gehalt sollte sich am Ausbildungsniveau der Mitarbeiter orientieren und an deren Marktwert im externen Arbeitsmarkt. Wer strategisch relevante Aufgaben und Jobs inne hat (Schlüsselfunktionen) verdient ebenfalls mehr als jene Mitarbeiter, deren Aufgaben nur von untergeordneter Relevanz sind. Schwer ersetzbaren Mitarbeitern muss man mehr bezahlen als leicht ersetzbaren. Das Gehalt sollte sich auch an der Dauer der Betriebszugehörigkeit orientieren. Die Liste ließe sich noch beliebig erweitern. Um zu verstehen, wie Unternehmen versuchen, dieser Vielfalt an Faktoren praktisch gerecht werden, genügt ein Blick in die gängigen Personalmanagementlehrbücher oder in einschlägige Handbücher (Berger und Berger 2008; Bröckermann 2007; Scholz 2014).

9

Wenn nun ein Unternehmen 5 Millionen Euro zur Verfügung hat und diesen Betrag unter Berücksichtigung der obigen Argumente gerecht unter 100 Mitarbeitern verteilen soll, wie geht es dann vor? Diese Frage stelle ich meinen Studenten im Rahmen meiner Vorlesung um ihnen die Komplexität gerechter Vergütung vor Augen zu führen. Unternehmen, die sich dieser Komplexität stellen folgen tendenziell folgender strategischen Prämisse:

Gerechte und motivierende Vergütungssysteme müssen vielen Faktoren zugleich gerecht werden. Deshalb scheuen wir keine Komplexität. (**2-1**)

Es gibt ganze Armeen von Vergütungsberater, die eine solche strategische Ausrichtung unterstützen müssen. Hier führt Komplexität nicht selten zu Kompliziertheit und Kompliziertheit erzeugt Beratungsumsätze. Komplexe oder komplizierte Vergütungssysteme sind aber niemals abschließend gerecht. Sie können es nicht sein, weil es immer eine Differenzierungsebene mehr gibt über die man nachdenken könnte. Wo hört man auf? Wie wir im Laufe dieses Kapitels noch sehen werden ist allein die Frage nach leistungsabhängiger Vergütung kaum gerecht zu beantworten. Was bedeutet Leistung? Wie misst man sie? Wer beurteilt sie? Es gibt objektiv keine Grenze möglicher Kompliziertheit bei der Gestaltung solcher Systeme.

Der radikale Gegenentwurf hierzu setzt auf konsequente Einfachheit. Das einfachste Vergütungssystem kann man in einem kurzen Satz erklären: Jeder Mitarbeiter erhält denselben Lohn. Man nennt dies *Gehaltsgleichheit*. Wenn man 5 Millionen Euro unter 100 Mitarbeitern verteilen muss, dann erhält jeder Mitarbeiter eben 50.000 Euro. Ist das gerecht? Ja und Nein. Tatsächlich gibt es Unternehmen, die genau diesen Ansatz praktizieren. Sie folgen der Prämisse:

Vergütungssysteme müssen so einfach wie möglich sein. Dann weiß jeder wo er dran ist und wir ersparen uns aufreibende Detaildiskussionen. (**2-2**)

Diskussionen über die Gerechtigkeit ihres Vergütungssystems finden auch in diesen Unternehmen statt. Allerdings sind diese Diskussionen grundlegender Art und weniger auf Details bezogen. Hier geht es weniger um die Frage, ob ein Job nun auf Gehaltsstufe 24 oder 25 angesiedelt sein sollte, sondern um ein gemeinsames Werteverständnis.

Gehaltstransparenz

Wenn Alle im Unternehmen dasselbe verdienen, ist automatisch auch eine Gehaltstransparenz gegeben. Jeder kennt das Gehalt der Anderen. Mit der Frage nach dem Maß der Entgeltdifferenzierung stellt sich nun auch jene nach der Transparenz – eine weitere Dimension einer strategischen Ausrichtung. Das Gehalt Anderer zu kennen ist nicht immer eine Ursache für Glück und Zufriedenheit. Wissenschaftliche Studien belegen auf recht eindeutige Weise, dass soziale Vergleiche eine hohe Relevanz für die Einschätzung des eigenen Wohlstands sind. So zeigte etwa Luttmer (2005), dass bei gleichem Gehalt jene Menschen unzufriedener sind, die reichere Nachbarn haben. Hat man hingegen einen ärmeren Nachbar führt dies umgekehrt nicht zu höherer Zufriedenheit. Ähnliche Effekte konnten in Bezug auf die Arbeitszufriedenheit von Mitarbeitern gezeigt werden. Wenn Kolleginnen und Kollegen mehr verdienen als man selbst, führt dies zu Unzufriedenheit. Verdient man aber selbst mehr als die Anderen hat dies nicht unbedingt eine höhere Arbeitszufriedenheit zur Folge (vgl. Card et al. 2010). Unterm Strich führen soziale Vergleiche also notgedrungen zu einer geringeren Zufriedenheit. Wenn Unternehmen die Frage nach Gehaltstransparenz auf dieser einfachen Erkenntnis beantworten gelangen sie folgerichtig zu dieser strategischen Prämisse:

Individuelle Gehälter sind eine vertrauliche Sache der jeweiligen Mitarbeiter und ihrer Führungskräfte. Alles andere führt zu Unzufriedenheit und Konflikten. (**3-1**)

Diese wissenschaftlichen Erkenntnisse finden ihre Bestätigung im Alltag. Wir wussten bereits vor den genannten Studien, dass Verteilungsfragen immer eine Quelle für Unzufriedenheit und Konflikte sein können. Wer Kinder hat, weiß dies umso mehr. Wenn Eltern einer Gruppe von vier Kindern eine Tüte Chips geben, stehen sie vor zwei Handlungsoptionen. Entweder sie teilen den Inhalt der Tüte gerecht auf und geben jedem Kind was ihm zusteht. Oder aber Sie geben die Tüte den Kindern und lassen sie den Verteilungskampf selbst ausfechten. Ohne Zweifel werden jene Eltern, die ihre Kinder zur Mündigkeit erziehen, die zweite Option wählen. Konflikte sind in Ordnung. Hauptsache man hat gelernt, mit ihnen umzugehen.

In agilen Unternehmen, die auf Gehaltstransparenz setzen werden Eigenverantwortung, dezentrale Selbstregulation und Leistungstransparenz groß geschrieben. Ein leuchtendes Beispiel hierfür liefert die amerikanische Biosupermarktkette Whole Foods Market (Wells und Haglock 2005). Beispiele wie dieses zeigen, dass Gehaltstransparenz immer auch mit einer entsprechenden Unternehmenskultur einher gehen muss. Vielleicht gibt es kaum ein anderes Thema, bei dem Selbstregulation und Mündigkeit in dem Maße auf die Probe gestellt werden, wie bei diesem. Wie im weiteren Verlauf dieses Kapitels deutlich wird, kann dies sogar bedeuten, dass Mitarbeiter in der gemeinsamen Auseinandersetzung ihr Gehalts selbst festlegen. Dabei scheuen agile Organisationen keine Konflikte, sondern sehen sie als Gelegenheit intelligenten Handelns. Insofern überrascht es nicht, dass agile Organisationen gerade in der Onboarding-Phase darauf Wert legen, den Umgang mit Konflikten zu schulen (vgl. ► Abschn. 5.4).

Wir streben eine höchstmögliche Gehaltstransparenz an. Transparenz zwingt uns zu Lösungen, die gemeinsam getragen werden. **(3-2)**

Schließlich muss man sich fragen, welche Rolle der Arbeitszufriedenheit zukommt. Alle Studien zum Thema Gehaltstransparenz, die mir bekannt sind betrachten Arbeitszufriedenheit als relevante abhängige Variable. Warum eigentlich? Wie erstrebenswert ist es, dass die Mitarbeiter grundsätzlich zufrieden sind? Ein ehemaliger CEO des Softwareherstellers SAP sagte einst: „Vertriebsmitarbeiter dürfen mit ihrem Gehalt nie zufrieden sein". Jede Veränderung, jede Verbesserung, jede Innovation, gar jede Revolution hatte ihren Ursprung darin, dass irgendjemand komplett unzufrieden war und entsprechend die Initiative ergriff. Man kann konstruktive Unzufriedenheit auch als Ursprung für positive Veränderungen betrachten, vorausgesetzt die Betroffenen haben die Autonomie, etwas an ihrer Situation zu ändern (Bruggemann 1974). Zufriedenheit kann nur dann eine Rolle spielen, wenn sich Mitarbeiter in einer Opferposition wiederfinden und sich selbst eine geringe Selbstwirksamkeit zuschreiben. Nur wenn sie in ihrer Abhängigkeit zufrieden sind, bleiben sie gehorsam.

Motivation

Wenn immer ein Mensch einer Tätigkeit nachgeht, erfährt er meist eine Belohnung. Dieser Satz beinhaltet zugegebenermaßen eine gewagte Aussage, über die es sich lohnt für einen Moment nachzudenken. Hier ist bewusst von Menschen die Rede und nicht nur von Mitarbeitern. Darüber hinaus verdient der Begriff „Belohnung" eine besondere Beachtung. Wenn ein Mensch am Wochenende seinen Rasen mäht freut er sich am Ende über die gepflegte Rasenfläche. Wenn ein Mensch auf dem Klavier ein Stück von Mozart spielt, mag dieser von der besonderen emotionalen Form sich auszudrücken erfüllt sein. Wenn ein Mensch einem anderen Mensch hilft, dann kommen Dank, Anerkennung und noch viel mehr zurück. Meist sind Handlungen von irgendeiner Form der Belohnung gekrönt. Gerade im Privaten handelt es sich hierbei in erster Linie um nichtmaterielle Formen der Belohnung während wir im beruflichen Kontext unter Belohnung meist materielle Formen der Belohnung subsumieren. Letzteres liegt daran, dass in Unternehmen traditionellerweise Gehalt als Konsequenz für Arbeit betrachtet wird – erst die Arbeit, dann das Vergnügen. Darauf wurde oben bereits eingegangen. Dahinter steht wiederum die Annahme, dass Mitarbeiter ihre Arbeit nur deshalb erbringen, weil sie dafür am Ende eine materielle Belohnung erhalten. Wir gehen somit von einer *extrinsischen Motivation* aus. Sie tun etwas, um entweder eine Belohnung „von außen" (extrinsisch) zu erhalten oder eine Bestrafung durch Andere zu vermeiden.

Mitarbeiter arbeiten primär des Geldes wegen. Wer motivierte Mitarbeiterinnen und Mitarbeiter haben möchte, muss ihnen eine attraktive Belohnung in Aussicht stellen. (**4-1**)

Bei den eingangs genannten, privaten Beispielen verhalten sich die Dinge anders. Hier ergibt sich die Belohnung aus der Tätigkeit an sich. Der Lohn ist die Arbeit und die Arbeit ist der Lohn. Wir sprechen hierbei von *intrinsischer Motivation*. Die Erfüllung ergibt sich aus der Tätigkeit an sich. Man tut etwas, weil man es aus innerem Antrieb möchte. Sehr erfolgreiche Menschen können gar nicht anders als das zu tun, was sie tun. Ihre Tätigkeit, ihre Arbeit ist Teil ihrer Identität.

Vermutlich steckt in jedem Mitarbeiter beides, intrinsische und extrinsische Motivation. Zum Teil tut man etwas aus innerem Antriebt zu Teil aber auch aufgrund externem Druck oder Anreiz.

Vereinfacht könnte man sagen, dass die Gesamtmotivation eines Mitarbeiters das Ergebnis aus intrinsischer und extrinsischer Motivation und die Gesamtmotivation ein wichtiger Prädiktor für seine Leistung ist:

$$\text{Leistung} = f(n \times \text{intrinsische Motivation} + m \times \text{extrinsische Motivation}).$$

Zudem ist davon auszugehen, dass intrinsische Motivation in Bezug auf die Leistung ein höheres Gewicht (n) hat als extrinsische Motivation (m). Sobald sich ein Mensch eine Aufgabe zu eigen macht und (intrinsisch) aus tiefstem inneren Antrieb agiert, wird er eine höhere Leistung erbringen, als wenn dieser dieselbe Aufgabe aus extrinsischem Antrieb bearbeitet. Wir wissen das aus zahlreichen Studien. Beispielsweise konnte gezeigt werden, dass extrinsische Anreize dazu führen, dass Menschen Risiko vermeiden und eher geneigt sind, den einfachen Weg zu suchen (vgl. Kohn 1999). Am Ende zählt weniger der Erfolg, eine Aufgabe gemeistert zu haben, sondern der Erhalt der extrinsischen Belohnung. Insofern lohnt es sich, intrinsische Motivation hoch und extrinsische Motivation möglichst gering zu halten, um am Ende die Motivationsbilanz zugunsten hoher Leistung auszurichten.

9

Natürlich muss das Gehalt stimmen. Wir setzen aber soweit wie möglich auf die intrinsische Motivation unserer Mitarbeiter, um bestmögliche Leistung zu erzielen. **(4-2)**

Vor diesem Hintergrund stellt sich im weiteren Verlauf dieses Kapitels die Frage, wie sich die Gestaltung der Grundvergütung auf die intrinsische versus extrinsische Motivation der Mitarbeiter auswirkt. Vor allem aber bedarf jener Form der Vergütung eine genauere Betrachtung, die explizit auf eine extrinsische Motivierung der Mitarbeiter abzielt, nämlich die variable, leistungsabhängige Vergütung. Hierauf wird weiter unten genauer eingegangen (siehe ▶ Abschn. 9.3, Variable Vergütung) detaillierter eingegangen.

Über Geld reden

Wenn immer im Geschäftskontext von intrinsischer Motivation die Rede ist wird man einzelne Stimmen hören, die fragen, warum man Mitarbeitern dann überhaupt ein Gehalt bezahlt. Schließlich erfahren sie ihre Belohnung ja aus der Tätigkeit an sich. Wer so argumentiert, ignoriert den zu Beginn dieses Kapitel dargestellten Grundsatz wonach Menschen mehr Geld immer gegenüber weniger Geld bevorzugen. Der Wunsch nach mehr Geld und intrinsische Motivation widersprechen sich nicht, auch wenn dies auf den ersten Blick so scheint. Ich kann dies anhand eines eigenen, persönlichen Beispiels verdeutlichen.

Wenn ich Vorträge halte, erwarte ich dafür ein möglichst hohes Honorar. Alles andere wäre aus geschäftlicher Perspektive unvernünftig. Wenn ich vor 100 internationalen Top-Executives im Rahmen einer hochkarätigen Veranstaltung eine Eröffnungs-Keynote halte, dann ist das Honorar, das ich erwarte relativ hoch, was den Veranstalter auch selten überrascht. Wenn ich aber denselben Vortrag vor Mitgliedern eines Vereins in meiner Region halte, ich weiß, dass der Veranstalter damit keine Geschäftsinteressen verfolgt und mir die Organisation aufgrund meiner regionalen Verbundenheit emotional nahe liegt, dann kann passieren, dass ich den Vortrag ohne Honorar halte. Wer mich kennt und mich jemals als Vortragenden erlebt hat, weiß, dass ich beide Vorträge mit derselben Begeisterung und Energie halte. Wenn ich Vorträge halte bin ich immer intrinsisch motiviert. Auf der Bühne denke ich nicht ans Geld. Ich blende das komplett aus. Vortragsmöglichkeiten, die ich nur aus extrinsischem Antrieb halten müsste, nehme ich nur selten war.

Diese Perspektive kann man strategisch nutzen, indem man mit Mitarbeitern zu einem bestimmten Zeitpunkt über deren Gehalt spricht, aber dann alles daran setzt, dieses Thema aus ihrem täglichen Bewusstsein zu verbannen. Dies tut man, indem man schlichtweg nicht mehr darüber spricht.

Geld soll bei der täglichen Arbeit keine Rolle spielen. Wir versuchen daher, so selten wie möglich über dieses Thema zu sprechen. (5-2)

Man mag sich wundern, warum gerade in Deutschland so selten übers Geld gesprochen wird. Manchmal scheint es so, als wären Gespräche über Gehälter verwerflich. Irgendwie scheut man davor zurück, Geld und Gehälter in der zwischenmenschlichen Kommunikation in den Vordergrund zu rücken. Vermutlich wenden Menschen in Deutschland implizit die Theorie an, wonach die Thematisierung von Geld den Eindruck extrinsischer Motivation erwecken könnte. Indem man nicht übers Geld redet, schützt man sich vor diesem Eindruck. Unterm Strich betrachtet tun sie es zu Recht. Dass Menschen so denken kann man auf einfache Weise prüfen. Stellen Sie jemandem folgende, einfache Frage: „Es gibt zwei Ärzte. Der eine macht seinen Job nur des Geldes wegen. Der andere ist Arzt, weil er aus innerem Antrieb gerne Arzt ist und Erfüllung aus seiner Arbeit zieht. Zu welchem Arzt würdest Du gehen?“. Natürlich geht man davon aus, dass der intrinsisch motivierte Arzt besser ist, auch wenn dieser nach der Behandlung eine Rechnung stellt.

Die zunehmende Institutionalisierung weiter Teile des Personalmanagements hat in vielen Unternehmen zu einer kontinuierlichen Auseinandersetzung mit Gehaltsfragen oder mit damit einhergehenden Aspekten geführt. Dies ist gerade in Bezug auf variable Gehaltskomponenten oder hinsichtlich jährlicher Gehaltserhöhungen der Fall. Hier wird nach der Prämisse agiert:

> Geld ist ein zentrales Thema für alle Beteiligten. Deshalb muss eher häufiger als seltener darüber gesprochen werden. **(5-1)**

Konkret findet diese kontinuierliche Auseinandersetzung bei jährlichen bzw. halbjährlichen, gehaltsrelevanten Leistungsbeurteilungen im Rahmen zyklischer Mitarbeitergespräche statt. Die natürliche Folge ist, dass das Thema Geld größeren Raum einnimmt und damit intrinsische Motivation zu Gunsten extrinsischer Motivation regelrecht kannibalisiert wird.

Soziale Dynamik

Das dritte Thema, das im Kontext von Vergütungssystemen nach den Themen Gerechtigkeit und Motivation eine zentrale Bedeutung hat ist das der sozialen Dynamik. Grundsätzlich kann davon ausgegangen werden, dass sich Vergütungssysteme und das soziale Miteinander innerhalb einer Organisation wechselseitig bedingen. An meiner Hochschule hatten wir vor etlichen Jahren hierzu eine interessante Diskussion. Hintergrund ist, dass das Ministerium den Hochschulen ein Budget zur Verfügung stellt, das von den Hochschulen leistungsabhängig an Professoren verteilt werden darf. Wie diese leistungsabhängige Vergütung konkret erfolgt, entscheiden die Hochschulen selbst. Neben zahlreichen Fragestellungen beschäftigte uns die Frage, wer denn an unserer Hochschule die Leistung der Professoren beurteilen soll. Schnell war klar, dass dies der Dekan an den jeweiligen Fakultäten nicht sein kann bzw. nicht sein darf. Dekane werden von den Professoren gewählt. Ihre dominierende Führungsrolle ist die des Partner (vgl. ► Abschn. 4.4) und Partner urteilen nicht über ihre Kollegen. Wer über das Gehalt von Mitarbeitern entscheidet hat aber Macht und die betroffenen Mitarbeiter geraten in eine Art Abhängigkeitsverhältnis. Wir wollten das definitiv nicht.

Dieses kleine Beispiel zeigt die Wechselwirkung zwischen Vergütungssystemen und sozialen Systemen. Wer das Geld hat, hat die Macht. Gerade in hierarchischen Organisationen liegt diese Macht bei den übergeordneten Führungskräften. Zu verteilende Budgets nutzen sie als Führungsinstrument, mit dem sie bestimmte Verhaltensweisen in ihrem Sinne incentivieren.

> Anreize zu vergeben ist eine Führungsfunktion. Über die Höhe der Vergütung entscheiden daher übergeordnete Führungsinstanzen. **(6-1)**

Dadurch entstehen vertikale Machtverhältnisse mit Überordnung und Unterordnung. In ▶ Abschn. 4.4 wurden vier unterschiedliche Führungsrollen beschrieben, nämlich die des Bosses, des Coach, des Partners und des Befähigers. Diese Führungsrollen implizieren jeweils bestimmte Spielarten wenn es um Vergütungssysteme gehen. Zugleich schließen sie andere aus. Um es direkt auf den Punkt zu bringen: Eine Führungskraft, die in erheblichem Maße über das Gehalt seiner Mitarbeiter entscheidet wird sich enorm schwer tun, als Coach oder Partner agieren zu können, weil eine ungleiche, finanzielle Machtverteilung einer Begegnung auf Augenhöhe institutionell im Wege steht.

Ein weiterer Effekt, der die soziale Dynamik berührt wurde bereits in ▶ Abschn. 6.3 (Formale Beurteilung) behandelt. Wenn die variable Vergütung eines Mitarbeiters oder aber seine Gehaltserhöhung von einer jährlichen Beurteilung abhängt und dafür Verteilungsvorgaben eingehalten werden müssen, dann werden aus Mitarbeitern Wettbewerber, die einen weiteren Anreiz haben, sich gegenseitig zu schwächen oder zumindest nicht zu unterstützen.

Aber nicht nur die Frage, wer über Gehälter entscheidet sondern auch die Höhe der Gehälter selbst geht mit der sozialen Dynamik in einem Unternehmen einher. Genießen Führungskräfte Macht und Anerkennung oder auch die fachliche Experten? Dieser Aspekt wurde bereits in ▶ Abschn. 8.3 im Zusammenhang mit der Fachkarriere umfassend behandelt. Wie ausgeprägt ist die Gehaltsspreizung zwischen den unteren und oberen Ebenen innerhalb der Hierarchie? Auch darüber wird innerhalb einer Organisation vermittelt, wer wichtig und wer noch wichtiger ist.

Der radikale Gegenentwurf zu herkömmlichen Machtstrukturen besteht freilich darin, die Mitarbeiterinnen und Mitarbeiter selbst über ihr Gehalt entscheiden zu lassen. Wer nun über ein Menschenbild im Sinne McGregor's Theorie X verfügt wird dieser Idee in keiner Weise folgen können. Reflexartig weckt diese Idee geistige Vorstellungen von Schlachten, in denen sich Mitarbeiter, getrieben von ihrer monetären Gier und Selbstbezogenheit, gegenseitig zerfleischen. Tatsächlich gibt es Unternehmen, die genau diesen Ansatz erfolgreich praktizieren.

> Gehaltsentscheidungen sollten so weit wie möglich in die Hände der Mitarbeiterinnen und Mitarbeiter gegeben werden. Damit vermeidet man hierarchische Machtstrukturen und Missgunst. **(6-2)**

Nun muss man sich das nicht immer so vorstellen, dass sich die Mitarbeiter regelmäßig zusammenfinden und gemeinsam ihre Gehälter ausfechten. Agile Organisationen haben hierfür entsprechende Mechanismen und Regeln, die entweder die Zielgehälter oder nur Gehaltskomponenten der Kollegen betreffen. Drei Beispiele seien im Folgenden skizziert:

- *Laterale Punktevergabe.* Jeder Mitarbeiter verfügt über ein Punktebudget, das er im Laufe eines Jahres an Kollegen entsprechend derer Leistung und Verantwortung vergeben kann. Gehaltserhöhungen oder Boni orientieren sich schließlich an der Anzahl der Punkte, die ein Mitarbeiter von den anderen zugewiesen bekommen hat.
- *Repräsentative Gehaltskommission.* Es wird eine Gruppe von Mitarbeitern gewählt, die auf Antrag der Mitarbeiter über Gehaltserhöhungen entscheidet. Dem Antrag müssen Referenzen von Kolleginnen und Kollegen beigefügt werden.
- *Mitarbeiterbelohnungssystem.* Jeder Mitarbeiter kann ein Budget zur Vergabe finanzieller oder materieller Belohnung von Kollegen nutzen.

Manche Unternehmen gehen sogar über diesen Ansatz hinaus und lassen ihre Kunden entscheiden, welchen variablen Anteil ein Mitarbeiter erhalten soll. So berichtete Dave Ulrich kürzlich im Rahmen einer Konferenz von einer Airline, bei der Vielflieger berechtigt sind, Flugbegleitern spontan Vouchers zu vergeben sollten sie mit deren Leistung besonders zufrieden sein.

Studiert man die aktuelle Literatur rund um das Thema Personalentlohnung, Entgeltmanagement, Compensation & Benefits, dann findet man kaum Inhalte zu Führung, Zusammenarbeit, Werten oder anderen sozialen Aspekten. Vielmehr gewinnt man den Eindruck, hierbei ginge es lediglich um eine Mischung als Finanzen und Recht betrachtet vor dem Hintergrund eines äußerst mechanistischen Organisationsverständnisses. Diese Perspektive greift deutlich zu kurz. Wenn Unternehmen ihr Führungs- und Organisationsverständnis stärken oder verändern wollen, dann kommen sie um die Berücksichtigung der sozialen Dynamik nicht herum.

Akquisition und Loyalität

Neben den Themen Gerechtigkeit, Motivation und soziale Dynamik spielt im Kontext von Vergütung ein viertes Thema eine zentrale Rolle spielt. Es geht um die Wirkung von Geld auf die Akquisition und die Bindung von Mitarbeitern. Man spricht hierbei auch von der *akquisitorischen Funktion* der Vergütung. Mitarbeiter entscheiden sich für oder gegen einen Arbeitgeber unter anderem des Geldes wegen. Mit Gerechtigkeit oder Leistungsmotivation hat dieser Aspekt so gut wie nichts zu tun. Es geht schlichtweg um die Frage, wie man beispielsweise einen erfahrenen Softwareentwickler vergüten muss, damit er eine Beschäftigung in einem Unternehmen ernsthaft in Betracht zieht. Im Zusammenhang mit der Grundvergütung wird im folgenden Abschnitt intensiver auf diesen Aspekt eingegangen. Vor allem wird es um die kritische Frage gehen, wie man mit herausragenden Kandidaten mit entsprechend herausragenden Gehaltserwartungen umgehen kann.

Anders als in weiten Teilen dieses Buches wurden in diesem Unterkapitel kaum fachliche Konzepte behandelt, also Prozesse, Instrumente, Systeme, die beschreiben, *wie* man etwas tun kann. Hier ging es vor allem um das *Warum* (■ Tab. 9.1). Dieses Warum wirft Fragen auf, die sich in erster Linie an Unternehmenslenker richten. Im Zentrum steht die Frage: Welche fundamentale Rolle spielt Gehalt bzw. welche Rolle soll Gehalt spielen? Der traditionelle, ökonomische Ansatz ging immer davon aus, Gehalt sei eben der Preis der Arbeit. Dies ist eine Frage der Führung und Organisation. Wie wir gesehen haben liefern agile Organisationen hierauf eine vielleicht ungewohnte Antwort. Demnach ist Gehalt in erster Linie die Voraussetzung für Arbeit. Bezahle Mitarbeiterinnen und Mitarbeiter gut. Handle transparent und halte die Dinge möglichst

Eine Frage der Führung und Haltung

■ Tab. 9.1 Alle strategischen Dimensionen zu Entgeltpolitik im Überblick

Rolle der Vergütung	1-1 Belohnung von Arbeit Vergütung ist die Konsequenz aus Verantwortung und Leistung. Sie ist der Preis, den wir für Arbeit bezahlen. Erst die Arbeit, dann die Belohnung	1-2 Voraussetzung für Arbeit Vergütung ist die Voraussetzung für Verantwortung und Leistung. Mitarbeiter bekommen ihr Gehalt, damit sie das tun können, was sie aus innerem Antrieb heraus gerne tun wollen
Differenzierung der Systeme	2-1 Starke Differenzierung Gerechte und motivierende Vergütungssysteme müssen vielen Faktoren zugleich gerecht werden. Deshalb scheuen wir keine Komplexität	2-2 Einfachheit Vergütungssysteme müssen so einfach wie möglich sein. Dann weiß jeder wo er dran ist und wir ersparen uns aufreibende Detaildiskussionen
Gehaltstransparenz	3-1 Keine Transparenz Individuelle Gehälter sind eine vertrauliche Sache der jeweiligen Mitarbeiter und ihrer Führungskräfte. Alles andere führt zu Unzufriedenheit und Konflikten	3-2 Hohe Transparenz Wir streben eine höchstmögliche Gehaltstransparenz an. Transparenz zwingt uns zu Lösungen, die gemeinsam getragen werden
Motivierende Wirkung	4-1 Extrinsische Motivation Mitarbeiter arbeiten primär des Geldes wegen. Wer motivierte Mitarbeiterinnen und Mitarbeiter haben möchte, muss ihnen eine attraktive Belohnung in Aussicht stellen	4-2 Intrinsische Motivation Natürlich muss das Gehalt stimmen. Wir setzen aber soweit wie möglich auf die intrinsische Motivation unserer Mitarbeiter, um bestmögliche Leistung zu erzielen
Geld als Thema	5-1 Häufige Thematisierung Geld ist ein zentrales Thema für alle Beteiligten. Deshalb muss eher häufiger als seltener darüber gesprochen werden	5-2 Möglichst Stillschweigen Geld soll bei der täglichen Arbeit keine Rolle spielen. Wir versuchen daher, so selten wie möglich über dieses Thema zu sprechen
Verantwortung für Gehaltsentscheidung	6-1 Führungskraft Anreize zu vergeben ist eine Führungsfunktion. Über die Höhe der Vergütung entscheiden daher übergeordnete Führungsinstanzen	6-2 Andere Gehaltsentscheidungen sollten so weit wie möglich in die Hände der Mitarbeiterinnen und Mitarbeiter gegeben werden. Damit vermeidet man hierarchische Machtstrukturen und Missgunst

einfach. Stelle zu guter Letzt sicher, dass über Geld nicht allzu viel geredet wird.

9.2 Grundvergütung

Bei der *Grundvergütung* handelt es sich im weitesten Sinne um eine Art Flatrate. Anstatt jeden Monat, jede Woche oder gar jeden Tag über die Leistung oder den Beitrag eines Mitarbeiters zu sprechen um daraufhin immer wieder neu die angemessene Vergütung zu verhandeln, einigt man sich auf ein monatliches Fixum, an dem vorerst nicht gerüttelt wird. Bei der Bestimmung dieser Grundvergütung orientieren sich Unternehmen meist an der Verantwortung (dem Job) des jeweiligen Mitarbeiters einerseits und an der Bezahlung für vergleichbare Jobs im Markt andererseits. Umso höher die Verantwortung, desto höher das Grundgehalt. Umso mehr für ein Set an Verantwortlichkeiten im Markt bezahlt wird, desto höher muss die Grundvergütung sein. Soweit ist man sich in der Praxis einig. So kann man es auch in den meisten Personallehrbüchern nachlesen. Nicht mehr ganz so einheitlich stellen sich die Dinge in der Praxis dar, wenn man sich anschaut, wie flexibel Unternehmen agieren, wie granular sie Einstufungen vornehmen oder wie nah die Gehälter beieinander liegen.

Flexible versus statische Eingruppierung

Bei der Bestimmung des Grundvermögens folgen Unternehmen meist einem klassischen Vorgehen. Demnach steht am Anfang immer ein *Job*, den es zu besetzen gilt. Genauer genommen handelt es sich hierbei um eine offene Stelle, eine Vakanz, die mit einem Job verbunden ist. Basierend auf dem Job wird geklärt, worin dessen *Verantwortung* besteht. Sollte dies nicht im Vornherein klar sein, wird dies im Rahmen einer Job-Analyse bestimmt. Kennt man die Verantwortung, dann ist man auch in der Lage, den Job zu bewerten. Man spricht hierbei auch von der *Arbeitsbewertung*. Ein verbreitetes System zur Arbeitsbewertung ist das Hay-System, bei dem entlang bestimmter Verantwortungsdimensionen Punkte vergeben werden (EL-Hajji 2015). Das Ergebnis ist der so genannte *Arbeitswert*. Auf dessen Grundlage kann der Job nun eindeutig einer bestimmten *Gehaltsgruppe* zugeordnet werden aus der sich wiederum das *Gehalt* ergibt. Sobald das Gehalt feststeht macht man sich auf die Suche nach einem geeigneten Mitarbeiter, der schließlich in der Lage sein soll, der definierten Verantwortung gerecht zu werden. In ◻ Abb. 9.2 ist dieses klassische Vorgehen grafisch zusammengefasst.

Die dahinter stehende Logik erscheint einleuchtend. Die Grundvergütung eines Mitarbeiters muss sich an der Verantwortung orientieren und die Verantwortung muss klar definiert sein, bevor man einen Mitarbeiter einstellt. Alles andere erschiene beliebig und die Gefahr für Ungerechtigkeit wäre sehr hoch. Es wäre unprofessionell und für alle Beteiligten – Unternehmen und Mitarbeiter – irritierend, würde man einen Mitarbeiter einstellen, ihm irgendein Gehalt in Aussicht stellen und dann irgendwie schauen, was er im Unternehmen wohl beitragen könnte.

Am Anfang stehen immer der Job, die damit verbundene Verantwortung, deren Bewertung und Eingruppierung. Erst dann kann ein passender Mitarbeiter eingestellt werden. (1-1)

Diese Logik klingt so vernünftig und naheliegend, dass man kaum an ihr Zweifeln mag. Alle mir bekannten Lehrbücher über Personalmanagement sowie alle mir bekannten Hand- und Fachbücher zum Thema Entgeltmanagement gehen von der Richtigkeit dieses Ansatzes aus. Auch Tarifverträge spiegeln diese Sichtweise wider. Sie wird vermutlich von einer überwiegenden Mehrheit an Personalleitern und Betriebsräten geteilt.

Tatsächlich stellt sich die Praxis nicht immer so eindeutig dar. Und was zunächst vernünftig erscheint, kann in der betrieblichen Realität ein hinderndes Korsett darstellen oder gar schädlich sein. Ein einfacher Fall mag dies verdeutlichen. Es soll die Stelle eines erfahrenen „Senior Software Developer" besetzt werden. Der Job wird bewertet, eingruppiert und schließlich macht man sich auf die Suche nach dem passenden Kandidat. Schnell wird klar, dass erfahrene Softwareentwickler rar sind. Allerdings haben sich etliche aussichtsreiche, motivierte, talentierte Entwickler beworben, die aber noch nicht die nötige Erfahrung mitbringen, dafür aber Potenzial. Was tun? Unerfahrene Entwickler auf dieselbe Stufe mit den bereits eingestellten, erfahrenen Entwicklern zu stellen wäre keine gute Idee. Damit würde man das Risiko eingehen, erfahrene Kollegen zu demotivieren. Den Job einfach eine oder zwei Gehaltsgruppen herunterstufen? Auch dies stößt auf Widerspruch. „Man muss doch vorher wissen, worin ein Job besteht und das nicht einfach von den Bewerbern abhängig machen" wird nicht ganz zu Unrecht argumentiert.

Im Zuge des Fachkräftemangels häufen sich Fälle wie diese und mir scheint als ob in immer mehr Unternehmen der Ruf nach *flexibler Eingruppierung* immer lauter wird. Offenbar wird deutlich, dass der klassische Ansatz von einem Überangebot geeigneter Kandidaten ausgeht und man sich nur den Geeignetsten

Abb. 9.2 Am Anfang steht der Job und am Ende der Mitarbeiter

Abb. 9.3 Die Logik flexibler Eingruppierung

für eine vorher definierte und bewertete Stelle auszusuchen hat. Ein Prozess im Sinne einer flexiblen Eingruppierung stellt sich wie in Abb. 9.3 wiedergegeben dar.

Auch der Ansatz flexibler Eingruppierung beginnt mit einem Job. Ohne die Eingrenzung und Beschreibung einer Rolle würde es prinzipiell schwer fallen, Mitarbeiter zu gewinnen. Dabei werden Verantwortlichkeiten eher grob gefasst. Im Rahmen der Personalgewinnung schaut man dann, wie sich der Arbeitsmarkt darstellt und welche potenziellen Mitarbeiter prinzipiell in Frage kämen. In Orientierung an den Präferenzen, Fähigkeiten und Erfahrungen des einzustellenden Mitarbeiters wird seine Verantwortung konkretisiert, bewertet und eingruppiert. Am Ende ergibt sich daraus sein Gehalt.

> Bei der Eingruppierung von Jobs orientieren wir uns an der Verantwortung, die ein verfügbarer Mitarbeiter übernehmen kann. Damit reagieren wir flexibel auf gegebene Arbeitsmarktbedingungen. **(1-2)**

So schlecht klingt dieser Ansatz auch nicht. Manches Unternehmen verfolgt diese strategische Ausrichtung nicht nur aufgrund der Knappheit von Talenten im Arbeitsmarkt sondern auch, um den eigenen Mitarbeitern flexiblere Entwicklungsmöglichkeiten im Unternehmen zu eröffnen. Meist scheuen Unternehmen interne Stellenwechsel, wenn diese zugleich mit einer Beförderung in die nächste Gehaltsgruppe einhergehen. Interne Stellenwechsel und die damit einhergehende laterale Entwicklungsmöglichkeit eines Mitarbeiters werden einfacher gestaltet, wenn die interne Zielposition flexibel an die aktuellen Fähigkeiten des internen Kandidaten angepasst werden können.

Schmale und breite Gehaltsbänder

Eine zumindest konzeptionell einfachere Möglichkeit der soeben beschriebenen Flexibilisierung besteht darin, anstatt viele schmale Gehaltsbänder wenige, dafür breite Gehaltsbänder vorzusehen. Traditionell haben Unternehmen viele *schmale Gehaltsbänder*. Diese sind häufig tarifvertraglich festgelegt. So differenzieren Unternehmen nicht selten zwischen 15 oder mehr Gehaltsstufen. Dahinter steht in erster Linie der Anspruch, Unterschiede in der Verantwortung auf möglichst präzise Weise gerecht zu werden. Man geht davon aus, dass eine höhere Granularität bei der Bewertung von Jobs auch zu mehr Gerechtigkeit führt. Man nimmt Verantwortungsunterschiede ernst.

Wir differenzieren nach möglichst vielen (schmalen) Gehaltsstufen. Dies ermöglicht uns der jeweiligen Verantwortung unterschiedlicher Jobs optimal gerecht zu werden. (**2-1**)

Wenn Mitarbeiter gelernt haben, das berufliche Entwicklung dasselbe ist, wie die Beförderung in eine höhere Gehaltsstufe, dann bieten schmale Gehaltsbänder häufiger die Möglichkeit, eine solche Höhergruppierung des Mitarbeiters vorzunehmen. Und für Führungskräfte gerade in hierarchischen Kontexten gibt es kaum etwas schöneres, als einem Mitarbeiter den Upgrade in eine höhere Gehaltsgruppe mitteilen zu dürfen.

Diese Möglichkeit wird dann genommen, wenn schmale Gehaltsbänder in breitere Gehaltsbänder zusammengefasst werden. Man spricht hierbei auch vom so genannten *Broadbanding*. In ◘ Abb. 9.4 ist der Unterschied zwischen schmalen Gehaltsbändern (links) und Broadbanding (rechts) grafisch veranschaulicht. Die linke Seite zeigt neun Gehaltsbänder und die rechte Seite nur drei.

Broadbanding verkörpert eine zum Teil radikale Vereinfachung des Vergütungssystems. Wie bereits an früherer Stelle ausgeführt, kann Vereinfachung ebenfalls zu mehr Gerechtigkeit beitragen. Meist bleiben Mitarbeiter über viele Jahre in ein und derselben Gehaltsgruppe. Bei Professoren ist dies beispielsweise der Normalfall.

Neben dieser konzeptionellen Reduktion von Komplexität birgt Broadbanding einen wesentlichen, psychologischen Vorteil. Die kontinuierlichen Diskussionen über mögliche Höhergruppierungen entfallen weitestgehend. Damit wird verhindert, dass Höhergruppierungen in der laufenden Auseinandersetzung großen Raum einnehmen, was wiederum die Bedrohung extrinsischer Motivation eindämmt. Umso häufiger Mitarbeiter und Führungskräfte übers Geld reden, desto größer wird seine ex-

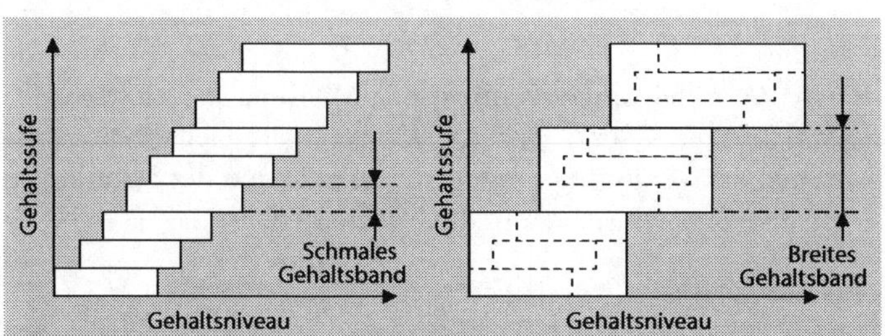

◘ **Abb. 9.4** Schmale und breite Gehaltsbänder

trinsische Bedeutung, was wiederum zu Motivationsverlusten führt. Auf diesen Effekt wurde ja bereits im vorausgegangenen ► Abschn. 9.1 ausführlich eingegangen.

Wir differenzieren nach möglichst wenigen (breiten) Gehaltsstufen. Dies ermöglicht uns Flexibilität und erspart aufwendige Diskussionen. (2-2)

Mit der Veränderung hin zu breiteren Gehaltsbändern sind gerade in traditionellen, hierarchisch denkenden Unternehmen charakteristische Ängste verbunden. Man befürchtet aufgrund weniger einschränkender Strukturen gewisse Kontrollverluste und damit einhergehende Kostenentwicklungen. Man befürchtet eine gewisse Beliebigkeit, weil man mit breiteren Gehaltsbändern nicht mehr so präzise bestimmten kann, wie Jobs und deren Verantwortlichkeiten mit bestimmten Gehaltsgruppen korrespondieren. Führungskräfte verfügen über weniger formale Bedingungen auf die sie sich berufen können. Aus diesem Grund wird weiterhin befürchtet, Mitarbeiter würden dann nicht mehr verstehen, warum sie das verdienen, was sie verdienen. Empirische Untersuchungen weisen allerdings darauf hin, dass diese Risiken überschätzt werden. So berichtet Abosch (2008) in einer der wenigen verfügbaren internationalen Studien zu diesem Thema, dass kein einziges Unternehmen, das in den vergangenen Jahrzehnten Broadbanding eingeführt hat, diesen Schritt bereut habe.

Oben und unten

Wie viel mehr sollen Führungskräfte und Experten verdienen als die Nicht-Experten und die Geführten? Dies ist eine weitere strategische Frage im Kontext der Vergütung, die unmittelbar die Frage der Wertschätzung der Mitarbeiterinnen und Mitarbeiter berührt. In ► Abschn. 4.2 wurde bereits das Konzept der *inversen Pyramide* vorgestellt. Anders als in streng hierarchischen Unternehmen vertritt man hier die Sichtweise, dass die Mitarbeiter die „eigentlichen Helden" des Unternehmens sind. Führungskräfte hingegen haben lediglich die Aufgabe, in ihrer Rolle als Befähiger (vgl. ► Abschn. 4.4) Rahmenbedingungen zu schaffen, die es den Mitarbeitern ermöglicht, einen guten Job zu machen. Nimmt man diese Überlegung ernst, dann bedeutet dies nicht nur eine höhere Wertschätzung gegenüber den Mitarbeitern – die im Mittelpunkt stehen – sondern auch eine geringere Gehaltsspreizung zwischen der Vergütung der Führungskräfte und der Mitarbeiter. Entsprechend stellt sich dann die Gehaltsstruktur dar.

> Wir streben an, die Unterschiede im Grundgehalt zwischen oberen und unteren Gehaltsstufen möglichst gering zu halten. Darin spiegelt sich die Wertschätzung gegenüber den Mitarbeitern wider. (**3-2**)

Ist ein Unternehmen aber von der Haltung geprägt, dass mit zunehmender Hierarchiestufe die Wertigkeit der jeweiligen Positionsinhaber steigt, dann muss von einer möglichst hohen Gehaltsspreizung ausgegangen werden. Sie ist nicht nur geduldet sondern erwünscht.

> Mitarbeiter in oberen Gehaltsstufen müssen deutlich mehr verdienen, als Mitarbeiter in unteren Gehaltsstufen. Dies schafft Anreize für Entwicklung und mehr Verantwortung. (**3-1**)

Nun gibt es für die Betrachtung der *Gehaltsungleichheit* eine verbreitete Art und Weise, diese darzustellen und statistisch zu beschreiben. Hier bedient man sich der so genannten *Lorenzkurve*, wie sie in ◘ Abb. 9.5 grafisch wiedergegeben ist.

Auf der horizontalen Achse werden alle Mitarbeiter sortiert nach ihrem Grundgehalt aufsteigend von geringstem Lohn hin zum höchsten Lohn abgebildet. Die Vertikale zeigt die kumulierten Gehälter. Umso ungleicher die Gehaltsverteilung ist, desto

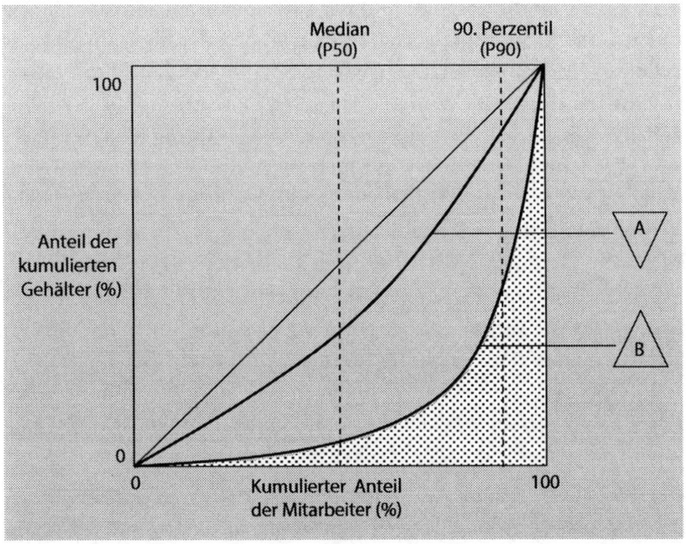

◘ **Abb. 9.5** Die Lorenzkurve zur Beschreibung der Gehaltsungleichheit

mehr spannt sich der Bogen in die rechte, untere Ecke. Hätten hingegen alle Mitarbeiter dasselbe Gehalt ergäbe sich die in der Abbildung dargestellte Diagonale. Teilt man nun die Fläche unter der Kurve (schraffierte Fläche) durch die Fläche unter der Diagonale erhält man den so genannten *Gini-Koeffizient*, ein Maß für die Ungleichheit einer Verteilung. Beträgt dieser Wert 1, dann herrscht eine vollständige Gleichverteilung. Im Falle eines Gini-Koeffizienten nahe 0 wäre von absolutistischen Zuständen auszugehen. Der CEO gewissermaßen als Sonnenkönig erhält alles, die Mitarbeiter nichts.

Laut einem Bundesministerium der Finanzen (2017) hat dieser Koeffizient im Zeitraum von 1990 bis 2005 kontinuierlich zugenommen und sich seitdem auf einem konstanten Niveau von 0,3 eingependelt. Etwas weniger abstrakt und für Unternehmen handhabbarer ist die sogenannte *P90/P50-Relation*. Hierbei werden zwei Werte ins Verhältnis gesetzt. Der erste Wert P90 zeigt an, ab welcher Höhe ein Mitarbeiter hinsichtlich seiner Vergütung zu den oberen 10 % gehört (90 % Perzentil). Beim Wert P50 (50 % Perzentil) handelt es sich um den Median, jenen Wert, der die Gesamtgruppe der Mitarbeiter in zwei gleichgroße Gruppen teilt (siehe ◘ Abb. 9.5). 50 % verdienen mehr als der Median, 50 % weniger. Laut OECD (2016) liegt die P90/P50-Relation in Deutschland bei 1,5[1]. Im internationalen Vergleich liegt Deutschland damit im Mittelfeld.

Für Unternehmen stellt sich somit die Frage, welche Gehaltsspreizung sie anstreben. Will man die Lorenzkurve in die rechte untere Ecke ziehen oder eher Richtung diagonale bewegen. Will man den Gini-Faktor erhöhen und damit die P90/P50-Relation verringern oder strebt man eher das Gegenteil an? Will man – in Anlehnung an die obige Abbildung – die Gehaltsstruktur im Sinne der inversen Pyramide gestalten (Kurve A) oder eher absolutistische Zustände anstreben (Kurve B)?

Koste es was es wolle?

Insbesondere das Grundgehalt spielt in Bezug auf die oben beschriebene akquisitorische Funktion der Vergütung eine besondere Rolle. Nun kennt aber jeder halbwegs erfahrene Personalleiter, Personalreferent oder HR Business Partner diesen Fall: Ein wirklich herausragender Kandidat stellt Gehaltserwartungen, die weit über dem Gehaltsniveau liegen, welches das jeweilige Gehaltsband vorsieht. Er beruft sich darauf, bei anderen Unternehmen das von ihm erwartete Gehalt zu bekommen. Was tun? Entscheidet man sich für das Gehaltsband oder für den Kandidaten? Bei diesem Fall handelt es sich ganz offensichtlich um eine kritische Situation, bei der die strategische Ausrichtung eines Unternehmens unmittelbar zum Tragen kommt.

[1] Dieser Wert basiert nicht auf der Grundvergütung sondern auf der Gesamtvergütung inklusive Steuern und Sozialabgaben. Dennoch sollte dieser Wert als grober Anhaltspunkt ausreichen.

Das überaus erfolgreiche Unternehmen Netflix hätte auf die oben gestellte Frage eine klare Antwort. Netflix verfolgt eine Strategie, die sich wie folgt auf den Punkt bringen lässt:

Bei den Besten darf man keine Kompromisse machen. Um sie zu gewinnen und zu halten, sind wir bereit, fast jedes Gehalt zu bezahlen. (**4-2**)

Selbst dann, wenn aktuelle Mitarbeiter neue Gehaltsforderungen stellen und sich auf ihren Marktwert im Arbeitsmarkt beruft gibt dieses Unternehmen nach. Offenbar kann sich dieses Unternehmen diese Strategie leisten. Tatsächlich sieht Netflix darin eine Strategie, die eigene Wettbewerbsfähigkeit zu stärken und liefert damit eine Neuauflage des überlieferten Robert-Bosch-Zitats: „Ich zahle nicht gute Löhne, weil ich viel Geld habe, sondern ich habe viel Geld, weil ich gute Löhne bezahle" (vgl. McCord 2014). Dabei handelt Netflix nicht nur in die eine Richtung konsequent, sondern auch in die andere. Sobald das Unternehmen merkt, dass ein Mitarbeiter nicht mehr das bringt, was er bringen soll, wird dieser mit großzügigen Abfindungen verabschiedet. Nicht gute Mitarbeiter, die hohe Gehälter beziehen sind teuer, sondern Mitarbeiter, die Gehälter beziehen, aber nicht die erwartete Leistung erbringen. So die Überzeugung dieses besonderen Unternehmens. Meinen eigenen Beobachtungen und Einschätzungen zu Folge agieren die meisten Unternehmen in Deutschland anders. Sie haben sich einer gegensätzlichen Prämisse verpflichtet, die aufgrund ihrer hohen Verbreitung kaum einer ergänzenden Erläuterung bedarf:

Auch bei den Besten müssen wir strukturelle Grenzen einhalten. Alles andere führt zu aufreibenden Verhandlungen, explodierenden Kosten und Missgunst. (**4-1**)

Beide strategischen Optionen klingen auf ihre Weise vernünftig oder zumindest nachvollziehbar. Vermutlich gibt es kaum eine strategische Dimension, bei denen eine Entscheidung in die eine oder andere Richtung schmerzhafter ist. Aber genau dies macht strategische Entscheidungen aus. In ▶ Abschn. 3.3 wurde ausführlich auf die Bedeutung von Schlüssel- und Engpassfunktionen eingegangen. Wenn sich ein Unternehmen nicht in allen Bereichen die besten Gehälter leisten kann – und das wird wohl der Normalfall sein – dann sollte es wenigstens in Bezug auf die strategisch hoch relevanten Schlüsselfunktionen in diese Richtung denken. Schlüsselfunktionen zeichnen sich dadurch aus, dass man

Tab. 9.2 Alle strategischen Dimensionen zu Grundvergütung im Überblick

Bewertung	1-1 Stellenbewertung Am Anfang stehen immer der Job, die damit verbundene Verantwortung, deren Bewertung und Eingruppierung. Erst dann kann ein passender Mitarbeiter eingestellt werden	1-2 Mitarbeiterverantwortung Bei der Eingruppierung von Jobs orientieren wir uns an der Verantwortung, die ein verfügbarer Mitarbeiter übernehmen kann. Damit reagieren wir flexibel auf gegebene Arbeitsmarktbedingungen
Gehaltsdifferenzierung	2-1 Schmale, viele Gehaltsstufen Wir differenzieren nach möglichst vielen (schmalen) Gehaltsstufen. Dies ermöglicht uns der jeweiligen Verantwortung unterschiedlicher Jobs optimal gerecht zu werden	2-2 Breite, wenige Gehaltsstufen Wir differenzieren nach möglichst wenigen (breiten) Gehaltsstufen. Dies ermöglicht uns Flexibilität und erspart aufwendige Diskussionen
Gehaltsunterschiede	3-1 Große Gehaltsunterschiede Mitarbeiter in oberen Gehaltsstufen müssen deutlich mehr verdienen, als Mitarbeiter in unteren Gehaltsstufen. Dies schafft Anreize für Entwicklung und mehr Verantwortung	3-2 Möglichst Gehaltsgleichheit Wir streben an, die Unterschiede im Grundgehalt zwischen oberen und unteren Gehaltsstufen möglichst gering zu halten. Darin spiegelt sich die Wertschätzung gegenüber den Mitarbeitern wider
Flexibilität bei Top-Kandidaten	4-1 Keine Flexibilität Auch bei den Besten müssen wir strukturelle Grenzen einhalten. Alles andere führt zu aufreibenden Verhandlungen, explodierenden Kosten und Missgunst	4-2 Wettbewerbsorientierung Bei den Besten darf man keine Kompromisse machen. Um sie zu gewinnen und zu halten, sind wir bereit, fast jedes Gehalt zu bezahlen

dort Mitarbeiter benötigt, die besser sind, als die Mitarbeiter beim Wettbewerber in vergleichbaren Funktionen. Wer aber die Besseren oder gar die Besten haben möchte sollte möglicherweise auch das Gehalt einräumen, das im Markt für die Besten gezahlt wird.

Geringe Handlungsspielräume

Kaum ein Thema innerhalb des Personalmanagements ist so reglementiert wie das der Grundvergütung. Entsprechend zementiert sind die Systeme und Prozesse. Man denke hier an tarifvertragliche Vereinbarungen, Betriebsvereinbarungen, arbeitsvertragliche Vereinbarungen usw. Darüber hinaus sind Gehaltssysteme in der Kultur und im Denken Aller verankert. Die meisten Unternehmen werden es sich sehr lange und sehr intensiv überlegen, ob und wie sie an ihren Strategien rund um das Thema Grundvergütung Veränderungen vornehmen. Insofern haben die Überlegungen in diesem Unterkapitel und die darin vorgestellten strategischen Dimensionen (siehe Tab. 9.2) für die meisten Unternehmen eher theoretischen Charakter. Gerade für junge Unternehmen sind die hier beschriebenen, strategischen Optionen allerdings von erheblicher Relevanz.

9.3 Variable Vergütung

Das soeben behandelte Thema der Grundvergütung erscheint im Vergleich zum Folgenden vergleichsweise einfach und überschaubar. Wie noch deutlich wird, geht variable Vergütung mit einer erheblichen sozialen Dynamik einher, die selbst für erfahrene Praktiker kaum vorhersehbar ist. Wie bei kaum einem anderen Thema kann Naivität gerade hier nicht nur zu hohen Kosten sondern auch zu erheblichem Schaden führen. Ein wesentlicher Brennpunkt ist hierbei die Rolle variabler Vergütung in Bezug auf die Motivation der Mitarbeiter.

Geld motiviert – aber nur bei langweiligen Aufgaben

Im betrieblichen Kontext handelt es sich bei der *leistungsabhängigen Vergütung* um einen echten extrinsischen Motivator. Tu dies und Du bekommst das. Umso mehr Du dies erreichst, desto mehr bekommst Du von dem. So simpel ist die Logik. Dahinter steht möglicherweise ein implizites Misstrauen gegenüber den betroffenen Mitarbeitern, auch wenn die Verfechter dieser Form der Vergütung dies nicht laut sagen würden. Wer sich für leistungsabhängige Vergütung ausspricht, muss implizit von der Annahme ausgehen, Mitarbeiter würden von sich aus nicht ihr Bestes geben. Denn, gäben Mitarbeiter alles in ihrer Kraft Liegende, kann die Aussicht auf variable Vergütung keinen Effekt haben. Ein schönes Beispiel liefert der Sport. Wenn ein Amateurgolfspieler an einem Golfturnier teilnimmt, dann gibt er sein Bestes. Wie könnte er nicht? Würde man ihm ein Preisgeld in Aussicht stellen würde dies seine Leistung nicht verbessern, es sei denn er würde nicht von sich aus sein Bestes geben. Jede Form variabler Anreize birgt also die implizite Annahme, es gebe für einen Mitarbeiter Potenzial für bessere Leistung im gegebenen Moment, wobei das Ausschöpfen dieses Potenzial lediglich eine Frage seines Wollens – seiner Motivation – und nicht seines Könnens ist.

Wir motivieren mit individuellen, variablen Anreizen. Wer mehr leistet soll am Ende auch mehr in der Tasche haben. **(1-1)**

Diese obige Annahme und die damit verbundene strategische Ausrichtung mögen vor allem dann zutreffen, wenn eine Aufgabe, die einem Mitarbeiter zugewiesen wurde in hohem Maße unattraktiv oder monoton ist. Bereits der Managementvordenker Frederick Winslow Taylor (1913) hat in seinem lesenswerten Buch „Die Grundlagen wissenschaftlicher Betriebsführung“ auf eindrucksvolle Weise darauf hingewiesen. Stellt man Arbeitern, die etwa die Aufgabe haben, Material von A nach B zu schaufeln eine leistungsabhängige Vergütung in Aussicht, dann werden sie ihre Leistung sichtbar steigern. Gänzlich anders verhält sich dies bei fordernden Aufgaben. Bereits in ▶ Abschn. 4.3 wurde eine Unterscheidung von Aufgaben nach Umfang und Komplexität sowie Ergebnis- und Prozesssicherheit vorgenommen. Dabei wurde gezeigt, dass es gerade in streng hierarchischen Unternehmen eine Form von Aufgabenteilung gibt, die in äußerst repetitiven, verarmten Aufgaben resultiert. Bei diesen Aufgaben ist nicht nur klar beschrieben, welche Ergebnisse zu erzielen sind (fixe Leistungsstandards) sondern auch, wie diese zu erreichen sind (fixe Prozessdefinitionen). In solchen Fällen kann eine leistungsabhängige Vergütung tatsächlich motivieren, weil von einer geringen Motivation der Mitarbeiter ausgegangen werden darf. Diese Form der Motivation ist rein extrinsischer Art. Manche Unternehmen übertragen dieses Denken auf das gesamte Unternehmen ungeachtet des Umstands, dass es im selben Unternehmen auch attraktive Aufgaben mit geringer Ergebnis- und Prozesssicherheit gibt. Wie sich die Dinge aber gerade bei Aufgaben mit geringer Aufgabensicherheit und zugleich mit hoher Aufgabendynamik verhalten wird weiter unten erläutert.

Aufgaben, für die man Geld bekommt müssen unattraktiv sein

Es gilt aber auch der umgekehrte Fall. Geld motiviert nicht nur bei unattraktiven Aufgaben. Vielmehr schließen Mitarbeiter von der Bezahlung auf die Attraktivität der Aufgabe: Wenn man für etwas bezahlt wird, dann ist die Aufgabe vermutlich unattraktiv. Dies haben bereits die frühen Experimente des Psychologen Leon Festinger aus den 60er-Jahren gezeigt, wenngleich sich Festinger primär mit dissonanztheoretischen Überlegungen befasste (Festinger 1962). Das Experiment geht wie folgt: Zwei Gruppen A und B erfüllen eine nachweislich langweilige Aufgabe. Gruppe A erhält dafür ein Äquivalent von 5 Euro. Gruppe B hingegen erhält dafür 20 Euro, also einen signifikant höheren Betrag. Anschließend werden die Teilnehmer der Gruppen gefragt, für wie attraktiv sie die Aufgabe fanden. Das Ergebnis erstaunt. Menschen, die für eine Aufgabe eine nur geringe Belohnung erhalten (Gruppe A) finden die Aufgabe interessanter bzw. weniger langweilig, als jene, die eine hohe Belohnung erhielten (Gruppe B). Aus personalpolitischer Sicht könnte man zu dem Schluss neigen, dass umso höher die Belohnung ist, desto geringer ist die Arbeitszufriedenheit. Dieses Ergebnis zeigt aber einen gegenteiligen Effekt. Zwei Erklärungen dieses vielfach replizierten Befunds sind hier von Bedeutung:

- Wenn Mitarbeiter für eine Aufgabe ein attraktives Gehalt bekommen, stärkt dies ihre extrinsische Motivation. Sie lernen, dass sie eine Aufgabe vor allem des Geldes wegen erfüllen unabhängig davon, wie vorher ihre Motivationslage war. Damit akzeptieren sie zugleich den langweiligen Charakter einer Aufgabe.
- Eine langweilige Aufgabe zu erfüllen und zugleich nur eine geringe Belohnung dafür zu erhalten erzeugt bei Menschen eine Art inneren Konflikt. Die Dinge passen nicht zueinander. Man nennt dies auch „kognitive Dissonanz". Menschen

erkennen durch die Aufwertung der Aufgabe die Möglichkeit, diesen Konflikt zu überwinden. „Geld gab es dafür kaum, aber dafür war die Aufgabe gar nicht so schlecht".

Für Unternehmen bedeutet dies, dass man im Falle langweiliger Aufgaben besser nur ein geringes Gehalt bezahlt, um so auf eine kognitive Aufwertung der Aufgabe zu wetten. Dieser Ansatz erscheint in der Praxis wohl kaum als realistisch. Der andere Fall scheint realistischer: man bezahlt Mitarbeitern für die Erfüllung langweiliger Aufgaben ein angemessenes Gehalt und nimmt damit in Kauf rein extrinsisch motivierte Mitarbeiter zu haben.

Leistungsabhängige Vergütung killt Motivation und Zusammenarbeit

Kinder malen gerne Bilder. Das tun sie, weil sie eine natürliche Freude daran haben. Fängt man nun an, sie fürs Bildermalen zu belohnen, indem man ihnen etwa für jedes Bild einen Keks gibt, hören sie dann auf, Bilder zu malen, wenn man irgendwann beschließt, ihnen fürs Bildermalen keine Belohnung mehr zu geben. Es gibt im Zusammenhang mit der Erforschung der Wirkungsweise extrinsischer Anreize wohl kaum einen Effekt, der häufiger repliziert und bestätigt wurde, als dieser. Man spricht hierbei vom so genannten *Overjustification-Effekt* (Lepper et al. 1973). Aus intrinsischer Motivation wird extrinsische Motivation, die dann zerstört wird, wenn der extrinsische Motivator entzogen wird. *Intrinsische Motivation* beschreibt einen inneren Antrieb, etwas aus eigenen Wünschen heraus zu tun. Man tut etwas, weil man es selbst will. Die Aufgabe selbst ist die Belohnung. *Extrinsische Motivation* beschreibt demgegenüber den Antrieb etwas zu tun, um eine „von außen" angebotene Belohnung zu erhalten oder aber eine angedrohte Bestrafung zu vermeiden. Man tut etwas, weil jemand anderes es so will.

Das tragische daran ist, dass extrinsische Motivation tendenziell zu einer geringeren Leistung führt, als dies bei intrinsischer Motivation der Fall ist. Wie oben bereits beschrieben geht die Verlagerung der intrinsischen zugunsten der extrinsischen Motivation zu Lasten der Motivationsbilanz insgesamt, was am Ende in einer geringeren Leistung resultiert. Nun mag man aus unternehmerischer Sicht einwenden, dies sei egal, solange die Mitarbeiterinnen und Mitarbeiter die Aufgaben erfüllen, die man ihnen zuweist – „Intrinsisch, extrinsisch, mir egal. Hauptsache die Leute tun ihren Job". Diese Denkweise mag bei hoher Aufgabensicherheit angemessen sein. Bei hoher Aufgabenunsicherheit ist sie es nicht, weil hier nicht wirklich klar ist, worin der Job besteht. Weder die Ergebnisse noch die Wege dorthin sind klar und erfordern auf Seiten der Mitarbeiter ein hohes Maß an Kreativität. Unzählige Studien haben gezeigt, dass die Leistung gerade bei Aufgaben dieser Art sinkt, sobald Mitarbeiter leistungsabhängig belohnt werden (vgl. Pink 2009). So bringt es der großartige Autor Alfie Kohn (1999) auf den Punkt: „Motivieren variable Anreize? Ja, selbstverständlich. Sie motivieren Menschen dazu, die Anreize zu bekommen" und weiter: „Sobald Mitarbeiter lernen, dass sie *das* bekommen, wenn sie *dies* tun, konzentrieren sie sich nicht mehr auf *dies* sondern auf *das*". Die Aufgabe an sich rückt in den Hintergrund.

Neben der Aufgabensicherheit spielt in diesem Zusammenhang die Aufgabendynamik eine entscheidende Rolle. Wie in ▶ Abschn. 4.5 bereits ausgeführt, geht es bei der Aufgabendynamik um die wechselseitigen Interdependenzen von Aufgaben. Besteht eine strikte Arbeitsteilung, bei der sich die zunächst voneinander unabhängigen Arbeitsergebnisse mehrerer Mitarbeiter additiv zu einem Gesamtprodukt oder einer Gesamtdienstleistung fügen? Oder ergibt sich diese aus einem wechselseitigen, dynamischen Zusammenspiel mehrere, miteinander verbundenen Aufgaben und Akteure – Galeere oder Fußballmannschaft? In agilen Organisationen geht man selbstverständlich von Letzterem aus. Man denkt in Teams und Netzwerken. In solch einem Setting können individuelle Leistungsanreize eine toxische Wirkung entfalten. Wie bereits im Zusammenhang mit formaler Beurteilung (▶ Abschn. 6.3) ausgeführt wurde, birgt gerade die Verwendung von Verteilungsvorgaben die Gefahr, aus Kollegen Wettbewerber zu machen. Wenn es nur wenige Plätze auf dem Siegertreppchen gibt, verliert der Einzelne das Interesse, Andere zu stärken. Zusammenfassend gilt in agilen Organisationen daher:

Bei uns gibt es keinen individuellen Bonus. Das ginge nur zu Lasten intrinsischer Motivation und lateraler Zusammenarbeit. (1-2)

Unternehmen, wie die Robert Bosch GmbH haben es beispielsweise vorgemacht, wie ein großer Konzern weltweit und flächendeckend aus genau diesen, oben genannten Gründen individuelle Boni komplett über Bord geworfen hat. Derzeit sind eine Reihe weiterer, großer Unternehmen dabei, diesem Gedanken konsequent zu folgen.

Einmalige Boni

Als Richard nach etlichen, sehr anstrengenden, aber umso erfolgreichen Tagen auf der Messe an seinen Schreibtisch zurückkehrt, findet er dort zwei Konzerttickets – für ihn und seine Frau – begleitend mit einer handgeschriebenen Karte. Mit sehr netten Worten bedankt sich das Team für Richards besonderes Engagement. Vermutlich wird Richard diese Begebenheit noch Jahre später erzählen. Zumindest wird er sich in sehr positiver Weise daran erinnern. Eine alternative monetäre Spielweise besteht also darin, dass Führungskräfte oder Kollegen spontane *einmalige Boni* vergeben.

Interessanterweise hat diese Form der persönlichen Anerkennung eine motivierende Wirkung auf Mitarbeiter. Dies liegt zunächst daran, dass Anerkennungen dieser Art zeitnah erfolgen.

Vor allem ist ihre motivierende Wirkung aber darin begründet, dass sie unvermittelt kommt, ohne vorherige Ankündigung. Man stelle sich die obige Begebenheit in einem anderen Lichte vor. Richards Führungskraft stellt Richard zwei Tickets und eine handgeschriebene Karte in Aussicht, wenn er sich dazu bereit erklärt, auf der kommenden Messe Überstunden zu leisten. Diese Herangehensweise entspräche dem klassischen Muster nach dem Motto „Tue dies und Du bekommst das". Hier bestünde – wie oben ausgeführt – eher die Gefahr, die intrinsische Motivation Richards in Frage zu stellen und sie am Ende zu schmälern.

Einmalige Boni werden stets unvermittelt und für die Mitarbeiter unerwartet vergeben. Nur so bewahrt man intrinsische Motivation. **(2-2)**

Zugleich birgt die unvermittelte, ungeplante und spontane Vergabe von Boni immer auch das Risiko etwaiger Willkür. Die einen erkennen darin die Schönheit menschlicher Überraschungen als Teil eines nicht planbaren Lebens, das hin und wieder unerwartete Freuden bringt. Die anderen vermissen darin einen klaren Prozess und faire Regeln. Nach welchen Kriterien werden einmalige Boni vergeben und wer entscheidet darüber? Wie schafft man diesbezüglich Gerechtigkeit und verhindert Ungerechtigkeit? Braucht es nicht mehr Transparenz anstatt Belohnung nach Gutsherrenart? Fragen und Bedenken dieser Art zeigen Richtung einer gegenteiligen Ausrichtung:

Den Mitarbeitern muss vorher klar sein, wofür sie einen einmaligen Bonus erhalten. Sonst verfehlt er seine motivierende Wirkung und es bestünde die Gefahr von Willkür und Ungerechtigkeit. **(2-1)**

Strebt ein Unternehmen in erster Linie nach Gerechtigkeit bei der Verteilung von Anreizen dann wird es immer auch nach Regeln suchen. Dabei orientieren sich jene Unternehmen, die es damit sehr ernst meinen oftmals an seltenen Einzelfällen möglicher Ungerechtigkeiten, die es mit umfassenden Regeln zu vermeiden gilt. Am Ende muss man aber zur Kenntnis nehmen, dass eine wohlgemeinte Vermeidung von Ungerechtigkeit beim Verteilen von Anreizen genau das zerstören kann, wofür die Anreize ursprünglich gedacht waren.

Die Mitarbeiter am Erfolg beteiligen

Neben der leistungsabhängigen Vergütung gibt es bekanntermaßen auch Formen der erfolgsabhängigen Vergütung. Während sich der erste Baustein variabler Vergütung an der Leistung von Individuen oder Teams orientiert, basiert ein weiterer variabler Baustein auf dem Erfolg des gesamten Unternehmens oder großer, übergeordneter Organisationseinheiten (Blasi et al. 2003). Die hier denkbaren Modelle sind zahlreich. Es geht um *Gewinnbeteiligung*, *Mitarbeiteraktien*, *Aktienoptionen*, *stille Beteiligungen* um nur die wichtigsten zu nennen. An dieser Stelle soll auf die Funktionsweise dieser Modelle nicht eingegangen werden (vgl. Wagner 2002). Relevant erscheinen hier vor allem die wichtigsten Gründe, warum sich Unternehmen für eine Beteiligung ihrer Mitarbeiter am Unternehmenserfolg entscheiden. Anschließend kann bewertet werden, inwieweit eine Mitarbeiterbeteiligung in hierarchisch und agil geführten Unternehmen in Frage kommt.

- Spätestens dann, wenn Mitarbeiter am Erfolg beteiligt sind, setzen sie sich intensiver mit der Entwicklung ihres Unternehmens auseinander. Als Aktienbesitzer des eigenen Unternehmens wird man häufiger den Aktienverlauf prüfen, als wenn man keine Aktien besitzt. Damit rückt der Erfolg des Unternehmens kontinuierlich in das Bewusstsein der Mitarbeiter. Sie machen sich den Status des Unternehmens zu eigen, was für Unternehmen ein wünschenswerter Effekt sein kann.
- Mitarbeiterbeteiligungen haben zur Folge, dass sich die Mitarbeiterinnen und Mitarbeiter mehr als das erkennen, was in der Betriebswirtschaft als *betriebliche Leistungsgemeinschaft* bezeichnet wird. Der gemeinschaftliche Erfolg rückt gegenüber den individuellen Beiträgen und Anreizen mehr in den Vordergrund. Man sitzt sozusagen im selben Boot. Entsprechend geht man von einem gewissen Anreiz für laterale Kooperation und Kooperation aus. Umgekehrt werden individuelle Handlungen, die aus Sicht der Anderen als schädlich für den Gesamterfolg erachtet werden sozial sanktioniert, ohne Eingreifen „von oben".
- Vielfach wird im Zusammenhang mit Mitarbeiterbeteiligungen auch vom *atmenden Unternehmen* gesprochen. Geht es dem Unternehmen gut, profitieren die Mitarbeiter entsprechend. Geht es dem Unternehmen hingegen nicht so gut, müssen auch die Mitarbeiter Einbußen hinnehmen. Im positiven Fall ist es für das Unternehmen zu verkraften, zusätzliche Beträge auszuzahlen. Im negativen Fall werden zusätzliche Belastungen vermieden. Verantwortung und unternehmerische Risiken werden somit auf den Schultern der Mitarbeiter verteilt und von ihnen mitgetragen.
- Wenn Kandidaten eine Erfolgsbeteiligung gepaart mit einer geringeren Grundvergütung in Aussicht gestellt wird, dann hat dies auch eine Art Selektionsfunktion. Beteiligungsmodelle und insbesondere Aktienoptionen sprechen vor allem jene Zielgruppen an, die in der Lage sind, mit Unsicherheiten umzugehen, die zugleich an die Zukunft des Unternehmens

glauben und eine gewisse unternehmerische Risikobereitschaft an den Tag legen.

Als naiv wäre das Argument einzustufen, Mitarbeiterinnen und Mitarbeiter würden sich aufgrund ihrer Aussicht auf eine Erfolgsbeteiligung mehr anstrengen. Dies mag bei sehr kleinen Unternehmen der Fall sein. In großen Konzernen hingegen fällt die Einzelleistung eines individuellen Mitarbeiters in Bezug auf den Erfolg des Gesamtunternehmens wohl kaum ins Gewicht, was die Betroffenen auch wissen.

Fasst man diese Überlegungen zusammen, dann geht es bei Mitarbeiterbeteiligungen um die Identifikation der Mitarbeiter mit dem Unternehmenserfolg, Zusammenarbeit für übergeordnete Ziele, Flexibilität in Abhängigkeit von der geschäftlichen Lage, geteilte Verantwortung und unternehmerisches Denken und um die Gewinnung von Mitarbeitern, die risikobereit, optimistisch und anpassungsfähig sind. All dies klingt sehr kompatibel mit den Prinzipien agiler Führung und Organisation. Es liegen aktuell zwar keine verlässlichen empirischen Befunde vor, dennoch kann man von der Annahme ausgehen, dass die Beteiligung von Mitarbeitern in agil geführten Unternehmen verbreiteter ist als dies in anderen Unternehmen der Fall ist. Insofern stellen sich die Gegenpole einer strategischen Orientierung in dieser Frage vergleichsweise einfach dar. Entweder ein Unternehmen zeigt die Tendenz, Mitarbeiter am Unternehmenserfolg zu beteiligen:

Wir beteiligen unsere Mitarbeiter am Erfolg des Unternehmens weil wir damit die richtigen Mitarbeiter gewinnen und Flexibilität, Zusammenarbeit und Orientierung auf übergeordnete Ziele stärken. (**3-2**)

Oder man tendiert dazu, auf eine Mitarbeiterbeteiligung zu verzichten:

Wir bezahlen faire Gehälter. Darüber hinaus verzichten wir auf eine Mitarbeiterbeteiligung. Über Gewinne und Wertentwicklungen zu verfügen ist alleinige Sache der Unternehmer und Anteilseigner. (**3-1**)

Entscheidet sich ein Unternehmen für die letztgenannte Prämisse sind die Dinge vergleichsweise einfach gelagert. Sobald ein Unternehmen aber den Weg in Richtung Mitarbeiterbeteiligung einschlägt, steht es vor dem Problem, sich für das passende Beteiligungsmodell zu entscheiden und dieses operativ zu gestalten. Hier tun sich zahlreiche offene Fragen hinsichtlich der Höhe und Art der Ausschüttungen auf. Aus rechtlicher Sicht verfügen Unternehmen hier über erhebliche Gestaltungsspielräume (Wagner 2002). So stellt sich etwa die Frage, welche organisationale Einheit bei der Bemessung des Unternehmenserfolges in Betracht gezogen werden soll. Geht es um den Erfolg der Abteilung, der Division oder gar des gesamten Konzerns? Was bedeutet Unternehmenserfolg überhaupt? Auf Fragestellungen dieser Art sei an dieser Stelle nicht weiter eingegangen. Grundsätzlicher erscheint hier allerdings die Frage, wie bei der Entwicklung und operativen Gestaltung von Beteiligungsmodellen vorgegangen werden soll.

Beteiligung bei der Beteiligung

Der klassische Ansatz bei der Entwicklung von *Beteiligungsmodellen* stellt sich wohl dergestalt dar, dass eine interne Projektgruppe mit der Unterstützung externer Berater – Unternehmensberater mit Fokus auf Gehaltsmodelle, Steuerberater, Bankberater, Rechtsanwälte – ein Modell entwickelt um es anschließend stolz den Mitarbeitern zu verkünden.

Die Entwicklung des Beteiligungsmodells erfolgt durch eine interne Projektgruppe mit externer Unterstützung. Anschließend wird das Modell intern ausgerollt. (**4-1**)

Diese Herangehensweise mag zunächst professionell erscheinen. Der wesentliche Vorteil liegt darin, dass man vergleichsweise zügig zu einem Ergebnis kommt und Gerüchte oder Unsicherheiten auf Seiten der Mitarbeiter in einem frühen Stadium der Entwicklung vermeidet. Andererseits lösen Maßnahmen, die das Einkommen der Mitarbeiter betreffen immer eine soziale Dynamik aus – eine vielschichtige, schwer vorhersehbare Gemengelage aus Freude, Akzeptanz, Ablehnung, Neid, Missgunst, Gerechtigkeitsempfinden, Gefühle der Auf- oder Abwertung etc. Im weiteren Verlauf dieses Buches (► Abschn. 11.1, Personalorganisation) wird noch ausführlicher argumentiert, dass die Antizipation sozialer Dynamik immer zu der Schlussfolgerung führen sollte, die betroffenen Mitarbeiter und Führungskräfte aktiv bei der Gestaltung von Maßnahmen zu beteiligen. In diesem Fall geht es um die Beteiligung bei der Gestaltung der Beteiligung.

Bei der Gestaltung unseres Beteiligungsmodells binden wir die betroffenen Mitarbeiter und Führungskräfte aktiv ein. Beteiligung ohne Beteiligung betrachten wir als dysfunktionalen Widerspruch. (**4-2**)

◘ Tab. 9.3 Alle strategischen Dimensionen zu variabler Vergütung im Überblick		
Individuelle Leistungsanreize	1-1 Individuelle Boni Wir motivieren mit individuellen, variablen Anreizen. Wer mehr leistet soll am Ende auch mehr in der Tasche haben	1-2 Keine individuellen Boni Bei uns gibt es keinen individuellen Bonus. Das ginge nur zu Lasten intrinsischer Motivation und lateraler Zusammenarbeit
Vergabe individuelle Boni	2-1 Nach Vereinbarung Den Mitarbeitern muss vorher klar sein, wofür sie einen einmaligen Bonus erhalten. Sonst verfehlt er seine motivierende Wirkung und es bestünde die Gefahr von Willkür und Ungerechtigkeit	2-2 Unvermittelt Einmalige Boni werden stets unvermittelt und für die Mitarbeiter unerwartet vergeben. Nur so bewahrt man intrinsische Motivation
Mitarbeiterbeteiligung	3-1 Keine Beteiligung Wir bezahlen faire Gehälter. Darüber hinaus verzichten wir auf eine Mitarbeiterbeteiligung. Über Gewinne und Wertentwicklungen zu verfügen ist alleinige Sache der Unternehmer und Anteilseigner	3-2 Starke Beteiligung Wir beteiligen unsere Mitarbeiter am Erfolg des Unternehmens weil wir damit die richtigen Mitarbeiter gewinnen und Flexibilität, Zusammenarbeit und Orientierung auf übergeordnete Ziele stärken
Entwicklung von Beteiligungsmodellen	4-1 Top-down Die Entwicklung des Beteiligungsmodells erfolgt durch eine interne Projektgruppe mit externer Unterstützung. Anschließend wird das Modell intern ausgerollt	4-2 Einbindung der Mitarbeiter Bei der Gestaltung unseres Beteiligungsmodells binden wir die betroffenen Mitarbeiter und Führungskräfte aktiv ein. Beteiligung ohne Beteiligung betrachten wir als dysfunktionalen Widerspruch

Die Frage, wie eine aktive Beteiligung der Mitarbeiter und Führungskräfte möglich ist, kann nicht pauschal beantwortet werden. Dies hängt nicht nur von der Art und Größe des Unternehmens ab sondern auch von seiner Kultur und den bisherigen Erfahrungen mit Vorhaben dieser Art. Eine vertiefte Betrachtung dieses Aspekts erfolgt in ► Kap. 12, wenn es um die Gestaltung von Veränderungen (Change Management) geht.

Weniger Boni, mehr Beteiligung

Das Thema variabler Vergütung lässt sich vergleichsweise leicht zusammenfassen. Wirft man einen erneuten Blick auf die überblicksartig gegenübergestellten, strategischen Dimensionen in ◘ Tab. 9.3, dann wird deutlich, dass es in agil geführten Organisationen individuelle Boni schlichtweg nicht gibt, zumindest nicht in ihrer klassischen Tust-Du-dies-erhältst-Du-das-Form. Dafür liegt der Schwerpunkt deutlich mehr auf einer breit angelegten Beteiligung der Mitarbeiterinnen und Mitarbeiter am Unternehmenserfolg.

Literatur

Abosch KS (2008) Broadbanding. In: Berger LA, Berger DR (Hrsg) The compensation handbook. A state-of-the-Art guide to compensation strategy and design. McGraw-Hill, New York, S 159–166

Berger LA, Berger DR (2008) The compensation handbook. A state-of-the-art guide to compensation strategy and design. McGraw-Hill, New York
Blasi J, Kruse D, Bernstein A (2003) In the company of owners. The truth about stock options and why employees should have them. Basic Books, New York
Bröckermann R (2007) Personalwirtschaft. Schäffer-Poeschel, Stuttgart
Bruggemann A (1974) Zur Unterscheidung verschiedener Formen von „Arbeitszufriedenheit". Arb Leistung 28:281–284
Bundesministerium der Finanzen (2017) Einkommensungleichheit und soziale Mobilität. Gutachten des Wissenschaftlichen Beirats beim Bundesministerium der Finanzen 2017/1
Card D, Mas A, Moretti E, Saez E (2010) Inequality at work. The effect of peer salaries on job satisfaction. Working Paper 16396. National Bureau of Economic Research, Cambridge, MA
EL-Hajji MA (2015) The Hay system of job evaluation: a critical analysis. J Hum Resour Manag Labor Stud 3(1):1–22
Festinger L (1962) Cognitive dissonance. Sci Am 207(4):93–106
Jahoda M, Lazarsfeld PF, Zeisel H (1933) Die Arbeitslosen von Marienthal. Ein soziographischer Versuch über die Wirkungen langandauernder Arbeitslosigkeit. Hirzel, Leipzig
Kohn A (1999) Punished by rewards. The trouble with gold stars, incentive plans, A's praise and other bribes. Houghton Mifflin, New York
Lepper MR, Greene D, Nisbett RE (1973) Undermining children's intrinsic interest with extrinsic reward: a test of the Överjustification" hypothesis. J Pers Soc Psychol 28(1):129–137
Luttmer EFP (2005) Neighbors as negatives: relative earnings and well-being. Q J Econ 120(3):963–1002
McCord P (2014) How Netflix reinvented HR. Harv Bus Rev 2014(January/February):60–77
McGregor D (1960) The human side of enterprise. McGraw-Hill, New York
OECD (2016) OECD-Wirtschaftsausblick, Ausgabe 2016/1. OECD Publishing, Paris
Pink D (2009) Drive. The surprising truth about what motivates us. Riverhead Books, New York
Scholz C (2014) Grundzüge des Personalmanagements. Vahlen, München
Taylor FW (1913) Die Grundsätze wissenschaftlicher Betriebsführung. Oldenbourg, München
Wagner K (2002) Mitarbeiterbeteiligung. Visionen für eine Gesellschaft von Teilhabern. Gabler, Wiesbaden
Wells JR, Haglock T (2005) Whole foods market. Harv Bus Sch Case 705–476

Engagement und Loyalität

A. Trost, *Neue Personalstrategien zwischen Stabilität und Agilität*,
https://doi.org/10.1007/978-3-662-57407-2_10

In der wissenschaftlichen Literatur sucht man vergeblich nach einer gemeinsamen Definition dessen, was international als *Employee Engagement* verstanden wird (Byrne 2015). Etwas greifbarer stellt sich das Konstrukt der Loyalität dar. Trotzdem ist man sich aus Unternehmenssicht irgendwie einig, dass Engagement und Loyalität positiv und wichtig zu sein scheinen. Gerade Engagement ist etwas, was in Verbindung mit Mitarbeitern gesehen wird und gezielt beeinflusst werden kann. Damit ist die Nähe dieses schwer greifbaren Konzepts zum Personalmanagement hergestellt. Das vorliegende Kapitel befasst sich mit drei Themenstellungen, die – möglicherweise etwas willkürlich – dieser übergreifenden Thematik des Engagements und der Loyalität zugeordnet werden. Einerseits werden im ersten Unterkapitel Arbeitsbedingungen als wesentlicher Bestandteil und Faktor von Arbeitgeberattraktivität behandelt. Kaum jemand will ernsthaft bestreiten, dass Arbeitsbedingungen und eine damit einhergehende Arbeitgeberattraktivität einen Einfluss auf das Engagement der Mitarbeiterinnen und Mitarbeiter haben. Der besondere Fokus wird hierbei auf den Aspekt der Arbeitsflexibilisierung gelenkt.

Weiterhin beschäftigt sich dieses Kapitel mit einem Ansatz, der schon seit vielen Jahrzenten immer dann in Betracht gezogen wird, wenn das unternehmerische Interesse auf die Themen Engagement, oder auch Zufriedenheit gerichtet wird. Die Rede ist von Mitarbeiterbefragungen. Das Kapitel schließt mit einer differenzierten und strategischen Betrachtung des Themas Mitarbeiterbindung. Gerade bei diesem Thema ist der direkte Bezug zum Konzept der Loyalität offensichtlich.

10.1 Arbeitsbedingungen und Arbeitgeberattraktivität

Arbeitgeberattraktivität ist sicherlich ein äußerst vielschichtiges Konstrukt. Stellt man sich die Frage, was in Bezug auf Arbeitgeberattraktivität *keine* Rolle spielt, wird man sich schwer tun, konkrete Aspekte zu finden. Irgendwie stehen alle Themen, die in diesem Buch behandelt werden in irgendeiner Beziehung mit der Frage, wie ein Arbeitgeber durch einen Mitarbeiter gesehen und bewertet wird. Man denke hier an Gehalt, Entwicklungsmöglichkeiten, Rahmenbedingungen, Führung, Kultur etc. Trotzdem soll in diesem Unterkapitel zunächst der Versuch unternommen werden, relevante Aspekte rund um dieses Thema zu sortieren. Im Zuge dessen erfolgt aber eine Fokussierung auf physische Arbeitsbedingungen, bei denen es letztendlich um Arbeitsort- und Arbeitszeit geht.

Müllmänner, Soldaten und Bergsteiger

Es gibt eine Sichtweise auf das Thema Arbeitgeberattraktivität, die vermutlich sehr verbreitet ist. Man könnte diese Sichtweise wie folgt skizzieren:

» Mitarbeiter sind vor allem dann leistungsfähig und zufrieden, wenn sie von attraktiven Arbeitsbedingungen umgeben sind. Daher ist es immer von Vorteil, als Arbeitgeber möglichst attraktiv zu sein. Darüber hinaus erhöht Arbeitgeberattraktivität die Anzahl eingehender Bewerbungen und reduziert die freiwillige Fluktuation. Nur wer als Arbeitgeber substanziell attraktiv ist, hat realistische Aussichten bei entsprechenden Arbeitgeberwettbewerben gut abzuschneiden und langfristig ein positives Arbeitgeberimage zu entfalten.

Wer würde dieser Aussage ernsthaft widersprechen wollen? Sie klingt erstaunlich einleuchtend. Zumindest erscheint das Gegenteil dieser Aussage auf den ersten Blick als kaum erstrebenswert. Unternehmen, die sich dieser Sichtweise verpflichten folgen dieser Prämisse:

Wir wollen insgesamt als attraktiver Arbeitgeber bekannt sein und bemühen uns darum, dies auch zu sein. **(1-1)**

Im Jahr 2014 fuhr der legendäre Expeditionsleiter Sir Ernest Shackleton mit einer mehr als 20-köpfigen Crew in die Antarktis. Ihr Schiff, die „Endurance", steckte irgendwann im Eis fest, wurde zerdrückt, und die Mannschaft musste viele Monate in der Isolation des arktischen Eises voller Entbehrung ausharren. Am Ende überlebten sie alle. Folgende Stellenausschreibung wird dieser Expedition zugeschrieben (Watkins 1959): „Men wanted! For hazardous journey, low wages, bitter cold, long hours of complete darkness. Safe return doubtful. Honour and recognition in event of success". Was Ernest Shackleton hier verspricht, klingt in weiten Teilen nicht sonderlich attraktiv. Es wird aber berichtet, er sei mit tausenden von Bewerbungen zugeschüttet worden. Wie können derartig extrem unattraktive Bedingungen trotzdem als attraktiv erscheinen?

Vor einiger Zeit hielt ich vor Personalleiter kommunaler Betriebe einen Vortrag zum Thema Employer Branding. Am Ende kommentierte einer der Personalleiter meinen Vortrag wie folgt: „Ihre Idee von Employer Branding klingt ja interessant. Sie sollten allerdings zur Kenntnis nehmen, dass wir unter anderem Stadtreinigungskräfte [so genannte ‚Müllmänner'] suchen. Dieser Job ist nicht attraktiv. Was wollen Sie hier als Arbeitgeber versprechen?".

Zahlreiche Jobs sind in Bezug auf viele Aspekte alles andere als attraktiv. Arbeiten in der Altenpflege ist extrem belastend. Im

Einzelhandel muss man mit Wochenendarbeit vorlieb nehmen. In Unternehmensberatungen arbeitet man 60 und mehr Stunden pro Woche. Kriegseinsätze, Feuerwehreinsätze, medizinische Notfalleinsätze sind nicht nur lebensgefährlich sondern auch psychisch extrem belastend.

Das Besondere an all diesen, eben genannten Berufsfelder ist, dass sie zwar in weiten Teilen als unattraktiv erscheinen, aber am Ende etwas in sich bergen, was bestimmte Zielgruppen in besonderem Maße anzieht. Mitarbeiter in diesen Feldern arbeiten auf den besonderen Moment hin. Den Mount Everest zu besteigen ist sicherlich alles andere als attraktiv. Zumindest begibt man sich dabei in Arbeitsbedingungen, die wohl kaum eine Aussicht hätten, mit einem „Best Place to Work"-Award ausgezeichnet zu werden. Den Gipfel zu erklimmen bedeutet aber das höchstmögliche Glücksgefühl, auf den man über Monate hin und unter grenzüberschreitenden Entbehrungen hingearbeitet hat.

Unternehmen, die dies erkennen gehen mit dem Thema Arbeitgeberattraktivität anders um. Sie akzeptieren, dass zahlreiche Jobs nicht attraktiv sind und es nie sein werden. Damit gehen sie offen um, verweisen aber auf den besonderen Moment, weswegen es sich dennoch lohnt, sich für eine Aufgabe einzusetzen.

Wir wollen und können nicht in Allem und für Jeden ein attraktiver Arbeitgeber sein. Damit gehen wir auch sehr offen und authentisch um. Wir fokussieren auf jene Momente, für die es lohnt zu arbeiten. (1-2)

Glücklicherweise sprang mir ein anderer Personaler eines kommunalen Unternehmens bei oben genanntem Vortrag bei und erklärte: „Ja, arbeiten als Stadtreinigungskraft ist sehr fordernd. Die Jungs [meist sind es Männer] wissen das. Wenn Sie die Männer aber fragen, ob sie ihren Job gerne machen bekommen Sie meist Zustimmung. Die meisten sind sehr stolz auf ihre Aufgabe und schätzen die Härte und den Zusammenhalt. Sie können sich oft nicht vorstellen, etwas anderes zu tun".

Objektive und subjektive Attraktivität

Bei den bisherigen Überlegungen wurde stillschweigend von der Annahme ausgegangen, es gäbe so etwas wie attraktive oder unattraktive Arbeitsbedingungen. Tatsächlich gibt es in den Arbeitswissenschaften oder in der Managementlehre schon seit Jahrzehnten die Fragestellung, unter welchen Voraussetzungen Mitarbeiter nicht nur leistungsfähig sind sondern auch ihr Wohlergehen sichergestellt werden kann. Was sind ideale Arbeits- und Pausenzeiten? Was sind ideale Lichtverhältnisse bei der Arbeit? Welche Rolle spielt der soziale Kontext? Welches Maß an Vielfalt ist für das Lösen von Problemen in Teams ideal? Am Ende geht es bei diesen Bemühungen tendenziell um die Frage, was objektiv einen idealen

Arbeitgeber ausmacht. Dies führt schließlich zu einer *Generalisierung* allgemeiner, objektiver Kriterien der Arbeitgeberattraktivität. Für die Praxis resultieren daraus konkrete Empfehlungen.

Besonders sichtbar wurden Fragestellungen dieser Art, wenn es um die Präferenzen bestimmter Zielgruppen ging, wie in den vergangenen Jahren etwa in Bezug auf die so genannte *Generation Y* (alle zwischen 1980 und 1995 Geborenen) oder neuerdings auf die *Generation Z*, der nachfolgenden Generation (z. B. Tapscott 2008; Scholz 2014). Auch dahinter steht die Annahme, ein Arbeitgeber sei nur dann für die Vertreter bestimmter Generationen interessant, wenn pauschal bestimmte Kriterien erfüllt seien.

Auch manchen Arbeitgeberwettbewerben, bei denen jährlich besonders attraktive Arbeitgeber auszeichnet werden, liegen meist klare Kriterien zugrunde: wenn dies oder das erfüllt ist, dann ist ein Arbeitgeber ein attraktiver Arbeitgeber. Folgt man dieser Sichtweise, dann geht man von anerkannten Standards aus, denen man versucht, so weit wie möglich gerecht zu werden.

Bei der Entwicklung unserer Arbeitgeberattraktivität orientieren wir uns an objektiven, (wissenschaftlich) anerkannten Standards. Diese versuchen wir unternehmensweit umzusetzen. **(2-1)**

Bei genauerem Hinsehen steckt hinter dieser Strategie auch der Versuch, sich mit Menschen oder Zielgruppen auseinanderzusetzen, ohne sich wirklich mit ihnen zu befassen. Am Ende entscheidet der Durchschnitt. „Im Durchschnitt wünschen Vertreter der Generation Y ein hohes Maß an Work-Life-Balance und Sicherheit. Geld ist ihnen hingegen nicht so wichtig“. Diese Erkenntnisse beschreiben gemittelte, verallgemeinerte Tendenzen. Was hingegen der Einzelne erwartet, bleibt außen vor.

Ist es aber nicht vielmehr so, dass Menschen sehr individuelle Bedürfnisse haben weil Menschen unterschiedlich sind? Ist es nicht so, dass der Eine lieber in einsamer Abgeschiedenheit arbeiten will, während der Andere dies als unerträgliche Form sozialer Deprivation empfinden würde? Kennt man nicht jene Kollegen, die gerne früh aufstehen und weite Teile ihrer Arbeit erledigt haben wollen noch bevor der Tau auf den Wiesen verschwindet, während sein Kollege die inspirierende Stille später Abendstunden bevorzugt?

Stimmt man diesen Überlegungen zu, wird man strategisch zu einem etwas anderen Verständnis von Arbeitgeberattraktivität gelangen. Was attraktiv ist und was nicht, entscheidet immer der Einzelne. Damit wird Arbeitgeberattraktivität als ein eher subjektives Konstrukt erachtet. Anstatt einer Generalisierung folgt diese Strategie der Idee der *Individualisierung*.

Arbeitgeberattraktivität ist eine individuelle, subjektive Angelegenheit. Deshalb können wir nur dann attraktiv sein, wenn wir Raum für die Bedürfnisse des Einzelnen schaffen. (2-2)

So naheliegend oder verständlich, wie diese strategische Ausrichtung auch erscheinen mag, so sehr mag sie so manche Führungskraft oder so manchen Personalleiter zum Grübeln bringen. Kann man es wirklich jedem einzelnen Mitarbeiter recht machen? Ist dies überhaupt ratsam? Wenn Arbeitsbedingungen bzw. besondere Privilegien von übergeordneten Führungskräften genehmigt oder eingeräumt werden, besteht grundsätzlich die Gefahr, Ungerechtigkeit oder gönnerhaftem Verhalten den Weg zu bahnen. Nicht nur besteht das Potenzial, dass der eine Mitarbeiter dasselbe einfordert, wie der andere Mitarbeiter – „das steht mir dann aber auch zu". Vielmehr kann passieren, dass die eine Führungskraft ihren Mitarbeitern mehr Privilegien zugesteht als die andere Führungskraft. Am Ende gibt es die Guten und die Bösen.

Will man tatsächlich individuellen Bedarfen gerecht werden und zugleich Ungerechtigkeit und gönnerhaftes Verhalten vermeiden, dann bleiben nur zwei weitere Strategien. Erstens erteilt man allen Mitarbeitern gleichermaßen die nötige Flexibilität um selbst zu entscheiden, was für sie passt oder nicht. Zweites lässt man die Mitarbeiterinnen und Mitarbeiter selbst ausfechten, wer in den Genuss welcher Privilegien kommt und wer nicht. Beide Strategien haben mit Flexibilisierung der Arbeit zu tun.

Ort und Zeit

Arbeitsflexibilisierung gehört wohl zu den zentralsten Themen, wenn es um Arbeitgeberattraktivität geht. Im Folgenden stehen zwei Dimensionen im Vordergrund der Betrachtung, nämlich einerseits die Flexibilität des Arbeitsortes und andererseits die Flexibilität der Arbeitszeit. Wir sprechen auch von der *Arbeitsortflexibilität* und der *Arbeitszeitflexibilität*. Hierzu wurde bereits viel publiziert, weswegen auf die konkreten Konzepte hier nicht eingegangen werden soll (siehe z. B. Jackson und Schuler 2012). In fast allen Personallehrbüchern sind die gängigen Ansätze beschrieben – Gleitzeit, Vertrauensarbeitszeit, Telearbeit, Homeoffice, Job-Sharing, Arbeitszeitkonten usw. Im Weiteren soll dieses Thema aus einem grundsätzlicheren, strategischeren Blickwinkel betrachtet werden. Dafür lohnt es, sich zunächst in die Perspektive eines beispielhaften Mitarbeiters zu versetzen.

Nehmen wir an, ein Mitarbeiter – nennen wir ihn Thomas – sitzt an einem Dienstagnachmittag um 16:55 Uhr an seinem Schreibtisch und bereitet das Angebot für einen Kunden vor. Hier stellen sich nun drei Fragen:
- Warum arbeitet Thomas um 16:55 Uhr?
- Warum sitzt Thomas ausgerechnet an diesem Schreibtisch?

- Was hätte Thomas tun können, um zu dieser Zeit weder arbeiten noch an diesem einen Schreibtisch sitzen zu müssen?

Das komplette Spektrum strategischer Dimensionen in Bezug auf Arbeitsflexibilisierung lässt sich anhand dieser drei Fragen festmachen. Wir beginnen mit einer, sehr verbreiteten, möglichen Antwort:

» Thomas arbeitet um 16:55 Uhr, weil seine Arbeitszeit erst um 17:00 Uhr endet. Er hat also noch 5 Minuten abzuleisten. Er sitzt an diesem Schreibtisch, weil ihm dieser Arbeitsplatz zugewiesen wurde. Er hätte dies im Vorfeld kaum ändern können, es sei denn, er hätte die Unternehmensleitung und den Betriebsrat von der Wichtigkeit eines alternativen Arbeitszeitmodells überzeugt und erfolgreich um einen anderen Arbeitsplatz gebeten.

So, oder so ähnlich würden in Deutschland zahlreiche Mitarbeiterinnen und Mitarbeiter auf die obigen Fragen antworten. Wir haben es mit starren Arbeitsbedingungen zu tun. Kommen wir zur zweiten Antwort, wie sie unter flexiblen Bedingungen denkbar wäre:

» Thomas arbeitet um 16:55 Uhr, weil das Angebot spätestens am Folgetag versandt werden muss und er noch etwas Zeit dafür einräumen wollte. Er sitzt an diesem Schreibtisch, weil dieser unbesetzt war. Um zu dieser Zeit nicht mehr arbeiten zu müssen, hätte er früher mit der Erstellung des Angebot beginnen sollen, etwa indem er am Tag zuvor Abends noch eine Stunde investiert hätte oder heute früher aufgestanden wäre. Er hätte diese Sache auch von zuhause aus erledigen können, aber er genießt die Ungestörtheit des Büros (zuhause warten zwei kleine Kinder).

Im ersten Fall sind Ort und Zeit der Arbeit durch das Unternehmen klar geregelt und der Mitarbeiter hat keine andere Option, als dieser Regelung zu folgen. Im zweiten Fall steht die zu erbringende Leistung im Vordergrund. Wann und wo Thomas diese erbringt ist ihm überlassen. Die Regelung über Ort und Zeit kann man auch als Regelung erster Ordnung bezeichnen. Sie regelt, wann und wo gearbeitet werden soll.

Regelung erster Ordnung

Regelungen in Bezug auf die Arbeitszeit werden in so genannten *Arbeitszeitmodellen* beschrieben. Sie klären neben dem Arbeitszeitvolumen auch die Lage der Zeit im Laufe der Wochentage und den Grad der Flexibilität. Diese Modelle und deren unterschiedliche Spielarten werden in nahezu jedem Personalmanagementlehrbuch hinreichend beschrieben. Für Unternehmen stellt sich grundsätzlich die Frage, wie viel *Arbeitszeitsouveränität* sie ihren Mitarbeitern einräumen wollen. Das Spektrum reicht von starren Arbeitszeiten bis hin zur *Vertrauensarbeitszeit*. Bei Letzterem entscheiden die Mitarbeiterinnen und Mitarbeiter selbst, wann sie arbeiten und wann nicht.

Starre Arbeitsbedingungen sind durch mindestens zwei Faktoren begründet. Zum einen kann es sein, dass die Arbeit an sich aus sachlichen Gründen bestimmte, fixierte Arbeitszeiten erfordert. Man denke hier an die zu nutzende Infrastruktur, wie etwa Maschinen, die einerseits voll ausgelastet sein müssen und an denen jeweils nur ein Mitarbeiter arbeiten kann. Eine klare Zuweisung des Arbeitsorts geht meist damit einher, weil die Infrastruktur stationär installiert ist. In anderen Bereichen mag die Interaktion mit Kunden bestimmte Arbeitszeiten und -orte erfordern. Man denke etwa an den stationären Einzelhandel. Wenn der Laden öffnet, sollten Mitarbeiter in der Filiale lokal präsent sein.

Der andere Faktor hat vielmehr mit Führung und den kulturellen Rahmenbedingungen zu tun. Geht man davon aus, dass Mitarbeiter ihrer Arbeit eher ungern nachgehen, sie dies eigentlich nur deshalb tun, weil sie dafür Geld bekommen. Wenn man also an Theorie X glaubt, dann wird man Mitarbeiter zur Anwesenheit zwingen. Und während dieser Zeit der Anwesenheit steht die menschliche Ressource dem Unternehmen in gewisser Weise zur Verfügung. Die Mitarbeiter haben in der gegebenen Zeit das zu tun, was man ihnen sagt. Denkt man in diese Richtung, dann haben starre Arbeitszeiten schlichtweg eine Kontrollfunktion. Beide Faktoren münden in folgende strategische Prämisse:

> Wir setzen auf Arbeitsbedingungen mit eng gefassten Vorgaben. Dies sichert Klarheit und Kontrolle. Abweichungen in Richtung höherer Autonomie sind eher die Ausnahme. **(3-1)**

Diese Führungskultur kann man selbst als Außenstehender erleben, wenn man in Zeiten des so genannten „Berufsverkehrs" im Stau steht. Für viele autofahrende Arbeitnehmer wäre es sinnvoller gewesen, eine Stunde oder früher das Büro zu verlassen bzw. im Büro länger zu verweilen, um dem Verkehrsaufkommen zeitlich auszuweichen. Viele der Betroffenen benötigen für weite Teile ihre Arbeit lediglich eine mobile Infrastruktur – Rechner und Telefon. Im Grunde haben sie ihr Büro in der Tasche. Wenn sie sich also ausgerechnet um 17 Uhr durch den Verkehr quälen, dann möglicherweise nur deshalb, weil sie nicht anders dürfen.

Für Mitarbeiter und Teams, deren Aufgabe vor allem darin besteht, zu denken und zu kommunizieren erscheinen starre Arbeitsbedingungen eher abwegig. So gibt es Studien, die der Frage nachgegangen sind, wo und wann Mitarbeiter gute, beruflich relevante Ideen haben. Der wissenschaftliche Wert der meisten Studien, die ich kenne ist eher eingeschränkt. Dennoch gelangen sie alle zu ziemlich eindeutigen Ergebnissen. Die besten, beruflich relevanten Ideen entstehen nicht während der sogenannten Arbeitszeit und auch nicht am so genannten Arbeitsplatz. Vielmehr entstehen sie beim Joggen, beim Rasenmähen, beim Spazierengehen, beim Einschlafen, beim Lesen, beim Duschen usw. Langweilige Meetings führen zu mehr Ideen als aufreibende Meetings. Fast man diese, sehr einleuchtenden und subjektiv nachvollziehbaren Ergebnisse zusammen, dann muss man zum Schluss kommen, dass traditionelle Arbeitsbedingungen Menschen davon abhalten, das zu tun, wofür sie bezahlt werden, vor allem dann, wenn ihre Arbeit im Wesentlichen darin besteht, nachzudenken.

Dort, wo vorwiegend gedacht und kommuniziert wird, verlieren traditionelle Vorstellungen von Arbeitszeit und Arbeitsplatz ihre originäre Bedeutung. Was ist ein *Arbeitsplatz*, wenn man primär seinen Kopf benötigt um zu arbeiten? Vermutlich werden zukünftige Generationen dieses Wort „Arbeitsplatz" nicht mehr verstehen. „Ist Arbeit etwas, wo man hin geht?". Der Gegenpol zu starren Arbeitsbedingungen sind flexible Arbeitsbedingungen. Flexibilität in Bezug auf Ort und Zeit ist sozusagen die Grundeinstellungen von wo aus enger gefasste Vorgaben dort angesetzt werden, wo sie als erforderlich erscheinen und nicht umgekehrt.

Wir setzen bei den Arbeitsbedingungen auf ein Höchstmaß an Autonomie und Souveränität. Enger gefasste Vorgaben gibt es nur dort, wo sie als sinnvoll erscheinen. **(3-2)**

Gerade im Hinblick auf die Innovationsfähigkeit von Unternehmen spielen örtliche, physische Rahmenbedingungen eine große Rolle. Vermutlich kann man bereits an der *Architektur* eines Unternehmens erkennen, welchen Grad an Innovation dort möglich ist und welches Führungs- und Organisationsverständnis vorherrscht. Streng hierarchische, arbeitsteilig geführte Unternehmen erkennt man meist an langen Fluren, mit klar abgegrenzten Büros. Man kann organisationale Silos regelrecht sehen. Agile, innovative Unternehmen setzen demgegenüber auf eine Architektur, die in den Grundzügen an Klöster erinnern. Beispielhaft sei hier der Grundriss des ehemaligen Benediktinerklosters Blaubeuren gezeigt (siehe ◘ Abb. 10.1).

Die obige Feststellung mag zunächst verwundern. Was haben Klöster mit Innovation zu tun? Tatsächlich konnte empirisch gezeigt werden, dass innovative Unternehmen ihren Mitarbeitern verschiedene, räumliche Arbeitszonen anbieten, so wie dies in Klöstern der Fall ist (Allen und Henn 2007). Hierzu gehören einerseits Bereiche für Kollaboration und spontanen Austausch

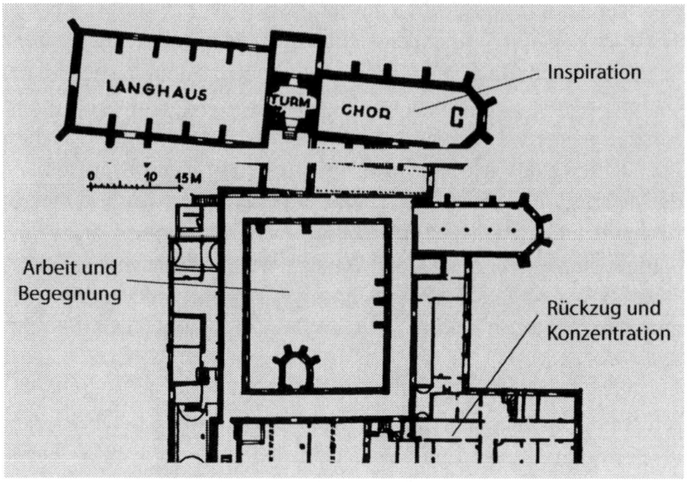

Abb. 10.1 Bereiche innerhalb des Klosters Blaubeuren. (Quelle: Wikimedia Commons 2018. Grundriss Blaubeuren Ehem. Benediktiner-Kloster.)

und Begegnung aber auch Räume für Rückzug und Konzentration. Klöster bieten darüber hinaus Räume der Inspiration an. Am Ende entscheiden die Mitarbeiterinnen und Mitarbeiter je nach aktueller Aufgabe und persönlicher Präferenz, welches physische Umfeld für sie am besten passt.

Regelung zweiter Ordnung

Man stelle sich zunächst folgende, einfache Situation vor: Die Mitglieder eines Teams verfügen vollständig über den Freiraum, Arbeitszeiten und Arbeitsorte selbst zu bestimmen – Vertrauensarbeitszeit und Vertrauensarbeitsort. Es gibt weder fest zugewiesene Büros oder Schreibtische noch gibt es Arbeitszeiten, die in irgendeiner Weise vorgeschrieben oder erfasst würden. Über die Zeit hinweg beschließen die Kolleginnen und Kollegen aber, ihre Arbeitsorte in irgendeiner Form zu regeln. Am Ende sitzt jeder Mitarbeiter dauerhaft an immer demselben Platz. Auch in Bezug auf die Arbeitszeiten entwickeln sich mit der Zeit feste Strukturen. Die Mitarbeiter einigen sich darauf, an bestimmten Tagen zu bestimmten Zeiten anwesend zu sein, weil dies aus deren Sicht gut für die Zusammenarbeit und Kommunikation sei. Wir haben also eine Situation, in der formal äußerst flexible Arbeitsbedingungen herrschen, sich das Team aber selbst eine gewisse Einschränkung oder Fixierung auferlegt hat. Herrschen nun flexible Arbeitsbedingungen vor oder nicht? Irgendwie schon, aber irgendwie auch nicht. Offenbar ist hier die Betrachtung von Regelungen auf zwei Ebenen erforderlich. Wir sprechen hier von Regelungen erster und zweiter Ordnung.

In der Literatur und in der Praxis findet eine Auseinandersetzung mit flexiblen Arbeitsbedingungen vorwiegend auf der konzeptionellen Ebene statt. Es wird dargelegt und debattiert, was *man* alles machen kann – Vertrauensarbeitszeit, nicht-territoriale Arbeitsräume, Gleitzeit, Job-Sharing usw. Die wirklich entscheidende Frage ist aber, wen man mit „man“ konkret meint. Die Meisten gehen implizit davon aus, hier sei vom Unternehmen die Rede. Das Unternehmen entscheidet, wie die Arbeitsbedingungen sind.

Wie nun Arbeitsbedingungen geregelt sind, beschreiben Regelungen erster Ordnung. Wie diese Regelungen entstehen und vor allem wer über Regelungen erster Ordnung entscheidet (das „man“), beschreiben *Regelungen zweiter Ordnung*. Hierbei handelt es sich in gewisser Weise um Metaregeln, Regeln über die Entwicklung von Regeln. Eine zentrale Facette von Regelungen zweiter Ordnung besteht in der Frage, wer für die Entwicklung von Regeln verantwortlich ist. Wer stellt Regeln auf? Wer kann sie ändern? An dieser Stelle tut sich eine weitere, strategische Dimension auf. Sind es die Mitarbeiter selbst oder ist es eine übergeordnete zentrale Instanz, wie etwa die Unternehmensleitung, die Arbeitnehmervertreter, die HR-Funktion oder alle gemeinsam? Stellt man Regelungen erster Ordnung mit Regelungen zweiter Ordnung gegenüber, dann ergeben sich die in ◘ Abb. 10.2 wiedergegebenen Konstellationen.

Die gängige, implizite Vorstellung in Bezug auf die Regelung zweiter Ordnung geht wohl davon aus, dass eine übergeordnete Instanz über die Regelung der Arbeitsbedingungen (Regelung erster Ordnung) verfügt.

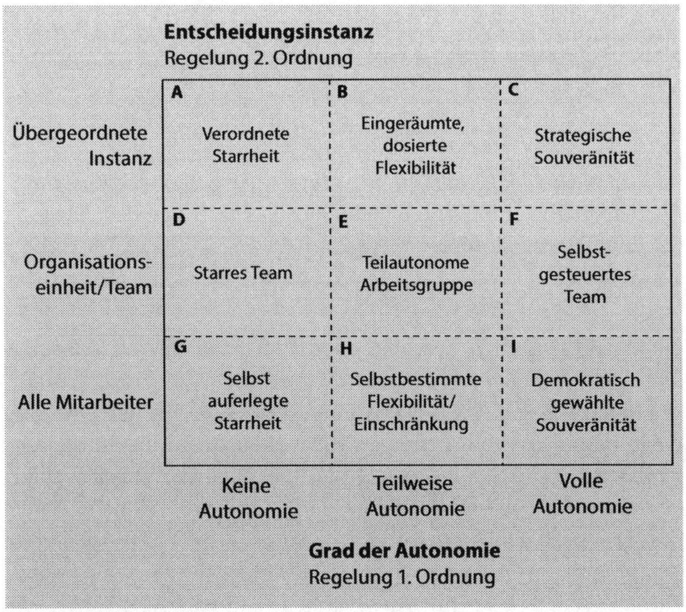

◘ **Abb. 10.2** Regelungen erster und zweiter Ordnung in Bezug auf die Flexibilität von Arbeitsbedingungen

Über die Regelungen der Arbeitsbedingungen entscheidet bei uns eine übergeordnete Instanz (z. B. Unternehmensleitung gemeinsam mit dem Betriebsrat). **(4-1)**

Der eine Extremfall *A* beschreibt eine Situation der zentral *verordneten Starrheit*. Die Unternehmensleitung beispielsweise legt fest, dass sich die Mitarbeiterinnen und Mitarbeiter zu bestimmten Zeiten an einem bestimmten Ort vorzufinden haben. Dieser Situation stehen Arbeitsbedingungen gegenüber, bei denen etwa der CEO entschieden hat, dass eine umfassende Flexibilität vorherrschen soll. Im Falle *strategischer Souveränität (C)* liegt es der Unternehmensleitung am Herzen, jede Form von Starrheit zu vermeiden. Flexible Arbeitsbedingungen bestehen nicht weil die Mitarbeiter dies wollen, sondern weil die Unternehmensleitung das will. Hier agieren CEOs als Hüter von Freiräumen.

Die Konstellationen *G* bis *I* beschreiben Situationen, die so sind wie sie sind, weil die Mitarbeiter dies so wünschen. Dabei ist nicht unbedingt davon auszugehen, dass Mitarbeiter freiwillig und jederzeit den Status grenzenloser Freiräume bevorzugen. Auch Kollegen können misstrauisch sein, oder selbst nach starren Regelungen rufen. Im Falle *selbst auferlegter Starrheit (G)* herrschen fixe Arbeitsbedingungen vor, weil die Mitarbeiter dies so wollen, während im Falle *demokratisch gewählter Souveränität (I)* Freiräume in Bezug auf Ort und Zeit deshalb gegeben sind, weil sich die Mitarbeiterinnen und Mitarbeiter selbst dafür ausgesprochen und dies gemeinsam so entschieden haben.

Über Regelungen der Arbeitsbedingungen entscheiden bei uns die Mitarbeiterinnen und Mitarbeiter selbst im Rahmen eines demokratischen Prozesses. **(4-2)**

Neben diesen, eben beschriebenen Extremen gibt es selbstverständlich Zwischenformen, auf die hier nicht im Einzelnen eingegangen werden soll. So kann eine Regelung zweiter Ordnung darin bestehen, die Regelungen von Arbeitsort und -zeit den Organisationseinheiten zu überlassen. Die Teams sind selbst dafür verantwortlich, wie sie die Dinge klären. Eine verbreitete Variante, die bereits seit den 80ern intensiv diskutiert wird, sind so genannte *teilautonome Arbeitsgruppen (E)*. Hier obliegt es den Teams selbst, zumindest teilweise ihre Anwesenheit, Aufgabenverteilung, Urlaube usw. zu regeln (z. B. Antoni 1994).

Bei genauerem Hinsehen mag man bei der obigen Klassifizierung von Souveränitätsbedingungen den Fall individueller Souveränität vermissen, wonach Mitarbeiter *individuell* nicht nur selbst entscheiden, wann sie wo arbeiten sondern auch sich selbst die Macht verleihen, über dieses Maß an Autonomie zu verfügen. Diese Form absoluter, individueller Unabhängigkeit mag es bei Ein-Mann-Unternehmen geben, bei Freelancern, Schriftsteller, Künstler etc. In Organisationen gibt es diesen Fall nicht. Er ist institutionell schlichtweg nicht vorstellbar.

Warum agile Organisationen keine HR-Awards gewinnen

Agile Organisationen setzen vor allem auf die Souveränität oder Autonomie ihrer Mitarbeiter und Teams. Dies ist eine natürliche Konsequenz aus einer Vielzahl von Annahmen und Voraussetzungen. Wie in ► Kap. 4 ausführlich behandelt, werden Mitarbeiter und Teams als mündige Menschen betrachtet, die selbst am besten Wissen, wie sie ihren Verpflichtungen gegenüber ihren Kunden – nicht gegenüber ihren Chefs – nachkommen können. Iterative, kurzzyklische Prozesse erfordern flexibles Agieren. Der Kombination aus erforderlicher Kollaboration, Kommunikation, spontaner Begegnung, Austausch aber auch notwendiger Konzentration, der Möglichkeit auf Rückzug kann eine starre Arbeitswelt kaum gerecht werden. Agile Organisationen wissen, dass man Mitarbeiterinnen und Mitarbeiter nicht zu bestimmten Zeiten in bestimmte, käfigartige Büros stecken kann, um dann auf innovative Lösungen zu hoffen.

Traditionelle, hierarchische Unternehmen, die der Bedrohung von Disruption in die Augen schauen, verstehen diesen Aspekt zunehmend und arbeiten bemüht und eifrig an neuen, flexibleren Modellen der Arbeitszeit und an Räumlichkeiten, die etwas mehr an jene erinnern, die man im Silicon Valley vermutet. Für sie haben kleine Veränderungen oftmals den Charakter von Revolutionen. Was in agilen Unternehmen schon immer selbstverständlich war muss in traditionellen Unternehmen oft mühsam erkämpft werden. Während beispielsweise in agilen Organisationen niemand in Frage stellen würde, dass man sich ständig und überall informiert und in gewisser Weise weiterbildet streitet man in hierarchischen Unternehmen mit Betriebsräten darüber, ob man Mitarbeitern nahelegen darf, sogar während ihrer Freizeit beruflich relevante TED-Videos anzuschauen[1].

Wenn schließlich in rauschenden Veranstaltungen wiedermal einer der unzähligen Preise für besondere, innovative Leistungen im HR feierlich vergeben wird, dann gewinnt immer ein hierarchisches Unternehmen. Das liegt daran, dass für sie jede Veränderung hin zu höherer Flexibilität eine preisträchtige Errungenschaft darstellt, während in agilen Unternehmen schon immer Flexibilität gelebt und als selbstverständlich erachtet wird. Niemand würde

[1] TED ist eine Plattform für Reden und Präsentation führender Vordenker, die in die Community weltweit als Quelle von Inspiration auch für beruflich relevante Inhalte anerkannt ist. Ein so genannter TED Talk dauernd maximal 18 Minuten (https://www.ted.com/).

dort auf die Idee kommen, sich deswegen um einen Award zu bemühen.

Work-Life-Balance

Wer an *Work-Life-Balance* denkt, denkt automatisch an flexible Arbeitsbedingungen und möglicherweise auch umgekehrt. Bei diesem Begriff folgt oft reflexartig eine Erörterung über die Sinnhaftigkeit desselben. Ja, Arbeit (Work) und Leben (Life) müssen nicht zwei getrennte Dinge sein. Für manche Menschen ist das aber so. Und ja, es könnte treffendere Bezeichnungen geben. Begriffe wie „Work-Private-Integration" oder „Work-Life-Blendung" sind aber auch nicht viel besser. Am Ende geht es um eine für Mitarbeiter gesunde Vereinbarung dessen, was man als Arbeit einerseits und als Privatleben andererseits bezeichnen könnte.

Grundsätzlich ist man sich hier meist einig, dass Work-Life-Balance flexible Arbeitsbedingungen voraussetzt. Nur dann kann man auf der einen Seite seinen beruflichen Verpflichtungen nachgehen und sich in angemessener Weise seinen Kindern, Freunden, seinem Verein oder seiner kirchlichen Gemeinde zuwenden. Insofern kann die Tendenz beobachtet werden, Work-Life-Balance als eine strukturelle Frage zu behandeln. Es braucht formaler Regeln, um diesem Anspruch gerecht zu werden. Work-Life-Balance ist etwas, was man gestalten, managen und vielleicht auch messen sollte. Die bekannten und viel zitierten HR-Vordenker Wayne Cascio und John Boudreau definieren Work-Life-Balance daher als „alle vom Unternehmen ermöglichten Leistungen, die den Mitarbeitern helfen, Anforderungen der Arbeit und außerhalb der Arbeit in ein Gleichgewicht zu bringen" (Cascio und Boudreau 2008, S. 153, Übersetzung durch den Verfasser). Im Anschluss listen sie auf: Kinderbetreuung, flexible Arbeitsbedingungen, Elternzeit, Sabbaticals, etc., die üblichen, strukturellen Maßnahmen.

Um eine Work-Life-Balance zu erzielen, setzen wir auf entsprechende Programme und strukturelle Maßnahmen (z. B. Gleitzeit, Job-Sharing, Betriebskindergarten). (**5-1**)

So zu denken, spiegelt eine strategische Ausrichtung in Bezug auf dieses besondere Thema wider. Diese Denkhaltung stellt allerdings nur eine Position auf einem breiteren Spektrum dar. Dies wird dann deutlich, wenn man sich eine Reihe verbreiteter Phänomene vor Augen führt:

- Es gibt Unternehmen, die ihren Mitarbeitern zwar Vertrauensarbeitszeit und eine flexible Arbeitsortwahl ermöglichen, zugleich aber Mitarbeiter reihenweise einen Burnout erleiden und privat in gewisser Weise verwahrlosen.
- So manche Unternehmen haben sich dazu durchgerungen, Instrumente zur Förderung der Work-Life-Balance – nicht sel-

ten auf Drängen der Mitarbeiter hin – anzubieten, um schließlich festzustellen, dass diese von den Mitarbeitern nicht genutzt werden.

- Manche Mitarbeiter erkennen gerade in fixen Strukturen die Grundlage dafür, Arbeit und Privatleben zu trennen bzw. miteinander zu vereinbaren. Für sie ist klar, wann Arbeit endet und wann Familie beginnt, darauf können sie sich darauf verlassen und bauen darauf.
- Die mit einer Flexibilisierung einher gehende Verschmelzung von Arbeit und Privatleben (z. B. beruflich relevante Mails noch kurz vor dem Einschlafen checken) führen zu so genannten *Spill-over-Effekten*. Weil irgendwie immer gearbeitet wird strahlen (spillover) positive wie negative, arbeitsbezogene Emotionen und Gedanken in den privaten Kontext (Edwards und Rothbard 2000).

Work-Life-Balance setzt also ganz offenkundig mehr voraus, als lediglich strukturelle Rahmenbedingungen. Flexible Arbeitsbedingungen können eine Voraussetzung für diese Form von Vereinbarkeit sein. Eine Garantie dafür sind sie nicht. In diesem Zusammenhang sind neben strukturellen Bedingungen auch kulturelle Bedingungen maßgebend.

Wie reagiert eine Führungskraft, wenn sie feststellt, dass der bereits vorgestellte Thomas sein Angebot nicht werktags um 17 Uhr verfasst, sondern am Wochenende? Wird Thomas als Vorbild gesehen oder als Beispiel, dafür wie es nicht sein sollte? Denkt die Führungskraft: „Thomas ist ein wahres Vorbild. Er ist sich selbst nicht zu schade, seine private Zeit für die Firma zu opfern. Er zeigt damit, wie man Extrameilen geht"? Oder denkt er: „Offenbar hat Thomas sich selbst und seine Arbeit nicht im Griff. Er sollte besser planen und lernen, mit seinen Ressourcen umzugehen. ‚Nein' sagen wäre manchmal besser. Hat er keine Freunde? Hat er keine Familie? Wir müssen ihm vielleicht helfen, mehr Verantwortung für sich und sein privates Umfeld zu übernehmen"? Work-Life-Balance ist auch eine Kulturfrage und liegt somit in weiten Teilen in der Verantwortung der Führungskräfte (McCarthy et al. 2010). Unternehmen, die so denken, gehen über strukturelle Maßnahmen hinaus und verpflichten sich einer weiter reichenden Prämisse:

> Um eine Work-Life-Balance zu erzielen, vermitteln wir unseren Mitarbeitern in dem was wir tun und sagen, dass Familie und Freunde wichtiger sind als Arbeit. **(5-2)**

Deren CEO vermitteln im Falle dieser strategischen Ausrichtung eine klare Botschaft, die besagt: wir wollen *Menschen* als Mitarbeiter, die ein gesundes Leben leben. Dazu gehören Familie, Freunde, private Interessen, möglicherweise ein spiritueller Glauben. Leben ist größer als Arbeit. Nur wer in der Lage ist, Verantwortung für sein Leben zu übernehmen, ist auch in der Lage, Verantwortung für Kunden und Kollegen zu tragen. Arbeit ist austauschbar, das Leben nicht.

Work-Life-Balance = Diversity, Diversity = Work Life Balance

Anders als die bereits erwähnten HR-Vordenker Cascio und Boudreau sollte Work Life Balance weniger in Bezug auf personalpolitische Leistungen definiert werden. Work-Life-Balance ist im Kern nichts anderes als die *Wertschätzung individueller Lebensentwürfe* durch das Unternehmen, deren Führungskräfte, Kollegen und schließlich durch den Mitarbeiter selbst. Lebensentwürfe beinhalten Freunde, Familie, Arbeit, Religion, Hobbies etc. Dabei sind Lebensentwürfe immer als *individuelle* Lebensentwürfe zu verstehen. Kein Lebensentwurf eines Menschen gleicht dem Lebensentwurf eines anderen Menschen.

Bereits in ▶ Abschn. 4.2 wurde eine sehr verwandte Definition vorgestellt. Dabei ging es um das Konzept der Diversity. Es wurde verdeutlicht, dass Diversity gleichzusetzen ist mit der Wertschätzung von Individualität. Hier schließt sich der Kreis. Work-Life-Balance und Diversity sind im Kern ein und dieselben Konzepte, zumindest basieren sie auf einem gemeinsamen, fundamentalen Verständnis. Diese Überlegung lässt sich beispielsweise anhand der Frage verdeutlichen, wie man es schafft, in Führungsetagen einen höheren Anteil an weiblichen Führungskräften zu erzielen.

Traditionell wird dieses Thema unter der Überschrift *Gender Diversity* behandelt. Demnach geht es um die Gleichstellung von Mann und Frau, was wiederum anhand des relativen Anteils von Frauen auf Führungspositionen gemessen werden kann. Inwieweit aber tatsächlich eine Gleichstellung erzielt werden kann, hat im wesentlich etwas mit der Wertschätzung individueller Lebensentwürfe zu tun. Männer in Führungspositionen haben meist andere Lebensentwürfe als ihre weiblichen Kollegen. Traditionell wird von Führungskräfte verlangt, dass sie sich uneingeschränkt für die Firma einsetzen, die Interessen des Unternehmens allen anderen Interessen überordnen, grenzenlose Mobilität an den Tag legen, als erste an Bord gehen und das Schiff als Letzte verlassen. Für Männer war dieses Führungsverständnis viele Jahrzehnte lang machbar. Sie konnten sich den damit einher gehenden Lebensentwurf deshalb leisten, weil dieser eine Partnerin vorsah, die sich derweil um die Familie kümmerte. Wenn nun eine Frau unter diesen Gegebenheiten eine Führungsrolle übernimmt, hat sie entweder die Möglichkeit, auf Familie zu verzichten – ca. 70 % aller weiblichen Führungskräfte tun dies –, oder mit dem Partner einen Rollentausch vorzunehmen (vgl. Boes et al. 2014). Sie arbeitet und er bleibt zuhause. Eine weitere Alternative bestünde darin, Familienangelegenheiten auszulagern, an Großeltern, Nannies und dergleichen. Oberflächlich betrachtet lässt sich so eine hohe Frauenquote durch eine steigende Zahl vermännlichter Frauen erzielen. Mit echter Diversity hat dies allerdings kaum etwas zu tun.

Echte Diversity kann nur erzielt werden, wenn ein Unternehmen es schafft, individuelle Lebensentwürfe wertzuschätzen. Zum Glück gibt es immer mehr Männer, die ihre Kinder aufwachsen sehen wollen. Sie betrachten die Lebensentwürfe einer Mehrzahl männlicher Führungskräfte in gewisser Weise als „asozial", weil sie nur begrenzten Raum für Familie und Freunde bieten – für das, was im Leben wirklich zählt. Zum Glück gibt es darüber hinaus eine Mehrheit von Frauen, die offenbar nicht bereit ist, sich lebensferne, männliche Lebensentwürfe zu eigen zu machen. Diversity würde bedeuten, nicht nur deren Individualität sondern damit auch deren Lebensentwürfe wertzuschätzen. Vielleicht sind ja gerade jene Menschen die besseren Führungskräfte, die auch privat willens und bereit sind, Verantwortung für Kinder, Familie

Tab. 10.1 Alle strategischen Dimensionen zu Arbeitsbedingungen und Arbeitgeberattraktivität im Überblick

Zielsetzung Arbeitgeberattraktivität	1-1 Allgemeine Attraktivität Wir wollen insgesamt als attraktiver Arbeitgeber bekannt sein und bemühen uns darum, dies auch zu sein	1-2 Realistische Attraktivität Wir wollen und können nicht in Allem und für Jeden ein attraktiver Arbeitgeber sein. Damit gehen wir auch sehr offen und authentisch um. Wir fokussieren auf jene Momente, für die es lohnt zu arbeiten
Verständnis von Arbeitgeberattraktivität	2-1 Objektiv und allgemein Bei der Entwicklung unserer Arbeitgeberattraktivität orientieren wir uns an objektiven, (wissenschaftlich) anerkannten Standards. Diese versuchen wir unternehmensweit umzusetzen	2-2 Subjektiv und individuell Arbeitgeberattraktivität ist eine individuelle, subjektive Angelegenheit. Deshalb können wir nur dann attraktiv sein, wenn wir Raum für die Bedürfnisse des Einzelnen schaffen
Regelung der Arbeitsbedingungen 1. Ordnung	3-1 Fixe Arbeitsbedingungen Wir setzen auf Arbeitsbedingungen mit eng gefassten Vorgaben. Dies sichert Klarheit und Kontrolle. Abweichungen in Richtung höherer Autonomie sind eher die Ausnahme	3-2 Souveränität Wir setzen bei den Arbeitsbedingungen auf ein Höchstmaß an Autonomie und Souveränität. Enger gefasste Vorgaben gibt es nur dort, wo sie als sinnvoll erscheinen
Regelung der Arbeitsbedingungen 2. Ordnung	4-1 Übergeordnete Ebenen Über die Regelungen der Arbeitsbedingungen entscheidet bei uns eine übergeordnete Instanz (z. B. Unternehmensleitung gemeinsam mit dem Betriebsrat)	4-2 Mitarbeiter Über Regelungen der Arbeitsbedingungen entscheiden bei uns die Mitarbeiterinnen und Mitarbeiter selbst im Rahmen eines demokratischen Prozesses
Work-Life-Balance	5-1 Strukturelle Maßnahmen Um eine Work-Life-Balance zu erzielen, setzen wir auf entsprechende Programme und strukturelle Maßnahmen (z. B. Gleitzeit, Job-Sharing, Betriebskindergarten)	5-2 Haltung und Kultur Um eine Work-Life-Balance zu erzielen, vermitteln wir unseren Mitarbeitern in dem was wir tun und sagen, dass Familie und Freunde wichtiger sind als Arbeit

und Freunde zu übernehmen. Vor dem Hintergrund überrascht es nicht, dass immer mehr modern denkende Unternehmen an alternativen Modellen arbeiten. Bei der SAP wird etwa Führung in Teilzeit gefördert. Andere Unternehmen wiederum setzen auf Job-Sharing auf Führungsebenen. Man darf gespannt sein, was die Praxis in den kommenden Jahren an spannenden Konzepten hervorbringen wird.

Struktur versus Individualität

In diesem Unterkapitel wurde von der grundlegenden Annahme ausgegangen, dass Arbeitgeberattraktivität in erster Linie eine Frage der Arbeitsbedingungen ist. Dabei wurde bewusst vermieden, darzustellen, was einen attraktiven Arbeitgeber substantiell ausmacht. Im Vordergrund stand vielmehr der Aspekt, *wie* Arbeitsbedingungen gestaltet werden und *wer* dafür verantwortlich ist. Einen entsprechenden Überblick über alle strategischen Aussagen und Dimensionen liefert ◘ Tab. 10.1. Bei einer zusammenfassenden Betrachtung dieser beiden Seiten wird deutlich, dass die Themen Arbeitsbedingungen und Arbeitgeberattraktivität entweder strukturell betrachtet werden können. Das wäre die linke Seite. Hier geht es um Regeln, Leitplanken, Bedingungen, die strukturell im Unternehmen definiert werden. Oder man versteht Arbeitsbedingungen und Arbeitgeberattraktivität eher als eine Frage der Individualität. Was will der Mitarbeiter? Wie souverän ist er in der Gestaltung seiner Bedingungen. Welchen individuellen Lebensentwurf kann er verwirklichen? Am Ende entsteht Arbeitgeberattraktivität im Sinne der Individualität immer im Erleben des einzelnen Mitarbeiters oder der einzelnen Mitarbeiterin.

10

10.2 Mitarbeiterbefragung

Seit vielen Jahren verkündet das amerikanische Meinungsforschungsinstitut Gallup die Schreckensmeldung, wonach die überwiegende Mehrheit der Mitarbeiterinnen und Mitarbeiter weltweit entweder nicht engagiert („not engaged") oder aktiv nicht-engagiert („actively disengaged") sind. Fast immer, wenn irgendwo mal wieder von *Employee Engagement* die Rede ist, wird dieser Gallup-Befund zitiert. Interessanterweise weiß aber kaum jemand, der diese Zahl zitiert, wie sie tatsächlich zustande kommt. Auch Gallup selbst macht daraus ein Geheimnis. Vermutlich ist diese Zahl ein reines Artefakt, verwendet für bloße Marketingzwecke[2]. Dabei trifft sie einen Nerv. Welcher CEO möchte nicht wissen, wie motiviert und engagiert seine Mitarbeiter sind? Schließlich geht man davon aus, dass zufriedene, motivierte Mitarbeiter mehr leisten, was Forscher bei Gallup meinen, wissenschaftlich belegt

2 Eine ausführliche Kritik an Gallups Ansatz zur Messung von „Employee Engagement" findet sich in meinem Blog: http://www.armintrost.de/en/are-gallups-engagement-numbers-fake-at-least-they-are-heavily-cited/.

zu haben (Harter et al. 2002) und dabei wieder einmal Korrelation mit Kausalität verwechseln. Die verbreitete Grundlage für die Ermittlung der Employee Engagement waren schon immer so genannte *Mitarbeiterbefragungen.*

Im weiteren Verlauf dieses Unterkapitels wird zunächst der am meisten verbreitete, klassische Ansatz von Mitarbeiterbefragungen und seine strategische Ausrichtung dargestellt (Trost et al. 1999; Borg 2000). Anschließend wird diesem Ansatz eine agilere Sichtweise gegenübergestellt.

Der klassische Ansatz einer Mitarbeiterbefragung

Klassische Mitarbeiterbefragungen folgen einem Zyklus, der ein oder mehrere Jahre umfasst. Dieser Zyklus sieht weit mehr vor, als der Begriff der Mitarbeiterbefragung vermuten lässt. Tatsächlich geht es nicht nur um das Befragen an sich sondern um einen fortlaufenden Prozess, der dazu angelegt ist durch Befragung, Rückmeldung und Verbesserung eine Organisation in einen besseren Zustand zu entwickeln. Der typische Ablauf ist in ◘ Abb. 10.3 angedeutet. Auf die einzelnen Schritte wird im Folgenden kurz eingegangen.

Wenn eine Mitarbeiterbefragung die Lösung ist, was ist dann das Problem? Das Problem ist weder eine vermutete, mangelnde Motivation noch geringe Zufriedenheit auf Seiten der Mitarbeiter sondern schlichtweg Unkenntnis. Man möchte zwar wissen, wie die Mitarbeiterinnen und Mitarbeiter eine Sache sehen, wie es ihnen geht, weiß dies aber nicht. In solchen Situationen hilft eine Studie. Eine Studie liefert am Ende Einblicke in zuvor unbekannte Sachverhalte. Aber wer hat dieses Problem? Im Rahmen klassischer Mitarbeiterbefragungen wird konstatiert, Alle hätten dieses Problem, die Geschäftsführung aber auch alle Führungskräfte und deren Teams auf allen Ebenen. Der CEO erhält Einblicke ins Gesamtunternehmen. Teamleiter erfahren etwas über die Befindlichkeit und Sichtweisen ihrer Teams.

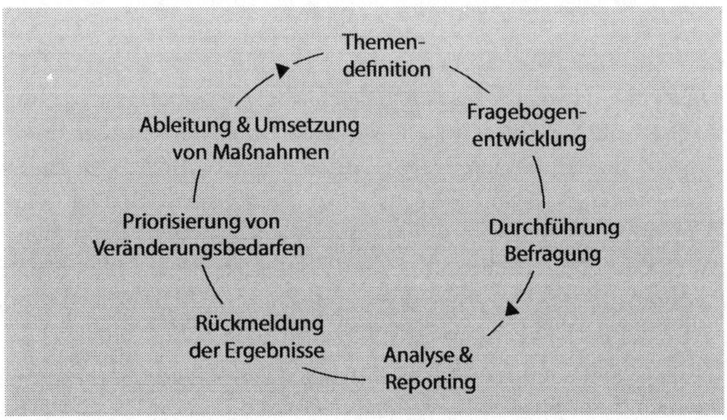

◘ **Abb. 10.3** Zyklus einer klassischen Mitarbeiterbefragung

Von unseren Mitarbeiterbefragungen profitieren sehr unterschiedliche Stakeholder gleichermaßen. (**1-1**)

Dabei werden klassischerweise jene Themen in Betracht gezogen, denen ein Bezug zur Zufriedenheit, Motivation, Leistungsfähigkeit und zum Commitment der Mitarbeiter unterstellt wird. Es geht um die Zufriedenheit der Mitarbeiter mit ihrer Arbeit, ihrem Gehalt, ihren Entwicklungsperspektiven, ihrer Zusammenarbeit mit anderen, ihren direkten Vorgesetzten, der Unternehmensstrategie, der Kommunikation, ihren Arbeitsmitteln etc. Liegen die Ergebnisse schließlich auf dem Tisch, kann man feststellen, wo Dinge gut laufen und wo nicht. Auf dieser Grundlage können dann Prioritäten für zukünftige Maßnahmen abgeleitet werden.

Wir berücksichtigen ein breites Spektrum an Themen. Aus den Ergebnissen einer Mitarbeiterbefragung schließen wir dann auf Handlungsbedarfe und leiten Prioritäten ab. (**2-1**)

Befragt werden die Mitarbeiter mittels anonymer, strukturierter Fragebogen. Dadurch wird sichergestellt, dass die Mitarbeiter angstfrei und somit ehrlich antworten können. Die Strukturiertheit des Befragungsinstruments ermöglicht Vergleichbarkeit nach Innen und Außen. Es gibt vorformulierte Fragen mit standardisierten Antwortmöglichkeiten.

Ehrliche Antworten erfordert Anonymität bei einer Mitarbeiterbefragung. Deshalb nutzen wir strukturierte Fragebogen, was zudem eine Vergleichbarkeit der Ergebnisse ermöglicht. (**3-1**)

Dabei handelt es sich bei den meisten Mitarbeiterbefragungen um so genannte Vollbefragungen. Alle Mitarbeiter werden ausnahmslos zur Teilnahme aufgerufen. Aus wissenschaftlichen Gründen wäre dies nicht erforderlich, da auch Stichproben genügen würden, um zu denselben Erkenntnissen zu gelangen. Besonderer Wert wird aber auf die aktive Einbindung der Mitarbeiter gelegt. Man würde sich bei einer demokratischen Wahl auch nicht auf eine Stichprobe verlassen wollen. Tatsächlich haben Mitarbeiterbefragungen ihre Wurzeln in der *Organisationsentwicklung* und der damit verbundenen Aktionsforschung. „Betroffene zu Beteiligten machen" war dabei der Grundsatz, der in die so genannte *Survey-Feedback-Methode* mündete (Bowers 1973).

Bei Mitarbeiterbefragungen befragen wir immer alle Mitarbeiter. Es geht uns um eine breite Einbindung aller Mitarbeiterinnen und Mitarbeiter. (**4-1**)

Solche klassischen Formen der Mitarbeiterbefragung sind recht aufwendig in Bezug auf die Vorbereitung, Durchführung aber insbesondere bei der Aufbereitung der Ergebnisse sowie Ableitung entsprechender Maßnahmen. Es besteht der explizite Anspruch, Organisationen in allen Bereichen und auf allen Ebenen zu mobilisieren. Da liegt es nahe, Mitarbeiterbefragungen maximal jährlich durchzuführen. Üblich sind zweijährliche Zyklen.

Mitarbeiterbefragungen führen wir in (mehr)jährlichen Zyklen durch. Alles andere wäre hinsichtlich des Aufwands nicht vertretbar. (**5-1**)

Bei Mitarbeiterbefragungen gilt das ungeschriebene Gesetzt, dass die Ergebnisse niemals in der viel zitierten Schublade verschwinden dürfen, unabhängig davon, wie die Ergebnisse ausgefallen sind. In den vergangenen Jahren sind die meisten Unternehmen sogar deutlich über diesen Anspruch hinausgegangen. Jede Geschäftseinheit, jede Abteilung, jedes Team erhält einen eigenen Ergebnisbericht mit aggregierten Darstellungen der Aussagen ihrer jeweils zugehörigen Mitarbeiter. In großen Konzernen erlebt man in diesem Zusammenhang regelrechte „Berichtslawinen".

Die Ergebnisse einer Mitarbeiterbefragung sind für alle Mitarbeiter und Führungskräfte auf allen Ebenen bestimmt. Dabei wird nach Organisationseinheiten differenziert. (**6-1**)

Danach beginnt die eigentliche Arbeit. Im Rahmen sogenannter *Folgeprozesse* sind alle Divisionen, Abteilungen, Teams aufgerufen, ihre eigenen Ergebnisse zu betrachten, zu reflektieren und Verbesserungsmöglichkeiten abzuleiten. Dabei werden Ergebnisse der eigenen Organisationseinheit mit denen übergeordneter Einheiten vergleichen und etwaige Abweichungen bewertet und priorisiert. Dahinter steht die Überzeugung, dass sich anhand der Folgeprozesse entscheidet, ob sich der ganze Aufwand gelohnt hat. Nur wenn sich für die Mitarbeiterinnen und Mitarbeiter spürbar etwas ändert, werden sie in zwei Jahren wieder bereit sein, an der nächsten Mitarbeiterbefragung teilzunehmen.

> **Wir betrachten Folgeprozesse als den wichtigsten Teil einer Mitarbeiterbefragung. Die Befragung muss auf allen Ebenen zu sichtbaren Konsequenzen führen. (7-1)**

So, oder so ähnlich stellen sich Mitarbeiterbefragungen in den meisten Unternehmen dieser Tage dar. Vor fast 20 Jahren habe ich gemeinsam mit Kollegen an der Uni Mannheim ein Buch über Mitarbeiterbefragungen verfasst, in dem ich genau diese klassische Sichtweise dargestellt habe (Trost et al. 1999). Dieses Buch würde ich heute so nicht mehr schreiben. In weiten Teilen hatte ich mich getäuscht. Darüber hinaus wurde mir deutlich, dass dieser Ansatz einem zutiefst hierarchischen Führungs- und Organisationsverständnis entspricht.

In den folgenden Abschnitten soll daher eine alternative Sichtweise dargelegt werden. Dabei wird deutlich, dass klassische Mitarbeiterbefragungen grundsätzlich an Grenzen stoßen und nur selten das einhalten, was sie versprechen. Dies ist in hierarchischen Unternehmen der Fall und in besonderem Maß in agil geführten Unternehmen. Die im Folgenden skizzierten, strategischen Alternativen sind aber vor allem mit agilen Rahmenbedingungen vereinbar.

Nur was vorher wichtig war, ist danach auch wichtig

Ich hatte im Laufe meiner Karriere des Öfteren die Gelegenheit, vor Geschäftsführern Mitarbeiterbefragungsergebnisse zu präsentieren. Einen Moment werde ich aber nie mehr vergessen. Ich stand vor der Geschäftsführung eines großen IT-Unternehmens und ich präsentierte Balkendiagramme, Kuchendiagramme zu unterschiedlichen Fragen der eben durchgeführten Mitarbeiterbefragung. „Und hier sehen Sie die Zufriedenheit der Mitarbeiterinnen und Mitarbeiter mit ihren Arbeitsbedingungen". „Dieses Slide zeigt die Antwortverteilung zur Frage nach der Zufriedenheit mit der Kommunikation" usw. So ging das eine halbe Ewigkeit. Wer mich kennt, weiß, dass ich durchaus in der Lage bin, Zuhörer zu begeistern. Aber in dieser Situation hatte ich meine wahre Mühe. „Und hier sehen Sie die Ergebnisse zur Frage: Könnten Sie unserer Internetstrategie einem neuen Mitarbeiter erklären?". 48 % sagten „Ja", der Rest „teils-teils" bis „nein". Plötzlich war Leben im Raum. Alle waren auf einen Schlag hellwach. Der CEO erlitt eine Art cholerischen Anfall. „Wenn dieses Ergebnis stimmt, dann können wir unseren Laden in ein paar Jahren dicht machen" polterte er.

Was war passiert? Dieses Ergebnis zur Kenntnis der Internet-Strategie war für die anwesenden Vorstände nicht nur irgendwie interessant (im besten Fall), sondern hochgradig relevant. Ein entscheidender Unterschied. Für eine Person oder eine Gruppe sind Befragungsergebnisse dann relevant, wenn sie einen unmittelbaren Bezug zu deren Ziele aufweisen. Ansonsten sind sie bestenfalls nur interessant (siehe auch ► Abschn. 11.2, Kennzahlen und Controlling). Und noch etwas habe ich aus vielen Jahren praktischer Beschäftigung mit Mitarbeiterbefragungen gelernt: Was vor einer Befragung nicht wichtig ist, ist auch nach der Befragung nicht wichtig – unabhängig von den Ergebnissen. Letzteres betrachte ich mittlerweile als ein goldenes Gesetz von Mitarbeiterbefragungen.

Bei Mitarbeiterbefragungen werden nur jene Inhalte in Betracht gezogen, die bereits vor der Befragung eine hohe Priorität haben. Nur was vor der Befragung wichtig ist, ist auch nach der Befragung wichtig (**2-2**).

Dieses Gesetz hat unmittelbare Implikationen auf die Wahl der Befragungsinhalte. Sich dumm zu stellen, ins Blaue hinein zu fragen, um dann zu schauen, was wohl rauskommt, scheint keine gute Strategie zu sein. Vielmehr sollte man besser jene Inhalte in einer Befragung in Betracht ziehen, vor dessen Ergebnissen man bereits im Vorfeld Respekt hat. Dieser bedeutsame Unterschied ist in ◘ Abb. 10.4 grafisch wiedergegeben.

Im oberen Teil dieser Abbildung ist der klassische Ansatz angezeigt, wonach zunächst ein offenes Themenspektrum in Betracht gezogen wird. Dieses ergibt sich meist aus dem Standardfragebogen der durchführenden Beratung. Dann, *nach* der Durchführung der Befragung und Analyse der Ergebnisse werden Prioritäten abgeleitet. Die Alternative hingegen zeigt zwar vergleichbare Schritte, nur eben in einer anderen Reihenfolge. Begonnen wird mit den Prioritäten, aus denen sich die wirklich relevanten Inhalte der Befragung ableiten. Sie werden *vorher* bestimmt. Dem schließt sich dann der Rest an.

Wer ist der Kunde?

Nun sind unterschiedliche Befragungsinhalte auch für unterschiedliche Stakeholder im Unternehmen von unterschiedlicher Relevanz. Die Geschäftsführung beschäftigt sich mit anderen Fragen, als operativ tätige Teams. Für den IT-Support, der die Zu-

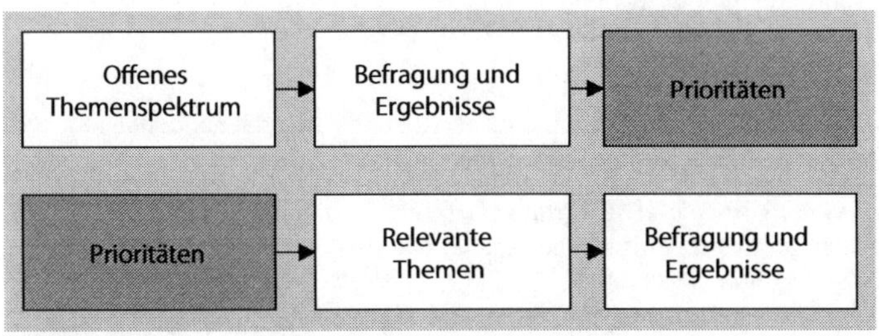

◘ **Abb. 10.4** Prioritäten vor und nach der Befragung

friedenheit seiner internen Kunden in Erfahrung bringen möchte, sind wiederum andere Inhalte relevant. In Tab. 10.2 sind unterschiedliche Inhalte und Befragungsformate in Bezug auf mögliche Zielgruppen angedeutet.

Eine zentrale Frage bei der Durchführung einer unternehmensinternen Befragung ist also die nach dem jeweiligen Kunden. Auf deren Schwerpunkte sollte sich eine Befragung dann auch konzentrieren.

Bei Mitarbeiterbefragungen konzentrieren wir uns jeweils auf die Schwerpunkte eines bestimmten Kunden (Stakeholder). (**1-2**)

Unternimmt man hingegen den Versuch, mit *einem* Ansatz eine breite Variation von Stakeholdern zugleich zu bedienen, führt dies meist dazu, dass die Interessen von niemandem konsequent adressiert werden. Am Ende kann dies bedeuten, dass für unterschiedliche Stakeholder auch voneinander unabhängige Befragungen mit unterschiedlichen Formaten erforderlich sind. Der klassische Ansatz der Mitarbeiterbefragung wie oben beschrieben wird diesem Grundsatz nicht gerecht. Er versucht, die Interessen unterschiedlicher Zielgruppen auf einmal abzudecken, ein Versuch, der scheitern muss. Daher sollte hinsichtlich der Ergebnisse folgende strategische Prämisse gelten:

Die Ergebnisse einer Mitarbeiterbefragung sind nur für jene Stakeholder relevant, die für die in Betracht gezogenen Inhalte verantwortlich sind. (**6-2**)

Tab. 10.2 Unterschiedliche Befragungsinhalte und Formate für unterschiedliche Zielgruppen

Zielgruppe	**Relevante Befragungsinhalte**	**Befragungsformat**
Geschäftsleitung	Strategische Inhalte, Commitment gegenüber strategischen Prioritäten, Veränderungen und die Möglichkeit/Fähigkeit der Mitarbeiterinnen und Mitarbeiter dazu beizutragen	Strategische Pulsbefragung
Interne Dienstleister	Interne Zufriedenheit mit unternehmensinternen Services, Verbesserungsvorschläge, Bewertung von Kundenpräferenzen	Interne Kundenbefragung
Mittleres Management	Führungsqualität, Priorisierung und Bewertung von (potenziellen) Maßnahmen, strategische Inhalte, Bewertung der Zusammenarbeit und Kommunikation	Führungskräftebeurteilung, 360-Beurteilung, Pulsbefragung
Operative Teams	Zufriedenheit mit Arbeitsbedingungen, Zusammenarbeit und Kommunikation im Team, Bewertung von Maßnahmen und Vorschlägen	Einfache Teambefragung

Demnach ist es nicht erforderlich, alle Ergebnisse mit allen Mitarbeitern, differenziert nach Organisationseinheiten widerzuspiegeln sondern ausschließlich der jeweiligen, internen Zielgruppe. Man sollte Befragungsteilnehmer zwar über Ergebnisse informieren. Sie aber aufzufordern, mit den Ergebnissen zu arbeiten ist meist alles andere als zielführend.

Pulsbefragungen

In ◘ Tab. 10.2 wird an unterschiedlichen Stellen auf *Pulsbefragungen* als mögliches Befragungsformat hingewiesen. Pulsbefragungen haben sich in den vergangenen Jahren als wertvolle Alternativen oder Ergänzungen zu klassischen Mitarbeiterbefragungen etabliert. Ein einfaches Beispiel mag die Logik dieses Ansatzes verdeutlichen.

Nehmen wir an, die Geschäftsleitung eines Unternehmens hat das Thema Digitalisierung als strategisches Thema erkannt und definiert. Es sieht sich unter Zeitdruck und ist davon überzeugt, dass dieses Thema nur dann eine Chance hat, wenn die gesamte Organisation innerhalb weniger Monate von diesem Thema durchdrungen ist. In diesem Fall böte sich eine strategische Pulsbefragung an, bei der monatlich eine Stichprobe von Mitarbeitern zu diesem Thema befragt wird. Mögliche Fragen könnten sein:

- Sind Sie davon überzeugt, dass das Thema Digitalisierung für die Zukunft unseres Unternehmens eine sehr hohe Bedeutung hat?
- Ist Ihnen klar, was Digitalisierung für Sie und Ihre unmittelbaren Kolleginnen und Kollegen konkret bedeutet?
- Tragen Sie im Rahmen Ihrer täglichen Arbeit aktiv zum Erfolg unserer Digitalisierungsstrategie bei?
- Erhalten Sie die notwendige Unterstützung und den Freiraum zu unserer Digitalisierungsstrategie beizutragen?

Wenn Digitalisierung ein Thema von hoher strategischer Bedeutung ist, dann wird die Geschäftsleitung monatlich auf die Ergebnisse dieser Befragung bangen und in Abhängigkeit der Ergebnisse prompt handeln. Die Ergebnisse werden auch ausschließlich an die Geschäftsführung berichtet. Die Befragungsteilnehmer werden bestenfalls darüber informiert.

Schnell und minimalinvasiv

Pulsbefragungen sind ein gutes Beispiel für agile Befragungsmethoden. Sie sind schnell. Sie adressieren die Bedarfe eingegrenzter Zielgruppen ohne Streuverluste und konzentrieren sich auf das Wesentliche. Die Kosten für Pulsbefragungen sind im Vergleich zu jenen klassischer Mitarbeiterbefragungen verschwindend gering. Dabei geht es weniger um eine breite Einbindung von Mitarbeitern oder um demokratische Entscheidungsprozesse sondern lediglich um schnelles Feedback. Stichproben sind dafür bestens geeignet und sparen Geld.

> Bei Mitarbeiterbefragungen werden nur Stichproben gefragt. Dies genügt, um repräsentative Ergebnisse zu erhalten. **(4-2)**

Daher können Pulsbefragungen auch kurzzyklisch durchgeführt werden, monatlich oder auf Bedarf hin. Moderne Befragungsinstrumente erlauben die Durchführung schneller Befragungen innerhalb weniger Minuten. Zumindest ist dies technisch der Fall. In wieweit etwaige Abstimmungen mit Betriebsräten und andere Abstimmungsschleifen Zeit kosten soll hier nicht weiter vertieft werden.

> Mitarbeiterbefragungen führen wir so häufig durch wie nötig, wenn es sein muss kontinuierlich, jeden Tag. **(5-2)**

Amazon beispielsweise befragt seine Mitarbeiter täglich. Jedem Mitarbeiter wird zu Beginn des Arbeitstages eine einzige Frage gestellt. Dabei variieren die Fragen von Mitarbeiter zu Mitarbeiter. Geantwortet wird über ein mobiles Endgerät. In der Summe liefern die Antworten ein kontinuierliches Barometer über die Sichtweisen der Mitarbeiter.

Genauso, wie ich im Rahmen meiner Vorlesung eine spontane Befragung durchführen kann, können dies Teams und Abteilungen etwa im Rahmen von Meetings oder Klausurtagungen. Diese Befragungen, bei denen die akuten inhaltlichen Bedarfe und Fragen der Betroffenen adressiert werden, sind für die Teilnehmenden meist von höherer Relevanz, als standardisierte Ergebnisberichte, die im Kontext klassischer Mitarbeiterbefragungen ein Mal im Jahr, fremdbestimmt angeschwemmt kommen.

Laufende Rückmeldung

Klassische Mitarbeiterbefragungen werden durch die Mitarbeiter und Führungskräfte meist als singuläre isolierte Ereignisse erlebt. „Wie, die nächste Mitarbeiterbefragung steht an? Sind schon wieder zwei Jahre vergangen?" Dies ist insofern besonders, als mit den Zahlen anderer Controlling-Systeme eher kontinuierlich gearbeitet wird. Man denke hier an Umsätze, Kosten, Qualitätskennzahlen, Unfallhäufigkeiten etc. Bei Zahlen, die aus klassischen, langzyklischen Mitarbeiterbefragungen generiert werden ist dies kaum so. Klassische Mitarbeiterbefragungen kommen und gehen. Für Unternehmen könnte sich in Anbetracht dessen die Frage stellen, wie Mitarbeiterbefragungen gestaltet und durchgeführt werden, damit sie Gegenstand kontinuierlicher Auseinandersetzung werden.

Die Ergebnisse aus Mitarbeiterbefragungen müssen natürlicher Bestandteil kontinuierlicher Entscheidungsprozesse sein. Ansonsten fristen sie ein Schattendasein. (7-2)

Dabei ist Kontinuität nicht erforderlich nur der Kontinuität wegen. Man geht als vorbildlicher Patient auch nur alle sechs Monate zum Zahnarzt. Und wenn alles in Ordnung ist kann man die Angelegenheit weitere sechs Monate ruhen lassen. Soll aber an einem Thema ernsthaft gearbeitet werden und ist man dabei mit kontinuierlicher Ungewissheit konfrontiert, dann bedarf es kontinuierlicher Aufmerksamkeit, die klassische Mitarbeiterbefragungen so kaum bieten.

Miteinander reden

Ab und an spreche ich mit CEOs über das Thema Mitarbeiterbefragung. Meist beschäftigt sie die Frage, ob bzw. wie sie eine Mitarbeiterbefragung durchführen könnten oder sollten. Gerade bei kleineren und mittelständischen Unternehmen liegt mir dann regelmäßig die Frage auf der Zunge: „Warum reden Sie nicht einfach mit Ihren Leuten?“. Die Bedenken sind mir selbstverständlich bewusst. Sagen die Mitarbeiter wirklich das was denken? Wie steht es mit der Objektivität und Vergleichbarkeit der Aussagen? Immerhin liefern strukturierte Befragungen Zahlen, die man nach allen Seiten hin vergleichen kann.

Ich kenne allerdings keine CEOs und Führungskräfte, die regelmäßig Gruppen von Mitarbeitern zum Frühstück, zum Kamingespräch oder zu anderen Anlässen einladen und dies jemals bereut hätten. Natürlich erfordern diese Formate Vertrauen, so wie Führung insgesamt Vertrauen erfordert. Wenn Gespräche dieser Art nicht möglich sind, dann scheint es in der jeweiligen Organisation ein grundlegenderes Problem zu geben. Ob dann eine anonyme Mitarbeiterbefragung zu besseren Ergebnissen führt, sei dahingestellt.

Ehrliche Antworten im Rahmen einer Mitarbeiterbefragung erhält man vor allem durch den direkten, vertrauensvollen Dialog. Das vermittelt auch ehrliches Interesse. (3-2)

Bei klassischen Mitarbeiterbefragungen ist es nicht unüblich, dass sogar Teams von der Größe unter zehn Mitarbeiter einen eigenen Ergebnisbericht mit den aggregierten Aussagen der Teammitglieder erhalten. Wie bereits erwähnt, werden dann diese Teams im Rahmen der Folgeprozesse dazu aufgefordert, mit ihren Ergebnissen zu arbeiten. Ich selbst habe zu oft solche Mitarbeiterbefragungs-Follow-up-Workshops erlebt. Dabei hatte ich nie Zweifel daran, dass eine einfache, spontane, moderierte Kartenabfrage produktiver gewesen wäre. „Was läuft gut?", „Was sollten wir zukünftig besser machen?" Das Ganze gepaart mit einer Priorisierung und einem Aktionsplan. Das wäre jedes Mal deutlich wirksamer und effizienter gewesen.

Führungskompatible Fragen

Die bisherige Gegenüberstellung von konventionellen Mitarbeiterbefragungen mit ihren agileren Alternativen mag den Eindruck vermittelt haben, die zweite Spielart sei der ersteren in jeder Hinsicht überlegen. Tatsächlich habe ich eine kritische Sicht auf die klassische Form von Mitarbeiterbefragungen trotzdem bin auch ich der Meinung, dass Fragen grundsätzlich nicht von Nachteil ist, solange ein ehrliches Interesse damit verbunden ist und aus den Antworten Schlussfolgerungen abgeleitet werden.

Wenn nun ein Unternehmen an seiner klassischen Form der Mitarbeiterbefragung festhält, dann sollte es zumindest die Inhalte der Befragung so ausrichten, dass sie mit dem angestrebten Führungs- und Organisationsverständnis kompatibel sind. Denn selbst der Fragebogen und die darin enthaltenen Fragen an sich vermittelt den Mitarbeitern, was in einem Unternehmen wichtig zu sein scheint und was nicht. Ein verbreitetes Item bei Mitarbeiterbefragungen ist beispielsweise: „Ich erhalte von meiner direkten Führungskraft klare Anweisungen". Ist es wirklich die Rolle der Führungskräfte, klare Anweisungen zu geben? Diese Frage vermittelt, dass in diesem Unternehmen Bosse erwünscht sind (vgl. ▶ Abschn. 4.4). Will man das? Fast alle Fragen des international verbreiteten Q12 von Gallup haben einen hierarchischen Charakter. Sie erinnern an frühe Phasen der Industrialisierung. Man betrachte beispielsweise die Frage: „Ich hatte im vergangenen Jahr die Gelegenheit, in meinem Unternehmen dazuzulernen und mich weiterzuentwickeln". In jedem auch nur ansatzweise agilen Unternehmen wird man sich über diese Frage wundern. Dort würde man sie vielleicht so formulieren: „Ich habe heute bereits etwas dazugelernt". Und, wozu braucht es zum Lernen „Gelegenheiten"? Arbeit an sich ist die Gelegenheit. Was signalisiert der Zeitraum „im vergangenen Jahr" – abgesehen davon, dass dieser Zeitraum unterschiedlich verstanden wird, je nachdem ob man die Frage am Anfang, in der Mitte oder am Ende eines Kalenderjahres stellt. Wie kann es sein, das jemand im Laufe der vergangenen 24 Stunden nichts gelernt hat?

Externe Beratungsunternehmen und Institute, die ihre Unterstützung als Durchführungspartner einer Mitarbeiterbefragung anbieten, haben fast immer den Anspruch, ihren Standardfragebogen unterzubringen. Das tun sie, weil sich mit externen Vergleichen (Benchmarks) viel Geld verdienen lässt. Häufig haben diese Fragebogen aber ihren historischen Ursprung in einer Zeit, als man noch gar nicht wusste, wie man Agilität schreibt. Der praktische, abschließende Hinweis besteht deshalb darin, mit einer externen Beratungsfirma zunächst über deren Führungs- und

Organisationsverständnis zu sprechen und zu klären, ob man sich hier auf einer gemeinsamen Wellenlänge befindet.

Dinosaurier und minimalinvasive Maßnahmen

Es gibt zwei Analogien, die beim Vergleich zwischen klassischen, traditionellen Mitarbeiterbefragungen und der hier alternativ präsentierten Spielart gerne gebraucht und von CEOs sofort verstanden werden. Bei der klassischen Variante ist nicht selten auch von „Dinosaurier-Befragungen" die Rede, nicht weil hier Dinosaurier befragt werden sondern weil diese Maßnahmen extrem aufwendig sind und zwar in Bezug auf fast alles. Es werden alle Mitarbeiter zu allen denkbaren Inhalten befragt. Alle erhalten

Tab. 10.3 Alle strategischen Dimensionen zu Mitarbeiterbefragung im Überblick

Kunden der Befragung	1-1 Breite Gruppe von Stakeholdern Von unseren Mitarbeiterbefragungen profitieren sehr unterschiedliche Stakeholder gleichermaßen	1-2 Ausgewählte Stakeholder Bei Mitarbeiterbefragungen konzentrieren wir uns jeweils auf die Schwerpunkte eines bestimmten Kunden (Stakeholder)
Inhaltliche Prioritäten	2-1 Abhängig von den Ergebnissen Wir berücksichtigen ein breites Spektrum an Themen. Aus den Ergebnissen einer Mitarbeiterbefragung schließen wir dann auf Handlungsbedarfe und leiten Prioritäten ab	2-2 Definition vor der Befragung Bei Mitarbeiterbefragungen werden nur jene Inhalte in Betracht gezogen, die bereits vor der Befragung eine hohe Priorität haben. Nur was vor der Befragung wichtig ist, ist auch nach der Befragung wichtig
Formate	3-1 Anonym und strukturiert Ehrliche Antworten erfordert Anonymität bei einer Mitarbeiterbefragung. Deshalb nutzen wir strukturierte Fragebogen, was zudem eine Vergleichbarkeit der Ergebnisse ermöglicht	3-2 Offen und zwischenmenschlich Ehrliche Antworten im Rahmen einer Mitarbeiterbefragung erhält man vor allem durch den direkten, vertrauensvollen Dialog. Das vermittelt auch ehrliches Interesse
Teilnehmerkreis	4-1 Alle Mitarbeiter Bei Mitarbeiterbefragungen befragen wir immer alle Mitarbeiter. Es geht uns um eine breite Einbindung aller Mitarbeiterinnen und Mitarbeiter	4-2 Stichproben Bei Mitarbeiterbefragungen werden nur Stichproben gefragt. Dies genügt, um repräsentative Ergebnisse zu erhalten
Zeitpunkt der Durchführung	5-1 Langzyklisch Mitarbeiterbefragungen führen wir in (mehr)jährlichen Zyklen durch. Alles andere wäre hinsichtlich des Aufwands nicht vertretbar	5-2 Kontinuierlich, auf Bedarf hin Mitarbeiterbefragungen führen wir so häufig durch wie nötig, wenn es sein muss kontinuierlich, jeden Tag
Adressat der Ergebnisse	6-1 Alle Mitarbeiter auf allen Ebenen Die Ergebnisse einer Mitarbeiterbefragung sind für alle Mitarbeiter und Führungskräfte auf allen Ebenen bestimmt. Dabei wird nach Organisationseinheiten differenziert	6-2 Inhaltlich Verantwortliche Die Ergebnisse einer Mitarbeiterbefragung sind nur für jene Stakeholder relevant, die für die in Betracht gezogenen Inhalte verantwortlich sind
Konsequenzen	7-1 Aufwendige Folgeprozesse Wir betrachten Folgeprozesse als den wichtigsten Teil einer Mitarbeiterbefragung. Die Befragung muss auf allen Ebenen zu sichtbaren Konsequenzen führen	7-2 Teil regulärer Prozesse Die Ergebnisse aus Mitarbeiterbefragungen müssen natürlicher Bestandteil kontinuierlicher Entscheidungsprozesse sein. Ansonsten fristen sie ein Schattendasein

Berichte, so dass Alle damit arbeiten sollen und können. Alle sollen irgendwie davon profitieren. Die hier vorgestellten Alternativen (siehe rechte Seite in ◘ Tab. 10.3) haben demgegenüber „minimalinvasiven“ Charakter. Hier wird auf das Wesentliche fokussiert, schnell, flexibel und einfach, ohne erkennbare Nebenwirkungen.

10.3 Mitarbeiterbindung

Bei kaum einem personalrelevanten Thema ist es so offensichtlich, welches Problem damit adressiert wird. Einen leistungsstarken, wertgeschätzten Kollegen an ein anderes Unternehmen zu verlieren kann äußerst schmerzhaft sein, für das Team, oder das ganze Unternehmen. Zugleich können die Kosten freiwilliger Fluktuation relativ anschaulich ermittelt werden. Man geht davon aus, dass der Verlust eines Mitarbeiters ungefähr das 0,5 bis dreifache seines Jahresgehalts beträgt (Phillips und Edwards 2009). Bei gering Qualifizierten sind es eher 0,5 bei hoch qualifizierten eher drei. Teilweise ist der Verlust gerade auf Schlüsselpositionen dramatisch. Bill Gates hat einst über Microsoft gesagt: „Nimm zwölf bestimmte Personen heraus und Microsoft wird eine bedeutungslose Firma“ (Bartlett 2001).

Zugleich scheint dieses Thema funktional schwer zu fassen. Zumindest ist mir noch kein Unternehmen begegnet, das etwa neben der Personalentwicklung, der Personalentlohnung und den anderen typischen HR-Funktionsbereichen über eine Abteilung für Mitarbeiterbindung verfügen würde. In fast allen HR-Funktionen kennen wir klare, praktische Ansätze und Konzepte. Man denke hier an Employer Branding, Assessment Center, Gehaltsstrukturen, Performance-Potential-Matrix usw. Im Kontext der Mitarbeiterbindung haben wir das nicht. Auch kenne ich keine „Head-of-Employee-Retention“. Selbst wenn es ihn gäbe, was stünde denn in seiner Stellenbeschreibung? Intuitiv wissen wir, dass Mitarbeiterbindung irgendwie mit allem zu tun hat, mit Führung, mit Unternehmenskultur, Perspektiven, Gehalt, Arbeitsbedingungen und vielem mehr. Alle sind für Mitarbeiterbindung verantwortlich und zugleich keiner. Insofern findet sich in Bezug auf dieses Thema in den meisten Unternehmen nur einen sehr geringen Grad an Institutionalisierung.

Umso mehr scheint es bei dieser Thematik entscheidend, zumindest eine Haltung zu entwickeln, wie man mit *freiwilliger Fluktuation* umgehen möchte. Hier gibt es in der Tat deutliche Unterschiede von Unternehmen zu Unternehmen. Man könnte seinen Ehepartner „binden“ indem man ihn einsperrt oder indem man ihn liebt. Mitarbeiter, die das Unternehmen freiwillig verlassen kann man als Verräter betrachten oder als Chance. Man kann um Mitarbeiter Mauern errichten oder bereits beim Vorstellungsgespräch davon ausgehen, dass sie selbstverständlich nach etlichen Jahren weiterziehen. Von gegensätzlichen Perspektiven dieser Art handelt dieses Unterkapitel. Es liegt auf der Hand, dass je nach Perspektive, je nach Haltung unterschiedliche Praktiken naheliegen.

Individuelle und universelle Präferenzen

Mitarbeiter zu halten bedeutet, sich um Mitarbeiterinnen und Mitarbeiter zu bemühen. Unterm Strich geht es darum, im jetzigen Unternehmen attraktivere Bedingungen zu erfahren, als bei einem anderen Arbeitgeber, der die Tür offen hält. Was attraktiv ist und was nicht entscheidet alleine der individuelle Mitarbeiter. Durchschnittsbetrachtungen, wie sie in der Wissenschaft oder im Kontext von People Analytics verbreitet sind, werden der Individualität persönlicher Präferenzen und Lebenslagen nur in begrenztem Maße gerecht. Wer also Mitarbeiter halten will muss verstehen, was ihnen im Einzelnen wichtig ist und inwieweit ein Arbeitgeber dem gerecht wird. Die Arbeits- und Organisationspsychologie verweist hierbei auf den so genannte *psychologischen Vertrag* (Rousseau 1995). Zwischen Mitarbeiter und Arbeitgeber besteht ein Geben und Nehmen, das für beide Seiten attraktiv sein muss. Dabei geht es hier nicht nur um die formal vereinbarten Dinge, wie Arbeitszeiten, Gehalt usw. sondern in erster Linie um ungeschriebene Dinge, wie Sinnhaftigkeit, Vertrauen, Lernchancen, Entfaltungsmöglichkeiten, Inhalte also, die man kaum in einem schriftlichen Vertrag festhalten würde aber im Denken und Erleben der Mitarbeiterinnen und Mitarbeiter dennoch eine entscheidende Rolle spielen.

Weil die Auseinandersetzung mit den individuellen Präferenzen der Mitarbeiter sehr aufwendig sein kann tendieren viele Unternehmen dazu, sich beim Thema Mitarbeiterbindung auf jene Mitarbeiter zu konzentrieren, bei denen sich dieser Aufwand zu lohnen scheint. Die leitende Frage bei der Auswahl dieser Mitarbeiter lautet: „Wen wollen wir auf keinen Fall verlieren?".

Beim Thema Mitarbeiterbindung konzentrieren wir uns auf jene Mitarbeiter, die für das Unternehmen überdurchschnittlich wertvoll und schwer ersetzbar sind. Alles andere wäre vergebene Mühe. **(1-1)**

Tatsächlich ist der Return on Investment hier am höchsten. Wir wissen, dass es eher die leistungsstarken Mitarbeiter sind, die ein Unternehmen freiwillig verlassen (William und Livingstone 1994). Zugleich sind die *Fluktuationskosten* bei leistungsstarken Mitarbeitern, bei besonders talentierte High-Potentials und bei Mitarbeitern auf Schlüsselpositionen höher als bei den anderen Mitarbeitern derselben Organisation.

Dennoch können wir davon ausgehen, dass jedem Menschen bestimmte Dinge wichtig sind. Wir nehmen universelle Präferenzen an. Menschen wollen Anerkennung. Menschen suchen nach Sinn. Mehr Geld ist attraktiver als weniger Geld. Menschen bevorzugen ein vertrauensvolles, soziales Umfeld gegenüber einem von Missgunst geprägten, sozialen Kontext. Nimmt man sich als Unternehmen diese Sichtweise zu Herzen wird man in Bezug auf Mitarbeiterbindung zu etwas anderen Schlussfolgerungen kommen:

Einzelne, besonders wichtige Mitarbeiter kann man nur dann im Unternehmen halten, wenn man sich um alle Mitarbeiterinnen und Mitarbeiter gleichermaßen bemüht. (**1-2**)

Manchen Unternehmen ist die Fokussierung auf bestimmte Mitarbeitergruppen von Natur aus fremd. Sie betrachten ihre Unternehmen als System interdependenter Aufgaben und Rollen (vgl. ► Abschn. 4.5). Die Belegschaft betrachten sie ganzheitlich als Mannschaft, die entweder gemeinsam verliert oder gemeinsam scheitert. Deshalb konzentrieren sich diese Unternehmen auf die kulturellen und strukturellen Rahmenbedingungen insgesamt:

Mitarbeiter bleiben im Unternehmen, wenn für sie die kulturellen und strukturellen Rahmenbedingungen des Unternehmens insgesamt stimmen. (**2-2**)

Ein besonderer Fokus liegt in diesem Unternehmen auf den sozialen Beziehungen zwischen Mitarbeitern und Teams. Dahinter steht eine Annahme, die sehr mächtig scheint aber zugleich in der Literatur zum Thema Mitarbeiterbindung bislang kaum Beachtung fand. Viele Vorzüge eines Arbeitgebers sind im Grunde austauschbar. Wenn ein Mitarbeiter von einem Arbeitgeber zu einem anderen Arbeitgeber wechselt, nimmt dieser sein Gehalt mit. Er tauscht die eine Verantwortlichkeit gegen eine andere oder eine vergleichbare. Er hatte vorher einen Firmenwagen und danach auch. Häufig ist noch nicht einmal ein Ortswechsel erforderlich. Was ein Mitarbeiter aber niemals mitnehmen kann sind seine sozialen Beziehungen, die er bei seinem bisherigen Arbeitgeber aufgebaut hat. Wer das Unternehmen wechselt, lässt seine Kollegen – oftmals Freunde – zurück. Was bleibt sind soziale Kontakte auf LinkedIn und der Vorsatz „man möge doch irgendwie in Verbindung bleiben". Dieser Vorsatz wird in der Realität nur selten in dem Maße eingelöst, wie man es sich vorgenommen hat. Die meisten wissen das.

Hierarchisch denkende Unternehmen delegieren Mitarbeiterbindung hingegen an ihre Führungskräfte und reduzieren somit soziale Beziehungen auf die eine Beziehung zwischen dem Mitarbeiter und seiner direkten Führungskraft. Gerade in diesen Unternehmen hört man immer wieder die wohl am meisten zitierte „Weisheit" zum Thema Mitarbeiterbindung: „People join companies and leave bosses".

Mitarbeiterbindung ist eine Sache der direkten Führungskraft. Auf dieser Ebene zahlen sich unsere Investitionen aus. „People join companies, and leave bosses". **(2-1)**

Ob sich ein Unternehmen nun auf individuelle oder universelle Präferenzen konzentriert, ob es auf Individuen fokussiert oder auf die Rahmenbedingungen insgesamt, ob es den CEO oder die einzelne Führungskraft in die Pflicht nimmt sind allesamt keine sich widersprechenden Optionen. Man kann diese Perspektiven durchaus kombinieren. Es lohnt aber, als Unternehmen sich dieser Optionen bewusst zu werden und zu reflektieren, wie viel man sich von welcher Sichtweise zu eigen machen möchte.

Die Analyse versus Prognose freiwilliger Fluktuation

Eine der wenigen, sehr verbreiteten „Best Practices" im Zusammenhang mit dem Thema Mitarbeiterbindung ist das so genannte *Exit-Interview*. Wenn ein Mitarbeiter freiwillig gekündigt hat, wird dieser aufgefordert, Fragen zu seiner Kündigung zu beantworten. Dies geschieht entweder mittels Fragebogen oder durch ein strukturiertes Interview mit einer dritten Instanz. Die Idee dahinter ist einfach. Man möchte die Gründe für die Kündigung verstehen und wissen, wohin der Mitarbeiter nun warum geht. Man lernt etwas über den Wettbewerb im Arbeitsmarkt und kann im besten Fall Verbesserungen für die eigene Arbeitswelt ableiten. Damit versucht man, dem Anspruch gerecht zu werden, Konsequenzen zur Vermeidung zukünftiger Fluktuation ableiten zu können.

Wenn uns ein Mitarbeiter (plötzlich) verlässt, wollen wir die Gründe für diesen Schritt verstehen. Deshalb führen wir u. a. so genannte Exit-Befragungen durch. Das hilft uns, zukünftige Kündigungen zu vermeiden. **(3-1)**

So naheliegend diese Methode zunächst erscheint, so problematisch ist sie. Vor allem wenn die Exit-Befragung mittels Fragebogen erfolgt, hat dieses Szenario in gewisser Weise einen herabwürdigenden Charakter. Man stelle sich einen Mann vor, der von seiner

Frau verlassen wurde und er schickt ihr einen Fragebogen hinterher. Eine Trennung hat möglicherweise etwas mehr Aufmerksamkeit und Dialog verdient – im Privaten, wie im Beruflichen. Das noch wesentlichere Problem dieses Ansatzes besteht allerdings darin, dass die Befragung schlichtweg zu spät stattfindet, nämlich nachdem der Mitarbeiter gekündigt hat. Ein frühzeitigeres Interesse hätte gegebenenfalls eine Kündigung sogar verhindern können.

Nicht selten ist es von größerer Bedeutung, zu wissen oder zumindest zu ahnen, wer in Zukunft das Unternehmen verlassen möchte oder dies am Ende tatsächlich tut. Anders als der Blick zurück mittels Exit-Interviews gibt es hinsichtlich der Prognose eine Reihe sehr unterschiedlicher Spielarten. Eine einfache Methode, der Risikoeinschätzung besteht darin, alle Mitarbeiterinnen und Mitarbeiter beispielsweise eines Teams oder einer Abteilung entlang der Dimensionen Wahrscheinlichkeit und Schaden einer freiwilligen Fluktuation zu klassifizieren. Ein Ergebnis kann sich dann so darstellen, wie in ◘ Abb. 10.5 angedeutet.

Mitarbeiter A ist ein Mitarbeiter, den man auf keinen Fall verlieren möchte, im wird aber zugleich eine sehr hohe Loyalität zum Unternehmen unterstellt. Riskanter ist die Sache bei Mitarbeiter B. Ihm wird eine hohe *Fluktuationstendenz* unterstellt. Zugleich wären die Folgen seines freiwilligen Weggangs dramatisch. Bei C muss man sich keine Sorgen machen und mit einer freiwilligen Kündigung des Mitarbeiters D könnte man vermutlich leben.

Die spannende Frage ist nun die, wie man die Wahrscheinlichkeit einer freiwilligen Kündigung einschätzen kann. In manchen Unternehmen erfolgt dies auf empathische Weise. Man kennt die Mitarbeiter. Man ist mit ihnen im Gespräch. Möglicherweise besteht in Bezug auf deren Zukunftsvorstellungen eine Offenheit. Erfahrene Führungskräfte kennen aber auch die besonderen An-

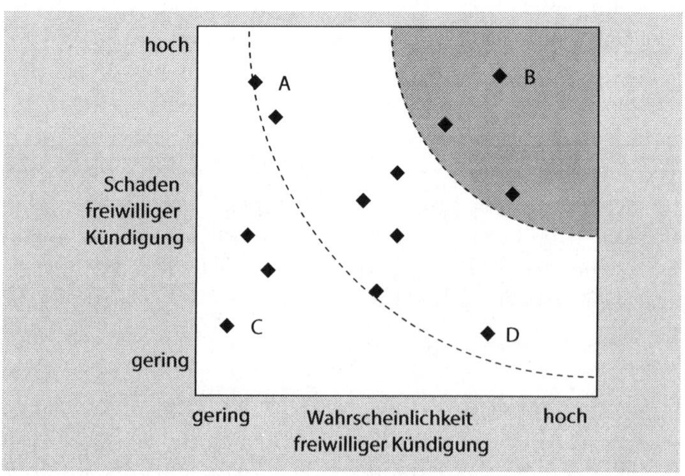

◘ **Abb. 10.5** Eine einfache Form der Risikoanalyse

zeichen, die eine freiwillige Kündigung andeuten. Man denke hier an Leistungseinbrüche, das ständige Loben anderer Unternehmen, soziale Separierung etc.

Wenn uns ein Mitarbeiter verlässt darf uns das nie überraschen. So ein Schritt kündigt sich vorher an. Wir wissen lange vorher davon und sprechen offen und konstruktiv darüber. (**3-2**)

Dieses strategische Statement deutet eine Haltung an, die eine anbahnende freiwillige Kündigung als eine zwischenmenschliche Angelegenheit betrachtet. Hier hat ein Mensch vor, eine berufliche Beziehung zu anderen Menschen zu verändern. Unternehmen, die in den Kategorien von Netzwerken, Teams, wechselseitiges Vertrauen, partnerschaftliche Führung denken und handeln, können und wollen nicht anders und vermeiden langstielige Instrumente, die zwar den oberflächlichen Eindruck vermitteln sollen man interessiere sich für die Belange der Mitarbeiter aber zugleich eine Distanz zu ihm sicherstellen.

Eine sich anbahnende freiwillige Kündigung betrachten wir als eine Angelegenheit, mit der wir zwischenmenschlich und partnerschaftlich umgehen wollen. (**4-2**)

Demgegenüber macht in der aktuellen Diskussion um die Bedeutung von Digitalisierung und künstlicher Intelligenz im HR eine gänzlich andere Sichtweise die Runde. Wer sich derzeit mit *People Analytics* beschäftigt, stößt unweigerlich auf ein typisches Anwendungsbeispiel in Bezug auf das Thema Mitarbeiterbindung. Indem man auf eine Vielzahl von mitarbeiterbezogenen Daten (Big Data) zugreift, werden Algorithmen entwickelt, die mittels Maschinenlernen zunehmend genauer vorhersagen können, wann welcher Mitarbeiter kündigt. Hierbei können sehr unterschiedliche Daten als relevant erachtet werden: das neue Profilbild auf LinkedIn, Abwesenheiten aufgrund von Kurzkrankheiten an Montagen oder Freitagen, der Besuch von Stellenbörsen im Internet, die Quantität und Qualität der Kommunikation mit Kollegen und vieles andere mehr.

Wir haben den Anspruch, durch Nutzung umfangreicher Daten (Big Data), künstlicher Intelligenz und der Verwendung von Algorithmen voraussagen zu können, wer uns wann verlassen wird. (**4-1**)

Es ist schon erstaunlich, mit welcher hemmungslosen Euphorie immer mehr Protagonisten der neuen Disziplin People Analytics von solchen Szenarien schwärmen. Hierarchisch denkende Unternehmen mögen diese Euphorie möglicherweise teilen. Jene Unternehmen, die den mündigen Mitarbeiter in den Mittelpunkt rücken, fühlen sich beim Gedanken an diese Methoden möglicherweise an die Stasi erinnert.

Ist freiwillige Fluktuation wirklich ein Problem?

Es gibt in Deutschland zahlreiche Unternehmen mit extrem geringen *Fluktuationsquoten* – unter einem Prozent. Dies spiegelt eine erstaunlich hohe Loyalität der Mitarbeiterinnen und Mitarbeiter zu „ihrem" Unternehmen wider. Mitarbeiter, die ihr gesamtes Berufsleben in ein und demselben Unternehmen verbringen sind dort völlig normal. CEOs dieser Unternehmen sind über diesen Umstand nicht immer uneingeschränkt glücklich. „Die meisten Mitarbeiter haben nie etwas anderes gesehen als unser Unternehmen" hört man sie sagen. Oder: „Eine gesunde Fluktuation täte uns eigentlich gut", was immer man unter „gesunder" Fluktuation verstehen mag. Die Sprache kommt dann nicht selten auf das viel zitierte „frische Blut", Impulse und Perspektiven von außen, „raus aus dem eigenen Saft".

Wir profitieren von frischen Perspektiven und Ideen neuer Mitarbeiter. Deshalb wollen wir bewusst ein „gesundes" Maß an Fluktuation zulassen und verkraften. **(5-2)**

Für andere Unternehmen stellen sich die Dinge wiederum ganz anders dar. Sie sehen in der freiwilligen Fluktuation eine Bedrohung oder gar eine Krankheit, die es zu bekämpfen gilt. Man hört sie in Zeiten des Fachkräftemangels sagen: „Unser Problem besteht nicht darin, gute Mitarbeiter zu gewinnen. Unser Problem ist es, gute Mitarbeiter zu halten".

Wir profitieren von den langjährigen Erfahrungen unserer Mitarbeiter. Deshalb wollen wir Mitarbeiter so lange wie möglich an uns zu binden. Eine geringe Fluktuationsquote ist eine gute Fluktuationsquote. **(5-1)**

Diese Haltung ist angesichts der zum Teil hohen Fluktuationskosten mehr als verständlich. Besonders dramatisch erleben Unternehmen die Situation, wenn sie nach langjähriger Investition in die Aus- und Weiterbildung der Mitarbeiter ihren Weggang verkraften müssen.

Neben dieser finanziellen, sachlichen Betrachtung scheinen aber auch emotionale Sichtweisen eine Rolle zu spielen. So vermitteln Führungskräfte gerade in äußerst hierarchisch geführten Unternehmen implizit den Anspruch, die Mitarbeiter würden ihnen gehören. Hier dominiert eine Art Abhängigkeitsverhältnis der Mitarbeiter gegenüber ihrem Arbeitgeber. Man erwartet von den Mitarbeitern in gewisser Weise eine Dankbarkeit dafür, dass sie im Unternehmen „untergekommen“ sind. Aus der Bezahlung eines guten Gehalts schließen Führungskräfte das Recht, über ihre Mitarbeiter „unter ihnen“ zu verfügen. Dies ist zugegebenermaßen eine sehr tradierte Sichtweise. Mein Eindruck ist allerdings, dass zumindest Spuren derselben nach wie vor in so manchen Unternehmen vorzufinden sind. Führungskräfte, die tatsächlich so denken erwarten von ihren Mitarbeitern Loyalität. Das ist impliziter Inhalt des psychologischen Arbeitsvertrags. Wird dieser Vertrag durch den Mitarbeiter gebrochen, ist die Beziehung für immer beendet. Man wird diese Mitarbeiter zwar nicht als „Verräter“ beschimpfen. In der Behandlung dieser Mitarbeiter kann man diese Geschmacksrichtung aber durchaus erkennen.

Wir erwarten von unseren Mitarbeitern Loyalität. Wenn Mitarbeiter zu Wettbewerbern wechseln ziehen wir in Betracht, die Beziehung zum jeweiligen Mitarbeiter dauerhaft zu beenden. (**6-1**)

Während nun in dem einen Unternehmen scheidende Mitarbeiter im Rahmen eines Exit-Interviews von unabhängigen Dritten nach den Motiven ihrer Entscheidung befragt werden, lädt der CEO in einem anderen Unternehmen den zukünftigen Ex-Mitarbeiter zu einem persönlichen Gespräch ein. Dabei geht es weniger um die Kündigungsmotive dieses Mitarbeiters sondern um die Möglichkeiten einer zukünftigen Zusammenarbeit. Freilich wird dieses Gespräch nur dann anberaumt, wenn ein entsprechendes Potenzial erkannt wird.

Unternehmensberatungen hatten schon immer eine extrem hohe Fluktuationsquote, was verständlich ist. Viele junge Berater hatten nie vor, länger als drei bis fünf Jahre in dieser Branche zu arbeiten, schon gar nicht wenn sie irgendwann erleben wollen, wie ihre Kinder groß werden. Unternehmensberatungen wissen dies und stellen sich darauf ein. Wenn nun Berater ihr Unternehmen freiwillig verlassen, dann gehen sie nicht selten zu aktuellen oder potenziellen Kunden. Genau darin besteht eine herausragende Chance, etwa über ein *Alumni-Netzwerk* vielfältige Kontakte in die Industrie aufzubauen und zu pflegen. Ich selbst bin Teil des SAP Alumni Network, eine wunderbare Community ehemaliger

SAP-Kollegen, von der SAP selbst vermutlich am meisten profitiert[3]. Hier versammeln sich regelmäßig Mitarbeiter, Kunden, Partner, Lieferanten oder einfach nur Multiplikatoren.

Wir sehen in jedem Mitarbeiter, der uns freiwillig verlässt eine Chance. Aus ihnen werden wertvolle Partner, Kunden, Lieferanten oder Multiplikatoren. Wir halten gezielt Kontakt zu ihnen. (**6-2**)

Mit das Beste, was einem Arbeitgeber passieren kann sind Mitarbeiter, die das Unternehmen verlassen und nach einiger Zeit zurückkehren. Diese Mitarbeiterinnen und Mitarbeiter kommen reifer zurück als sie gegangen sind. Im Grunde handelt es sich hierbei um eine kostenlose Form der Weiterbildung. Unternehmen, die das Zurückgewinnen ehemaliger Mitarbeiter aktiv fördern sprechen neuerdings vom so genannten *Boomerang Hiring*. Die einfachste Form, dies zu tun ist die Vereinbarung einer Rückkehrgarantie, gepaart mit einem klaren Plan, wie in Kontakt geblieben wird.

Mitarbeiter halten indem man sie gehen lässt

Wenn beim Arbeitgeber Amazon ein Mitarbeiter freiwillig kündigt, erhält dieser einen Bonus von mehreren Tausend Euro unabhängig von seiner Funktion oder Gehaltsgruppe. Maßnahmen dieser Art werden auch als *paradoxe Interventionen* bezeichnet. Warum soll ein Arbeitgeber einen scheidenden Mitarbeiter für etwas extra belohnen, was dem Unternehmen doch schadet? Andere Unternehmen bezahlen einen Bleibebonus, um Mitarbeiter zu halten. Wäre dies nicht naheliegender? Aus psychologischer Sicht ist der Ansatz von Amazon durchaus interessant und vergleichsweise smart. Er vermittelt den Mitarbeitern die Botschaft, dass sie freie Menschen sind und nicht gezwungen sind, bei ihrem aktuellen Arbeitgeber zu bleiben. „Sie sind frei und das ist gut so“. Zugleich vermittelt diese Strategie, dass man sich um das Wohlergehen der Menschen grundsätzlich kümmert, sogar dann, wenn es um den Ausstieg aus dem Unternehmen geht. Der eigentliche Effekt dieser Maßnahme besteht allerdings darin, dass sie die intrinsische Motivation der Mitarbeiter adressiert. Wer im Unternehmen bleibt tut dies offenbar nicht nur des Geldes wegen. Immerhin entscheidet sich jeder Mitarbeiter der bleibt, täglich gegen diesen, durchaus hohen Geldbetrag.

[3] https://alumni.sap.com/.

Wir unterstützen Mitarbeiter, die uns freiwillig verlassen wollen. Diejenigen, die entscheiden zu bleiben tun dies, weil sie das wirklich und aus intrinsischem Antrieb wollen. **(7-2)**

Der klassische Ansatz funktioniert genau umgekehrt. Man denke hier etwas an verbreitete Formen von *Long-Term-Incentives* (LTI). Hier werden vor allem Führungskräften attraktive Boni in Aussicht gestellt, wenn langfristige Erfolgsziele erreicht werden. Die eigentliche Intention dieser LTIs besteht freilich darin, die Aufmerksamkeit von Entscheidern auf langfristige anstatt kurzfristige Ziele zu lenken. Ein erwünschter Nebeneffekt verspricht man sich darin, Führungskräfte entsprechend lang „bei der Stange" zu halten. Dass hierdurch Führungskräfte, die das Unternehmen eigentlich verlassen wollen bzw. sollten sich bewusst zum Aussitzen ihrer Zeit motiviert werden, wird dadurch bewusst in Kauf genommen. In meinem Bekanntenkreis kenne ich genügend solcher Fälle – „eigentlich müsste ich sofort kündigen, aber die LTIs nehme ich noch mit".

Wir bieten Mitarbeitern gezielt äußere (extrinsische), attraktive Anreize. Dadurch versuchen wir, erfolgreich gegen unsere Wettbewerber im Arbeitsmarkt zu konkurrieren. **(7-1)**

Extrinsische und intrinsische Wege der Mitarbeiterbindung beschränken sich aber nicht nur auf finanzielle Anreize. Bei genauerem Hinschauen findet sich in der Praxis eine Vielzahl weiterer Methoden. So gibt es nach wie vor Unternehmen, in denen eine überdurchschnittliche Aktivität auf Plattformen wie Xing oder LinkedIn bereits als latente Verletzung der Loyalität interpretiert wird während in anderen Unternehmen Mitarbeiter ohne solche Aktivitäten erst gar nicht eingestellt werden. Viele Unternehmen schrecken davor zurück, ihre Teams auf ihrer Website öffentlich vorzustellen, weil sie Attacken von Seiten der Headhunter fürchten.

Wir versuchen gezielt, Karriereangebote von außen von unseren Mitarbeitern fernzuhalten. **(8-1)**

Es gibt Unternehmen mit ausgefeilten Abwehrstrategien gegenüber Personalberatungen. Dies beginnt bereits bei der Schulung der Rezeptionisten, die lernen müssen, Personalberater frühzeitig zu erkennen und entsprechende Bedrohungen von außen fernzuhalten. Andere Unternehmen versuchen erst gar nicht, Mauern um die Belegschaft zu errichten. Sie öffnen ganz bewusst ihr Visier zum Teil aus strategischen Gründen.

> Wir können und wollen unsere Mitarbeiter nach außen hin nicht verstecken, im Gegenteil. Diejenigen, die gehen wollen können wir nicht halten. (**8-2**)

Sie folgen der Haltung, wonach gute Leute, die gehen wollen dadurch nicht abgehalten werden können. Hier hört man nicht selten das Motto: „Retaining people by letting them go".

Bedrohung fürs Unternehmen versus Zwischenmenschliche Auseinandersetzung

Wie die oben ausgeführten strategischen Optionen (einen gesamthaften Überblick liefert ◘ Tab. 10.4) gezeigt haben gibt es beim Umgang insgesamt zwei gegensätzliche Haltungen. Die einen Unternehmen erkennen im Thema freiwilliger Fluktuation in erster Linie eine unternehmerische Bedrohung. Fluktuation ist schlecht. Man muss sich vor ihr schützen. Hauptverantwortliche sind die direkten Führungskräfte. Freiwillige Kündigung hat Verbannung zur Folge. Eine individuelle Auseinandersetzung vor und nach der Kündigung findet kaum statt. Andere Unternehmen sehen berufliche Wechsel als etwas Normales. Sie respektieren dies und erkennen Chancen darin, auch wenn sie nicht immer glücklich über den Weggang eines geschätzten Kollegen oder einer geschätzten Kollegin sind.

◘ Tab. 10.4 Alle strategischen Dimensionen zu Mitarbeiterbindung im Überblick

Fokus der Bemühungen	1-1 Besondere Mitarbeiter Beim Thema Mitarbeiterbindung konzentrieren wir uns auf jene Mitarbeiter, die für das Unternehmen überdurchschnittlich wertvoll und schwer ersetzbar sind. Alles andere wäre vergebene Mühe	1-2 Alle Mitarbeiter Einzelne, besonders wichtige Mitarbeiter kann man nur dann im Unternehmen halten, wenn man sich um alle Mitarbeiterinnen und Mitarbeiter gleichermaßen bemüht
Verantwortung	2-1 Individuelle Führungskräfte Mitarbeiterbindung ist eine Sache der direkten Führungskraft. Auf dieser Ebene zahlen sich unsere Investitionen aus. „People join companies, and leave bosses"	2-2 Unternehmen Mitarbeiter bleiben im Unternehmen, wenn für sie die kulturellen und strukturellen Rahmenbedingungen des Unternehmens insgesamt stimmen
Freiwillige Kündigung verstehen	3-1 Nach einer Kündigung Wenn uns ein Mitarbeiter (plötzlich) verlässt, wollen wir die Gründe für diesen Schritt verstehen. Deshalb führen wir u. a. so genannte Exit-Befragungen durch. Das hilft uns, zukünftige Kündigungen zu vermeiden	3-2 Antizipierend Wenn uns ein Mitarbeiter verlässt darf uns das nie überraschen. So ein Schritt kündigt sich vorher an. Wir wissen lange vorher davon und sprechen offen und konstruktiv darüber

Tab. 10.4 (Fortsetzung)

Vorhersage freiwilliger Kündigung	4-1 Datengestützt und analytisch Wir haben den Anspruch, durch Nutzung umfangreicher Daten (Big Data), künstlicher Intelligenz und der Verwendung von Algorithmen voraussagen zu können, wer uns wann verlassen wird	4-2 Zwischenmenschlich Eine sich anbahnende freiwillige Kündigung betrachten wir als eine Angelegenheit, mit der wir zwischenmenschlich und partnerschaftlich umgehen wollen
Umgang mit freiwilliger Kündigung	5-1 Fluktuation als Problem Wir profitieren von den langjährigen Erfahrungen unserer Mitarbeiter. Deshalb wollen wir Mitarbeiter so lange wie möglich an uns zu binden. Eine geringe Fluktuationsquote ist eine gute Fluktuationsquote	5-2 Fluktuation als Chance Wir profitieren von frischen Perspektiven und Ideen neuer Mitarbeiter. Deshalb wollen wir bewusst ein „gesundes" Maß an Fluktuation zulassen und verkraften
Umgang mit freiwillig Kündigenden	6-1 Verbannung Wir erwarten von unseren Mitarbeitern Loyalität. Wenn Mitarbeiter zu Wettbewerbern wechseln ziehen wir in Betracht, die Beziehung zum jeweiligen Mitarbeiter dauerhaft zu beenden	6-2 Vernetzung Wir sehen in jedem Mitarbeiter, der uns freiwillig verlässt eine Chance. Aus ihnen werden wertvolle Partner, Kunden, Lieferanten oder Multiplikatoren. Wir halten gezielt Kontakt zu ihnen
Umgang mit freiwilliger Kündigung	7-1 Extrinsische Vermeidung Wir bieten Mitarbeitern gezielt äußere (extrinsische), attraktive Anreize. Dadurch versuchen wir, erfolgreich gegen unsere Wettbewerber im Arbeitsmarkt zu konkurrieren	7-2 Unterstützung Wir unterstützen Mitarbeiter, die uns freiwillig verlassen wollen. Diejenigen, die entscheiden zu bleiben tun dies, weil sie das wirklich und aus intrinsischem Antrieb wollen
Offenheit und Abgrenzung	8-1 Schutzwall Wir versuchen gezielt, Karriereangebote von außen von unseren Mitarbeitern fernzuhalten	8-2 Öffnung Wir können und wollen unsere Mitarbeiter nach außen hin nicht verstecken, im Gegenteil. Diejenigen, die gehen wollen können wir nicht halten

Literatur

Allen TJ, Henn GW (2007) The organization and architecture of innovation. Managing the flow of technology. Butterworth-Heinemann, Burlington

Antoni C (1994) Gruppenarbeit in Unternehmen. Beltz, Weinheim

Bartlett CA (2001) Microsoft. Competing on talent (A). Harvard Business School, Boston (Mass.)

Boes A, Bultemeier A, Trinczek R (2014) Karrierechancen von Frauen erfolgreich gestalten. Analysen, Strategien und Good Practices aus modernen Unternehmen. Springer Gabler, Heidelberg

Borg I (2000) Führungsinstrument Mitarbeiterbefragung. Verlag für Angewandte Psychologie, Göttingen

Bowers DG (1973) OD Techniques and their results in 23 organizations. J Appl Behav Sci 9(1):21–43

Byrne ZS (2015) Understanding employee engagement: theory, research, and practice. Routledge, New York

Cascio W, Boudreau J (2008) Investing in people: The financial impact of human resource initiatives. Pearson Education, New Jersey

Edwards JR, Rothbard NP (2000) Mechanisms linking work and family: Clarifying the relationship between work and family constructs. Acad Manag Rev 25:178–199
Harter JK, Frank L, Schmidt FL, Haye TL (2002) Business-unit-level relationship between employee satisfaction, employee engagement, and business outcomes: a meta-analysis. J Appl Psychol 87(2):268–279
Jackson EJ, Schuler RS (2012) Strategic human resource management. Blackwell, Malden
Livingstone W (1994) Another look at the relationship between performance and voluntary turnover. Acad Manag J 37:269–298
McCarthy A, Darcy C, Grady G (2010) Work-life balance policy and practice: understanding line manager attitudes and behaviors. Hum Resour Manage Rev 20:158–167
Phillips JJ, Edwards L (2009) Managing talent retention. An ROI approach. John Wiley, San Francisco
Rousseau DM (1995) Psychological contracts in organizations. Understanding written and unwritten agreements. SAGE, Thousand Oaks
Scholz C (2014) Generation Z: Wie sie tickt, was sie verändert und warum sie uns alle ansteckt. Wiley, Wiesbaden
Tapscott D (2008) Grown up digital: how the net generation is changing your world. McGraw-Hill, New York
Trost A, Jöns I, Bungard W (1999) Mitarbeiterbefragung. Weka, Augsburg
Watkins J (1959) The 100 greatest advertisements 1852–1958: who wrote them and what they did. Dover, New York

HR Operation

A. Trost, *Neue Personalstrategien zwischen Stabilität und Agilität*,
https://doi.org/10.1007/978-3-662-57407-2_11

Erfolgreiches Personalmanagement erfordert institutionelle Rahmenbedingungen und eine entsprechende Infrastruktur. Hierzu zählen unter anderem eine adäquate Personalorganisation, eine funktionierende Technologie und eine passende Nutzung von Kennzahlen. Davon handelt dieses Kapitel. Insofern geht es auf den folgenden Seiten weniger um inhaltliche Konzepte, die zur Lösung personalrelevanter Probleme und Herausforderung beitragen, wie sie in den vorausgegangenen Kapiteln beschrieben wurden. Vielmehr befasst sich dieses Kapitel mit der Frage, wer für die Umsetzung sorgt, welche Rolle digitale Technologie bzw. Digital HR dabei spielt und inwieweit Kennzahlen und People Analytics für den Erfolg bei der Umsetzung wesentlich sind. Entscheidend ist dabei, dass diese institutionellen Rahmenbedingungen und die Infrastruktur in agilen Organisationen gänzlich anders aufgestellt sind und anders genutzt werden, als dies in nach Stabilität strebenden Organisationen der Fall ist.

11.1 Personalorganisation

In diesem Unterkapitel steht die Frage im Vordergrund, wer sich wie in einem Unternehmen um personalrelevante Fragen, Herausforderungen und Aufgaben kümmert. Während es in den bisherigen Kapiteln um fachliche, inhaltliche HR-Schlüsselthemen und deren mögliche strategische Ausrichtung ging, wenden wir uns im Folgenden der Personalorganisation zu, einem Thema, das die Infrastruktur betrifft. Wir bewegen uns insofern ab diesem Punkt dieses Buches auf einer anderen Ebene. Im Folgenden wird zunächst eine verbreitete und traditionelle Sicht auf Personalorganisationen dargestellt. Im Laufe dieses Unterkapitels gehen wir dann auf eine alternative Sicht über.

Im Verwaltungsgebäude hinten links

Es gibt eine verbreitete Vorstellung davon, was eine Personalorganisation ausmacht, die man durchaus als naiv bezeichnen kann, auch wenn sie für so manches kleine und mittelständische Unternehmen nach wie vor zutreffen mag. Demnach umfasst die Personalorganisation eben all jene Mitarbeiter, die in der *Personalabteilung* arbeiten. Wenn man jemanden von der Personalabteilung aufsuchen möchte, muss man in das Verwaltungsgebäude, zweiter Stock, hinten links. Dort sitzen dann die netten Kolleginnen und Kollegen von der „Personalstelle", die vor etlichen Jahrzehnten noch „Lohnstube" hieß. Dort kümmert man sich eben um alles, was irgendwie mit Personal zu tun hat: Lohnbuchhaltung, Neueinstellungen, Arbeitsverträge etc.

Das leitende Prinzip bei der Abgrenzung der Personalabteilung vom Rest der Organisation bestand von je her darin, den Rücken der Fachbereiche bezüglich personalrelevanter Angelegenheiten frei zu halten. Dies lag auch nahe, denn jeder Bereich kümmert sich um seine eigenen Angelegenheiten. Das Marketing kümmert sich um Werbung, die Buchhaltung um alles, was mit Geld zu tun hat, der Einkauf beschafft, was man zum Arbeiten braucht und die Personalabteilung kümmert sich eben um alles, was mit Mitarbeiter zu tun hat.

Personalrelevante Aufgaben werden von der Personalabteilung übernommen. Damit hält sie den Fachbereichen den Rücken für deren Aufgaben frei. (**1-1**)

Dafür sind erfahrene Profis erforderlich, Kollegen, die sich beispielsweise in ihrem Studium auf HR fokussiert haben oder über viele Jahre hinweg Erfahrungen in diesem Metier sammeln konnten. Es gibt zwar in Bezug auf HR eine ähnliche, verbreitete Meinung wie in Bezug auf Marketing, wonach dies irgendwie jeder kann und tatsächlich auch jeder etwas zu sagen hat. Wenn es dann aber um arbeitsrechtliche Detailfragen geht oder Aspekte rund um Vergütungssysteme, dann reagieren die meisten Kolleginnen und Kollegen außerhalb des HRs doch eher schmallippig. Die professionelle Entwicklung einer Arbeitgebermarke erfordert Kompetenzen, die man sich nicht über Nacht aneignet. Ähnliches gilt etwa für den Aufbau eines Talentmanagementsystems und andere umfassende Konzepte im HR. Wie in anderen Funktionsbereichen auch, sind für die Bewältigung vielschichtiger Herausforderungen Profis gefragt.

Wie in anderen Funktionen benötigen wir auch im HR Experten mit langjährigen Erfahrungen innerhalb eines bestimmten Themenfelds. (**2-1**)

So überrascht es nicht, dass immer dann, wenn ein komplexeres, personalpolitisches Konzept beispielsweise im Rahmen eines Workshops diskutiert und erörtert werden soll, sich meist Personaler – Profis – unter sich treffen. *Inside-Out* ist das vorherrschende Prinzip bei der Entwicklung und Implementierung neuer Konzepte. Zunächst werden Ideen, Prozesse, Systeme, Regeln, Instrumente etwa im Zusammenhang mit Vergütungssystemen, Talentmanagementsystemen oder Führungssystemen zu Ende gedacht. Anschließend werden sie in die Organisation ausgerollt. Man denkt vorwiegend von innen nach außen.

Dave Ulrich und das Drei-Säulen-Modell

Dann, im Jahr 1997, erschien Dave Ulrich auf dem Parkett und brachte mit seinem Buch „Human Resources Champions" die HR-

Welt einen weiteren Schritt nach Vorn (Ulrich 1997). Er argumentierte, dass HR beides können muss, nämlich strategisches Denken und operatives Handeln. Weiter argumentierte er, dass es für unterschiedliche personalrelevante Herausforderungen auch unterschiedliche Funktionen innerhalb einer Personalorganisation benötigt. Die einen kümmern sich um das Administrative, die anderen kümmern sich um Strategisches. Schließlich mündete der wertvolle Impuls Ulrichs in das bekannte *Drei-Säulen-Modell*, das insbesondere für größere Unternehmen zur Blaupause ihrer Personalorganisation wurde (siehe ◘ Abb. 11.1).

Insgesamt werden die Fachbereiche als eine Art Kunde der Personalorganisation gesehen. Bedient werden sie zunächst von den so genannten *HR Business Partner*. Sie gelten als Ansprechpartner für alle personalrelevanten Fragestellungen und Herausforderungen auf vorwiegend strategischem Niveau. Im Sinne des T-Konzepts verfügen sie vor allem über ein sehr breites Spektrum von Kenntnissen und Erfahrung (horizontaler Balken), weswegen man sie in früheren Zeiten auch treffend als HR-Generalisten bezeichnet hat – wenngleich HR Generalisten und HR Business Partner in ihrem Rollenverständnis nicht identisch sind. Sobald komplexe Themen auf der Agenda erscheinen, die vor allem fachlichen Tiefgang (vertikaler Balken) erfordern kommt das *Center of Expertise (CoE)* ins Spiel. Hier finden sich in erster Linie Spezialisten, die sich in einem oder wenigen Bereichen des HR besonders gut auskennen – Spezialisten für Arbeitsrecht, für Vergütungssysteme, internationale Entsendung, Employer Branding, Führungskräfteentwicklung etc. Das CoE hat normalerweise keinen unmittelbaren Zugang zu den Fachbereichen. Vielmehr spielen sie den HR Business Partnern die Bälle zu. Neben der Unterstützung der HR Business Partner in Spezialangelegenheiten haben sie Einfluss auf das, was in den *Shared Service Center* getan wird. Letztere kümmern sich um alle standardisierten, administrativen, repetitiven Aufgaben im Kontext des HR (Lohnbuchhaltung, Bewerbermanagement etc.). Damit liefern sie Services an die Mitarbeiter und Führungskräfte in den Fachbereichen aber auch an die HR Busi-

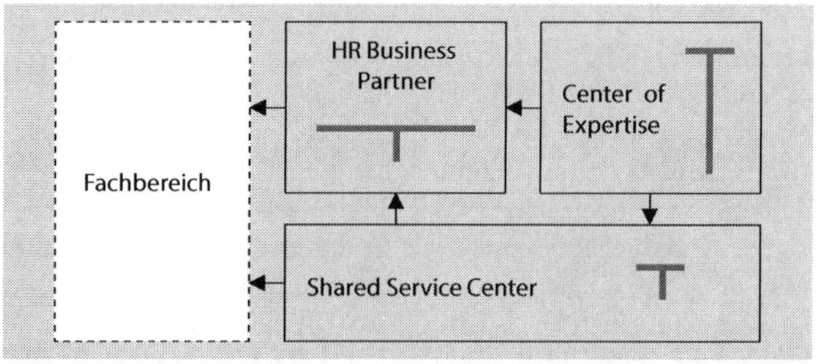

◘ **Abb. 11.1** Das Drei-Säulen-Modell der Personalorganisation

ness Partner. Um Skaleneffekte zu nutzen werden diese Aufgaben werden meist für mehrere Geschäftseinheiten oder Länder gebündelt und schließlich in Niedriglohnländer verlagert. Hier gilt primär das Prinzip der Kosteneffizienz.

Wie in anderen Funktionen verfolgen wir auch im HR eine arbeitsteilige Trennung von Aufgaben. Damit erreichen wir Professionalität und Effizienz. **(3-1)**

Dieser Schritt hin zum Drei-Säulen-Modell bedeutete für zahlreiche Unternehmen einen wesentlichen Meilenstein hin zu einer neuen Ebene der Professionalität. Damit war allerdings die Frage noch nicht abschließend beantwortet, wie man mit Personalangelegenheiten international operieren möchte auch wenn bereits Teile administrativer Personalarbeit über Länder hinweg gebündelt wurden (vgl. ▶ Abschn. 3.6, Internationale Personalstrategien).

Auf dem Weg zum globalen HR

In vielen Unternehmen wiederholt sich eine Geschichte vom lokalen Unternehmen hin zum Global Player häufig nach demselben Muster (vgl. auch Bartlett und Ghoshal 1998). In den Anfängen agieren Unternehmen meist lokal. Auch der Gründer von Amazon Jeff Bezos hat lokal begonnen, indem er Bücher persönlich und mit dem Fahrrad auslieferte. Der erste Kunde von SAP, das Chemiefaserwerk ICI, war im badischen Kraichgau angesiedelt, unweit von der heutigen Firmenzentrale in Walldorf entfernt. Sobald ein Unternehmen Kunden jenseits der Landesgrenze beliefert ist es *international*. Man agiert zunehmend in die Welt, allerdings von einer zentralen Heimat aus gedacht. Ressourcen, wie Produkte, Ideen aber auch Werte werden von einem erlebten Mittelpunkt der Erde aus hinausgetragen. Unternehmen, die sich in dieser Phase befinden verfügen irgendwann über Kollegen, die sich mit „Internationalem HR“ beschäftigen. Deren Hauptaufgabe ist aber in erster Linie die Verwaltung der Auslandsentsendungen – man bemerke, dass man in dieser Phase das Wort „Ausland“ noch gebraucht.

Mit den Jahren entstehen in unterschiedlichen Ländern eigene, kleine Personalorganisationen, die sich um die lokalen personalrelevanten Belange kümmern. Meist geht es dabei um rein administrative Aufgaben rund um die Einstellung und Vergütung der Mitarbeiterinnen und Mitarbeiter – Hire & Pay. In der Firmenzentrale ist man froh, dass sich vor Ort Kollegen um diese Dinge kümmern. Man lässt sie in Ruhe. Häufig kennen die Personaler in der Zentrale die Personaler in den Niederlassungen nicht einmal, was aber auch nicht bedauert wird. In dieser Phase agiert ein Unternehmen *multinational*. Die Einheiten agieren autark und werden damit dem Prinzip lokaler Differenzierung gerecht. All dies ändert sich im Zuge einer globaleren Ausrichtung der Personalorganisation. Ist

HR *global* folgt man dem Prinzip der globalen Integration. Das Unternehmen ist eine Einheit in der man versucht, partnerschaftlich, meist moderiert durch Vertreter der Zentrale gemeinsame, einheitliche Ansätze zu definieren.

Die Entwicklung vom internationalen zum multinationalen Unternehmen erfolgt meist schleichend, während der Sprung zum globalen Unternehmen für HR besondere, strategische Bemühungen erfordert.

Der Sprung zum globalen HR

Sehr oft höre ich Aussagen, wie „bei uns am Stammsitz haben wir bereits ein funktionierendes Talentmanagement. Jetzt geht es darum, das Konzept weltweit zum Fliegen zu bekommen". Man hat für Deutschland bereits eine Arbeitgeberpositionierung entwickelt, aber in den Ländern macht noch jeder was er will. Die interne Lernplattform wird am Stammsitz bereits gut genutzt. In den lokalen Niederlassungen auf anderen Kontinenten wird diese Plattform regelrecht ignoriert. Es gibt im Konzern weltweit sehr unterschiedliche Formen des jährlichen Mitarbeitergesprächs. Dann hört man global denkende Personalleiter sagen: „Unser Problem ist die mangelnde Einheitlichkeit". Unzählige Male habe ich aber auch mit dezentralen HR-Teams einer Geschäftseinheit über Personalstrategien diskutiert und fast so häufig erfahren, man könne gewisse Dinge nicht anders regeln, weil dies oder das so von der Konzernzentrale vorgegeben sei.

11

In ▶ Abschn. 4.4 wurde intensiv auf unterschiedliche Führungsrollen eingegangen. Dabei wurde deutlich, dass man die Rollen Boss, Coach, Partner und Befähiger unterscheiden kann. Diese Unterscheidung wurde in Bezug auf Führungskräfte und ihr Selbstverständnis entwickelt und beschrieben. Man kann den Anwendungsbereich dieser Rollen aber auch ausweiten und auf zentrale Einheiten innerhalb einer Personalorganisation anwenden. Konkret stellt sich hier die Frage, welche Rolle beispielsweise eine Corporate-HR-Funktion im Headquarter eines international operierenden Unternehmens inne hat. In hierarchisch geführten Organisationen scheinen zentrale HR-Einheiten die Tendenz zu haben, gegenüber den HR-Teams in den Ländern und Divisionen als Boss aufzutreten. Mehr oder wenige schreiben sie den dezentralen Einheiten vor, wie sie ihre Personalarbeit zu tun haben. Dies tun sie nicht, weil sie sich für etwas Besseres halten, sondern weil es hierfür eine Menge Gründe gibt:

- Führungskräfte und Projektleiter mit international verteilten Teams, die Mitarbeiter in unterschiedlichen Ländern führen, wünschen einheitliche personalrelevante Prozesse und Instrumente.
- Manche externen Zielgruppen und internen Zielfunktionen sind globaler Natur. So wird man im Rahmen der Personalgewinnung für manche globale Position im Unternehmen global nach geeigneten Kandidaten suchen. Führungskräfteentwicklung wird man auf den oberen Etagen global durchführen

müssen, weil das Thema und die Teilnehmer international sind.

- Eine globale Bündelung und Standardisierung von Prozessen und Dienstleistungen erzeugt Skaleneffekte und trägt damit zur Effizienz bei.
- In manchen Fällen gibt es bereits unabhängig von personalrelevanten Fragen globale Regelungen, Policies, denen man schließlich auch im HR gerecht werden muss. Ein Beispiel hierfür sind Compliance-Regeln.
- Nicht selten ist ein Unternehmen bei der Einführung von Informationstechnologie gezwungen, sich auf einheitliche Standards zu einigen. Gerade Cloud-Lösungen erlauben wenig gestalterischen Spielraum (siehe hierzu auch ▶ Abschn. 11.3).

All diese Argumente haben in der Vergangenheit zahlreiche Unternehmen dazu gebracht, sich folgender Prämisse zu verpflichten:

> Wir zentralisieren personalrelevante Aufgaben und Verantwortlichkeiten so weit wie möglich. Dadurch erreichen wir Effizienz und Einheitlichkeit. (**4-1**)

Inwieweit Unternehmen bei Ihrer Personalarbeit im Sinne regionaler Differenzierung oder globaler Integration agieren wird selten allein im HR entschieden. Das Kräfteverhältnis zwischen lokalen Einheiten und der Firmenzentrale ist vielmehr von übergeordneter Bedeutung (vgl. auch Bartlett und Ghoshal 1998). Global denkende Unternehmen handeln prinzipiell anders, als multinationale oder internationale Unternehmen. Dies gilt aber nicht nur für die Personalarbeit sondern auch für andere Disziplinen.

Dem Personalleiter verpflichtet

Ein Merkmal von Personalorganisationen innerhalb hierarchisch denkender Unternehmen besteht darin, dass sie selbst hierarchisch strukturiert sind. Auch wenn etwa die HR Business Partner gegenüber ihren internen Kunden, den jeweiligen Fachbereichen als strategischer Partner dienen, berichten sie nicht selten an den Leiter HR Business Partner, der wiederum an einen übergeordneten HR Executive, einen *CHRO* berichtet. Eine organisatorische Zusammenführung von Personalern mit den Fachbereichen ist erst auf oberster Ebene, beispielsweise in der Geschäftsführung gegeben. In ▶ Abschn. 4.5 wurde ausführlich auf die Frage eingegangen, wem gegenüber sich Mitarbeiter und Teams verpflichtet fühlen. Es wurde deutlich, dass gerade in hierarchischen Unternehmen eine primäre Verpflichtung gegenüber der nächsthöheren Führungsinstanz gelebt wird. Von dort kommen nicht nur die Aufträge oder Weisungen sondern auch die Konsequenzen für erfolgreiche und weniger erfolgreiche Arbeit. In hierarchischen Personalorganisationen trifft genau dies zu.

Die Mitarbeiterinnen und Mitarbeiter in der Personalabteilung sind in erster Linie ihren nächsthöheren Führungskräften und schließlich der Geschäftsleitung verpflichtet. (5-1)

Wenn also Mitarbeiter beispielsweise im Bereich Personalmarketing eine neue Hochschulmarketingkampagne entwickeln oder die Kollegen in der Personalentwicklung an einem Kompetenzmanagementprojekt arbeiten, werden sie ihre Ergebnisse so lange mit ihrem jeweils höheren Chef besprechen, bis dieser zufrieden ist. Erst dann kann dieser die Ergebnisse zu seinem Chef tragen, der wiederum zu seinem Chef usw. Für Mitarbeiter, die in hierarchisch denkenden Unternehmen sozialisiert wurden ist diese Logik völlig normal.

HR Organisation in agilen Unternehmen

Nun erscheinen immer häufiger so genannte Vordenker auf dem Parkett, die der Ansicht sind, man solle HR als separate Funktion komplett auflösen und alle personalrelevanten Aufgaben in die Fachbereiche verlagern. Auch wenn es Unternehmen gibt, die dies durchaus erfolgreich praktizieren, soll in diesem Buch dieser Ansatz nur als extreme, radikale Variante aufgegriffen werden. Für die meisten Unternehmen, die ich vor Augen habe, wäre dieser Ansatz zu weit gedacht. Nichts destotrotz soll hier die Prämisse agiler Unternehmen weiter gedacht werden:

Personalrelevante Aufgaben werden so weit es geht von den Fachbereichen selbst übernommen. Sie wissen am besten, was für sie gut ist. (1-2)

Hier stellt sich die Frage, was von den Fachbereichen tatsächlich übernommen werden kann und was nicht. Wie immer lautet auch hier die Antwort: „Es kommt darauf an". Im Folgenden soll daher ein von Dave Ulrich abweichendes Ordnungsmuster aufgezeigt werden, das in einem agileren Kontext und unter der Annahme mündiger Mitarbeiter und Führungskräfte besser funktionieren könnte. Dabei wird es um zwei Faktoren gehen, die bei der Gestaltung einer modernen HR-Organisation zum Tragen kommen. Auf beide Faktoren wird im Folgenden ausführlich eingegangen.

Der erste Faktor befasst sich mit der *sozialen Dynamik*, die mit personalrelevanten Ansätzen einhergeht. Hier wird beispielsweise der Unterschied zwischen HR und Logistik deutlich. Pakete denken und fühlen nicht, Mitarbeiter sehr wohl. Letztere reagieren auf ihre Weise auf alles, was wir im Kontext HR tun und diese Reaktionen können konstruktiv sein aber auch dysfunktional. Der zweite Faktor befasst sich mit der *sachlichen Komplexität* einer personalbezogenen Thematik. Es gibt Themenstellungen und Aktivitäten im HR, die sehr einfach sind, z. B. das Schalten einer Stellenausschreibung. Es gibt aber auch Themenstellungen und Aktivitäten, die nur von echten, erfahrenen Profis verstanden bzw. geleistet werden können, weil sie von der Sache her besonders vielschichtig, dynamisch und verwoben sind. Beide Faktoren, soziale Dynamik und sachliche Komplexität werden im Folgenden eingehender betrachtet. Darüber hinaus werden Implikationen für die Gestaltung einer HR-Organisation abgleitet.

Soziale Dynamik

Es liegt in der Natur der Personalarbeit, dass Menschen von ihr betroffen sind, Mitarbeiter und Führungskräfte. Diese Menschen sind nicht nur Objekt der Personalarbeit sondern auch denkende, fühlende und handelnde Akteure. Unabhängig davon, ob Vergütungssysteme entwickelt oder verändert werden, Talente identifiziert und gefördert, Bewerber ausgewählt, Mitarbeiter gehalten oder gekündigt, Mitarbeiter versetzt, befördert, geschult, belohnt werden, am Ende führt alles was man tut immer zu einer Art sozialen Dynamik. Es soll hier nicht zu tief in die Welt systemtheoretischer Theorien eingetaucht werden. Jeder, der bereits in einer Organisation gearbeitet hat, weiß aus Erfahrung, dass personalrelevante Aktivitäten, Maßnahmen und Programme immer auch Emotionen, Ängste, Neid, Hoffnung, Widerstände, Glück und vieles mehr auslösen. Alle Aktionen und Reaktionen, die auf der Grundlage zwischenmenschlicher Beziehungen stattfinden bezeichnen wir hier als *soziale Dynamik*. Wer im Kontext des Personalmanagement auch nur im Ansatz erfolgreich sein möchte, muss diese besondere Dynamik nicht nur verstehen, sondern auch berücksichtigen. Das ist nicht immer einfach.

Wenn man wie ich über viele Jahre hinweg, in zahlreichen Unternehmen unterschiedlichster Größe und Branchenzugehörigkeit viele umfangreiche HR-Konzepte gesehen hat, dann muss man zu der fast tragischen Erkenntnis gelangen, dass HR-Konzepte niemals so funktionieren, wie sie gedacht wurden. Ich habe noch keine Mitarbeiterbefragung gesehen, die das gehalten hat, was versprochen wurde. Ich kenne kein Unternehmen, bei dem das jährliche Mitarbeitergespräch so angenommen und umgesetzt wurde, wie man sich dies im HR vorgestellt hat. Ich kenne kein Talentmanagement, das sich in der Realität so darstellt wie auf den Folien des Personalleiters und seiner Berater. Wo haben variable Vergütungssysteme so motiviert, wie man sich dies erhofft hat? Wo sind all die Manager, die in der Lage sind, Kompetenzen objektiv so zu beurteilen, wie es das Kompetenzmanagement theoretisch vorsieht? Die Liste ließe sich beliebt erweitern. Ein wesentlicher Grund hierfür besteht darin, dass die soziale Dynamik, die mit entsprechenden Konzepten und Ideen einhergehen nicht ausreichend verstanden bzw. antizipiert wurde.

Nicht alle Aufgaben und Herausforderungen im HR bergen eine hohe soziale Dynamik. Zahlreiche Aufgaben sind sogar von erstaunlicher Einfachheit. Man denke hier an das Posten einer vorhandenen Stellenausschreibung auf einer der gängigen Stellenbörsen im Internet oder das monatliche Auszahlen eines längst vereinbarten Monatsgehalts. Diese Dinge müssen oder können einfach getan werden. Sie lösen weder eine soziale Aufruhr noch sonst irgendeine Erregung von irgendjemandem in der Organisation aus.

Andere Aufgaben sind aber von sehr hoher, sozialer Dynamik begleitet. Das ist immer dann der Fall, wenn Mitarbeiter in existenziellen Belangen betroffen sind oder wenn es um die Auf- oder Abwertung von Mitarbeitern geht – in welcher Form auch immer. Beispiele sind die Neuausrichtung von Vergütungssystemen, die Implementierung von Führungsinstrumenten, die Durchführung umfangreicher, organisationaler Veränderung, das Streichen von Stellen im großen Stil. Manchmal führen Maßnahmen zu einer sozialen Dynamik mit der man zunächst nicht gerechnet hätte, weil die Angelegenheit zunächst eher marginal erscheint. Ein Klassiker für solche Fälle ist die Veränderung der Firmenwagenregelung oder die Einführung einer Transgender-Toilette.

Dies führt uns zu einem wichtigen Grundsatz: *Man kann mit sozialer Dynamik nur dann erfolgreich umgehen, wenn man die Betroffenen zu Verantwortlichen macht*. Hierfür sind Insider erforderlich, die mit den ungeschriebenen Gesetzen innerhalb einer Organisation vertraut sind und dadurch das nötige Maß an Empathie für die Betroffenen mitbringen. Umso höher die erwartete soziale Dynamik, desto aktiver muss die Rolle der Fachbereiche bei der Entwicklung, Umsetzung und dem Betrieb sein.

An vielen Stellen, wie auch in diesem Buch habe ich immer wieder argumentiert, dass eine wesentliche Falle von HR darin besteht, mit einer Lösung zu beginnen, ohne das Problem zu kennen und ohne den unternehmerischen Kontext zu beachten. Diese äußerst verbreitete HR-Falle ist eine Ursache für das Scheitern vieler Konzepte aufgrund der Vorgehensweise insgesamt. Darum soll es aber in diesem Unterkapitel nicht gehen. Eine mögliche Ursache, die hier beleuchtet werden soll, liegt in der Personalorganisation an sich. Gerade Dave Ulrich hat seinerzeit betont, Personalorganisationen müssten beides können, Administration und Strategie. Weiterhin argumentierte er, dass es innerhalb der HR-Organisation Einheiten geben muss, die sich um das eine und andere Einheiten, die sich um das andere kümmern. Damit war der Grundstein für eine Arbeitsteilung gelegt, die in das bereits beschriebene Drei-Säulen-Modell mündete. Zahlreiche Unternehmen haben in den vergangenen 20 Jahren einen erheblichen Aufwand betrieben, dieses Modell praktisch umzusetzen. Heute werden zunehmend kritische Stimmen laut. Das zentrale Problem des Drei-Säulen-Modells besteht gerade darin, dass die Fachbereiche in ihm nicht auftauchen. Im Grunde hat Dave Ulrich mit seinen Gedanken ein HR-Silo strukturiert mit all seinen, zum Teil dramatischen Folgen, wie sie oben angedeutet wurden. Natürlich sieht das Drei-Säulen-Modell die Mitarbeiter und Führungskräfte innerhalb der Fachbereiche als Kunden vor, mit denen insbesondere die HR Business Partner partnerschaftlich zusammenarbeiten. Eine aktive Rolle der Fachbereiche aber in Bezug auf personalrelevante Fragestellungen bleibt gänzlich außen vor. Das Drei-Säulen-Modell manifestiert aber nicht nur ein eigenes Silo in Abgrenzung zu den benachbarten Fachbereichen. Vielmehr werden auch die drei Säulen in der Praxis zuweilen wie drei Silos erlebt – etwas zynisch könnte man auch vom „Drei-Silos-Modell" sprechen.

Sachliche Komplexität

Neben der sozialen Dynamik ist die *sachliche Komplexität* eine entscheidende Dimension. Es gibt Aufgaben im HR, deren Erledigung eine nur geringe Sachkenntnis bzw. fachliche Tiefe erfordern. Man kann sie nach kurzer Einweisung problemlos ausführen. Hierzu gehört das Schalten (nicht das Entwickeln) einer Stellenausschreibung. Das Bedienen bestimmter Funktionen einer HR-Software, die Erstellung (nicht die Verhandlung) eines Arbeitsvertrags, das Organisieren eines Einstellungsinterviews. Entsprechend gibt es aber auch Fragestellungen und Herausforderung, die von sehr hoher, sachlicher Komplexität gekennzeichnet sind. Für deren Bearbeitung sind Profis, Experten erforderlich, die nicht nur auf eine hinreichend Ausbildung in ihrem Metier zurückblicken sondern auch jahrelange Erfahrung aufweisen. Hier können Problemstellungen aus unterschiedlichsten Disziplinen, wie internationales Recht, Technologie, Finanzen aufeinander treffen. Typische Beispiele für Herausforderungen mit hoher sachlicher Komplexität können sein: die weltweite Einführung eines IT-Systems im HR oder die Entwicklung eines neuen Vergütungssystems in einem internationalen Konzern. Man denke aber zum Beispiel auch an Auslandsentsendungen mit all ihren versicherungstechnischen, rechtlichen, logistischen Aspekten.

Dies führt uns zu einem weiteren Grundsatz moderne Personalorganisation: *Für die Bewältigung von Fragestellungen mit hoher sachlicher Komplexität sind Experten erforderlich.* Das sind Menschen, die in einer Sache echten Tiefgang aufweisen können, welchen sie durch eine entsprechende Ausbildung und, oder durch langjähriges Sammeln von Erfahrungen angeeignet haben. Zuweilen hört man Menschen sagen, HR könne jeder. Gerade in Fällen, hoher sachlicher Komplexität ist diese Hypothese genauso falsch, wie die Aussage, jeder könne ein Herz transplantieren.

Rollen in einer agilen Personalorganisation

Kombiniert man die beiden, soeben dargestellten Dimensionen der sozialen Dynamik und sachlichen Komplexität, dann ergibt sich daraus ein einfaches Vier-Felder-Schema, wie in ◻ Abb. 11.2 wiedergegeben.

Innerhalb dieser vier Felder sind jeweils Rollen innerhalb einer agilen Personalorganisation skizziert. Wir beginnen links unten. Dieser Bereich ist durchaus mit den bekannten Shared Service

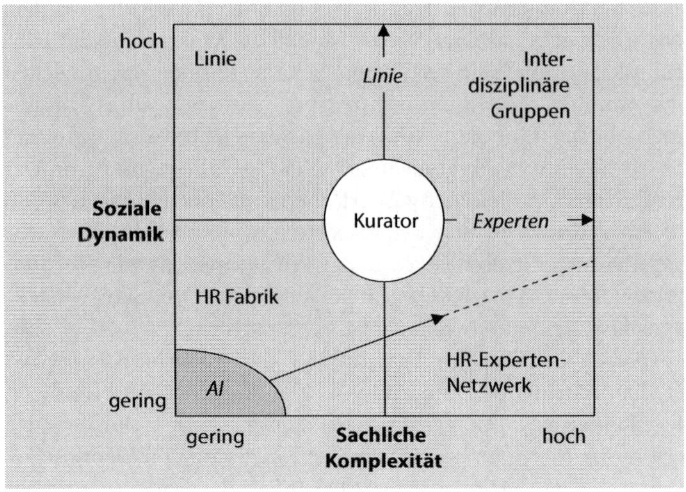

Abb. 11.2 Rollen innerhalb einer agilen Personalorganisation

Center vergleichbar. Hier werden einfache, wiederkehrende und standardisierbare Aufgaben, die mit einer geringen sozialen Dynamik einhergehen, nach festgelegten Leistungsstandards erfüllt. Der Begriff der *HR Fabrik* könnte diesen Bereich gut beschreiben. Darüber hinaus werden hier traditionelle HR-Informationssysteme eingesetzt, mit denen HR-Vorgänge automatisiert ablaufen. Klassische Beispiele sind die Lohnbuchhaltung, oder die Verwaltung eingehender Bewerbungen durch so genannte Applicant-Tracking-Systeme (ATS). *Künstliche Intelligenz* wird an dieser Stelle zunehmend Aufgaben übernehmen. Bei der HR Fabrik stellt sich die Frage, inwieweit sie eine interne Einheit des Unternehmens darstellen soll bzw. muss oder ob dieser Bereich auch ausgelagert werden kann.

Der rechte, untere Bereich repräsentiert das *HR-Experten-Netzwerk*. Dieses weißt eine gewisse Verwandtschaft zu den CoE im Sinne des Drei-Säulen-Modells auf. Allerdings soll das Experten-Netzwerk bewusst nicht als eine Art geschlossene Einheit (Center) verstanden werden, sondern als ein Verbund interner und externer Spezialisten, die flexibel dann und dort zum Einsatz kommen, wenn und wo man sie braucht. Man denke hier an den externen Arbeitsrechtler, den internen Sourcing-Spezialisten oder den Führungskräfte-Coach. Auch soll hier nicht der Eindruck entstehen, diese Experten wären Teil oder externe Partner einer Personalabteilung. Die organisationale Zuordnung ist hier gänzlich offen.

Personalrelevante Aufgaben, Fragestellungen oder Herausforderungen, die eine hohe soziale Dynamik aufweisen, deren Bewältigung aber nur ein überschaubares Maß an fachlichen Kenntnissen erfordern gehören in die *Linie*. Betrachtet man die Tätigkeit erfolgreicher Führungskräfte und CEOs, dann wird man feststellen, dass sich diese ohnehin die meiste Zeit mit personalrelevanten Fragestellen beschäftigen. Der wunderbare Gründer und ehemalige CEO von SAP Dietmar Hopp hat dies immer betont, indem er sagte, er sei der oberste Personaler im Unternehmen. Bill Gates betrachtete es immer als seine wesentliche Aufgabe, die talentiertesten Menschen ins Unternehmen zu holen. Jack Welch, der legendäre und ehemalige CEO von General Electric beschreibt in seiner lesenswerten Autobiografie im Wesentlichen Personalthemen.

Der rechte, obere Bereich der obigen Abbildung steht für Themen, die mit einer hohen sozialen Dynamik einher gehen und zugleich eine hohe sachliche Komplexität in sich bergen. Im Grunde ist dieses Segment mit den soeben beschriebenen Segmenten vergleichbar. Aufgaben, die in dieses Segment fallen gehören ebenfalls in die Linie. Allerdings bedürfen sie der aktiven Unterstützung durch Experten aus dem bereits beschriebenen HR-Experten-Netzwerk. Hier sollten daher *interdisziplinäre Gruppen* bzw. Projektgruppen die Verantwortung übernehmen. Bei genauerem Hinsehen wird man feststellen, dass die eben beschriebene HR-Organisation im Wesentlichen aus der HR-Fabrik und dem HR-Experten-Netzwerk bestehen.

Wir betrachten die HR-Organisation als Netzwerk innerhalb eines umfassenderen Unternehmensnetzwerks. Damit vermeiden wir Silodenken. **(3-2)**

Wenn nun Unternehmen anstreben, ihre Personalabteilung komplett aufzulösen, dann denken sie einerseits über eine externe HR-Fabrik, also einen administrativen Outsourcing-Partner nach und über das bedarfsorientierte Engagement externer Experten bei fachlich komplexen Sachverhalten nach. Der Rest landet in der Linie. Was am Ende übrig bleibt, ist möglicherweise eine interne Instanz, die das Zusammenspiel aus Linie, HR-Fabrik und Expertennetzwerk auf gewisse Weise koordiniert. Man könnte hier von einem *HR Kurator* sprechen. Möglicherweise ist der HR-Kurator in Zukunft die neue Rolle des Personalleiters bzw. das was man bisher als den HR Business Partner beschrieben hat. Aufbauend auf diesem Modell sollen im Folgenden eine Reihe, wichtiger Prinzipien von HR-Organisationen im agilen Kontext skizziert werden:

- *People over Processes.* Zwischenmenschliche Abstimmung ist schneller und wird sozialer Dynamik aber auch sachlicher Komplexität eher gerecht als starre Prozesse.

- *Einfachheit*. Was wir im HR tun, sollte nach Möglichkeit einfach sein, sonst wird es von den relevanten Akteuren in der Linie nicht verstanden und auch nicht gelebt.
- *Keine internen Monopole*. Wenn die Organisation von nur einer HR-Funktion abhängig ist, entwickelt diese eine passive Haltung.
- *Konsequenzen*. Personalrelevante Entscheidungen sollten von Jenen gefällt werden, die am Ende auch die Konsequenzen der Entscheidung zu tragen haben.

People over Processes

Im Jahr 2001 unterzeichnete eine prominente Gruppe von Softwareentwickler das so genannte *Agile Manifest*, das seitdem als eine Art Zehn Gebote agiler Softwareentwicklung anerkannt und viel zitiert wird[1]. Ein wesentliches Element des bekannten Agilen Manifests lautet: *People over Processes*. Dieser Grundsatz ist vergleichsweise simpel. Er propagiert persönliche Zusammenarbeit, schnelle, zwischenmenschliche Abstimmung. Er geht davon aus, dass soziale Prozesse schneller und anpassungsfähiger sind, als es statische Prozesse jemals sein können. Der Umgang mit sozialer Dynamik erfordert sozialen Austausch, von Mensch zu Mensch, von Team zu Team. Es ist bemerkenswert, dass gerade Softwareentwickler, die Ingenieure IT-gestützter Prozesse diesen Aspekt so prominent in den Vordergrund rücken vermutet man doch gerade hier eine hohe Nerd-Dichte.

Meinen Beobachtung zu Folge ist es im HR insbesondere großer Unternehmen eher so, dass Personaler in erster Linie auf *Prozesse* setzen, allen voran die Kolleginnen und Kollegen aus den traditionellen CoE (Center of Expertise) – einem der Silos innerhalb des Drei-Säulen-Modells. Dies birgt ein strukturelles Problem. Denn meist sind die Mitarbeiter aus den CoE organisatorisch von jenen sozialen Systemen getrennt, deren Verhalten sie mittels ausgeklügelter Prozesse bestimmen wollen. Ich habe zahlreiche Unternehmen erlebt, bei denen gerade die HR Business Partner darauf achten, dass die Kollegen aus den CoE den Fachbereichen nicht zu nahe kommen. Offenbar können hier Revierstreitigkeiten zum Tragen kommen. Für die HR-Konzepte hat dies zum Teil dramatische Folgen. Schließlich sind es normalerweise die CoE, in denen komplexe HR-Systeme etwa im Zusammenhang mit Performance Management, Talentmanagement, Nachfolgeplanung, Kompetenzmanagement, Job Architekturen, Vergütungssysteme etc. ausgedacht werden. Auf die Kompliziertheit dieser Systeme wurde ja bereits in ▶ Abschn. 2.2 eingegangen. Etwas zynisch wurden die gängigen Konzepte als Beispiele einer „Personalplanwirtschaft“ dargestellt.

---

1 Allerdings werden hier nicht zehn Gebote sondern nur vier Prämissen vorgeschlagen. Das Agile Manifest erreicht man über folgenden Link: www. http://agilemanifesto.org/ (Zuletzt gesehen am 31.08.2017).

Prozesse, Systeme und Instrumente auf PowerPoint-Folien zu skizzieren ist vergleichsweise einfach. Es ist hingegen außerordentlich schwierig und für jemanden, der nicht Teil des betroffenen Systems ist nahezu unmöglich, deren Wirkung in Anbetracht der sozialen Dynamik zu verstehen. Das Scheitern jener Prozesse, die in CoE entwickelt werden ist extrem wahrscheinlich, weil aufgrund mangelnder Einbindung der Fachbereiche und fehlender zwischenmenschlicher Zusammenarbeit und Abstimmung die Folgen sozialer Dynamik übersehen bzw. unterschätzt werden.

Einfachheit

Personaler, die in traditionellen Organisationen sozialisiert wurden, tun sich mit dem Gedanken, man könne Themen, wie Talentmanagement, Performance Management, Lernen, Nachfolgeplanung, Personalgewinnung so einfach in die Linie verlagern erfahrungsgemäß schwer. Man mag einwenden, ein Profis müssten sich um diese Dinge dauerhaft kümmern. Und, die Themen sind zu vielschichtig und zu komplex, als dass Führungskräfte und Mitarbeiter dauerhaft die Verantwortung dafür übernehmen könnten. Möglicherweise sollte man aber erstens die Fähigkeiten der Linie nicht unterschätzen. Zweitens sind sie, wie bereits ausgeführt, in der besseren Position um der sozialen Komplexität gerecht zu werden. Auch wenn bei der Entwicklung einer personalrelevanten Lösung ein hohes Maß an sozialer Komplexität in Betracht gezogen werden muss, sollte das Ergebnis, also die Lösung an sich so einfach wie möglich sein, sonst funktioniert sie in der Praxis nicht. Dies ist ein weiterer, wichtiger Grundsatz. Sobald die Logik und Anwendung etwa eines Talentmanagements gegenüber Führungskräften zu erklärungsbedürftig erscheint, ist es bereits gescheitert. Themen und Lösungen werden nicht in die Linie gegeben, weil sie einfach sind, sondern sie müssen zumindest im Kern einfach sein, so dass sie in der Linie überhaupt lebensfähig sind.

Keine internen Monopole

Meist haben traditionelle Personalabteilungen in ihrem Unternehmen eine Art Monopolstellung. Die Fachbereiche haben keine andere Wahl, als die Dienste dieser einen Abteilung in Anspruch zu nehmen und implizit oder explizit ist dies den Kollegen im HR auch bewusst. Dies mag ein Grund sein, warum es eigentlich falsch ist, bei den Fachbereichen von „Kunden“ zu sprechen. Schließlich haben Letztere keine Wahl. Jede zusätzlich Aufgabe oder jedes zusätzliche Projekt muss diesen Abteilungen als eine Bürde vorkommen, die zur bisherigen Arbeit sozusagen „oben drauf kommt“. Ganz anders verhält sich dies bei externen Anbietern von Dienstleistungen. Für sie ist jedes zusätzliche Projekt ein neuer Auftrag, den man selbstverständlich nicht nur annimmt sondern um den man ringt. Monopole haben keine Wettbewerber und wer keine Wettbewerber hat, hat auch keine Chance wirklich zu siegen. Dieses strukturelle Problem kann dadurch zumindest teilweise aufgelöst werden, indem man Aufgaben entweder aus dem Personalbereich auslagert, oder Einheiten im Personalbereich als Cost-Center führt, was auch die Option einschließt, dass sich die Fachbereiche für die Dienste anderer, externer Anbieter entscheiden können.

Ein Weg, den gerade agile Unternehmen zunehmend einschlagen, besteht darin, personalrelevante Aufgaben in die Linie zu verlagern. Dies wurde im obigen Vorschlag bereits skizziert. Damit bei jenen Mitarbeitern, die sich innerhalb der Linie um diese Aufgaben kümmern nicht das Gefühl aufkommt, sich dauerhaft in einem sicheren Hafen zu befinden, übernehmen sie diese Verantwortung entweder nur für eine bestimmte Zeit – zwei, drei Jahre – oder sie übernehmen diese Rolle nur in Teilzeit. Wie bereits oben ausgeführt birgt dieser Weg auch den Vorteil, dass die betroffenen Mitarbeiterinnen und Mitarbeiter nicht Gefahr laufen, den Blick für die Realität zu verlieren. Für jene Unternehmen lautet die Prämisse:

> Uns ist es wichtig, dass sich Mitarbeiter nur für eine begrenzte Zeit ausschließlich mit HR-Themen beschäftigen. Sie neigen sonst dazu, den Blick für die Realität zu verlieren. (**2-2**)

Diese Prämisse hat im Wesentlichen für die Linie und die oben skizzierten interdisziplinären Gruppen Geltung. Anders verhält sich dies meist für die Mitarbeiterinnen und Mitarbeiter aus der HR-Fabrik und für Mitglieder des HR-Experten-Netzwerks. Wobei es auch hier ratsam sein kann, dass diese Mitarbeiter immer wieder Zeit in der Linie verbringen und eine gewisse Zeit in den Schuhen der Kunden gehen. Dies trägt zur internen Kundenorientierung und zu einem stärkeren Erleben der Sinnhaftigkeit der eigenen Tätigkeit bei.

Die Konsequenzen des eigenen Handelns tragen

Wie bereits in ► Abschn. 4.5 ausführlich darstellt, besteht ein wesentliches Prinzip agiler Unternehmen darin, dass die Mitarbeiter und Teams die Konsequenzen ihres Handelns und ihrer Entscheidungen unmittelbar erleben. Dies birgt die Chance zu lernen und fördert das verantwortungsvolle, kundenorientierte Arbeiten. Gerade dieses Prinzip wird bei traditionellen Personalabteilungen in weiten Teilen nicht eingehalten. Das Gegenteil trifft eher zu. Wer trägt die Konsequenzen falscher Auswahlentscheidungen im Rahmen der Personalgewinnung und -auswahl? Es sind jene Mitarbeiter, die am Ende mit dem neu eingestellten Mitarbeiter arbeiten dürfen. Wer trägt die Konsequenzen für ein Talentmanagement, das möglicherweise die falschen Kandidaten in leitende Positionen bringt? Nicht die Personalabteilung. Wer muss mit den Defiziten leben, wenn im Rahmen der Personalentwicklung der Wissenstransfer aus dem Training in den Alltag nicht glückt? Nicht die Personalabteilung. Dieses Problem hat strukturelle Ursachen in der Art und Weise, wie HR im Unternehmen organisiert und positioniert ist. Wie bereits ausgeführt sehen sich Personaler in hierarchisch denkenden Unternehmen in erster Linie ihren übergeordneten Führungsinstanzen gegenüber verpflichtet. Dabei wäre es von Vorteil, wenn sie bei guter Leistung die Anerkennung aus der Linie erfuhren und bei schwacher Leistung ein entsprechendes Gegenteil. Sobald aber personalrelevante Aufgaben in die Linie integriert werden, ändert sich dies.

Mitarbeiter und Teams, die sich mit personalrelevanten Aufgaben beschäftigen, sind in erster Linie ihren internen und externen Kunden verpflichtet. (5-2)

Mitarbeiterempfehlungsprogramme sind beispielsweise ein verbreiteter Ansatz im Rahmen der Personalgewinnung, der sich dieses Prinzip zu eigen macht. Sie funktionieren deshalb so gut, weil sich jene Kollegen, die Freunde oder Bekannte empfehlen wissen, dass sie mit den Konsequenzen ihrer Empfehlung leben müssen. Einen Kandidaten zu empfehlen, der sich später als C-Player herausstellt, kann negative Konsequenzen auf die Glaubwürdigkeit des Empfehlenden haben, weswegen diese Programme durch die Mitarbeiter meist in sehr verantwortungsvoller Weise genutzt werden. Mitarbeiterempfehlungsprogramme sind aber nur ein Beispiel, wie Verantwortung in die Linie gebracht werden kann. Man führe darüber hinaus folgende, einfache Fälle vor Augen: Innerhalb einer größeren Projektgruppe oder einer Einheit im Unternehmen erklären sich drei Mitarbeiter dazu bereit,

- neue Mitarbeiter im Arbeitsmarkt zu suchen, anzusprechen und sie für das Team zu gewinnen
- sich um die erfolgreiche Integration neu eingestellter Mitarbeiter zu kümmern
- ein Entwicklungsprogramm auf die Beine zu stellen, das einen kürzlich gemeinsam identifizierten Lernbedarf adressieren soll
- Ideen zu entwickeln, wie im Team zukünftig variable Boni verteilt werden können
- für die nächste Klausurtagung eine Art Mitarbeiterbefragung auf die Beine zu stellen, die erfolgskritische Aspekte des Teams berücksichtigen soll.

Wie stehen diese drei Mitarbeiter da, wenn sie nicht zur Zufriedenheit ihrer Kollegen liefern? Hier gibt es keine Exit-Strategie. Mit den Konsequenzen ihres Handelns müssen sie leben, was sie unweigerlich zu hoher Leistung anspornen wird. Darüber hinaus bietet eine Konstellation wie diese Sinnhaftigkeit und die Chance, aus erlebten Konsequenzen zu lernen.

So wenig Zentrale wie möglich

Im Weltbild von Mitarbeitern, die in agilen Organisationen mit personalrelevanten Fragen, Herausforderungen und Aufgaben befasst sind, kommt eine zentrale, übergeordnete, in einem Headquarter verankerte HR-Funktion kaum vor. Dies ist eine logische Konsequenz aus dem zuvor erläuterten Punkt, lateraler Verpflichtung. In hierarchischen Organisationen verhalten sich die Dinge gänzlich anders. Hier kommen Konzernanweisungen aus der Firmenzentrale und die lokalen Personaler sehen sich verpflichtet, den Vorgaben aus der Zentrale Folge zu leisten. Wie bereits im Laufe dieses Unterkapitels erläutert, geht es hier um das Spannungsfeld zwischen globaler Integration und lokaler Differenzierung (vgl. auch ► Abschn. 3.6, Internationale Personalstrategien). Zur Verdeutlichung kann das Beispiel *Employer Branding* dienen. Das Vier-Felder-Schema in ◘ Abb. 11.3 zeigt zwei relevante Dimensionen.

Die Dimension *Markenverantwortung* zeigt an, wer für die Entwicklung einer Arbeitgebermarke verantwortlich ist, das Headquarter (global, zentral) oder die lokalen Einheiten, Länder oder Divisionen (lokal, dezentral). Daneben wird zwischen einer differenzierten und einer einheitlichen Arbeitgeberpositionierung unterschieden (vgl. hierzu auch ► Abschn. 5.1, Employer Branding).

In einer hierarchisch geführten Personalorganisationen kommen im Grunde nur die Konstellationen A und B in Frage. Entweder die Zentrale entwickelt eine zentrale Arbeitgeberpositionierung und definiert die Art der Kommunikation über alle Einheiten hinweg (B). Oder sie gestaltet die Sache etwas aufwendiger und versucht, die lokalen Besonderheiten aus zentraler Sicht zu berücksichtigen (B). Am Ende liegt alles in der Hand der Zentrale. In einer agil geführten Organisation wäre dies hingegen unvorstellbar. Hier agiert man nach dem Prinzip:

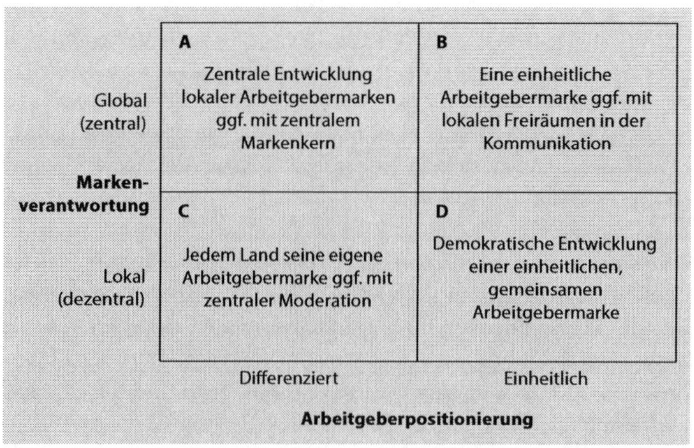

◘ **Abb. 11.3** Spielarten einer Arbeitgebermarkenentwicklung im Spannungsfeld zwischen zentraler Einheitlichkeit und lokaler Differenzierung

> Wir zentralisieren Aufgaben und Verantwortlichkeiten nur dann, wenn es dezentral gewünscht wird. Die Zentrale sieht sich als Befähiger dezentraler Instanzen. (**4-2**)

Im Kontext der Entwicklung einer Arbeitgebermarke liegt die Verantwortung in den dezentralen Einheiten. Die Konsequenz können zahlreiche Arbeitgebermarken unter einem Dach, die möglicherweise moderiert und unterstützt durch eine zentrale Einheit entwickelt und umgesetzt werden – wenn die lokalen Einheiten dies wünschen (C). Das muss aber nicht sein. Eigene Erfahrungen haben gezeigt, dass sich auch dezentrale Einheiten insgesamt etwas Übergreifendes, Einheitliches wünschen. Man will einen gemeinsamen Auftritt, weil dies zu Synergieeffekten führt und am Ende Geld sparen kann. Eine Alternative bietet daher Szenario D. Hier wird eine gemeinsame Lösung nach demokratischen Prinzipien entwickelt. Am Ende besteht die Herausforderung darin, eine einheitliche Arbeitgeberpositionierung zu entwickeln, die von allen oder der Mehrheit aller dezentralen Einheiten getragen wird.

Tab. 11.1 Alle strategischen Dimensionen zu Personalorganisation im Überblick

Verantwortung für Personalaufgaben	1-1 Primär Personalabteilung Personalrelevante Aufgaben werden von der Personalabteilung übernommen. Damit hält sie den Fachbereichen den Rücken für deren Aufgaben frei	1-2 Primär Fachbereich Personalrelevante Aufgaben werden so weit es geht von den Fachbereichen selbst übernommen. Sie wissen am besten, was für sie gut ist
Dauer in HR-Funktion	2-1 Möglichst langfristig Wie in anderen Funktionen benötigen wir auch im HR Experten mit langjährigen Erfahrungen innerhalb eines bestimmten Themenfelds	2-2 Zeitlich begrenzt Uns ist es wichtig, dass sich Mitarbeiter nur für eine begrenzte Zeit ausschließlich mit HR-Themen beschäftigen. Sie neigen sonst dazu, den Blick für die Realität zu verlieren
Organisation der HR-Funktion	3-1 Arbeitsteilung Wie in anderen Funktionen verfolgen wir auch im HR eine arbeitsteilige Trennung von Aufgaben. Damit erreichen wir Professionalität und Effizienz	3-2 Netzwerk Wir betrachten die HR-Organisation als Netzwerk innerhalb eines umfassenderen Unternehmensnetzwerks. Damit vermeiden wir Silodenken
Zentralisierung	4-1 Maximale Zentralisierung Wir zentralisieren personalrelevante Aufgaben und Verantwortlichkeiten so weit wie möglich. Dadurch erreichen wir Effizienz und Einheitlichkeit	4-2 Minimale Zentralisierung Wir zentralisieren Aufgaben nur dann, wenn es dezentral gewünscht wird. Die Zentrale sieht sich als Befähiger dezentraler Instanzen
Verpflichtung	5-1 Vertikal Die Mitarbeiterinnen und Mitarbeiter in der Personalabteilung sind in erster Linie ihren nächsthöheren Führungskräften und schließlich der Geschäftsleitung verpflichtet	5-2 Horizontal Mitarbeiter und Teams, die sich mit personalrelevanten Aufgaben beschäftigen sind in erster Linie ihren internen und externen Kunden verpflichtet

Dieses Beispiel kann mit etwas Fantasie auf andere personalbezogene Fragestellungen übertragen werden, sei es auf die Entwicklung eines Vergütungssystems, eines Talentmanagement oder beispielsweise auf die Gestaltung eines globalen Führungskräfteentwicklungsprogramms. Der zentrale CHRO etwa hat hierbei weniger eine bestimmende, weisende Funktion sondern vielmehr eine moderierende Rolle, was ungleich schwieriger ist.

Zurück in die Linie

Im Zuge der Agilisierung von Organisationen ist eindeutig der Trend zu erkennen, personalrelevante Aufgaben in die Linie zu verlagern. Die meisten, in diesem Unterkapitel diskutierten, strategischen Dimensionen (siehe ◘ Tab. 11.1) weisen in diese Richtung. Die obigen Ausführungen sind allerdings weit vom immer lauter werdenden Appell entfernt, man solle Personalabteilungen gänzlich abschaffen. Auch in höchst agilen Organisationen wird es immer Kolleginnen und Kollegen geben, die sich ausschließlich mit Personalaufgaben beschäftigen. Bei Aufgaben mit hoher sozialen Dynamik und ausgeprägter sachlicher Komplexität werden wir uns aber mit anderen Formen der Mannschaftsaufstellung beschäftigen müssen, als wir es in den vergangenen Jahren getan haben. Verantwortungen rücken näher an die Linie bzw. in die Fachbereiche. Wir werden eher in gemischten Netzwerken denken, bei denen die laterale Verpflichtung gegenüber einer vertikalen Orientierung mehr zählen wird.

11.2 Kennzahlen und Controlling

Es scheint, als gäbe es seit Jahren einen anhaltenden Hype um das Thema Kennzahlen im HR. Personalleiter und -vorstände berichten von Situationen, in denen sie voller Neid auf ihre Kollegen aus dem Finanzbereich schauen und sich fragen: „Warum kann ich unsere Arbeit nicht so anschaulich anhand von Zahlen präsentieren?“. Das Argument, es ginge im HR doch um Menschen (nicht messbar) und nicht um Dinge (messbar) hat schon längst kein Gewicht mehr. Aber auch in den Bereichen Finanzen, Marketing oder im Vertrieb wird bekanntermaßen oft mit Annahmen operiert und die Zahlen, die dort genutzt oder präsentiert werden sind längst nicht so belastbar, wie man noch als naiver Student der Betriebswirtschaftslehre glauben mag. Warum hängt HR dann so sehr hinter her, wenn es um die quantitative Abbildung der eigenen Arbeit geht? Wenn der Leiter Logistik gefragt wird, wie viele M8-30-Kreuzschlitzschrauben er auf Lager hat, dann befragt er sein System und kennt die Antwort – 2376. Der Personalleiter kann hingegen noch nicht einmal angegeben, wie viele Mitarbeiterinnen und Mitarbeiter im Unternehmen über Englischkenntnisse auf einem bestimmten Niveau aufweisen. Ich kenne sogar Personalleiter, die bereits bei der Frage nach der Anzahl der Mitarbeiter in die Knie gehen.

Was man nicht messen kann, kann man auch nicht managen?

Hinter der gefühlten Notwendigkeit, auch im HR mit Kennzahlen zu operieren steht eine Art übergreifendes Dogma, das leider viel zu selten angezweifelt wird: „Was man nicht messen kann, kann man auch nicht managen". Das klingt zunächst logisch. Managen heißt, zielgerichtetes und gesteuertes Handeln. Und wer zielgerichtet handeln will, braucht messbare Ziele ergänzt durch einen Regelkreis. Wo will ich hin? Wo stehen wir aktuell? Gibt es Abweichungen? Wenn ja, was ist zu tun? Alle dynamischen Systeme funktionieren nach diesem, einfachen Prinzip kybernetischer Regelkreise (vgl. Wunderer und Jaritz 2007). Misst man etwas nicht, dann deutet dies darauf hin, dass man seine Sache nicht wirklich im Griff hat.

Professionelles HR erfordert eine umfangreiche Nutzung von Kennzahlen. Schließlich gilt: Was man nicht messen kann, kann man auch nicht managen. (**1-1**)

Deshalb haben Unternehmen in den vergangenen Jahren einen erheblichen Aufwand betrieben, um beispielsweise eine *Balanced Scorecard* im Sinne von Kaplan und Norton (1996) einzuführen. Diese Balanced Scorecard sieht vor, unterschiedliche Felder gleichermaßen (balanced) zu betrachten: Prozesse, Kunden, Finanzen und eben auch den Bereich der Mitarbeiter. Am Ende geht es darum, in Bezug auf die Mitarbeiterinnen und Mitarbeiter konkrete Ziele zu definieren und diese konsequent mit Kennzahlen oder so genannten *Key Performance Indicator* (KPI) zu belegen.

Diesem Dogma muss man ein anderes Gesetzt entgegenhalten, wonach die meisten Dinge nur mit erheblichem Aufwand wirklich messbar sind. Eine einfache und zugleich naheliegende Kennzahl ist die Anzahl der Mitarbeiter im Unternehmen. Jedes Unternehmen sollte wissen, wie viele Mitarbeiter es beschäftigt. Kaum ein Geschäftsbericht kommt ohne diesen Hinweis aus. Wenn man aber diese Kennzahl ermitteln möchte, muss man wissen, was ein „Mitarbeiter" ist. Im internationalen Kontext ist das gar nicht so einfach zu definieren. Hier müsste man mit den sehr diversen, rechtlichen Bedingungen unterschiedlichster Länder vertraut sein und klar eingrenzen, welche Form von Beschäftigungsverhältnis in den jeweiligen Regionen gemeint ist. Was ist mit Freelancern? Was ist mit kurzfristigen Aushilfen? Was ist mit Langzeitkranken? Um ein „Mitarbeiter" zu sein, benötigt dies eine vertragliche Vereinbarung? In vielen Ländern gibt es das nicht in der Form, wie es dies in Deutschland gibt. Also ermittelt man diese Zahl auf pragmatische und für Headquarter übliche Weise. Man sendet eines der zu vielen Excel-Templates an die jeweiligen Ansprechpartner in den regionalen Niederlassungen und fragt einfach nach der Anzahl der Mitarbeiter. Während dann der Kollege in der Firmenzentrale irgendwann die Zahlen konsolidiert, hoffen die Kollegen in den Ländern, dass nicht genauer nachgehakt wird. Aber das passiert bekanntermaßen eher selten. Am Ende hat man dann eine Zahl.

Meine Studenten frage ich gerne im Rahmen meiner Vorlesung: „Definieren Bewerbung". Kein Mensch weiß, was das wirklich ist. In Konzernen wird man sich auf das Online-Recruiting-System berufen und all das als Bewerbung zählen, was dort eingegangen ist. Aber was ist mit den zahlreichen Fake-Bewerbungen? Sollte man Anfragen und Interessensbekundungen, die per Mail direkt in die Fachbereiche gesandt werden nicht auch mit einbeziehen? Was ist, wenn ein Kandidat sich über eine einfache Zusendung seines LinkedIn-Profils über Facebook ins Spiel bringt? „Hallo, ich hätte Interesse, bei Euch zu arbeiten. Hier ist mein Profil. Freue mich über eine Antwort. Gruß, Robert".

Nahezu unmöglich ist die valide Ermittlung der berühmten *Cost-per-Hire*. Vor vielen Jahren hatte ich bei der SAP die Verantwortung, dies international zu ermitteln. Daraus wurde ein mehrmonatiges Projekt, obwohl die SAP bekanntermaßen ein hilfreiches SAP-System im Einsatz hatte. Was berücksichtigt man bei der Ermittlung der Cost-per-Hire und woher bekommt man die relevanten Informationen? In ◘ Tab. 11.2 sind eine Reihe möglicher Komponenten aufgeführt.

Natürlich kann man etliche Kosten direkt bestimmten Stellen und deren Besetzung zuordnen. Hierzu gehören Kosten für Stellenausschreibungen, Personalberater, die Nutzung von Auswahl-

11

◘ Tab. 11.2 Komponenten einer Cost-per-Hire

Stellenbezogene Kosten	Allgemeine Kosten	Immaterielle Verluste
Kosten für Anzeigen Reisekosten der Kandidaten Kosten für Personalberatung Kosten für die Nutzung Auswahlinstrumente Boni im Rahmen von Mitarbeiterempfehlungsprogrammen Sign-on-Boni Umzugskosten Kosten für die Einarbeitung neuer Mitarbeiter	Personalkosten der Mitarbeiter der Recruiting-Abteilung Personalkosten der am Auswahlprozess beteiligten Führungskräfte Kosten für Büros des Recruiting-Teams Kosten für technische Recruiting-Infrastruktur (Lizenz und Support) Kosten für Arbeitsmarkt- und Zielgruppenstudien Kosten für die Durchführung von Employer-Branding-Kampagnen Kosten für die Teilnahme an Arbeitgeberwettbewerben Kosten für die Entwicklung einer Arbeitgebermarke Kosten für die Entwicklung von Auswahlinstrumenten	Opportunitätskosten bezogen auf die am Auswahlprozess Beteiligten Koordinationsverluste bei der Abstimmung während des Auswahlprozesses Imageverluste aufgrund von Absagen Motivationsverluste aufgrund der Einstellung ungeeigneter Kandidaten (Alpha-Fehlers)

instrumenten usw. Nicht unerhebliche sind aber Kosten, die allgemein sind. Im weitesten Sinne handelt es sich hier um Fixkosten. Man denke an die Entwicklung einer Arbeitgebermarke, die Personalkosten der Recruiter und alle Jene, die an der Gewinnung und Auswahl beteiligt sind. Diese Kosten müsste man auf alle Einstellungen umlegen. Sehr schwer sind schließlich zusätzliche, immaterielle, kaum greifbare Kosten und Verluste zu schätzen oder auch nur abzugrenzen.

Bereits diese scheinbar einfachen Variablen „Anzahl Mitarbeiter", „Anzahl Bewerber" oder Coster per Hire sind offensichtlich nur schwer zu messen. Die wirklich wichtigen und besten Dinge kann man häufig gar nicht messen. Talent kann man kaum valide messen. Dasselbe gilt für Motivation, die Innovationskraft eines Teams und vieles andere mehr. Natürlich könnte man diese Dinge *irgendwie* messen. Ich bin wissenschaftlich sozialisiert. In meiner akademischen Karriere habe ich mich immer mit den Möglichkeiten der Messung von Dingen auseinandergesetzt, sei es in meiner Diplomarbeit (Die Messung von Kundenzufriedenheit im Beratungsprojekt) oder im Rahmen meiner Doktorarbeit (Die Messung lateraler Kooperation). Ich bin davon überzeugt, dass man mit ausreichend Phantasie und Kreativität fast alles irgendwie messen *könnte*. Zugleich bin ich davon überzeugt, dass man nur sehr wenig wirklich messen *kann*.

Die besten und wichtigsten Dinge im HR kann man nicht messen und wir tun es auch nicht. Es dennoch zu versuchen führe zu nicht adäquaten Vereinfachungen. (**1-2**)

Eines der erfolgreichsten Teams in der Geschichte der Menschheit waren die Beatles. Ich habe die Beatles rauf und runter studiert und zahlreiche Biografien ihrer Mitglieder gelesen. Ich habe niemals einen Hinweis darauf gefunden, dass die Beatles jemals irgendetwas gezielt gemessen hätten. Sie haben bestenfalls Dinge zur Kenntnis genommen (Verkaufszahlen, Zuschauer im Fernsehen, Hitlisten-Rankings etc.). Die besten Dinge kann man häufig nicht messen. Indem man es trotzdem versucht, läuft man Gefahr, die Dinge zu reduzieren, sie auf wenige Indikatoren einzuschränken, den Blick fürs Ganze zu verstellen. Persönlichkeit ist weit mehr als das, was der Persönlichkeitstest misst. Kultur in einem Unternehmen ist viel bunter, vielschichtiger, dynamischer und komplexer als was ein Kulturfragebogen zutage fördert.

Am Ende geht es um das Vertrauen in die Kennzahl

Ein von mir sehr geschätzter Beraterkollege hat mir kürzlich eine wunderbare Geschichte erzählt – ich wünschte, es wäre meine Geschichte gewesen. Als er bei seinem Kunden einen Termin hatte, statte er der Personalabteilung einen kurzen Besuch ab. Er fand dort etliche Kolleginnen, die in einem Besprechungsraum hunderte von Personalakten wälzten. Als er fragte, was sie denn täten bekam er die Antwort: „Wir müssen herausfinden, wie viele Mitarbeiter an der Hochschule Furtwangen studiert haben und weil wir diese Information nicht im System haben, müssen wir jetzt alle Personalakten durchforsten". „Und warum wollen Sie das wissen?". „Der Chef hat darum gebeten. Wir wissen nicht warum". Anschließend traf mein Kollege den Geschäftsführer beim Mittagessen und er fragte neugierig, warum er denn wissen wolle, wie viele Mitarbeiter an der Hochschule Furtwangen studiert haben. „Ich halte demnächst an der Hochschule Furtwangen einen Vortrag und ich würde gerne erwähnen, wie viele Absolventen dieser Hochschule wir beschäftigen", antwortete er. Mein Kollege fragte ihn darauf hin, wie viele Ingenieure er denn ungefähr beschäftigt. „Ungefähr 150". „Und wie viele Mitarbeiter stammen aus dieser Region?". „Ungefähr ein Drittel". „Dann schätze ich, dass Sie circa 30 Absolventen von der Hochschule Furtwangen beschäftigen", meinte man Kollege dann. „30?" erwiderte der Geschäftsführer verwundert. „ich dachte es seien vielleicht 40". Daraufhin mein Kollege: „Sie haben Recht, vermutlich sind es 38". „Ja genau, 38. Das müsste hinkommen" reagierte der Geschäftsführer zufrieden. Anschließend ging mein Kollege zurück zur Personalabteilung und verkündete, dass die Angelegenheit nun erledigt sei. Sie könnten die Personalaktenberge nun wieder wegräumen und zurück zur Arbeit gehen.

11

Wissenschaftliche Validität bei der Operationalisierung eines personalrelevanten Sachverhalts ist das Eine. Vertrauen in eine Kennzahl ist das Andere. Natürlich sind Kennzahlen offiziell dazu da, rationales Handeln zu ermöglichen, basierend auf objektiven Erkenntnissen. Dies wird zumindest in Lehrbüchern und an Business Schools unseren Studentinnen und Studenten beigebracht. Die Realität ist häufig eine gänzlich andere, wie die obige Geschichte zeigt.

Feedback oder Kontrolle

Vermutlich wird die Frage, *wie* man etwas misst überschätzt. Viel bedeutsamer ist die Frage nach dem *Wozu* und *Für Wen*. Dem schließt sich die Unterscheidung an, ob es sich bei der Nutzung einer Kennzahl um Feedback oder um Kontrolle handelt. Leider kommt aber gerade dieser Aspekt in der praktischen Auseinandersetzung viel zu kurz. Zur Verdeutlichung sei ein einfaches Beispiel dargestellt.

Ein Recruiting-Team, dass mit der Aufgabe befasst ist, Fachkräfte einzustellen verfolgt das Ziel einer geringen Time-to-Fill. Konkret soll die Dauer von der Ausschreibung bis zur Unterschreibung des Arbeitsvertrags nicht länger als 50 Tage dauern. Entscheidend ist nun weniger, wie man diese Kennzahl misst und wie aussagekräftig sie ist. Entscheidend ist vielmehr, wer warum diese Kennzahl bekommt. Fordert der übergeordnete Personalleiter oder gar die Geschäftsführung diese Kennzahl ein, dann haben wir es mit *Kontrolle* zu tun. Wenn diese Zahl im Recruiting-Team bleibt und das Recruiting-Team für sich selbst wissen möchte, wie gut es seinen Job macht, dann handelt es sich bei der Nutzung dieser Kennzahl um *Feedback*. Personalorganisationen, die auf Kontrolle aufbauen verfolgen die Prämisse:

> Kennzahlen dienen Führungskräften auf übergeordneten Entscheidungsebenen der Kontrolle von Aktivitäten, Prozessen und Maßnahmen innerhalb des HR. (**2-1**)

In hierarchisch denkenden Organisationen ist diese Sichtweise selbstverständlich. Meist kommt der Druck hinsichtlich der Verwendung von Kennzahlen aus oberen Etagen. Nun muss man allerdings wissen, dass Kontrolle immer auch eine soziale Dynamik zur Folge haben kann, die in gewisser Weise toxisch wirkt. Um beim obigen Beispiel zu bleiben: Wenn die Arbeit eines Recruiting-Teams anhand der *Time-to-Fill* gemessen wird, dann wird die Wahrscheinlichkeit für den Alpha-Fehler automatisch steigen (siehe ◘ Abb. 5.6). Man winkt etwa mittelmäßige Kandidaten durch, um die Time-to-Fill nicht zu belasten. An sich ist dieses Handeln vernünftig. Schließlich orientiert man sich an den zuvor definierten Zielgrößen. Insgesamt aber werden dadurch andere Dinge ausgeklammert und verlieren an Bedeutung, die nicht gemessen werden. Wenn man eine Sache misst, dann sollte man auch alle anderen Dinge messen, die ebenfalls irgendwie eine Rolle spielen. Dies wiederum ist allerdings weder möglich noch praktikabel. Hier gilt das unausgesprochene Prinzip, wonach eine höhere Führungsebene immer jene Kennzahl bekommt, die sie einfordert, unabhängig davon wie gut die damit dargestellte Leistung tatsächlich ist. Auf der linken Seiten in ◘ Abb. 11.4 ist der Mechanismus der Kontrolle grafisch angedeutet.

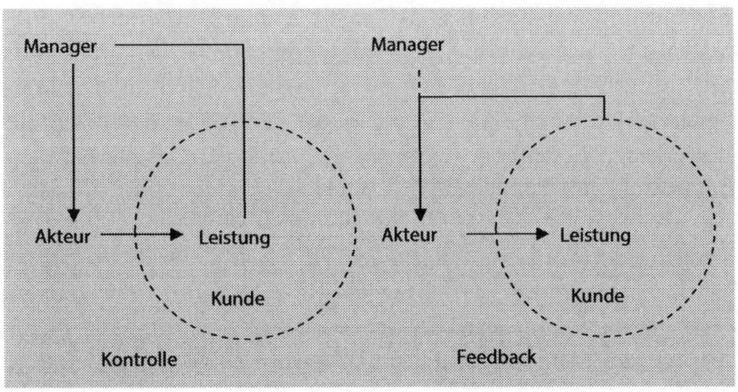

◘ **Abb. 11.4** Feedback und Kontrolle

Ein Akteur (z. B. ein Team, eine Abteilung oder ein Mitarbeiter) erbringt auf Seiten seines Kunden eine Leistung. Diese wiederum wird vom Manager des Akteurs ermittelt oder gemessen. Der Manager nutzt diese Erkenntnis, um die Leistung des Akteurs zu beurteilen. Hier findet Kontrolle auf der Basis einer Kennzahl statt.

Die rechte Seite der obigen Abbildung zeigt hingegen den Feedback-Mechanismus. Auch hier erbringt der Akteur eine Leistung gegenüber dem Kunden und holt sich dann von ihm das Feedback ein. Die Aufgabe des Managers besteht lediglich darin, anzuregen oder sicher zu stellen, dass genau dies passiert (vgl. auch ► Abschn. 6.2, Feedback).

> Mittels Kennzahlen reflektieren Teams, die sich mit personalbezogenen Fragestellungen beschäftigen eigenverantwortlich den Erfolg ihrer Arbeit. (**2-2**)

Feedback führt zu einer gänzlich anderen Dynamik als es Kontrolle tut. Wie bereits an anderer Stelle erwähnt, funktioniert Feedback vor allem dann, wenn sich der Feedback-Empfänger – hier das Recruiting-Team – sein Feedback selbst einholt, es ihm gehört und er keine Konsequenzen von außen zu erwarten hat.

Interessante und relevante Kennzahlen

Wenn man früher Kennzahlen in einem Dokument zusammengefasst und dokumentiert hatte, dann nannte man das einen „Bericht". Das klingt in manchen Ohren zu bürokratisch. Heute sprechen moderne Unternehmen lieber von einem so genannten Management Cockpit – der Traum einer jeden Führungskraft. Tatsächlich werben Anbieter von Business Software genau damit. Sie zeigen staunenden Vorstandsmitgliedern, was sie auf ihrem Tablet „by fingertip" in grenzenloser Granularität sehen könnten: Anteil Frauen in Führungspositionen, Offer-Acceptance-Rate, Mittlere Führungsspanne, Übernahmequote nach Probezeit, Beförderungsquote, Anzahl Bewerbungen im Jahr, Interviews-per-Hiring, Cost-per-Hire, Arbeitgeberranking, Mehrarbeitsquote, Umsatz pro Mitarbeiter, Fluktuationsquote, Personalkosten pro Mitarbeiter, Anteil befristeter Arbeitsverhältnisse, Mitarbeiterzufriedenheit, Ausbildungsquote, Personalaufwandsquote, Bewerberzufriedenheit, Versetzungsquote, Mitarbeiterempfehlungsquote, Krankheitstage, Weiterbildungstage pro Mitarbeiter und Jahr, Time-to-Fill, Einstellungsquote, Fehlzeitenquote, Trainingsaufwand pro Mitarbeiter, Hiring-Manager-Satisfaction, Mittlere Dauer der Betriebszugehörigkeit, Interne Besetzungsquote, Fluktuationsquote in der Probezeit um nur eine kleine Auswahl zu nennen (Häfner und Polanski 2009). Unternehmen, die das wollen stimmen vermutlich auch folgender strategischen Ausrichtung zu:

Wir nutzen ein breites Spektrum möglicher Kennzahlen, weil wir personalbezogene Aspekte möglichst umfassend abbilden wollen. (3-1)

Top-Entscheider dieser Unternehmen wünschen sich ein möglichst dicht- und vollgepacktes Management-Cockpit. Cockpits dieser Art vermitteln Kontrolle, Übersicht und damit das Gefühl der Sicherheit.

Nun wurde bereits im Zusammenhang mit dem Thema Mitarbeiterbefragung (▶ Abschn. 10.2) die Frage nach der Relevanz von Befragungsergebnissen behandelt. Es wurde argumentiert, dass Ergebnisse immer nur dann relevant – und nicht nur interessant – sind, wenn sie mit konkreten Zielen verbunden sind. Diese Überlegung lässt sich auf Kennzahlen im HR insgesamt übertragen. Unternehmen, die auf Relevanz setzen wünschen sich ein möglichst leeres Cockpit. Wenn es ganz ohne Kennzahlen ginge, wäre das der Idealzustand. Bei jeder Kennzahl, die wo und wann auch immer aufkommt stellen sie sich drei Fragen:

- Steht hinter dieser Kennzahl ein konkretes Ziel?
- Gibt es für diese Kennzahl einen bestimmten Kunden (z. B. ein Projektleiter, ein Team, eine Führungskraft), der für das mit der Kennzahl verbundene Ziel verantwortlich ist?
- Führen insbesondere negative Abweichungen dieser Kennzahl auf jeden Fall zu korrektiven Maßnahmen?

Wenn auch nur eine dieser Fragen mit „Nein“ beantwortet würde, wäre die Kennzahl nicht relevant, also bedeutungslos und man könnte mit gutem Gewissen auf sie verzichten. Unternehmen, die diesen Gedanken ernst nehmen setzen auf diese Prämisse:

Wir nutzen möglichst wenige, dafür relevante Kennzahlen. Alles andere führt zu umfassenden Berichten, denen niemand eine Bedeutung beimisst. (3-2)

Wie bereits im Zusammenhang mit der Frage nach der Messbarkeit von Sachverhalten angedeutet kann die regelmäßige Ermittlung von Kennzahlen einen erheblichen Aufwand bedeuten. Darüber sind sich gerade Führungskräfte auf oberen Ebenen nicht immer bewusst. Dabei muss man erkennen, dass diese Generierung von Kennzahlen zwar Mühe bereitet aber keine Arbeit im eigentlichen Sinne ist. Schließlich ist kein Kunde bereit, für diese Mühe zu bezahlen. Agile Organisationen verzichten auf Kennzahlen soweit es geht. Selbst dann, wenn man in einer kritischen Phase eine Kennzahl benötigt, wird dann wieder auf sie verzichtet, wenn der Sturm vorüber ist. Kein vernünftiger Mensch würde täglich mehrmals seine Körpertemperatur messen. Dies tut man nur an Tagen, in denen man von Fieber geplagt ist. Manche Unternehmen handeln so, als hätten bzw. befürchten sie kontinuierlich Fieber.

Investitionsrechnungen im Personalmanagement

Seit längerer Zeit hört man immer wieder den Appell, Personaler sollten die Sprache der Finanzer sprechen. Für jeden Euro, den wir in eine Arbeitgebermarke investieren: wie viel Euro bleibt am Ende, nach Abzug der Kosten für die Maßnahme übrig? Was bringt es dem Unternehmen aus finanzieller Sicht, wenn es pro Führungskraft 20.000 Euro in deren Entwicklung investiert? Inwieweit sind Personaler in der Lage, Fragen dieser Art gegenüber dem CEO und CFO zu beantworten? Es entspricht einer strategischen Ausrichtung des Personalmanagements, dies grundsätzlich zu erwarten.

Natürlich gibt es Methoden, wie *Investitionsrechnungen* im Kontext des Personalmanagements erfolgen können. In meinem Buch „Talent Relationship Management" bin ich recht umfangreich auf dieses Thema eingegangen (Trost 2012; vgl. auch Trost und Bothmer 2010). Eine wesentliche Grundlage kann der *Mitarbeiterwertbeitrag* pro Mitarbeiter sein. International sprechen wir hierbei auch vom so genannten *Human Capital Value Added* (HCVA), der sich vergleichsweise einfach anhand des Umsatzes, der Gesamtkosten, der Personalkosten und der Anzahl der Mitarbeiter errechnen lässt (vgl. Fitz-Enz 2009):

$$\text{HCVA} = \frac{\text{Umsatz} - (\text{Gesamtkosten} - \text{Personalkosten})}{\text{Anzahl Mitarbeiter}}$$

Der HCVA beschreibt, was ein Mitarbeiter im Durchschnitt zur Wertschöpfung beiträgt. Wenn man nun davon ausgeht, dass eine Personalentwicklungsmaßnahme die Produktivität einer bestimmten Gruppe von Mitarbeitern um 5 % steigert, kann man errechnen, was diese Maßnahme kosten darf. Bei der SAP habe ich einst argumentiert, dass eine Arbeitgebermarke dazu führt, dass die Mitarbeiter, die wir damit gewinnen werden um 1 % produktiver sein würden, als jene Mitarbeiter, die wir ohne eine Arbeitgebermarke gewönnen. Die Maßnahme durfte in Anbetracht der geplanten Einstellungszahlen einen Betrag von 1 Mio. Euro pro Jahr nicht übersteigen. Man kann Investitionsrechnungen im Kontext des Personalmanagements also durchführen und diese zur Grundlage einer möglichst rationalen Entscheidung machen.

Investitionsrechnungen bilden eine rationale Grundlage für Investitionsentscheidungen auf strategischer Ebene. (4-1)

Diese strategische Prämisse erscheint auf den ersten Blick vernünftig und rational. Vermutlich lernen ganze Armeen von Studenten der Betriebswirtschaft, dass man auf diese Weise strategische Investitionsentscheidungen zu begründen habe. Mit Blick auf die praktische Realität stellt sich allerdings die Frage, wie Entscheidungen auf strategischer Ebene tatsächlich mittels Investitionsrechnungen vorbereitet und durch Entscheider tatsächlich bewertet werden. In der Theorie wird eine Investitionsrechnung sachlich neutral und unter Berücksichtigung möglichst aller relevanten Informationen vorbereitet. Entscheider sind dann in der Lage, diese Investitionsrechnung intelligent zu interpretieren und objektiv zu bewerten. Daraus folgt dann am Ende eine rationale Entscheidung für oder gegen eine mögliche Investition. So, so ähnlich lauten die theoretischen Annahmen.

Evidenzbasiertes Entscheiden

Die Firma Safelite ist in den USA ein führender Anbieter rund um Windschutzscheiben vergleichbar mit der deutschen Firma Carglass. Ende der Neunzigerjahre entschied sich der neue CEO für eine gänzlich neue Form der Entlohnung. Anstatt Mitarbeiter auf Stundenbasis zu entlohnen, sollten Mitarbeiterinnen und Mitarbeiter zukünftig entsprechend ihrer tatsächlich erbrachten Leistung honoriert werden. Im Grunde handelt es sich hierbei um Akkordlohn. Der Ökonom Eduard Lazear (2000) von der Uni Standfort begleitete diese Maßnahme wissenschaftlich. Tatsächlich konnte auf der Grundlage dieser Maßnahme die Leistung und Produktivität der Mitarbeiter deutlich gesteigert werden. Die Löhne stiegen in geringerem Maße, als die erbrachte Leistung.

Dieses Beispiel zeigt, wie man den Effekt personalpolitischer Maßnahmen wissenschaftlich überprüfen kann. Im Rahmen des so genannten *evidenzbasierten Management* wird versucht, Managemententscheidungen auf der Grundlage empirischer Befunde zu fällen, ein Denken, dass beispielsweise in der Medizin oder in den Ingenieurswissenschaften als selbstverständlich erscheint (Pfeffer und Sutton 2006). Kein vernünftiger Arzt oder Patient würde einem Medikament vertrauen, dessen Wirkung nicht wissenschaftlich nachgewiesen wurde. Gleichzeitig muss man allerdings konstatieren, dass gerade im Personalmanagement häufig Entscheidungen für Maßnahmen gefällt werden, deren Wirkung eben nicht wissenschaftlich, empirisch evident sind. Führt eine Arbeitgebermarke zu einer Steigerung der Bewerberzahl und -qualität? Sind divers zusammengesetzte Teams wirklich leistungsfähiger? Führen jährliche Mitarbeitergespräche zu einem besseren Vertrauensverhältnis zwischen Mitarbeiter und Führungskräften? Verhindern individuelle Boni wirklich eine Zusammenarbeit zwischen Kollegen? Bei Fragen dieser Art wird nur selten auf eigene oder bereits verfügbare, wissenschaftliche Erkenntnisse zurückgegriffen. Moderne Protagonisten evidenzbasierten Personalmanagements fordern aber, dass genau dies erfolgen müsse, um wirklich sinnvolle Entscheidungen fällen zu können (Sliwka & Biemann, 2011). Unternehmen, die diesem Anspruch folgen, vertreten demnach die strategische Ausrichtung:

> Wir entscheiden nach Möglichkeit evidenzbasiert, auf der Grundlage empirisch geprüfter Effekte. Alles andere wäre lediglich Bauchgefühl. (**5-1**)

Neu ist dieser Anspruch nicht. Streng genommen handelt es sich beim Aufflammen dieses Denkansatzes um eine Renaissance der von Frederik Winslow Taylor vor über 100 Jahren entwickelten *wissenschaftlichen Betriebsführung*. Dass evidenzbasiertes Personalmanagement nur in äußerst begrenztem Maße in der Praxis seinen Widerhall findet hat einfache Gründe. Die wichtigsten sind methodischer und pragmatischer Natur. So können in Unternehmen nur selten kontrollierte und damit echte Experimente, mit randomisierten Experimental- und Kontrollgruppen durchgeführt werden. Deshalb dominiert in der Praxis aber auch in wissenschaftlichen Publikationen die Anwendung regressionsstatistischer Verfahren, was regelmäßig zur Verwechslung von *Korrelation* und *Kausalität* führt. Nur weil A mit B statistisch korreliert heißt dies noch lange nicht, dass A die kausale Ursache von B ist. Nur weil ein statistischer Zusammenhang zwischen der Durchführung jährlicher Mitarbeitergespräche und der unternehmerischen Leistung besteht heißt dies noch lange nicht, dass jährliche Mitarbeitergespräche die Ursache für Unternehmenserfolg darstellt. Oft sind die Ursache-Wirkungs-Zusammenhänge genau umgekehrt oder es gibt Dritt- und Moderatorvariablen, die für den Zusammenhang verantwortlich sind. Darüber hinaus erfordern entsprechende Wirksamkeitsstudien meist mehr Zeit und Aufwand, als dies in einer praktischen Situation als praktikabel erscheint. Wenn der Fachkräftemangel drückt und offene Vakanzen akute Schmerzen bereiten, werden sich nur wenige Unternehmen die Zeit nehmen, zunächst die Wirksamkeit von Active Sourcing zu erforschen.

Eine tiefgreifende Auseinandersetzung

Ein tiefer sitzendes Problem evidenzbasierten Personalmanagements liegt aber darin, dass einerseits die untersuchten Konzepte und theoretischen Konstrukte häufig unklar bleiben und die Frage nach der theoretischen Erklärung gefundener Effekte ausgeklammert wird. Wenn etwa im Rahmen einer Metastudie herausgefunden wird, dass Diversity nur unter bestimmten Voraussetzungen einen positiven oder negativen Effekt auf die Teamleistung hat, dann stellt sich erstens die Frage, was denn hier unter Diversity und was unter Teamleistung konkret verstanden wird (van Dijk et al. 2012). Zweitens sollte von Interesse sein, welche theoretischen Wirkzusammenhänge vermutet werden, also die Frage nach dem „Warum". Gutes wissenschaftliches Arbeiten bedeutet schließlich nicht, Effekte nachzuweisen, sondern Theorien zu überprüfen (Gadenne 1984).

Die Auseinandersetzung mit Theorien mündet insofern in einen Gegenpol evidenzbasierten Personalmanagements. Verfechter des evidenzbasierten Ansatzes wiederholen beharrlich, das Gegenteil evidenzbasierten Entscheidens bestünde darin, sich nur auf ein diffuses Bauchgefühl zu verlassen, sogenannte Best Practices unreflektiert zu kopieren oder blind irgendwelchen Trends hinterher zu laufen. Damit tun sie aber all jenen, die nicht evidenzbasiert entscheiden zutiefst unrecht. Denn zwischen evidenzbasiertem Entscheiden einerseits und blindem, unreflektiertem Vertrauen auf Intuition, Best Practices und Trends gibt es eine sehr verbreitete Alternative, die schlichtweg darin besteht, sich im Vorfeld einer Entscheidung intensiv, kontrovers und auf der Grundlage von Annahmen mit ihr auseinander zu setzen.

Maßnahmen und Investitionen werden dann entschieden, wenn wir von ihnen inhaltlich überzeugt sind. Diesen Entscheidungen gehen kontroverse Debatten voraus. (**4-2**)

Fast alle Überlegungen in diesem Buch sind nicht evidenzbasiert. Für viele Aussagen und Annahmen in diesem Buch kann ich keine empirischen Belege nachweisen. Wenn ich etwa in ▶ Kap. 5 argumentiere, dass die Entwicklung einer Arbeitgebermarke und die Umsetzung einer weithin sichtbaren Markenkampagne bei eng gefassten Zielgruppen und bei geringem Budget keinen Sinn ergibt, dann basiert dieses Argument nicht auf empirischen Befunden, sondern auf (hoffentlich) plausiblen Abwägungen unter bewusster Berücksichtigung unterschiedlicher Faktoren. Dies ist ein Beispiel für eine theoretische Auseinandersetzung mit Wirkzusammenhängen. Viele Personaler denken so – was ich wiederum nicht empirisch belegen kann, ich mir aber erlaube aus meinem kontinuierlichen Dialog mit Praktikern zu schließen.

Pre-Mortem-Analyse

Eine sehr effektive und praktische Methode zur tiefgreifenden Auseinandersetzung ist die so genannte *Pre Mortem Analyse.* Aus der Sozialpsychologie kennt man einen gruppendynamischen Effekt, der kritische und kontroverse Auseinandersetzungen gefährdet. Die Rede ist vom so genannten *Gruppendenken* (Groupthink). Der Psychologe Irving Janis (1982) machte in den Achtzigerjahren darauf aufmerksam, dass geschlossene Gruppen mit charismatischen Führungspersönlichkeiten eine natürliche Tendenz zeigen, sich vor kritischen Argumenten zu verschließen und im Rausch der Unverwundbarkeit in der Lage sind, erstaunlich irrationale Entscheidungen zu fällen. So manche werden dies aus eigenen

Erfahrungen bestätigen. Man hat so lange und hart an einer Idee, an einem Konzept gearbeitet, dass man einen Irrtum kategorisch ausschließt. „Die Sache muss funktionieren. Es kann gar nicht anders sein". Auf diesem Wege sind vermutlich schon tausende von Projekte und Geschäftsideen nach harter Arbeit gescheitert. Ein praktisches Beispiel einer Methode soll veranschaulichen, wie man Teams zum kritischen Reflektieren geradezu zwingt.

Wenn eine Idee scheitert werden im Nachhinein nicht selten Stimmen laut, die sagen, man hätte dies eigentlich schon im Vorfeld irgendwie geahnt, aber sich nicht getraut auszusprechen. Man sagt, im Nachhinein sei man immer schlauer, dabei war bereits vor dem Scheitern ausreichend Intelligenz vorhanden, das Scheitern zu antizipieren. Man kann dies in Form einer so genannten Pre-Mortem-Analyse tun. Diese Methode erfordert erheblichen Mut und Offenheit. Mitglieder des Projektteams und Personen, die nicht zu dem Projekt gehören schließen sich für längere Zeit ein und entwickeln Gründe, warum ihr Projekt scheitern würde. Wie bei einem Brainstorming ist wirklich alles erlaubt. Es geht darum, eine Idee, ein Konzept, ein Projekt gnadenlos auseinanderzunehmen und so stark wie möglich mit kritischen Argumenten zu belasten. Warum wird das Employer-Branding-Projekt ein Misserfolg? Warum wird Broadbanding als neues Modell der Vergütung nicht funktionieren? Warum wird die Mitarbeiterbefragung nichts bringen? Warum wird die neue Form der Talentidentifikation scheitern? Im Grunde geht es um die vorweggenommene Beantwortung der Frage, warum der viel zitierte Kaiser keine Kleider anhat. Am Ende wird es darum gehen, mit den kritischen Argumenten umzugehen. Das Risiko besteht freilich darin, dass am Ende dieser Analyse so starke Zweifel an der Idee bestehen, dass man sie beerdigen muss – lieber jetzt als später. Überlebt die Idee, geht sie gestärkt, aber niemals unverändert aus dieser Übung hervor.

Strategische Entscheidungen im 30-Minuten-Takt

Grundsätzlich verdienen Executives in Anbetracht der großen Verantwortung, die sie auf ihren Schultern tragen einen hohen Respekt. Es soll hier auch nicht der Versuch unternommen werden, die Kompetenzen von Top-Entscheider in irgendeiner Form in Frage zu stellen. Wenn es aber um die Art und Weise geht, wie auf obersten Unternehmensebenen Entscheidungen gefällt werden, dann sollte man sich nicht dem naiven Glauben hingeben, hier verliefe alles auf der soliden Basis purer Rationalität. Nicht selten sind die langen Arbeitstage oberer Führungskräfte von Meetings im 30-Minuten-Takt zugepflastert. Alle halbe Stunde erscheint eine andere Projektgruppe, mit ausgefeilten Folien, auf denen zum Teil komplexe Zusammenhänge dargestellt werden, gepaart mit umfangreichen Investitionsrechnungen. In solchen Situationen verlässt sich keine erfahrene Top-Führungskraft alleine auf die schönen Kalkulationen dieser Teams. Hier kommen noch ganz andere Dinge zum Tragen.

Schon bei der Entwicklung einer Investitionsrechnung spielen nicht nur sachliche Überlegungen eine Rolle sondern immer auch politische Interessen. So begründeten die Lehrbuchautoren Brealey et al. (2007) ihr „*zweites Gesetzt*[2]“, wonach die Anzahl vorgeschlagener Projekte mit erwünschter Rendite immer gleich bleibt, unabhängig davon, wie hoch die erwünschte Rendite ist. Mit anderen Worten: Bei Investitionsrechnungen kommt tendenziell das heraus, was herauskommen muss. Erfahrene Top-Entscheider wissen dies, oder ahnen dies zumindest.

Das Personalmarketing-Team eines großen Konzerns erzählte mir kürzlich, wie sie ihrem Personalvorstand eine extrem teure Employer-Branding-Kampagne auf der Basis von Kosten-Nutzen-Abwägungen auszureden versuchten. Der Personalvorstand hingegen beharrte darauf. Sein Vorstandsassistent klärte das Team nach dem Treffen auf und berichtete, wie der Personalvorstand etliche Wochen zuvor auf dem Flughafen staunend vor einem Mega-Plakat des Wettbewerbers stehen blieb und in diesem Moment beschwor: „Das will ich auch haben“. So läuft das eben manchmal auf diesen Ebenen. Tatsächlich kann es umgekehrt helfen, einen Vorstand von einer Sache zu überzeugen, wenn man ihm ein strahlendes Beispiel des Wettbewerbers vor die Nase hält. Vorstände sind Kämpfer, die sich im Wettbewerb behaupten wollen. Dieser Kampfgeist kann auch zu irrationalen Entscheidungen führen.

In seinem legendären Werk „Entscheidungsverhalten in Organisationen“ brachte es Herbert S. Simon auf den Punkt: „Für ein einzelnes, isoliertes Individuum ist es unmöglich, einen hohen Grad an Rationalität zu erreichen“ (Simon 1981, S. 115). Mit seiner Arbeit wurde Simon zu einem der bedeutendsten Wegbereiter der deskriptiven Entscheidungstheorie. 1978 bekam er für hierfür den Wirtschaftsnobelpreis. Die zentrale Erkenntnis der beschreibenden Entscheidungstheorie besteht darin, dass Entscheider in Unternehmen eben nicht rational entscheiden. Dabei folgt Irrationalität psychologischen Gesetzmäßigkeiten, von denen Simon etliche skizzierte. Deutlich konkreter wurden die Psychologen Amos Tversky und Daniel Kahnemann etliche Jahre später. Letzterer erhielt im Jahr 2002 ebenfalls den Wirtschaftsnobelpreis. Ihr zentrales Konstrukt war das der *kognitiven Heuristik*. Kognitive Heuristiken sind einfache Regeln, mittels derer Entscheidungen unter Unsicherheit gefällt werden und somit nur in geringem Maß geistige Kapazität absorbieren (Kahnemann 2011). Man kann davon ausgehen, dass Top-Entscheider auf der Grundlage von Heuristiken Entscheidungen für oder gegen eine Investition fällen. Wie sehr erinnert das vorgeschlagene Konzept an erfolgreiche Konzepte aus der Vergangenheit? Erscheint ein Vorschlag im Lichte möglicher

---

2 Die Autoren erwähnen interessanterweise, dass sie das „Second Law“ als „Second Law“ bezeichnen, obwohl es kein „First Law“ gibt. „Second Law“ klinge einfach besser.

Gewinnchancen oder im Lichte möglicher Verlustrisiken? Sehen die Folien gut aus? Welchen persönlichen und professionellen Eindruck hinterlässt derjenige, der den Vorschlag für eine Investition präsentiert? Wie ist das äußere Erscheinungsbild des verantwortlichen Projektleiters?

Neben der Anwendung von Heuristiken spielt die *Intuition* der Entscheider eine wichtige Rolle. Für Verfechter evidenzbasierter Entscheidungsfindung sind Intuition und Bauchgefühl ein Schimpfwort und das Gegenteil vernünftigen, rationalen Entscheidens. Tatsächlich kann die Nutzung des Bauchgefühls zu überlegeneren Entscheidungen führen, als die bewusste Nutzung möglichst vollständiger Informationen im Rahmen eines „rationalen" Entscheidungsprozesses (Gigerenzer 2008). Voraussetzung dafür ist umfassende Erfahrung. Um nochmals die von Verfechtern evidenzbasierten Managements genutzte Analogie zur Medizin zu bemühen: Tatsächlich nutzen viele erfahrene Ärzte bei Ihrer täglichen Arbeit ein hohes Maß an Intuition. Sie fällen Diagnosen und Entscheidungen ohne dieses unmittelbar rational erklären zu können. „Warum ich der Meinung bin, dass Sie ein Leberproblem haben? Ich sehe das einfach". Und umso erfahrener ein Arzt ist, desto eher verlässt er sich auf dieses Bauchgefühl (vgl. Gladwell 2006).

Experimentieren, Ausprobieren, Pilotieren

Agile Organisationen anerkennen die Irrationalität von Entscheidungen. Sie akzeptieren, dass die in ► Abschn. 11.1 beschriebene soziale Dynamik, die mit personalpolitischen Konzepten einher geht kaum vorhersehbar ist. Für ein evidenzbasiertes Vorgehen fehlen ihnen die Zeit und die Ressourcen. Schließlich möchte man nicht vor jeder Entscheidung für oder gegen eine Maßnahme eine Doktorarbeit anfertigen müssen. Deshalb setzen agile Organisationen auf eine einfache Prämisse:

> Wenn wir bei einer Maßnahme unsicher sind (das sind wir meistens), probieren wir sie einfach aus. Frühes Scheitern betrachten wir als Teil des Fortschritts. (**5-2**)

Diese strategische Orientierung spiegelt das in ► Abschn. 4.3 dargestellte Prinzip iterativen Denkens und Handelns wieder. Während in hierarchischen Organisationen die natürliche Tendenz besteht, Dinge immer erst zu Ende zu denken, sie sogar umfangreich erforschen um dann zu handeln, starten agile Organisationen möglichst schnell mit einem ersten Versuch. Schnelles Ausprobieren und Pilotieren birgt die Chance eines schnellen Scheiterns und damit die Chance, Ressourcen zu sparen und frühzeitig zu lernen. Im positiven Fall birgt der erste Versuch die Aussicht auf eine Skalierung des Ansatzes. Darüber hinaus überzeugt in einem Unternehmen kaum etwas mehr, als nachgewiesener Erfolg, selbst dann, wenn dieser Erfolg zunächst nur im Kleinen beobachtbar war. Hier findet genau das statt, was in ▶ Abschn. 7.3 im Zusammenhang mit kontinuierlichem Lernen beschrieben wurde. Demnach erfolgt Lernen in Folge einer Irritation im Rahmen einer zyklischer Reflexion statt. Lernen = Arbeiten, Arbeiten = Lernen.

Vor etlichen Jahren führte ich eine Studie über *Mitarbeiterempfehlungsprogramme* durch. In diesem Zusammenhang kam ich in Berührung mit zwei Geschichten, die unterschiedlicher kaum sein könnten. Die erste Geschichte spielt in einem eher agilen Unternehmen. Ein Projektteam hatte eine Stelle zu besetzen und war verzweifelt. Die Personalabteilung schien mit ihren etablierten Methoden nicht in der Lage zu sein, geeignete Kandidaten zu liefern. Nun hatte ein Kollege die Idee, jeder im Team könne doch in seinem Netzwerk prüfen, ob es dort geeignete Kandidaten gäbe, die man ansprechen könne. Der Projektleiter verstärkte diesen Vorschlag, indem er spontan 2000 Euro für denjenigen auslobte, der den zukünftigen neuen Mitarbeiter ins Boot holt. Alle waren einverstanden – „Alles klar. Auf geht's". Wenige Wochen später war die Stelle erfolgreich besetzt, und ein Kollege um 2000 Euro reicher. Die Sache funktionierte. Die Konzeption und Implementierung dieses Mitarbeiterempfehlungsprogramms dauerte nur eine Minute.

Nun zur zweiten Geschichte: Sie spielt in einem großen deutschen Chemiekonzern. Eine Projektgruppe entwickelte ein Konzept für ein Mitarbeiterempfehlungsprogramm. Es gab mehr Fragen zu klären, als anfänglich gedacht. Wie hoch soll der Bonus sein? Wann bekommt man den Bonus? Wer darf empfehlen? Für welche Stellen soll das Programm gelten? Wer wird wie und wann über den jeweiligen Status im Prozess informiert? Wie sieht die technische Unterstützung aus? Usw. Es fanden zahlreiche Workshops mit unterschiedlichen Stakeholdern weltweit statt – HR Business Partner, Führungskräfte, Mitarbeiter, Executives und natürlich mit dem Betriebsrat. Nach etlichen Monaten intensiver Arbeit wurde das Konzept dem Vorstand vorgestellt und scheiterte komplett. Der kritische Moment bei dieser Präsentation, als das Konzept regelrecht abgeschossen wurde, war der eine Satz eines einzigen Vorstandsmitglieds: „Wo kommen wir denn hin, wenn wir nun auch noch anfangen, für das Abwerben von Mitarbeitern Kopfgeld zu bezahlen?". Das war's. Der wahre Grund für das Scheitern lag wohl darin, dass eine gute Idee von Anfang an zu hoch aufgehängt und zu breit gedacht wurde, bevor man bereit war auch nur einen kleinen Schritt zu wagen. Wie anders wäre die Vorstandspräsentation gelaufen, hätte man bereits Erfolgsgeschichten erzählen können. „Wir machen das bereits in etlichen Bereichen und es läuft besser als alles andere. Wir können uns nun überlegen, ob wir die Sache ausbauen oder uns auf die bisherigen, weniger Erfolg versprechenden Ansätze beschränken".

Wenn Mitarbeiterinnen und Mitarbeiter weder mit Erlaubnis noch mit einem Auftrag von oben an einer Sache arbeiten, Ideen entwickeln und weiterentwickeln birgt dies für ein Unternehmen erhebliche Chancen. Man spricht hierbei auch vom so genannten *Bootlegging* (Augsdorfer 2008). In agilen Unternehmen ist dies selbstverständlich in hierarchischen Unternehmen hingegen ausdrücklich verboten. Arbeitszeit ist schließlich eine vom Unternehmen bezahlte Ressource, über die nur das Unternehmen zu verfügen hat.

Digitalisierung = Mehr Daten und Kennzahlen?

Wer genau hingesehen hat, dem wird in diesem Unterkapitel eine Art Paradox aufgefallen sein. Generell mag man ja glauben, die zunehmende Digitalisierung würde die Nutzung von Kennzahlen befeuern. Schließlich liefert gerade digitale Technologie das lang ersehnte Fundament hierfür. In diesem Unterkapitel wurde nun gänzlich anders argumentiert. Wir sind davon ausgegangen, dass Agilität in Zeiten der Digitalisierung Wettbewerbsvorteile schafft. Diese Annahme liegt diesem Buch insgesamt zu Grunde. Schaut man sich agil arbeitende Teams und Unternehmen genauer an, wird man hingegen feststellen, dass die Führungskräfte und Teams gerade dort auf Kennzahlen verzichten, so weit es geht.

Tab. 11.3 Alle strategischen Dimensionen zu Kennzahlen und Controlling im Überblick

Haltung gegenüber Kennzahlen	1-1 Managementnotwendigkeit Professionelles HR erfordert eine umfangreiche Nutzung von Kennzahlen. Schließlich gilt: Was man nicht messen kann, kann man auch nicht managen	1-2 Kennzahlenvermeidung Die besten und wichtigsten Dinge im HR kann man nicht messen und wir tun es auch nicht. Es dennoch zu versuchen führe zu nicht adäquaten Vereinfachungen
Zeck der Kennzahlennutzung	2-1 Kontrolle Kennzahlen dienen Führungskräften auf übergeordneten Entscheidungsebenen der Kontrolle von Aktivitäten, Prozessen und Maßnahmen innerhalb des HR	2-2 Feedback Mittels Kennzahlen reflektieren Teams, die sich mit personalbezogenen Fragestellungen beschäftigen eigenverantwortlich den Erfolg ihrer Arbeit
Breite der Kennzahlennutzung	3-1 Möglichst breites Spektrum Wir nutzen ein breites Spektrum möglicher Kennzahlen, weil wir personalbezogene Aspekte möglichst umfassend abbilden wollen	3-2 Fokus auf Relevantes Wir nutzen möglichst wenige, dafür relevante Kennzahlen. Alles andere führt zu umfassenden Berichten, denen niemand eine Bedeutung beimisst
Entscheidungsgrundlage	4-1 Investitionsrechnung Investitionsrechnungen bilden eine rationale Grundlage für Investitionsentscheidungen auf strategischer Ebene	4-2 Inhaltliche Überzeugung Maßnahmen und Investitionen werden dann entschieden, wenn wir von ihnen inhaltlich überzeugt sind. Diesen Entscheidungen gehen kontroverse Debatten voraus
Erfolgsprüfung	5-1 Auf Basis empirischer Evidenz Wir entscheiden nach Möglichkeit evidenzbasiert, auf der Grundlage empirisch geprüfter Effekte. Alles andere wäre lediglich Bauchgefühl	5-2 Versuch und Lernen Wenn wir bei einer Maßnahme unsicher sind (das sind wir meistens), probieren wir sie einfach aus. Frühes Scheitern betrachten wir als Teil des Fortschritts

Schaut man sich die strategischen Optionen zu diesem Thema überblicksartig an (siehe ◘ Tab. 11.3) und wirft einen Blick auf die rechte Seite, dann ist hier vor allem von weniger Kennzahlen, von zwischenmenschlichem Austausch, von Feedback (nicht von Kontrolle usw.) die Rede. Zuallerletzt wird in agilem Kontext versucht, Andere (z. B. übergeordnete Führungskräfte) mittels Kennzahlen oder Investitionsrechnungen von der eigenen Leistung oder der Wirksamkeit guter Ideen zu überzeugen.

11.3 Digital HR und People Analytics

Hätte ich dieses Buch vor etlichen Jahren geschrieben, dann hätte dieses Unterkapitel sicherlich eine andere Überschrift erhalten. Vielleicht hätte ich es damals *Personalinformationssysteme* genannt oder HRIS (Human Resources Information Systems). Im Zuge der Digitalisierung hat sich zwischenzeitlich ein anderes Verständnis über die Rolle solcher Systeme entwickelt. Damit einhergehend sind neue Begrifflichkeiten entstanden. Es geht nicht mehr nur um die Abbildung vormals physischer und analoger Abläufe in informationstechnologische Prozesse sondern vielmehr um eine intelligente (smarte) Nutzung vorhandener Daten im Personalkontext und neue Geschäftsmodelle. In diesem Atemzug war plötzlich von *HR Analytics*, *Predictive Analytics* oder *People Analytics* die Rede als Teil eines *Digital HR*. Das Schöne daran ist auch, dass diese Begriffe weitaus spannender klingen als der Begriff des Personalinformationssystems.

Das Leben der Personaler einfacher machen

Gehen wir aber ein paar Jahrzehnte zurück. Als beispielsweise SAP damit angefangen hat, ein Modul für Personalwirtschaft zu entwickeln, ging es um die einfache Überlegung, wie man das Leben der Personaler einfacher machen könnte. Der angestrebte Mehrwert lag auf der Hand. Tatsächlich war der erste Schritt die Entwicklung einer elektronischen Gehaltsabrechnung. Man traut sich gar nicht vorzustellen, wie man vor dieser Zeit jeden Monat die Gehälter tausender Mitarbeiter berechnete, in Gehaltsabrechnungen dokumentierte, auszahlte und kontrollierte. Dieses neue Modul bedeutete einen erheblichen Schub in Richtung Effizienz und Qualität. Darüber hinaus konnten Prozesse nun mit benachbarten, betriebswirtschaftlichen Funktionen verzahnt und integriert werden, beispielsweise mit der Buchhaltung. Das Aufwendige Hin und Her an Dokumenten entfiel. Weitere Anwendungsbeispiele folgten. Man denke etwa an das Bewerbermanagement, so genannte *Applicant Tracking Systeme* (ATS). Auch durch solche Systeme wurde das Leben der Personaler einfacher. Nun hatte man alle Bewerberinformationen elektronisch verfügbar, konnte sie intern routen, bewerten, die Kommunikation mit dem Bewerber automatisieren. Und schließlich musste man im Falle einer Einstellung nicht alle personenbezogenen Daten neu erfassen.

Wenn Softwareanbieter ihre Lösungen entwickelten und implementierten, dann sprachen sie in erster Linie mit Personalern. Wie wollt Ihr das machen? Wie wollt Ihr das haben? Passt das so für Euch? Der Personaler als Kunde personalwirtschaftlicher Lösungen. Diese Orientierung an den Bedarfen von HR ist bis heute spürbar und prägend für das, was in der Praxis zu sehen ist.

> Wir nutzen Informationstechnologie, um das Leben der Mitarbeiterinnen und Mitarbeiter im HR einfacher zu machen. **(1-1)**

Im Laufe der Neunzigern kamen dann so genannte *Employee Self Services* (ESS) oder auch Manager Self Services (MSS) auf. Nun konnten beispielsweise Mitarbeiter ihren Urlaubsantrag direkt in einem System anlegen und absenden. Bankdaten, Heimatanschrift, Familienstatus und vieles mehr wurde von nun an von den Mitarbeitern selbst gepflegt. Man sprach zwar von „Employee Services" und vermittelte den Eindruck, die Mitarbeiter erhielten eine Dienstleistung. Tatsächlich wurden Leistungen, die ursprünglich in der Verantwortung von Personalern lagen nun von den Mitarbeitern selbst übernommen um am Ende auch die Kollegen im HR zu entlasten. Natürlich profitierten die Mitarbeiterinnen und Mitarbeiter selbst von der damit einhergehenden Flexibilität und Geschwindigkeit. Der große Gewinner aber war die Personalabteilung. Bei den Banken war das nicht anders. Bankautomaten sind sicherlich ein Segen für den Bankkunden. Entlastet wurden aber die Bankmitarbeiter. Was war wohl der eigentliche Antrieb für derartige Lösungen?

Diese Haltung, das Leben der Personaler einfacher zu machen dominiert bis heute. Im weiteren Verlauf dieses Unterkapitels wird es darum gehen, inwieweit Digital HR dazu angelegt sein sollte, das Leben der Mitarbeiter, Teams und Führungskräfte einfacher zu machen. Zuvor sollen allerdings Entwicklungen beschrieben werden, die in den vergangenen Jahren in diesem Kontext Fahrt aufgenommen haben. Von da aus soll schließlich ein Blick in die Zukunft gewagt und strategische Optionen ausgelotet werden.

Mobile, BYOD, Social und Cloud

Bei der Entwicklung von Softwarelösungen ging in den vergangenen Jahren die Macht zunehmend auf die Nutzer über. Was für den Nutzer funktioniert schien die beste Wahl zu sein. Apps sind eben nur dann erfolgreich, wenn die Nutzer sie akzeptieren. Um nun ein möglichst nutzerfreundliches Erleben zu garantieren entwickelte sich nun eine Reihe von Prinzipien bei der Entwicklung und Bereitstellung entsprechender Lösung und Dienste.

Noch vor wenigen Jahren musste man Besucher auf einschlägigen Fachkonferenzen, wie beispielsweise auf der führenden europäischen HR-Technologiemesse HR Tech, explizit davon überzeugen, dass Nutzer über mobile Endgeräte „ins Internet gehen". Heute ist auch dem Letzten klar geworden, dass Daten *mobil* entstehen und genutzt werden. Dabei darf man nicht nur an Smartphones und Tablets denken sondern auch an sogenannte Wearables, tragbare Komponenten, wie Smart Watches aber auch Autos, oder mit Sensoren bestückte Kleidung (Smart Clothes). Daten entstehen und werden dort genutzt, wo der Nutzer sich befindet und nicht wo das internetfähige Gerät – der PC – steht.

Für viele Nutzer ist es selbstverständlich, immer mit modernster Technologie ausgestattet zu sein. Kaum ein Smartphone im aktuellen Gebrauch ist vermutlich älter als vier Jahre. Ein Gerät wird spätestens dann ausgetauscht, wenn es technisch nicht mehr in der Lage ist, das aktuellste Update des erforderlichen Betriebssystems zu verkraften. Manche Mitarbeiter leben daher in zwei Welten. Im betrieblichen Kontext werden sie nicht selten angehalten, mit Systemen zu arbeiten, die im Vergleich zu ihrer privaten Infrastruktur heillos veraltet sind. Privat das neueste iPhone und bei der Arbeit den Blackberry. Zuhause die aktuellste Office-Version. Im Unternehmen kämpft man noch mit der Einführung des vorvorletzten Updates. Daher wunderte es nicht, dass immer mehr Unternehmen auf Druck der Mitarbeiter hin darüber nachdachten, die Nutzung privater Technologie im betrieblichen Kontext zu ermöglichen, *Bring Your Own Device* (BYOD).

Weiterhin ist zu beobachten, dass immer mehr Anwendungen im HR-Kontext eine Vernetzung von Mitarbeiter untereinander befähigen. Insofern haben Anwendungen zunehmend die Eigenschaft, *social* zu sein. Man denke hier an einfache Apps wie Gelbe Seiten aber auch an Plattformen, die Lernen von und miteinander oder den lateralen Austausch von Wissen im Sinne eines Wissensmanagement fördern. Auch Enterprise Social Networks fallen in diese Kategorie. Moderne Feedback-Apps erlauben das geben und einholen von Feedback nicht von der direkten Führungskraft sondern von Kollegen (Peers). Manche Anwendungen gehen sogar darüber hinaus und beziehen die externen Netzwerke der Mitarbeiter mit ein. Zu nennen wären hier Apps, die Mitarbeiterempfehlungsprogramme unterstützen. Solche Apps sind in der Lage, Daten aus Plattformen wie LinkedIn zu integrieren.

Nun kam es, dass sehr unterschiedliche Nutzer mit unterschiedlichen Geräten von unterschiedlichen Orten aus auf dieselben Daten zugreifen mussten. Was früher in *einem* System verwaltet wurde verteilte sich nun auf sehr unterschiedliche Systeme. Damit wurden die Synchronisation und der Austausch von Daten zu einer ernsthaften Herausforderung, was schließlich in so genannte *Cloud*-Lösungen mündete.

Natürlich waren mit all diesen Entwicklungen strategische Entscheidungen auf Seiten der Unternehmen verbunden. Die Frage war, ob man auf den Zug moderner Entwicklungen aufspringt oder eben nicht. Am Ende blieb den Meisten offenbar keine andere Wahl. Während nun in den vergangenen Jahren die eben genannten Themen zu den am häufigsten propagierten Trends gehörten, erschien in der jüngsten Vergangenheit ein weiterer Trend geradezu über Nacht am Horizont. Die Rede ist von künstlicher Intelligenz oder Artificial Intelligence (AI) in Verbindung mit Big Data. Wie gleich gezeigt wird ergeben sich daraus – anders als bei den Trends in Richtung Mobile, Cloud oder BYOD – sehr weitreichende, politische und strategische Optionen.

Big Data und Artificial Intelligence

Jeder Nutzer, jeder Mitarbeiter produziert und hinterlässt in fast jedem Moment Daten. Bewegungsdaten, Kommunikationsdaten, Klicks, Downloads, Nutzungsintervalle auf unterschiedlichsten Plattformen, Seiten oder Apps. Im Zuge der zunehmenden Vernetzung von Gegenständen (Internet der Dinge) und der rasanten Zunahme an Sensoren in fast Allem erleben wir eine weitere Explosion von Datenmengen. Diese Daten sind in weiten Teilen zunächst unstrukturiert und verteilt. Sobald man aber dazu übergeht, diese immensen Datenmengen auf intelligente Weise zu nutzen spricht man von *Big Data*. Man kennt dies beispielsweise aus modernen, mobilen Navigationsanwendungen. Aus den Bewegungsdaten Millionen mitfahrender Smartphones werden aktuelle Staus gemeldet und zukünftige Verkehrsaufkommen auf jeder beliebigen Strecke prognostiziert. Google kann mir heute schon sagen, wie viel Zeit ich übermorgen ab 16:00 Uhr auf der Strecke von Tübingen nach München einrechnen sollte. Dies ist nur ein einfaches Beispiel aus vielen.

Systeme können Verhalten von Nutzern immer besser vorhersagen. Amazon kennt unsere Kaufentscheidungen bereits zu einem Zeitpunkt, als sie uns noch nicht mal bewusst sind und bereitet logistisch alles vor, so dass im Moment des Einkaufklicks die Lieferung nur noch wenige Stunden oder Minuten dauert. Selbstfahrende Autos prognostizieren das Verhalten anderer Verkehrsteilnehmer und richten sich entsprechend danach aus. Dabei passieren Fehler. Systeme können sich täuschen. Allerdings werden sie in dem, was sie vorhersagen kontinuierlich besser. Wir sprechen hierbei von *Maschinenlernen* basierend auf entsprechenden Feedbackschleifen.

Da wundert es nicht, dass man seit einiger Zeit auch im HR-Kontext dazu übergegangen ist, sich über mögliche Szenarien zur Anwendung künstlicher Intelligenz Gedanken zu machen. Auf manche Szenarien wurde in diesem Buch ja bereits eingegangen. Hier nun eine Auswahl der mir bekanntesten:

- *Lernen und die Nutzung von Lernressourcen.* Aufgrund bisherigen Lernverhaltens und dem Zugriff der Mitarbeiter auf Lernressourcen, deren Jobs, Projekte und der Vernetzung mit Kollegen werden Mitarbeitern in einer Lernplattform Lerneinheiten vorgeschlagen, die für Mitarbeiter im aktuellen Moment als relevant erscheinen könnten. Neben statischen Lernressourcen erhalten Mitarbeiter Empfehlungen darüber, mit wem im Unternehmen sie sich zu einer Sache austauschen könnten um im direkten Austausch voneinander zu lernen.

- *Kandidatensuche*. Auf der Grundlage online verfügbarer Informationen über Personen werden basierend auf aktuellen und zukünftigen Personalbedarfen Kandidaten gesucht und vorgeschlagen, die man in einem weiteren Schritt aktiv ansprechen kann. Mittels sich selbst optimierender Algorithmen (Maschinenlernen) wird hierbei auch nach Kandidaten gesucht, die erst auf den zweiten Blick als geeignet erscheinen können unabhängig von den Fähigkeiten, die sie selbst etwa auf LinkedIn angeben. So lernen Systeme beispielsweise, dass Personen, die bestimmte, private Vorlieben haben, bestimmte Schulen besuchten, unverheiratet sind und gerne Handball spielen für bestimmte Herausforderungen geeignet sind – aus welchen Gründen auch immer.
- *Mitarbeiterempfehlung*. Mitarbeiter bekommen automatisch Stellenausschreibungen zugespielt, bei denen aufgrund von Netzwerkinformationen und weiterer Mitarbeitermerkmale davon ausgegangen werden kann, dass sie geeignete Personen für die jeweilige Stelle kennen. Diese, so genannten *Empfehlungssysteme*, wie man sie bereits von Plattformen wie Amazon kennt, liefern den angefragten Kollegen automatisch Vorschläge über Bekannte aus ihrem Netzwerk, bei denen sie dann entscheiden können, ob sie diese aktiv empfehlen wollen.
- *Personalauswahl*. Ähnliches gilt für die Auswahl von Kandidaten und Bewerbern. Systeme screenen und bewerten eingehende Lebensläufe. Dabei wenden sie auch hier Algorithmen an, die sich autonom optimieren und in ihrer Vorhersagekraft immer besser werden. Aktuell wird hier eine kontroverse Diskussion darüber geführt, ob Maschinen frei von Diskriminierung sind oder ob sie menschliche Vorurteile und Urteilstendenzen von ihren menschlichen Lehrern übernehmen.
- *Chatbots*. Bewerber und Kandidaten haben die Möglichkeit, mit so genannten dialogorientierten Assistenzsystemen zu kommunizieren. Weil Bewerber und Kandidaten bei Fragen zunehmend Antworten in Echtzeit erwarten können hier Chatbots eine große Hilfe sein. Diese Systeme greifen auf eine nahezu unendliche Quelle semantischen Wissens zu und sind zunehmend in der Lage sich an die Stimmung und den präferierten Kommunikationsstil des Gegenübers anzupassen.
- *Leistung und Loyalität*. Basierend auf Bewegungsdaten, Kommunikation, An- und Abwesenheit, Aktualität von LinkedIn-Profilen, Besuchen auf Stellenportalen etc. werden nicht nur zukünftige Leistung sondern auch der freiwillige Verbleib im Unternehmen vorhergesagt. So kann für jeden Mitarbeiter ein so genannter „Fligh Risk Score" ermittelt werden, der die Fluktuationstendenz eines Mitarbeiters zum Ausdruck bringt. Da-

rauf wurde bereits im Zusammenhang mit dem Thema Mitarbeiterbindung (vgl. ▶ Abschn. 10.3) eingegangen.
- *Talentidentifikation und Beförderung.* Wie bereits in ▶ Abschn. 8.1 berichtet, war es Google möglich, einen Algorithmus entwickeln, der die interne Beförderung von Mitarbeitern auf erstaunlich valide Weise vorhersagen kann. Gerade dieses Beispiel verdeutlichte, mit wie wenig Informationen man eine vergleichsweise hohe, prädiktive Validität erzielt werden kann.
- *Karriereoptionen.* Mitarbeiter bekommen automatisch Empfehlungen für nächste Karriereschritte im Unternehmen zugespielt. Auch hier kommen Empfehlungssysteme zum Einsatz, die auf einem Abgleich von Möglichkeiten mit dem persönlichen Profil basieren. Bei diesen Möglichkeiten kann es sich um Jobs, Projekte oder Aufgaben handeln. Auf der Basis der Reaktionen der Mitarbeiter lernt das System, welche Optionen aus Sicht des Betroffenen interessant sind und welche nicht.
- *Soziale Netzwerke.* Mitarbeiter werden Kollegen nahegelegt, mit denen sie sich intern vernetzen sollten, ähnlich wie dies bereits auf LinkedIn erfolgt. Diese Empfehlungen basieren auf den jeweiligen Profilen.
- *Organisation.* Im Sport ist man bereits in der Lage, aufgrund von Bewegungs-, Interaktions- und Leistungsdaten zu analysieren und vorherzusagen, welche Mannschaftsaufstellung und welches Mannschaftsspiel bei welchem Gegner die erfolgsversprechende ist. Trainer, die sich dieser Technologie intensiv bedienen werden auch wenig schmeichelhaft als „Laptop-Trainer" bezeichnet. Im unternehmerischen Kontext gibt es bereits Ansätze, aussichtsreiche Teamkonstellationen zu berechnen. Wer sollte mit wem woran zusammenarbeiten, damit in welcher Situation der größtmögliche Erfolg erzielt werden kann?

Diese Liste ist alles andere als vollständig. Sie soll lediglich skizzieren, in welche Richtung gedacht wird, wenn von Digital HR oder *People Analytics* die Rede ist. Mit den klassischen Ansätzen etablierter Personalinformationssysteme hat dies kaum mehr etwas zu tun.

Menschliche und algorithmische Entscheidungen

Wen man die obige Auflistung und Beschreibung möglicher Anwendungsszenarien von AI genauer anschaut, dann fällt auf, dass man zwei Arten von Szenarien unterscheiden sollte. Die einen Szenarien beschreiben Aktivitäten, die für eine zentral steuernde Instanz relevant sein könnten und zur Kontrolle befähigen. Die anderen Szenarien adressieren Bedarfe auf Seiten der Mitarbeiterinnen und Mitarbeiter im Sinne einer mitarbeiterzentrierten Befähigung (siehe ◼ Tab. 11.4).

Zunächst zu den Ersteren. Hierzu gehören die Szenarien Personalauswahl, Talentidentifikation und Beförderung, Leistung und Loyalität oder auch das Szenario bezüglich Organisation.

Tab. 11.4 Szenarien zentraler Kontrolle versus mitarbeiterzentrierter Befähigung

Die Personalfunktion …	Die Mitarbeiter (oder Bewerber) …
kann interne und extern geeignete Kandidaten für bestimmte Jobs identifizieren	erhalten personalisierte Lernangebote auf der Grundlage ihrer Jobs, Präferenzen, Herausforderungen und bisheriger Lernhistorien
kann valider beurteilen, welche Bewerber für welche Jobs geeignet sind	nutzen ihr externes Netzwerk effektiver, um geeignete Kandidaten für das eigene Unternehmen zu empfehlen
erkennt frühzeitig, wer vorhat, das Unternehmen freiwillig zu verlassen	erhalten in Echtzeit Fragen auf fast jede Antwort rund um Jobs und Karrieremöglichkeiten
beurteilt interne Talente für entsprechende Programme oder für anstehende Beförderungen	erhalten personalisierte Angebote für nächste Karriereschritte (Jobs, Projekte etc.) im Unternehmen
erkennt, welche Mitarbeiter in welchen Teams zusammenarbeiten sollten	erhalten Empfehlungen darüber, mit wem im Unternehmen sie sich vernetzen sollten

Ruft man sich das in ► Abschn. 2.2 dargestellte HR-Dreieck mit seinen dort skizzierten HR-Spielarten in Erinnerung, dann sind diese Szenarien in der oberen, rechten Ecke angesiedelt (zentrale Planung und Steuerung). Sie unterstützen eine übergeordnete Instanz, beispielsweise die HR-Funktion bei der zentralen Ausübung ihrer Verantwortung. Ihr geht es darum, die richtigen Entscheidungen *über* Mitarbeiterinnen und Mitarbeiter zu fällen. Diese zentrale Instanz ist der eigentliche Nutzer von AI. Mit ihr bewaffnet ist sie in der Lage, einzuschätzen, wer wo mit wem am meisten Leistung an den Tag legen wird, von welchem Mitarbeiter man sich besser distanzieren sollte und welche Mitarbeiter besonders förderungswürdig sind. Eine zentral planende und steuernde HR-Funktion hat zwar schon immer aus dieser Position heraus gedacht und gehandelt. Mit AI erreicht diese HR-Spielart aber eine neue Stufe.

Wenn Unternehmen kontinuierlich Daten über ihre Mitarbeiter sammeln und auf systematische Weise daraus Schlüsse über deren Zukunft ziehen, dann muss dies für die betroffenen Mitarbeiter in gewisser Weise bedrohlich oder gar beängstigend wirken. Dies schwächt ihre subjektive Kontrollüberzeugung, das Bewusstsein, selbst Herr der eigenen Lage zu sein. In solchen Szenarien wissen die Mitarbeiter nicht, was das Unternehmen über sie weiß. Und selbst die übergeordneten Entscheider können ihre Entscheidungen nur bedingt nachvollziehen, weil sie auf sich ändernden (lernenden) Algorithmen basieren. Man versteckt sich möglicherweise hinter der berühmten Black Box.

Auf so mancher People-Analytic-Konferenz begegnet man selbsternannten „Evangelisten" dieser neuen Entwicklung, die mit einer erstaunlichen Euphorie Szenarien, wie die obigen an die Wand projizieren. Es beruhigt, dass nicht alle im Publikum diese Euphorie teilen. Vermutlich muss man aus einem besonderen Holz geschnitzt sein um bei diesen Szenarien nicht an Überwachung, Manipulation und Kontrollverlust zu denken.

Selbst Google gingen diese Überlegungen in Bezug auf ihr eigenes HR offenbar zu weit. Sie distanzierten sich von der Idee, Entscheidungen über Menschen von Algorithmen fällen zu lassen (vgl. ► Abschn. 8.1). Inwieweit man die Entwicklung von AI im HR-Kontext aufhalten kann ist schwer einzuschätzen. Am Ende stellt sich dennoch die strategische Frage, ob Menschen oder Maschinen Entscheidungen über Menschen fällen. Steht das Vertrauen in *künstliche Intelligenz* (artificial Intelligence, AI) im Vordergrund, dann wird man folgender Prämisse den Vorrang geben:

Wir verlassen uns bei personalbezogenen Entscheidungen soweit wie möglich auf künstliche Intelligenz, Big Data und Maschinenlernen. Dies führt zu verlässlicheren Entscheidungen und weniger Vorurteilen. **(2-1)**

Setzt man hingegen auf den Mensch als ultimativen Entscheider aller personalrelevanten Entscheidungen, dann wird man sicher eher dieser strategischen Ausrichtung verpflichten:

Entscheidungen über Menschen werden von Menschen gefällt und getragen. Künstliche Intelligenz kann dabei helfen, hat aber niemals das letzte Wort. **(2-2)**

Die letztere Prämisse geht immer davon aus, dass hinter einer Entscheidung eine Person steht, die in der Lage sein sollte, ihre Entscheidung nicht nur zu begründen sondern auch Verantwortung für sie zu übernehmen. Demnach kann die Begründung gegen eine Talentnominierung niemals lauten: „Wir haben Sie nicht in das Talentprogramm aufgenommen, weil unser Talent-Algorithmus Sie als nicht geeignet eingeschätzt hat".

Dieses Denken aus einer zentralen Instanz heraus im Sinne zentraler Planung und Steuerung scheint erstaunlich tief im traditionellen Verständnis von Personalmanagement verankert. Schon immer ging es auch bei der Anwendung von Technologie vorrangig darum, das Leben der Personaler einfacher zu machen und noch besser sicherzustellen, dass man am Ende den richtigen Mitarbeiter zum richtigen Zeitpunkt am richtigen Platz hat. Es ist dabei wichtig zu sehen, dass es auch anders geht und dass Technologie einen andern Platz einnehmen kann. Dieses andere Denken wird in der internationalen HR-Community zunehmend mit dem Begriff *Employee Experience* in Verbindung gebracht.

Employee Experience

Die andere Hälfte der oben gelisteten Szenarien beschreiben Aktivitäten, die dazu da sind, Mitarbeiterinnen und Mitarbeiter bei personalrelevanten Fragestellungen und Herausforderungen zu unterstützen. Auf der rechten Seite in ◘ Tab. 11.4 wurden diese zusammengefasst dargestellt. Es geht nicht darum, HR mit neuen Möglichkeiten zu bewaffnen sondern darum, das Leben der Mitarbeiter, Führungskräfte und Teams einfacher zu machen.

Wir nutzen Informationstechnologie, um das Leben der Mitarbeiter, Teams und Führungskräfte in den Fachbereichen einfacher zu machen. (**1-2**)

Diese Strategie spiegelt unverkennbar die HR-Spielart der mitarbeiterzentrierten Befähigung wider. Indem man dieser Linie folgt versetzt man sich in die Perspektive der Mitarbeiter. Man setzt sich mit ihren Belangen, ihren Bedarfen, ihren Fragen und Herausforderungen auseinander und stellt entsprechende Lösungen bereit. Seit etlichen Monaten gibt es für diese Sichtweise in Verbindung mit digitaler Technologie einen neuen Begriff, der zunehmend die Runde macht. Mit den oben skizzierten zentralen Ansätzen hat dies überhaupt nichts zu tun. Wer also behauptet – und dies liest und hört man in unausgegorenen Präsentationen und Blogs zuhauf – Digital HR strebe danach, bessere Entscheidungen *über* Mitarbeiter zu fällen um schließlich eine bessere Employee Experience zu erreichen, der hat vermutlich den Widerspruch dieser beiden Welten nicht verstanden.

People over Systems

In einem Interview der Frankfurter Allgemeinen Zeitung vom 03.06.2017 äußerte sich der Personalvorstand von SAP Stefan Ries zu den geänderten Bedingungen von Leistungsbeurteilung und Feedback in seinem Unternehmen. Seit kurzem existiert bei der SAP ein Ansatz, der dort als „SAP Talk" bezeichnet wird. Es geht um kontinuierliches Feedback anstatt des jährlichen, klassischen Mitarbeitergesprächs. Konkret führt er aus: „Durch den Einsatz von Technologie sind Vorgesetzte und Mitarbeiter ständig in der Lage, die Entwicklung [individuelle Zielerreichung] zu diskutieren und die Ergebnisse abzuspeichern". Ähnliches berichten zahlreiche Unternehmen, die anstatt jährlicher Mitarbeitergespräche nun so genannte *Check-Ins* veranstalten (vgl. ▶ Abschn. 6.2). Das sind im Grunde Mini-Mitarbeitergespräche, die auf Wunsch der Mitarbeiter einmal im Quartal stattfinden können.

Hier stellt sich nun die entscheidende Frage, wofür es hierfür eine Technologie braucht. Tatsächlich habe ich diesen Aspekt kürzlich mit einer Gruppe internationaler Personalentwickler intensiv diskutiert. Am Ende stand Ratlosigkeit im Raum und damit einhergehend die Erkenntnis, dass es hier auf Technologie kaum ankommt. Gute Mitarbeiter holen sich ständig Feedback. Dafür benötigt man weder eine App noch sonst irgendein Tracking-Tool.

Auch bei der SAP ist man nicht erst seit der Einführung einer entsprechenden Technologie in der Lage, über Projektfortschritte zu sprechen. Ich war etliche Jahre in dem Unternehmen beschäftigt, habe tausende Male über Projektstatus gesprochen und niemals etwas in ein HR-Tool eingepflegt.

Für viele Dinge ist weder ein Prozess noch ein IT-Tool erforderlich. Diese Sichtweise mag rückwärtsgewandt oder gar technologiefeindlich erscheinen. Möglicherweise ist diese Haltung aber auch nur pragmatisch und realitätsnah. So mancher Personaler wird erleichtert sein, diesen Satz zu lesen. Für Unternehmen ergeben sich daraus zwei gegensätzliche, strategische Optionen. Entweder man versucht all das technisch abzubilden, was sich technisch abbilden lässt.

Was sich technisch abbilden lässt wird auch technisch abgebildet. Dadurch erreichen wir Effizienz und Transparenz. (**3-1**)

Oder man geht mit Technologie etwas zurückhaltender um und adaptiert das agile Prinzip „People over Processes" – „People over Systems". Was zwischenmenschlich und informell gehandhabt werden kann sollte auch auf dieser Ebene stattfinden. Nicht selten ist dieser Ansatz durch höhere Wirksamkeit und Geschwindigkeit gekennzeichnet.

Wirksamkeit und Geschwindigkeit geht vor Effizienz. Wir automatisieren nicht alles, was sich aus technischer Sicht automatisieren ließe sondern setzen vor allem auf den zwischenmenschlichen Austausch. (**3-2**)

Wenn man genügend Produktpräsentationen der zahlreichen Softwareanbieter erlebt hat, kann man zuweilen den Eindruck bekommen auch auf deren Seite würde ab und an inside-out gedacht. Zuerst entwickelt man in stiller Abgeschiedenheit zahlreiche Funktionalitäten um danach den Markt zu überzeugen. Es ist erstaunlich, was man technologisch alles tun könnte, würden nur die Mitarbeiter und Führungskräfte die Funktionalitäten so nutzen wie es sich die Softwareanbieter in ihrer Vorstellung ausgemalt haben. Deshalb kann man Vertriebsmitarbeiter dieser Anbieter am meisten ärgern, wenn man ihnen in Bezug auf eine besonders innovative Funktionalität die Frage stellt: „Aber, welche Mitarbeiterinnen und Mitarbeiter nutzen diese Funktion wirklich?".

Was ist denn die beste HR-Lösung am Markt?

Kürzlich stolperte ich über einen Post auf LinkedIn. Dort stellte ein offenbar unerfahrener Personaler ungefähr folgende Frage: „Wir sind gerade dabei, über die Implementierung einer neuen HR-Lösung nachzudenken, die wir im Unternehmen flächendeckend einführen wollen. Welche Lösung und welchen Anbieters würdet Ihr empfehlen?". Interessant waren die zahlreichen Kommentare aus der Community. „Workday", „Nein, SuccessFactors", „Cornerstone kann ich empfehlen", „Haufe Umantis ist gut". So ging das immer weiter. Unterm Strich hatten wohl alle irgendwie Recht und Unrecht zugleich. Die einfache, richtige Antwort hätte aber gelautet: „Es kommt darauf an". Worauf kommt es an?

Es soll hier weniger um Fragen, wie Lizenzkosten, Implementierungsaufwand, Komplexität, Umfang der Funktionalitäten, Integrierbarkeit, Schnittstellen, Nutzerfreundlichkeit oder Support gehen, wenngleich all dies entscheidende Faktoren sein mögen, die bei der Entscheidung für oder gegen einen Anbieter in Betracht gezogen werden können. Worauf es vielmehr ankommt, ist die Frage, inwieweit eine Lösung es vermag, die HR-Spielart und die damit einhergehende Personalstrategie zu unterstützen. Nicht mehr und nicht weniger. Setzt man in Bezug auf die HR-Spielart auf zentrale Planung und Steuerung, dann wird man vor allem jene Lösung bevorzugen, die das Leben von HR einfacher macht. Im Falle von mitarbeiterzentrierter Befähigung wird man einer anderen Lösung den Vortritt geben.

Darüber hinaus wurden in diesem Buch zahlreiche Schlüsselthemen behandelt, deren Auswahl und Ausrichtung die Personalstrategie verkörpern. Im Zusammenhang mit jedem Thema wurden entsprechende, strategische Dimensionen diskutiert. Sobald ein Unternehmen diese Dimensionen geklärt hat, ist es auch in der Lage sich für die richtige IT-Lösung zu entscheiden, vorausgesetzt der jeweilige Aspekt soll technologisch unterstützt werden. Erfolgt die Talentidentifikation nach klassischem Muster top-down und unter Anwendung der Leistungs-Potential-Matrix, dann sollte die Lösung das unterstützen. Setzt man hingegen auf Peer-Nominierung, wonach ein Talent dann ein Talent ist, wenn das die anderen auch so sehen, dann wäre es gut, die Lösung würde eher diese Philosophie abbilden. Verlässt man sich auf passive Strategien bei der Kandidatensuche, dann sollte die Lösung das Schalten von Anzeigen unterstützen gepaart mit einem traditionellen ATS. Priorisiert man für etliche Zielfunktionen aber den Einsatz von Mitarbeiterempfehlungen oder Talent Communities dann wäre es sicherlich von Vorteil, die Lösung würde diesen Teil entsprechend abbilden.

Das hierarchische Erbe

So logisch und einfach dieser Rat auch klingen mag, so sehr mündet er in der Praxis in ein weiteres Dilemma. Setzt man eher auf umfassende Gesamtlösungen, so genannte *Suites*, die zugleich eine große Breite an Funktionalitäten in sich vereinen oder eher auf *Best-of-Breed*? Letzteres bedeutet, sich eine IT-Landschaft aus den jeweils besten Lösungen zusammenzustellen, die für die jeweils besonderen Anforderungen als geeignet erscheinen. Gesamtlösungen bieten den großen Vorteil der Integration. Man hat sozusagen alles „unter *einem* Dach". Darüber hinaus spiegeln sie die Best Practices zahlreicher Unternehmen aus vielen Jahren und den State-of-the-Art wider.

Wir bevorzugen Standardlösungen soweit wie möglich. Dadurch profitieren wir von den Best Practices und vom etablierten State-of-the-Art anderer Unternehmen. (**4-1**)

Best-of-Breed kann demgegenüber zu Schnittstellenproblemen und zu erhöhter Komplexität insgesamt führen. Dafür erhält man die Lösungen, die man tatsächlich braucht. CIOs sind von dieser Idee selten begeistert, weil ihnen vor allem eine Reduktion von Komplexität am Herzen liegt. Dabei sollte die Entscheidung für die eine oder andere Variante nicht allein eine Frage des CIOs sein. Gerade in Bezug auf die Personalstrategie spielt dieses Dilemma eine entscheidende Rolle. Dabei geht es weniger um die Aspekte Integration oder Komplexität sondern vielmehr um das HR-Verständnis, das in den meisten etablierten Gesamtlösungen als Erbe aus vergangenen Jahren und Jahrzehnten implizit eingebaut ist. Weil viele große Softwareanbieter in den vergangenen Jahren zu Recht das gebaut haben, was die großen Kunden wollten, ist das dahinter stehende HR-Verständnis meist zutiefst hierarchisch. Schaut man sich die strategischen Dimensionen in diesem Buch an, dann wird man feststellen müssen, dass sich die meisten Softwareanbieter an der traditionellen, hierarchischen, nach Stabilität und Vorhersagbarkeit strebenden Seite orientiert haben.

Demgegenüber gibt es neben den bekannten, großen Softwareanbieter zahlreiche Nischenanbieter mit zum Teil fantastischen Lösungen bezogen auf bestimmte Anforderungen. Weil hier meist Startups am Werk sind, wundert es nicht, dass deren Lösungen eher zu einem agilen Führungs- und Organisationsverständnis passen, weil in diesen Startups selbst ein agileres Verständnis vorherrscht.

Wir setzen auf Best-of-Breed. Das verschafft uns die Flexibilität, unser agiles Führungs- und Organisationsverständnis dort technologisch zu unterstützen, wo wir es wünschen. (**4-2**)

Natürlich arbeiten zahlreiche große Softwareanbieter dieser Tage mit Hochdruck an agileren Funktionalitäten. Kürzlich fand ich mich in einem Analysten-Meeting bei Cornerstone wider. Dabei richtete ich an den wunderbaren CEO Adam Miller die Frage, wie er mit dem Spagat zwischen Stabilität und Agilität umzugehen gedenkt. Er bewegte sich darauf hin zum Flipp-Chart und kündigte in seiner gewohnt charismatischen Art an: „Our Strategy is ...“ dann begann er in großen Lettern zu schreiben „... OLD + NEW“. Damit brachte er die Lage seines Unternehmens und seiner großen Wettbewerber treffend auf den Punkt. Während noch zahlreiche Kunden auf traditionelle Ansätze setzen und man damit Stand heute noch am meisten Geld verdient (old), wünscht eine zunehmend größer werdende Kundengruppe agilere Lösungen (new). Aktuell muss man beide bedienen. Hierfür hat sich der Begriff der *Ambidextrie* (Beidhändigkeit) herumgesprochen. In der Automobilindustrie ist die Situation vergleichbar. Noch verdient man Geld vor allem mit traditionellen Autos, die von Menschenhand gesteuert werden und von Verbrennungsmotoren angetrieben werden. Nur eine kleine Zielgruppe wünscht selbstfahrende Vehikel mit Elektroantrieb. Die Frage ist am Ende, mit welchem Momentum Anbieter traditioneller Lösungen den Umschwung schaffen.

Wenn ich heute mit Unternehmen an deren Personalstrategie arbeite und die Überlegungen in Richtung einer agileren, strategischen Ausrichtung gehen, dann kommen nicht selten Bedenken

Tab. 11.5 Alle strategischen Dimensionen zu Digital HR und People Analytics im Überblick

Primärer Kunde	1-1 Mitarbeiter im HR Wir nutzen Informationstechnologie, um das Leben der Mitarbeiterinnen und Mitarbeiter im HR einfacher zu machen	1-2 Mitarbeiter und Führungskräfte Wir nutzen Informationstechnologie, um das Leben der Mitarbeiter, Teams und Führungskräfte in den Fachbereichen einfacher zu machen
Rolle von Analytics	2-1 Entscheidungsbildung Wir verlassen uns bei personalbezogenen Entscheidungen soweit wie möglich auf künstliche Intelligenz, Big Data und Maschinenlernen. Dies führt zu verlässlicheren Entscheidungen und weniger Vorurteilen	2-2 Entscheidungsunterstützung Entscheidungen über Menschen werden von Menschen gefällt und getragen. Künstliche Intelligenz kann dabei helfen, hat aber niemals das letzte Wort
Technisierung	3-1 Maximaler Technologieeinsatz Was sich technisch abbilden lässt wird auch technisch abgebildet. Dadurch erreichen wir Effizienz und Transparenz	3-2 People over Systems Wirksamkeit und Geschwindigkeit geht vor Effizienz. Wir automatisieren nicht alles, was sich aus technischer Sicht automatisieren ließe sondern setzen vor allem auf den zwischenmenschlichen Austausch
Bevorzugte Lösung	4-1 Standardlösungen Wir bevorzugen Standardlösungen soweit wie möglich. Dadurch profitieren wir von den Best Practices und vom etablierten State-of-the-Art anderer Unternehmen	4-2 Best-of-Breed Wir setzen auf Best-of-Breed. Das verschafft uns die Flexibilität, unser agiles Führungs- und Organisationsverständnis dort technologisch zu unterstützen, wo wir es wünschen

auf, ob der aktuelle Softwareanbieter, dessen Lösung man im Unternehmen nutzt, diese Ausrichtung zu unterstützen vermag. Tatsächlich kann er es häufig (noch) nicht.

People over Data and Analytics

Mir scheint, in der internationalen HR Community besteht ein gewisses Missverständnis. So wird argumentiert, die Möglichkeiten einer smarten Nutzung von Daten über Mitarbeiterinnen und Mitarbeiter, um sodann smarte Entscheidungen über Mitarbeiter fällen zu können sei im Zuge der Digitalisierung die vorrangige Prämisse. Das Gegenteil ist der Fall. Agilität als Voraussetzung dafür, sich in einer Welt der Digitalisierung behaupten zu können setzt in erster Linie auf Zwischenmenschliches. Hier gilt das im agilen Manifest beschriebene Prinzip „People over Processes". Dieses Prinzip kann man im Kontext der in diesem Unterkapitel behandelten, strategischen Möglichkeiten (siehe ◘ Tab. 11.5) ausweiten: *People over Data and Analytics*. In gewisser Weise erscheinen diese Überlegungen als ein Paradox, ähnlich wie im Zusammenhang mit Kennzahlen (▶ Abschn. 11.2) argumentiert wurde – mehr Digitalisierung erfordert mehr Zwischenmenschliches.

Literatur

Augsdorfer P (2008) Managing the unmanageable. Res Technol Manage 51(4):41–47

Bartlett CA, Ghoshal S (1998) Managing across borders: the transnational solution. Harvard Business Press, Boston (Mass.)

Brealey RA, Myers SC, Allen F (2007) Principles of corporate finance. McGraw-Hill, New York

van Dijk H, van Engen ML, van Knippenberg D (2012) Defying conventional wisdom: A meta-analytical examination of the differences between demographic and job-related diversity relationships with performance. Organ Behav Hum Decis Process 119(1):38–53

Fitz-Enz J (2009) The ROI of human capital. Measuring the economic value of employee performance, 2. Aufl. Amacom, New York

Gadenne V (1984) Theorie und Erfahrung in der psychologischen Forschung. Mohr, Tübingen

Gigerenzer G (2008) Bauchentscheidungen. Die Intelligenz des Unbewussten und die Macht der Intuition. Goldmann, München

Gladwell M (2006) Blink: the power of thinking without thinking. Penguin, London

Hafner R, Polanski A (2009) Kennzahlen-Handbuch für das Personalwesen. Praxium, Zürich

Janis IL (1982) Groupthink. Psychological studies of policy decisions and fiascoes. Houghton Mifflin, Oxford

Kahnemann D (2011) Schnelles Denken, langsames Denken. Siedler, München

Kaplan RS, Norton DP (1996) The balanced scorecard: translating strategy into action. Harvard Business School Press, Boston

Lazear EP (2000) Performance Pay and Productivity. The American Economic Review 90(5):1346–1361

Pfeffer J, Sutton RI (2006) Hard facts, dangerous half-truths, and total nonsense: Profiting from evidence-based management. Harvard Business Review Press, Boston

Simon HA (1981) Entscheidungsverhalten in Organisationen. Eine Untersuchung von Entscheidungsprozessen in Management und Verwaltung. Verlag Moderne Industrie, Landsberg a. L
Sliwka D, Biemann T (2011) Evidenzbasiertes Personalmanagement statt Best Practice. Hr Manag 2/2011:76–79
Trost A (2012) Talent Relationship Management. Personalgewinnung in Zeiten des Fachkräftemangels. Springer, Heidelberg
Trost A, von Bothmer L (2010) Lohnende Rechenspiele. Personalwirtschaft 07/2010:22–24
Ulrich D (1997) Human resource champions. The next agenda for adding value and delivering results. Harvard Business School Press, Boston
Wunderer R, Jaritz A (2007) Unternehmerisches Personalcontrolling. Evaluation der Wertschöpfung im Personalmanagement. Luchterhand, Köln

Veränderungen gestalten

A. Trost, *Neue Personalstrategien zwischen Stabilität und Agilität*,
https://doi.org/10.1007/978-3-662-57407-2_12

In klassischen Lehrbüchern zu Personalmanagement sucht man das Thema *Change Management* oder Veränderungsmanagement meist vergeblich. Das überrascht gerade vor dem Hintergrund, dass die Bewältigung von zum Teil umfangreichen Veränderungen und Transformationen nicht nur zu den größten Herausforderungen vieler Unternehmen gehört sondern diese insbesondere wegen des menschlichen Faktors häufig scheitern. Insofern darf dieses Thema in diesem Buch nicht fehlen.

Im Laufe dieses Kapitels wird deutlich, dass das klassische Verständnis von Change Management, wie man es unter anderem in zahlreichen Büchern hierzu findet zunehmend diffundiert. Schon allein die Frage, was man denn unter einem „Change" zu verstehen hat wird zunehmend unschärfer. Insofern soll im Folgenden zunächst eine Art Abgrenzung und Einsortierung vorgenommen werden. Anschließend wird der Frage nachgegangen, wie sich Change und Change Management in einem agilen Kontext darstellen kann.

12.1 Drei unterschiedliche Szenarien

Wir beginnen dieses Kapitel mit drei unterschiedlichen Geschichten. Die erste Geschichte geht wie folgt: In einem mittelständischen Unternehmen verabschiedet die Geschäftsführung im Rahmen eines strategischen Meetings den Beschluss, die gesamte Organisation umfassend und neu zu strukturieren. Ausgehend von einer funktionsorientierten Organisation soll das Unternehmen zukünftig nach Produktfamilien organisiert sein. Konkret bedeutet dies, dass übergreifende Funktionen, wie Marketing, F&E, Vertrieb etc. zerschlagen werden und jede Produktsparte zukünftig eigenständige Funktionen dieser Art aufweisen soll. Die Geschäftsführung ruft eine Projektgruppe ins Leben, die sich – unterstützt durch eine externe Unternehmensberatung – an die Planung macht. Parallel werden Change Management-Aktivitäten in die Wege geleitet, die neben Kommunikationsmaßnahmen auch Maßnahmen der aktiven Einbindung und gezielten Schulung beinhalten. Nach sechs Monaten soll die Transformation abgeschlossen sein, so dass die Organisation insgesamt zu einem stabilen Moduls zurückfinden kann.

Kommen wir nun zur zweiten Geschichte. In einem von mehreren Werken eines Maschienenbauunternehmens experimentiert eine Gruppe von Fachkräften und Meistern an einer optimierten Form des *Shopfloor Management*[1]. Die Erfolge sind nach kurzer

[1] Shopfloor Management ist ein Ansatz, bei dem Mitarbeiter unmittelbar am Ort der Wertschöpfung, etwa in der Werkshalle (Shopfloor) in kurzen Zyklen kontinuierliche Verbesserung und tagesaktuelle Belange besprechen (vgl. Suzaki 1993).

Zeit sichtbar. Innerhalb einer internen Community berichten die Meister über ihre Erfolge. Wenige Wochen später teilen diese ihre Erfahrungen mit ihren Kollegen aus anderen Werken im Rahmen eines umfassenden Workshops, bei dem alle Produktionsleiter, Meister und zahlreiche Fachkräfte teilnehmen. Die neuen Ideen verbreiten sich schnell in den anderen Werken. Einzelne Pioniere dieser neuen Entwicklung agieren als aktive Begleiter und Berater bei der Implementierung. Was klein begann wurde zu einer umfassenden Art Bewegung innerhalb der Produktion. Der Produktionsvorstand agierte als Sponsor, hielt sich aber fachlich weitestgehend heraus. Es scheint als hätte diese Transformation kein wirkliches Ende sondern erfährt kontinuierlich neue Schritte der Optimierung. Man ist nie fertig.

Nun zur dritten Geschichte. In einem Unternehmen macht sich zunehmend Unmut über den bisherigen, alljährlichen *Budgetierungsprozess* breit. Dieser Prozess erfolgt schon immer nach klassischem, hierarchischem Muster mit zahlreichen, vertikalen Schleifen. Forecasts, Marktberichte, Berichte über bisherige Umsätze und Kosten, Businesspläne etc. werden mehrmals von unten nach oben getragen und von oben nach unten angepasst. Es finden unzählige, zeitaufwendige Abstimmungs- und Verhandlungsrunden statt. Zugleich erleben die betroffenen Führungskräfte diesen Prozess nicht nur als äußerst bevormundend, zeit- und nervenraubend sondern zuweilen gar als unsinnig. Am Ende kommende die Dinge eh immer anders – so ist zumindest die Wahrnehmung der Betroffenen. Der neue CEO und der neue CFO erkennen gemeinsam die Problematik und ordnen ein umfängliches Reengineering des Prozesses an. Das Ziel besteht darin, Eigenverantwortung und unternehmerischem Denken mehr Raum zu bieten. Selbst die gänzliche Abschaffung jeglicher Form von Budgets und Budgetierungsprozessen wird als ernsthafte Option gesehen. In einem Treffen aller Führungskräfte wird eine Arbeitsgruppe gewählt, die sich über alternative Möglichkeiten Gedanken machen soll. Der Auftrag besteht darin, relevante, anzustrebende Nutzenerwartungen zu identifizieren und unter Berücksichtigung der Prinzipien Eigenverantwortung, Vertrauen und Flexibilität Lösungsansätze zu skizzieren, die dann zurück in den Führungskräftekreis getragen und dort in großer Runde diskutiert werden sollen.

Drei Szenarien

Bei allen drei Geschichten handelt es sich um Veränderungen. Lässt man sich diese drei Geschichten bewusst auf der Zunge zergehen, dann fällt auf, dass sich diese fundamental voneinander unterscheiden. Das einfache Schema in Abb. 12.1 mag helfen, die Unterschiede zu verdeutlichen.

Die erste Geschichte (Umstrukturierung) beschreibt eine umfassende Veränderung von Zustand A (funktionsorientierte Organisation) in Zustand B (produktorientierte Organisation) in einem hierarchischen, stabilen Setting. Die Veränderung erfolgt topdown und ist zeitlich begrenzt. Nach einer umfassenden Trans-

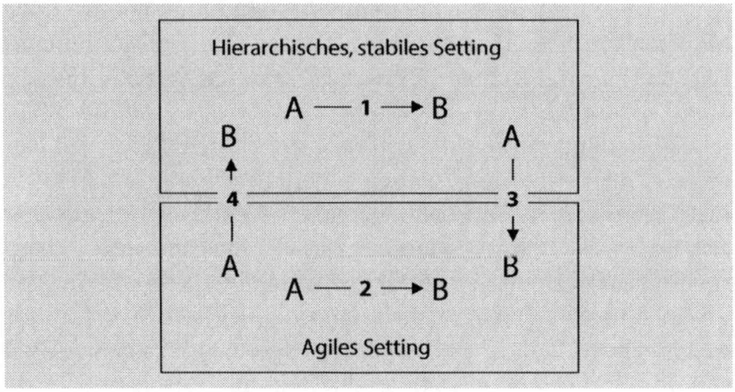

Abb. 12.1 Vier Szenarien möglicher Veränderungen

formation, die in gewisser Weise über die Organisation hereinbricht – und deshalb durch Change Management-Maßnahmen begleitet wird – strebt man einen erneuten Zustand der Stabilität an.

Die zweite Geschichte (Shopfloor Management) beschreibt eine Veränderung in einem agilen Kontext an. Sie wird bottom-up initiiert, erprobt und lateral über Communities schrittweise und eigenverantwortlich skaliert. Auch wenn hier eine Transformation von einem Zustand (A) in einen anderen Zustand (B) erfolgt, hat diese Transformation kein definiertes Ende.

Die dritte Geschichte findet weder in einem hierarchischen noch in einem agilen Kontext statt. Sie beschreibt eine Transformation von einem hierarchischen Zustand (A) in einen agilen Zustand (B). Wie wir noch sehen werden beginnen diese Formen der Transformation häufig hierarchisch, weil sie top-down angestoßen und zugelassen werden. Der weitere Verlauf erfolgt dann aber nach agilen Prinzipien, weil Agilität nicht hierarchisch erzwungen werden kann – genauso wenig, wie man Frieden mit kriegerischen Mitteln erreicht.

Zwei Ebenen

Dieses Buch befasst sich daher mit zwei Betrachtungsebenen. Auf der einen Ebene wird der Frage nachgegangen, wie die Gestaltung von Veränderungen in hierarchischen versus agilen Welten funktioniert. Dabei findet ein Vergleich zwischen Szenario 1 und Szenario 2 statt. Im Grund wird hierbei das Thema „Veränderung" auf dieselbe Weise behandelt, wie alle anderen HR-Schlüsselthemen in den vorausgegangenen Teilen dieses Buches. Auch im Zusammenhang etwa mit dem Thema Talententwicklung hatten wir uns die Frage gestellt, wie dies in hierarchischen, stabilen Welten anders funktioniert, als dies in agilen Welten der Fall ist. Nun aber geht es um das Thema Change Management.

Darüber hinaus muss dieses Buch aber auch Antworten oder zumindest Anregungen auf die längst überfällige Frage liefern, wie einem ursprünglich hierarchisch geführtem Unternehmen der Wandel hin zu höherer Agilität gelingt. Damit bewegen wir uns auf einer Art Metaebene. Nachdem Veränderungen also im Kontext des agilen oder hierarchischen Betriebssystem betrachtet wurden, soll es anschließend, im letzten ▶ Kap. 13 (Transformation in eine agile Zukunft) um die Frage gehen, wie man das Betriebssystem an sich wechselt. Hierbei handelt es sich um das oben skizzierte Szenario 3. In gewisser Weise ist dies eine besondere Thematik, die besondere Gedankengänge erfordert.

Akademisch betrachtet ist auch ein vierter Fall vorstellbar (siehe obige ◘ Abb. 12.1). Dieser Fall beschreibt eine Veränderung von agilem Ursprung (A) hin zu mehr Hierarchie und Stabilität (B). Unternehmen, die diesen Weg einschlagen, wollen weg von Eigenverantwortung, weg von Vernetzung, Kollaboration und Teamwork. Dafür wollen sie mehr Silodenken und Arbeitsteilung. Sie wollen Konformität anstatt der früheren Vielfalt. Partnerschaftlich führende Führungskräfte machen Platz für Bosse etc. Dieser Fall wird in diesem Buch nicht weiter betrachtet. Mir ist in den vergangenen Monaten und Jahren schlichtweg kein Unternehmen begegnet, das diesen Weg bewusst einschlagen *wollte*, auch wenn diese Entwicklung in manchen Unternehmen beobachtet werden konnte. Tatsächlich ist dieser Schritt denkbar einfach und fast über Nacht möglich, wenngleich man in diesem Fall mit einem unmittelbaren Rückgang an Motivation und Leistung bei steigender Fluktuation zu rechnen hat.

12.2 Change Management – klassisch gedacht

Dieses Unterkapitel wirft zunächst einen Blick auf das Thema Change Management, wie es in hierarchischen, stabilen Unternehmen gesehen und praktiziert wird. Wir gehen der Frage nach, wie Entscheidungen für Veränderungen gefällt werden, was Veränderungen sind und welche Rolle Change Management in einem hierarchischen Kontext spielt.

Aus der Stabilität in die Stabilität

Eines der verbreiteten Modelle, das im Zusammenhang mit Change Management zitiert wird stammt von Kurt Lewin (1947). Lewin setzte sich seinerzeit mit der Frage auseinander, wie Menschen in Gruppen Gewohnheiten und Verhaltensmuster verändern können. Was schließlich in der gängigen Management-Literatur von dieser Forschungsarbeit übrig blieb, war ein einleuchtendes Drei-Stufen-Modell, wonach Gruppen zunächst aufgetaut werden müssen (unfreeze), beispielsweise über einen Vorgang, der in diesem Buch als Irritation beschrieben wurde (siehe ▶ Abschn. 7.3). Dann erfolgt ein Prozess des sozialen Lernens und der Veränderung (move) um schließlich wieder in einen Zustand der Stabilität zurückzukehren (refreeze) bestehend aus neuen, aber stabilen Rollen, Werten, Verhaltensmustern etc. Lewin sprach hierbei eher von Konstanz, als von Stabilität. Auch wenn dies von Lewin so nicht intendiert war, bediente dieses Modell eine Sichtweise auf Organisationen, wonach diese als eine Art Maschine gesehen werden. Wir sprechen hier auch von der Maschinenmetapher. Funktioniert eine Maschine nicht mehr so, wie sie soll, dann muss sie auseinandergebaut werden (unfreeze). Danach wird sie neu konstruiert (move) und schließlich wieder in neuem Zustand zusammengebaut (refreeze), auf dass sie auf unbestimmte Zeit und in unveränderter Form produktiv arbeitet. Ungefähr so werden Veränderungen in hierarchisch geführten Organisationen gesehen.

Veränderungen erfolgen aus einem Zustand der Stabilität heraus. Nach einer Umbruchphase streben wir erneut diesen stabilen Zustand an. (**1-1**)

Veränderungen dieser Art will man eigentlich vermeiden, weil eine Maschine während der Neukonstruktion nicht produktiv ist. Darüber hinaus bergen Veränderungen immer auch ein Risiko des Scheiterns. Wird die Maschine danach wirklich besser funktionieren? Insofern liegt es nahe, Veränderungen nur dann vorzunehmen, wenn sich diese nicht mehr vermeiden lassen. All dies bedingt eine bestimmte Sichtweise darauf, was man überhaupt als Veränderung sieht und was nicht.

Veränderung in hierarchischen Organisationen

John Kotter (1996) gehört sicherlich zu den am häufigsten zitierten Vordenkern rund um das Thema Change Management. Sein Buch „Leading Change" wird von so manchem Change Manager als die Bibel des Change Management betrachtet. Aber selbst Kotter bleibt in seinen Ausführungen eine klare Definition dessen, was unter einem „Change" zu verstehen sei schuldig. Wie er diesen Begriff interpretiert, erschließt sich aus den Anwendungsfällen, die er zur Veranschaulichung heranzieht. Dabei wird deutlich, dass er unter Change genau das subsummiert, was man in einem hierarchischen Kontext darunter zu verstehen neigt, nämlich eine umfassende Veränderung mit strategischer Tragweite.

Unter einem „Change" verstehen wir in erster Linie eine umfassende Veränderung mit strategischer Tragweite von der viele Mitarbeiterinnen und Mitarbeiter zugleich betroffen sind. (**2-1**)

Die Rede ist von umfassenden, organisationalen Umstrukturierungen, von flächendeckenden Anpassungen und Optimierungen von Abläufen im Sinne eines Reengineering, von umfassenden (totalen) Qualitätsmanagementprogrammen, von Unternehmenszusammenschlüssen (Merger) und Unternehmenskäufen (Acquisition), von unternehmensweit angelegten Programmen zur Erreichung eines tiefgreifenden und nachhaltigen Kulturwandels, von grundlegenden strategischen Richtungswechseln. Alles, was John Kotter beschreibt ist groß und umfänglich. Und dies überrascht nicht, denn schließlich zeigt sich genau bei diesen besonderen Transformationen der besondere Bedarf besonderer Führung. Es geht hierbei offenbar nicht um kleinteilige, kurzfristige Veränderungen, wie personelle Neubesetzungen, operative Entscheidungen oder gar um singuläre Optimierungen im Sinne einer kontinuierlicher Verbesserung.

Das Top-Management als treibende Kraft

Vor diesem Hintergrund überrascht es nicht, dass Veränderungen – wie sie soeben beschrieben wurden – eine Angelegenheit des obersten Managements darstellen, weswegen John Kotter von „Change Leadership" spricht. Seine acht Schritte einer erfolgreichen Transformation beginnen mit dem, was man als Leidensdruck übersetzen kann. Kotter (1996) verweist auf den so genannten *Sense of Urgency* als Gegenstück zur Selbstzufriedenheit. Am Ende wird deutlich, dass Selbstzufriedenheit im Wesentlichen eine gefährliche Eigenschaft des oberen Management sein kann – nicht der Mitarbeiter. Im Falle einer Veränderung ist es ihm zufolge die Aufgabe der Führungsebene eine überzeugende Vision zu formulieren, sie zu kommunizieren und schließlich eine schlagkräftige Führungsmannschaft (Guiding Coalition) auf die Beine zu stellen. Auf äußerst hierarchisch denkende Weise geht Kotter von der impliziten Annahme aus, Veränderungen würden nicht nur an der Unternehmensspitze entschieden sondern auch von dort aus vorangetrieben.

Veränderungen von strategischer Tragweite werden grundsätzlich top-down entschieden, geplant und vorangetrieben. Das ist eine zentrale Aufgabe des oberen Managements. (**3-1**)

Hierarchisch sozialisierte Leser überrascht das nicht. Von wo aus sonst, ist man geneigt zu fragen. Wie wir aber im weiteren Verlauf dieses Kapitels noch sehen werden sind neben Reformen von oben aber auch Revolutionen von unten vorstellbar bzw. umfassende Veränderungsentscheidungen, die unternehmensdemokratisch getroffen werden.

Wie bereits in ► Abschn. 11.2 im Zusammenhang mit der Rationalität und Begründung von Investitionsentscheidungen dargestellt, wird in Unternehmen versucht, strategische Entscheidungen nach reichlicher Überlegung, Analyse und sorgfältiger Abwägung zu fällen. Bereits vor oder zum Zeitpunkt der Entscheidung muss explizit die Überzeugung im Raum stehen, dass diese Entscheidung die gewünschten Konsequenzen zur Folge haben. Zumindest ist davon auszugehen.

> Veränderungen werden immer nur dann in die Wege geleitet, wenn man sich auf oberster Entscheidungsebene über deren Konsequenzen im Klaren ist. Alles andere wäre verantwortungslos. (**4-1**)

Wollen wir dieses Unternehmen kaufen oder nicht? Wollen wir ein neues ERP-System implementieren und wenn ja, welches? Wollen wir weiterhin an der Produktion von Produkt X festhalten oder wollen wir lieber in Produkt Y investieren?

Change Management aus hierarchischer Sicht

Aus Sicht der betroffenen Mitarbeiter bricht die Veränderung sozusagen über die Mitarbeiter herein. Der Change wurde „oben" entschieden und die Betroffenen sind in gewisser Weise die Opfer der Veränderung. Die Veränderung ist zudem umfänglich und von strategischer Reichweite. Zugleich weiß man aber, dass die initiierte Veränderung nur dann von Erfolg gekrönt sein würde, wenn die betroffenen Mitarbeiterinnen und Mitarbeiter bereit und auch in der Lage sind, diese Veränderung nicht nur mitzutragen, sondern sich aktiv für ihr Gelingen einzusetzen.

Davon kann aber grundsätzlich nicht ausgegangen werden (vgl. Conner 1992). Die Wahrscheinlichkeit ist hoch, dass Mitarbeiter die Veränderung gar nicht oder nur zum Teil gut finden. Vor allem aber vermittelt das Über-sie-hereinbrechen eine geringe subjektive Kontrollüberzeugung. Mitarbeiter fühlen sich fremdbestimmt, bevormundet und hegen Befürchtungen, aus der Veränderung möglicherweise als Verlierer hervorzugehen. Wieder einmal wird aus dem unternehmerischen Alltag deutlich, dass sie selbst nur Objekt und nicht Subjekt des Geschehens sind. Das Ergebnis können offene oder verdeckte Widerstände sein, die am Ende dysfunktional für das Veränderungsvorhaben sind. An dieser Stelle wird meist auf die *Emotionskurve* verwiesen, die auf den Arbeiten von Elisabeth Kübler-Ross basiert (vgl. Kohnke und Wieser 2012). Demnach verfallen die Objekte der Veränderungen zunächst in eine dysfunktionale Schock-Starre, beginnen zu rebellieren und durchlaufen anschließen eine schmerzhafte Phase der Depression. All dies will man als Unternehmensleitung selbstverständlich nicht. Daher kommt an dieser Stelle Change Management ins Spiel.

> Change Management dient dazu, Widerstände klein zu halten und auf Seiten der Betroffenen die notwendigen Fähigkeiten für den Zielzustand sicher zu stellen. (**5-1**)

Change Management beschäftigte sich daher schon immer mit der menschlichen Seite von Veränderungen. Es geht hier weniger um finanzielle, technische oder planerische Aspekte sondern um das Verhalten und Erleben von Mitarbeiter im Kontext einer umfassenden Veränderung. Fasst man die umfangreiche Literatur oder die zahlreichen Beratungsansätze rund um das Thema Change Management zusammen, dann kommt man auf einen recht einfachen, gemeinsamen Nennern, der in ◻ Abb. 12.2 schematisch wiedergegeben ist.

Am Ende dieses Modells steht der Veränderungserfolg, das Ziel aller Bemühungen. Der Merger ist geglückt. Die neue ERP-Software ist erfolgreich eingeführt. Die Umstrukturierung hat sich zum Guten eingeschwungen. Die neuen Abläufe nach dem Reengineering haben sich stabilisiert. Der Strategiewechsel – beispielsweise der Wechsel vom Verbrennungsmotor zum Elektromotor bei einem Automobilhersteller – trägt Früchte. Die geänderte Werthaltung der Mitarbeiterinnen und Mitarbeiter hat sich wirksam und nachhaltig im täglichen Verhalten niedergeschlagen. Dieser Veränderungserfolgt ist es, was das Unternehmen von Anfang an angestrebt hat. Er spiegelt das *Sollen* wieder, der angestrebte Zustand nach einer erfolgreichen Veränderung. Damit dieser Erfolg erreicht werden kann, sind auf Seiten der Mitarbeiter drei einfache, wie nahe liegende Faktoren entscheidend: sie *können* zum Erfolg beitragen, sie *wollen* es und *dürfen* es auch. In der Managementsprache ist hierbei auch von Commitment, Akzeptanz, Kompetenzen, Befugnissen etc. die Rede. Im Grunde ist aber dasselbe gemeint. Damit all dies erreicht werden kann bedarf es einer Reihe gezielter und geplanter Maßnahmen, die in ihrer Summe das ausmachen, was man schlechterdings als *Change Management* bezeichnet.

Mittels Kommunikation wird nicht nur die Notwendigkeit der Veränderung sondern auch eine überzeugende Vision der Verän-

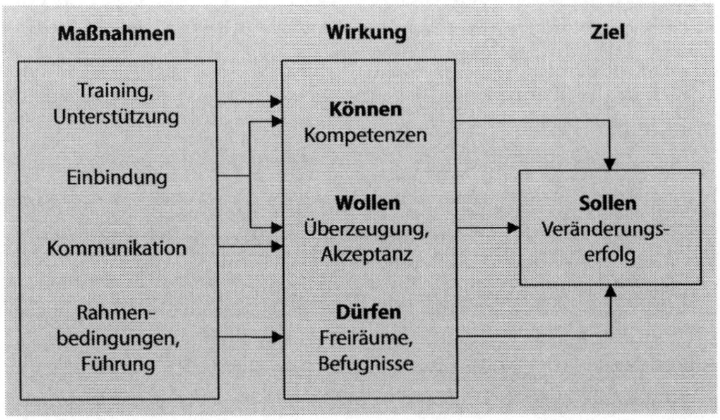

◻ **Abb. 12.2** Der Kern eines klassischen Change Management

derung vermittelt. Eine klar definierte Kommunikationsstrategie beschreibt, wer wann wie warum worüber von wem informiert wird. Das angestrebte Ergebnis ist eine möglichst hohe Überzeugung auf Seiten der Mitarbeiter, dass die Veränderung für das Unternehmen aber auch für sie selbst von Nutzen sein wird. Mittels Trainingsmaßnahmen und begleitender Unterstützung stellt man sicher, dass die Kollegen nicht nur zur Veränderung beitragen wollen, sondern auch die Konsequenzen der Veränderung tragen können. Über passende Maßnahmen zur aktiven Einbindung kann beides gestärkt werden: Können und Wollen. „Betroffene zu Beteiligten machen" als Kommunikations- und Entwicklungsmaßnahme zugleich. Schließlich ist sicherzustellen, dass die Mitarbeiter die Veränderung auch leben dürfen. Dafür braucht es entsprechende Rahmenbedingungen, die nicht selten mit der Art der Führung und Organisation zu tun haben.

Diese Darstellung eines traditionellen Change Management ist sicherlich sehr vereinfacht und in gewisser Weise holzschnittartig. Trotzdem spiegelt sie das wider, was seit vielen Jahren im Zusammenhang mit diesem Thema gedacht, praktiziert, gelehrt und geschrieben wurde. Die meist zitierten Bücher hierzu gehen mit dieser Darstellung weitestgehend einher (vgl. Kotter 1996; Doppler und Lauterburg 2014; Conner 1992; Claßen 2013). Im Grunde steht sie für eine hierarchische Sichtweise basierend auf der Annahme von Stabilität als Normal- und Idealzustand. An der Spitze der Hierarchie wird entschieden, das Unternehmen von einem bisherigen Ist-Zustand in einen angestrebten Soll-Zustand zu transformieren. Damit dies aus Sicht der Unternehmensspitze erfolgreich geschieht, werden top-down entsprechende Change Management-Maßnahmen in die Wege geleitet. Sobald die Veränderung erfolgt ist, strebt man einen Zustand der Stabilität an.

Kommunikation – so spät wie möglich

Wie oben beschrieben kommt man im Rahmen eines traditionellen Change Management nicht umhin, die umfassende Veränderung an die betroffenen Mitarbeiterinnen und Mitarbeiter zu kommunizieren. Dies erfolgt meist nach einem klaren Plan. Dieser Plan scheint gerade in hierarchisch geführten Unternehmen bestimmten Prinzipien zu folgen. Ein zentrales Prinzip besteht darin, dass die Kommunikation top-down erfolgt. Führungskräfte erfahren von einer Veränderung bevor deren Mitarbeiter „davon Wind bekommen". Darüber hinaus sollten Mitarbeiter von einer Veränderung unterrichtet werden, bevor sie davon aus der Presse erfahren. Das ist nicht nur eine Frage des Respekts gegenüber den Kollegen sondern auch eine Frage der Kontrolle. Interne Kommunikation scheint einigermaßen kontrollierbar, wohingegen Informationen, die in die Öffentlichkeit gelangen ein bedrohliches Eigenleben entwickeln können. All dies mündet in die folgende, strategische Ausrichtung:

> Erst wenn bei einer Veränderung möglichst viele Details vorgedacht und geplant wurden, wird die Belegschaft informiert. Alles andere würde zu Verunsicherung und Konfusion führen. **(6-1)**

In einem hierarchischen Kontext wird man den Moment der breiten Kommunikation so lange wie möglich hinauszögern, weil bereits die bloße Ankündigung einer Veränderung auf Seiten der Betroffenen Fragen auslöst. Was bedeutet das für mich? Werde ich meinen Arbeitsplatz verlieren? Wird sich mein Job oder mein Umfeld ändern? Reichen meine Qualifikationen aus? Eine Führungsmannschaft, die hierarchisch denkt, will Kontrolle über die Entwicklungen im Unternehmen bewahren. Die Unfähigkeit, auf zahlreiche Fragen keine Antworten liefern zu können, käme dem Eingeständnis gleich, man wisse nicht was man tut.

12.3 Veränderungen in einem agilen Setting

Das traditionelle Verständnis dessen, was Change und Change Management ausmachen war immer vergleichsweise klar. Das meiste, was im vergangenen Jahrhundert über Change Management geschrieben oder im Namen von Change Management praktiziert wurde war mehr oder weniger aus einem Guss. Nun, im Zuge der Agilisierung scheinen die Konzepte von Change und Change Management zunehmend zu diffundieren.

Die Diffusion traditioneller Konzepte

Beobachtet man die Auseinandersetzung rund um das Thema Change und Change Management in der von Agilität beflügelten Communities gewinnt man unweigerlich den Eindruck, hier sei eine Sprachverwirrung babylonischen Ausmaßes zugange. Anders als wie oben dargestellt ist die Rede von kontinuierlichem Wandel, von vielen kleinen Veränderungen, die von Mitarbeitern selbst vorangetrieben werden, von frühestmöglicher Einbindung, von Experimentieren, Scheitern, kontinuierlichem Lernen und von Skalierung des Erfolgreichen.

Diese alternativen Sichtweisen auf Change und Change Management scheinen kaum mehr etwas davon übrig zu lassen, was vormals mit diesen Konzepten in Verbindung gebracht wurde. Zugleich werden sie diffuser. Was ist überhaupt ein „Change" und was ist dies nicht, neigt man zu fragen. Wo beginnt Change Management und wo hört es auf? Vor dem Hintergrund agiler Prinzipien ist diese Entwicklung sehr ernst zu nehmen. Insofern sollen im Folgenden die bereits angedeuteten alternativen Sichtweisen schrittweise diskutiert werden. Insgesamt stellen sie strategische Gegenpole zum traditionellen Verständnis dar.

Frühe Einbindung

Wir beginnen nochmals mit einer recht traditionellen Sichtweise. Demnach durchlaufen Unternehmen bei Veränderungen meist mehrere Phasen. Am Anfang steht die Initialisierung. Diese Phase beinhaltet eine aktive Auseinandersetzung mit einer möglichen Veränderung und mündet schließlich in eine Entscheidung darüber. Soll dieses Unternehmen gekauft werden? Wollen wir eine neue Software einführen? Setzen wir auf eine neue Produktlinie? Wollen wir unser Performance Management neu aufstellen? Fällt die Entscheidung positiv aus wird die Reichweite (Scope) des Vorhabens bestimmt. Man beschreibt eine Vision, gibt dem Vorhaben einen Namen und man entscheidet nach welchen Prioritäten die Veränderung vorgenommen werden soll (Strategie). Geht es etwa um Geschwindigkeit oder um Qualität? Erfolgt eine geringe oder starke Einbindung der Betroffenen? Dann wird das Projekt aufgesetzt (Setup). Ein Team wird zusammengestellt. Das Budget wird festgelegt und die Meilensteine werden definiert. Danach erfolgt die umfangreiche Phase der Konzeption. Bei einem Reengineering-Projekt werden beispielsweise Prozess-Charts gemalt. Die Zukunft wird in dieser Phase vorweggenommen. Schließlich erfolgt die eigentliche Veränderung im Sinne einer Umsetzung. Die neue Unternehmensstruktur geht live. Das neue Produkt wird nun produziert. Die neue Marke wird kommuniziert und ausgerollt. Und weil dies alles nie von Anfang an reibungslos läuft, braucht es eine Phase der Stabilisierung. Hier werden auftretende Probleme aus dem Weg geräumt, Mitarbeiter unterstützend begleitet etc. Einen Überblick über diese Phasen zeigt ◘ Abb. 12.3.

Nun aber zur eigentlichen Frage: Zu welchem Zeitpunkt sollten die betroffenen Mitarbeiterinnen und Mitarbeiter über die Veränderung informiert oder aktiv eingebunden werden? Ab welcher Phase spielen die Betroffenen eine aktive, entscheidende, gestalterische Rolle? Auf diese Frage gibt es zwei extreme Antworten und beliebig viele Graustufen dazwischen. Hierarchisch denkende Unternehmen werden dazu tendieren, so spät wie möglich zu kommunizieren, am besten erst nach der Konzeption und Planung.

Die auf agilen Prinzipien basierende Antwort lautet hingegen: Die Mitarbeiterinnen und Mitarbeiter sollten so früh wie möglich eingebunden werden, möglichst schon bei der Initialisierung. Für

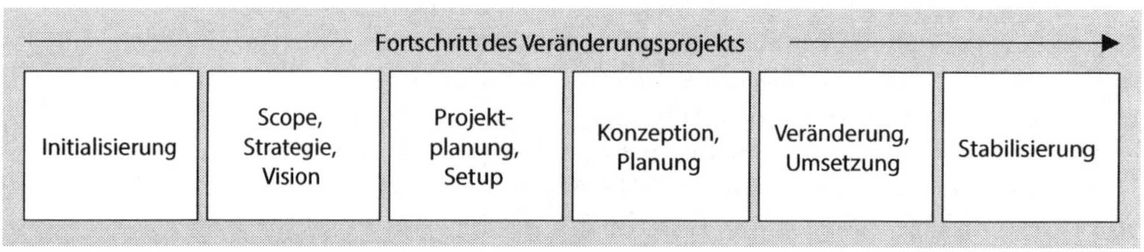

◘ **Abb. 12.3** Typische Phasen eines Veränderungsprojekts

agil denkende Unternehmen ist diese Antwort die Grundeinstellung, eine Art „Default Setting“ und nur in begründeten Ausnahmen wird davon abgewichen.

> Im Zuge von Veränderungen tragen Mitarbeiter so früh wie möglich aktiv Verantwortung. Eine späte Kommunikation schafft Opfer, ignoriert die Kreativität Betroffener und löst dysfunktionale Widerstände aus. (**6-2**)

Unternehmen, die so denken und handeln begründen dies damit, dass hierdurch spätere Widerstände vermieden werden, man frühzeitig die Intelligenz und das Wissen der Mitarbeiter aktiv nutzen kann. Durch diese Strategie machen sich die Betroffenen die Veränderung zu Eigen und werden ein höheres Maß an Motivation aufbringen, als wenn sie zu einem späteren Zeitpunkt von Entscheidungen überrascht werden, die „über ihren Köpfen hinweg“ gefällt wurden.

Unternehmensdemokratie und Graswurzelbewegungen

Naiv gedacht gehen strategische und umfassende Entscheidungen immer von der Unternehmensspitze aus. Dafür ist sie ja auch da. Verlässt man aber für einen Moment die Unternehmenswelt und schaut in die Geschichte beispielsweise Europas, dann wird man schnell erkennen, dass zahlreiche, umfassende Veränderungen von den Bürgerinnen und Bürgern ausgingen – vom so genannten Volk. Man denke hier an die Französische Revolution oder an die friedliche Revolution, die der deutschen Wende und späteren Wiedervereinigung Deutschlands vorausging.

Sind Revolutionen in Unternehmen vorstellbar? Man nennt sie in diesem Kontext anders aber die Prinzipien sind durchaus vergleichbar. Man stelle sich vor, was in einem Unternehmen passiert, wenn ein einzelner Mitarbeiter eine geniale Idee von strategischem Potenzial hat. In ◘ Abb. 12.4 sind zwei Szenarien dargestellt.

Wir beginnen mit Szenario *A*. Ein Mitarbeiter hat (1) eine Idee. In einem hierarchischen Kontext wird der Mitarbeiter mit seiner direkten Führungskraft sprechen. Wenn es gut läuft spricht diese mit ihrer nächsthöheren Führungskraft und so weiter. Sollte schließlich das oberste Management (2) von dieser Idee ebenfalls überzeugt sein, stehen die Chancen gut, dass aus der Idee eine strategische Entscheidung erwächst, die am Ende (3) Auswirkungen auf das gesamte Unternehmen hat. In hierarchischen Unternehmen hat die Idee nur über diesen Weg offiziell eine Chance. Der Dienstweg ist einzuhalten.

Szenario *B* könnte in einem agilen Kontext stattfinden. Ein Mitarbeiter hat (1) eine Idee. Er spricht mit Kollegen möglicherweise aus anderen Bereichen über seine Idee und versucht, diese für seine Idee zu gewinnen. Aus einer kleinen Gruppe wird (2)

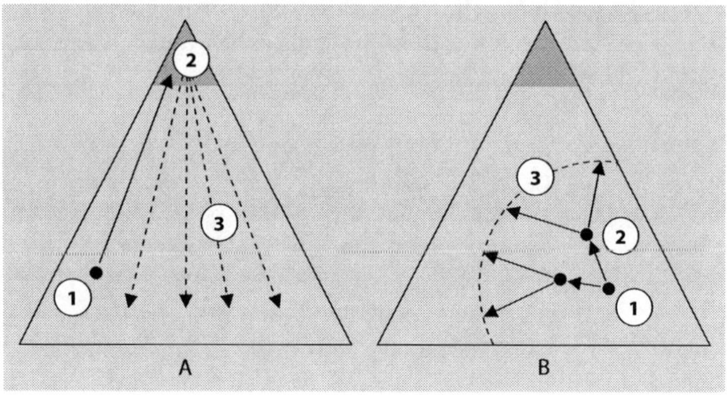

Abb. 12.4 Was passiert aus einer guten Idee mit strategischem Potenzial?

schrittweise eine größere, cross-funktionale Community, die an diese Idee glaubt. Zwischenzeitlich hat sich die Idee über den gemeinsamen Austausch weiterentwickelt und angereichert. Möglicherweise fanden bereits erste Piloten statt. All dies geschieht jenseits formaler Hierarchien und ist vom oberen Management entweder nur geduldet oder sogar erwünscht. Am Ende findet die Idee und deren Umsetzung (3) ihren Niederschlag in weiten Teilen oder gar in der gesamten Organisation. Dieses Szenario ist ausschließlich in agilen Organisationen vorstellbar. Dort hingegen ist es ein selbstverständliches Prinzip.

Wo möglich sind es die Mitarbeiterinnen und Mitarbeiter selbst, die Veränderungen (bottom-up) initiieren, entscheiden und vorantreiben. **(3-2)**

Bei einer Veränderungen dieser Art hat sich in der Praxis der Begriff der so genannten *Graswurzelbewegung* zunehmend verbreitet – Veränderungen, die langsam, von unten und zunehmend flächendeckend stattfinden.

Während ich dieses Buch schreibe findet vor allem in großen, vormals hierarchischen Unternehmen ein Konzept rasanten Anklang, das nicht nur dazu geeignet ist, Graswurzelbewegungen zu befähigen sondern sich selbst in Form einer solchen Bewegung verbreitet. Die Rede ist von *Working Out Loud*, einem Konzept, das zahlreiche Prinzipien agilen Arbeitens aufgreift (vgl. Stepper 2015). Eigenverantwortlich vernetzen sich Mitarbeiterinnen und Mitarbeiter über Abteilungsgrenzen hinweg und treffen sich während eines Zeitraums von zwölf Wochen wöchentlich in so genannten Circle, die nicht mehr als fünf Kollegen umfassen. Jeder Circle-Teilnehmer verfolgt dabei nicht nur sein persönliches, explizit formuliertes Ziel, sondern unterstützt zugleich die anderen Circle-Teilnehmer bei der Erreichung ihrer jeweiligen Ziele. Am Ende geht es bei diesem Konzept neben der Vernetzung auch um die Erhöhung wahrgenommener Selbstwirksamkeit und unternehmensinternen Sichtbarkeit. Für immer mehr Mitarbeiter ist dieses Konzept das geeignete Vehikel, um ihren Kopf aus der vormals gefühlten, institutionellen Begrenztheit und erlebten Bedeutungslosigkeit zu strecken.

Zwischen den beiden oben beschriebenen Szenarien gibt es selbstverständlich auch Mischformen. Manchmal werden Ideen, Anregungen für Veränderungen so lange, so nachhaltig und durch immer mehr Mitarbeiter nach oben adressiert bis sie dort unüberhörbar werden. In anderen Fällen führen Unternehmen groß angelegte *Open Space*-Veranstaltungen durch, bei denen sehr große Gruppen von Mitarbeitern zugleich eingebunden werden und diese die Chance haben, Veränderungsbedarfe zu artikulieren und zu kumulieren. Und wenn schließlich die Entscheidung für eine Veränderung jedweder Größe oder Tragweite ansteht, werden die Mitarbeiterinnen und Mitarbeiter demokratisch in den Entscheidungsprozess eingebunden. Sie stimmen darüber ab, ob ein Produkt weiterhin produziert werden soll. Sie stimmen über Umstrukturierungen ab, über die Veränderung eines internen Prozesses, über die Auswahl einer neuen Unternehmenssoftware, über die richtige Kostensparmaßnahme usw. Und wenn nicht immer alle Mitarbeiter abstimmen sollen, dann wird eine Gruppe gewählt, die diese Aufgabe repräsentativ für den großen Rest übernimmt. In diesem Zusammenhang ist immer häufiger von *Unternehmensdemokratie* die Rede. Für den hierarchisch sozialisierten Betrachter erscheint dies gänzlich utopisch. Für immer mehr Unternehmen stellt dies hingegen der einzig gangbare Weg dar und die erfolgreichen Beispiele werden seit etlichen Jahren immer häufiger und sichtbarer (vgl. Zeuch 2015).

Grundsätzlich tun sich strikt hierarchisch denkende Unternehmen mit der eigenständigen, eigenverantwortlichen Entwicklung und Verbreitung neuer Veränderungsideen außerordentlich schwer, weil die notwendigen Freiräume hierfür nicht vorgesehen sind. Das vermutlich größte Hindernis etwa bei Konzepten wie Working Out Loud ist im mittleren Management angesiedelt. Mitarbeiter, die sich eigeninitiativ vernetzen, Zeit mit Kollegen aus anderen Bereichen verbringen, eigene Ideen entwickeln konkurrieren aus Sicht des mittleren Management mit ihrer „eigentlichen Aufgabe", wie sie etwa in deren Stellenbeschreibungen festgehalten ist. Nicht selten bekommen Mitarbeiter, die im Sinne des Unternehmens Aufbauarbeit leisten von ihren direkten Vorgesetzten zu hören: „Was machen Sie denn da wieder in diesem Circle? Sie scheinen nicht ausgelastet zu sein. Wie sonst kann es sein, dass Sie so viel Zeit für neue Ideen und Initiativen übrig haben? Und überhaupt, was haben Sie eigentlich mit den Kollegen aus den anderen Abteilungen zu schaffen? Suchen Sie etwa einen neuen

Job? Wenn Ihnen hier etwas nicht passt, dann sagen Sie es doch einfach".

Iterative Veränderung

Wie bereits in ◻ Abb. 12.3 dargestellt durchlaufen groß angelegte Veränderungen in hierarchisch geführten Unternehmen immer auch die Phasen Konzeption und Planung um anschließend in die gut vorbereitete Phase der Umsetzung zu starten. Umso besser die Konzeption und Planung, desto erfolgreicher die Umsetzung. In einem stabilen Setting hat diese Herangehensweise durchaus ihre Berechtigung. Nicht selten wird hier auf die Ressourcen externer Berater zugegriffen, die über langjährige Erfahrungen aus vergleichbaren Veränderungsprojekten verfügen. Diese bringen dann gerne ihre halbfertigen Blaupausen aus anderen Projekten mit (in den Fußzeilen der PowerPoint-Folien wird der Name des Kunden geändert).

Für immer mehr Unternehmen stellt sich die Lage aber anders dar. Gerade im Kontext der Digitalisierung betreten sie Neuland und auch andere Unternehmen verfügen kaum über Erfahrungen, die unmittelbar auf den eigenen Fall übertragen werden können. Man begibt sich sozusagen auf eine Reise in ein Land, für das es noch keine Landkarte gibt. In diesem Fall tut man besser das, was schon früher die Entdecker getan haben: man fährt auf Sicht. In der Managementsprache ist hier von einem iterativen Vorgehen die Rede (siehe auch ▶ Abschn. 4.3). Anstatt erst zu planen um dann zu handeln verschwimmen Planung und Handlung in kurzfristigen Zyklen. Dinge werden ausprobiert, Hypothesen werden gebildet, Piloten gestartet, Prototypen getestet. Der Fortschritt ist geprägt von frühem Scheitern, gleichzeitigem Lernen und schnellem Optimieren. Was sich bewährt wird schließlich skaliert.

12

Veränderungen sind immer mit Unsicherheit behaftet. Deshalb erfolgen sie kontinuierlich durch geschütztes Experimentieren, Lernen, Scheitern und Skalierung des Erfolgreichen. (4-2)

Dies gilt freilich nicht für alle Formen der Veränderung. Man kann etwa den Zusammenschluss zweier Konzerne in seiner ganzen Tragweite nur schwer testen – einzelne Facetten schon. Für agile Unternehmen ist allerdings das iterative Vorgehen die Grundeinstellung und nicht die Ausnahme.

Evolution oder Revolution

Vor etlichen Jahren habe ich in einer Klausur folgende Frage gestellt: „Was versteht man im Zusammenhang mit Change Management unter einem Change?". Erst Jahre später wurde mir bewusst, wie schwer diese Frage zu beantworten ist. Ich vermittelte damals das oben beschriebene, traditionelle Verständnis von Change Management, wonach unter einem Change eine umfassende Veränderung von strategischer Tragweite zu verstehen ist, von der viele Mitarbeiter gleichermaßen betroffen sind. Damals wäre das aus meiner Sicht die richtige Antwort gewesen.

Wenn ich nun mit Personalern, Organisationsberatern, Agilitäts-Bloggern oder anderen schlauen Vertretern der agil denkenden Community zusammensitze erlaube ich mir ab und an, die obige Frage in den Raum zu werden: „Hey, sagt mal, was versteht Ihr eigentlich unter einem Change?“. Was dann folgt ist immer wieder erstaunlich. Es ist zu beobachten, wie erfahrene, belesene, gebildete, intelligente, reflektierte Profis aus der einschlägigen Szene weit davon entfernt sind, einen gemeinsamen Nenner zu finden. Die Aussagen reichen von einem traditionellen Verständnis – das von der progressiven Fraktion tendenziell abgelehnt wird – bis hin zur Feststellung, Change sei irgendwie alles, was mit einer Veränderung des Denkens und Verhaltens einhergeht. Intelligent, wenngleich etwas tautologisch erscheint demgegenüber die Sichtweise, Change im Kontext des Change Management sei alles, was Change Management erfordere. Dies schließt kleine wie umfassende Veränderungen mit ein. Es gibt die traditionelle Sicht, wonach es bei Change Management um umfassende Veränderungen geht. Wir sprechen dann gerne auch von Revolution, einem echten Umbruch, einer Reform. Dieser Sichtweise steht jener gegenüber, wonach Change eine Evolution ist, bestehend aus vielen kleinen Adaptionen. Beide Perspektiven sind berechtigt.

> Veränderung ist eher Evolution als Revolution. Selbst umfassende Veränderungen betrachten wir vor allem als die Summe vieler kleiner Veränderungen. **(2-2)**

Ob nun Veränderungen im Sinne einer Revolution oder Reform mehr zu einer hierarchischen Welt passen und die Evolution mehr in eine agile Welt, kann pauschal nicht beantwortet werden.

Interne und externe Kontrollüberzeugung

Wie bereits im vorausgegangenen Abschnitt erläutert, hatte Change Management immer die Intention, eine Veränderung trotz menschlicher, dysfunktionaler Reaktionen unter Kontrolle zu bewahren. Es ging primär darum, auf der einen Seite Widerstände möglichst zu vermeiden (Wollen) und zugleich veränderungsrelevante Fähigkeiten auf Seiten der Betroffenen sicher zu stellen (Können). Und wenn in diesem Zusammenhang von Kontrolle die Rede ist, dann ist hier explizit und implizit die Kontrolle des oberen Managements gemeint (vgl. Kotter 1996). So muss man die Dinge aber nicht sehen, denn neben der Kontrolle des Managements kann auch die Kontrolle der Mitarbeiter gemeint sein.

Diese Überlegung berührt das psychologische Konzept der *Kontrollüberzeugung*, das ursprünglich auf den humanistisch denkenden Psychologen Carl Rogers (1961) zurückgeht und von

Rotter (1966) weiterentwickelt wurde. Zur Veranschaulichung dieses Konzepts im organisationalen Kontext seien zwei fiktive Mitarbeiter – wir nennen sie Anna und Bernd – gegenübergestellt. Zunächst zu Anna:

» Anna ist von dem, was sie tagtäglich leistet inhaltlich überzeugt. Sie erkennt den Sinn in ihrer Arbeit. Ihr Handeln ist von intrinsischer Motivation geprägt. Sie tut das, was sie tut weil sie es nicht nur für richtig hält, sondern weil sie sich dies auch selbst zutraut. Erfolge kann sie auf ihre eigene Anstrengung und ihre Fähigkeit zurückführen. Neue Herausforderungen und Veränderungen geht sie dann an, wenn sie von ihrem Potenzial Neues zu lernen überzeugt ist. Sie übernimmt die Verantwortung für Misserfolge und fühlt sich in ihrem Selbstwertgefühl bestärkt, wenn sie Erfolge erzielt.

Ganz offensichtlich weißt Anna das auf, was man in der Psychologie als *interne* Kontrollüberzeugung bezeichnet. Sie erlebt und sieht sich selbst als ihres Glückes Schmied. Ganz anders stellt sich dies bei unserem zweiten fiktiven Fall, bei Bernd dar:

» Bernd tut entweder was man ihm sagt oder was er darf. Neue Herausforderungen und Veränderungen darf oder soll Bernd nur dann angehen, wenn seine Führungskraft ihm das zutraut. Die erlebte Sinnhaftigkeit seiner Arbeit ist sekundär, schließlich wird er für das, was er leistet angemessen bezahlt. Erfolge erkennt er nicht als eigene Erfolge an. Schließlich hat er lediglich den (offenbar) richtigen Anweisungen Folge geleistet. Dasselbe gilt für Misserfolge.

12

Bernd hat eine *externe* Kontrollüberzeugung. Er erlebt sich selbst als Objekt einer ihn bestimmenden Umwelt. Menschen wie Bernd neigen dazu, häufig zu fragen: „Was soll ich jetzt tun?“ oder „Mach ich das so richtig?“.

Die entscheidende Frage ist nun, wie Individuen mit interner oder externer Kontrollüberzeugung auf Veränderungen ihrer Umwelt reagieren bzw. wie sie damit umgehen. Unterscheidet man bei Veränderungen zwischen fremd- und selbstbestimmten Veränderungen ergibt sich das in ▣ Abb. 12.5 wiedergegebene Vier-Felder-Schema. Dabei versteht man unter fremdbestimmten Veränderungen jene, die ohne das aktive Zutun der Mitarbeiter über diese hereinbrechen bzw. über deren Köpfe hinweg entschieden wurden. Selbstbestimmte Veränderungen sind hingegen jene Veränderungen, die von den Mitarbeitern selbst mitinitiiert oder gar entschieden wurden.

Wenn Mitarbeiter mit externer Kontrollüberzeugung Opfer einer über sie hereinbrechenden Veränderung werden (B), dann regieren sie zu Recht mit Unsicherheit. Was wird dies für mich

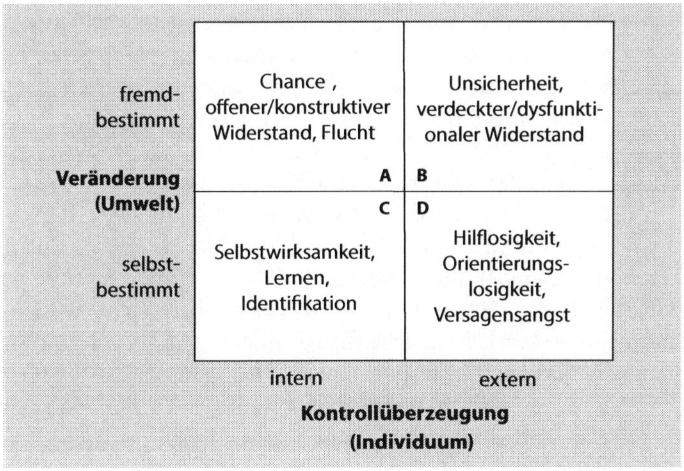

Abb. 12.5 Reaktionen bei unterschiedlichen Umwelt-Individuum-Konstellationen

bedeuten? Werde ich den neuen, veränderten Anforderungen gerecht werden? Traut man mir das zu? Was, wenn nicht? Selbst für Menschen mit externer Kontrollüberzeugung vermittelt ein solcher Einbruch von Stabilität das Gefühl des Kontrollverlusts. Sie erleben sich als Spielball eines übergeordneten Systems (vgl. Conner 1992). Weil man weiß, dass man nichts ausrichten kann erfolgen Widerstände eher verdeckt und erlangen möglicherweise dysfunktionale, gar destruktive Züge (z. B. Sabotage, innere Kündigung, Dienst nach Vorschrift).

Auch für Mitarbeiter mit interner Kontrollüberzeugung sind fremdbestimmte Veränderungen schwer zu ertragen (A). Es widerstrebt ihnen, auf Veränderungen reagieren zu müssen, die „über ihre Köpfe hinweg" entschieden wurden. Solche Veränderungen erinnern diese Mitarbeiterinnen und Mitarbeiter daran, dass auch sie von einem System abhängig sind, in dem andere mehr Macht haben als sie selbst. Etwaige Widerstände werden offen und konstruktiv artikuliert, weil man sich niemals dem Eindruck hingeben möchte, wirklich nur Opfer einer Situation zu sein. Trotzdem erkennen sie in der Veränderung eine Chance: „Wenn das so ist, dann machen wir jetzt das Beste daraus".

Werden Mitarbeiter mit externer Kontrollüberzeugung in die Lage versetzt, selbstbestimmt Veränderungen zu initiieren und voranzutreiben (D) reagieren sie mit Hilflosigkeit und Orientierungslosigkeit. Mit ratlosen Augen blicken sie zu ihren Führungskräften und fragen: „Und was genau sollen wir jetzt tun?". Antwort von oben: „Selbst nachdenken bitte". Reaktion der Mitarbeiter: „Und wie machen wir das konkret?". Menschen mit externer Kontrollüberzeugung einerseits und eine Umwelt andererseits, die Selbstbestimmung fordert sind schlichtweg nicht kompatibel. Versuchen Betroffene dennoch, eigene Schritte zu gehen tun sie dies mit dem erdrückenden Gefühl der Versagensangst – Radfahren ohne Stützräder. Effekte dieser Art kann man auch gesellschaftlich beobachten, wenn Menschen aus einem totalitären System in die Eigenverantwortlichkeit einer Demokratie entlassen werden. Früher oder später wird der Ruf nach einem starken Führer laut.

Menschen mit interner Kontrollüberzeugung fühlen sich in einer selbstbestimmten Umwelt am wohlsten (C). Sie erleben durch autonomes Denken und Gestalten das, was der große Psychologe Albert Bandura (1997) als *Selbstwirksamkeit* betrachtet. Er sieht darin eine wesentliche Quelle für kontinuierliches Lernen, Sinnhaftigkeit und Identifikation mit der eigenen Arbeit.

Was bedeuten diese Überlegungen nun für Change Management? Die Schlussfolgerungen sind vergleichsweise einfach. Traditionelles Change Management geht von Fall *B* aus, wonach abhängige Menschen mit externer Kontrollüberzeugung durch eine fremdbestimmte Veränderung geführt werden müssen. Die Herausforderungen besteht weniger darin, dass Mitarbeiter die Kontrolle bewahren – die haben sie ohnehin nie erlebt – sondern in der Aufrechterhaltung der Kontrolle auf Seiten übergeordneter Entscheider, die eine Veränderung initiierten. Es geht darum, Unsicherheiten zu reduzieren und dysfunktionale Widerstände klein zu halten. In hierarchisch geführten Unternehmen ist dies der Normalfall.

12

In agilen Unternehmen wird hingegen der gegenüberliegende Fall *C* links unten als Grundeinstellung angestrebt, wenngleich die benachbarten Fälle nicht ausgeschlossen sind. Tritt aber genau dieser Fall *C* auf, dann ist Change Management schlichtweg obsolet. Es gilt das Prinzip:

> Solange Mitarbeiter Veränderungen selbst vorantreiben (Dürfen), müssen wir uns um Kompetenz (Können) und Akzeptanz (Wollen) keine Sorgen machen. **(5-2)**

Wenn Mitarbeiter selbstbestimmt das tun, was aus ihrer Sicht einen Sinn ergibt, dann ist mit Widerständen nicht zu rechnen. Natürlich gibt es gerade in agilen Setting zum Teil intensive Konflikte und Auseinandersetzungen. Diese gehören aber zur täglichen Normalität. Natürlich gibt es auch Herausforderungen und zuweilen das Gefühl, überfordert zu sein. Aber auch das gehört zur Normalität. Wie in ► Abschn. 7.3 umfassend erläutert, sprechen agile Unternehmen hier von Irritationen, die wiederum als wesentliche Voraussetzung für kontinuierliches Lernen und fachliche Entwicklung angenommen werden.

Ich habe durch und durch agile Unternehmen kennengelernt, die zwar ein eigenes Change Management haben. Schaut man aber genauer hin, was diese Teams tagein tagaus tun, dann umfasst ihre Arbeit vor allem die Organisation von Bar Camps, Open Space-Veranstaltungen, Design Thinking Workshops oder das Arrangieren von Trainingsmaßnahmen zur Vermittlung agiler Arbeitstechniken. Mit klassischem Change Management hat all dies überhaupt nichts zu tun.

Wandel als Normalzustand

Wenn in einem hierarchisch geführten, auf Stabilität ausgelegten Unternehmen beispielsweise ein Prozess neu ausgerichtet wird (Reengineering), dann wird es irgendwann ein Dokument geben, in dem der nun neue Prozess beschrieben wird. Dieses Dokument hat dann vermutlich den klingenden Namen „Prozessbeschreibung08-15_final_finalfinal_absolutfinal.doc", oder so ähnlich. Wenn dann etwas wirklich „final" ist, dann wird an dem Prozess nichts mehr geändert. Jetzt gilt er für unbestimmte Zeit. Früher gab es einen alten Prozess, der für viele Jahre Gültigkeit hatte. Dann hat man diesen Prozess auf den Prüfstand gestellt und unter Schmerzen neu definiert. Schließlich wurde der neue Prozess verabschiedet und nun ist es gut. Unfreeze, Move, und dann vor allem: Refreeze.

Im Zuge zunehmender Agilisierung wird nun aber auch diese Logik zunehmend in Frage gestellt. Bezugnehmend auf Kurt Lewin wird gerne postuliert, in agilen Settings gäbe es ein Refreeze nicht mehr, sondern nur noch Move innerhalb des konstanten Zustand des Unfreeze. Dieser Gedanke geht mit der bereits ausgeführten Überlegung einher, wonach es in agilen Settings keine großen Veränderungen mehr gibt sondern nur noch viele kleine. Veränderung und Wandel werden zum Normalzustand. Alles fließt. Nichts ist beständiger als der Wandel.

Kontinuierlichen Wandel betrachten wir als Normalzustand. Veränderungen sind niemals abgeschlossen, sollen es auch nicht sein. (1-2)

Ich bin selbst nicht soweit, diesen Gedanken uneingeschränkt zu akzeptieren, sondern gehe davon aus, dass es auch in agilen Unternehmen umfassende Veränderungen gibt, die irgendwann abgeschlossen sind. Es würde zu weit gehen, zu behaupten, dies gäbe es in einem solchen Setting nicht. Ein einziger Fall würde genügen, um diese Behauptung zu widerlegen – wie Karl Popper zu Recht einwenden würde. Trotzdem ist die Tendenz hinter dieser Überlegung zumindest theoretisch ernst zu nehmen. Mit ihr geht eine strategische Dimension einher wonach Veränderungen entweder als einmalig betrachtet werden oder als Teil eines kontinuierlichen, nie endenden Wandels.

Nun wurden in den vorausgegangenen Abschnitten etliche Facetten von Change und Change Management betrachtet, bei denen eine von der traditionellen Sichtweise abweichende Betrachtung dazu führte, Change und Change Management in Frage zu stellen oder aber in einem anderen Licht zu sehen. Veränderungen nun als Teil eines kontinuierlichen, nie endenden Wandel zu begreifen, stellt traditionelles Change Management endgültig in Frage. Spätestens jetzt verschwimmen die Grenzen zwischen Change Management und *Kontinuierlichen Verbesserungsprozessen* (KVP). Wo fängt Change Management an und wo hören tägliche operative Entscheidungen als Teil einer regulären Betriebsführung auf?

Change Management in einem agilen Kontext

In diesem Kapitel sind wir von einem traditionellen Verständnis von Change und Change Management ausgegangen. Demnach versteht man unter einem Change einen einmaligen Vorgang, bei dem eine umfassende Veränderung vorgenommen wird. Diese Veränderung wird vom oberen Management in die Wege geleitet, geplant und gesteuert. Umfassende Analysen, Risikoabwägungen und rationale Entscheidungsprozesse gehen dieser Initiierung voraus. Sie finden meist unter Ausschluss der Mitarbeiter statt. Während der Umsetzung bedarf es entsprechender Change Management-Maßnahmen, um Unsicherheiten und Widerstände auf Seiten der betroffenen Mitarbeiter zu überwinden. Nach Abschluss der Veränderung ist man bestrebt, wieder zu einem stabilen Zustand zurückzukehren.

In den vorausgegangenen Abschnitten wurde dieses traditionelle Verständnis sukzessive auseinandergenommen. Jeder Facette von Change und Change Management wurden mögliche Alternativen gegenübergestellt. Dabei wurde deutlich, dass diese Alternativen gerade in agilen Unternehmen am ehesten denkbar sind. Mitarbeiter entscheiden selbst über Veränderungen, die schließlich von ihnen selbst vorangetrieben werden. Einmalige, umfassende Veränderungen weichen einem kontinuierlichem Wandel, bestehend aus vielen kleinen Veränderungen. Vor diesem Hintergrund verliert die Bedrohung durch etwaige Widerstände an Bedeutung. Rationale Planung und Steuerung machen Raum für Experimentieren, Scheitern und kontinuierliches Lernen (siehe ◘ Abb. 12.6).

Es sollte dennoch nicht von der Annahme ausgegangen werden, in hierarchischen Setting wäre nur die eine, traditionelle Seite möglich während sich agile Unternehmen durch die andere Seite auszeichnen. Die Wirklichkeit ist bei weitem komplexer und meist mischen sich die Perspektiven. Unterm Strich ist aber unverkennbar, dass sich die Bedeutung von Change an sich zu verändern scheint und damit die Relevanz dessen, was über viele Jahre hinweg als Change Management verstanden wurde. Zugleich ist festzustellen, dass im Zuge der Agilisierung die Begriffe Change und Change Management ihre Grenzen verlieren. In gewisser Weise scheinen sie zu diffundieren. Hätte es in der Geschichte der Menschheit ausschließlich agile Unternehmen gegeben, würde die Disziplin des Change Management vermutlich nicht existie-

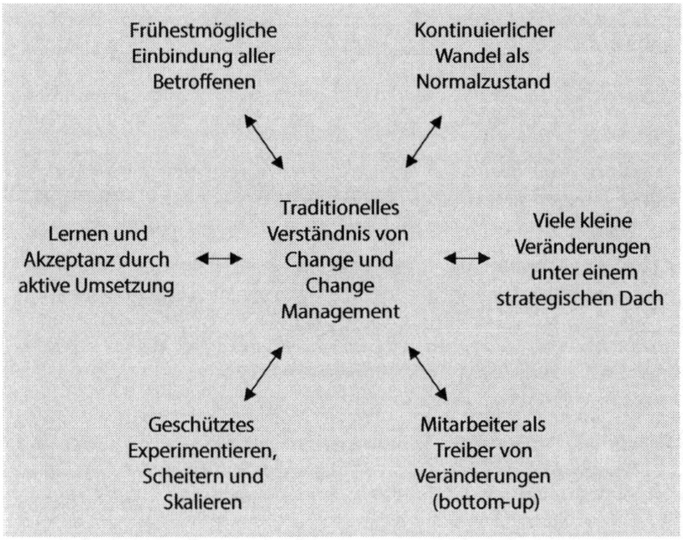

Abb. 12.6 Alternative Merkmale von Change und Change Management in einem agilen Setting

ren und John Kotter hätte sich einem anderen Thema zuwenden müssen.

Vor diesem Hintergrund haben die in diesem Kapitel aufgezeigten Dimensionen weniger einen strategischen sondern vielmehr einen beschreibenden Charakter (siehe Tab. 12.1). Sie dienen weniger dazu, den Umgang mit Veränderungen strategisch auszurichten sondern skizzieren vielmehr, wie man Veränderungen und deren Bewältigung unterschiedlich verstehen kann.

Tab. 12.1 Alle strategischen Dimensionen zur Gestaltung von Veränderungen im Überblick

Angestrebter Normalzustand	1-1 Stabilität Veränderungen erfolgen aus einem Zustand der Stabilität heraus. Nach einer Umbruchphase streben wir erneut diesen stabilen Zustand an	1-2 Wandel Kontinuierlichen Wandel betrachten wir als Normalzustand. Veränderungen sind niemals abgeschlossen, sollen es auch nicht sein
„Change"	2-1 Strategische Veränderung Unter einem „Change" verstehen wir in erster Linie eine umfassende Veränderung mit strategischer Tragweite von der viele Mitarbeiterinnen und Mitarbeiter zugleich betroffen sind	2-2 Evolution in kleinen Schritten Veränderung ist eher Evolution als Revolution. Selbst umfassende Veränderungen betrachten wir vor allem als die Summe vieler kleiner Veränderungen
Entscheider über Veränderungen	3-1 Oberes Management (top-down) Veränderungen von strategischer Tragweite werden grundsätzlich top-down entschieden, geplant und vorangetrieben. Das ist eine zentrale Aufgabe des oberen Managements	3-2 Alle Mitarbeiter (bottom-up) Wo möglich sind es die Mitarbeiterinnen und Mitarbeiter selbst, die Veränderungen initiieren, entscheiden und vorantreiben

Tab. 12.1 (Fortsetzung)

Entscheidungsprozesse	4-1 Rational Veränderungen werden immer nur dann in die Wege geleitet, wenn man sich auf oberster Entscheidungsebene über deren Konsequenzen im Klaren ist. Alles andere wäre verantwortungslos	4-2 Explorativ Veränderungen sind immer mit Unsicherheit behaftet. Deshalb erfolgen sie kontinuierlich durch geschütztes Experimentieren, Lernen, Scheitern und Skalierung des Erfolgreichen
Zielsetzung von Change Management	5-1 Akzeptanz und Kompetenz Change Management dient dazu, Widerstände klein zu halten und auf Seiten der Betroffenen die notwendigen Fähigkeiten für den Zielzustand sicher zu stellen	5-2 Keine Notwendigkeit Solange Mitarbeiter Veränderungen selbst vorantreiben (Dürfen) müssen wir uns um Kompetenz (Können) und Akzeptanz (Wollen) keine Sorgen machen
Kommunikation an Belegschaft	6-1 Möglichst späte Kommunikation Erst wenn bei einer Veränderung möglichst viele Details vorgedacht und geplant wurden, wird die Belegschaft informiert. Alles andere würde zu Verunsicherung und Konfusion führen	6-2 Möglichst frühe Einbindung Im Zuge von Veränderungen tragen Mitarbeiter so früh wie möglich aktiv Verantwortung. Eine späte Kommunikation schafft Opfer, ignoriert die Kreativität Betroffener und löst dysfunktionale Widerstände aus

12

Literatur

Bandura A (1997) Self-efficacy. The exercise of control. Freeman, New York

Claßen M (2013) Change Management aktiv gestalten. Personalmanager und Führungskräfte als Architekten des Wandels. Luchterhand, Köln

Conner DR (1992) Managing at the speed of change. How resilient managers succeed and prosper where others fail. Villard, New York

Doppler K, Lauterburg C (2014) Change Management. Den Unternehmenswandel gestalten. Campus, Frankfurt/M.

Kohnke O, Wieser D (2012) Die Veränderungskurve. Ein Berater-Mythos? Organisationsentwicklung Z Unternehmensentwicklung Chang Manag 31:54–62

Kotter JP (1996) Leading change. Harvard Business School Press, Boston

Lewin K (1947) Frontiers in group dynamics. In: Cartwright D (Hrsg) Field theory in social science, S 5–41

Rogers CR (1961) On becoming a person: a therapist's view of psychotherapy. Houghton Mifflin, New York

Rotter J (1966) Generalized expectancies for internal versus external control of reinforcement. Psychol Monogr 80(1):1–28

Stepper J (2015) Working out loud. For a better career and life. Ikigai Press, New York

Suzaki K (1993) The new shopfloor management. Empowering people for continuous improvement. The Free Press, New York

Zeuch A (2015) Alle Macht für niemand. Aufbruch der Unternehmensdemokraten. Murmann, Hamburg

Transformation in eine agile Zukunft

A. Trost, *Neue Personalstrategien zwischen Stabilität und Agilität*,
https://doi.org/10.1007/978-3-662-57407-2_13

Fast immer, wenn ich einen Vortrag über moderne Personalstrategien gehalten habe folgt im Anschluss die Frage eines Anwesenden, wie man es denn schaffen würde, sich als Unternehmen aus einer hierarchischen, stabilen Welt kommend in Richtung höherer Agilität zu bewegen. Auch so manchem Leser dieses Buches wird während des Lesens eine ähnliche Frage in den Sinn gekommen sein. Tatsächlich können wir insgesamt einen Trend hin zu höherer Agilität feststellen. Ich habe in den vergangenen Jahren kein einziges Unternehmen kennengelernt, das von sich behauptet hätte, man wolle in den kommenden Jahren wieder mehr Silos einziehen, die laterale Zusammenarbeit zurückfahren, Jobs standardisieren und den Mitarbeitern Verantwortung nehmen. Die Entwicklung scheint durchweg genau umgekehrt. Vor diesem Hintergrund erlaube ich mir zunächst ein persönliches Statement.

Ein persönliches Statement

Hätte ich eine Lösung auf die Frage, wie die agile Transformation konkret gelingt, wäre ich vermutlich ein zukünftiger Kandidat für den Wirtschaftsnobelpreis. Ich habe nach jedem Vortrag regelrecht Angst vor der obigen Frage, weil ich mich wieder in der Situation finde, vor einem großen Publikum sagen zu müssen: „Ich weiß es nicht, wie das in Ihrem Fall gehen kann". Vielleich muss ich auf die Frage auch keine Antwort haben, denn schließlich bin ich nur ein HR-Professor und kein Experte für agile Transformation. Und auch dieses Buch befasst sich vor allem mit relevanten Fragen rund um HR und nicht primär mit Agilität an sich. Trotzdem berührt und beschäftigt mich dieses Problem jeden Tag. Und so bewege ich mich seit etlichen Jahren von einer Irritation zur anderen, von einer Erkenntnis und Beobachtung zur nächsten. Auch mein Lernprozess und mein Umgang mit dieser Thematik sind in gewisser Weise agil. Ich bin nie am Ende, so wie niemand es jemals sein wird. Wir können nur kontinuierlich hinzulernen. Deshalb spiegelt alles, was ich im Folgenden schreibe lediglich einen aktuellen Stand meiner Sichtweise wider. Dies tue ich mit der mich quälenden Ahnung, dass ich in fünf oder zehn Jahren die Dinge anders und reifer einordnen würde. Bücher sind eben statisch und immer eine Momentaufnahme. Der Wandel, den wir derzeit erleben ist es nicht.

Ich möchte daher zunächst auf die Schwierigkeiten und großen Hürden einer agilen Transformation eingehen. Dem schließe ich eine Reihe von Prinzipien einer erfolgreichen agilen Transformation an, von denen ich zumindest heute überzeugt bin. Der Leser mag all dies nicht als ultimative Wahrheit, sondern als Quelle der Anregung und Inspiration aufnehmen.

13.1 Herausforderungen und Hürden

Aus einem hierarchischen, nach Stabilität und Vorhersagbarkeit strebenden Unternehmen ein agiles Unternehmen zu machen ist zwar eine Herausforderung, die sich zahlreiche Unternehmen auf die Fahne geschrieben haben. Dieses Vorhaben aber erfolgreich zu meistern, bewegt sich nahe an der Grenze der Unmöglichkeit. Dessen sollte man sich bewusst sein. Die Gründe hierfür sind vielfältig und manchmal reichen nur wenige davon um ein Vorhaben dieser Art scheitern zu sehen.

Integration und verzahnte Prozesse

Insbesondere große Konzerne funktionieren auf der Grundlage zahlreicher, integrierter und verzahnter Prozesse. Dies ist nicht nur im HR so – man denke hier an die zahlreichen Schnittstellen zwischen Performance Management, Vergütung, Talentmanagement etc. – sondern beispielsweise auch im Einkauf, in der Logistik, im Rechnungswesen. Hier ist es nur selten möglich, einzelne Prozesse herauszunehmen oder umzubauen, weil der ganze große Rest damit zusammenhängt. Entweder man ändert alles irgendwie oder gar nichts.

Internalisiertes Denken und Handeln

Hierarchisches Denken und Handeln ist in hierarchischen Unternehmen tief im Unterbewusstsein aller Akteure internalisiert und explizit kaum zugänglich. In fast jeder Mikrosituation schlägt sich dieses Denken nieder. Man handelt nach hierarchischem Muster, ohne sich dessen bewusst zu sein. Man spürt dies in der Kommunikation, in der Sprache – wie Mails geschrieben und beantwortet werden, wie Meetings ablaufen etc. – in der Architektur, in der Form selbst kleinster Entscheidungsprozesse, in der Kleidung, in fast allem. Das Verhalten ist durch die Kultur geprägt und durch Verhalten wird umgekehrt die Kultur gestärkt. Wie findet man den Exit aus diesem Kreislauf?

Bewährte Verhaltensmuster in schwierigen Zeiten

Gerade in schwierigen Situation neigen Menschen dazu, auf bewährte Verhaltensmuster zurückzugreifen. Wenn es dann noch bedrohlicher wird, kommen Verhaltensweisen aus der Kindheit (z. B. hysterisches Schreien). Dann folgen archaische Muster, Flucht oder Angriff. Bei schönem Wetter könnte eine agile Transformation gelingen. Aber wehe, die Großwetterlage ändert sich zum Schlechten. Spätestens dann wird von oben hart durchgegriffen. Dann ist Schluss mit Selbststeuerung und informeller Vernetzung. Nicht nur berichtet Laloux (2014) von solchen Fällen. Tatsächlich sind etliche Unternehmen, von denen Laloux in seinem wegweisenden Buch „Reinventing Organizations" im Zuge einer Krise in alte hierarchische Verhaltensmuster zurückgefallen. Entwicklungen dieser Art erfolgen erstaunlich schnell.

Reproduktion desselben

Systeme, unabhängig davon ob sie hierarchischer oder agiler Natur sind, versuchen auf natürliche Weise, sich selbst zu reproduzieren. In der Systemtheorie sprechen wir hierbei auch vom Vorgang der *Autopoiesis* (Luhmann 1984). So gibt es in Organisationen beispielsweise die Tendenz, dass Menschen ausgewählt oder befördert werden, die den relevanten Akteuren oder Entscheidern selbstähnlich sind. Bürokraten befördern Bürokraten oder stellen diese ein. Bürokraten bewerben sich bei Unternehmen, in denen sie erwarten, Bürokrat sein zu dürfen. Demgegenüber werden jene

Akteure, die nicht in das System passen (Querdenker) tendenziell ausgestoßen.

Verhierarchisierung agiler Bemühungen

Wenn in einem Bereich eines Unternehmens ein zartes, agiles Pflänzchen wächst – meist ist das im IT-Bereich der Fall – wird deren agiles Denken und Handeln von einer hierarchisch dominierten Übermacht regelrecht aufgefressen. Was agil beginnt, wird „von oben" schrittweise verhierarchisiert. Working Out Loud beispielsweise beginnt selbstgesteuert (vgl. Stepper 2015). Ab dem Tag aber, wo der Personalvorstand sich dieses Thema wohlmeinend zu eigen macht, werden KPIs oder Working Out Loud-Beauftragte eingefordert. Irgendwann finden Circles nicht mehr statt, weil die Akteure dies wollen, sondern weil sie es müssen, was das sichere Ende dieses schönen Konzepts bedeutet.

Externe Reglementierung

Auch Unternehmen sind in übergreifende Systeme eingebunden von deren Dynamik und Funktionsweise sie abhängig sind. Banken unterliegen einer Bankenaufsicht. Zulieferer müssen Qualitätsmanagementaudits über sich ergehen lassen, weil sie ohne die entsprechenden Zertifikate nicht anerkannt werden. Gewerkschaften fordern bestimmte Regelungen ein. Und dann gibt es noch den Gesetzgeber. Dabei sind die Forderungen dieser Instanzen häufig alles andere als mit agilen Prinzipien vereinbar. Sie basieren nicht selten auf Misstrauen und auf einem traditionellen Verständnis von Betriebsführung. All dies mündet in aufwendige Berichtsstrukturen und starre Dokumentation auf der Grundlage meist starrer Regeln. „Wir würden ja gerne agil operieren, dürfen es aber gar nicht".

13

Wenn Mitarbeiter den Boss einfordern

Und dann sind da noch die Mitarbeiter. Selbst dann, wenn eine Führungskraft eine wundersame Saulus-Paulus-artige Wandlung vom Boss zum Coach durchläuft, wird diese Führungskraft stündlich oder gar minütlich in die von seinen Mitarbeitern gewohnte und nach wie vor eingeforderte Boss-Rolle gedrängt. „Passt das so für Sie?". „Wie sollen wir das jetzt genau machen?". Aus einem Boss einen Coach zu machen ist schon denkbar schwer. Schließlich wurde der Boss zum Boss, weil er so ist, wie er ist. Gut gemacht. Die eigentliche Herausforderung beginnt aber erst dann, wenn der Boss beschließt, fortan Coach zu sein. Sein Team wird es ihm nicht immer danken. Und die Gefahr für den Coach, in die Boss-Rolle zurückzufallen, lauert in jeder Sekunde.

13.2 Prinzipien agiler Transformation

Diese, eben aufgeführten Punkte könnten beliebig erweitert werden. Sie sind alles andere als vollständig, liefern aber einen Eindruck davon, wie außerordentlich schwer es ist, ein Unternehmen sozusagen umzupolen. Die im weiteren Verlauf dieses Kapitels behandelten Prinzipien erfolgreicher Transformation greifen so manche Aspekte auf oder ergänzend diese. Im Einzelnen werden folgende Prinzipien besprochen:

- Agilität ist kein Selbstzweck. Es erfordert überzeugende Gründe, warum Agilität die Wettbewerbsfähigkeit des Unternehmens stärkt.
- Man sollte im Sinne einer selbstkritischen Statusbetrachtung wissen wo man steht und realistische Erwartungen an die Zukunft entwickeln.
- Der CEO muss die agile Transformation wirklich wollen.
- Es erfordert Coaching durch Externe mit Erfahrung. Man kann sich nicht selbst neu erfinden oder an den eigenen Haaren aus dem Sumpf ziehen.
- Eine agile Transformation sollte so früh wie möglich nach agilen Prinzipien erfolgen. Agilität kann nicht hierarchisch erzwungen werden.
- Man ändert die Kultur nicht indem man die Kultur verändert. Vielmehr sollte man immer mit der Veränderung struktureller Rahmenbedingungen beginnen.
- Das persönliche Erleben relevanter Akteure ist wichtiger als eine theoretische Vermittlung einer möglichen, agilen Zukunft.
- Gerade in großen Unternehmen erfolgt eine agile Transformation eher evolutionär und schrittweise als in Form einer Revolution oder Reform.
- Man muss Scheitern erlauben und kollektiv daraus lernen.
- Häufig bleibt nichts anderes übrig, als auf der grünen Wiese gänzlich neu zu starten.
- Als einzelner Mitarbeiter sollte man Mut zeigen, sich vom hierarchischem Umfeld nicht zu sehr beeindrucken lassen, aber Ende Recht behalten.

Agilität ist kein Selbstzweck

Kein Unternehmen wird agil, weil es nur agil werden will. Um wirklich agil zu werden braucht es handfeste Gründe. Auf etliche Gründe wurde ja bereits im ersten Kapitel dieses Buches eingegangen. An dieser Stelle hat John Kotter sicherlich Recht, wenn er wiederholt auf die Wichtigkeit eines „Sense of Urgency", eines Leidensdrucks verweist. Am Ende geht es um Fragen der Wettbewerbsfähigkeit, um die nötige Resilienz, sich in angemessener Geschwindigkeit an neue Marktbedingungen anpassen zu können, um Arbeitgeberattraktivität und Innovationskraft. Diese Gründe müssen klar sein.

Selbstkritische Statusbetrachtung und realistische Erwartungen an die Zukunft

Eine agile Transformation setzt immer eine intensive, ehrliche, strukturierte und moderierte Auseinandersetzung mit der Frage, wo man aktuell steht und wo man hin will voraus. Wie ist unser aktuelles, dominiertes Führungsverständnis? Sehen sich unsere Mitarbeiter und Teams tendenziell übergeordneten Instanzen verpflichtet oder ihren Kollegen und Kunden? Wie viel Eigenverantwortung und Selbststeuerung ist aktuell gegeben? All diese

Aspekte wurden bereits in ▶ Kap. 4 (Der strukturelle und kulturelle Kontext) ausführlich erläutert.

Eigenen Erfahrungen zufolge bestehen hier zwei Fallen. In der Tendenz wird der aktuelle Status in Bezug auf seinen Agilitätscharakter überschätzt. „Wir sind in Bezug auf vielerlei Aspekte eigentlich schon recht agil". Bei genauerem Hinschauen sind aber lediglich die Erwartungshaltungen äußerst gering. Ich habe diese Übung schon vielfach durchgeführt und höre immer wieder Aussagen dieser Art. Dann wird etwa argumentiert, die Mitarbeiter hätten eigentlich schon sehr viel Gestaltungsfreiräume. Hake ich dann nach und frage, worauf diese Einschätzung basiert, höre ich so Dinge, wie: „Wir haben ein betriebliches Vorschlagswesen, wo jeder Mitarbeiter die Möglichkeit hat, Ideen einzubringen". Mitarbeiter wirklich agiler Unternehmen würden sich darüber totlachen. Sie sind es gewohnt, gute Ideen einfach umzusetzen. Vor dem Hintergrund niedriger Erwartungshaltungen erscheint eben Vieles unheimlich agil. Deshalb ist es wichtig, Einschätzungen der aktuellen Situation kritisch zu reflektieren. Eine externe Begleitung ist insofern sehr hilfreich.

Die zweite Falle besteht darin, die Möglichkeit dessen, was man mittel- und langfristig erreichen kann zu überschätzen. Als ich vor etlichen Monaten diese Übung mit Führungskräften aus Bundesministerien durchgeführt habe, waren die Anwesenden zunächst der Meinung, sie könnten ihre Organisationen in wenigen Jahren auf ein Startup-ähnliches Niveau bringen. Nach intensiverer Auseinandersetzung und einer Konfrontation mit der Wirklichkeit in echt agilen Unternehmen wurde aber schnell klar, dass dies niemals der Fall sein würde und dass man dies vielleicht auch nicht wolle.

Der CEO muss es wirklich wollen

Es gibt eine einfache Wahrheit, wonach eine agile Transformation niemals gelingt, wenn der CEO dies nicht aus tiefster Überzeugung will (vgl. auch Laloux 2014). Leser, die zu einer agilen Transformation in ihrem Unternehmen beitragen wollen, aber zugleich feststellen, dass ihr CEO nicht hinter diesem Thema steht können dieses Buch an dieser Stelle zuklappen. Es hat einfach keinen Sinn. Man muss die Dinge in dieser Klarheit und Härte sehen, auch wenn die hohe Bedeutung des CEO auf den ersten Blick etwas hierarchisch anmutet.

Warum ist das so? Der agil denkende und operierende *Product Owner* im Sinne von Scrum beispielsweise wird ein schweres Leben haben, wenn sein Chef ein Boss ist. Der Product Owner trägt die Verantwortung für die Entwicklung eines Produkts agiert aber aus einer moderierenden Rolle heraus. Er ist mehr Coach und Partner als Boss. Während er und sein Team nichts als die Kundenbedürfnisse im Blick haben, erwartet der Boss Reports und gibt Weisungen für Dinge, von denen er nur begrenzt Ahnung hat. In Konstellationen wie diesen wird der übergeordnete Boss zum größten Hindernis. Umgekehrt werden Product Owner in einem solchen Setting alle Hände voll zu tun haben, ihr Team und dessen Arbeit vor dem Boss zu schützen. Um es noch plastischer auszudrücken, hier ein typischer Dialog zwischen einem Product Owner (PO) und einem übergeordneten Abteilungsleiter (AL):

AL – Schicken Sie mir bitte bis Ende des Monats einen Statusreport all Ihrer Projekte? Sie wissen ja, schön mit Ampeln und so …
PO – Wozu?
AL – Der Hauptabteilungsleiter [der Chef des AL] hat darum gebeten.
PO – Warum?
AL – Hat er nicht gesagt. Er will sie haben und deshalb bekommt er sie. So läuft das nun mal.
PO – Was, wenn ich das nicht einsehe?
AL – Dann habe ich ein Problem. Und das wollen Sie nicht, oder?
PO – Fragen Sie ihn wenigstens, wofür er die Berichte braucht. Und sagen Sie ihm bei der Gelegenheit, dass Berichteschreiben von unseren Kunden weder erwartet noch bezahlt wird.
AL – Ich hinterfrage keine Weisungen meines Vorgesetzten.
PO – Dann lassen Sie mich mit ihm reden.
AL – Das lässt mich schlecht aussehen. Sie tun das deshalb nicht.
PO – OK, dann sagen Sie ihm, wir würden uns über sein Interesse an unseren Projekte sehr freuen und er sei gerne jederzeit eingeladen an einem der kommenden Sprints teilzunehmen.
AL – Dafür wird er keine Zeit haben.
PO – Dann interessiert er sich offenbar nicht für das, was wir tun. Das können Sie ihm bitte ausrichten.

Und so geht das immer weiter, tagein, tagaus. Die ultimative Lösung dieses Problems kann nur darin bestehen, dass der CEO entweder das Unternehmen insgesamt oder einzelne Bereiche bzw. Piloten vor hierarchischen Mechanismen schützt. Gerade in hierarchischen Unternehmen, aber auch in agilen Organisationen hat der CEO ganz einfach die Macht dafür. Wenn er sich vor die Mannschaft stellt und klar verkündet, dass gewisse Dinge nicht mehr stattfinden, dann sind diese Dinge meist beendet.

Coaching durch Externe mit Erfahrung

Wenn hierarchisch sozialisierte Mitarbeiter und Führungskräfte damit beginnen, agile Strukturen aufzusetzen, dann besteht die konstante Gefahr, dass sie in hierarchisches Denken zurückzufallen. Als Berater habe ich dies hundertfach erlebt. „Wenn die Mitarbeiterinnen und Mitarbeiter nicht eigenverantwortlich arbeiten wollen, dann machen wir das halt zum Teil ihrer Zielvereinbarung mit entsprechenden KPIs usw.“. Und schon ist es wieder da, das hierarchische Gespenst. Eine falsche Entscheidung in einem schwachen Moment und die Sache läuft wieder mal in die falsche Richtung. Hier können externe Coaches mit Erfahrung einen wertvollen Beitrag leisten. „Einspruch. Wir hatten uns eigentlich darauf verständigt, dass wir das nicht mehr wollen. Also, jetzt bitte nochmal von Vorne“. Externe Coaches können praktische Impulse geben. „Warum machen wir das nicht einfach so?“. „Stimmt, Sie haben Recht. Warum eigentlich nicht? Daran hatten wir gar nicht gedacht“. Natürlich haben sie nicht daran gedacht. Sie kennen es ja nicht.

Auch interne Coaches sind denkbar. Nicht selten helfen Kollegen, die bereits intensive Erfahrungen mit agilem Arbeiten gemacht haben jenen, anderen Bereichen, die noch am Anfang stehen. In diesem Sinne ist es vorstellbar, interne Pools von Coaches aufzubauen und ein Multiplikatorsystem auf die Beine zu stellen.

Agile Prinzipien bei der Transformation

In gewisser Weise ist eine agile Transformation ein mehrschichtiges Problem, das bei näherem Hinschauen unauflösbar erscheint. Ein Unternehmen will sich aus einem aktuellen, hierarchischen Ursprung heraus neu erfinden und irgendwie agil werden. Es ist klar, dass hierfür etwas getan werden muss. Eine Transformation fällt nun mal nicht vom Himmel. Aber wie tut man die Dinge, die man tut? Ein hierarchisches Unternehmen handelt hierarchisch. Ein agiles Unternehmen handelt hingegen nach agilen Prinzipien. Aber wie handelt nun ein Unternehmen im Zuge einer Transformation, wenn man agil werden will, aber noch hierarchisch ist und nur hierarchisch kann? Hier kann ein Gedankenexperiment helfen. Wir stellen uns zwei extreme Szenarien vor. Zunächst zum hierarchisch gefärbten Szenario.

» Während einer Klausurtagung beschließt die Unternehmensleitung eine agile Transformation. Hierfür wird zunächst ein Lenkungsausschuss auf die Beine gestellt und dann die Projektgruppe definiert. Nachdem mit Hilfe einer externen Beratung eine möglichste klare Zielvorstellung entwickelt wird, geht es daran, eine möglichst detaillierte Roadmap zu erstellen – Meilensteine, Projektphasen, Arbeitspakte, Teilprojekte, Timeline – das Übliche eben. Danach wird die Sache konsequent durchgezogen. Was zunächst geplant wurde, wird nun schrittweise abgearbeitet. Der Projektleiter (Head of Agile Transformation) darf regelmäßig beim Lenkungsausschuss antanzen um dort erstens zu berichten und zweitens strategische Weisungen abzuholen.

Wer agiles Arbeiten bereits gewohnt ist bekommt bei diesem Szenario reflexartig Schmerzen. Hierbei handelt es sich um eine agile Transformation nach hierarchischen Prinzipien. Das kann nicht gutgehen. Nun zum anderen Extrem:

» Startpunkt ist eine zweitägige Mischung aus Bar Camp und Konferenz zum Thema „Agile Zukunft“, bei der Führungskräfte und Mitarbeiter zugleich eingeladen sind. Dieser Veranstaltung ging eine umfangreiche Reflektion der aktuellen Situation und der denkbaren Zukunft (wie oben beschrieben) voraus. Externe Impulsgeber schaffen ein hohes Maß an Irritation. Unterstützt mit externen Coaches arbeiten alle Beteiligten an einer Konkretisierung einer agilen Zukunft. Danach werden Pilotbereiche auf freiwilliger Basis gefunden. In diesen Pilotbereichen wird im Anschluss iterativ und unter konstanter Einbindung der Betroffenen an der Zukunft gearbeitet.

Aus agiler Sicht klingt dieser Ansatz schon sehr viel sympathischer. Das Problem aber hiermit ist, dass sich ein hierarchisches Unternehmen mit einem solchen Setting außerordentlich schwer tut. Man versucht, agil zu arbeiten, während man noch hierarchisch ist. Das erzeugt eine Reihe von Führungskräften, die am Bar Camp teilnehmen (weil der CEO das will), ohne wirklich teilzunehmen – „was soll dieses ganze Affentheater? So kommen wir doch auf keinen grünen Zweig".

Man kann ein Unternehmen weder mit hierarchischen Mechanismen in einen agilen Zustand überführen noch von Anfang an nach agilen Prinzipien agieren. Die erstgenannte Strategie ist in ■ Abb. 13.1 mit Pfeil 1 angedeutet, die zweite mit Pfeil 2.

Betrachtet man die Bandbreite möglicher Strategien strukturiert und auf etwas akademische Weise, dann bleiben unter anderem die in ■ Abb. 13.1 angedeuteten Möglichkeiten 3 bis 6. Möglichkeit 3 zeigt einen direkten Übergang von hierarchischen Prinzipien in agile Prinzipien. Ansatz 4 geht davon aus, dass man zunächst hierarchisch startet, um dann im Laufe der Transformation die Kurve zu agilen Prinzipien einschlägt, während 5 das passende Gegenstück dazu darstellt. Vermutlich ist Strategie 6 am wahrscheinlichsten. Sie geht davon aus, dass der Weg hin zu einem agilen Zustand eine Art Abenteuer ist, eine nicht endende Reise, gepflastert mit Überraschungen und kontinuierlichen Schwankungen zwischen hierarchischen und agilen Prinzipien. Irgendwann müssen die agilen Prinzipien dominieren. Eine anfänglich geplante Blaupause gibt es nicht. Dann kommen vermutlich alle Merkmale zum Tragen, die im vorausgegangenen Kapitel auf der agilen Seite beschrieben wurden. Mit klassischem Change Management hat dies vergleichsweise wenig zu tun.

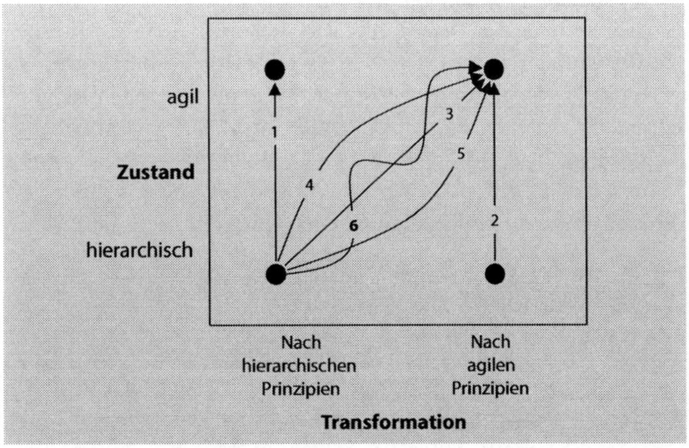

■ **Abb. 13.1** Agile versus hierarchische Prinzipien im Rahmen einer agilen Transformation

Man ändert die Kultur nicht indem man die Kultur verändert

Eine agile Transformation bedeutet immer auch ein Kulturwandel im Unternehmen (vgl. ► Kap. 4). Nun wissen wir, wie in den vergangenen Jahrzehnten immer wieder versucht wurde, Kulturwandelprojekte durchzuführen. Die Logik ist vergleichsweise einfach. Zunächst wird bestimmt, wie man sein will. Das Ergebnis ist dann das, was man meist als *Leitbild* bezeichnet. Darin steht dann etwa, dass man in Zukunft vertrauensvoll miteinander umgehen will, den Kunden ins Zentrum stellt, Teamarbeit wichtiger ist als Einzelkämpfertum und man sich insgesamt mit Respekt begegnen will. Anschließend werden flächendeckend Workshops durchgeführt, innerhalb derer überlegt wird, was diese offiziellen Werte nun für den Alltag bedeuten. Ab und an wird die Sache noch mit einer Mitarbeiterbefragung flankiert, um zu verfolgen, wie weit diese Werte bereits spürbar einen Niederschlag gefunden haben. Wenn man so viel Aufwand in dieses Projekt steckt, dann muss die Sache auch irgendwie funktionieren. So denkt man geflissentlich.

Die zentrale Annahme hinter diesem Klassiker ist die, dass man glaubt, durch eine Definition gewünschter Werte Verhalten bedingen zu können, ohne die strukturellen Rahmenbedingungen anzutasten (vgl. ◘ Abb. 13.2). „Wenn dann alle Mitarbeiterinnen und Mitarbeiter die Werte verstanden und verinnerlicht haben, dann werden sie auch danach handeln".

Wir können heute sicher sagen, dass dieser Ansatz nicht funktioniert, gerade deshalb weil formale Strukturen außen vor gelassen werden. Man kann nicht erwarten, dass in einem Unternehmen eine Vertrauenskultur erwächst, solange die Mitarbeiter für die Anschaffung eines Kugelschreibers die Unterschrift des Bereichsvorstands benötigen. Teamwork wird nicht stattfinden, solange die formale Leistungsbeurteilung auf Wettbewerb ausgerichtet ist. Augenhöhe zwischen Mitarbeiter und Führungskraft wird es nicht geben, solange Führungskräfte einseitig über das Gehalt und die Karriere ihrer Mitarbeiterinnen und Mitarbeiter bestimmen. Dieses ganze Buch handelt von der Frage, wie man im HR Strukturen – Prozesse, Systeme, Verantwortlichkeiten etc. – anpassen muss, um Agilität nicht nur zu ermöglichen sondern auch zu fördern. Ein CEO kann sich zwar vor seine Mannschaft stellen und „Vertrauen, Respekt und Offenheit" als die neuen Werte verkünden. Ob der CEO aber von den Mitar-

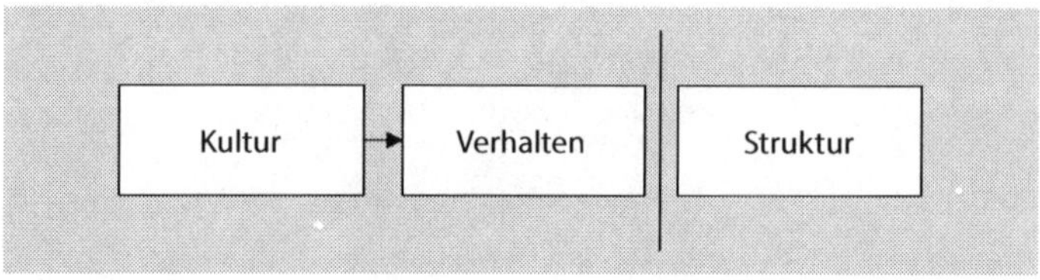

◘ **Abb. 13.2** Kultur als Ausgangspunkt für einen Kulturwandel

beitern ernst genommen wird, hängt davon ab, was tatsächlich im Unternehmen getan wird und wie die Strukturen dazu passen. „Aha, Vertrauen, sehr schön. Dann könnt Ihr ja gleich mal die Arbeitszeiterfassung abschalten".

Die Logik hinter einem Kulturwandel muss eine andere sein. Sie geht davon aus, dass man Kultur nicht verändern kann, indem man die Kultur verändert. Das klingt zunächst paradox. Ausgangspunkt müssen immer Strukturen sein (siehe ◘ Abb. 13.3). Die Definition struktureller Rahmenbedingungen orientiert sich natürlich an der angestrebten Kultur (gestrichelter Pfeil), nur setzt man an letzterem nicht unmittelbar an.

Seit Jahrzehnten findet in der Sozialpsychologie eine wissenschaftliche Debatte darüber statt, wie Einstellung und Verhalten zusammenhängen. Meist findet man hier nur geringe Korrelationen zwischen den beiden Variablen. Die Einstellung eines Befragten zum Busfahren korreliert nicht mit dem tatsächlichen Verhalten, den Bus dem eigenen Auto zu bevorzugen. Zahlreiche Studien legen nun die Annahme nahe, dass nicht Einstellung Verhalten bedingt, sondern umgekehrt (vgl. Dillard 1993). Wenn Menschen dazu veranlasst werden – etwas aufgrund struktureller Rahmenbedingungen – ein bestimmtes Verhalten an den Tag zu legen (Busfahren), werden sie langfristig ihre Einstellung entsprechend anpassen. Man kann diese Überlegungen auf den organisationalen Kontext übertragen. Demnach muss man durch Regeln, Prozesse oder Systeme zunächst ein bestimmtes Verhalten regelrecht erzwingen. Sobald sich die Betroffenen in ihrem Verhalten danach richten, muss man sich um deren Einstellung keine Sorgen mehr machen.

Persönliches Erleben statt nur theoretisches Vermitteln

Auf meinen Vorträgen zu agiler Führung ernte ich grundsätzlich zwei gegensätzliche Reaktionen von jeweils unterschiedlichen Personengruppen. Die einen fragen sich, von welchem fremden Stern ich wohl komme bzw. aus welcher merkwürdigen Welt ich entsprungen sei. Von anderen erfahre ich wiederum hundertprozentige Zustimmung – „genau so wie Sie es dargestellt haben funktioniert das". Der Unterschied zwischen der einen und der anderen Gruppe besteht meist darin, dass die zweite das, was ich darstelle bereits persönlich erlebt hat oder damit in Berührung kam.

Häufig entwickeln hierarchisch sozialisierte Führungskräfte ein eher diffuses Bild dessen, was Agilität im Alltag bedeutet.

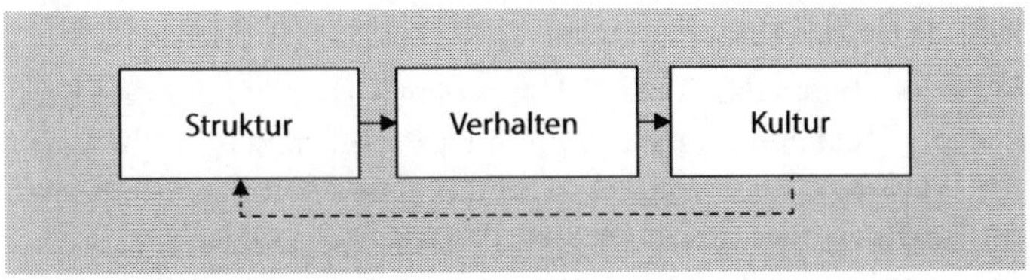

◘ **Abb. 13.3** Struktur als Ausgangspunkt für Kulturwandel

Sobald sie Begriffe, wie Vielfalt, Eigenverantwortung, Vernetzung gepaart mit merkwürdigen Wörtern wie „Scrum", „Squads", „Sprints", „Coach", „Co-Working-Space" etliche Male gehört haben, denken sie bei Agilität an Chaos, Anarchie, ein bunter Haufen von Spinnern, wo jeder irgendwie loswurschtelt, tut was er will, ohne Sinn und Verstand. Mit dieser Sichtweise ist schlagartig Schluss, wenn diese Führungskräfte konkrete Einblicke in agiles Arbeiten sehen oder gar unmittelbar erleben. Am Ende stellen sie fest, dass agiles Arbeiten nur etwas für Erwachsene ist, das Gegenteil von hierarchisch geführtem Kindergarten. Agilität, so wird schnell deutlich, bedeutet ein höheres Maß an Geschwindigkeit, Verbindlichkeit, Transparenz, Abstimmung. Vor allem lernt man, dass beispielsweise Scrum *nicht* keinen sondern anderen Regeln folgt und die wechselseitige Verpflichtung, schnell und kundennah abzuliefern stärker ausgeprägt ist, als es sich viele hierarchisch denkende Führungskräfte jemals vorstellen konnten.

Auch aus diesem Grund führen immer mehr Unternehmen im Zuge ihrer agilen Transformation so genannten *Learning Journeys* durch. Dabei ist es nicht immer nötig, die gesamte Führungsmannschaft ins Silicon Valley pilgern zu lassen. Manchmal reicht auch ein Besuch bei so manchem Startup in Berlin, der Besuch eines Co-Working-Space oder ein internes Praktikum im bereits agil arbeitenden IT-Bereich innerhalb des eigenen Unternehmens.

Ein Stein nach dem anderen

Gerade große Unternehmen werden sich enorm schwer tun, sich von heute auf morgen gänzlich neu zu erfinden. Auf die Gründe hierfür wurde im vorausgegangenen Unterkapitel ja bereits hinlänglich eingegangen. Was wir hingegen beobachten ist meist ein Vorgehen, dass an das schöne Spiel Jenga erinnert. Die Herausforderung dieses Spiels besteht darin, schrittweise Steine aus einem Turm zu ziehen, ohne dass dieser einstürzt. Viele Unternehmen haben über die Jahre bürokratische Türme aufgebaut bestehend aus Regeln, Policies, Berichten und Berichtswege, Entscheidungswege, Zielkaskaden, Kontrollsysteme – um nicht zu sagen „Misstrauenssysteme". Meist sind diese Steine in einem Unternehmen miteinander verzahnt. Bei manchen Steinen aber sieht man die Möglichkeit, sie isoliert zu verändern oder gar gänzlich zu entfernen.

Wenn nun ein Unternehmen auf die Idee kommt, im Zuge seiner Agilisierung die Reisekostenregeln umfassend aufzuweichen um die Verantwortung in die Hände der Mitarbeiter zu geben – im Sinne von Netflix: „Act in Netflix's best interest" –, dann werden zahlreiche Führungskräfte Angst bekommen. „Wenn wir das tun, explodieren die Kosten." Dann zieht man mit zitternden Händen den Stein aus dem Turm und meist erkennt man nach einiger Zeit, dass der Turm nun an Stabilität gewonnen hat. Die Kosten sind nicht explodiert sondern wurden sogar verringert. Die Lockerung der Zeiterfassung hat nicht dazu geführt, dass keiner mehr zur Arbeit kommt. Im Gegenteil. Seitdem sich die Teams selbst um ihre Urlaube kümmern haben wir weniger Engpässe. Die Abschaffung der Zielvereinbarung hat kein Chaos ausgelöst sondern hat eine verlässlichere Abstimmung zur Folge. Schrittweises Vorgehen birgt die Chance des Lernens und steigert den Glauben aller Beteiligten an die Machbarkeit der Veränderung insgesamt.

Scheitern erlauben und daraus lernen

Das Letzte, was Führungskräfte in hierarchisch geführten Unternehmen wünschen, sind Überraschungen. Überraschungen sind das Gegenteil, dessen, was man eigentlich anstrebt, nämlich Kontrolle, Planbarkeit, Vorhersagbarkeit und Stabilität. Besonders tragisch sind negative Überraschungen. Solange man davon ausgeht, dass Scheitern nicht bewusst intendiert war, birgt jede Form des Scheiterns etwas Unvorhergesehenes. Wie bereits an mehreren Stellen in diesem Buch erläutert, gehört Scheitern zum Bestandteil agiler Entwicklung. Insofern ist Scheitern immer auch ein fester Bestandteil jeder agilen Transformation.

Nun gibt es gerade in hierarchisch denkenden Unternehmen ein Phänomen, das in der Management- und Kommunikationstheorie seit langem bekannt ist. Es beschreibt das Risiko, bei der Kommunikation schlechter Nachrichten „nach oben" persönliche, negative Konsequenzen davontragen zu müssen. Man spricht hier auch vom „Killing-the-Messenger-of bad-News-Phänomen" (Harris und Nelson 2008). Der Überbringer der schlechten Nachricht wird in gewisser Weise mit der schlechten Nachricht an sich assoziiert. Dieses Phänomen sollte man im Rahmen einer agilen Transformation besser ausschalten, weil es jeden offenen, konstruktiven Umgang mit lehrreichen und bitter nötigen Erfahrungen unmöglich macht.

Eine gelungene institutionelle Möglichkeit, offen und augenzwinkernd mit Scheitern umzugehen besteht beispielsweise in so genannten *Fuckup-Veranstaltungen.* „Fuckup" ist eine englische, alltagsprachliche Umschreibung von Versagen. In solchen Veranstaltungen berichten Mitarbeiter und Teams von eigenen Anstrengungen, bei denen sie am Ende ein Versagen einräumen mussten. Der Sinn und Zweck solcher Treffen besteht freilich nicht darin, sich öffentlich Hohn und Spott abzuholen, sondern darin, eine Chance zu bieten, von Fehlern zu lernen. Hier hilft eine entsprechende Moderation, die meist auf folgende Fragen Bezug nimmt:

- Was hatten wir vor und was haben wir konkret unternommen?
- Auf welchen Annahmen basierte unser Vorgehen?
- Worin äußerte sich schließlich das Scheitern?
- Was waren die wichtigsten Ursachen des Scheiterns?
- Was haben wir daraus gelernt und was würden wir zukünftig anders machen?

Dabei geht es hierbei nicht nur um eine inhaltliche Auseinandersetzung. Fuckup-Veranstaltungen signalisieren die positive Bedeutung und Wichtigkeit des Scheiterns – Scheitern ist in prinzipiell in Ordnung solange dahinter ein ernsthaftes Bemühen steckte und man bereit ist, daraus zu lernen. Durch Maßnahmen dieser Art erhält Scheitern eine Bühne und nicht nur der Erfolg. Aus Gescheiterten werden Helden, Menschen, die etwas gewagt haben, sich selbst aber nicht zu wichtig nehmen.

Grüne Wiese als Option

Abschließend sollte eine wichtige Option nicht unerwähnt bleiben, nämlich die Schaffung eines Unternehmensbereichs, der neben dem ursprünglich hierarchischen Teil des Unternehmens nach eigenen, agilen Regeln funktioniert. Bei dieser Option muss nicht notwendigerweise ein Wandel, oder eine Transformation stattfinden. Man vollzieht vielmehr eine Art Neuanfang auf der viel zitierten grünen Wiese. Dabei sind mindestens die folgenden Spielarten zu unterscheiden:

- Aus dem bestehenden Unternehmen heraus wird ein neuer Bereich separiert, der von nun an nach agilen Prinzipien operieren soll. Innerhalb dieses neuen Bereichs wird sozusagen der Reset-Knopf gedrückt. Gemeinsam mit externen Coaches werden gänzlich neue Strukturen nach agilen Prinzipien definiert.
- Ein Unternehmensbereich, in dem von Anfang an agile Prinzipien vorherrschen wird gänzlich neu entwickelt. In gewisser Weise versuchen Unternehmen dadurch, ihre eigenen, innovativen Gründergaragen aufzubauen.
- Fast alle großen Konzerne betreiben mittlerweile ihre eigenen Inkubatoren- oder Accelerator-Programme, innerhalb derer sie Start-ups gezielt mit finanzieller Unterstützung und Expertise unter die Arme greifen, umgekehrt von ihnen profitieren und sich langfristig Übernahmekandidaten schaffen.
- Ein vormals eigenständiges Unternehmen (z. B. ein Startup), das es gewohnt ist, nach agilen Prinzipien zu arbeiten wird gekauft. Nach der Akquisition wird darauf geachtet, dass dieses Unternehmen weiterhin an seinem Führungs- und Organisationsverständnis festhält.

13

Werden eigenständige Unternehmensbereiche oder -einheiten separiert, neu aufgebaut oder gekauft muss mit zwei charakteristischen Herausforderungen gerechnet werden, nämlich erstens zu viel Integration oder zweitens zu wenig Integration.

Zu viel Integration bedeutet, dass die hierarchisch geführte Übermacht den neuen Unternehmensbereich dominiert und mit seinem Führungs- und Organisationsverständnis schrittweise erdrückt. Der hierarchische Teil des Unternehmens tut dies nicht aus Böswilligkeit. Er folgt nur seiner natürlichen, gut gemeinten Logik. Und diejenigen, die hier eifrig am Werk sind befinden sich schlichtweg in der Überzahl. Zu wenig Integration hingegen spiegelt sich darin wider, dass zwischen den Unternehmensbereichen nicht nur kein Austausch stattfindet, sondern dass man sich aktiv aus dem Wege geht. Der hierarchisch sozialisierte Herr Dr. Pfister (mit Anzug und Krawatte, der Kollegen niemals duzt) findet keine gemeinsame Basis mit dem agil denkenden Jascha, der fast jeden duzt und auch im Winter T-Shirt trägt. Das richtige Maß an Integration ist vermutlich nur auf zwischenmenschlichem Weg zu erreichen, in dem sich die Vertreter der alten und neuen Welt persönlich begegnen und gemeinsam Spielregeln und Maßnahmen für einen Schulterschluss besprechen.

Be bold, be right

Ich möchte dieses Kapitel nicht schließen, ohne auf eine letzte Frage einzugehen, die mir am zweithäufigsten gestellt wird: „Was kann ich als Einzelner tun, wenn ich agil arbeiten möchte, ich mich aber in einem zutiefst hierarchischen Kontext bewege?" Es ist primär *Angst*, die Menschen davon abhält, in einem organisationalen Kontext das zu tun, wovon sie überzeugt sind. Daher muss die erste Gegenfrage lauten: „Wovor haben Sie Angst?" Ist es die Angst, den Job zu verlieren, der eigenen Karriere zu schaden, bei der nächsten Gehaltserhöhung schlechter dazustehen? Hier ist es hilfreich, sich zunächst der eigenen Position im Unternehmen oder im Team bewusst zu werden. Wie leicht ist man wirklich ersetzbar? Unterm Strich werden viele Mitarbeiter feststellen, dass ihnen ein nichtkonformes Einsetzen für die Interessen des Unternehmens nicht wirklich schaden kann. Bevor man als (rarer) Softwareentwickler gefeuert wird muss tatsächlich viel passieren.

An dieser Stelle könnte ich von großartigen Geschichten wunderbarer Menschen berichten, die in hierarchischen Unternehmen gegen starke Widerstände „von oben" Großartiges geleistet haben. Deren Geschichten laufen meist ähnlich ab. Zunächst haben sie eine Idee, an die sie zutiefst glauben. Sie arbeiten an dieser Idee, weil sie nicht anders können und dabei nichts anderes tun, als ihren Job ernst zu nehmen. In den Anfängen ist es wichtig, die Idee weiterzuentwickeln, interne Unterstützer zu finden und erste kleine Erfolge zu erzielen. Dabei kann es von Vorteil sein, wenn diese Idee nicht auf dem Radar übergeordneter Führungskräfte erscheint. Bereits in ► Abschn. 11.2 wurde dieser Ansatz als Bootlegging vorgestellt. Viele dieser Personen, an die ich hier denke, erinnern sich an Situationen, wo sie zum Vorstand zitiert wurden. „Was machen Sie da? Ich kann mich nicht erinnern, Ihnen hierfür einen Auftrag erteilt zu haben". Danach haben sie einfach weitergemacht, eben weil sie nicht anders können. Nicht selten motivieren Erfahrungen dieser Art und der innere Rebell kommt zum Tragen. Was gibt es motivierendes, als die innere Verpflichtung, es Anderen beweisen zu wollen, dass man doch Recht hat. Ich zähle mich selbst auch zu dieser Gattung Mensch und kann dieses Gefühl nur zu gut nachvollziehen. Sehr häufig – und das ist das Interessante an diesen Geschichten – enden diese Rebellen als Helden und zwar genau dann, wenn eine übergeordnete Führungskraft die Chance erkennt, sich mit den Federn des Erfolgs zu schmücken. „Seht her. Das kann man erreichen, wenn man mit Mut und Beharrlichkeit Eigeninitiative an den Tag legt". Und so werden aus Querulanten plötzlich Intrapreneure, die man gern als Vorbild für andere auf den Sockel stellt.

Voraussetzung dafür ist die Einhaltung eines Prinzips, das der wunderbare CEO von Microsoft Satya Nadella mit wenigen Worten auf den Punkt gebracht hat: „be bold, be right“. Sei mutig, aber sorge dafür, dass Du am Ende Recht behältst. Wenn man nicht mutig ist, hat man keine Zukunft. Wenn man nicht Recht hat ist man am Ende.

Literatur

Dillard JP (1993) Persuasion past and present: attitudes aren't what they used to be. Commun Monogr 60:90–97

Harris TE, Nelson MD (2008) Applied organizational communication. Theory and practice in a global environment. Lawrence Erlbaum, New York

Laloux F (2014) Reinventing organizations: a guide to creating organizations inspired by the next stage in human consciousness. Nelson Parker, Brussels

Luhmann N (1984) Soziale Systeme. Grundriss einer allgemeinen Theorie. Suhrkamp, Frankfurt am Main

Stepper J (2015) Working out loud. For a better career and life. Ikigai Press, New York

Serviceteil

A. Trost, *Neue Personalstrategien zwischen Stabilität und Agilität*,
https://doi.org/10.1007/978-3-662-57407-2

Sachverzeichnis

U

V

W

X

Z

FSC
www.fsc.org
MIX
Papier | Fördert gute Waldnutzung
FSC® C083411